図解

2級 土木施工

管理技術検定テキスト

第一次検定

市坪　誠——著
吉田真平
浅賀榮三

まえがき

土木・建設分野の実務に携わる上で必要不可欠な国家資格の一つに「土木施工管理技士補」、「土木施工管理技士」がある。実際、多くの人が取得し、「仕事に役立つ」「業務に不可欠である」と認識している資格の一つといえる。

本テキストは、将来の**土木技術者**〔シビルエンジニア：civil（市民の、公共の）engineer（構造物の設計や建設を行う技術者）〕をめざす者が挑戦する**2級土木施工管理技術検定試験**の参考書として編集している。つまり、土木工学等・法規・施工管理法の3試験科目に合わせて構成している。**検定に合格**できるように、過去10年間の出題傾向を分析して、傾向や要点、例題を設定するとともに、土木施工という実務内容に対し興味を持って理解しこれを実践できるために、イラストを多用して解説を行っている。

令和6年度以降の試験問題の見直しにより、第一次検定ではより**専門分野の基礎の確認**が図られることから、これに対応した本テキストから試験及び実務に「役立つ」能力を獲得して欲しい。

技術者としてこれから出発しようとする人たち、すでに実務を行っている人たちが、土木施工管理のあり方を具体的にイメージして土木実務を理解するための基礎として本書を活用し、検定に合格することを期待している。

令和6年2月　　　　著者を代表して　市坪　誠

土木事業の種類

2級土木施工管理技術検定について

土木技術者をめざす人たち

（1） 2級土木施工管理技術検定と国家資格：この試験は「建設業法」に基づき（一財）全国建設研修センターが実施する**国家試験**である。その検定は**第一次検定**（学科試験）および**第二次検定**（実地試験）として独立しており、それぞれの合格者は、**2級土木施工管理技士補**、**2級土木施工管理技士**と称することができる。2級土木施工管理技士は、建設業法で定める営業所や工事現場での**専任技術者や主任技術者となることが認められている**。また、建設業を営む企業においても、公共工事入札時に有資格者数が関係するので、会社経営上でも必要とされ、同時にその**企業の社会的信用**にも結びつく重要で価値のある有用な**国家資格**である。

しかし、何よりも重要なことは、この資格を取得した本人が、自分の仕事に対して、**自信と誇りと責任を持ちながら、毎日の業務に打ち込む**ことができることであり、そのことが**社会的にも保証**されたことになる。

なお、技術検定には、①土木、②鋼構造物塗装、③薬液注入の3種別があり、それぞれに第一次検定および（第一次検定と同一種別の）第二次検定が行われ、合格した者が（いずれの種別も）それぞれ2級土木施工管理技士補、2級土木施工管理技士と称することができる。

（2） 受検申請と受検資格：受検申請には、「第一次検定」、「第一次検定・第二次検定」、「第二次検定」の3種類がある。受験申込み後、他試験（種類）への変更はできない。「第一次検定」の受検資格は、当該年度における年齢が**17歳以上**の者である。

第二次検定の受検に必要な実務経験年数は下表のとおり（令和10年度までの間、「旧受験資格」と「新受験資格」の選択が可能）である。

なお、国外の実務経験を受検資格として技術検定試験を受検するには、受検申請の前に国土交通省へ申請し、大臣認定書の交付を受ける必要がある。

学歴	（第二次検定）実務経験年数		
	旧受験資格		新受験資格
	指定学科卒業後	左記以外卒業後	不問
1. 大学、専門学校「高度専門士」	1年以上	1.5年以上	・2級第一次検定合格後、実務経験3年以上 ・1級第一次検定合格後、実務経験1年以上
2. 短大、高専、専門学校「専門士」	2年以上	3年以上	
高校、専門学校（上記1.、2.以外）	3年以上	4.5年以上	
その他	8年以上		

実務経験年数：土木工事現場で施工管理的な業務に従事した年数

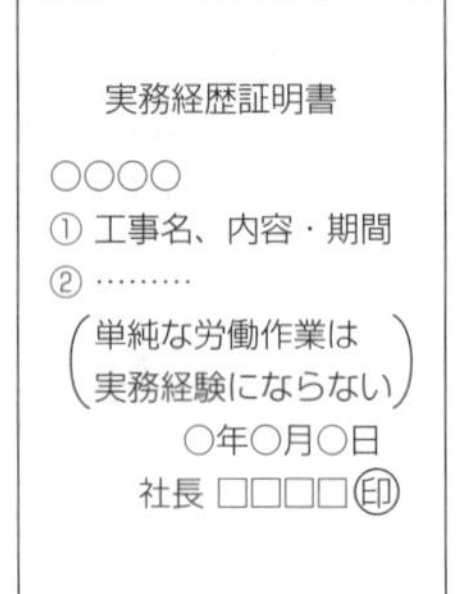
実務経歴証明書

○○○○
① 工事名、内容・期間
② ………
（単純な労働作業は実務経験にならない）
○年○月○日
社長 □□□□㊞

出身学校の卒業証明書も必要となる

（3）第一次検定と第二次検定（種別：土木の場合）：第一次検定は、平成29年度から、これまでの年1回から年2回の実施となり、受験機会が拡大している(注意)。

（注意）受検の際は、試験日やスケジュール、申込用紙の種類などを、当該年度の「受験の手引」で必ず確認して下さい。

第一次検定の試験科目は、土木工学等、法規、施工管理法の3科目である。第一次検定の実施状況は下表上のとおりで、61問中40問を択一式（マークシート試験）で解答する。本書では、第Ⅰ編に基礎的な土木工学、第Ⅱ編に分野別の土木工学に分けて解説してある。第二次検定の実施状況は下表下のとおりで、9問中7問を記述式（筆記試験）で解答する。

第一次検定（種別：土木）　（令和3年度の実施状況）

試験科目		問題数	選択数	問題番号
土木工学等	土木一般（基礎的な土木工学）	11	9	No. 1～No. 11
	専門土木（分野別の土木工学）	20	6	No. 12～No. 31
法規		11	6	No. 32～No. 42
施工管理法	基礎的な知識	11	11	No. 43～No. 53
	基礎的な能力	8	8	No. 54～No. 61
計		61	40	

第二次検定（種別：土木）（令和3年度後期の実施状況）

試験科目	問題数	選択数	問題番号
施工管理法	5（必須）		No. 1～No. 5
	2	1	No. 6～No. 7
	2	1	No. 8～No. 9
計	9	7	

2級土木施工管理技術検定の受検案内

「受検申請の期日」「試験地」「試験日」「合格基準」などの受検に関する詳細は、**一般財団法人全国建設研修センターのホームページ**ならびに受検の当該年度の**「受検の手引」**でご確認ください。

土木施工管理技術検定に関する受検申請ならびに問い合わせ先

一般財団法人　全国建設研修センター　　試験業務局土木試験部土木試験課

〒187-8540　東京都小平市喜平町2-1-2　　TEL 042（300）6860　https://www.jctc.jp/

もくじ

第Ⅰ編　土木工学等〈基礎的な土木工学〉

（1）　過去の出題傾向

（出題比率：◎かなり高い　○高い）

科目	主な出題項目	出題比率	問題数		選択数
第1章 土工	1-1 土質調査	○	4	11	9
	1-2 土工事の計画				
	1-3 建設機械				
	1-4 土工事用建設機械	◎			
	1-5 基礎工事用機械				
	1-6 舗装用機械				
	1-7 その他の建設機械				
	1-8 土工事	○			
	1-9 法面保護法				
	1-10 排水工法				
	1-11 軟弱地盤対策	◎			
第2章 コンクリート工	2-1 コンクリートの性質		4		
	2-2 セメント				
	2-3 骨材	○			
	2-4 混和材料	○			
	2-5 コンクリートの配合	○			
	2-6 配合設計	○			
	2-7 レディーミクストコンクリート				
	2-8 鉄筋	○			
	2-9 コンクリートの施工	◎			
	2-10 特別な考慮を必要とするコンクリート	○			
第3章 基礎工	3-1 基礎の掘削	○	3		
	3-2 直接基礎工				
	3-3 杭打ち基礎工＜既製杭＞	○			
	3-4 杭打ち基礎工＜場所打ち杭＞	○			
	3-5 ケーソン基礎工				
	3-6 その他の基礎工				

（2）　学習の要点

第Ⅰ編は、土木施工に関する**基本的事項が多い**ことから、これらを十分に学ぶことにより、**土木技術者としての基礎的な実力**が身につくことになる。**出題数（11問）に対し解答数が多いこと（9問）**から、本編の出題傾向の高い項目については、内容を完璧に理解し正答が得られるように努力をすることで**合格ライン（24問）に到達**することとなる。

また、第二次検定（第Ⅴ編）では、ほとんどが第Ⅰ編と第Ⅳ編から出題されており、本編のイラストも含めた施工管理法の理解がその対策となる。つまり、第Ⅰ編の内容は、第一次検定と第二次検定の両方の対策のために、**十分に時間をかけてしっかりと学ぶ**ことが大切となる。各章の要点は次のようになる。

第1章　土工

出題比率がかなり高いのは、**1-4 土工事用建設機械**、**1-11 軟弱地盤対策**、続いて高いのが、**1-1 土質調査**、**1-8 土工事**である。

①「建設機械」の選定と適応作業など、その特長と用途はかなり重要となる。「軟弱地盤対策」の目的と工法の種類、効果の分類・整理もかなり重要となる。

②「原位置試験」と「土質試験」の特長と内容、結果の利用の組合せが重要となる。「土工事」の内容と留意点が重要となる。

第2章　コンクリート工

出題比率がかなり高いのは、**2-9 コンクリートの施工**、続いて高いのが、**2-3 骨材**、**2-4 混和材料**、**2-5 コンクリートの配合**、**2-6 配合設計**、**2-8 鉄筋**、**2-10 特別な考慮を必要とするコンクリート**である。

①「コンクリートの施工」の内容とその留意点はかなり重要となる。

② コンクリートの構成材料「骨材」や「混和材料」、構成方法「配合」など、その内容と材料種類、用語、用語の組合せが重要となる。

第3章　基礎工

出題比率が高いのは、**3-3 杭打ち基礎工<既製杭>**、**3-4 杭打ち基礎工<場所打ち杭>**である。

①「杭打ち基礎工<既製杭>」、「杭打ち基礎工<場所打ち杭>」ともに、基礎工各種の特徴を理解し、工法名と用語の組合せが重要となる。

第1章 土工

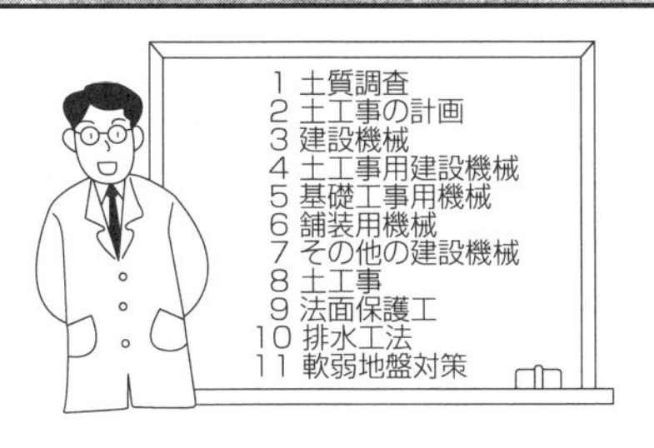

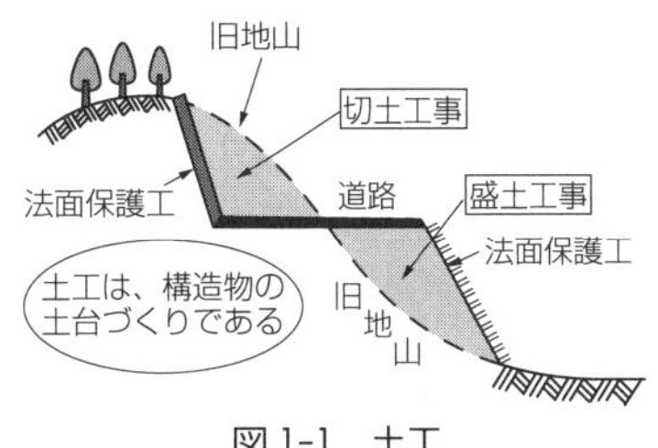

図1-1 土工

土木工事のうち、土を対象にした工事を**土工**といい、その主なものは、図1-1のように**切土**(cutting)と**盛土**(banking)の工事である。ここでは、土工事を行うときの**調査・計画・施工**の全般的なことについて学ぶ。

1・1 土質調査

土質調査とは、土木工事を行う現場の**地形**や**地質**を、次の内容について、事前に調査することをいい、図1-2のように、**原位置試験**と**土質試験**に分類されている。

図1-2 土質調査

① 原位置試験　主に土のせん断強さ、地盤の支持力、岩盤の風化状態、地下水位の高さなどを調べるため、**現場**で行う試験である。

② 土質試験　主に土の判別や分類、力学的性質、土工材料としての適否などについて調べるため、**室内**で行う試験である。

1・1・1 原位置試験

(1) 標準貫入試験

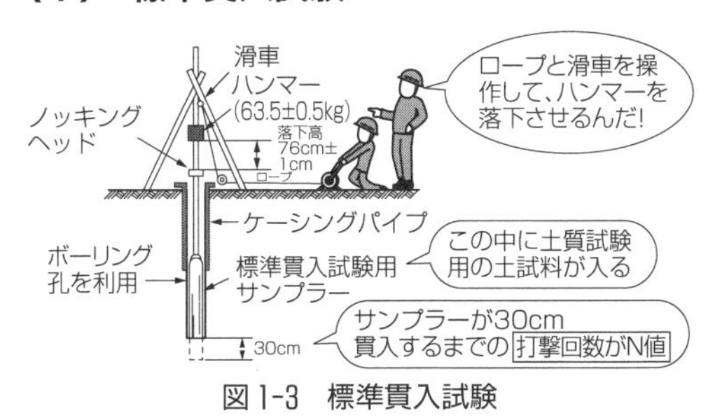

図1-3 標準貫入試験

目的:自然の地盤の支持力や軟硬を判断できる***N*値**を求める。

試験方法:図1-3のように、サンプラー(試料採取用の鋼管)を30 cm貫入させるまでの、ハンマーを落下させた打撃回数を求め、この回数を*N*値とする。

結果の利用:*N*値大⇒よく締固まった支持力の大きい地盤といえる。

(2) 平板載荷試験

目的:主に、締固め後の路床や路盤の支持力を表す**地盤係数 *K* 値**を求める。

試験方法:図1-4のように、油圧ジャッキで鋼製の載荷板を圧入し、その時の圧力(荷重強さ)

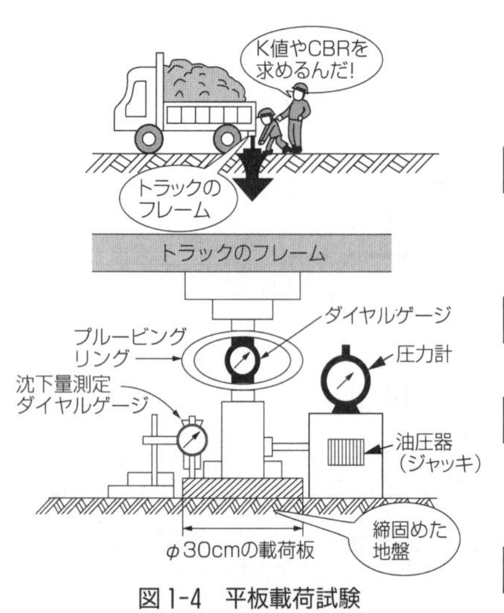

図 1-4　平板載荷試験

図 1-5　コーン貫入試験

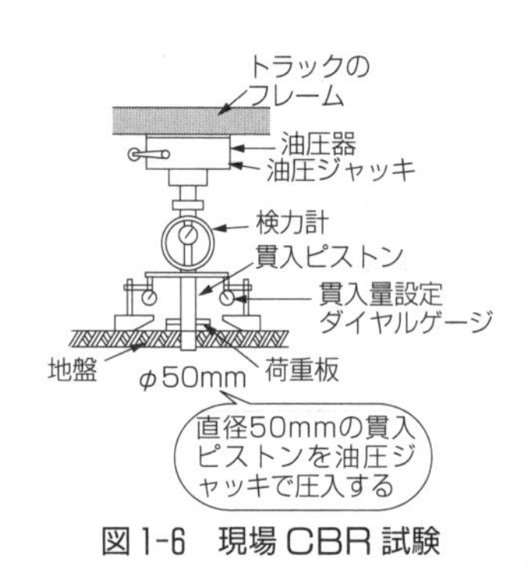

図 1-6　現場 CBR 試験

と載荷板の沈下量を測定し、次の式から K 値を求める。

$$K\text{ 値}〔\text{KN/m}^3〕=\frac{\text{荷重強さ}〔\text{KN/m}^2〕}{\text{沈下量}〔\text{m}〕}$$

結果の利用：K 値大⇨よく締固まった支持力の大きい地盤といえる。

(3)　コーン（cone：円錐形の器具）貫入試験

目的：地盤の軟硬が判断でき、建設機械の種類が判別できる**コーン指数 q_c** を求める。

試験方法：図 1-5 のようなコーンを 1 cm/s の速さで貫入させ、検力計より求めた抵抗値を、コーンの底面積で割った値を q_c とする。

結果の利用：コーン指数 q_c 大⇨よく締め固まった硬い地盤であり、ブルドーザーの履帯（キャタピラー）も汎用形でよいことになる。（24 ページ表 1-4 参照）このように、q_c は建設機械の機種の選定に利用される。

(4)　現場 CBR（California Bearing Ratio：カリフォルニアの支持力比率）試験

目的：路床・路盤などの支持力の大きさを、カリフォルニア州の道路局で定めた**標準荷重**との比率で示す **CBR 値**を求める。現場のある地点の CBR 値を**現場 CBR** という。

試験方法：試験装置を図 1-6 のようにトラックのフレームの下に入れ、直径 50 mm の貫入ピストンに油圧をかけて圧入し、所定の貫入量における圧力(荷重）と標準荷重との関係から CBR 値を求める。

$$\text{CBR 値}〔\%〕=\frac{\text{圧力(荷重)}〔\text{kN}〕}{\text{標準荷重}〔\text{kN}〕}\times 100$$

標準荷重は、優秀な材料（切込み砕石）を使用して貫入試験を繰り返して行い、その平均値を CBR 100%とした荷重で、カリフォルニア州で定めた値である。

結果の利用：ある区間内を適当な間隔で現場 CBR 試験を行い、**区間 CBR**、**設計 CBR** を算出して**道路舗装の設計や施工の資料**として利用する。

☆**関連知識**　CBR には、次の種類がある。

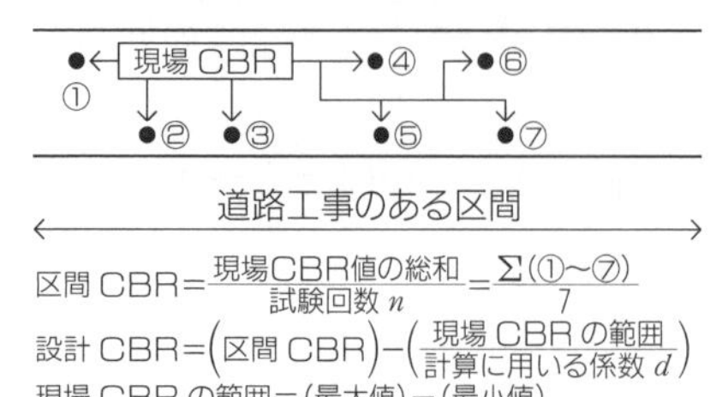

① **現場 CBR**：ある地点の CBR（①～⑦）

② **区間 CBR**：区間内の現場 CBR の平均値

③ **設計 CBR**：区間内の締固め管理や道路の舗装厚の設計などに用いる重要な値

④ **修正 CBR**：路盤材料などが、出し得ることが可能な最大の CBR 値で、土質試験で求め、締固め管理上の目

標値となる。

各 CBR の区別を明確にすることが大切

代表的な原位置試験の名称ー目的と方法ー結果の利用は、次のようになる。

試験の名称	目的と方法	結果の利用	出題率
標準貫入試験	ハンマーの落下回数を **N 値**とする。	自然の地盤の支持力や地層の軟硬の判断。	◎
平板載荷試験	直径 30 cm の鋼製円板を圧入し、地盤の沈下量と荷重強さから **K 値**を求める。	自然及び締固め後の地盤の支持力を求める。	◎
現場CBR試験	直径 50 mm の貫入ピストンを圧入し、所定の沈下量における荷重と標準荷重との**比率**で示した値。 CBR：カリフォルニアベアリングレイシオ	主に路床・路盤の締固め後の支持力の大きさの程度がわかる設計 CBR が計算できる。	◎
単位体積質量試験	現場の土の**単位体積**〔cm^3、m^3〕**当りの質量**で値が大⇒土粒子の量が多くよく締固まっている。	路床や路盤の締固め管理に用いる。	○
コーン貫入試験	貫入コーン（円錐形）を圧入し、貫入抵抗値の**コーン指数 q_c** を求める。	建設機械の種類の選定や軟弱表土の改良工法が決まる。	◎
ベーン試験	H 4 板の羽根（ベーン）のついた装置を回転させ、**回転抵抗力 M_{max}** を求める。 ベーンの高さは 10 cm と 20 cm がある。	地盤のせん断抵抗や粘着力を求め、斜面の安定性を判断する。	○
弾性波探査試験	① ② ③ ①掛矢などで叩いて起振させ、②の増幅器を通して③の受振器の到達する**弾性波の速度 V** を求める。	V から、土質柱状図、N 値、密度などが推定でき、岩盤の掘削方法が決定できる。V の速いほど硬岩である。	○
電気探査試験	① 電極 電極 間隔 ①電気探査比抵抗測定器（地中に電流を流して電位を測定する）で地質によって電気的性質（比抵抗）が異なることを応用して地質を調べる。	地質の構造や滞水状況を推定し、掘削方法などが決められる。	○

出題率　◎高い　○普通

要点

『原位置試験のまとめ』

- **土質調査には、現場の地形や地質を調べる原位置試験と土試料を室内で分析する土質試験とがある。**
- **標準貫入試験は、サンプラーを 30 cm 貫入させる打撃回数を N 値とし、N 値から地盤の支持力の大きさや軟硬の程度が判断できる。**
- **平板載荷試験は直径 30 cm の円板を、現場 CBR 試験は直径 50 mm の貫入ピストンをそれぞれ地盤に圧入して K 値と CBR 値を求め、支持力の大きさの判断や道路舗装設計及び施工の資料として利用する。**
- **コーン指数 q_c は、地盤の軟硬の判断と、建設機械の機種の選定に必要な数値である。**
- **CBR とは、カリフォルニア州で定めた標準荷重との比率で表す。現場 CBR は設計 CBR を求めるために測定する。**
- **探査試験には、弾性波探査試験と電気探査試験がある。**
- **ベーンとは羽根のことであり、ベーン試験は回転抵抗力を求めて斜面の安定性を判断する。**

例題1-1　土に関する次の試験のうち、原位置試験でないものはどれか。

（1）　弾性波探査試験

（2）　標準貫入試験

（3）　土粒子の密度試験

（4）　ベーン試験

解説

(3)の土粒子の密度試験は、土粒子だけの単位体積当りの質量であり、原位置試験の単位体積質量は土粒子間の空げきを含んでいる土全体の質量で明らかに異なる。従って、これは土質試験であり、誤りである。

答(3)

例題1-2　次の試験の名称とその結果から求められるものとの組み合わせで、適当でないものはどれか。

（1）　標準貫入試験――――――N 値

（2）　コーン貫入試験―――――コーン指数 q_c

（3）　現場 CBR 試験 ――――K 値

（4）　単位体積質量試験―――現場の土の密度

解説

(1)、(2)、(4)とも試験の目的を理解していれば正解はすぐわかる。(3)は現場 CBR 値であり、K 値は平板載荷試験で求める値、従って(3)が誤りである。

答(3)

例題1-3　土質調査についての説明のうち、正しくないものはどれか。

（1）　土質調査とは、土木工事を行う現場の地形や地質などを調べる。

（2）　土質調査には、原位置試験と土質試験がある。

（3）　土質試験は、土木工事を行う現場で土の性質などの試験を行う。

（4）　現場での土層の硬さなどの抵抗を探査することをサウンディングという。

解説

土質調査のうちの土質試験は、図1-2にも示したように、現場の土の強さなどを調べるために、現場で採取した土試料を土質試験室に持ち帰って、分析や強さ試験などを行うので(3)が誤りである。(1)、(2)、(4)の説明はその通りであることも理解しておこう。

答(3)

1・1・2　土質試験

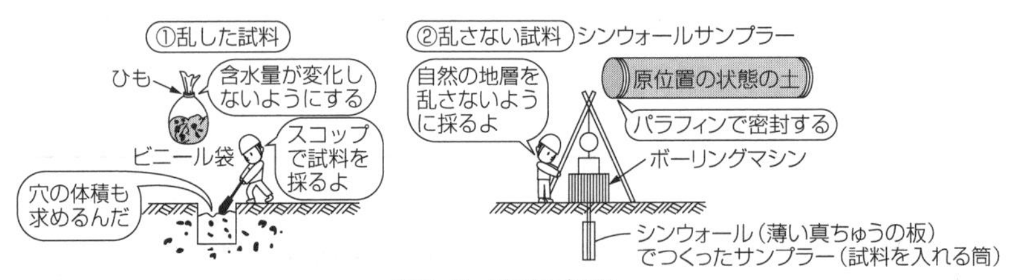

図1-7　試料の採取

（1）　土の判別分類のための試験

この試験を行うには、まず、土を構成している**土のしくみ**について、知る必要がある。

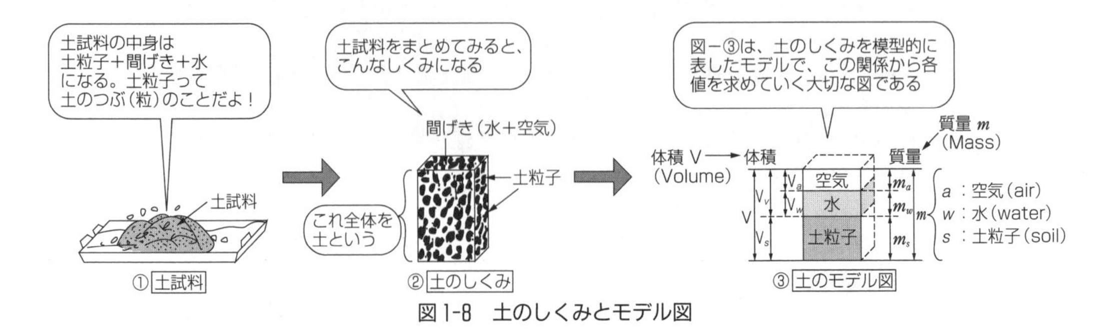

図1-8　土のしくみとモデル図

① 含水比試験

目的：一般に土は、水分を多く含むと支持力が小さくなる。この試験では、土の中の含水量の割合を示す、**含水比 w** を求める。

試験方法：図1-8③の土のモデル図の関係から、含水比 w〔%〕は次のようになる。

$$w〔\%〕=\frac{水の質量\ m_w}{土粒子だけの質量\ m_s}\times100=\frac{土試料の質量\ m-土粒子だけの質量\ m_s}{m_s}\times100$$

$$=\frac{m-m_s}{m_s}\times100$$

ここに、m と m_s は図1-9のような試験をして求められる。

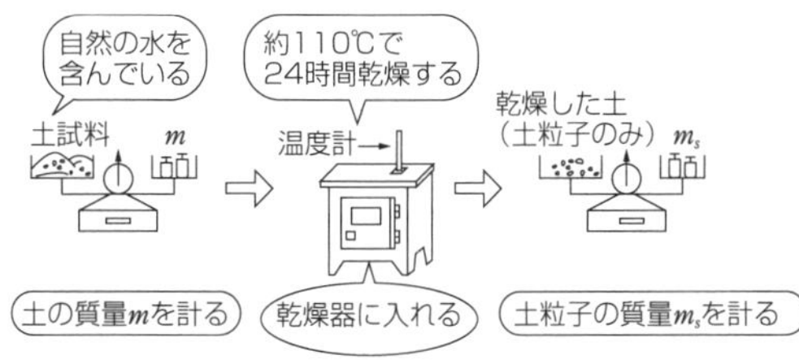

図1-9　m と m_s の求め方

結果の利用：同じ土でも、含水比 w〔%〕の大小によって、土の状態や支持力がまったく異なるように、土の性質を表わす大切な値である。また、次に学ぶ**最適含水比など、土工事上多く利用**される。

② 土粒子の密度試験

目的：土粒子だけの単位体積当りの質量から**密度 ρ_s** を求める。

試験方法：図1-8③の土のモデル図の関係から、密度 ρ_s は次のようにして求められる。

$$\rho_s〔g/cm^3〕=\frac{土粒子だけの質量\ m_s〔g〕}{土粒子の体積\ V_s〔cm^3〕}=\frac{m_s}{V_s}$$ （V_s は土粒子と同体積の水の質量から求める）

ここに、V_s は図1-10のような試験をして求められる。

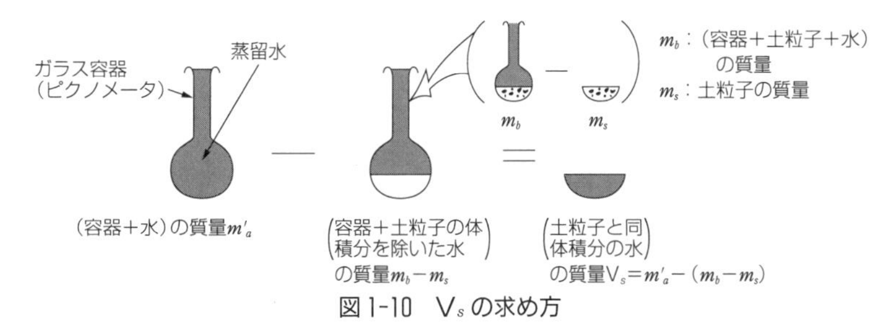

図1-10　V_s の求め方

結果の利用：土粒子の密度が大きく、盛土工事の締固め管理を十分に行えば、一般に強い支持力が得られる。

密度は、**土の粒度や締固め管理など、土工事上多く利用**される。

③ 土のコンシステンシー（consistency：やわらかさの程度）の試験

目的：土の含水比の多少による**土の軟硬**を判断するための、**収縮限界 w_S、塑性限界 w_P** 及び**液性限界 w_L** を土質試験によって求め、施工上の容易さの程度を示す**塑性指数 I_P** を算出する。

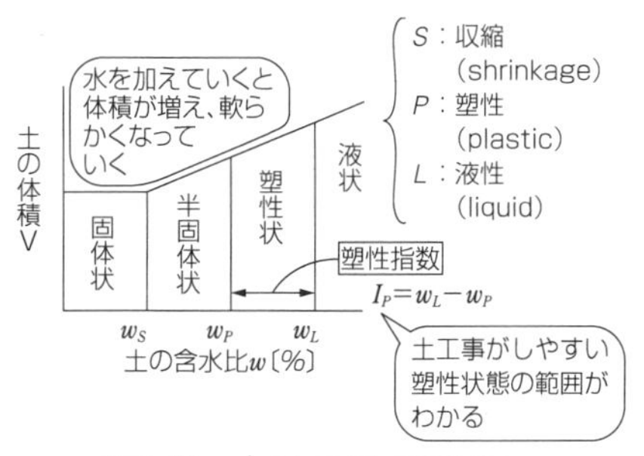

図1-11　土のコンシステンシー

試験方法：乾燥した固体状（ビスケット状）の土に徐々に水分を加え、図1-11の状態の各限界の含水比 w_S、w_P、w_L をそれぞれの試験で求める。

結果の利用：現場の含水比から土の状態を判別し、**その状態に適応する建設機械や施工方法**を決定する。また I_P が大⇒塑性状態の範囲が大きく、土工事上取り扱いが容易だが、土粒子の粒径が小さく、凍上や支持力が問題。

④　土の粒度試験

目的：土粒子の粒径の大小の混ざっている程度を**粒度**といい、良い粒度の土は一般に支持力も大きく、盛土材料として適する。ここでは**土の粒度の良否**を判定する。

試験方法：土試料をふるい分けし、粒径別にふるいを通過する質量を求め、図1-12のような**粒径加積曲線**を描き、この曲線から粒度の良否を判断できる**均等係数** U_c を求める。

結果の利用：粒径加積曲線そのものから粒度を判断すると同時に、均等係数 U_c からも**粒度の良否を判定**する。U_c の値は、次のようにして求められる。

$$U_c=\frac{D_{60}\text{（通過率60\%の粒径）}}{D_{10}\text{（通過率10\%の粒径）}} \Rightarrow \begin{cases} U_c \geqq 10 \text{ のとき粒度良好} \\ U_c < 10 \text{ のとき粒度悪い} \end{cases}$$

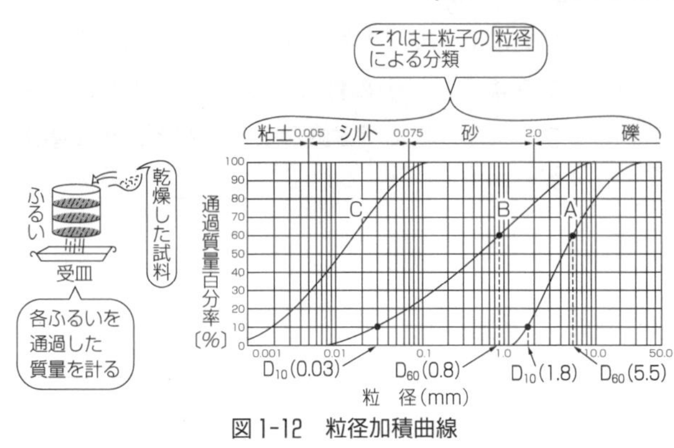

図1-12　粒径加積曲線

いま、図1-12の試料AとBの曲線について判断してみると、A曲線は右側に片寄り、粒径の大きい土粒子の多い土といえる。それに対してB曲線は大小の粒径の土粒子が適度に混じっていて粒度が良い土である。これを均等係数 U_c で判断してみると、次のようになる。

A試料：$U_c=\frac{5.5}{1.8}=3.1<10$（悪い）

B試料：$U_c=\frac{0.8}{0.03}=27>10$（良い）

この結果は、曲線の形からの判断と一致する。粒度は盛土材料の適否などの判定に利用する。

代表的な土の判別分類のための試験の名称ー目的と方法ー結果の利用は、次のようになる。

試験の名称	目的と方法	結果の利用	出題率
含水比試験	土の中に含まれている水の質量 m_w の土粒子の質量 m_s との割合。$w=m_w/m_s\times100$	土の種類によって含水比の影響は大きく、施工方法の基本的な値。	◎
土粒子の密度試験	土粒子の質量 m_s と体積 V_s から求める。$\rho_s=m_s/V_s$	路床・路盤や盛土工の締め固めの管理に用いる。	◎
土のコンシステンシー	液性限界 w_L、塑性限界 w_P、収縮限界 w_S で土のコンシステンシーがわかる。また、塑性指数 $I_P=w_L-w_P$ を求める。	塑性指数 I_P から、その土の性質が判断でき、支持力や凍上防止などの施工方法を決める。	○
粒度試験	ふるい分け試験より粒径加積曲線を描き、均等係数 U_c を求める。	粒径加積曲線と均等係数から、土粒子の大小の分布を判断。	◎

出題率　◎高い　○普通

例題1-4　土の判別分類のための試験についての説明のうち、適当でないものはどれか。

（1）　土の含水比 w〔%〕の大小は、土のコンシステンシーや支持力に大きく影響する。

（2）　土のコンシステンシーの程度は、液性限界、塑性限界、収縮限界を試験によって求め、塑性指数 I_P などによって示される。

（3）　土粒子の粒度分布の状態は、土粒子の密度から判定できる。

（4）　土質試験を行うための土試料には、乱した試料と乱さない試料がある。

解説

土の判別分類のために行う試験には、含水比試験、土粒子の密度試験、コンシステンシー試験、粒度試験などがあるが、各試験について、何をどのような考え方で求めるのか、また、結果の利用方法などを概略理解しておくようにする。

ここでは(3)の粒度の良否の判定は、均等係数 U_c なので、誤りである。

答(3)

要点

『土の判別分類のための試験のまとめ』

- **各試験については、試験名と目的及び結果の利用の要点をしっかり理解し覚える。**
- **土とは、（土粒子＋水＋空気）の全体をいい、土粒子は土の骨格をつくる鉱物成分の土の粒子をいう。**
- **含水比試験は、含水比を、密度試験は、土粒子だけの密度を求める。**
- **土のコンシステンシーを求める試験には、液性限界試験、塑性限界試験、収縮限界試験がある。また、塑性指数 I_P から土の性質が判断できる。**
- **粒度試験では、粒径加積曲線と均等係数 U_c を求め、粒度の良否を判断する。**

例題1-5　土質調査とその試験結果から求められるものの組合せで、次のうち適当でないものはどれか。

（1）　標準貫入試験――――――――N 値

（2）　含水比試験―――――――――土粒子の密度

（3）　土のコンシステンシー試験――塑性指数 I_P

（4）　粒度試験――均等係数

解説

試験名一目的一結果の利用に関する問題である。それぞれしっかり理解していれば、解答できよう。(2)の密度が明らかに適当でない。

答(2)

（2）　土の力学的性質の試験

①　一軸圧縮試験及び三軸圧縮試験

目的：図1-13のように、**乱さない試料**から供試体を作製し、圧力をかけて**支持力 q_u** を求める。この q_u から一軸圧縮試験では**鋭敏比 S_t**、三軸圧縮試験では**せん断強さ τ_f** をそれぞれ求め、支持力やせん断強さの大きさを判断する。

試験方法：一軸圧縮試験は、垂直方向のみの圧力（一軸）を徐々に大きくし、破壊時の荷重 P〔N〕を求める。三軸圧縮試験は、側圧を加えながら圧力（三軸）を加え、地中の自然の状態に近い支持力を求める。

結果の利用：一軸及び三軸圧縮試験で求めた q_u より、現場の土の支持力を判断する。また、一軸圧縮試験に使用した土試料を**こね返して**再び供試体をつくり、試験を行って求めた支持力を q_{uo} とすると、鋭敏比は $S_t = q_u/q_{uo}$ から算出でき、S_t が大⇨ q_{uo} が小であり、**こね返えすと支**

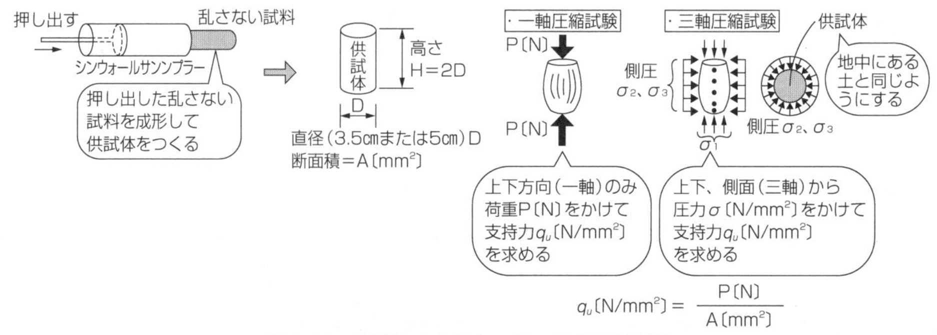

図 1-13　供試体の作製と一軸・三軸圧縮試験

持力が小さくなり、土工事上好ましくない土といえる。

三軸圧縮試験では、側圧により地中にある土試料のせん断強さ τ_f に近い値が得られ、次に学ぶせん断強さの計算に必要な、内部摩擦角 ϕ と粘着力 c が求められる。

②　一面せん断試験

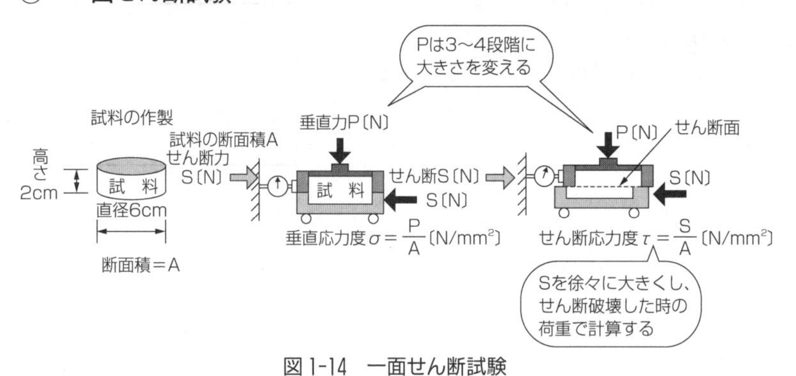

図 1-14　一面せん断試験

目的：乱さない土試料から供試体を作製し、図 1-14 のようにせん断力を加え、せん断力に抵抗する力の大きさの**せん断応力度** τ を求める。

試験方法：垂直力 P を段階的に変え、それぞれのせん断応力度 τ を求める。

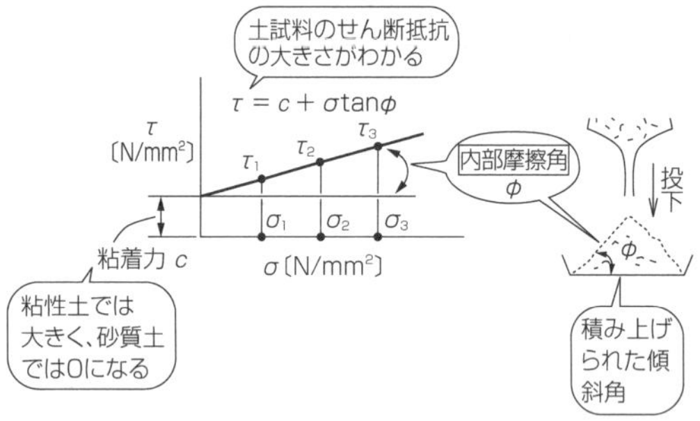

図 1-15　τ-σ の関係グラフ

結果の利用：図 1-15 では、P を 3 段階にし、それぞれの垂直応力度 σ_1、σ_2、σ_3 とせん断応力度 τ_1、τ_2、τ_3 から直線を描いたものである。この直線から、せん断応力度を求める一般式 $\boldsymbol{\tau = c + \sigma \tan\phi}$ が得られ、この式で求めた τ 以上のせん断力が作用すると、地すべりや崩土が発生し、斜面が不安定になる。

③　締固め試験

目的：自然乾燥した土に、どの程度の水を加えて締固めると、締固め効果が最大になるのかを調べ、その時の水量である**最適含水比** $\boldsymbol{w_{opt}}$ を求めて**締固め管理**に役立たせる。

試験方法：図 1-17 のような方法で 5～6 段階ごとのモールド中の土試料の質量と含水比を測定し、計算により各段階の乾燥密度 ρ_d（d：dry）を求める。

結果の利用：各段階の含水比 w と ρ_d との関係から、図 1-18 のような曲線を描き、頂点から w_{opt} 及び ρ_{dmax} を求める。ρ_{dmax} は、モールド中に詰め込まれた土粒子の量が最大となり、空げきも最小である。この ρ_{dmax} になるように $\boldsymbol{w_{opt}}$ **で締固め作業を行うことが大切**であり、w_{opt} はこのように利用されている。

図 1-16　締固め作業

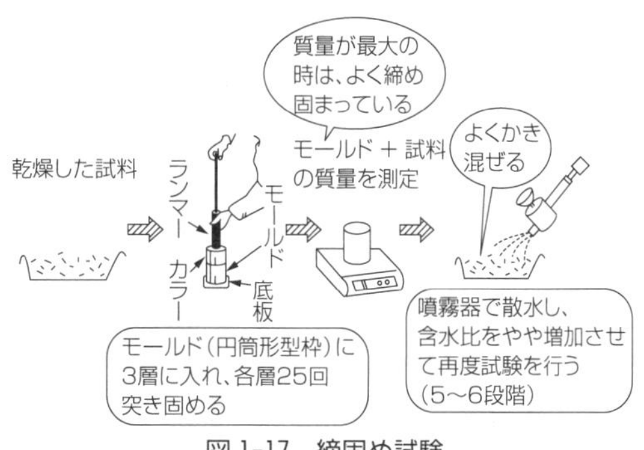

図 1-17　締固め試験

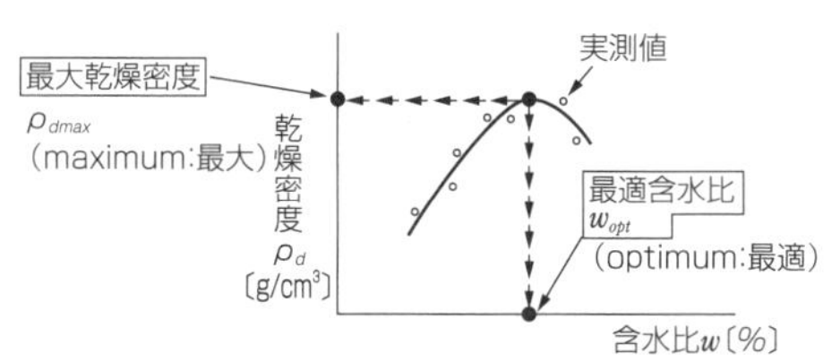

図 1-18　最大乾燥密度と最適含水比

④　室内 CBR 試験

目的：人工的に調整された**路盤材料**などが、出し得ることが可能な最大の**CBR（これを修正CBR という）値**を求める。

試験方法：図 1-6（12 ページ）と同様な試験装置を室内に設置して行う。異なるところは、ダンプトラックで押えるのではなく、固定された装置を使用することと、モールドに詰めた供試体に貫入ピストンを圧入することであり、直径 50 mm の貫入ピストンや標準荷重などは、現場 CBR 試験と全く同じである。

結果の利用：路盤材料として要求されている修正 CBR 値により、材料としての適否の判断と、締固め管理上の目標値となり、**路盤の支持力の判断**にも利用される。

代表的な土の力学的性質の試験の名称ー目的と方法ー結果の利用は、次のようになる。

試験の名称	目的と方法	結果の利用	出題率
一軸圧縮試験	供試体に上下方向のみの荷重をかけ支持力 q_u を求める	q_u から鋭敏比 S_t を求める	○
三軸圧縮試験	上下・側圧（3 軸）から圧力をかけ、支持力 q_u を求める	q_u からせん断強さ τ_f を求める	○
一面せん断試験	供試体にせん断力を加え、せん断応力度 τ を求める	$\tau=c+\sigma \tan \phi$ の式より、斜面の安定や地盤の支持力を推定する	○
締固め試験	含水比を少しずつ増やし、質量と含水比を測定し**最適含水比** w_{opt} と最大乾燥密度 ρ_{dmax} を求める	路床・路盤などの締固め管理に利用	◎
圧密試験	土の中の水分の排除による沈下量と沈下速度を求める	圧密沈下による構造物の安定性	○
室内 CBR 試験	主に路盤材料の修正 CBR を室内試験によって求める	舗装材料の適否と地盤の支持力の判断に利用	◎

出題率　◎高い　○普通

要点

『土の力学的性質の試験のまとめ』

- 一軸及び三軸圧縮試験は、乱さない試料から供試体を作製し、支持力 q_u を求める。
- 鋭敏比 S_t は、土のこね返しによる支持力の低下の程度を示し、施工方法の検討に必要な値。
- 土のせん断強さは、三軸圧縮試験からも求められ、斜面の安定や支持力の推定に利用。
- 締固め試験では、土工作業の締固めの管理に重要な最適含水比 w_{opt} を求める。
- 室内 CBR 試験では、主に路盤材料の修正 CBR 値を求める。

例題 1-6 土質試験の名称とその試験結果から求められるものとの組み合わせで適当でないものはどれか。

（1） 一軸圧縮試験――鋭敏比

（2） 締固め試験―――最適含水比

（3） 粒度試験――――粘着力

（4） 室内 CBR 試験――修正 CBR

解説

この種の問題の出題率は高く試験名—目的—結果の利用の要点をよく理解し覚えておけば解答できよう。

(3)の粒度試験は、粒度がどんなものかわかっていれば、適当でないことがすぐわかる。念のため(1)(2)(4)の組み合わせは正しい。答(3)

例題 1-7 土の力学的性質を調べる試験についての説明のうち適当でないものはどれか。

（1） 一軸及び三軸圧縮試験は、現地の自然状態に近い条件で、土の支持力を求めている。

（2） 土の鋭敏比 S_t とは、粘性土のこね返しによる支持力の低下の割合をいう。

（3） 締固め試験は、最適含水比 w_{opt} を求め、締固めの施工管理に役立てる。

（4） 室内 CBR 試験では、ハンマーの落下回数を求め、これを N 値とする。

解説

一軸及び三軸圧縮試験に用いる供試体は現地で採取した乱さない（自然土の）状態の試料を室内で成形するので(1)は正しい。(2)鋭敏比は、高含水比の粘性土が、建設機械の走行によってこね返され支持力が低下するので正しい。(4)の説明の N 値は標準貫入試験で求める値であり誤りとなる。(3)の説明はよく理解しておこう。

答(4)

1・2 土工事の計画

土質調査の結果、基礎地盤の支持力や安定性、盛土材料の適否の判定などの調査資料が得られ、これをもとに土工事の計画を考慮して、施工方法や土工機械の組み合わせが決まり、いよいよ着工となる。ここでは概略的な**土工事の計画**について学ぶ。

1・2・1 土積図

土工事の主な内容は、既に学んだように切土工事と盛土工事が中心であり、その時に切土・運搬・盛土の**各土量**が重要となり、これらの関係を表したものが**土積図**である。

いま、図 1-19 のように地山線 A～D に、新設道路の計画線を入れると、A～B 間、C～D 間は計画線より地山線の方が高いので**当然切土工事が必要となる**。同様に B～C 間は地山線の方が低いので**盛土工事区間となる**。ここで**仮想の土置場**を想定し、その土置場の土量の増減を考えると、A〜B 間の切土工事では土量が増し、B〜C 間では減っていくことになる。この土置場での**累加土量**の変化の状態を示すと図 1-19 のようになる。これが**土積図**（土積曲線：mass curve ともいう）であり、この図より切土・盛土・累加の各土量や運般距離などが求められる。

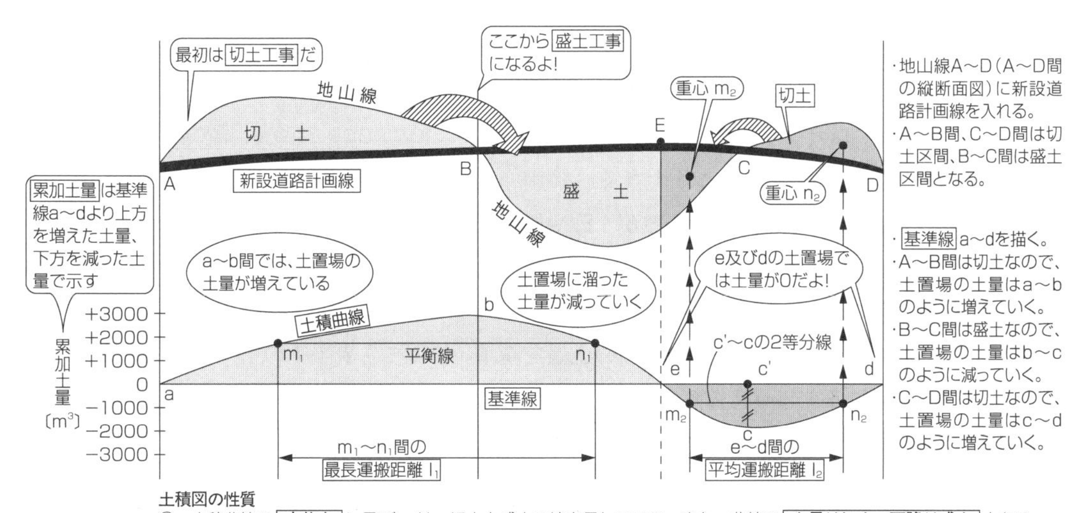

土積図の性質

① 土積曲線の **変位点** b 及び c は、切土と盛土の境を示している。また、曲線の **上昇は切土、下降は盛土** となる。
② e 点での累加土量が 0 ということは、A〜B 間の切土量と B〜E 間の盛土量が等しく、A〜E 間は **切盛のバランスがよく平衡している** といえる。同じことが E〜D 間についてもいえ、結果的には、A〜D 間全体が平衡していることになる。（d 点の累加土量が 0 でない場合は、土が余る残土か不足土を表している）
③ 基準線 a〜d に平行な任意の線と曲線との交点を m_1、n_1 とすると、m_1、n_1 の累加土量が等しいので、この任意の線を **平衡線**、m_1、n_1 を **平衡点** という。また、m_1〜n_1 間の距離 l_1 は、平衡している切土及び盛土区間のそれぞれの長さを示し、土量を運搬する **m_1〜n_1 間の** **最長運搬距離** ともいえる。
④ 平衡している E〜D 間において、E〜C 間の重心 m_2 と C〜D 間の重心 n_2 との距離 l_2 は、e〜d 間の **平均運搬距離** を示し、l_2 より最適な運搬機械を選定する。（例：ブルドーザは 60 m 以下など）
⑤ 重心 m_2 と n_2 の位置は、土積曲線の c 点の累加土量 c〜c′ の 2 等分線と曲線の交点より求める。

図 1-19 土積図

1・2・2 土量の変化

土工事では、切土した土を運搬し、盛土に利用できるように計画する。ここでは、図 1-20 に示すように、切土した**地山の土量**に対して、運搬すべき**ほぐした土量**及び盛土する**締固めた土量**との関係について学ぶ（**土量の変化については毎年のように出題されている**）。

（1） 土量の変化率

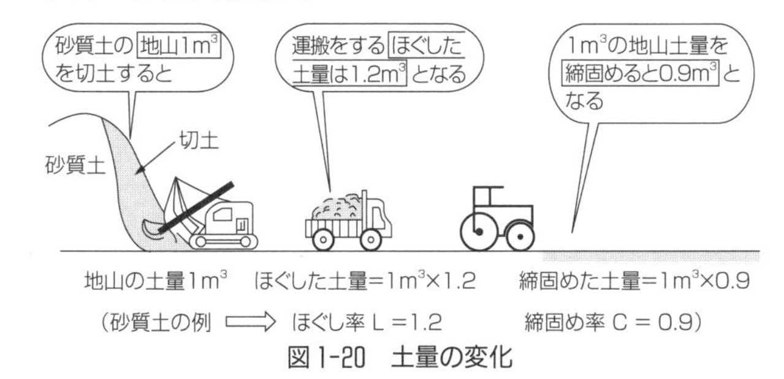

図 1-20 土量の変化

図 1-20 に示したように砂質土の地山の土量を切土すると体積は増え、締固めると小さくなる。このように土量の値は変化する。この変化の割合を**土量の変化率**といい、表 1-1 に示すような値となる。

$$\boxed{\text{ほぐし率L}} = \frac{\text{ほぐした土量〔}m^3\text{〕}}{\text{地山の土量〔}m^3\text{〕}}$$

$$\boxed{\text{締固め率C}} = \frac{\text{締固めた土量〔}m^3\text{〕}}{\text{地山の土量〔}m^3\text{〕}}$$

表1-1 土量の変化率

岩・石・土の名称	地山に対する体積比	
	L	C
硬　岩	1.65～2.00	1.30～1.50
軟　岩	1.30～1.70	1.00～1.30
れき質土	1.10～1.30	0.85～1.00
砂	1.10～1.20	0.85～0.95
砂質土	1.20～1.30	0.85～0.95
粘性土	1.20～1.45	0.85～0.95

L：Loose（ほぐす）
C：Compact（つめる、固める）

表1-1の土量の変化率について次のことがいえるので、よく理解しておくようにする。

① ほぐし率Lは、**常に1より大きく**、全ての土は切土し掘削すると土の体積は増し、ほぐした土量は地山の土量より大きくなる。

② 締固め率Cは、**岩質では1より大きく**、締固めた土量は地山の土量より**大きくなるが、砂や粘性土では1より小さいので**締固めた土量は、地山の土量より小さくなる。

(2) 土量の計算

各土量を計算する場合の基本は、**地山の土量を基準**として、表1-1のL、Cの値を用い、とにかくLやCを求める式に与えられた条件の数値を代入してみると求めやすい。

いま、100 m^3 の砂質土の盛土を造成するのに必要な地山の土量とほぐした土量を求めてみよう。砂質土の変化率は表1-1から、L＝1.20、C＝0.90とする。これらの数値を式に代入して計算すると、地山の土量、ほぐした土量は次のようになる（この場合、盛土は締固めた土量となる）。

$$C = \frac{\text{締固めた土量}}{\textbf{地山の土量}} \Rightarrow 0.90 = \frac{100\ m^3}{\text{地山の土量}} \quad \therefore \ \text{地山の土量} = \frac{100}{0.90} \fallingdotseq 111\ m^3$$

$$L = \frac{\text{ほぐした土量}}{\textbf{地山の土量}} \Rightarrow 1.20 = \frac{\text{ほぐした土量}}{111\ m^3} \quad \therefore \ \text{ほぐした土量} = 1.20 \times 111 \fallingdotseq 133\ m^3$$

例題1-8 図1-21の土工事におけるダンプトラックの運搬回数と締固め後の土量を求めよ。

図1-21 土量の計算

解説

300 m^3 の地山を掘削すると、ほぐした土量は

ほぐした土量＝300×1.2＝360 m^3

1回6 m^3 運べるダンプトラックの運搬回数は

$$\text{運搬回数} = \frac{360}{6} = 60\ \text{回}$$

また締固め後の土量は、**地山の土量を基準**にして求めるので

締固めた土量＝300×0.8＝240 m^3

要点

『土工事の計画のまとめ』

・土工事を計画する際の重要なものに、切土・運搬・盛土の各土量があり、ある区間の土量の関係を表わしたものを土積図という。これは土工事において、切土や盛土の土を一時貯めておく仮想の土置場の累加土量と考えると、土積図の性質も分かるであろう。

・ほぐし率L及び締固め率Cを求める式の持つ意味をしっかり理解することと、土量の計算の基本は、地山の土量を基準として行うことをしっかり覚えることが重要である。

・土の種類にかかわらずLの値は常に1より大きく、ほぐすと地山の土量より大きくなることを表している。またCは岩質では1より大きく、締固めても地山の土量より体積が増え、砂や粘性土では1より小さく、締固めると、地山の土量より体積が減ることを表している。

例題1-9　下図は土積図を示したものである。次の説明のうち適当でないものはどれか。

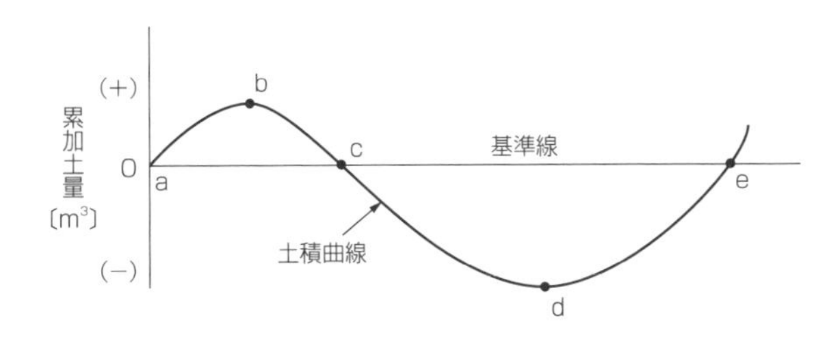

（1）　a〜b 間は切土区間、b〜d 間は盛土区間である。
（2）　c 点は切土から盛土への変位点である。
（3）　a〜e 間の切土量と盛土量は等しく平衡している。
（4）　土積曲線は、累加土量の増減の状況を図示したものである。

解説
土積図の性質をよく理解しておけば容易に正解を得ることができる。土積曲線と切土・盛土の関係を考えながら、例題の土積図をみると、a〜b間は累加土量が上昇しているので切土区間であり、b点を変位点としてb〜d間は下降しているので盛土区間となる。
さらに、a点もe点も累加土量が0で等しいので、a〜e間の切土量と盛土量も等しく平衡していることになる。従って(1)と(3)は正しい。(4)はその通りであり正しいが(2)の変位点は切土と盛土の境なので、bとd点が変位点であり誤りとなる。答(2)

例題1-10　地山の土量5000 m³ をダンプトラック（6 m³積）10台で運搬するとき、運搬所要日数は次のうちどれか。ただしL=1.2、C=0.9とし1日当りの1台の運搬回数は5回とする。

（1）　10日　　（2）　15日　　（3）　20日
（4）　25日

解説
ダンプトラックで運搬するのは、ほぐした土量なので、次のようになる。

運搬土量=5000×1.2=6000 m³

∴　所要日数

$$=\frac{6000}{6\,\text{m}^3\times 10\,\text{台}\times 5\,\text{回/日}}=20\,\text{日}$$

答(3)

1・3　建設機械

今までに学んだ土量の変化や配分などの土工の計画ができると、いよいよ施工方法や**土工事用建設機械**の組合わせなどを定めて、土工事が開始されることになる。そこでまず、土工事を含めて土木工事全般に使用される**建設機械の基本的事項**について学ぶ。

1・3・1　建設機械の分類

建設機械を主な使用目的から大別すると、表1-2のようになる。

1・3・2　建設機械の動力源

建設機械の動力としては、蒸気・電力・ディーゼル機関・ガソリン機関などがあり、これらについては、施工管理法の第3章機械・電気（309ページ）を参照されたい。

表 1-2　建設機械の分類

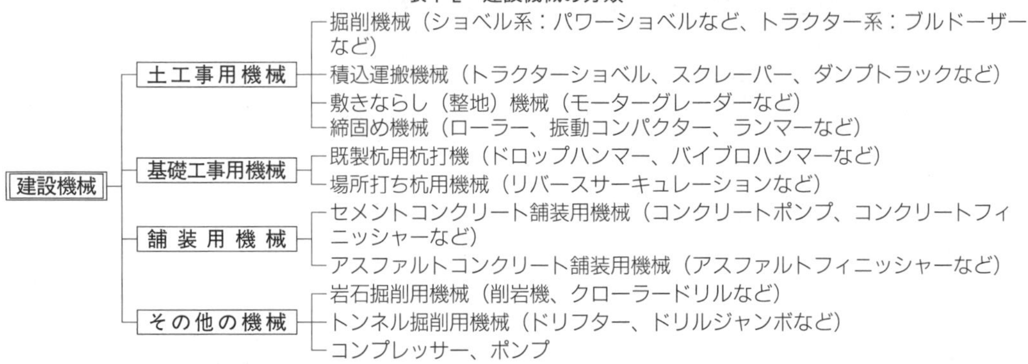

注：これらの機械のうち、汎用性の広い機械（ブルドーザーなど）は、いくつかの目的に使用される。

1・3・3　走行装置

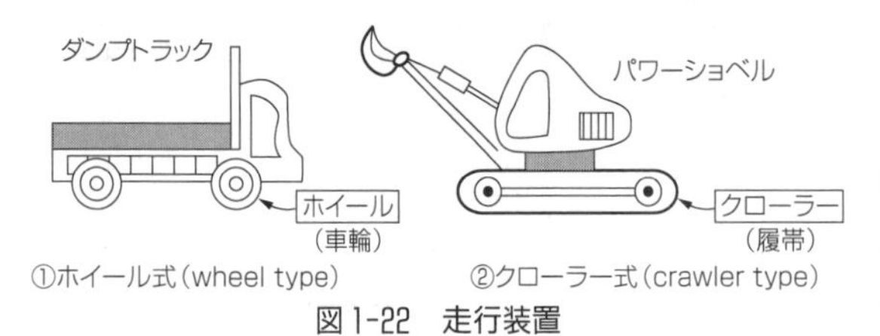

図 1-22　走行装置

建設機械の走行装置には、図 1-22 のように**ホイール式**と**クローラー式**とがあり、移動速度などの機動性、軟弱地盤や未整地への適応性を考慮して選択する必要がある。我が国の地層は一般に粘土層が多く、鋭敏比との関係もあり、掘削機械などはクローラー式が多い。

表 1-3 にクローラー式とホイール式との特徴の比較を示す。

表 1-3　クローラー式とホイール式の特徴

	土質の影響	軟弱地盤	不整地	けん引力	登坂力	保守	機動性	作業距離	作業速度	連続作業
クローラー式	少ない	適合	容易	大きい	大きい	困難	小さい	短距離	低速	容易
ホイール式	大きい	不適	困難	小さい	小さい	容易	大きい	長距離	高速	困難

1・3・4　コーン指数と走行性

建設機械の**走行性の良否（トラフィカビリティー）**は、土工事などの作業効率に大きく影響する。この走行性の状態を示すのが、コーン貫入試験（12 ページ）で求めた**コーン指数** q_c であり、この値の大きい程走行性が良好といえる。表 1-4 にコーン指数と適する建設機械の種類を示す。

表 1-4　建設機械の走行に必要なコーン指数

建設機械の種類	コーン指数値 q_c（KN/m²）
超湿地用ブルドーザー	200 以上
湿地用ブルドーザー	300 以上
スクレープドーザー	600 以上 （超湿地形は 400 以上）
ブルドーザー（中型）	500〜700
ブルドーザー（大型） 被けん引式スクレーパー	700〜1000
モータースクレーパー	1000〜1300
ダンプトラック（6〜7.5 t）	1200〜1500 以上が必要

（q_c=200 KN/m² は SI 単位移行前は 2 kgf/cm² と示していた）

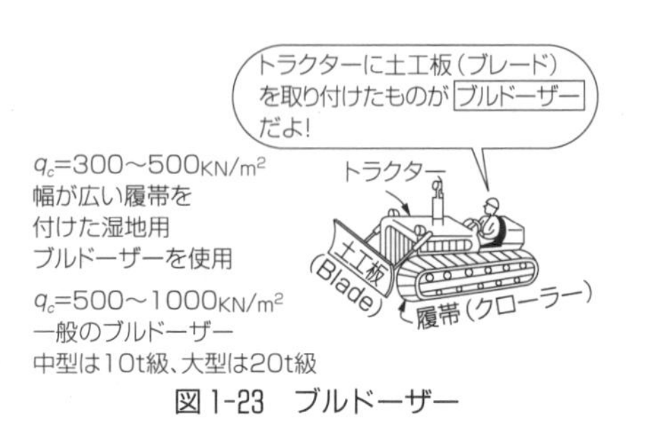

図 1-23　ブルドーザー

1・3・5 建設機械の騒音

建設機械による土工事の大型化、機械化施工が進むに伴ない、騒音や振動などの地域住人への生活環境の影響問題が発生している。これらについては、第Ⅲ編第8章及び第10章で学ぶので、ここでは主な建設機械の騒音の大きさだけを表1-5に示す。

騒音の大きさは、機械が大型化、老朽化する程大きくなる傾向がある。

表1-5　建設機械の騒音の大きさ

主な建設機械の種類	ブルドーザー	パワーショベル	クラムシェル	ロードローラー	ディーゼルハンマー	ベノト工法グラブバケット	ダンプトラック	各種プラント
騒音の大きさ デシベル dβ（程度）	63	64	63	62	95	68	78	80

図1-24　ディーゼルハンマー

例題1-11　建設機械のトラフィカビリティーを示すコーン指数 q_c〔KN/m²〕についての説明のうち適当でないものはどれか。

（1）　湿地用ブルドーザーに必要なコーン指数 q_c は700 KN/m² 以上である。

（2）　スクレープドーザーに必要なコーン指数 q_c は600 KN/m² 以上である。

（3）　ダンプトラックはホイール式であり、コーン指数 q_c も1200 KN/m² 以上必要である。

（4）　コーン指数 q_c は、原位置で行うコーン貫入試験より求める。

解説

建設機械の全てのコーン指数を暗記するのが無理な場合は、まずブルドーザーについての湿地用と一般用を覚え、これをもとに他の機械の値を判断するようにする。同様にダンプトラックも覚えてほしい。誤りは(1)である。

なお、SI単位への移行前のコーン指数 q_c は〔kgf/cm²〕で示され次の関係がある。

q_c=700 KN/m²=7 kgf/cm²

答(1)

1・4 土工事用建設機械

土工事の主な内容である切土や盛土の工事を行う土工事用建設機械には、**①掘削機械**・**②積込運搬機械**・**③整地機械**・**④締固め機械**の4種類に大別できるが、これらの機械類は専用機械として使用する場合と、いくつかの機能を持つ兼用機械がある。

1・4・1 掘削機械

地山を掘削する機械を大別すると**①ショベル系掘削機**、**②トラクター系掘削機**とになる。

(1) ショベル(shovel:シャベル)系掘削機の本体構造と特徴

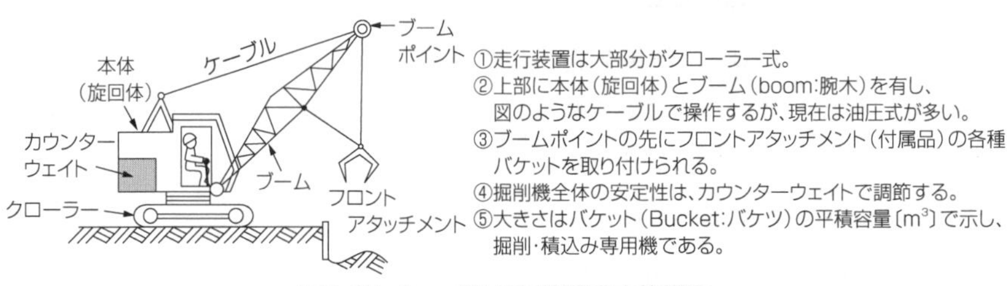

図 1-25 ショベル系掘削機の本体構造

フロントアタッチメント(front attachment:前面につける付属品)の種類によって、ショベル系掘削機は図 1-26 のように分類される。

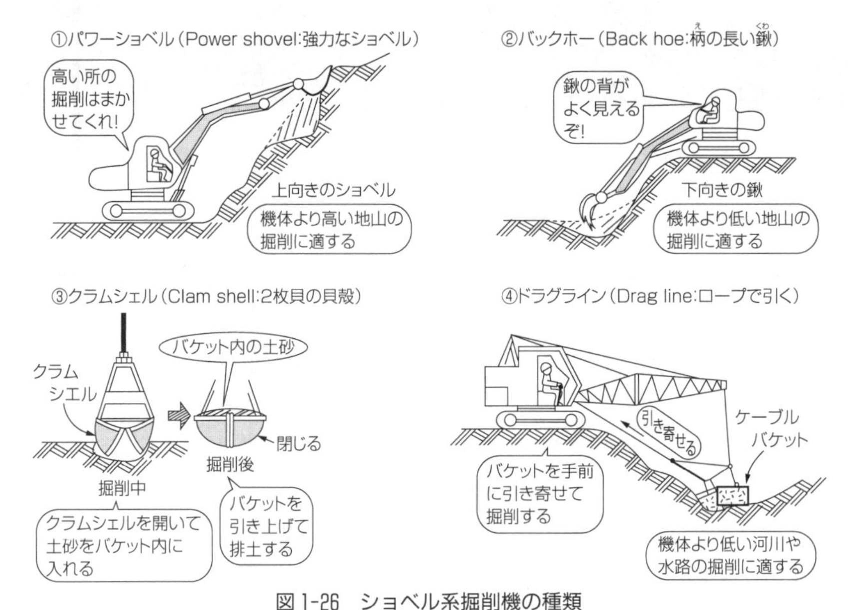

図 1-26 ショベル系掘削機の種類

(2) トラクター(tractor:けん引車)系掘削機の本体構造と特徴

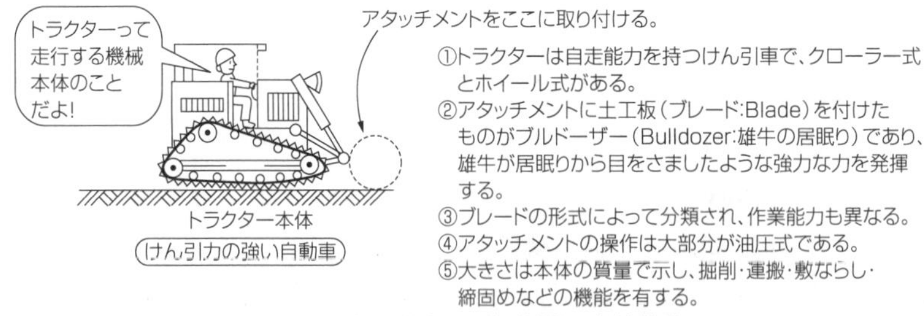

図 1-27 トラクター系掘削機の本体構造

フロントアタッチメントの種類によって、トラクター系掘削機は図 1-28 のようになる。

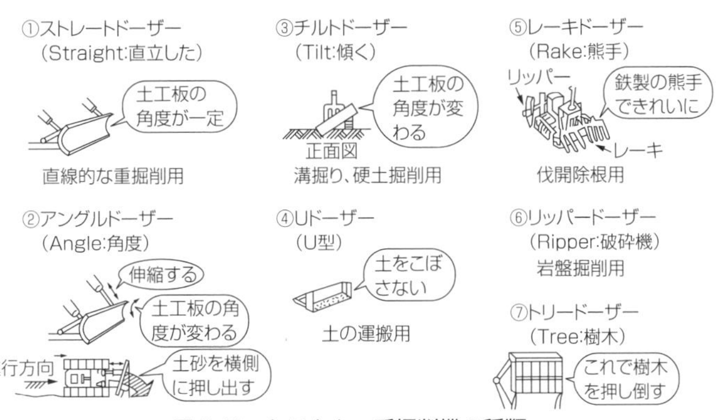

図1-28　トラクター系掘削機の種類

例題1-12　土工事用建設機械と施工条件の次の組合わせのうち、適当でないものはどれか。

(1)　クラムシェル――――水中掘削

(2)　パワーショベル―――機械位置より低い場所での掘削

(3)　レーキドーザー―――伐開除根

(4)　ドラグライン――――河床などの掘削でバケットを投げて手前に引き寄せる

解説

各種建設機械の特徴についての問題でありよく出題されている。これらについてはテキストのイラストでそれぞれの形や使用位置、アタッチメントの種類などの特徴をよく理解しておくことが必要である。

(2)機械の位置より低い場所の掘削には土砂を鍬で掘るバックホーが適し誤りである。(1)、(3)、(4)はその通りである。

答(2)

1・4・2　積込運搬機械

土工事における積込運搬機械としては、図1-29のようなものがあるが、1・4・1で学んだ掘削機械も、掘削と同時に積込みや運搬作業も行っていることを理解しておこう。

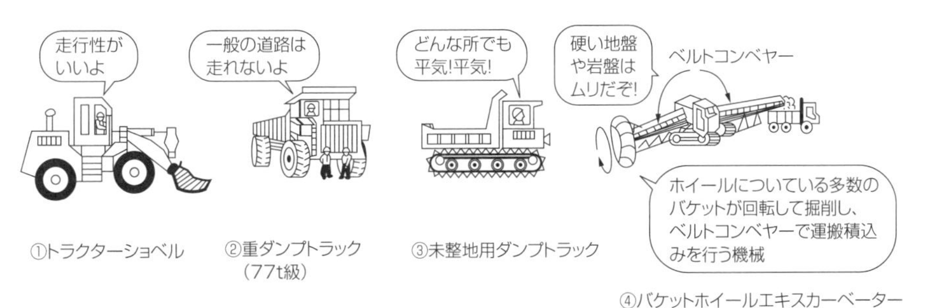

④バケットホイールエキスカーベーター

図1-29　積込運搬機械

土工事用運搬機械の代表的なものは、一般公道を走行できる**ダンプトラック**(dumptruck)である。dumpとは荷台を傾斜させ、積荷(土砂など)をまとめて降ろすという意味であり、荷台

①　後方にダンプする：リヤーダンプといい、最も多い方式
②　左右方向にダンプする：サイドダンプ
③　後方及び左右の3方向にダンプする：三転ダンプ

①リヤーダンプ

②サイドダンプ

図1-30　ダンプトラックの種類

を傾斜させる方向により、図 1-30 のような種類がある。

1・4・3　整地（敷きならし）機械

整地機械には、図 1-31 に示すモーターグレーダーと図 1-32 の掘削・運搬・敷きならしの機能を持つモータースクレーパーがある。

(1)　モーターグレーダーの本体構造と特徴

モーターグレーダー（motor grader）は、自走能力を持ち、段階的（グレード）に敷きならし作業を行う整地作業専用機械といえる。

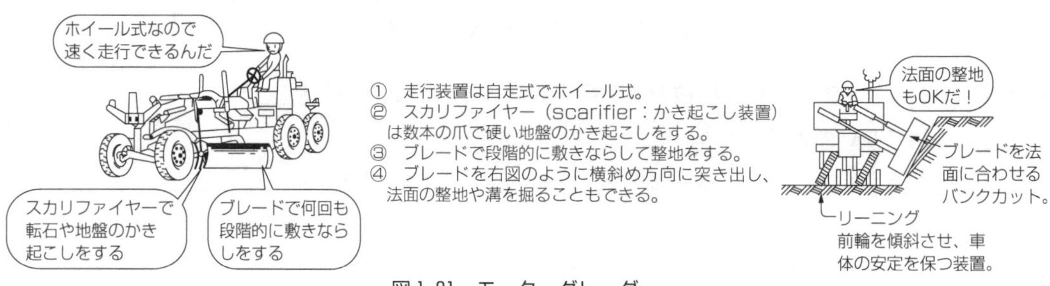

図 1-31　モーターグレーダー

(2)　モータースクレーパー（motor scraper：削りながらかき集める）の本体構造と特徴

モータースクレーパーは、自走式で図 1-32 の作業手順に示すように、広い地域での掘削と運搬、敷きならし作業が連続して行える機械である。また、ブルドーザーなどにけん引される方式や軟弱地盤に適するように、走行装置をクローラー式にした図 1-33 に示すようなスクレープドーザーもある。

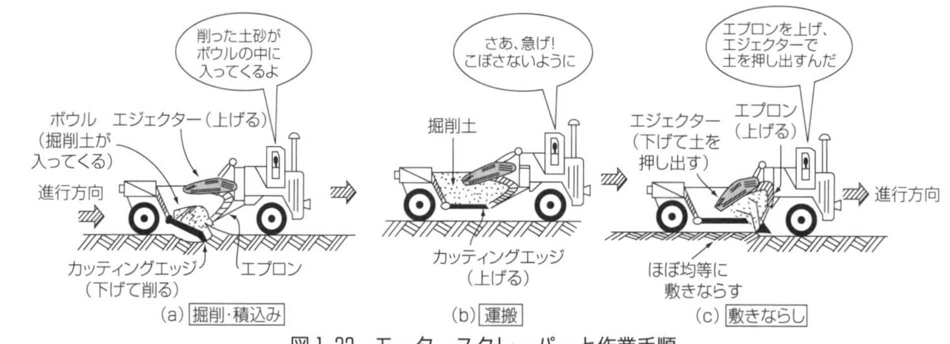

図 1-32　モータースクレーパーと作業手順

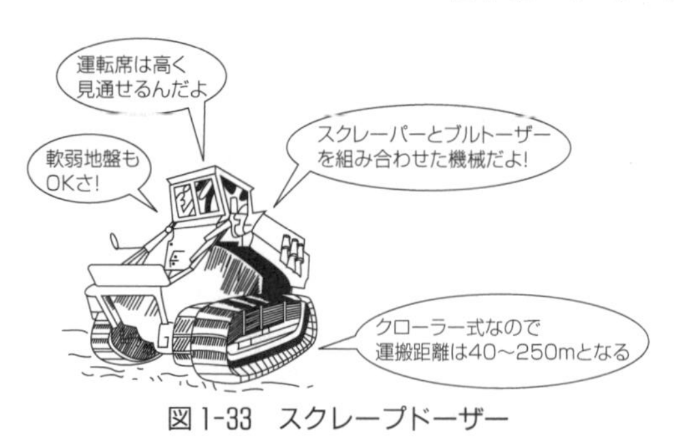

図 1-33　スクレープドーザー

図 1-33 のスクレープドーザーは、機動性を良くするために、方向転換をせず、前進と後退が自由にできるようになっている。高く設けられた運転室で、オペレーター（運転操作をする人）自身が前後の向きを換えればよい構造になっている。

走行装置もクローラー式で、軟弱地盤での土工作業に強力のパワーを発揮できる。

例題1-13　土工事用建設機械の特徴に関する説明のうち、適当なものはどれか。

（1）　運搬距離が100 m位まではブルドーザーでの運搬が適する。

（2）　運搬距離が100 m以上の長い場合は、一般にショベル系掘削機やトラクターショベルでダンプトラックに積込んで運搬する。

（3）　モータースクレーパーの適応運搬距離は3 km位までである。

（4）　スクレープドーザーは前進と後退が自由にでき、機動性に富むので1000 m位までが適応運搬距離である。

解説

土工事用運搬機械ごとの適応する運搬距離に関する問題は、出題率もかなり高いので機械の構造や特徴と関係づけて覚える必要がある。本書では各機械のイラストの中にも適応する距離を入れてある。また、32ページ表1-8にもまとめてある。(1)、(3)、(4)の各機械の走行装置や特徴から誤りであることがわかる。(2)の内容はよく理解しておこう。

答(2)

例題1-14　モーターグレーダーの本体構造と特徴の説明のうち、適当なものはどれか。

（1）　モーターグレーダーとは、自走式の掘削機械である。

（2）　グレードとは段階的に敷きならすという意味があり、土砂を層状に敷きならす整地機械である。

（3）　モーターグレーダーのブレード（土工板）は、左右及び上下に移動できないように高さを固定して、一定の厚さに敷きならすようになっている。

（4）　モーターグレーダーは、平面な土地整地専用の機械で、法面の整地はできない。

解説

モーターグレーダーの本体構造と特徴をイラストから理解しておけば、容易に正解がわかるであろう。(2)が正しいが、この説明文はよく理解しておこう。(3)の土工板は、上下、左右に移動（旋回）できる構造になっており、法面の整地や浅い溝の掘削もできるようになっている。またイラストでは説明してあるが、転石などをかき起こすスカリファイアーもついている。

答(2)

1・4・4　締固め機械

道路の舗装面や広い地面を締固める機械には、機体の重量を利用するローラー系と、振動や衝撃力を利用するものとに大別できる。

(1)　ローラー（roller：車輪系の転圧機械）系の機械の本体構造と特徴

ローラーは機体の重量を車輪に伝達えて締固める機械で、①ロードローラー、②タイヤローラー、③振動ローラーなどがある。図1-34にロードローラーのうちのマカダムローラーを示す。

ローラーの大きさは機体の質量で8～12 tのように表示され、このうちの8 tは、機体だけの質量であり、12 tはバラスト（機体の全質量を調節するための水・砂・鉄塊などの積載荷重）を加えた全質量である。このようにローラーは、締固める路面などの強さによって全質量を変え、機体の質量を調節している。

図1-34　マカダムローラー

①　ロードローラー（road roller：道路工事や盛土工事用のローラー）

道路工事の締固め作業に使用される機械の総称で、次のような種類がある。

ⓐ　マカダムローラー（Macadam：マカダム工法を考案したイギリス人の名）は図1-34のように、前輪1個（案内輪）と後輪2個（駆動輪）のローラーで、砕石のかみ合わせによる支持力を

考えたマカダム工法に使用される他、アスファルト舗装の初期転圧にも利用され、かなり多くの工法や現場の締固め作業に利用されている。

ⓑ　タンデムローラー（tandem：2頭だての馬車）は図1-35のように、二輪形のローラーで、アスファルト舗装の仕上げ転圧に利用する。

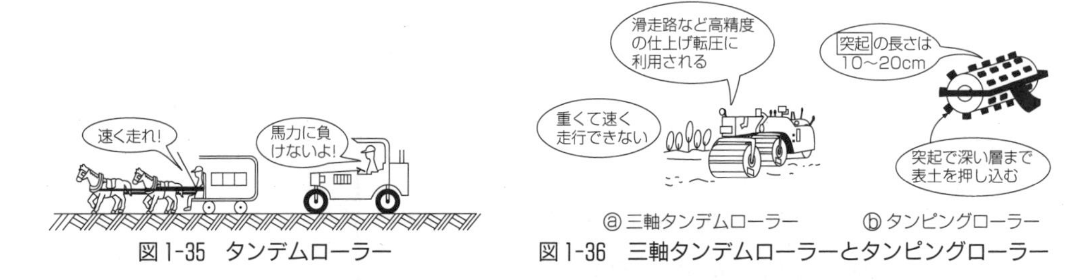

図1-35　タンデムローラー　　図1-36　三軸タンデムローラーとタンピングローラー

ⓒ　三軸タンデムローラーは図1-36ⓐのように三輪形で、前輪と中輪が案内輪で後輪が駆動輪となるが、重くて走行性や移動性に欠けるので、一般の道路舗装ではあまり利用されていない。舗装面にローラーから伝達される重量は、3輪とも同じである。

ⓓ　タンピングローラー（tamping：突き固める）は図1-36ⓑのように、ローラーの表面に突起を設け、硬い粘土層などを突起で押し込むような静的圧力によって転圧する。突起（フート）の形によって①シープスフートローラー（羊蹄形ローラーで最も多い）、②テーパーフートローラー（台形のような先細り形）、③ターンフートローラー（交換形）の種類がある。

② **タイヤローラー**（tyre roller：ゴムのタイヤで米語では tire）

タイヤローラーは、図1-37に示すように、前後輪とも3～9本の大形低圧ゴムタイヤを装備したローラーで、路床や路盤の締固めやアスファルト舗装の二次転圧などに使用する。

タイヤローラーによる締固め強さである**接地圧**は、図のように調節できる利点がある。

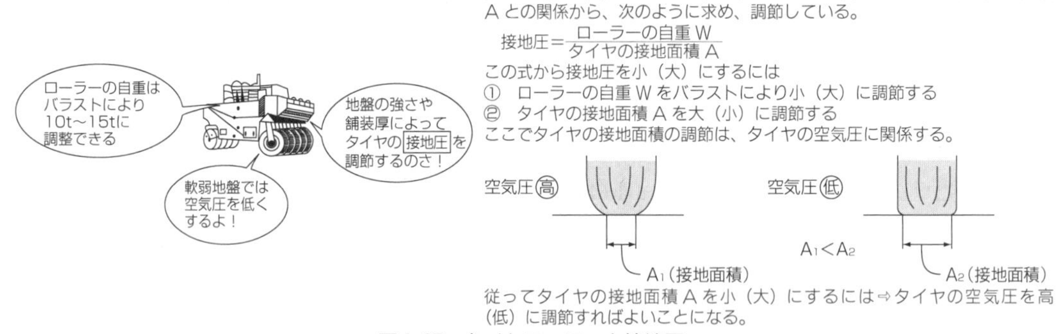

図1-37　タイヤローラーと接地圧

③ **振動ローラー**（vibration roller：振動するローラー）

振動ローラーは、起振機を備え、ローラーの重量と振動によって締固める機械であり、一般に砂質土に用いると効果があるが、図1-38に示すように小形で機動性にも富み、振動による締固めも十分に行えるので、アスファルト舗装の仕上げ転圧にも利用され、汎用性はかなり広い機械である。

なお、舗装面の端部や狭い場所では、図1-38に示すハンドガイドの振動ローラーもある。

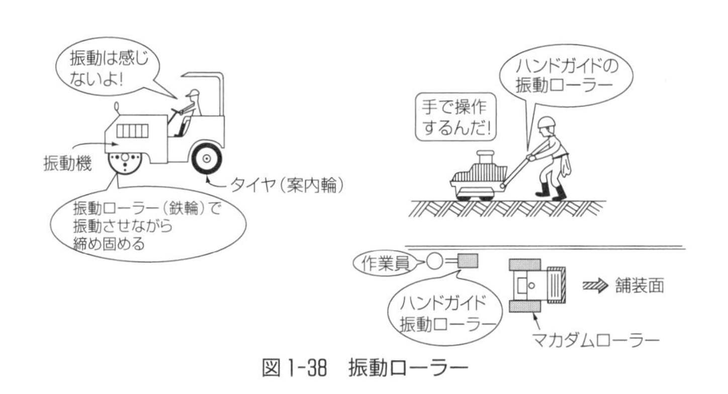

図1-38　振動ローラー

(2)　振動や衝撃力を利用する締固め機械の本体構造と特徴

① 振動を利用するタイプ

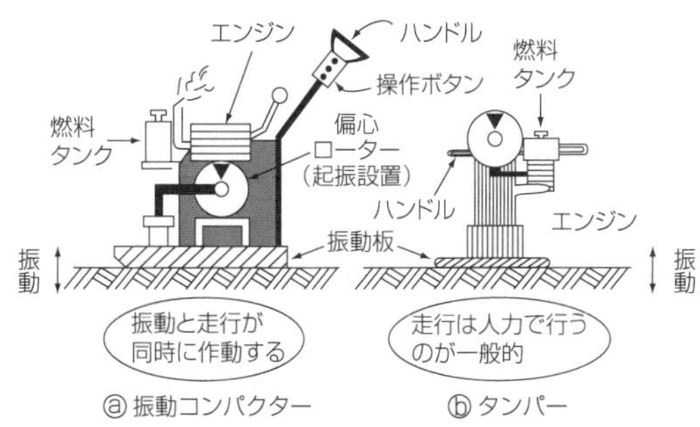

ⓐ振動コンパクター　ⓑタンパー

偏心ローターなどの起振装置で振動を起こし、その振動を振動板に伝えて、締固める機械。
振動コンパクター、タンパーとも人力で操作しながら、路面の端部や狭い場所など小規模の締固めに使用する。

図1-39　振動を利用する締固め機械

② 衝撃力を利用するタイプ

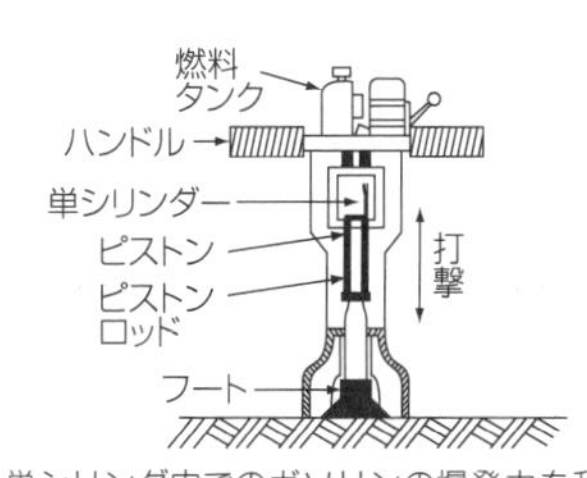

ランマーは、単シリンダ内でのガソリンの爆発力を利用して地面を叩く衝撃力で締め固めると同時に、地面からの反動でランマーをはね上げ、落下の際の衝撃力もうまく利用している締固め機械。
振動コンパクターと同様に、人力で操作するが、衝撃力があるので操作には注意を要する。

図1-40　ランマー

例題1-15　締固め機械に関する次の記述のうち、適当でないものはどれか。

(1)　振動ローラーは、一般に粘性に乏しい砂利や砂質土の締固めに効果がある。

(2)　ロードローラーは、舗装及び路盤用として多く用いられ、土工作業では、路床面などの仕上げに用いる。

(3)　タイヤローラーは、一般に砕石などの締固めには接地圧を高くして使用し、粘性土などの場合には、接地圧を低くして用いる。

(4)　タンピングローラーは、含水比調節が困難でトラフィカビリティーが容易に得られない土などに用いる。

解説

(1)、(2)、(3)の説明はいずれも正しいので、よく読んで確認しておこう。(4)のタンピングローラーは、ローラーの外周にたくさんの突起を取り付け、突起によって、土塊や岩塊を破砕したり締固め効果が発揮できる。逆にトラフィカビリティー(重機械類の走行性)が容易に得られないシルト質などで用いると土がこね返され、さらに土を軟らかくしてしまう。従って,(4)が誤り。

答(4)

1・4・5　土工事用建設機械の種類と特徴のまとめ

表1-6に、作業別の適正な建設機械の種類名、表1-7に現場の土質に応じた締固め機械、そして表1-8に各機械ごとの適応する運搬距離を示す。この関係の出題率は高い。

表1-6　作業別適正機械

作業の種類	建設機械の種類
伐開除根	ブルドーザー、レーキドーザー、バックホー
掘　削	パワーショベル、バックホー、ドラグライン、クラムシェル、トラクターショベル、ブルドーザー
積込み	パワーショベル、バックホー、ドラグライン、クラムシェル、トラクターショベル
掘削・積込み	パワーショベル、バックホー、ドラグライン、クラムシェル、トラクターショベル、しゅんせつ船、バケットエキスカーベーター
掘削・運搬	ブルドーザー、スクレープドーザー、スクレーパー
運搬	ブルドーザー、ダンプトラック、ベルトコンベヤー、架空索道（かくうさくどう）
敷ならし	ブルドーザー、モーターグレーダー、スプレッダー
締固め	ロードローラー、タイヤローラー、タンピングローラー、振動ローラー・振動コンパクター、ランマー、タンパー、ブルドーザー
整　地	ブルドーザー、モーターグレーダー
みぞ掘り	トレンチャー、バックホー

表1-7　締固め機械と土質

締固め機械	土　質
ロードローラー	玉石～砂質土
タイヤローラー	礫質土～粘質土
タンピングローラー	硬い粘土
振動ローラー	玉石～砂質土
振動コンパクター	礫質土～砂質土
ランマー	礫質土～砂質土
ブルドーザー	玉石～砂質土
湿地ブルドーザー	軟らかい粘土

表1-8　運搬機械と土の運搬距離

運搬機械の種類	適応する運搬距離
ブルドーザー	60 m 以下
スクレープドーザー	40～250 m
被けん引式スクレーパー	60～400 m
自走式（モーター）スクレーパー	200～1,200 m
ショベル系掘削機／トラクターショベル ＋ダンプトラック	100 m 以上

例題1-16　次の締固め機械の説明のうち、誤っているものはどれか。

（1）　マカダムローラーは、砕石の締固めやアスファルト舗装の初期転圧にも用いられる。

（2）　タイヤローラーは、自重やタイヤの空気圧を変えて接地圧を調節している。

（3）　タンピングローラーは、アスファルト舗装の仕上げ転圧に用いられる。

（4）　ランマーは一般に手動で操作し、ガソリンの爆発力など衝撃力を利用している。

解説
マカダムはイギリス人の人名で砕石のかみ合わせ理論を考案したと覚えておけば、砕石の締固めと関係があることがすぐわかる。タンピングは突き固めるという意味で仕上げ転圧には不適である。従って(3)が誤りで(1)、(2)、(4)の説明は正しい。
答(3)

例題 1-17　次の土工事用建設機械に関する説明のうち、正しいものはどれか。

（1）「10 t～15 t タイヤローラー」と呼ぶ場合、駆動輪の後輪軸重が 15 t、前輪の案内輪が 10 t であることを示している。

（2）ブルドーザーの適応する運搬距離は 60 m 以下である。

（3）湿地ブルドーザーは、履帯幅を一般の履帯より小さくして、湿地盤内にくい込むようにして走行している。

（4）振動ローラーは、礫質土など硬い岩層などを強力な振動力を利用して締固める機械である。

解説

土工事用建設機械に関する一般的な問題で、テキストのイラスト等で各機械の特徴や本体構造をよく理解しておけば正解は容易であろう。問題慣れすることも大切である。正解は(2)であり、(1)、(3)、(4)の誤った説明に対して、正しい説明が直ちに言えるぐらいの努力があれば合格間違いなし！

答(2)

例題 1-18　締固め機械と適応土質に関する組合せで、次のうち適当でないものはどれか。

（1）ロードローラー：路床、路盤の締固めや盛土の仕上げに用いられ、切込砂利、れき混じり砂などに適している。

（2）タイヤローラー：砂質土、れき混じり砂、山砂利、マサ土など細粒分を適度に含んだ締固めが容易な土に適している。

（3）タンピングローラー：風化岩、土丹、れき混じり粘性土など細粒分は多いが、鋭敏比の低い土に適している。

（4）振動ローラー：鋭敏な粘性土、水分を多く含んだ砂質土などのように、トラフィカビリティーが容易に得られない土に適している。

解説

締固め機械と適応する土質は次のようである。

① ロードローラー：玉石～砂質土
② タイヤローラー：れき質土～粘性土
③ タンピングローラー：硬い粘土
④ 振動ローラー：玉石～砂質土
⑤ ブルドーザー：玉石～砂質土
⑥ 湿地ブルドーザー：軟らかい粘性土

以上の関係からみて、(4)の振動ローラーの記述が誤りとなる。

答(4)

1・4・6　土工事用建設機械の作業能力

機械化施工の土工事を計画的に行うには、現場の条件を考慮して各機械の**作業能力**を算出し、これに基づいて工程や経済的な工費を検討することになる。

ここでは代表的な土工事用建設機械の**作業能力**を求めてみよう。

（1）機械の作業能力

土工事に使用する機械の1**時間当りの平均作業土量 Q**〔m^3/h〕を**作業能力**といい、一般に次の式で求める。

$$Q = qnfE \text{〔}m^3/h\text{〕} = \frac{60qfE}{C_m}$$

q：1作業サイクル当りの標準作業土量〔m^3〕、n：1時間当りの作業サイクル数で、ある機械の1サイクルに要する時間を C_m〔min〕（サイクルタイム）とすると $n=60/C_m$ となる。f：土量換算係数　E：作業効率

表 1-9　土量換算係数 f

基準＼求める量	地山土量	ほぐし土量	締固め土量
地山土量	1	L	C
ほぐし土量	1/L	1	C/L
締固め土量	1/C	L/C	1

土量計算は、地山土量を基準として求めてきたが、現場の条件によっては、埋立地での締固め土量が基準となり、掘削すべき地山土量や運搬するほぐした土量を求めることもある。この場合には表 1-9 の土量換算係数 f を用いて作業能力を計算する。

式の中のq、C_m、Eの各値については、使用する機械の大きさや土の種類、運搬距離などの現場条件によって定められている。

(2) 各機械のサイクルタイムC_m（1サイクルに要する時間）の算出（図1-41）

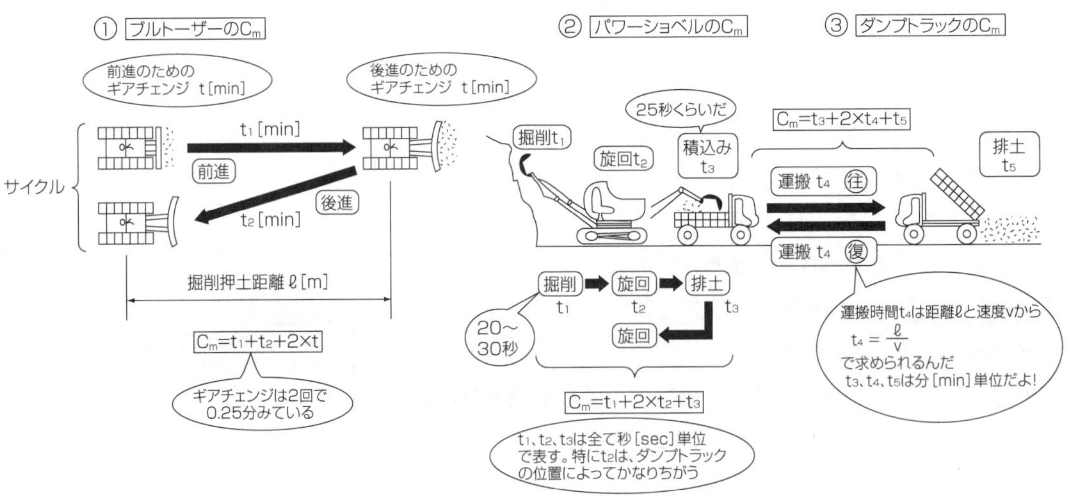

図1-41　各機械のサイクルタイムの算出

(3) ブルドーザーの作業能力

$$Q=\frac{60qfE}{C_m}\ \text{〔m}^3\text{/h〕}$$

ここで土量換算係数fの求め方は、ブルドーザーで押土運搬する土は、ほぐした土量であり、作業能力Qを地山の土量で表すとすると、表1-9よりほぐした土量を基準として地山土量を求めるfは1/Lとなる。

(4) ショベル系掘削機械の作業能力

図1-41のように、この機械のC_mは秒〔sec〕単位で表わされているので、求める式は

$$Q=\frac{3600qKfE}{C_m}\ \text{〔m}^3\text{/h〕}\qquad K\text{：バケット係数}$$

となる。また土量換算係数fは、ブルドーザーと同様に地山の土量で表すとf=1/Lとなる。

(5) ダンプトラックの台数

ダンプトラックの運搬時間は、図1-41のように、時間を直接測るのではなく、往復路のそれぞれの平均時速Vと距離ℓから求める。

また、パワーショベルなどの積込み機械を、有効に稼動させるのに必要な台数は、次の式から求められる。

$$\text{ダンプトラックの台数}=\frac{Q_S}{Q_D}$$

Q_S：パワーショベルなどの作業能力〔m^3/h〕
Q_D：ダンプトラックの作業能力〔m^3/h〕

例題 1-19　0.6 m^3 級のバックホーと 11 t ダンプトラックの組合せ土工事において、次の条件のときのダンプトラックの台数を求めよ。

条件
- ○バックホー：$q=0.48\ m^3$、$E=0.70$、f：(地山土量で表す) $1/L=1/1.25$、$C_m=22\ s$、$K=1.00$
- ○ダンプトラック：$q=7.27\ m^3$、$E=0.90$、$f=1/L$、$C_m=23.4\ min$

解説

バックホー、ダンプトラックのそれぞれの作業能力を求めると

$$Q_S=\frac{3600qKfE}{C_m}=\frac{3600\times0.48\times1.0\times1/1.25\times0.70}{22}$$

$$=44.0\ m^3/h$$

$$Q_D=\frac{60qfE}{C_m}=\frac{60\times7.27\times1/1.25\times0.90}{23.4}$$

$$=13.4\ m^3/h$$

$$\therefore\ \text{ダンプトラックの台数}=\frac{Q_S}{Q_D}=\frac{44.0}{13.4}=3.28$$

⇨4台必要である。

答　4台

例題 1-20　下記に示す条件のとき、ブルドーザーの運転時間当りの作業量（地山土量）として正しいものはどれか。次式で計算せよ。

$$Q=\frac{60\times q\times f\times E}{C_m}$$

〔条件〕

○1サイクル当りの作業量（ほぐした土量)―3.0 m^3

○作業効率――――0.5

○土量の変化率―――C＝0.9、L＝1.25

○サイクルタイム――2 min

（1） 32 m^3/h　（2） 36 m^3/h　（3） 38 m^3/h　（4） 40 m^3/h

解説

求める式の記号に対応する各値の関係がわかれば正解は計算すればよい。

Q：作業量（地山土量）、q：1サイクルの作業量=3.0 m^3、f：土量換算係数（ほぐし土量を基準に地山土量を求めるときは 1/L となる）

$f=1/1.25=0.8$、

E：作業効率=0.5、

C_m：サイクルタイム=2 min

$$\therefore\ Q=\frac{60\times q\times f\times E}{C_m}$$

$$=\frac{60\times3\times0.8\times0.5}{2}$$

$$=36\ m^3/h$$

答(2)

要点

『土工事用建設機械のまとめ』

- 土工事用建設機械は、掘削機械・積込運搬機械・整地敷きならし機械・締固め機械の4種類に大別できるが、各機械には、これらの4つのうちの専用機械と兼用機械とがある。
- 掘削機械は、ショベル系掘削機とトラクター系掘削機に分類され、走行装置にはホイール式とクローラー式がある。また操作方式にはケーブル式と油圧式があり、大部分が油圧式である。
- 掘削機械の前面に取り付けるフロントアタッチメントの種類による機械の名称と適正な用途や特徴の組み合わせに関する問題は、出題率が高いので、テキストのイラストでよく理解しておくことが大切である。
- ブルドーザーは、トラクターの前面に土工板（ブレード）を付けた機械の総称で、ブレードの用途や種類によりストレートドーザーなどに分類されている。
- 積込運搬には、一般にショベル系掘削機やトラクターショベルでダンプトラックに積込んで運搬する方式が多い。
- 整地（敷きならし）機械では、モーターグレーダー（自走式で段階的に敷きならす）が中心であり、大規模土工事では、モータースクレーパーが用いられるが、いずれもイラストで本体構造や特徴を理解しておくこと。また、機動性を良くしたスクレープドーザーもある。

・締固め機械の中心であるローラーについては、ローラーの型式によってマカダムローラー、タイヤローラーなどの種類があるが、イラストにより各ローラーの本体構造と特徴を良く理解しておくこと。
・コンパクター、タンパー、ランマーについては、利用する振動力と衝撃力の違いを明確にして区別して理解すること。
・建設機械の作業能力については、求める式中の記号と各値の関係をまず理解しておくこと。特に土量換算係数 f の関係を理解しておくようにする。

例題 1-21 土木工事に使用される建設機械に関する次の記述のうち、適当でないものはどれか。

(1) クラムシェルは、ワーヤロープによって吊り下げたバケットを手前に引き寄せながら掘削する。
(2) バックホーは、機械位置よりも低い場所の掘削に適する。
(3) タンピングローラーは、ローラーの表面に多数の突起をつけ、締固め効果を向上させる。
(4) タイヤローラーを支持力の弱い地盤で使用する場合は、タイヤの空気圧を減少させて締固める。

解説
建設機械に関する問題は、まず機械名の英語の意味を理解していれば正解がわかる。(1)のクラムシェルは2枚貝なので掘削土は持ち上げて排土するので誤りである。(1)の機械はドラグ（引き寄せる）ラインである(2)～(4)はいずれも正しい。
答(1)

例題 1-22 建設機械と適応作業に関する組合せで、次のうち適当でないものはどれか。

	（建設機械）	（適応作業）
(1)	ドラグライン	掘削・積込み
(2)	バックホー	掘削・敷きならし
(3)	スクレープドーザー	掘削・運搬
(4)	ブルドーザー	掘削・締固め

解説
建設機械の適応作業については専用と兼用があり、ややわかりにくい面もあるが、機械によって明らかに不適応のものがあるので、この点に注目して解答することが大切である。
(2)のバックホーは鍬（くわ）であり、掘削・積込みはできるが、敷きならし作業は不適応である。従って(2)が正解。
答(2)

例題 1-23 土工事における運搬作業において、運搬距離と使用機械の組合せで、次のうち適当でないものはどれか。

	（運搬距離）	（使用機械）
(1)	120 m	ブルドーザー
(2)	200 m	スクレープドーザー
(3)	500 m	自走式スクレーパー
(4)	1000 m	バックホー＋ダンプトラック

解説
この種の問題の出題率も高いので、表 1-8 をよく覚えておくようにする。ブルドーザーの適応する運搬距離は60m 以下なので、120 m は明らかに適当ではなく、(1)が正解である。他の機械も含めて表 1-8 の運搬距離を確認しておこう。
答(1)

例題 1-24 建設機械と施工条件に関する次の組合せのうち、適当でないものはどれか。

(1) 機械の設置位置より高い所の掘削――パワーショベル
(2) 機械の設置位置より低い所の掘削――ドラグライン
(3) 固い岩の掘削――バケットホイールエキスカーベーター
(4) 水中掘削――クラムシェル

解説
(3)のバケットホイールエキスカーベーターは、図 1-29（27 ページ）に示したように、硬い地盤や岩盤の掘削には不適応であり、適当でない。(1)、(2)、(4)の掘削に適応する各機械についてイラストをみて確認しておくこと。 答(3)

例題 1-25　ショベル系掘削機械の作業能力を求める次の式の各値の説明のうち誤っているものはどれか。

$$Q=\frac{3600qKfE}{C_m}$$

（1） Q：作業量（地山土量）で〔m³/h〕で求められる。

（2） q：機械の1サイクルの作業量〔m³〕で示される。

（3） f：土量換算係数で、この場合Qはほぐし土量を基準に地山土量を求めるのでf=1/Lとなる。

（4） C_m：サイクルタイムでこの式では〔min〕で示される。

解説

1時間当りの作業サイクル数が3600とあるのはサイクルタイムC_mは〔sec〕で示されるので(4)が誤りである。土量換算係数の求め方は、次のように考えればよい。

$$L=\frac{ほぐし土量}{地山土量}$$

$$\Rightarrow 地山土量=\frac{ほぐし土量}{L}$$

ここで、ほぐし土量$=\frac{3600qE}{C_m}$となるので求める作業量（地山土量）は

$$Q=\frac{3600qE}{C_m}\times\frac{1}{L}$$

すなわちf=1/Lとなる。

答(4)

1・5 基礎工事用機械

土木構造物を支える工作物を基礎工といい、代表的な基礎工として杭を打設する。従って基礎工事用機械としては、各種の杭の打設工法の中で使用される機械のことであり、これらについては、第3章基礎工（85ページ参照）で詳しく学ぶので、ここでは各種杭の打設工法を整理しておくので、工法名を確認して覚えるようにする。

表1-10　杭の打設工法のまとめ

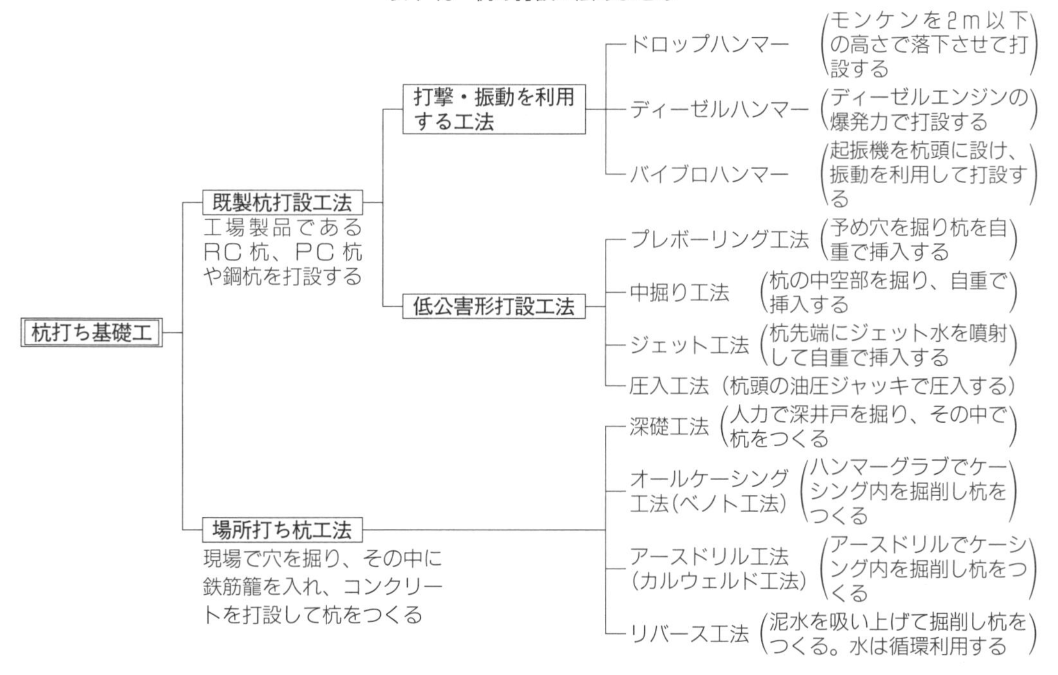

1・6 舗装用機械

舗装には、セメントコンクリート舗装とアスファルトコンクリート舗装があり、これらに使用する主な機械には次のようなものがある。

(1) セメントコンクリート舗装用機械

セメントコンクリート舗装の機械化施工については、146ページの図3-23に示すようになっているが、その中で特に図1-42に示す機械類が代表的なものとなる。舗装区間の中央部に設けたコンクリートプラントよりダンプトラックで運び、横取り機で**ボックススプレッター**に運び、メッシュを間にコンクリートを敷きならし、**コンクリートフィニッシャー**で締固めている。これらの機械群はレール上を走行するが、路盤上を直接移動するスリップフォームペーバーもある。

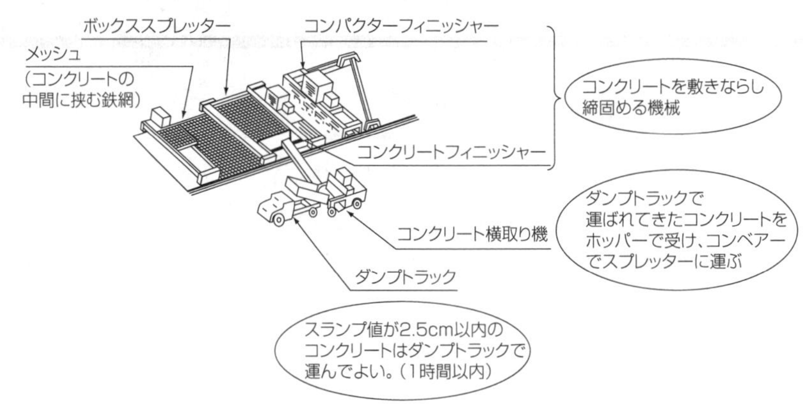

図1-42 セメントコンクリート舗装用機械

(2) アスファルトコンクリート舗装用機械

アスファルトプラントで、120〜180℃の高温でつくられたアスファルト混合物をダンプトラックで運び、所定の厚さに敷きならし、タンパーで締固める舗装の中心の機械が、図1-43に示す**アスファルトフィニッシャー**である。この後方に締固め機械のローラー群が走行し、締固めていく。

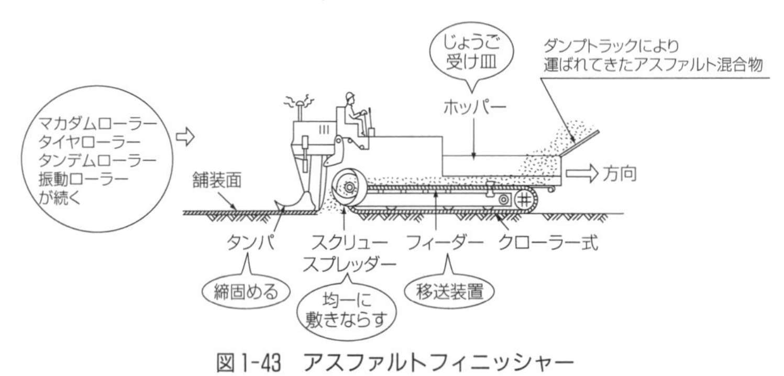

図1-43 アスファルトフィニッシャー

1・7 その他の建設機械

(1) トンネル削岩機 (163ページ参照)

(2) クレーン

クレーン（起重機）には図1-44に示すようなトラッククレーンやクローラークレーンの**自走式クレーン**と、ダム工事で使用されるケーブルクレーンやタワークレーンなどの**固定式のクレーン**とに分類される。

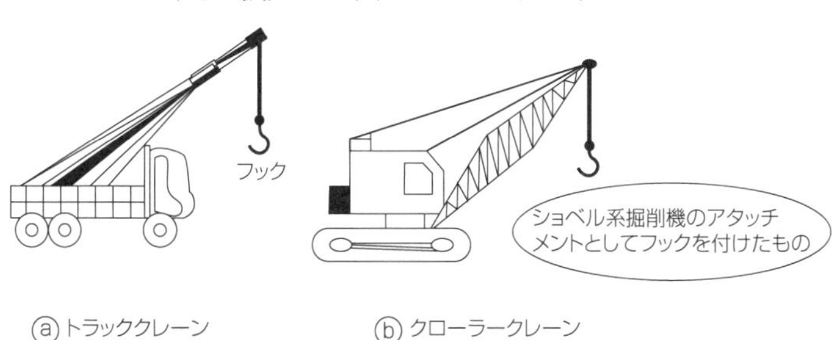

図1-44　自走式クレーン

クレーンは、重量物を持ち上げ、上下・左右に移動させる機械である。

(3) コンベヤー

コンベヤー（自動運搬装置）にはベルトコンベヤーとスクリューコンベヤーとがある。

(4) コンプレッサー

コンプレッサー（空気圧縮機）は動力用の圧縮空気を製造する機械で、往復式と回転式があり、コンプレッサーの性能は、75 kW空気圧縮機というように一般に駆動用原動機の動力で示されている。

(5) ポンプ (311ページ参照)

例題1-26　基礎工法と使用機械の組合せについて、次のうち関係のないものはどれか。

(1)　オールケーシング工法（ベノト工法）――ハンマーグラブ
(2)　圧入工法――――セメントミルク
(3)　ドロップハンマー――モンケン
(4)　バイブロハンマー――起振機

解説
基礎工の中心は杭の打設工法であり、出題率が高い。各打設工法の内容については、89ページを参照すればよいが、表1-10の杭の打設工法のまとめで復習確認しておけば十分に正解が得られる。(2)圧入工法は、グラウトとは異なり、油圧ジャッキで押し込む工法なので関係がない。他は正しい。
答(2)

例題1-27　基礎工事の杭の打設工法に関する次の記述のうち、正しいものはどれか。

(1)　杭打ち基礎工には、既製杭打設工法と場所打ち杭工法とに大別できる。
(2)　既製杭打設工法の代表的なものに、アースドリル工法がある。
(3)　ドロップハンマーのモンケンは、ディーゼルエンジンの爆発力を利用する。
(4)　場所打ち杭工法は、鋼管杭を現場に運んで打設する。

解説
杭打設工法の基本的事項に関する問題であり、具体的な工法については第3章の基礎工で学ぶ。
杭の打設工法の記述では(1)が正しいことをよく理解しておこう。
場所打ち杭工法は、現場で穴を掘り、鉄筋コンクリートを打設して杭をつくる工法。
答(1)

例題 1-28　アスファルトフィニッシャーに関する次の記述のうち、誤っているものはどれか。

(1)　走行装置は大部分がクローラ式であるが、小型機械では、ホイール式のものもある。

(2)　タンパーは、敷きならしたアスファルト混合物を締固める装置である。

(3)　スクリュースプレッダーは、アスファルト混合物を施工幅に敷きならす装置である。

(4)　フィーダーは、ダンプトラックで運ばれてきたアスファルト混合物を受けとる装置である。

解説

アスファルト混合物を所定の厚さや幅に敷きならし、締固める機械が、アスファルトフィニッシャー（図1-43）である。イラストには各装置の機能が示してあるのでよく理解しておこう。

(4)のフィーダーは、アスファルト混合物を後方に移送する装置であり、誤りとなる。(4)の記述の機能を持つ装置はホッパー（受け皿、じょうご）であることを確認しておこう。

答(4)

例題 1-29　建設機械に関する次の記述のうち誤っているものはどれか。

(1)　建設機械の動力としては、蒸気・電力・ディーゼル及びガソリン機関などがある。

(2)　建設機械の走行性の良否を判断する試験に、土粒子の粒径の大きさの状態を調べる粒度試験がある。

(3)　建設機械の市街地での使用規定に、騒音並び振動規制がある。

(4)　ブルドーザーとは、トラクターの前面にブレードをつけた掘削・運搬・敷きならし機械である。

解説

建設機械全般に関する問題である。

(1)、(3)、(4)の記述が正しいことは、すぐわかり、当然(2)の走行性（トラフィカビリティー）が誤りとなる。

走行性の良否を判断する試験は、**コーン貫入試験で、値はコーン指数**であることをしっかり理解しておくこと。

答(2)

1・8　土工事

土工事では、**切土**と**盛土**の施工が中心となる。図1-45には、切土や盛土の**土工事の施工上の基本的な留意点**を示した。

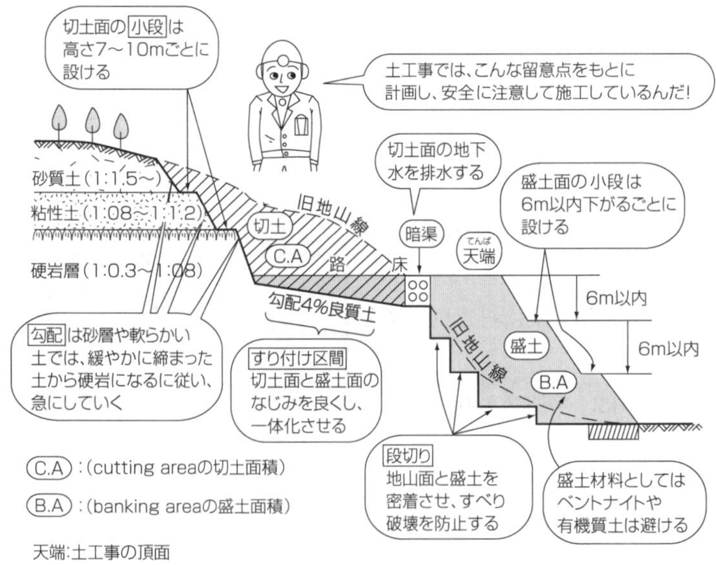

図1-45　土工事の施工上の基本的な留意点

小段（こだん）：切土や盛土の法面の崩土を防止すると同時に、施工上からも必要で、幅は1～3m程度で、排水のため5～10%の勾配をつける。

段切り（だんぎ）：地山勾配が1：4より急な場合に設ける。一般に、幅1m、高さ0.5m以上で、排水のため3～5%の勾配をつける。

法面勾配の表し方（のりめんこうばい）：1：4とは 1｛法面勾配1:4（4）となる。

また、土工事に限って図の勾配を4**割勾配**ともいう。これは、縦の長さ1に対する横の長さを表す方法で、数学的な表し方とは一致しない。

1・8・1　土工事の準備工

切土や盛土の土工事を始める前に、次のような**準備工**を行う必要がある。準備工は、土工事の進み具合や仕上り状況に大きく影響するので、工事内容に適した適切な方法で行うようにする。

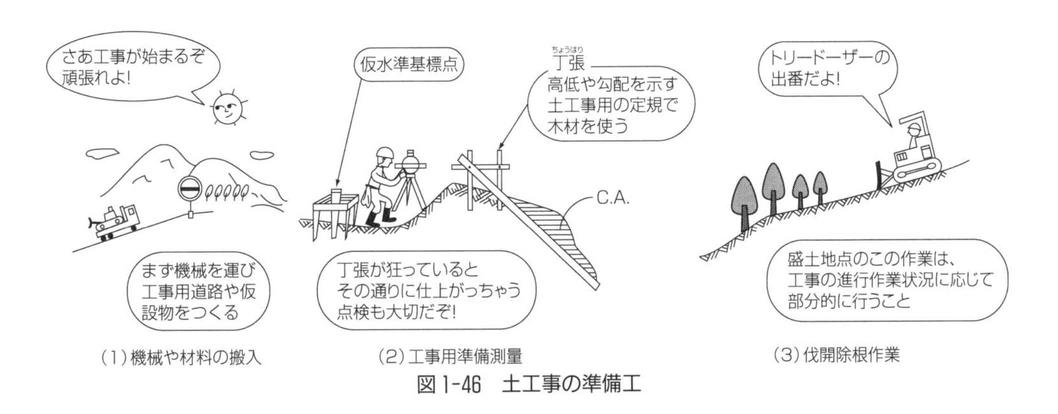

図1-46　土工事の準備工

1・8・2　切土工事

(1)　小規模な掘削・整地作業

規模の小さい土工事においても、図1-47のように新しい技術が開発されている。

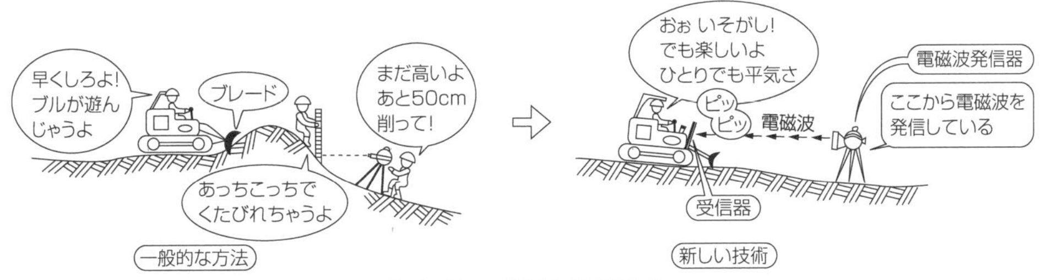

図1-47　小規模な掘削工法

(2)　大規模な切土工事

宅地造成や道路、鉄道の新設のため、大型の建設機械を使用しての大規模な切土工事には、図1-48のように2つの工法がある。

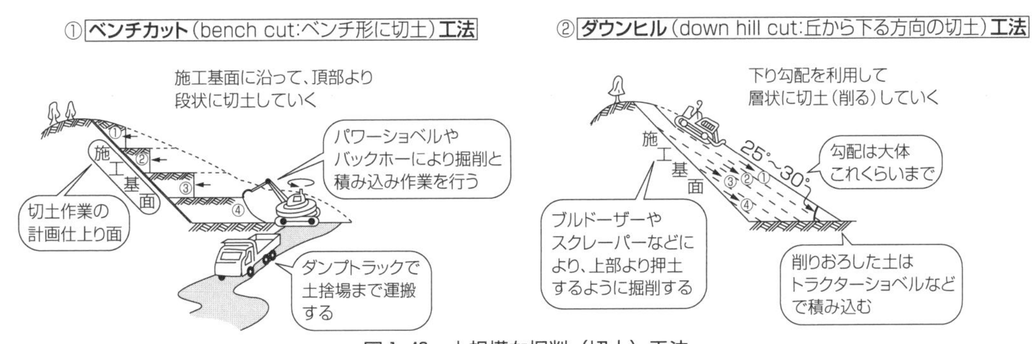

図1-48　大規模な掘削（切土）工法

1・8・3 盛土工事

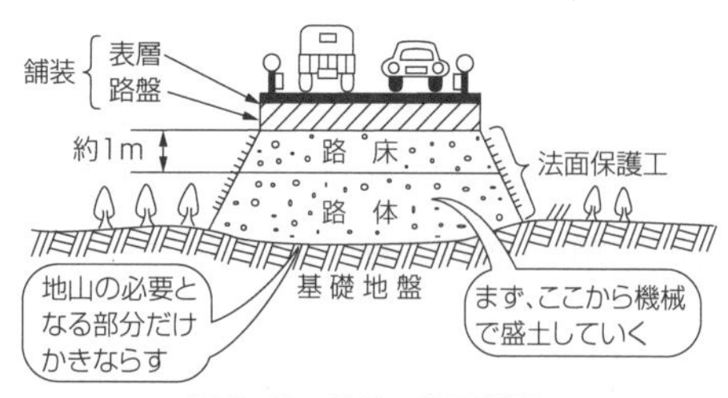

図 1-49 道路の断面構造

盛土工事は、図 1-49 のように、**基礎地盤**上に材料を盛立てる、堤防や道路の**土台づくり**である。施工上の留意点は次のようになる。

基礎地盤：伐開除根と同時に表面の有機質土を削りとる。表土が軟弱な場合は、この後に学ぶ軟弱地盤対策（47 ページ参照）を行う。

路床と路体：路床と路体は材料や支持力などがほぼ同一であり、境界は明確ではないが、舗装や交通荷重を支持し影響を受ける範囲から、深さ**約 1 m** までを路床としており、好ましい材料と最適な工法で盛土工事を行う必要がある。一般に**敷きならし厚**（まき出し厚ともいう）は 20～50 cm、締固め後の**仕上り厚**は、路床で 20 cm 以下、路体で 30 cm 以下とし、有機質土は排除して高まき出し（まき出しを多くすること）をしないように施工する。また、沈下に備えて 5～10%余盛を行う。

要点

『土工事のまとめ』

- 土工事の中心は切土工事と盛土工事であり、図 1-45 に示した施工上の留意点をもとに、土工事の計画や工事が進められている。
- 小段は、切土工事では高さ 7～10 m ごとに、盛土工事では 6 m 以内下るごとに設け、幅 1～3 m 程度で 5～10%の排水勾配をつける。
- 段切りは地山勾配が 1：4（4 割勾配）より急な場合、地山面と盛土を密着させ、すべり破壊を防止するために設ける。幅 1 m、高さ 0.5 m 以上で 3～5%の勾配をつける。
- すり付け区間は切土面と盛土面とのなじみを良くし、急激な変化をさけるために設ける。
- 土工事の準備工の伐開除根作業は、工事の進行状況に応じて部分的に行うように計画する。
- 大規模な切土工事には、ベンチカット工法とダウンヒル工法がある。
- 盛土工事は基礎地盤上に土を盛立てるので、旧地山と盛土とのなじみを良くし、密着させることが大切であり、そのために伐開除根と同時に表面の有機質土を削りとり、段切りやすり付け区間を設ける。
- 盛土工事の一層の敷きならし厚（まき出し厚）は 20～50 cm、仕上り厚は路床で 20 cm 以下、路体で 30 cm 以下とし、高まきも薄まきもよくない。また沈下に備え 5～10%の余盛を行う。

例題 1-30　土工事に関する次の記述のうち、適当でないものはどれか。

（1）　一般に小段は幅を0.5 mとし、雨水などの流水から保護するために水平に設ける。

（2）　切土法面の土質や岩質が一様でない場合は、各層の地質に適した勾配で切土する。

（3）　路床は、路床の表面下約1 mのところとする。

（4）　伐開除根などの準備工は、盛土工事の進行状況に応じて部分的に行うようにする。

解説

小段は切土と盛土では高さが異なるが、一般に幅は1～3 mで排水のために、5～10%の勾配をつける。従って(1)が適当でない。(2)、(3)、(4)の説明は正しいので、問題を見ながら内容を理解するようにしてほしい。特に伐開除根作業は最初に盛土面全体を行うのでなく、状況に応じて行うことに要注意。

答(1)

例題 1-31　道路土工における路体・路床の1層の締固め後の仕上り厚の標準は次のうち適当なものはどれか。

	（1）	（2）	（3）	（4）
路体	30 cm	20 cm	30 cm	20 cm
路床	20 cm	30 cm	30 cm	40 cm

解説

1層の仕上り厚は、路床が20 cm以下、路体が30 cm以下なので、(1)が正しい。(路床と路体の順序に注意する)

答(1)

例題 1-32　築堤工事において考慮すべき事項について、次のうち誤っているものはどれか。

（1）　ブルドーザーで入念に締固める場合は、高まき出しにより施工してよい。

（2）　築堤に際しては、圧密沈下に対し、余盛りを見込んで施工する。

（3）　築堤地盤の雑草、木の根などはよく取り除いて施工する。

（4）　築堤腹付けの場合は、表土を削り、段切りを設けて施工する。

解説

河川堤防の築堤工事は、一般に盛土工事として扱ってよい。従って(1)の高まき出しは締固めが十分に行われないのでこの説明は誤りである。築堤の際の腹付けは、現在の堤防の幅を厚くすることで盛土工事となる。

答(1)

1・8・4　盛土工事の施工管理基準

盛土工事は、最適含水比 w_{opt} で締固めるなど、施工方法の良否が品質に大きく影響するので、常に次のような**管理方式**に従って工事が行なわれている。

①　工法規定方式

この規定方式は、盛土工事に使用する建設機械や締固め回数、敷きならし厚など、**工法そのものを仕様書**に記載し、それに従って工事を進める方式である。

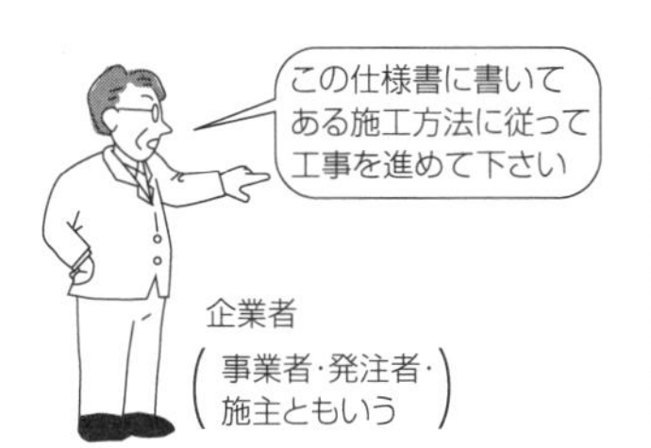

○○工事仕様書
材料・仕上りの程度・施工方法・検査など工事全般について企業者の意図を受注者に文章で正確に伝える設計図書の一部

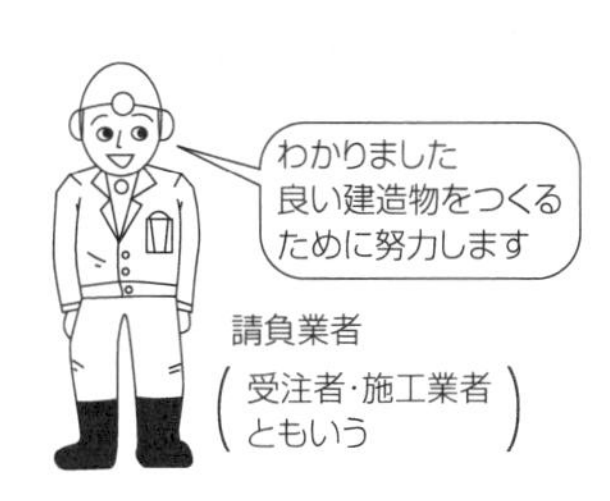

図1-50　工法規定方式

② 品質規定方式

この規定方式は、支持力や乾燥密度、飽和度など、完成後の所要な**品質そのものを仕様書**に記載し、その品質条件を満たすための施工方法は請負業者に一任する方式であり、図 1-51 のような規定方式がある。

どちらの規定方式を現場に採用するかは、工事の性格・規模・土質条件などを考慮して判断するが、最近の工事では、品質規定方式が多くなっている。

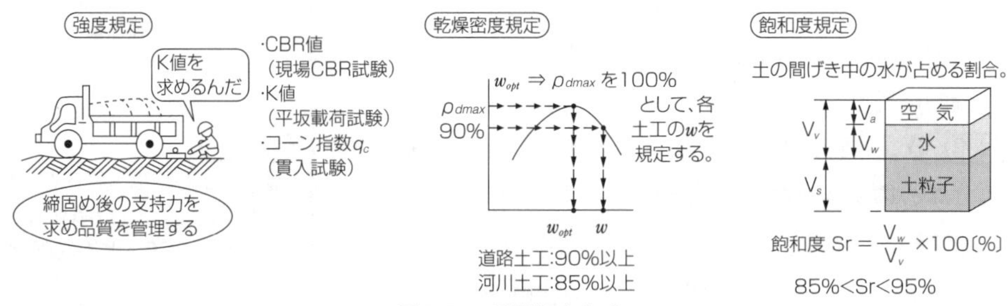

図 1-51 品質規定方式

例題 1-33 盛土の締固め管理に関する次の記述のうち、適当でないものはどれか。

（1） 含水比の調節は自然含水比が施工含水比の範囲内であれば、不要である。

（2） 現場での密度測定の方法には、プルーフローリングによる方法がある。

（3） 盛土の締固めを工法で規定する方式は、使用する締固め機種・締固め回数などで規定するのが一般的である。

（4） 盛土の締固めは、法面の安定性や土の支持力を増加させ、完成後の盛土自体の圧縮沈下を抑える。

解説

プルーフローリングは路床や路盤の締固めや支持力などの品質管理の方法であり、密度測定は砂置換法、突き砂法などで実施する。

答（2）

1・9 法面保護工

切土や盛土の法面の風化と侵食作用を押え、すべり崩落など防ぐために法面を保護するために設ける工作物をいう。

法面保護工には、図 1-52（b）のように芝などの植物を用いる**植生工**と岩質で植生に適さなく、また法面の長さが大きくすべり崩落が予想される場合に用いる**構造物による工法**がある。

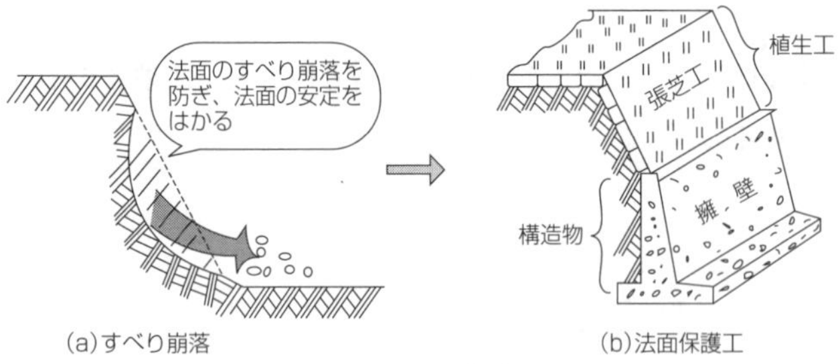

（a）すべり崩落　（b）法面保護工

図 1-52 法面保護工

1・9・1　植生工の施工

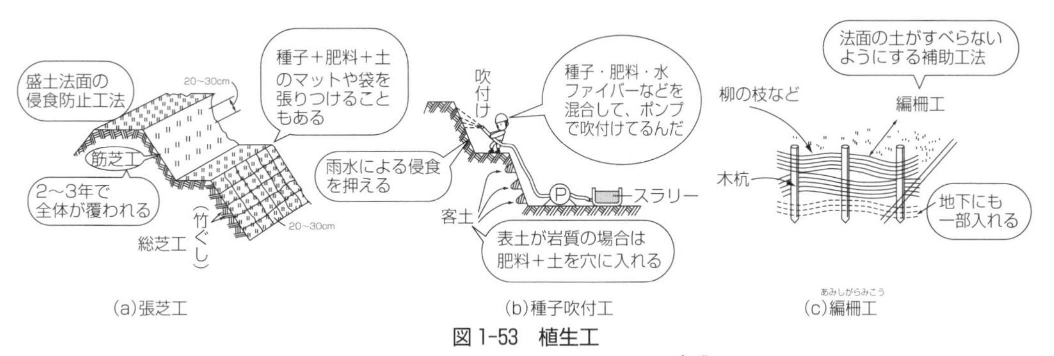

図 1-53　植生工

植生工は、夏冬季は避け、やせた土や岩質の表土の場合は、施肥や客土をする。

1・9・2　構造物による保護工の施工

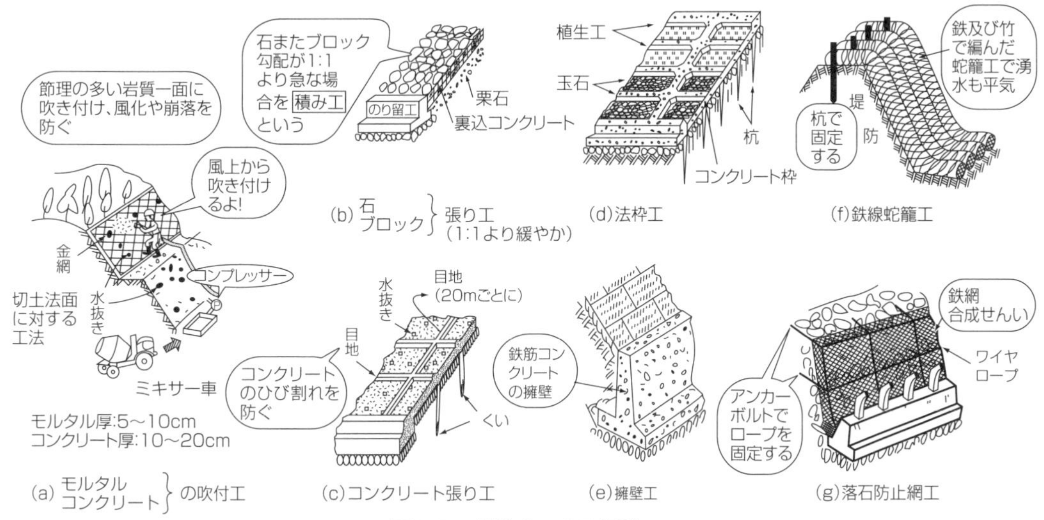

図 1-54　構造物による保護工

要点

『法面保護工のまとめ』

表 1-10　法面保護工

工　種	適用法面	目　的
植生工（植生マット工 張芝工）	植生可能な法面	雨水・表面水による侵食防止凍上抑制・緑化
モルタル・コンクリート吹付工	きれつの多い軟岩の法面・湧水のない法面	風化侵食防止 凍上崩落抑制
石張り工・ブロック張り工 コンクリートブロック張り工	土の法面（45° 以下）	風化侵食防止
コンクリート張り工 コンクリート枠工	風化の進んだ軟弱岩の法面	表層部崩落防止、剥落防止、土留め
編柵工 法面蛇籠工	一時的に保護する法面、表層崩落した法面	表層部崩落防止と排水湧水のある法面
落石防止網工・防止柵工	落石・崩落のある法面	落石の防止、剥落防止

1・10　排水工法

地下の土層内に地下水があると、土を掘削することは難しいし、支持力も低下して軟弱地盤ともなる。そこで地下水位を低下させる方法としては、図1-55に示す**かま場**やこの後(48ページ）で学ぶ軟弱地盤対策でのウェルポイント工法、ディープウェル（深井戸）工法などがあり、これらを総称したものが排水工法といわれている。この他、地中に電流を流し、地下水が陰極に向かう性質を利用する、電気浸透工法もある。

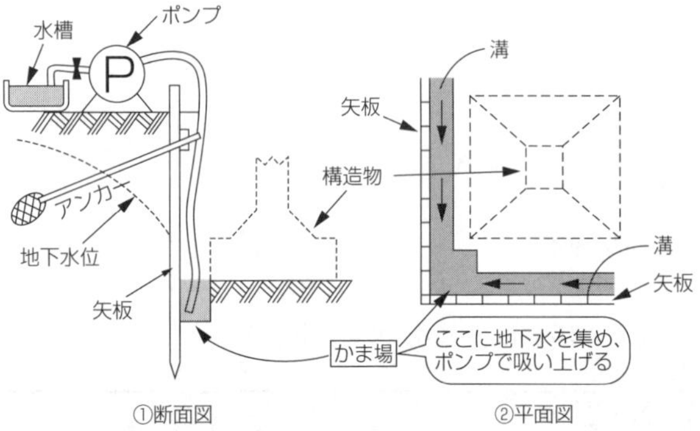

図1-55　かま場

例題1-34　法面保護工の目的と工法の組合せで、次のうち適当でないものはどれか。

（1）　雨水侵食防止――張芝工、種子吹付工

（2）　風化防止―――――筋芝工、総芝工

（3）　湧水による法面表層部の流出抑制――コンクリート枠工、蛇籠工

（4）　落石防止―――――コンクリート張り工、落石防止網工

解説

法面保護工には、雨水などによる侵食を防止する植生工と岩質などの風化やすべり崩落を防止する構造物による工法があることが理解されていれば容易に正解がわかる。(2)の風化防止は植生工ではないので誤りである。

答(2)

例題1-35　法面保護工に関する次の記述のうち、適当でないものはどれか。

（1）　石張り工やブロック張り工は、法面の風化及び侵食の防止を目的とし、1：1.0よりゆるやかな勾配の法面に用いる。

（2）　モルタル及びコンクリート吹付工は、法面に湧水がなく、風化しやすい岩などを保護し、植生工が不適当な所に用いる。

（3）　植生工は、凹凸のあるき裂の多い岩盤の法面や早期に保護する必要がある法面に用いられる。

（4）　蛇籠工は、湧水により土砂流失のおそれのある法面や、凍上の影響を受けやすい法面に用いる。

解説

法面勾配との関係は下図のxが

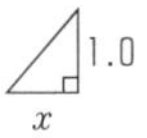

1より大きい⇒○○張り工
1より小さい⇒□□積み工

となり、(1)は勾配からも判断できる。法面保護工に関する問題は例題と同様に、植生工、構造物による工法の目的をしっかり理解していればわかることである。(3)の岩盤には芝は適さないので(3)が誤りである。

答(3)

1・11 軟弱地盤対策

軟弱地盤とは、次の2つの状態の地盤をいう。

(1) 軟弱な表土

履帯(キャタピラー)が空滑りしてブルドーザーがもぐっちゃうよ
グチャグチャ
◦高含水比の粘性土や有機質土
(田畑のように、こね返すと極端に支持力を失う ⇨ 鋭敏比S_tが大)

図 1-56　軟弱な表土

(2) 深い軟弱層

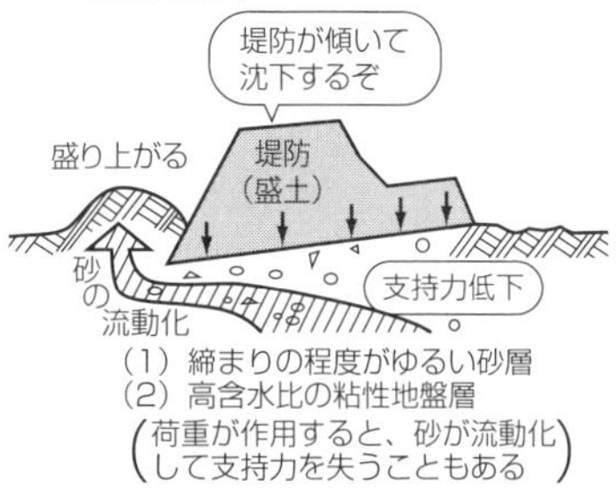

堤防が傾いて沈下するぞ
盛り上がる
堤防(盛土)
砂の流動化
支持力低下
(1) 締まりの程度がゆるい砂層
(2) 高含水比の粘性地盤層
(荷重が作用すると、砂が流動化して支持力を失うこともある)

図 1-57　深い軟弱層

1・11・1 置換工法

置換工法は、軟弱な地盤の一部または全部を良質な地盤に置き換える工法である。置換工法のうち、掘削して置き換える工法を**掘削置換工法**といい、軟弱層が比較的浅く、置換土を容易に入手でき、短期間に処理する場合に適用される。また、盛土の自重により軟弱土を押し出して置き換える工法を**強制置換工法**、火薬で爆破させて軟弱土を押し出して、置き換える工法を**爆破置換工法**という。

1・11・2 表層処理工法

表層処理工法は、土工事用の建設機械の**走行性**(トラフィカビリティー)の確保や地表面付近の地盤支持力の増加を目的とした工法である。軟弱な表土を改良する場合、まず土工事用の建設機械が、安全で効率よく稼働できなければならない。これを建設機械のトラフィカビリティーといい、コーン指数q_cで図1-58のように判断して建設機械の走行性を良くするための処理と対策を行う。

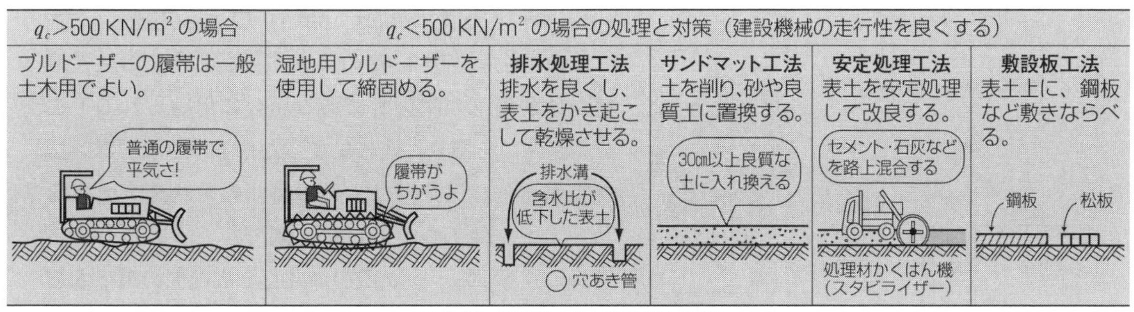

図 1-58　軟弱な表土の処理と対策

1・11・3 載荷工法

(1) プレ(pre:予め)ローディング(loading:載荷する)工法

この工法は、図1-59のように予め圧密沈下量を予測して余分に盛土をする**載荷工法**で、沈下後大体仕上り面と一致するように余盛をするプレローディング工法(図(a))と、余盛を余盛計画高以上に行い十分に圧密沈下をさせるサーチャージ工法(図(b))があり、両工法を総称して**プレローディング工法**という。圧密沈下とは、粘性土がドレーンによって体積が減少し沈下する現象をいう。

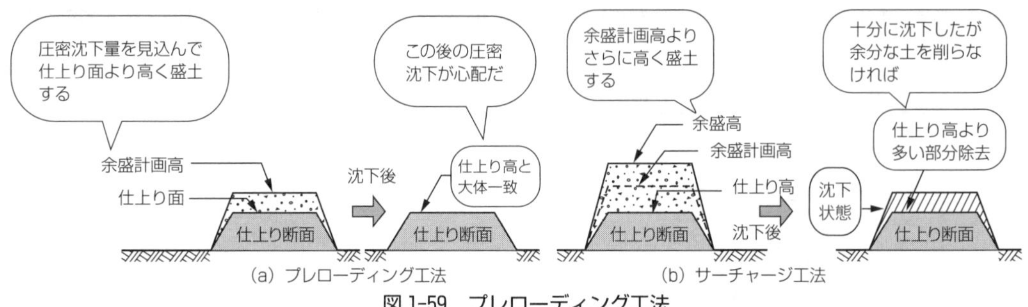

図 1-59　プレローディング工法

(2)　押え盛土工法

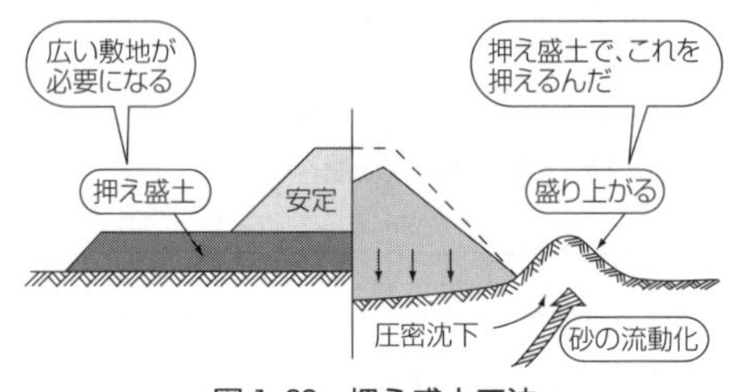

図 1-60　押え盛土工法

この工法は堤防や高盛土の道路などで、盛土の自重で図 1-60 のように、圧密沈下やすべり破壊が生じ、法尻付近の地盤が盛り上がることを押えるために、盛土本体に先立ち、下側に盛土をすることをいう。

この工法は改良工ではなく、対策工として分類される。

1・11・4　脱水工法

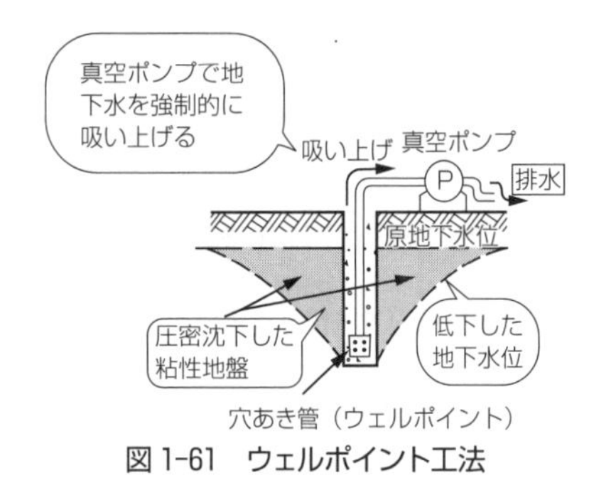

図 1-61　ウェルポイント工法

(1)　ウェル（well：井戸）ポイント（point：先端）工法

この工法は、軟弱地盤中の水を排除することで圧密沈下を促進させる脱水工法の一つである。図 1-61 のようにウェルポイントと呼ばれる吸水管を 1～2 m 間隔で地中へ貫入し、真空ポンプで排水することで地下水位を低下させ、圧密沈下を促進させる。

(2)　ディープ（deep：深い）ウェル工法

この工法は、図 1-62 のように、高含水比の粘性地盤が砂利層下の深い所にある場合に用いられる工法で、深井戸を掘り、底に集まった地下水を水中ポンプで排水する。深井戸は、ある範囲の敷地を全面掘削し、土留支保工など設けて 4 隅で行うか、15～20 m 間隔に設置する。一ケ所の深井戸で広範囲の地下水を低下させることができる。

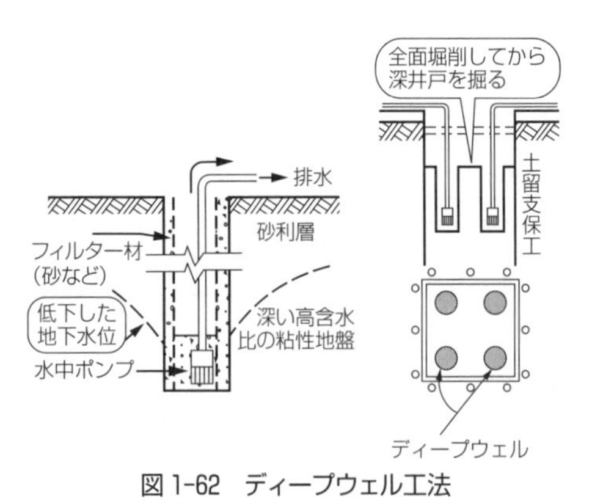

図 1-62　ディープウェル工法

(3)　バーチカル（vertical：垂直）ドレーン（drain：排水）工法

この工法は、軟弱な表土にサンドマットを敷いてトラフィカビリティーを良くし、その後地表に垂直な方向に排水用のサンドパイル（砂杭）をつくり、その上に荷重として盛土を行い圧密沈下を促進させる。排水に用いる材料から、サンドドレーンとペーパードレーン工法がある。

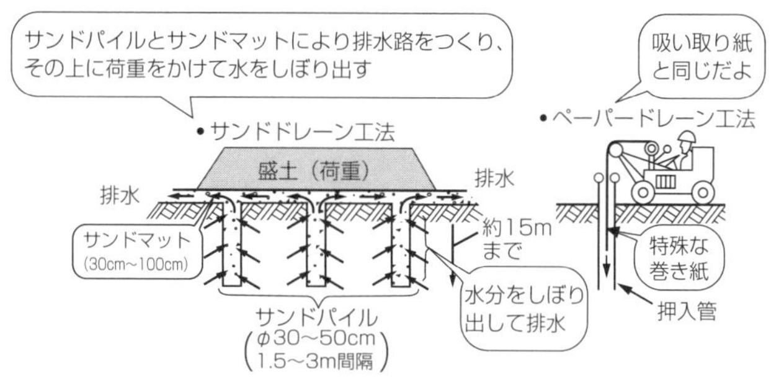

図 1-63　バーチカルドレーン工法

1・11・5　締固め工法

締固め工法の基本は、締り程度がゆるい砂層（N 値<10）に砂杭（サンドパイル）をつくり、周囲のゆるい砂層を締固めてN値を大きくすることである。代表的な工法として次の２工法がある。

(1)　バイブロフローテーション工法

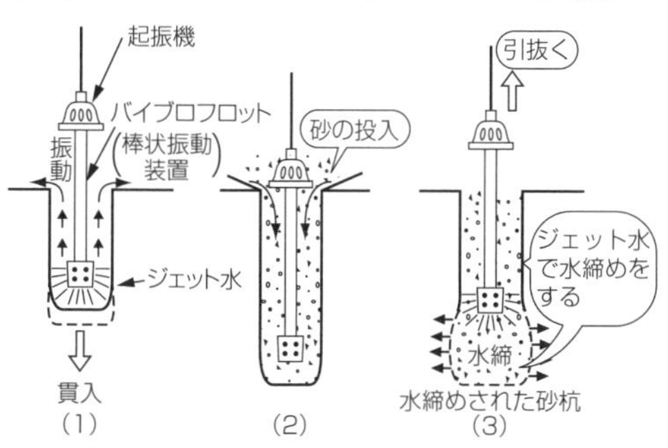

図 1-64　バイブロフローテーション工法

この工法はバイブロフロット（棒状振動装置）とジェット（噴射）水を使用する。

1)　バイブロフロットをジェット水と振動により砂層に貫入させる〔図(1)〕
2)　貫入後砂を投入し〔図(2)〕、ジェット水で水締めをして砂杭をつくりながら、バイブロフロットを引抜く〔図(3)〕

この工法の砂杭は、**高含水比の粘性土には水を使用するので不適である**。

(2) サンドコンパクションパイル工法

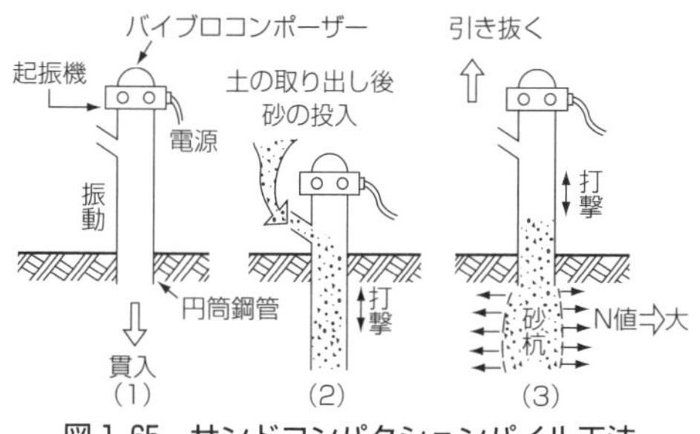

図 1-65　サンドコンパクションパイル工法

この工法には振動式と衝撃式があるが、一般には図のバイブロコンポーザーを用いる振動式が多い。

1)　バイブロコンポーザー（超振装置）で振動させながら装置を貫入させる〔図(1)〕
2)　砂を投入し打撃を加えて砂抗をつくる〔図(2)〕
3)　打撃を加え砂抗をつくりながら引抜く〔図(3)〕

この工法の砂杭は、**砂杭自体に打撃を加えてあるので、支持力も分担できる**。

1・11・6　固結工法

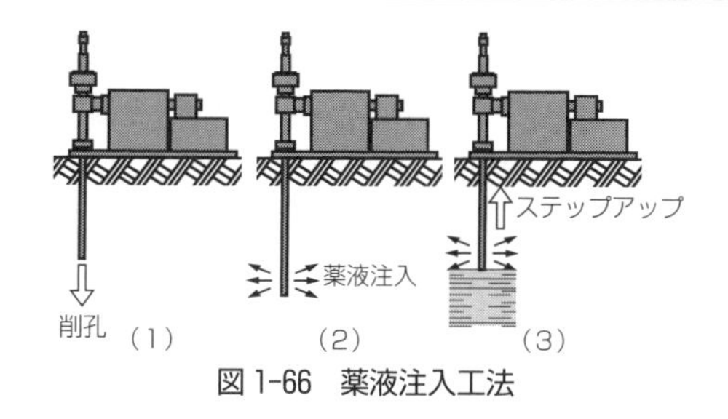

図 1-66　薬液注入工法

(1)　薬液注入工法

薬液注入工法は、軟弱な地盤中に薬液（固化剤）を注入して、軟弱地盤を固結させることで透水性を低下させるとともに地盤強化を図る工法である。

1)　ボーリングマシンにより計画深度まで削孔を行う〔図(1)〕

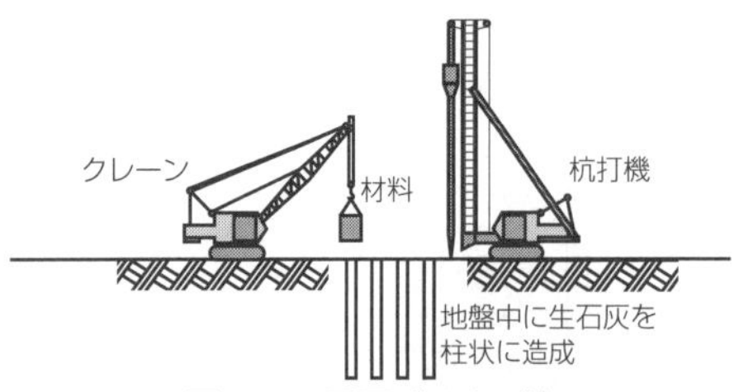

図 1-67　石灰パイル工法

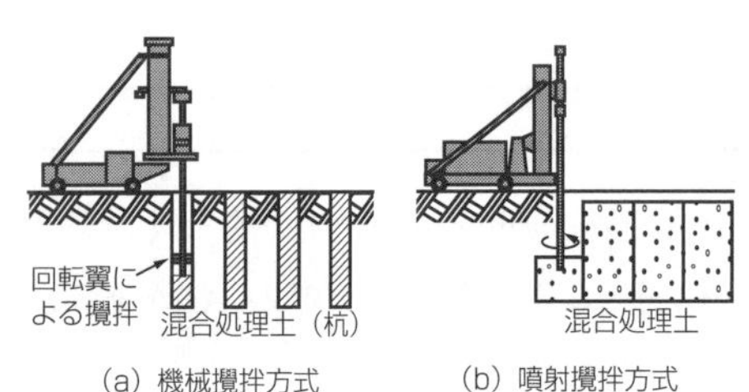

図 1-68　深層混合処理工法

2)　削孔完了後、ロッドの先端から薬液を注入する〔図(2)〕

3)　ロッドを引き上げながら薬液注入を繰り返し、所定の改良深度に注入を行う。完了後、次孔へ移動を行う〔図(3)〕

(2)　石灰パイル工法

石灰パイル工法は、軟弱な地盤中に生石灰で柱（パイル）を造り、その脱水及び固結作用により地盤を改良する工法である。

(3)　深層混合処理工法

深層混合処理工法とは、石灰やセメントからなるスラリー状または粉体状の安定材を軟弱地盤に供給し、強制的に攪拌・混合をすることで土と安定材を化学的に反応させて強固な柱状体または地盤全体の改良を行う工法である。この工法は、盛土のすべり防止や沈下量の低減、橋台の側方移動等への対処に適している。

要点

『軟弱地盤対策のまとめ』

- 軟弱地盤対策の工法は、表面処理工法、置換工法、載荷工法、脱水工法、締固め工法、固結工法に分類され、それぞれに各種工法がある。
- 軟弱地盤対策のそれぞれの工法は、イラストを中心に工法名と目的を理解しておく。

例題 1-36　圧密沈下の促進を目的とする軟弱地盤対策工法として次のうち適当でないものはどれか。

(1)　プレローディング工法　(2)　地下水低下工法
(3)　薬液注入工法　(4)　サンドドレーン工法

解説
圧密沈下を促進させるには、ドレーンとプレローディング工法があり、(3)の薬液注入工法は、地盤を薬液によって固結させるものであり適当ではない。答(3)

例題 1-37　軟弱地盤における次の改良工法のうち、固結工法に該当するものは次のうちどれか。

(1) 石灰パイル工法　(2) バーチカルドレーン工法
(3) サンドマット工法　(4) サンドコンパクションパイル工法

解説
石灰パイル工法は、軟弱な地盤中に石灰でつくったパイルを造る固結工法である。
答(1)

例題 1-38　軟弱地盤対策工法に該当しないものは次のうちどれか。

(1)　サンドマット工法
(2)　ベンチカット工法
(3)　バイブロフローテーション工法
(4)　サンドドレーン工法

解説
図 1-63 をみると、軟弱な地盤中にある間隔で排水路となる砂杭（サンドパイル）を打ち、その表土に排水層の役割をもつサンドマットを施工し、軟弱地盤を圧密により改良すること全体をサンドドレーン工法という。ベンチカット工法は、トンネルや大きな地山の掘削工法である。答(2)

第2章 コンクリート工

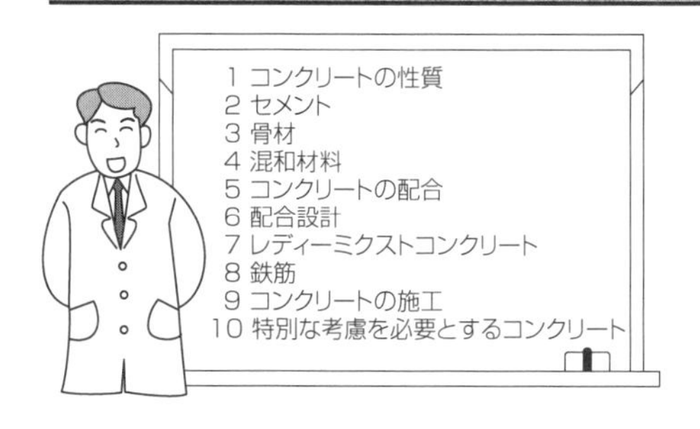

図 2-1　コンクリートの圧縮試験

セメントコンクリートは、土木構造物をつくる**代表的な材料**である。ここでは、コンクリートを構成する**セメント・砂・砂利**などの各材料の性質を学び、強度が大きく、**品質の良い経済的**なコンクリートのつくり方や、**打設などの施工方法**について学ぶ。

2・1 コンクリートの性質

コンクリートは、セメントという**接着材**によって**結合**された**固形体**である。そのコンクリートは、どのようなしくみや性質を持っているのかをみてみよう。

(1) コンクリートのしくみと構成材料

コンクリートは、図 2-2 のような**各材料の構成**によってつくられている。

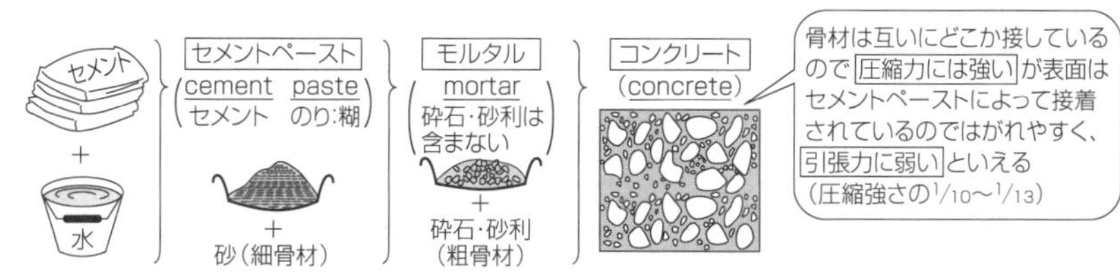

図 2-2　コンクリートの構成材料

(2) コンクリートの性質

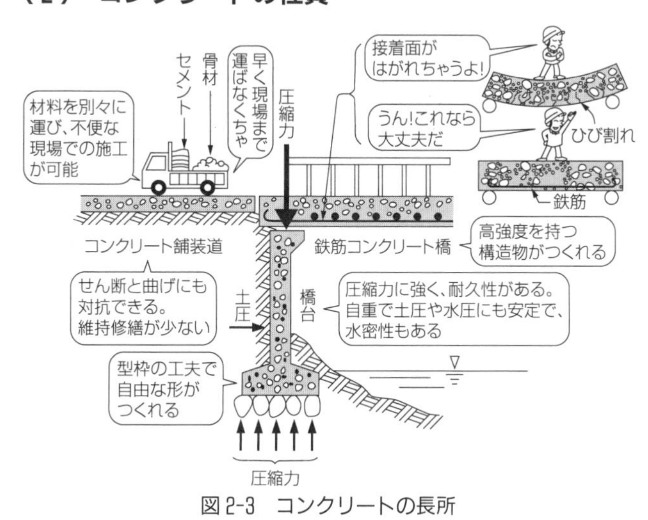

図 2-3　コンクリートの長所

コンクリートには、図 2-3 に示すような**長所**があるので、多くの建設現場で使用されている。しかし、**引張力に弱い**という**短所**もあるので、図の鉄筋コンクリート橋のように、引張力が作用する部分に引張力にも強い鉄筋を入れるなどの工夫もされている。

また、最近は**アルカリ骨材反応**や**コンクリートの中性化、コールドジョイント**などによるコンクリートの早期劣化の問題もあり、これらの性質についても学んでいく。

2・2 セメント（cement：接着材）

セメントは、図2-2のように水と練り混ぜられ、**セメントペースト**（セメント糊）となって、砂・砂利・砕石などの**骨材**（コンクリートの骨格の意）を**結合**する働きをしている。

ここでは、セメントの種類や性質などについて学ぶ。

2・2・1 セメントの種類

セメントに水を加えて混合すると、**水和作用**が始まり、徐々に接着効果を発揮する。その際に**水和熱**を発生し、この熱がコンクリートの**ひび割れの原因**にもなる。セメントには、表2-1のような種類があるが、どのセメントを使用するのかを選定するには、接着効果の早遅と、水和熱の発生量の大小が要因となる。例えば、緊急を要する道路の補修工事では、水和熱が高くても早く硬化するものを、ダムの場合は、硬化速度は遅くても、水和熱が低く、硬化するまでの体積変化の少ないセメントを選ぶことになる。

セメントを大別すると、①ポルトランドセメント、②混合セメント、③特殊セメントの3種になり、それぞれ次のような性質や用途がある。

(1) ポルトランドセメント（port land cement：英国のport land諸島から産出する岩石によく似ているので、この名称がつけられた）

ポルトランドセメントの種類と性質、用途をまとめると表2-1のようになる。

表2-1 ポルトランドセメントの種類、性質と用途

ポルトランドセメントの種類	セメントの性質と用途
普通ポルトランドセメント	広い範囲の用途に耐えられる性質を持ち、多くの建設工事に使用され、セメント総生産量の約90%を占めている。
早強ポルトランドセメント	普通ポルトランドセメントの28日強度を7日程度で発揮でき、初期硬化が早く、緊急を要する工事や寒中コンクリートに使用される。しかし水和熱が高くなるので、養生を十分に行う必要がある。ダムなどの大容積のマスコンクリートには不適である。
超早強ポルトランドセメント	普通ポルトランドセメントの7日強度を1日程度で発揮でき、短期間で所定の強度が得られる。練り混ぜや打設などの時間を短くする計画が必要である。コンクリート製品やグラウト（155ページ参照）、緊急工事などに使用される。
中庸熱（ちゅうようねつ）ポルトランドセメント	このセメントは早強、超早強とは対称的に、強度の増進が遅く、また水和熱の発生量も少ない性質を持ち、体積の変化が小さくマスコンクリートに使用される。
低熱ポルトランドセメント	高ビーライト系の低熱性のセメントで、材齢初期の強度は低いが、長期において強度が増大していく。ダムなどのマスコンクリートに使用される。
耐硫酸塩ポルトランドセメント	化学的抵抗性が大きく、下水や海水、温泉などの施設の工事に用いる。

なお、アルカリ骨材反応（58ページ参照）を抑制するために、上記の**6種類のポルトランドセメントごとに**、アルカリ含有量を0.6%以下にした**低アルカリ形○○ポルトランドセメント**が製造されている。

(2) 混合セメント

混合セメントは、普通ポルトランドセメントに各種混和材を加え、性質を目的に合うように改良したものであり、いずれも早期強度が小さく水和熱の発生量を低くしている。

また混合セメントは、化学抵抗性、水密性も大きいので、下水や海水、温泉などの水理構造物やダムなどのマスコンクリートにも利用されている。これらのセメントは、混和材の量によりA、

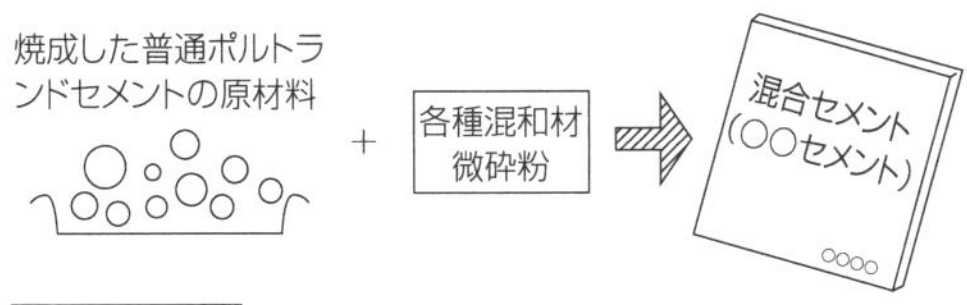

高炉セメント：混和材としては、高炉スラグ（slag：高炉で鉄分を取り出した後の残りかす鉱滓（こうさい）の微砕粉）を用いる。

シリカセメント：混和材としては、シリカ分を多く含む火山灰や水晶などの変成岩の微砕粉や電気炉の排ガスから捕集される微粒子を用いる。

フライアッシュセメント：混和材としては、フライアッシュ（fly ash：火力発電所で燃焼した石炭などの灰分）を用いる。

B、C種（混合率はC種が最も多い）に分類され、**アルカリ骨材反応を抑制**するには、シリカセメントを除く**B種、C種**を用いれば、セメント量が少なく、アルカリ分も少なくなり、抑制効果がある。

(3) 特殊セメント

ポルトランドセメントと原料や製法が異なる特殊セメントには、**アルミナセメント**と**超速硬セメント**（ジェットセメントともいう）などがあり、いずれも超早強性に富むが発熱量も多い。超速硬セメントでは、普通ポルトランドセメントの3～5日後の強度を3時間位で発揮するので、滑走路の夜間補修などの緊急を要する工事に利用される。

2・2・2　セメントの物理試験

セメントの品質を判定する基準には、次のようなものがあり、それぞれの品質を調べる**セメントの物理試験**を行い、品質の良否や風化の程度を規格値と比較して判定している。

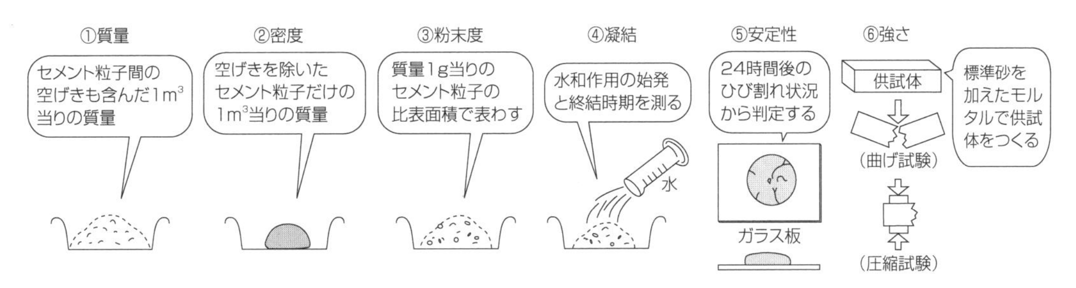

セメントの風化が進むと、質量、密度、粉末度の値は小さくなり、凝結時間は遅く、強さも低下する。
セメントの物理試験の中で、⑥強さ試験は、コンクリートの強度に直結するので重要である。

図2-4　セメントの物理試験

2・2・3　セメントの購入と貯蔵

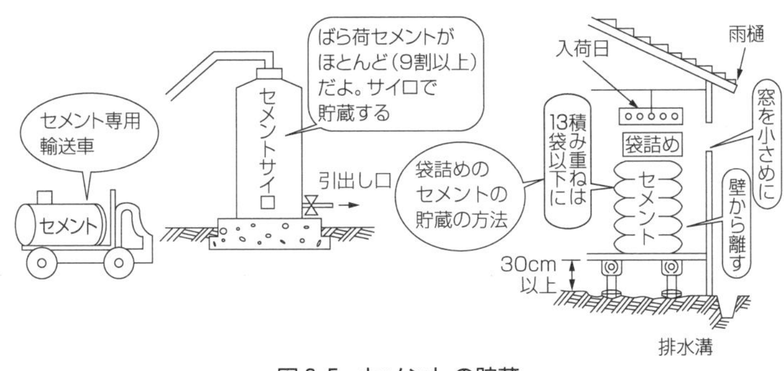

図2-5　セメントの貯蔵

セメントには、**袋詰め**と専用輸送車（列車、トラック）で運ぶ**ばら荷**セメントがあり、セメント生産量の9割以上を占めるばら荷セメントは、図2-5のようにサイロに貯蔵する。セメントの品質の劣化、特に**風化**に注意し、貯蔵量を少なくして、必要に応じて購入することが望ましい。

要点

『コンクリートの性質とセメントのまとめ』

- セメント＋水⇨セメントペースト＋砂⇨モルタル＋砂利⇨コンクリートで、コンクリートとは、セメントという接着材によって結合された固形体である。
- セメントと水との化学反応を水和作用といい、水和熱を発生し、硬化後の収縮によるひび割れの原因となる。対策としては、セメントの選別と十分な養生をすること。
- セメントの種類を大別すると、ポルトランド・混合・特殊の各セメントとなり、それぞれの性質は、セメントの物理試験を行い、それぞれの種類の規格値より良否や風化の程度を判定し、工事に使用できるかなどを決定する。
- セメントの物理的性質の質量と密度の意味をよく理解しておくこと。
- アルカリ骨材を抑制するひとつの対策として、低アルカリ形ポルトランドセメント及び、混合セメントのシリカセメントを除くB種、C種を使用する。

例題 2-1　コンクリートに関する次の記述のうち、適当なものはどれか。

(1)　モルタルとはコンクリートと同意語で、主として建築物に使用されるコンクリートをいう。

(2)　セメントは圧縮力にも引張力にも強い合理的な材料である。

(3)　コンクリートは、セメントという結合材により固った固形体である。

(4)　低アルカリ形ポルトランドセメントは、特殊セメントの一種である。

解説

モルタルはセメントペーストに砂（細骨材）を加えて練ったもので、これに砂利（粗骨材）を加えて練り、固形したものがコンクリートである。従って(1)は適当でなく(3)が正しい。(4)は、ポルトランドセメントで特殊セメントでなく、適当でない。また、(2)の記述は、図 2-3 のイラストから、誤りであることをしっかり理解しておこう。

答(3)

例題 2-2　セメントに関する次の記述のうち、適当でないものはどれか。

(1)　ポルトランドセメントには、普通・早強・超早強・中庸熱・低熱・耐硫酸塩の各セメントがあり、中でも普通ポルトランドセメントは一般の構造物に多く用いられている。

(2)　中庸熱ポルトランドセメントは水和熱の発生量が少なく、ダムなどのマスコンクリート用として用いられている。

(3)　混合セメントの混和材の量は、A 種より C 種の方が少なくなっている。

(4)　セメントには、一般に市販されている袋詰めセメントと専用輸送車で運ぶばら荷セメントがあり、約 9 割がばら荷セメントである。

解説

(1)と(2)の説明は、セメントに関する基本的なものなのですぐに正解が得られるであろう。いずれも正しい。(3)の混和材の混合割合であるが、A、B、C 種とあり、B、C にいく程混合量が多くなっているので、この記述が誤りとなる。なお、アルカリ骨材反応を抑制するには、混和材の量の多い B、C 種を用いることも合わせて理解しておこう。

答(3)

2・3 骨材

骨材とは、図2-2コンクリートの構成材料でも示したように、コンクリートの**骨格**となり、コンクリートの容積の65～80%を占める重要な材料である。従って骨材の品質の良否が、コンクリートの強度や性質に大きく影響することになる。

2・3・1 骨材の種類

骨材には、図2-6のように**天然骨材**と**人工骨材**がある。所要の品質のコンクリートを経済的につくるには、良質な川砂・川砂利を用いるが、使用量の増大にともなう河床低下などの問題もあり、海砂や人工骨材が多くなっている。そのために、塩害やアルカリ骨材反応（58ページ参照）などの問題も生じてきている。

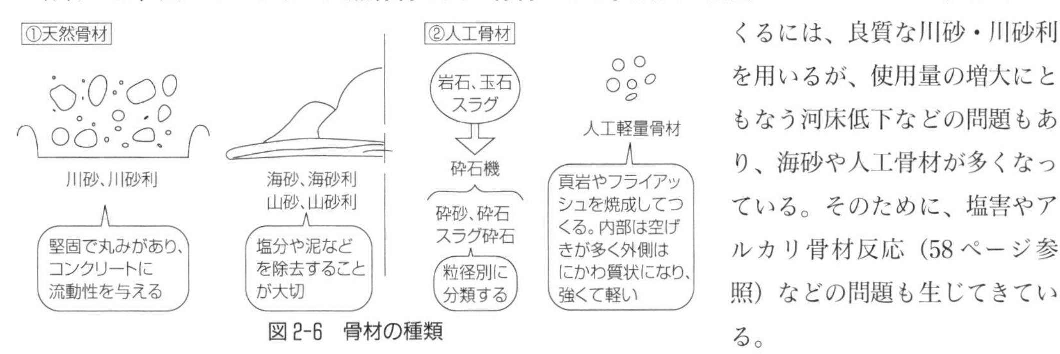

図2-6　骨材の種類

2・3・2 骨材の貯蔵

骨材は降水などの影響を受けないように、図2-7のような**骨材サイロ**で貯蔵する。

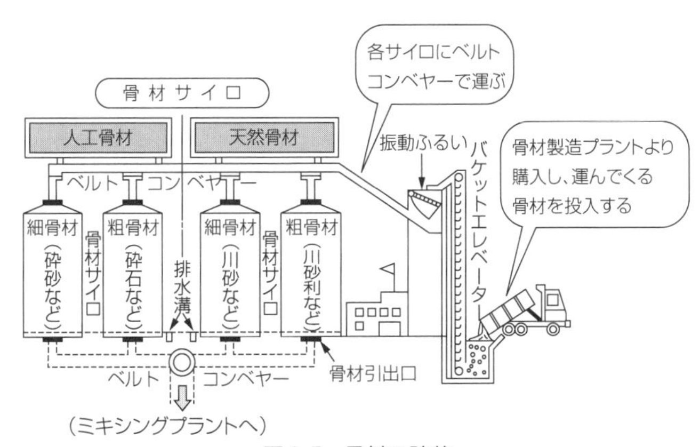

図2-7　骨材の貯蔵

骨材サイロの規模などは、工事の内容によって一様ではないが、一般的には骨材の種類や粒径別に分類して貯蔵され、骨材引出口より使用量に応じて取り出している。サイロは直射日光や降水などの影響を受けないような構造にする必要がある。

2・3・3　骨材の好ましい性質

コンクリートの強度を調べるには、供試体を作製し図2-8のように圧縮試験や曲げ試験を行う(64ページ参照) ここで圧縮試験で破壊した供試体の切断面を観察しながら、骨材の好ましい性質についてみてみよう。

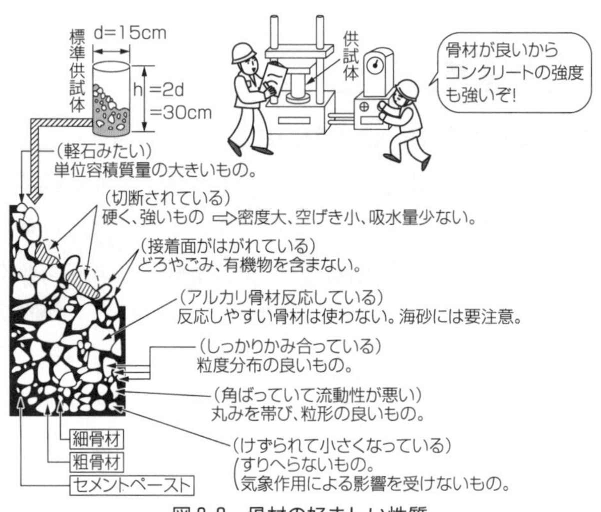

図2-8　骨材の好ましい性質

2・3・4　骨材の試験

骨材が好ましい性質をもっているかの品質を判定するには、次のような試験を行う。

以下骨材の品質を調べる代表的な試験について説明する。

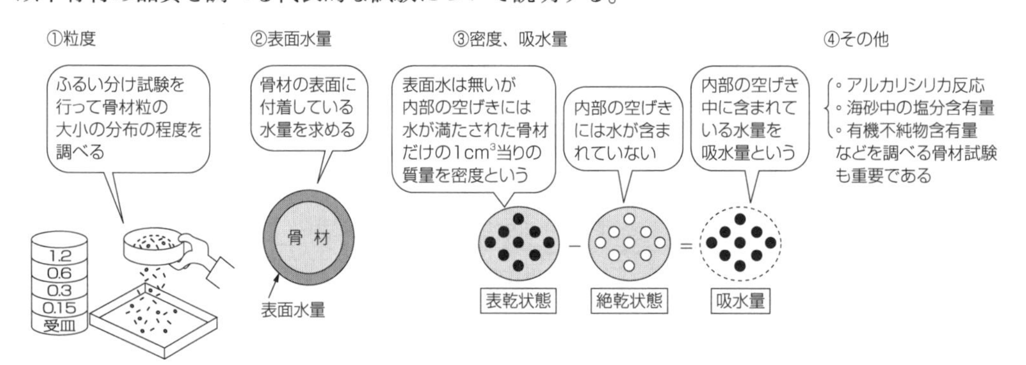

図2-9　骨材の試験

(1)　細骨材と粗骨材

骨材の粒径による分類は、示方書(土木学会で制定)に基づいてコンクリートの各材料の量を示す**示方配合**では、5mm以上のものを**粗骨材**、5mm以下のものを**細骨材**と定義している。しかし、現場にある骨材は大小のものが混じっているのが一般的であり、**実用上**図2-10のように分類してよいとされている。

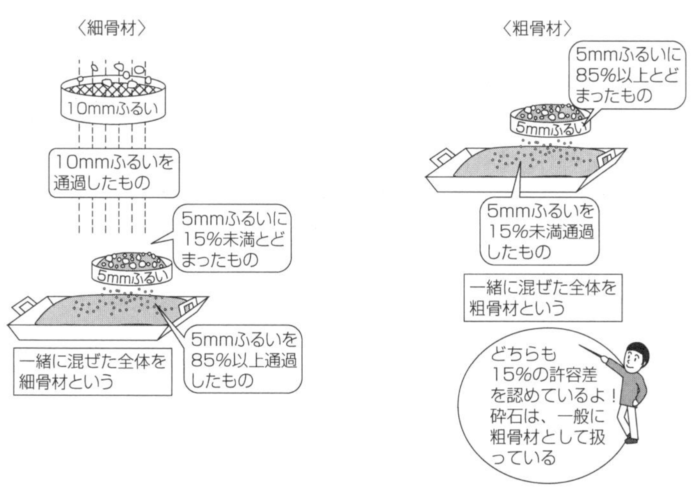

図 2-10　細骨材と粗骨材

(2)　骨材の粒度

骨材の粒度はふるい分け試験を行い、図 2-11 のような**粒度曲線**を描いて粒度の良否を判定すると同時に、数値的にも**粗粒率**（FM）や**粗骨材の最大寸法**を求め、配合設計に役立たせる。

粒度曲線：図 2-12 のような一組のふるいを用いて試験を行い、各ふるいを通過する質量百分率を求めて**粒度曲線**を描く。この粒度曲線が、図 2-11 のように 2 本の点線に囲まれた土木学会の粒度の標準の範囲内にあれば、良好な粒度といえる。

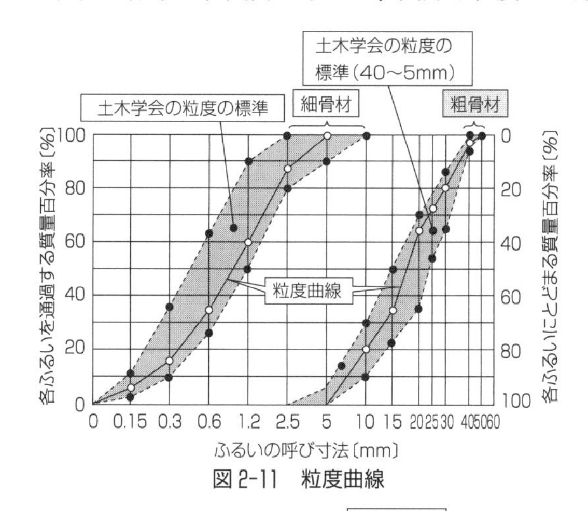

図 2-11　粒度曲線

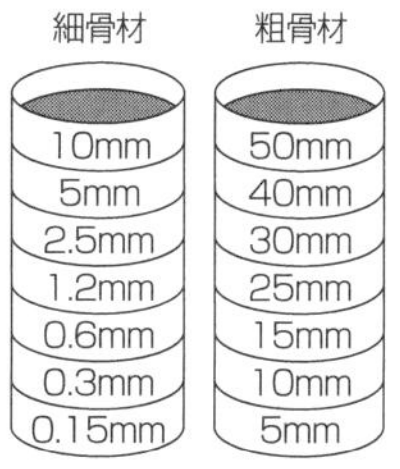

細骨材：10mm、5mm、2.5mm、1.2mm、0.6mm、0.3mm、0.15mm
粗骨材：50mm、40mm、30mm、25mm、15mm、10mm、5mm

図 2-12　一組のふるい

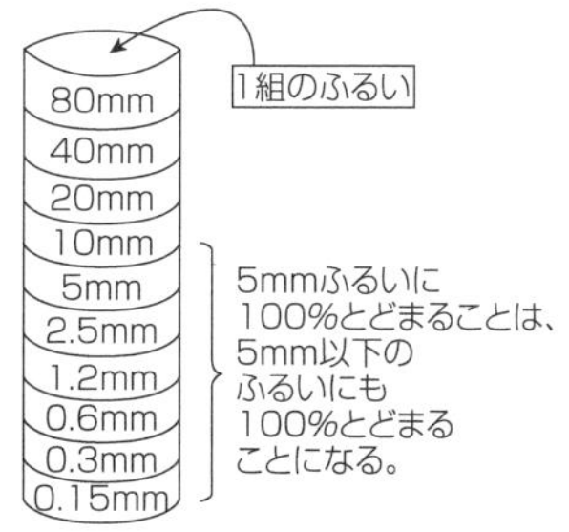

1組のふるい：80mm、40mm、20mm、10mm、5mm、2.5mm、1.2mm、0.6mm、0.3mm、0.15mm
5mmふるいに100%とどまることは、5mm以下のふるいにも100%とどまることになる。

図 2-13　粗粒率用 1 組のふるい

粗粒率：図 2-13 のような定められた 1 組（10 個）のふるい用いて試験を行い、各ふるいにとどまる量の累計質量百分率の和を 100 で割った値。いま A および B の 2 種類の粗骨材の試験の結果が表 2-2 のようになった。それぞれの粗粒率を求めてみると

表 2-2　各ふるいにとどまる累計質量百分率

ふるい（mm）		80	40	20	10	5	2.5	1.2	0.6	0.3	0.15
百分率（%）	A	0	8	50	90	100	100	100	100	100	100
	B	0	0	5	10	85	90	100	100	100	100

A 試料　$FM=\dfrac{8+50+90+6\times100}{100}=7.48$

B 試料　$FM=\dfrac{5+10+85+90+4\times100}{100}=5.90$

この結果から試料を分析してみると、A 試料では 20 mm 以上が 50%、40 mm 以上が 8%あるが、B 試料では 20 mm 以上は 5%、40 mm 以上は 0 となっている。これらのことから、**粒径の大きい骨材が多い程粗粒率の値が大きくなる**ことがわかる。なお粗粒率の標準は、粗骨材では 6＜FM＜8、細骨材では 2.3＜FM＜3.1 であり、**A 試料は 7.48 なので粒度は適当**であり、**B 試料は 6 より小さく、大粒径の骨材が少ない**といえる。

粗骨材の最大寸法：骨材の質量が 90%以上通過するふるいのうち、**最小のふるいの寸法**で示し、コンクリートの配合設計や生コン（66 ページ参照）の注文などに使用する重要な値である。表 2-2 の A、B 種について求めてみると、A 試料で 90%以上通過するふるいの寸法は 40 と 80 であり、**最小は 40 なので、最大寸法は 40 mm** となる。B 試料で 90%以上通過するふるいの寸法は、10、20、40、80 であり、**最小は 10 なので、最大寸法は 10 mm** となる。

(3) 骨材の含水状態

骨材の含水状態を模型的に表わすと図 2-14 のようになり、これから各値を求めてみる。

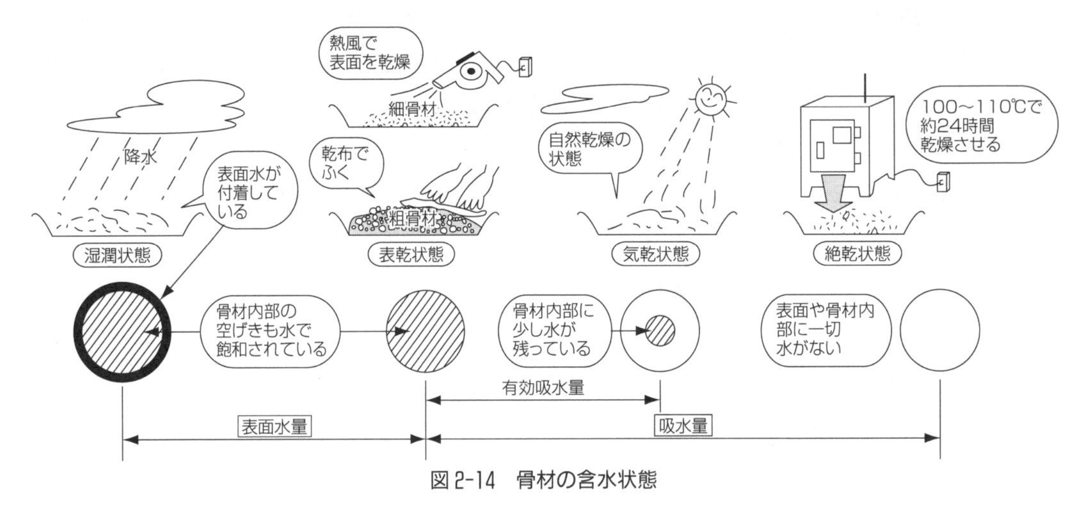

図 2-14　骨材の含水状態

表面水率〔%〕 $=\dfrac{\text{表面水量}}{\text{表乾状態の質量}}\times100=\dfrac{◍-⊘}{⊘}\times100=\dfrac{○}{⊘}\times100$

吸水率〔%〕 $=\dfrac{\text{吸水量}}{\text{絶乾状態の質量}}\times100=\dfrac{⊘-○}{○}\times100=\dfrac{⊘}{○}\times100$

密度〔g/cm³〕 $=\dfrac{\text{表乾状態の質量}}{\text{表乾状態の体積}}=\dfrac{⊘}{V}$

$=\dfrac{⊘}{(A_2-A_1)}$

これらの値は、配合設計に使用する重要な値であるが、次のように骨材の品質の判定にも利用される。

骨材の密度大⇨内部の空げきが小で強度が大きい。

吸水率大⇨内部の空げきが大で、強度が小さい。

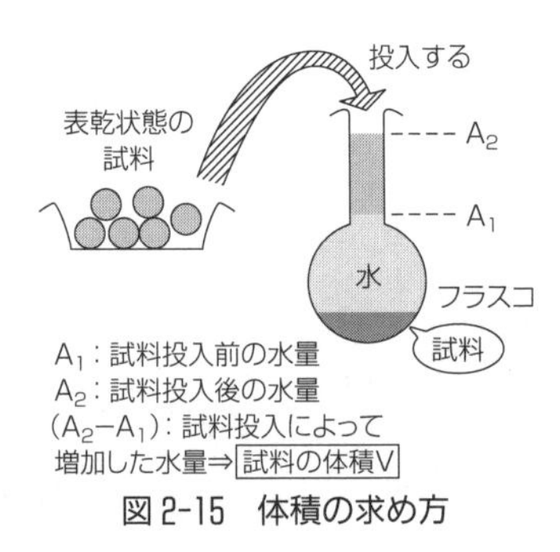

図 2-15　体積の求め方

2・3・5　アルカリ骨材反応

従来コンクリートは、半永久的な材料と考えられていたが、最近では完成して数年でひび割れや鉄筋の腐食が発生し、その結果トンネル内でのコンクリートの剥離脱落事故などが起こり社会的問題にもなっている。その原因の一つに、**アルカリ骨材反応**がある。

この反応は、図2-16のようにセメントの成分の**アルカリ分**と骨材中に含まれている**シリカ分**が、練り混ぜられたコンクリートの中で**化学反応**を起こし、骨材表面に新らたに**膨張性物質**が生成される現象をいう。そしてこれがひび割れ発生や鉄筋腐食の原因となっている。

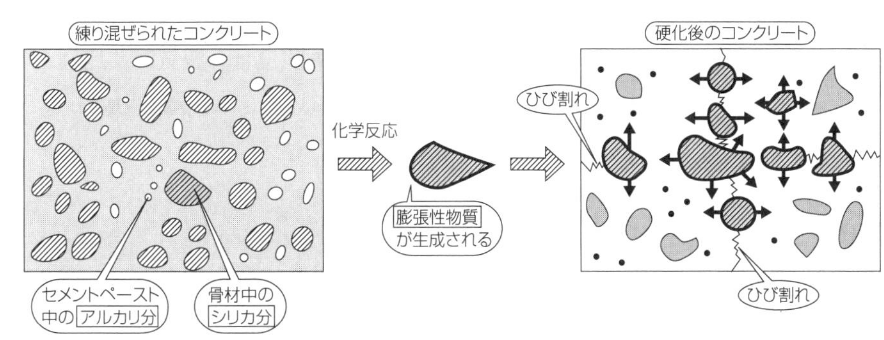

図2-16　アルカリ骨材反応

抑制対策：**アルカリ骨材反応を抑制**するには、次のような対策を行う。

○アルカリシリカ反応性試験を行いA区分の骨材を使用する：試験に合格⇨A区分、不合格（反応する）と試験をしない⇨B区分とし、B区分と判定されてもモルタルバー試験という別の試験を行い、A区分と判定された場合はA区分の骨材としてよい。また、次の図2-17のような抑制対策を実施すれば、B区分の骨材をA区分として使用してよいとされている。

図2-17　アルカリ骨材反応抑制対策

2・4　混和材料

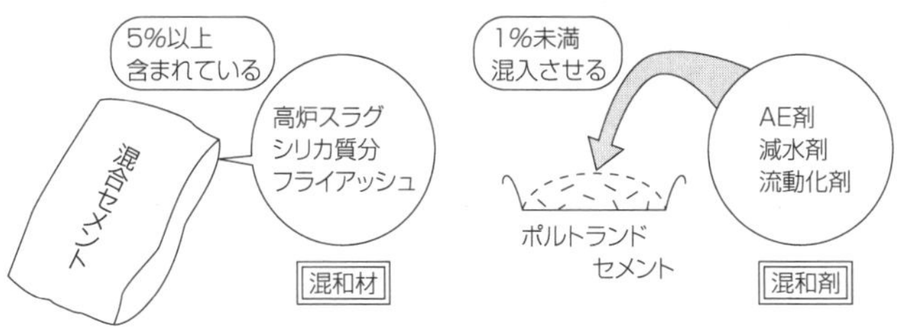

図2-18　混和材料

混和材料には、図2-18のように**混和材**と薬品のように扱う**混和剤**とがある。混和剤は量が少ないので、配合設計では無視するが、水に溶かした場合はその溶液は水量の一部として扱う。

混和剤は、練り混ぜるコンクリートの品質を改善するもので、次のような種類がある。

(1) AE (air entrained：空気を導入する) 剤

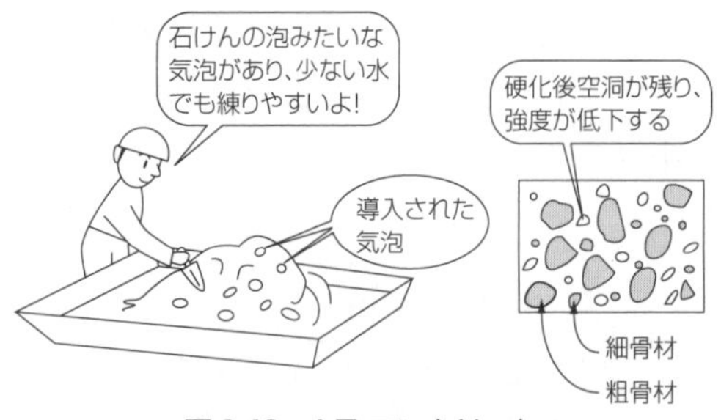

図 2-19　AE コンクリート

混合時のコンクリート中に、微細な気泡を導入すると、気泡がボールベアリングのような働きをして、使用水量が少なくても、練りやすいなど**ワーカビリティー**(62 ページ参照)を向上させるが、硬化後の強度は、空気量に比例して低下する。冬期においては AE 剤を用いるようにする。

(2) 減水剤

コンクリートは使用水量が多いと強度が低下する。そこで少ない水量で所要のワーカビリティーを得るために、減水剤が使用される。減水剤はセメントを電気的に分散させる働きをし、最近では AE 剤と合成した**高性能 AE 減水剤**が開発され、高品質・高強度のコンクリートが作られている。

(3) 流動化剤

暑中コンクリートなどでスランプ値(62 ページ参照)の低下を防止したり、少ない使用水量でも一定の流動性が得られる効果がある。

要点

『骨材と混和材料のまとめ』

- 骨材には天然骨材と人工骨材とがあり、砕石は人工骨材に分類される。
- 骨材の好ましい性質は、硬くて強いもの、泥や有機物を含まずアルカリシリカ反応性試験で A 区分に相当するもので、さらに丸味をおび粒度が良いことなどである。
- 好ましい性質の有無を調べるために骨材の試験があり、代表的な試験には、粒度、表面水量、密度および吸水量などを求める試験がある。
- 骨材は粒径の大きさの 5 mm によって、細骨材と粗骨材に分類されているが、実用上は 15%の許容差がある。また砕石は一般に粗骨材として扱う。
- 骨材の粒度の判定は、粒度曲線、粗粒率で表わされ、粒径の大きい骨材が多いと、粗粒率 FM の値は大きくなる。
- 最大寸法は 90%以上通過するふるいのうちの最小のふるいの寸法で表す。
- アルカリ骨材反応とは、セメント中のアルカリ分と骨材中のシリカ分が化学反応を起こし、新らたに膨張性の物質が生成される現象をいい、ひび割れの原因となる。またアルカリ骨材を抑制するには、低アルカリ形やシリカセメントを除く混合セメント B、C 種を使用するなどの他、図 2-17 に示すような対策がある。
- 混和材料には、使用量によって混和材と混和剤に分類され、混和剤には AE 剤や減水剤がある。また混和剤を水に溶かし使用する場合には、その溶液は使用水量の一部となる。

例題 2-3　アルカリ骨材反応抑制対策に関する次の記述のうち誤っているものはどれか。

（1）　アルカリ量の低い骨材の使用

（2）　抑制効果のあるシリカセメントを除く混合セメントのB、C種を使用

（3）　コンクリート中のアルカリ総量の抑制

（4）　JIS に規定された低アルカリ形セメントの使用

解説

アルカリ骨材反応は、セメント中のアルカリ分と骨材中のシリカ分の化学反応によって起こることをしっかり理解していれば(1)が誤りであることがすぐわかる。(2)～(4)については、本文中にも記した内容でいずれも正しい。答(1)

例題 2-4　コンクリート用材料とその品質を確認する試験の組合せで、次のうち関係のないものはどれか。

（1）　セメント――粉末度試験

（2）　粗 骨 材――粒度試験

（3）　細 骨 材――密度試験

（4）　混 和 剤――吸水率試験

解説

各材料の品質を調べる試験に関する問題も出題率が高いので代表的な試験については、試験名と何を求めるのかを理解しておく必要がある。(1)の粉末度はセメントの粒子に関係する。(2)、(3)は骨材の品質上欠かせない試験であり、(4)が関係ないことになる。答(4)

例題 2-5　骨材に関する次の記述のうち、誤っているものはどれか。

（1）　骨材は細骨材と粗骨材に分けられるが、砕石は一般に粗骨材に属する。

（2）　骨材の吸水率があまり大きいと、耐久性が低下するので、JIS では砕石の吸水率を規定している。

（3）　骨材の粗粒率が大きいほど粒径の小さい骨材が多いことを示す。

（4）　骨材の粒度とは、骨材の大小粒が混合している程度をいう。

解説

骨材に関する基本的な内容である。特に材料試験については、試験方法より求めた結果について理解しておくようにする。(1)(2)(4)の記述はいずれも正しく、(3)が誤りである。粗粒率は粗粒の骨材が占める割合なので値が大きければ粗粒の骨材が多いことを理解しておこう。
答(3)

2・5　コンクリートの配合

今までに学んできたセメントや骨材などの各材料を用いて、**所要の品質を持ち、経済的な** 1 m³ のコンクリートをつくるのに必要な各材料の質量を決めることを**配合設計**という。

正しい配合設計を行うには、まず、**良いコンクリート**とはどのようなものかを知り、さらに、混合して打設するまでのまだ固まらない**フレッシュコンクリート**や**硬化後のコンクリート**の諸性質を十分に理解し、コンクリートの長所が発揮できるように考慮して行う必要がある。

2・5・1　良いコンクリートの 3 条件

良いコンクリートとは、次の 3 条件を満たしたものをいう。

① 打設時におけるフレッシュコンクリートは、図 2-20 に示す諸性質を満たすこと。

② 硬化後のコンクリートは、所要の強度・耐久性・水密性を持つこと。

③ 経済的であること。

2・5・2　フレッシュコンクリート

フレッシュコンクリートの性質を表す用語には、図2-20に示すようなものがあり、これらの性質を満足するように配合設計を行うことになる。

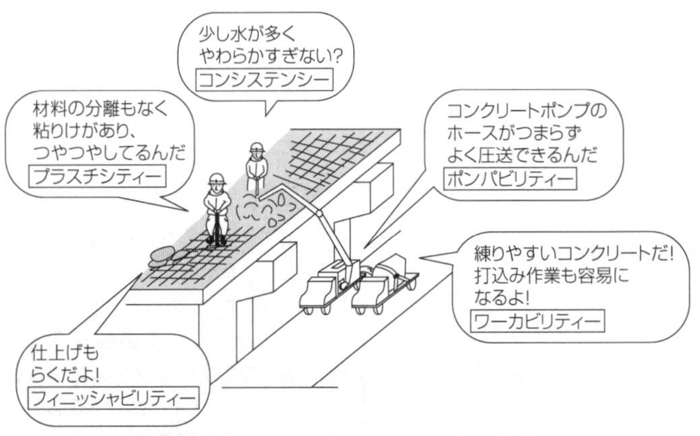

図2-20　フレッシュコンクリートの性質

① **コンシステンシー**（consistency）：水分の多少によるコンクリートの変形あるいは流動に対する抵抗の程度を表す。

② **ワーカビリティー**（workability）：練り混ぜ、運搬、打込み、締固め、仕上げなどの作業の容易さを表す性質で、コンシステンシーおよび材料の分離の程度によって決まる。

③ **プラスチシティー**（plasticity）：型枠に詰めやすく、粘りけがあり、くずれたり、材料が分離したりすることのない性質を表す。

④ **フィニッシャビリティー**（finishability）：仕上げやすさの程度を表す性質で、粗骨材の最大寸法や細骨材の割合、コンシステンシーなどによって決まる。

⑤ **ポンパビリティー**（pumpability）：コンクリートポンプ車で、ホースを通して圧送する場合の打込みの容易さを表す。

これらのフレッシュコンクリートの性質において、共通的に考慮すべき問題点は、**軟らかさの程度**と**材料の分離の程度**であろう。そこで、この2点についてみてみよう。

（1）　軟らかさの程度を求める試験に、コンシステンシーを測定し、ワーカビリティーを判定する**スランプ試験**や流動性を判定する**スランプフロー試験**などがある。

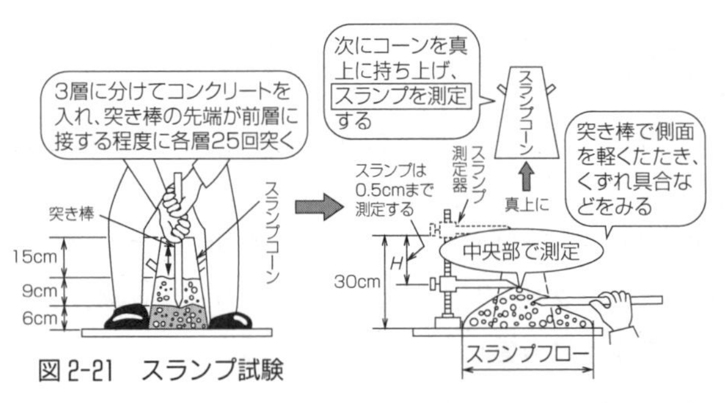

図2-21　スランプ試験

目的：図2-21の方法でスランプ（slump：落下高H）を測定してコンシステンシーを求め、その後に、突き棒で軽く側面をたたいてワーカビリティーなどのコンクリートの状態を観察してみることもできる。

試験方法：高さ30 cmのスランプコーンに図2-21のようにコンクリートを詰め、コーンを静かに持ち上げ**スランプ値**を求める。また、フロー値はメジャーで測定する。

次に側面を軽くたたきながらくずれ具合や色つや、材料の分離の程度、仕上げやすさなどを細かく観察をして、ワーカビリティーなどを判断する。

結果の利用：観察した結果をもとに、フレッシュコンクリートの諸性質を図2-22のように判定し、再度調整して配合表を完成させたり、施工方法の決定に利用する。

	No.1（スランプ値小）	No.2（スランプ値小）	No.3（スランプ値大）	No.4（スランプ値大）
スランプコーンを引き上げた時。	全体がふくらむように、ゆっくりスランプする	いまにもくずれそうだが、なんとか形を保つ	全体が粘土のように、ゆっくり大きくスランプする	コーンを持ち上げると同時に一気にくずれパサパサしている
突き棒で軽くたたいた時のくずれ具合やこて仕上げの状況。	粘りけがありつやつやしてこて仕上げも容易。材料の分離もなく餅のようだ	一気にくずれ、材料も分離し、粘りけもなくこて仕上げもできない	粘りけがありスランプは大きいが、材料の分離もなく、こて仕上げが楽しい	表面に粗骨材があり、分離していて、こて仕上げもお手上げだ
判定	ワーカビリティーにやや欠けるが、他の性質は良好。道路舗装やダムなどスランプ値の小さい施工に適する。	好ましくないコンクリート 原因 ①粗骨材の最大寸法や粒度が問題。 ②セメント量が少ない。配合設計を再検討する。	コンシステンシーにやや欠け、スランプが大きいがワーカビリティーも良好で、鉄筋コンクリートの施工に適する。	好ましくないコンクリートだが、軟らかいので捨てコンなどに使用する。 原因は ①w/cの選定、wが多い。 ②骨材の粒度。

図 2-22　スランプ試験の判定

（2）　材料の分離の程度を求める試験に、**ブリーディング試験**がある。この試験は図 2-23 のようにフレッシュコンクリートの**ブリーディング**（bleeding：水が上昇する）**現象**の結果、表面に浮き出てきた水量を採取して測定し、材料分離の傾向や程度を判定するものである。

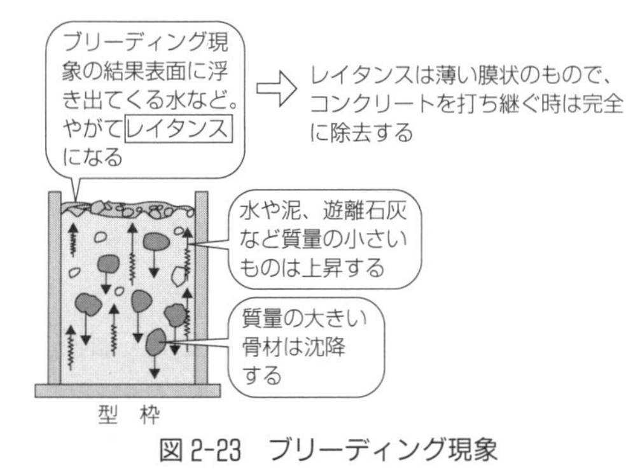

図 2-23　ブリーディング現象

ブリーディング現象によって、材料が分離すると強度が低下し、所要の品質のコンクリートが得られないので、AE 剤を用いる他、図 2-24 のような施工上の対策を行うようにする。

なお、レイタンスの除去はワイヤブラシを用いる。これをグリーンカットという。

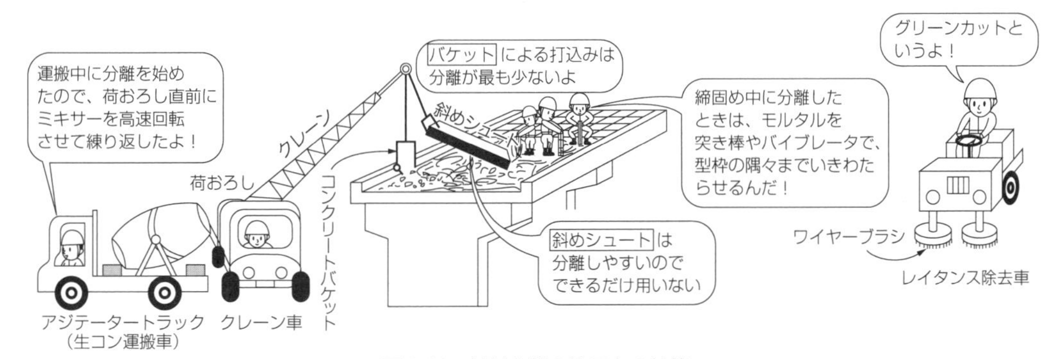

図 2-24　材料分離の施工上の対策

2・5・3　硬化したコンクリートの性質

（1）　コンクリートの強度

強度とは、コンクリートという材料が荷重に対して**抵抗できる強さ**であり、荷重の作用のしかたによって、圧縮・引張り・曲げ・せん断などの強度がある。硬化したコンクリートの品質を示す基本的なものは**圧縮強度**である。その理由は、図 2-3（51 ページ）のコンクリートの長所でも説明したように、コンクリートは圧縮強度が最も大きく、ほとんどが圧縮力を受ける構造物として設計されていることと、圧縮強度がわかれば引張り・曲げ・せん断などの強度が推定できるからである。

① **圧縮強度試験**：圧縮強度は図 2-25 のような圧縮強度試験から求める。

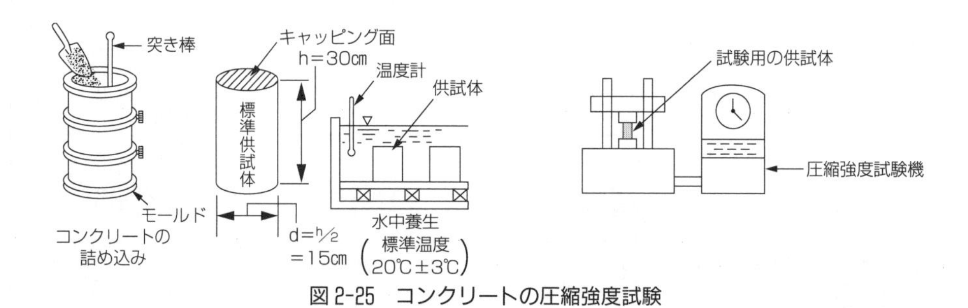

図 2-25　コンクリートの圧縮強度試験

圧縮試験用の供試体は、図 2-25 のように直径 15 cm、高さ 30 cm の場合は、型枠（モールド）に 3 層に分けて詰め、各層 25 回ずつ突き棒で突き、1 日後に表面をセメントペーストで平らにするキャッピングを行う。その後脱型して 20°C±3°Cの水中で養生し、練り混ぜ後 28 日目に圧縮試験機で破壊して、圧縮強度 f'_c〔N/mm²〕を求める。

いま、図の直径 15 cm、高さ 30 cm の供試体を圧縮試験をしたところ、P=700 KN で破壊した。この供試体の圧縮強度は次のようにして求められる。

$$圧縮強度\ f'_c〔N/mm^2〕=\frac{破壊した時の荷重\ P〔N〕}{供試体の断面積\ A〔mm^2〕}=\frac{700000}{\pi\times 150^2/4}=39.6\ N/mm^2$$

（なお、破壊荷重 P が〔t〕で求められるときは、1 t=9806.65 N として〔N〕に換算してから圧縮強度 f'_c〔N/mm²〕を計算する）

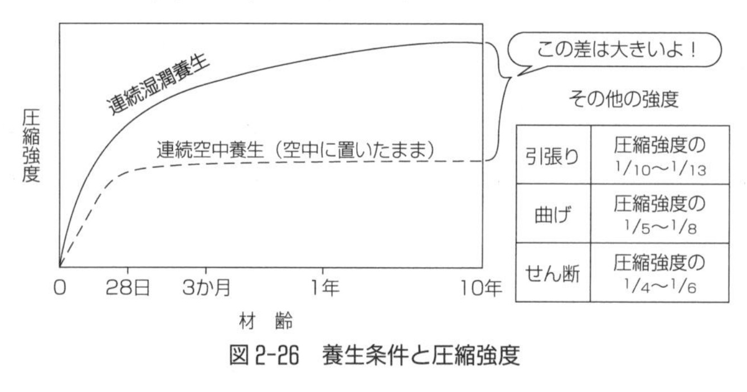

引張り	圧縮強度の 1/10〜1/13
曲げ	圧縮強度の 1/5〜1/8
せん断	圧縮強度の 1/4〜1/6

図 2-26　養生条件と圧縮強度

② **養生条件と圧縮強度**：圧縮強度は図 2-26 のように材齢（練ってからの期間）とともに増加していくが、養生条件によっても差がある(80 ページ参照)。コンクリート構造物の耐用が長期的なことからも、いかに初期養生と養生条件が大切かが理解できる。

(2) コンクリートの耐久性と水密性

コンクリートの耐久性や水密性に対する対策は、図 2-27 のようになる。

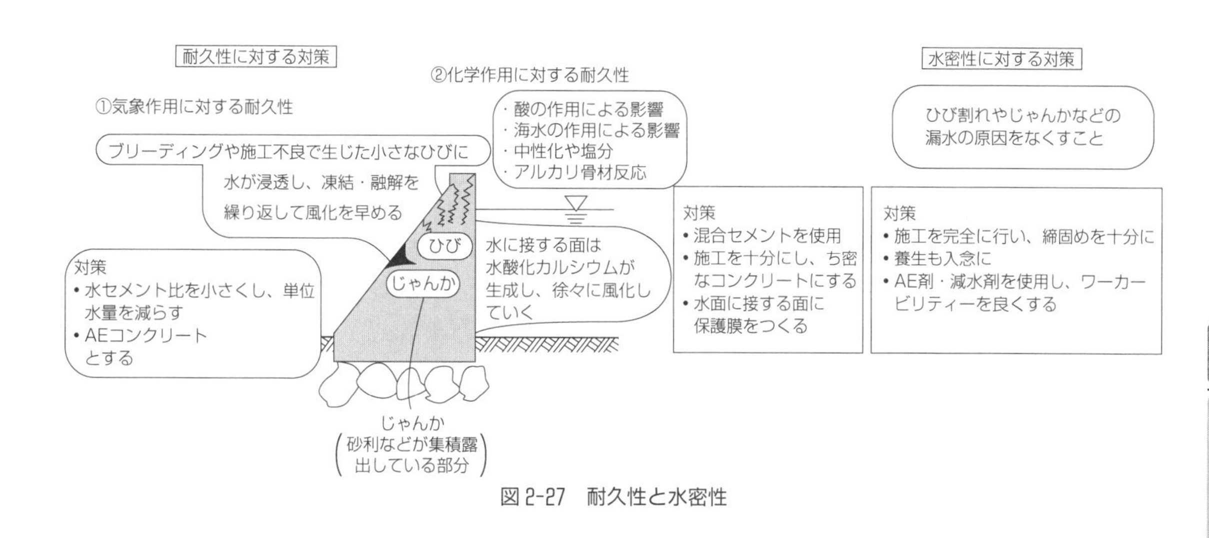

図 2-27　耐久性と水密性

(3) コンクリートの密度とクリープ

コンクリートの密度とは、コンクリート1 m^3 当りの質量で内部の空げきも含まれており、図2-28に示すような値になっている。

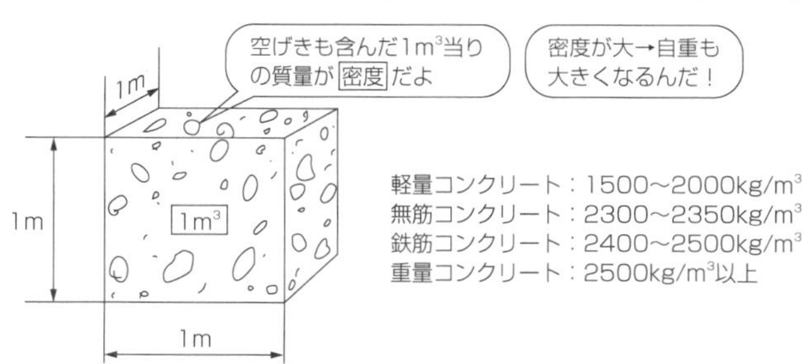

図 2-28　コンクリートの密度

また、内部の空げきなどがコンクリートの自重や荷重により、徐々に縮み変形していくことを**クリープ**という。

クリープは水セメント比が大で、載荷荷重が大きい程大となる。

要点

『コンクリートの配合のまとめ』

- 良いコンクリートの3条件（フレッシュコンクリートの諸性質を満たす。硬化後は所要の品質を持つ。経済的である。）を満たすような1 m^3 のコンクリートの各材料を決めることを配合設計という。
- フレッシュコンクリートの性質を表す用語に、コンシステンシー・ワーカビリティー・プラスチシティー・フィニッシャビリティー・ポンパビリティーがあり、それぞれの持つ意味を理解しておく必要がある。
- コンクリートのワーカビリティーを判定するにはスランプ試験がある。
- 材料の分離の程度を求めるには、ブリーディング試験があるが、材料の分離は打設時の種々の工夫によってかなり防ぐことができる。
- 硬化したコンクリートに必要な性質は、強度と耐久性や水密性であり、これらの性質が十分に活かされるような対策が必要である。
- ブリーディングの結果、表面にできた薄い膜状の物質をレイタンスといい、コンクリートを打ち継ぐには、これを完全に除去しなければならない。
- コンクリートの強度には、圧縮・引張り・曲げ・せん断などがあるが、品質を示す基本的なものは圧縮強度で、引張り強度は圧縮強度の1/10～1/13である。
- コンクリートの強度は、養生条件によって大きく異なる。
- 鉄筋コンクリートの密度は、2400～2500 kg/m^3 である。

例題 2-6 コンクリートの性質に関する次の記述のうち、適当でないものはどれか。

（1） コンクリートの水量の多少による軟らかさの程度を調べるには、一般にスランプ試験が用いられる。

（2） コンクリート引張り強度は、圧縮強度の1/10～1/13しかない。

（3） ワーカビリティーとは、温度変化に伴うコンクリートの硬化の速さを表す用語である。

（4） ブリーディングの結果より生じたレイタンスは、強度がなくコンクリートを打ち継ぐ時は完全に除去する必要がある。

解説

コンクリート全般に関する問題であり、各用語をしっかり理解していれば正解は容易であろう。(1)のスランプ試験は重要性からも出題率が高く目的や結果の判断などを理解しておくことが大切である(2)と(4)は覚えておくべきことでいずれも正しく、(3)はワーカビリティー(Work：仕事abiity：容易にする) の用語の意味を理解していればすぐに誤りであることがわかる。

答(3)

例題 2-7 次のコンクリートの特性のうち、水セメント比と直接関係のないものはどれか。

（1） 圧縮強度　　（2） 耐久性

（3） セメントの凝結試験　　（4） 水密性

解説

この問題もコンクリート全般に関する用語で、各用語の持つ意味を正しく理解していれば正解は容易であろう。(3)のセメントの凝結試験はセメントの品質を調べる試験で、配合には関係しない。

答(3)

2・6 配合設計

1 m³ の**コンクリート**をつくるのに必要な各材料の使用量を**単位量**〔kg/m³〕といい、この単位量を求めることが**配合設計**である。配合には図 2-29 のような骨材の状態によって、**示方配合**と**現場配合**とに分類される。

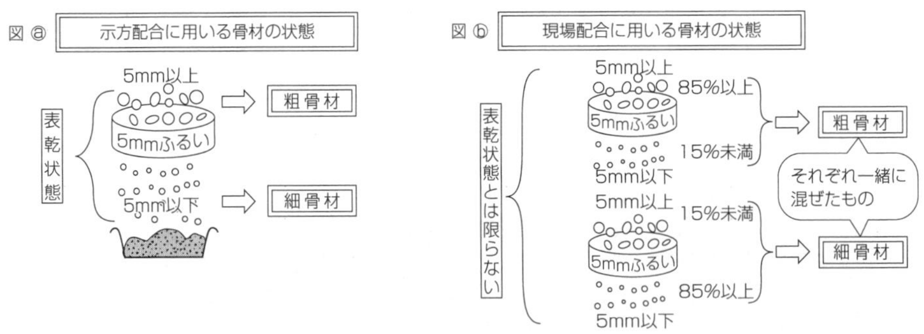

図 2-29　配合に用いる骨材の状態

示方配合：示方配合に用いる骨材の状態は図ⓐのとおりで、コンクリート標準示方書または責任技術者の指示によって設計された配合である。配合を決めるための試験練りで材料が図ⓐの状態に貯蔵されている場合は、示方配合により各材料を計量して供試体を作製すればよい。

現場配合：図ⓑのような現場にある粗骨材をそのまま計量して混合すると、示方配合と同じになるように、骨材の状態に応じて調整した配合である。

（1） 示方配合の設計手順

コンクリートの配合設計を行う手順は図 2-30 のようになるが、ここでは**②の配合計算の手順の**

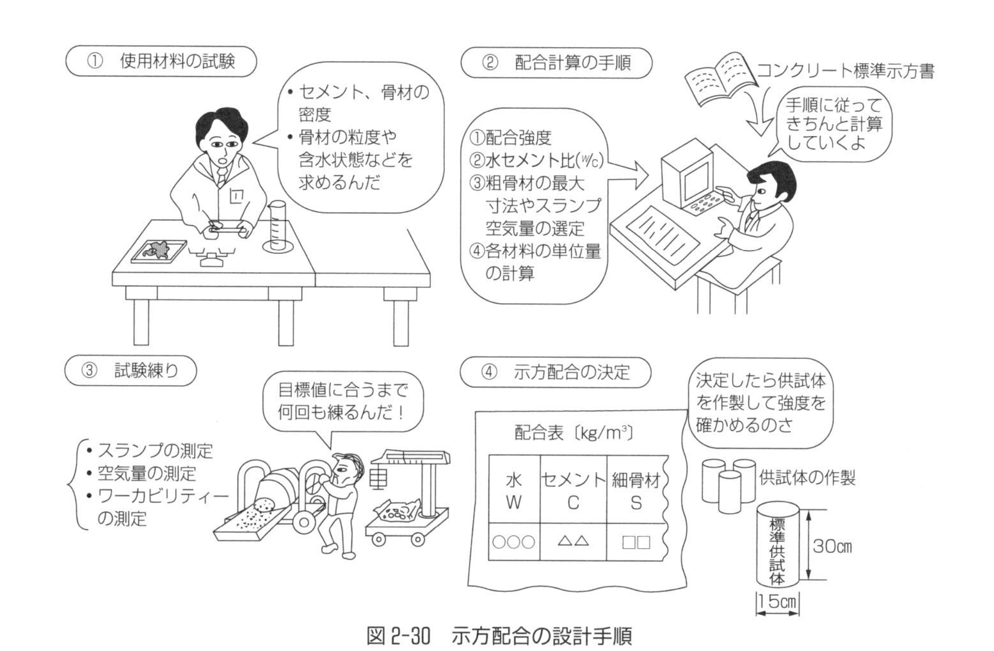

図 2-30　示方配合の設計手順

各項目について説明していく。

① **配合強度** f'_{cr}〔N/mm²〕(配合設計の目標となる強度）を求める。

配合設計を行う場合の基になる値は、図 2-31 に示す**設計基準強度** f'_{ck} であり、配合強度 f'_{cr} はこの f'_{ck} に安全を考慮し、**割増し係数** α を乗じた次式のよって求める。

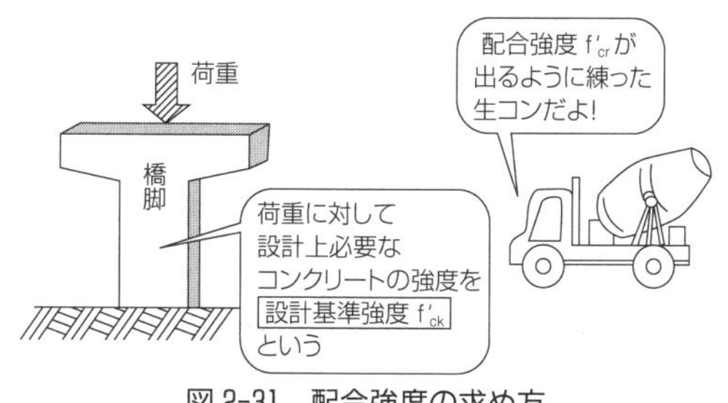

図 2-31　配合強度の求め方

$$f'_{cr}\text{〔N/mm}^2\text{〕} = f'_{ck} \times \alpha$$

割増し係数 α：現場の施工や管理の状態の良否から決まる値で、α の値は 1.0〜1.6 であり良好な程 1.0 に近い値となる。

② **水セメント比 W/C**〔%〕を求める。

W/C は水とセメントの質量の割合を表し、この値が大きいことは、セメント量に対して水量が多く、軟らかすぎて強度が小さくなるなど、コンクリートの性質に大きく影響する重要な値で、配合設計の基本となる。W/C を求め方は次のようになる。

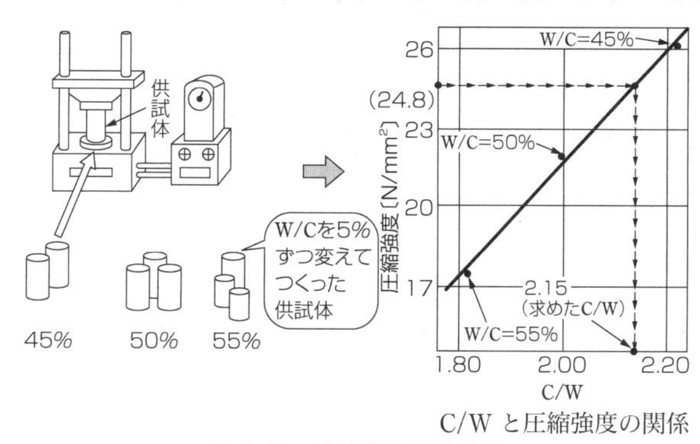

図 2-32　圧縮強度を求める

ⓐ **圧縮強度による方法：**使用するセメントや骨材で、W/C が 45%、50%、55% の供試体をつくり、それぞれの圧縮強度から、図 2-32 のような**セメント水比 C/W と圧縮強度の関係を示すグラフ**を描き、①で求めた f'_{cr} に相当する C/W を求める。次に C/W の逆数 W/C を計算で求めることになる。この場合、目標の W/C を求めるのに横軸に C/W をとったのは、グラフが直線となり、値が求め

やすいからである（例として、$f'_{cr}=24.8\,\mathrm{N/mm^2}$ のときの C/W を図から求めると、C/W＝2.15 となり、これから W/C を計算すると W/C＝1/2.15×100＝46.5%となる）。

また、**やむを得ず圧縮強度試験をしない場合は、一般に次の式から W/C を求めている。**

$f'_c=-20.6+21.1\,C/W$ ⇒この式の f'_c に f'_{cr} を代入して C/W を計算し、W/C を求める（例として、$f'_{cr}=24.8\,\mathrm{N/mm^2}$ のときの W/C を求めると、24.8＝−20.6＋21.1 C/W これから C/W＝(24.8＋20.6)/21.1＝2.15 となり、W/C＝1/2.15×100＝46.5%と同じになる）。

ⓑ **耐久性・水密性から求める方法**：①で求めた W/C に対して、構造物の種類や気象条件を基に、耐久性・水密性から検討をして、最終的な W/C を決定する。いま図 2-31 の橋脚が、気象作用が激しい地域で建設され、断面の厚さは一般的で、普通の露出状態にある場合の最大の W/C は 65%となっている。また、陸上での橋脚は、水密性については考慮しなくてよい。

③ **粗骨材の最大寸法・スランプ・空気量**を選定する。

設計条件をもとに、表 2-3 より各値を選定する。粗骨材の最大寸法は、大きい程セメント量を減らすことができるが、構造物の種類や鉄筋の間隔、部材断面の大きさなどを考慮して選定する。スランプ値は、ワーカビリティーの範囲内で、できるだけ小さな値とする。空気量は、1%増すと圧縮強度は 4～6%低下することに留意する。

表 2-3　粗骨材の最大寸法とスランプ、空気量

構造物の種類		粗骨材の最大寸法（mm）		スランプ（cm）	空気量（%）
無筋コンクリート	一般の場合	40	部材最小寸法の 1/4 を超えてはならない	5～12	4～7
	断面の大きい場合			3～10	
鉄筋コンクリート	一般の場合	20 または 25	部材最小寸法の 1/5、および鉄筋の最小水平あき及びかぶりの 3/4 を超えてはならない	5～12	
	断面の大きい場合	40		3～10	
舗装コンクリート		40 以下		2.5	4
ダムコンクリート		150 程度以下		2～5	5.0±1.0

④ 各材料の**単位量の計算**

単位量の計算は、手順③で求めた粗骨材の最大寸法を基に、表 2-4 より細骨材率 s/a と単位水量 W を求める。s/a とは、全骨材の絶対容積 a に対する細骨材の絶対容積 s の割合で、この値が小さいと全骨材中の細骨材の量が少なく、コンクリートの表面が粗になり、材料の分離も生じやすく

表 2-4　コンクリートの細骨材率および単位水量の概略値（示方書より）

粗骨材の最大寸法（mm）	単位粗骨材容積（%）	AE コンクリート				
		空気量（%）	AE 剤を用いる場合		AE 減水剤を用いる場合	
			細骨材率 s/a（%）	単位水量 W（kg）	細骨材率 s/a（%）	単位水量 W（kg）
15	58	7.0	47	180	48	170
20	62	6.0	44	175	45	165
25	67	5.0	42	170	43	160
40	72	4.5	39	165	40	155

1）この表に示す値は、全国の生コンクリート工業組合の標準配合などを参考にして決定した平均的な値で、骨材として普通の粒度の砂（粗粒率 2.80 程度）および砕石を用い、水セメント比 0.55 程度、スランプ約 8 cm のコンクリートに対するものである。

なるといえる。

次に、表 2-4 より求めた単位水量と、手順②で求めた水セメント比 W/C より、単位セメント量が計算でき、以下 1 m^3（1000 ℓ）から、既に求めた水・空気・セメントの絶対容積を差し引いた値が、全骨材量の絶対容積 a となる。この全骨材の絶対容積 a と細骨材率 s/a より、単位細骨材量、単位粗骨材量を順次求めていくのである。

(2) 試験練りと示方配合の決定

計算で求めた各材料の単位量を基に**試験練り**を行い、スランプと空気量を測定し、目標値と一致しない場合は配合を調整し、再度試験練りを行う。そして目標値と一致したときの配合をもって、**示方配合が決定**したことになる。

(3) 現場配合への修正

決定された示方配合表を基に、図 2-29 で示したように骨材の粒度と表面水量の補正をして各材料の単位量を求め、現場配合を決定する。表 2-5 に配合表を示す。

表 2-5　配合の表し方（現場配合表）

粗骨材の最大寸法 (mm)	スランプ (cm)	水セメント比 W/C (%)	空気量 (%)	細骨材率 s/a (%)	単位量 (kg/m³)					
					水 W	セメント C	混和材 F	細骨材 S	粗骨材 G	混和剤 A

要点

『配合設計のまとめ』

・各材料の単位量とは、1 m^3 のコンクリートをつくるのに必要な各材料の質量（kg）であり、（kg/m^3）で表示する。

・現場配合は、現場にある骨材をそのまま計量して混合した場合、示方配合の細骨材と粗骨材の量と一致するように調整した配合である。

・配合強度 f'_{cr} は練るコンクリートが目標とする強度で、設計基準強度 f'_{ck} に割増し係数 α を乗じて求める。α の値は 1.0〜1.6 で、現場の管理や施工状態が良好な程 1.0 に近い値となる。

・水セメント比 W/C は、コンクリートの強度など品質を決める重要な値であり、この値が小さいということは単位水量が少なく、強度が大きくなるので、コンシステンシーやワーカビリティーや耐久性・水密性などを考慮しながら、できるだけ小さな値とする。

・細骨材率 s/a とは、全骨材の絶対容積に対して、細骨材の絶対容積の占める割合を表し、材料の分離を防ぐための標準値が示方書で定められている。また、この値が小さいと細骨材量が少なく、コンクリートの表面が粗になる。

・各材料の単位量の計算は、各材料が占める 1000 ℓ 中の占める絶対容積の関係から求め、試験練りを行って示方配合を決定する。

例題 2-8 コンクリートの性質および配合に関する次の記述のうち誤っているものはどれか。

(1) 水セメント比が大きくなると、強度が大きくなるばかりでなく、耐久性も向上する。

(2) コンクリートの配合強度は、現場における品質のばらつきを考えて、設計基準強度を割増して定める。

(3) スランプは作業に適する範囲で、できるだけ小さくする。

(4) 現場配合で練ったコンクリートの品質は、示方配合で練ったコンクリートと同一になる。

解説

コンクリートの配合設計に関する問題は設計そのものの出題率は低く、配合に関する用語の解説程度が多い。したがって配合については、手順に従い何を求めるのかの考え方を理解することが大切である。(1)の水セメント比W/CはWが水でCがセメントであることを知っていれば明らかに誤りであることがわかる。(2)～(4)はいずれも正しい。答(1)

例題 2-9 コンクリートの配合に関する用語とその特性の組合せで、次のうち適当でないものはどれか。

(1) 水セメント比——強度

(2) 細骨材量————発熱特性

(3) 単位水量————スランプ

(4) AE 剤—————空気連行剤

解説

配合設計に関する用語の問題であり、かなり出題率が高いので、配合設計で何を求めるのか用語を含めて理解することが大切である。(1)(3)(4)は用語の意味から正しいことは容易にわかろう。(2)の細骨材率と発熱特性は全く異質で適当でない。答(2)

2・7 レディーミクストコンクリート (ready mixed concrete)

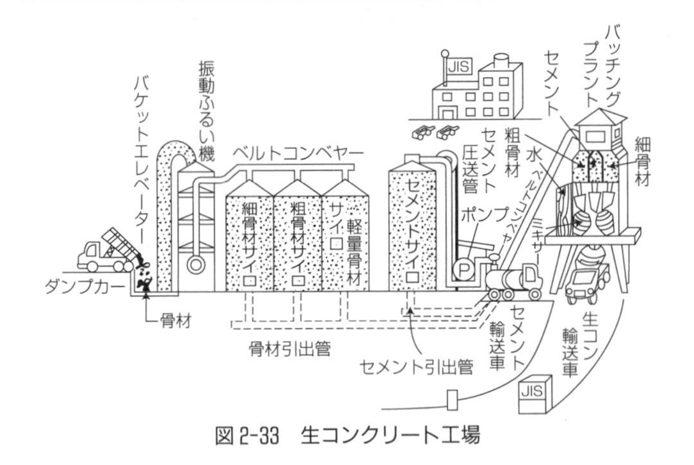

図 2-33　生コンクリート工場

レディーミクスト（予め練った）コンクリートは、図 2-33 のような設備をもつ工場から、購入者の**指定**するフレッシュコンクリートを随時購入できるもので、**生コンクリート**ともいう。

生コンクリートの利点と利用上の留意事項をまとめると図 2-34 のようになる。

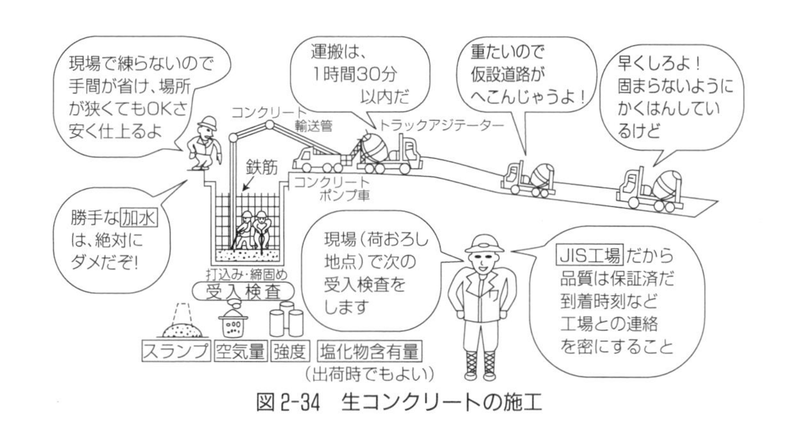

図2-34　生コンクリートの施工

2・7・1　生コンクリートの種類と購入

表2-6　JIS A 5308によるレディーミクストコンクリートの種類

コンクリートの種類	粗骨材の最大寸法（mm）	スランプ又はスランプフロー*（cm）	呼び強度													
			18	21	24	27	30	33	36	40	42	45	50	55	60	曲げ4.5
普通コンクリート	20、25	8、10、12、15、18	○	○	○	○	○	○	○	○	○	○	—	—	—	—
		21	—	○	○	○	○	○	○	○	○	○	—	—	—	—
	40	5、8、10、12、15	○	○	○	○	○	—	—	—	—	—	—	—	—	—
軽量コンクリート	15	8、10、12、15、18、21	○	○	○	○	○	○	○	○	—	—	—	—	—	—
舗装コンクリート	20、25、40	2.5、6.5	—	—	—	—	—	—	—	—	—	—	—	—	—	○
高強度コンクリート	20、25	10、15、18	—	—	—	—	—	—	—	—	—	—	○	—	—	—
		50、60	—	—	—	—	—	—	—	—	—	—	○	○	○	—

注(*)　荷おろし地点の値であり、50 cmおよび60 cmはスランプフローの値である。

生コンクリートの種類は表2-6のように、**普通・軽量・舗装・高強度**の4種のコンクリートに区分され、購入者は表に基づいて次の4項目を指定する。

（a）コンクリートの種類　（b）粗骨材の最大寸法　（c）スランプ値　（d）呼び強度

指定されたコンクリートは、次のような記号によって表示される。

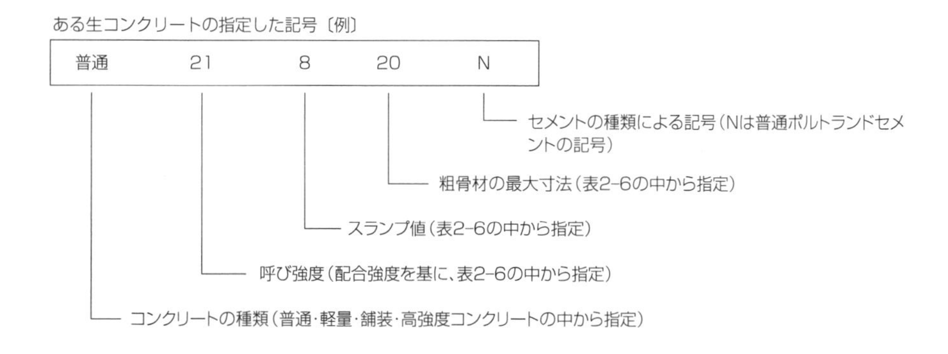

指定した項目以外に、購入者と生産者が協議して決める主な事項は、次のようである。

図 2-35　協議して決める主な事項

2・7・2　生コンクリートの品質検査

品質検査は、図 2-36 のような項目について、荷おろし地点での**受入検査**を行わなければならない。ただし、塩化物含有量試験については、工場の**出荷時**に行ってもよいことになっている。各検査で次の条件を満足すれば合格となる。

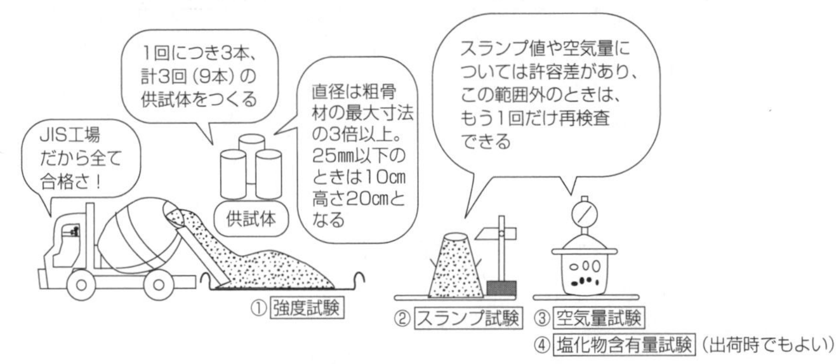

図 2-36　荷おろし地点での受入検査

(1)　強度試験

9 本の供試体の材齢 28 日以降の圧縮強度試験を行い、各回ごとの平均値を求め、次の条件を満足するかどうかを調べ、合否を判定する。

①　1 回の試験結果がすべて呼び強度の値の 85%以上であること。

②　3 回の試験結果の平均値は、呼び強度の値以上であること。

(2)　スランプ試験

スランプ値は表 2-7 の許容差の範囲内であること。

(3)　空気量試験

空気量の値は表 2-8 の許容差の範囲内であること。

表 2-7　スランプ

単位〔cm〕

スランプ	スランプの許容差
2.5	±1
5 及び 6.5	±1.5
8 以上 18 以下	±2.5
21	±1.5

（呼び強度 27 以上で、高性能 AE 減水剤を使用する場合は、±2 とする。）

表 2-8　空気量

単位〔%〕

コンクリートの種類	空気量	空気量の許容差
普通コンクリート	4.5	±1.5
軽量コンクリート	5.0	
舗装コンクリート	4.5	
高強度コンクリート	4.5	

（4） 塩化物含有量試験

塩化物含有量は、荷おろし地点で塩化物イオン量として 0.30 kg/m³ 以下であること。

塩化物含有量の検査は、工場出荷時に行うことによって、荷おろし地点で所定の条件を満足することが十分可能であるので、工場出荷時に行うことができる。

2・7・3　生コンクリートの運搬

生コンクリートの運搬は、施工管理上最も重要であり、購入者との連絡を密にするなど、細心の注意が必要である。生コンクリートの運搬には、図 2-37 のようなダンプトラックと、かくはんしながら運搬し、一般に多く利用されているアジテータートラックがある。

運搬時間は一般的なアジテータートラックで 1 時間半なので、平均的な運搬距離は、およそ 10 km ぐらいである。時間がかかり生コンクリートの性質に変化があっても**絶対に加水してはならない。**

ⓐダンプトラック　　ⓑアジテータートラック

図 2-37　生コンクリートの運搬

要点

『レディーミクストコンクリートのまとめ』

- レディーミクストコンクリートとは、JIS 認定工場で購入者の指定したフレッシュコンクリートを予め練るもので、生コンクリート（生コン）ともいい、かなり多く利用されている。
- 生コンクリートの種類には、普通・軽量・舗装・高強度の 4 種があり、購入者は生産者に対して、生コンクリートの種類・粗骨材の最大寸法・スランプ及び呼び強度の 4 項目を指定して購入する。
- 購入に際して指定する項目以外の事項については、購入者と生産者が協議して決めていく。
- 生コンクリートの品質検査には、強度・スランプ・空気量・塩化物含有量があり、塩化物含有量以外の試験は、荷おろし地点で行い、塩化物含有量については生コン工場での出荷時に行ってもよいとされている。使用する生コンクリートは検査に合格しなければならない。
- 生コンクリートの運搬は、一般にはアジテータートラックを使用するが、舗装コンクリートでスランプ値が 2.5 cm 以下の場合はダンプトラックでもよい。運搬時間は、アジテータートラックで 1.5 時間以内、ダンプトラックでは 1 時間以内となっている。

例題 2-10 レディーミクストコンクリートの購入に関する次の記述のうち、誤っているものはどれか。

（1） 3回の強度試験の平均値が呼び強度以上あっても、強度の品質規格を満足しているとはいえない。

（2） スランプは、荷おろし地点で規定の許容差の範囲内でなければならない。

（3） コンクリートに含まれる塩化物含有量は1 m^3 のコンクリートに含まれる塩素イオンの量で示され、所定の量以上含まれていなければならない。

（4） JIS A 5308に示す呼び強度とスランプおよび粗骨材の最大方法との組み合わせによって購入者が購入する生コンを指定する。

解説

生コンクリートに関する問題は、「受入検査」についてが多いので、試験項目などについての理解が必要である。特に強度については結果の条件についての出題が多い。(1)(2)(4)については問題をよく読めば正しいことがわかるであろう。(3)については、塩化物含有量は0.3 kg/m^3 以下となっているが、この数値も覚えておいた方がよいがいずれも〜以下であり、文章問題である。

答(3)

例題 2-11 レディーミクストコンクリートに関する次の記述のうち、適当でないものはどれか。

（1） 運搬には一般的にダンプトラックを使用し、運搬時間は1.5時間以内とする。

（2） 荷おろし地点での受入検査の強度試験において、各回の試験結果が全て予備強度の強度値以上でなくてはならない。

（3） 購入者が指定した空気量の許容差は±1.5%以内であれば問題ない。

（4） 品質管理の項目は、強度、スランプまたはスランプフロー、空気量、塩化物含有量の4つである。

解説

ダンプトラックで運搬する場合、運搬時間は1時間以内とする。アジテータートラックでの運搬時間は1.5時間以内である。

答(1)

例題 2-12 呼び強度21と指定したレディーミクストコンクリートの受入検査で圧縮強度試験を行い下記の結果を得た。品質規定からみて合格と判定される組番号はどれか。

〔圧縮強度試験結果〕

組番号	1回目	2回目	3回目
1	23	19	16
2	22	21	18
3	20	19	23
4	23	18	24

（1） 組番号1　　（2） 組番号2

（3） 組番号3　　（4） 組番号4

解説

合格条件は次の2つあり、クリアしたものが合格となる。

①全ての値が呼び強度の85%以上

②3回の平均値が呼び強度以上

この種の問題では、①の検討を先に行い、残った組について②の検討を行うようにする。

①の21×0.85=17.9以下の組は組番号1

②の平均値を計算すると

2組⇨20.3×

3組⇨20.7×

4組⇨21.7○

となり、組番号4が合格となる。

答(4)

2・8 鉄筋

コンクリートは、図 2-38 のように**圧縮力に対しては強い**が、**引張力には弱く**その割合は約 1/13 である。そこでコンクリートの引張力が作用する部分に、圧縮にも引張にも強い鉄の棒を埋め込んだものが、**鉄筋コンクリート**である。従って、鉄筋はコンクリートを補強するために用いる鋼材であり、鉄筋の種類を表示する記号の SR は、Steel（鋼）Reinforced（補強）の頭文字であり、鉄筋の役割を表している。

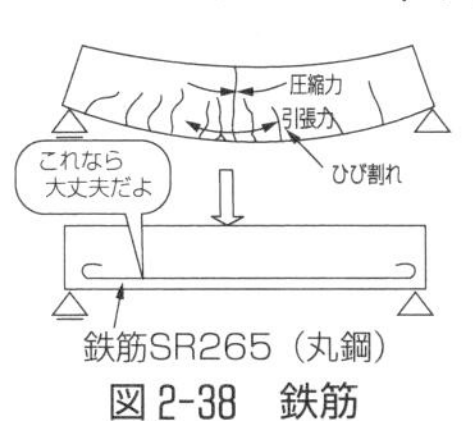

図 2-38　鉄筋

ここでは、鉄筋の種類や加工、組み立てなどについて学ぶ。

2・8・1 鉄筋の種類

鉄筋は大きく分けて、図 2-39 のように 3 種類になる。

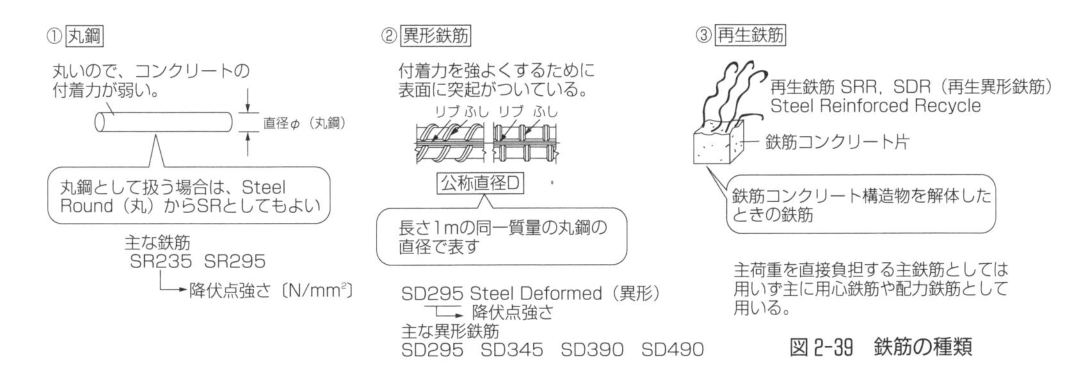

図 2-39　鉄筋の種類

2・8・2 鉄筋の加工

鉄筋の加工の主なものは、図 2-40 のように鉄筋の端部を曲げてフックをつけることである。

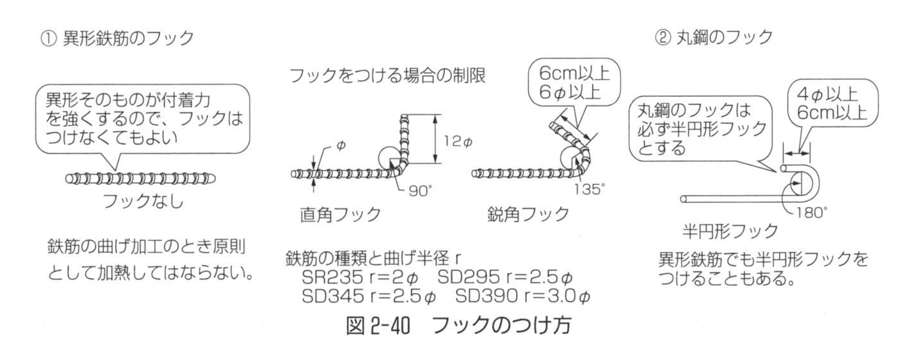

図 2-40　フックのつけ方

2・8・3 鉄筋の継手

長い鉄筋を必要とする場合、現場で鉄筋を継ぐことがあり、これを**鉄筋の継手**という。継手の方法には、図 2-41 のようなものがあるが、継手の効率は一般に 80%程度であり弱点となるので、継手の施工上の留意点をじゅうぶんに考慮して行うことが大切である。

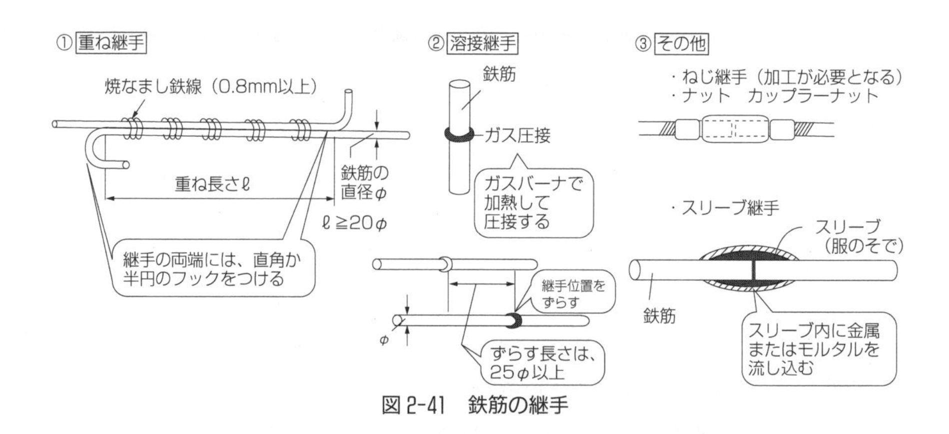

図 2-41　鉄筋の継手

2・8・4　鉄筋の組立と定着

鉄筋の組立と定着の施工上の留意点を、図 2-42 に示す。

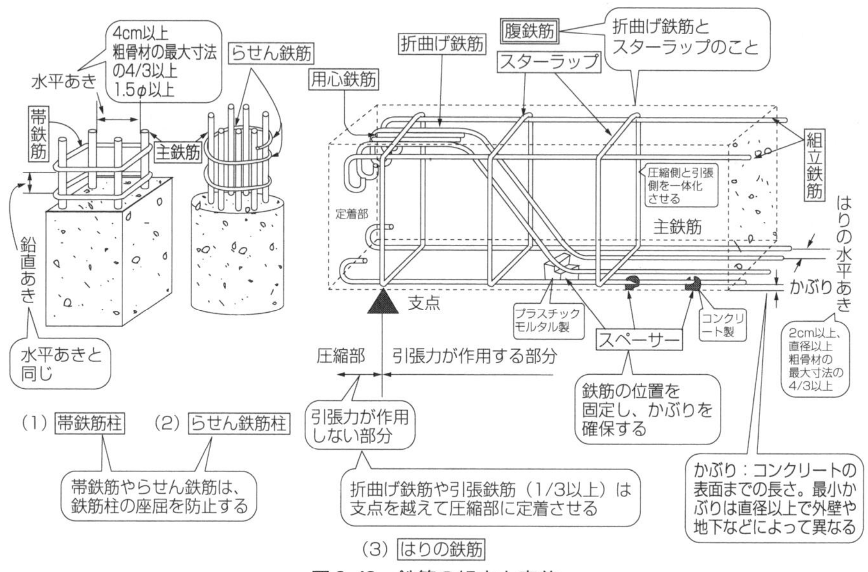

図 2-42　鉄筋の組立と定着

水平や鉛直あきの鉄筋の間隔は、粗骨材がスムーズに通過できるように配慮して決めている。また鉄筋の定着は、一般に圧縮部で定着するように配慮することが大切である。

鉄筋の加工や組立て上の留意点は、次のようになる。

（1）　鉄筋を**曲げ加工**などをする場合には、太い鉄筋でも、原則として**常温で加工**する。

（2）　鉄筋の継手は弱点となるので、継手位置が**同一断面**に集まらないようにする。

（3）　鉄筋の**かぶり**を正しく保つための**スペーサ**は、原則としてプラスチックやモルタル製とする。

（4）　鉄筋の組立は、0.8 mm 以上の焼なまし鉄線または適切なグリップで鉄筋で緊結する。

2・9 コンクリートの施工

コンクリートの施工では、コンクリートの①運搬、②打込み、③締固めと表面仕上げ、④打継目、⑤養生と型枠の取りはずしについて主に出題されている（出題率はかなり高い）。

2・9・1 コンクリートの運搬

(1) コンクリートの運搬手段

コンクリートプラント（plant：工場施設）で練ったフレッシュコンクリートを、打込む現場まで運搬する方法には図2-43のようなものがある。

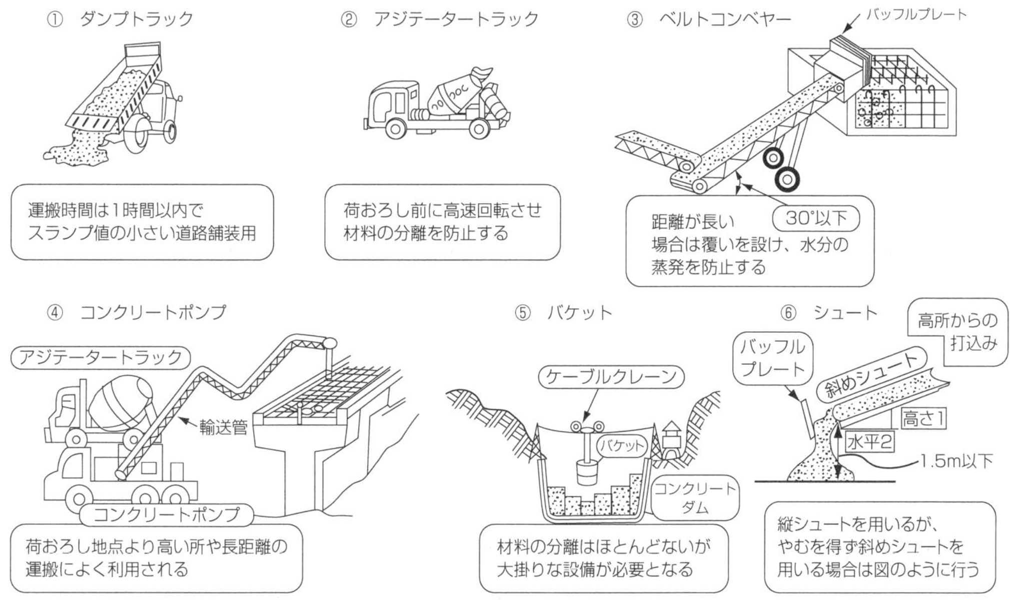

図2-43 コンクリートの運搬手段

(2) 運搬時間

コンクリートの練混ぜから打設終了までの時間は、外気温によって次のようになっている。

① 25℃を超える⇒1.5時間以内　② 25℃以下⇒2時間を超えないようにする。

(3) コンクリートポンプの利用上の留意点

一般の建設工事の現場で多く利用されているコンクリートポンプの留意点をあげると①スランプ値は8～18 cm、②粗骨材の最大寸法は40 mm以下、③輸送管は曲がり箇所を少なく、水平か上向きとする、④コンクリートの圧送の前に、水やモルタルを圧送し、輸送パイプの内面をモルタルで覆っておく、⑤圧送が中断するときは、30分につき、2～3回ストロークコンクリートを圧送し、パイプ内のモルタルが硬化しないようにするなどである。

2・9・2 コンクリートの打込み

コンクリートの打込みでは、図2-44のような打込みの準備と打込み時の留意点を理解することが大切である。特に準備段階での鉄筋や型枠の**点検**は、じゅうぶんに行う必要がある。

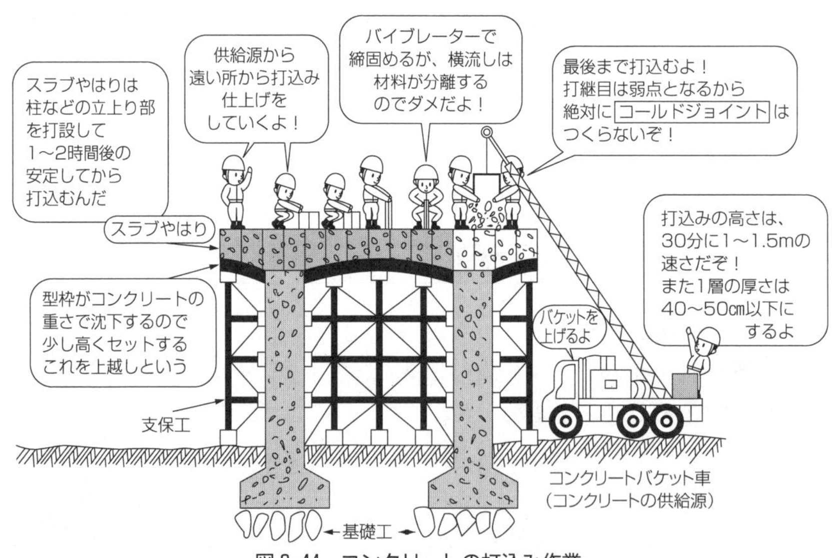

図 2-44　コンクリートの打込み作業

(1)　コールドジョイント

コンクリートを連続して打込む予定が、何らかの事情（停電・ミキサーの故障など）により打込み作業が一時中断、その後再開する際に表面に生じたレイタンスの処理などを行わず、そのまま打ち継いだために生じる図 2-45 のような**施工不良箇所をコールドジョイント**という。これを防ぐには、レイタンスが生じていればこれを除去することと、バイブレーターを 10 cm 程度下層に入れて締固めることである。

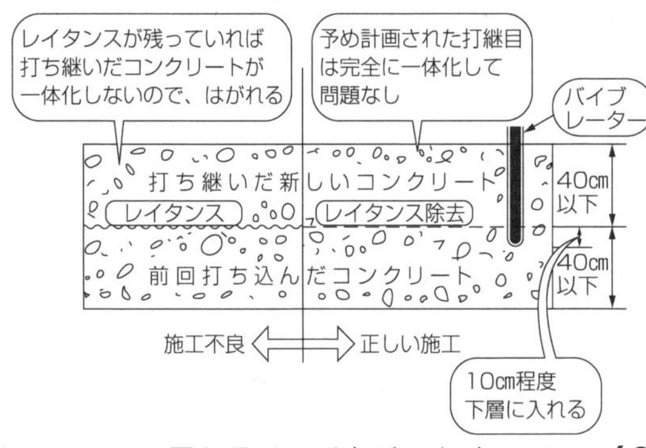

図 2-45　コールドジョイント

(2)　コンクリートの打込み温度と打込みやすさ

① 寒中コンクリート：日平均気温が 4℃以下のときに施工するコンクリートで、凍結などに注意する。

② 暑中コンクリート：日平均気温が 25℃を超えるときに施工するコンクリートで、高温による悪影響が生じないように注意する。

③ マスコンクリート：大容量のコンクリートでできるだけコンクリートの打設温度を低くするように注意する。

①～③については、2・10 で詳しく説明する。

コンクリートの打込みは、作業のしやすいワーカブル（Workable：作業のできる）なコンクリートであるように留意する。

2・9・3　締固めと表面仕上げ

コンクリートの打込み後の締固め作業は、図2-46のような振動機（バイブレーター）を用いる。

図2-46　コンクリートの締固め作業

棒状のバイブレーターはなるべく**鉛直**に挿入し、引抜くときは、後に**穴が残らないような速さ**とすることがよい。

一度締固めた後に、**再振動**すると、空げきが減り鉄筋との付着もよくなる。タンピングは金ごてで強く押しつける。

図2-47　表面仕上げとパッチング

表面仕上げは、浮き出た水を除去し、木ごてや金ごて仕上げ機などで仕上げる。特に型枠（せき板）に接する面では、じゃんかなどができないように入念に締固めた後に仕上げる。脱型した際にじゃんかがあった場合には、図2-47のようにパッチング（補修）して表面を平らに仕上げる。また、硬化直前にもう一度表面を仕上げるときれいになる。

2・9・4　コンクリートの打継目

コンクリートの打継目には、図2-48のように水平打継目と鉛直打継目がある。

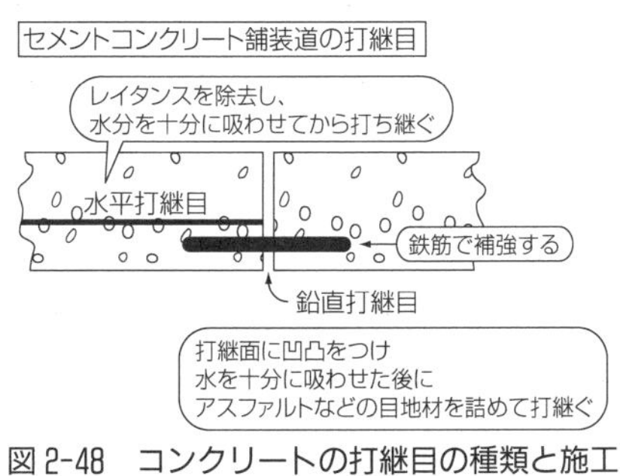

図2-48　コンクリートの打継目の種類と施工

① はりやスラブなどでは
せん断力の小さい所

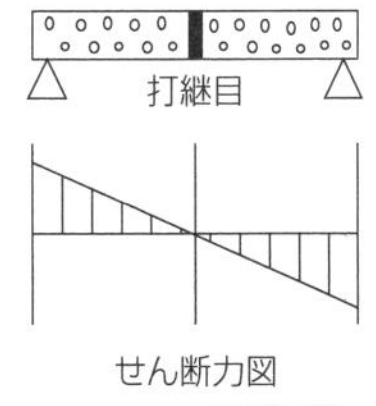

② トンネルなどでは
部材に生じる圧縮
力Pに直角に

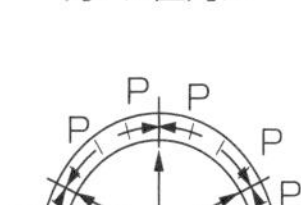

図2-49　打継目の位置

また、打継目の位置は図2-49のように、はりやスラブではせん断力（はりを切断しようとする力で、図のようにはりの中央で最小になる）が小さい所で打ち継ぐようにする。

またアーチ部材などの打継目では、部材内の圧縮力に対して直角となるようにするなど、打継目は強度面で弱点になるので、いろいろと工夫されている。

2・9・5 コンクリートの養生と型枠の取りはずし

図 2-50　コンクリートの養生

養生の主目的は、コンクリートの表面に水分を与え、セメントとの水和作用が十分に進行することと、衝撃などから保護することである。膜養生とは、空気に触れると固まる性質のビニール性の液体を散布してコンクリートの表面に膜状のものをつくり、ブリーディングにより浮き出た水分の蒸発を防ぎ、この水を養生水として利用する方法である。養生期間の標準を表 2-9 に示す。

表 2-9　養生期間の標準

日平均気温(%)	普通ポルトランドセメント	混合セメント(B 種)	早強ポルトランドセメント
15℃以上	5日	7日	3日
10℃以上	7日	9日	4日
5℃以上	9日	12日	5日

型枠の取りはずしについては、所要の養生日数後となり、順序はコンクリートに力の負担の少ない柱や壁の側面および、はりの側面から始め、はりやスラブの底面は最後とする。

要点

『コンクリートの施工のまとめ』

- 鉄筋の役割や加工組立上の留意点をよく理解しておくこと。
- 鉄筋に関する用語（フック、水平あき、かぶり、スペーサー、主鉄筋など）をイラストより覚えておくこと。
- コンクリートの運搬手段のうち、材料の分離が最も少ないのはバケットである。また多く利用されているのは、コンクリートポンプであり、シュートは斜めシュートはできるだけ避ける。
- 練混ぜから打設終了までの時間は、25℃を超える場合は 1.5 時間以内、25℃以下でも 2 時間を超えないことと、舗装用コンクリートをダンプトラックで運搬する場合は、1 時間以内とする。
- 棒状バイブレーターによる締固め間隔は、50 cm 以内で、後に穴が残らないような速さで引き抜く。再振動は空げきを少なくし、鉄筋との付着をよくする。
- タンピングは金ごてで強く押しつけて表面を仕上げること、パッチングはじゃんかなどの補修にモルタルやコンクリートを詰めて補修することである。
- コンクリートの打継目には水平と鉛直打継目があり、はりやスラブなどではせん断力の小さい所で行う。
- 養生とは、セメントの水和作用が十分行えるように、コンクリートの表面に水分を与えることである。

例題 2-13 鉄筋の加工組立に関する次の記述のうち、適当でないものはどれか。

（1） 熱間圧延棒鋼の鉄筋加工は、加熱して加工する。

（2） 溶接した鉄筋の曲げ加工は、溶接部分を避けて加工する。

（3） 鉄筋とせき板との間隔は、スペーサーを用いて正しく保ち、設計図に示されたかぶりを確保する。

（4） 鉄筋は正しい位置に配置し、コンクリート打込み時に動かないよう十分堅固に組み立てる。

解説
本文でも述べたが、鉄筋の加工は、加熱しないで、冷間（常温）で行うことになっている。従って(1)の記述が誤りで他は正しい。
(2)の曲げ加工は、溶接箇所から直径の10倍以上離す。また(3)、(4)の記述では、モルタルなどのスペーサーと焼なまし鉄線かグリップでしっかり固定させる。
答(1)

例題 2-14 鉄筋コンクリート構造物の施工に関する次の記述のうち適当なものはどれか。

（1） 鉄筋の継手は、施工を容易にするため、できるだけ一断面に集めるのがよい。

（2） 鉄筋の曲げ加工は、常温で行うよりも加熱して行うのが好ましい。

（3） 鉄筋の浮き錆びは、コンクリートとの付着力を増す効果があるので取り除く必要はない。

（4） 鉛直部材の型わくは、水平部材の型わくよりも早く取りはずすのが普通である。

解説
型わくの取りはずしの順序は、柱から梁へ、厚いものから薄いものへの順であり、(4)の記述は正しい。
(1)、(2)、(3)の記述はいずれも正しくないが、その理由を確認しておくようにしておく。特に鉄筋の加工は常温で行うことは重要。
答(4)

例題 2-15 次に示す継手のうちで、鉄筋の継手に関係のないものはどれか。

（1） 重ね継手　　（2） ガス圧接継手

（3） アーク溶接継手　　（4） リベット継手

解説
鉄筋の継手については、イラストの内容を理解しておくこと。関係のないものは、当然(4)となる。
答(4)

例題 2-16 コンクリートの養生に関する次の記述のうち誤っているものはどれか。

（1） 湿潤養生期間は、普通ポルトランドセメントで5日間以上、早強ポルトランドセメントでは3日間以上とする。

（2） 暑中コンクリートの養生は、打設後24時間は湿潤養生を保つようにする。

（3） コンクリートの硬化中は、振動や衝撃および荷重を加えないように配慮する。

（4） 寒中コンクリートの養生は、凍結防止のためにできるだけ乾燥させて行う。

解説
セメント別の養生日数は、普通ポルトランドセメント：5日、早強ポルドランドセメント：3日、混合セメント：7日であり、(1)は正しい。
養生の目的は、セメントの水和作用に必要な水分をコンクリートの表面に与えることを理解していれば、(4)の説明の乾燥させて行うことは誤りである。
答(4)

2・10 特別な考慮を必要とするコンクリート

施工上特別な考慮を必要なコンクリートは、①寒中及び暑中コンクリート、②マスコンクリート、③水中コンクリート、④コンクリートの中性化・塩害対策などである。

(1) 暑中及び寒中コンクリート

暑中及び寒中コンクリートとは図2-51のような気象条件の時に打設するコンクリートをいう。

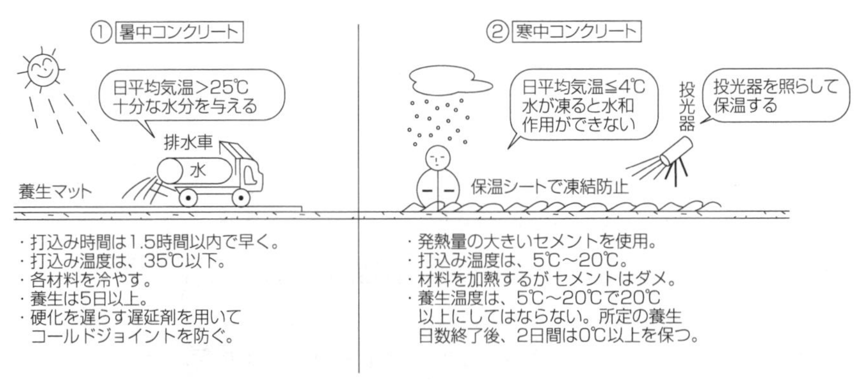

図2-51　暑中及び寒中コンクリート

暑中コンクリートにおいて、打込み温度1°C低下させるには、骨材2°C、水4°C、セメント8°C低くすることが目安となる。また気温が高いので、打設後24時間は湿潤養生を行い、水分の蒸発によるコンクリート表面の乾燥に伴うひび割れの防止などに留意する。

寒中コンクリートは、とにかく凍結防止に配慮することである。凍結すると水和作用に必要な水がないことになる。養生期間は所要の強度がでるまで行う。

(2) マス（mass：大量の）コンクリート

マスコンクリートとは図2-52のような大規模な構造物に大量に使用するコンクリートをいい、水和熱による**ひび割れ防止**が重点となる。その為には各材料を冷やして使用すると同時に、構造物内にパイプを予め配管し、コンクリート打込み後、冷却水を通して温度を下げる**パイプクーリング**（pipe cooling）を行って養生する（硬化後はパイプ中にセメントペーストを充てんしておく）。ダムコンクリートもマスコンクリートであるが、施工上の基準などは別に定めている（155ページ参照）。

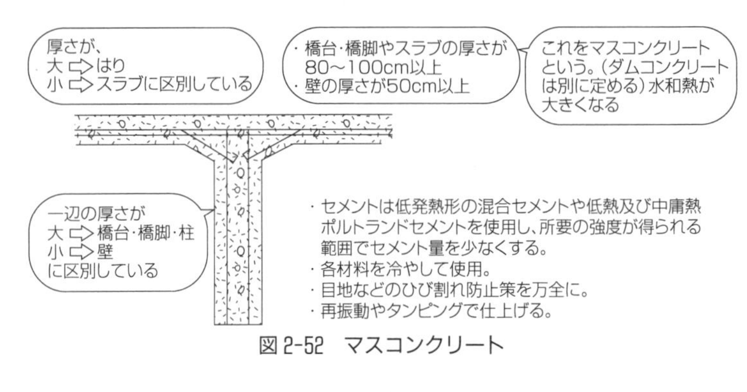

図2-52　マスコンクリート

(3) 水中コンクリート

橋台や橋脚、防波堤など水中で施工する構造物のコンクリートを、**水中コンクリート**という。主な工法は図2-53のような①**トレミー管**による工法と②**プレパックドコンクリート**（prepacked：予め詰めこんだ）工法がある。

トレミー管による工法は、一般の水中コンクリートの場合、水セメント比50%以下、単位セメント量は370 kg/m³以上とし、スランプ値は13～18 cmでレイタンスを生じさせないために、所定の高さまで連続して打込むようにする。

プレパックドコンクリート工法は、予め詰めこんだ粗骨材間の空げきに、底部から特殊なモルタルを注入し、海水を追い出しながら水中コンクリートをつくっていく工法である。

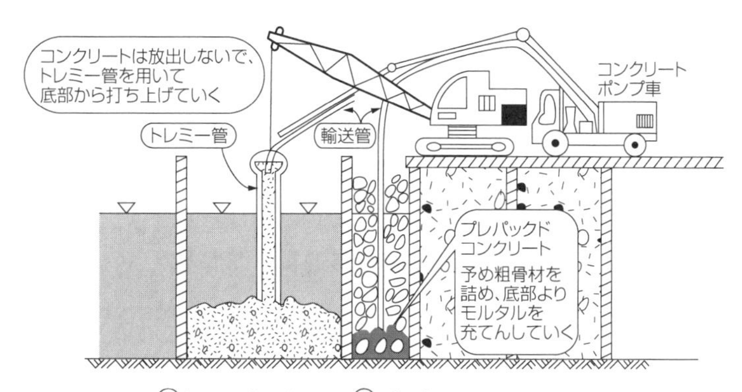

図 2-53　水中コンクリート

(4)　コンクリートの中性化と塩害

従来コンクリートの中にある鉄筋は、コンクリートと一体化し、錆(さ)びないといわれてきたが、最近は鉄筋が比較的短期間に腐食して膨張し、ひび割れ発生の原因となり、アルカリ骨材反応と同様にトンネル内のコンクリートの剥離脱落など、社会問題になっている。鉄筋が腐食していく原因には、コンクリートの**中性化**と**塩害**による影響があり、そのメカニズムは図 2-54 のようである。

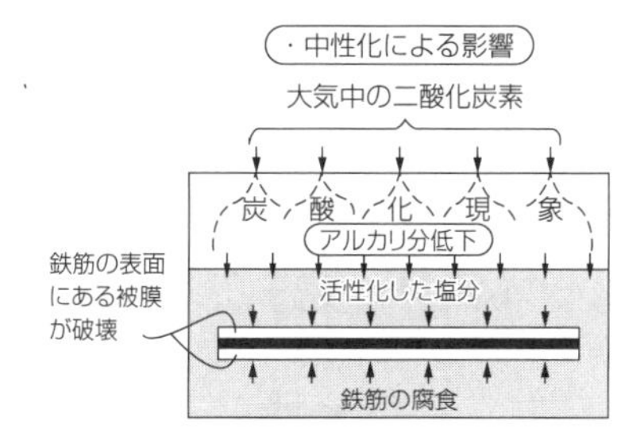

・塩害による影響

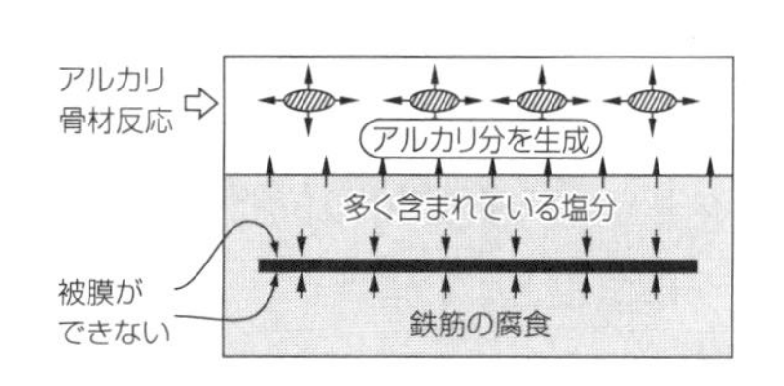

コンクリートの炭酸化現象によって、アルカリ分が低下することを中性化という。中性化が進行すると、強アルカリ分によってつくられた鉄筋表面の被膜が破壊されると同時に塩分も活性化し、鉄筋の腐食が始まる。

コンクリートに限界基準以上の塩分が含まれいていると、鉄筋表面には被膜ができず、多い塩分によって鉄筋の腐食がどんどん進行する。またこの塩分は、アルカリ分を生成し、アルカリ骨材反応にも加担することになる。

○抑制対策

できるだけ海砂や海水（鉄筋コンクリートには使用不可）を使用しない。やむを得ず海砂を使用する場合は、じゅうぶんに水洗浄を行い、土木学会規準の「海砂の塩化物含有率試験を行い、塩化物含有率が 0.02%（NaCl 換算では 0.03%）以下のものを使用することである。

図 2-54　中性化と塩害

例題 2-17　コンクリートの施工に関する次の記述のうち適当でないものはどれか。

(1)　運搬中に材料の分離が著しくなったときは、水を加えずに、練り返してから打込む。

(2)　シュートを用いてコンクリートをおろす場合は、原則として縦シュートを用いる。

(3)　コンクリートポンプでコンクリートを打込む場合は、スランプを 18 cm 以上とする。

(4)　コンクリートが固まり始める際に生じるひび割れはタンピングをして仕上げる。

解説

コンクリートの打込みに関する問題の出題率は高いので、全般的な内容についての知識をつけておくことがよい。生コンや現場で練ったコンクリートにしても、練り返しの際に加水はしてはならない。コンクリートポンプの留意点は一通り目を通しておくことが必要、スランプ値は 8〜18 cm であるので、(3)が誤りである。(1)、(2)、(4)については、本書の内容を理解していれば正解は容易である。答(3)

例題 2-18 コンクリートの施工に関する次の記述のうち、適当でないものはどれか。

（1） コンクリートの打設時には、材料の分離を防ぐため斜めシュートを用いる。

（2） コンクリートを練り混ぜてから打設終了までの時間は、原則として外気温が25℃を超えるときは1.5時間、25℃以下のときも2時間を超えないこと。

（3） 水平打継目の施工は、レイタンスを十分に除去し、水分を与えて行う。

（4） 打設したコンクリートは、型枠内で移動させてはならない。

解説

高い所からシュートを用いてコンクリートを打設する場合は、縦シュートを用いることになっている。やむを得ず斜めシュートを用いる場合は、図2-38のようにシュート下端と打設面との高さを1.5ｍ以下にするなど、材料分離を防ぐ対策をとる。(2)、(3)、(4)の説明はいずれも正しい。特に型枠内でのバイブレーターによる横流しはできない。

答(1)

例題 2-19 コンクリートの施工に関する次の記述のうち、適当でないものはどれか。

（1） 寒中コンクリートの打設時の温度は、骨材などを温め5～20℃とするのがよい。

（2） 打設するまでスランプ値が低下したので、水を加えて練り返して打設した。

（3） ダムなどのマスコンクリートの温度を下げるために、パイプクーリングを行った。

（4） コンクリートの打継目の位置は、せん断力の小さい点を選ぶようにするとよい。

解説

寒中コンクリートの打設時の温度は、5℃～20℃となっているので、(1)は正しい。(2)のスランプ値の低下は、特に暑中コンクリートの打設時に留意する必要がある。低下した場合は水を加えるのではなく、セメントペーストやモルタルを加え、練り返して回復させるようにするので、(2)が誤りである。(3)(4)の説明は正しいので、テキストで確認しておくようにする。

答(2)

例題 2-20 コンクリートの施工時の注意事項の説明のうち、適当でないものはどれか。

（1） 鉄筋・型枠が設計図どおりの位置に堅固に配置されていること。

（2） 不要の打継目をつくらないように、1区画のコンクリートは連続して打設する。

（3） 内部振動機を用いてコンクリートを締固めるときは、振動機をゆっくり引き抜くようにする。

（4） コンクリートを打設する場合、1区画内では1箇所に荷おろしをする。

解説

コンクリートを打設する際の荷おろしは、供給源（ポンプ車など）より遠い所から分散して行う。1箇所に荷おろしをして、バイブレーターなどで横流ししてはならない。従って(4)が適当でない。(1)、(2)、(3)の説明はいずれも正しいので、内容を確認しておくこと。

答(4)

例題 2-21 耐久性のある鉄筋コンクリート構造物をつくるのに関係のないものは次のうちどれか。

（1） 水セメント比　　（2） 鉄筋の太さ

（3） 養生　　（4） 鉄筋のかぶり

解説

耐久性とは何んなのだろうかを考えるとき、(2)の鉄筋の太さは、設計上の要点で、太くしたからと言ってコンクリートの劣化にはあまり関係しない。答(2)

第3章 基礎工

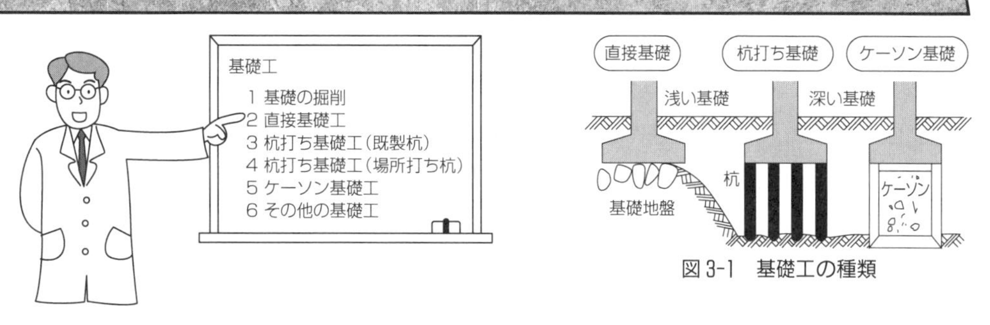

図 3-1　基礎工の種類

土木構造物を支える工作物をつくる工事を**基礎工**という。ここでは、基礎をつくるための、**掘削や杭打ち工法**などの、各種基礎工の施工方法及び特徴などについて学ぶ。

3・1　基礎の掘削

基礎工の工事を行うには、まず原地盤を必要な深さまで、安全に掘り下げなければならない。このことを**基礎の掘削**という。掘削工法には、図 3-2 のような種類がある。

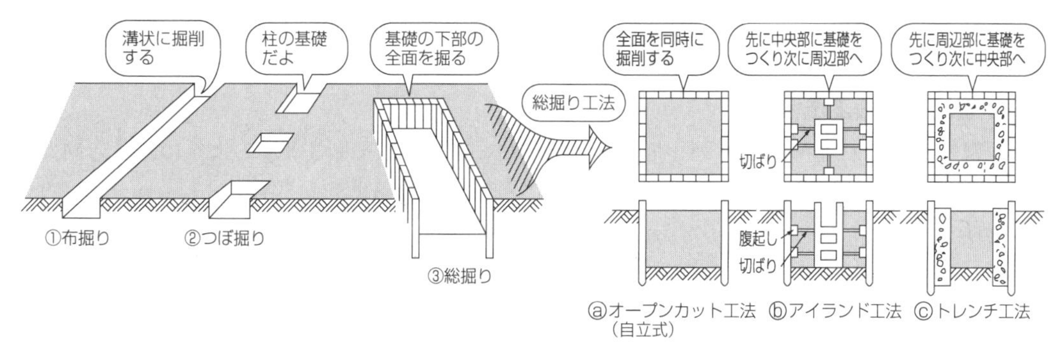

図 3-2　基礎の掘削（掘削の分類と総掘り工法）

3・1・1　土留め支保工

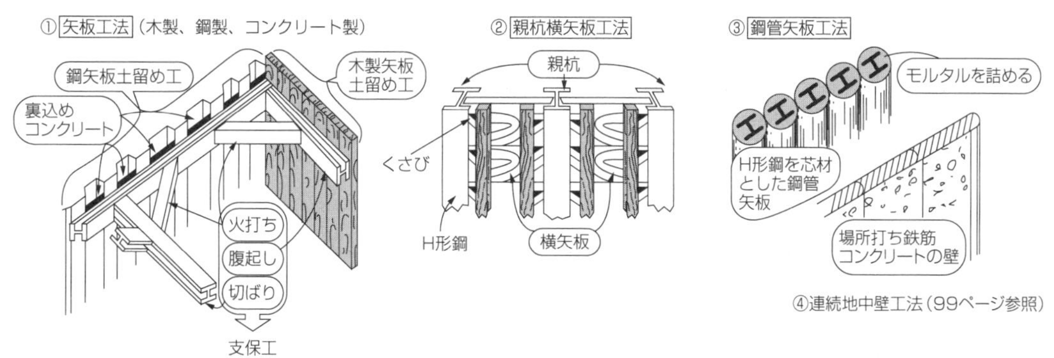

図 3-3　土留め支保工の種類

掘削した周囲の土砂が、崩壊しないように押えるものをつくる工事を**土留め工**、土留め工を支えるものをつくる工事を**支保工**というが、工事によってつくられた構造物のことをいう場合もある。

従ってこの両者が一体となった工作物を**土留め支保工**ともいい、図3-3に示すような工法がある。

(1) 矢板工法

矢板工法のうち、木製矢板はトレンチ工法など**簡単な土留め工**として利用される。鋼矢板は、軟弱地盤で地下水位が高く**湧水**のある所に用いる。いずれも仮設構造物で基礎工が完了すれば撤去して他に転用するが、その間**土圧**や**水圧**などが作用するので、図①のような、火打ち・腹起(はらおこ)し・切ばりなどの**支保工**を設けている。また、鋼矢板と腹起しが良く密着するように裏込めコンクリートを打ち込んでおく。

鋼矢板工法において、地下水位が高いとき図3-4のような現象が起こることがある。粘性地盤で**盤ぶくれ**することを**ヒービング**、ゆるい砂質土で砂と水が**吹き出す**ことを**ボイリング**といい、周囲の地盤沈下の原因になる。対策としては、①矢板の**根入れ深さ**を十分とる。②**地下水位**を下げるなど地盤を改良する。③**基礎工を早く**施工するなどがあげられる。しかし、これらの対策では、ヒービングやボイリングを防げない極めて軟弱地盤の場合は、図3-3③の鋼管矢板工法を施工するが、これは引き抜き転用ができない欠点がある。また、図④の連続地中壁工法も用いられる。

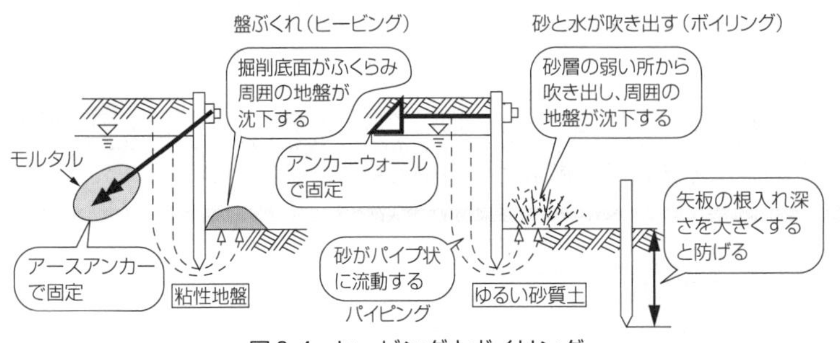

図3-4 ヒービングとボイリング

(2) 親杭横矢板工法

まず親杭としてH形鋼やI形鋼を打込み、親杭間に木製矢板を図3-3②のように、横方向に押し込んでいく土留め工である。土留め工の規模が大きい場合には、腹起し・火打ち・切ばりの支保工を設け、土留め工を支える。少量の湧水は釜場(湧水を集める所)を設け、水中ポンプで排水するが、軟弱地盤や湧水の多い所には不適である。親杭などの仮設構造物は、工事完了後引き抜いて転用するが、その後は良質土で埋め戻しを行う。

(3) 連続地中壁工法

図3-3④のように土留め工として、コンクリートの連続した壁または柱を、現場で型枠を組んでつくり(これを場所打ちコンクリートという)、土圧や湧水を完全に止めるだけでなく、鋼矢板や親杭を打込む際の騒音や振動がない状態で施工できる。

地中壁は漏水もなく、剛性も大きく、ヒービングやボイリングを防ぐので、土留め用の仮設構造物としてでなく、基礎工本体の一部として施工される例が多くなっている(100ページ参照)。

(4) 各土留め工の特徴

各土留め工の適用条件や特徴をまとめると、表3-1のようになる。なお、橋台や橋脚、防波堤等をつくる場合の水中基礎の掘削では、**水留め工**(締切り工ともいう)を設ける。

表 3-1　主な使用材料による土留め工の種類と特徴

名　称	適用条件	特　徴
木製矢板工	・ごく簡単な土留め工法 ・トレンチ工法に利用される	・工費が安い ・土圧や水圧に対する強度が弱い
鋼 矢 板 工	・土留めと止水の役割を果す ・軟弱地盤にも適するが、ヒービングやボイリング対策が必要	・鋼矢板の転用が容易 ・地下埋設物や玉石・岩盤に不適 ・打込みに、騒音や振動が発生する
親杭横矢板工	・地下水位が低く、湧水やヒービング、ボイリングの発生の心配がない場合 ・親杭で工事中の路面荷重の支持も可	・工費が比較的安い ・地下埋設物に対応した施工が可能 ・親杭の打込みに騒音・振動が発生する
連続地中壁工	・路面荷重を支持し、土留めや水留めが完全にでき、ヒービングやボイリングを防げる ・周辺地盤の沈下を防止し、深い掘削にも適する	・本体構造としても利用可能 ・仮設構造物としては工費が高い ・無騒音・無振動で施工できる

要点

『基礎の掘削のまとめ』

- **基礎の掘削には、布掘り・つぼ掘り・総掘りがあり、総掘りはさらに、オープンカット工法、アイランド工法、トレンチ工法がある。**
- **土留め工は、矢板工法や親杭横矢板工法など、直接土留めをする仮設構造物をいい、この土留め工を支えるのが、腹起し・火打ち・切ばりなどの支保工である。**
- **土留め工のうち、連続地中壁工法は、完全に土圧や水圧を支え、漏水もなく、基礎本体構造としても利用が可能である。また場所打ちコンクリートなので、無騒音・無振動で施工できるが、仮設構造物としては工費が高い。**
- **水留め工（締切り工）は、海や河川の水中において、安全に基礎工の施工が行われるように、水留めをする工事で、水深や流水の状況によって工法が選定される。**

例題 3-1　図の矢板式土留め支保工のⒶ～Ⓒの部材の組合せとして適当なものはどれか。

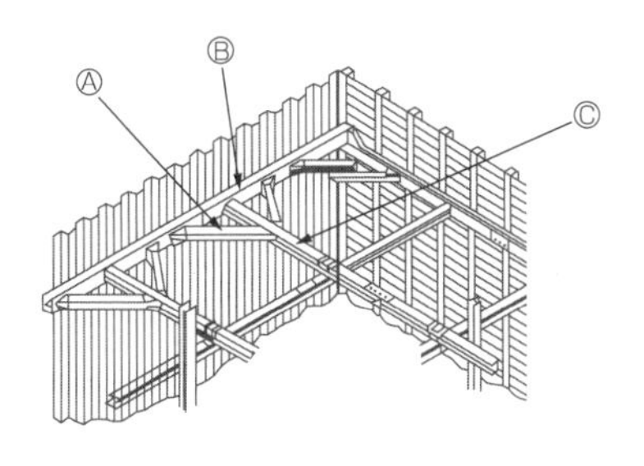

	Ⓐ	Ⓑ	Ⓒ
(1)	切ばり	火打ち	腹起し
(2)	腹起し	切ばり	火打ち
(3)	火打ち	腹起し	切ばり
(4)	火打ち	切ばり	腹起し

解説

土留め支保工の各工法の特徴や役割、各部材の名称に関する問題の出題率は高いので、図 3-3 のイラストでしくみや部材名を十分に理解しておくことが大切である。

例題の矢板式土留め工では、まず用いられる矢板には、鋼矢板（シートパイル）と木製矢板（主に松板）があることを知っておこう。各部材名については、Ⓐ、Ⓑ、Ⓒのうち、知っているところに○印をつけると正解が得られやすくなる。正解は（3）となる。

答（3）

3・2 直接基礎工

地表から浅い所に支持地盤があり、その上に直接基礎構造物をつくることを**直接基礎工**といい、図 3-5 のように**フーチング**（footing：足元）**基礎**と**べた基礎**がある。

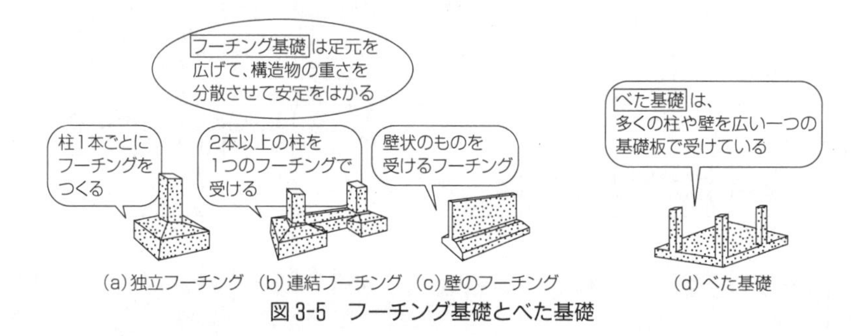

図 3-5 フーチング基礎とべた基礎

3・2・1 直接基礎工の施工

(1) フーチング基礎工の安定

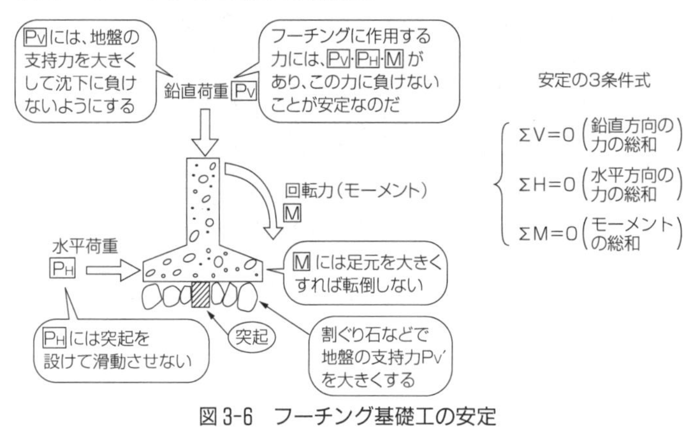

図 3-6 フーチング基礎工の安定

フーチング基礎が、**沈下・滑動・転倒**せず**安定**していることは、3 条件式を**満足**していることになる。いま $\Sigma V=0$ についてみてみると、P_V に対して基礎地盤の支持力を P_V' とすると、方向が反対なので、$\Sigma V=P_V-P_V'=0$ となり沈下しないことになる。仮に P_V に対して P_V' が小さいと、$\Sigma V\neq 0$ となり、P_V の方向に沈下することになる。以下、$\Sigma H=0$、$\Sigma M=0$ についても同様に考えて安定を調べる。

(2) 基礎の施工

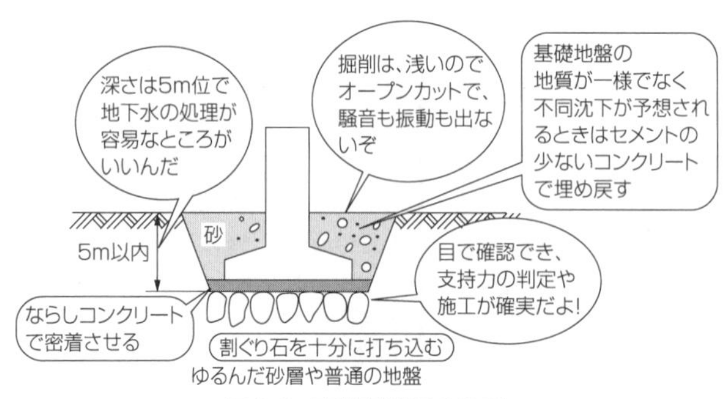

図 3-7 直接基礎工の施工

施工は基礎地盤までの深さが 5 m 程度で浅いので、確実に行うことができる。基礎地盤が締まった砂層や岩盤の場合は、ならしコンクリートを十分に施工すればよい。粘性土の場合は深さを大きくする。

3・3　杭打ち基礎工〈既製杭〉

杭打ち基礎工は、直接基礎工では構造物を支持できない軟弱地盤や、支持地盤が深い場所において、杭を打ち込み、構造物の重量を安全に支える施工法で、図 3-8 のような種類がある。

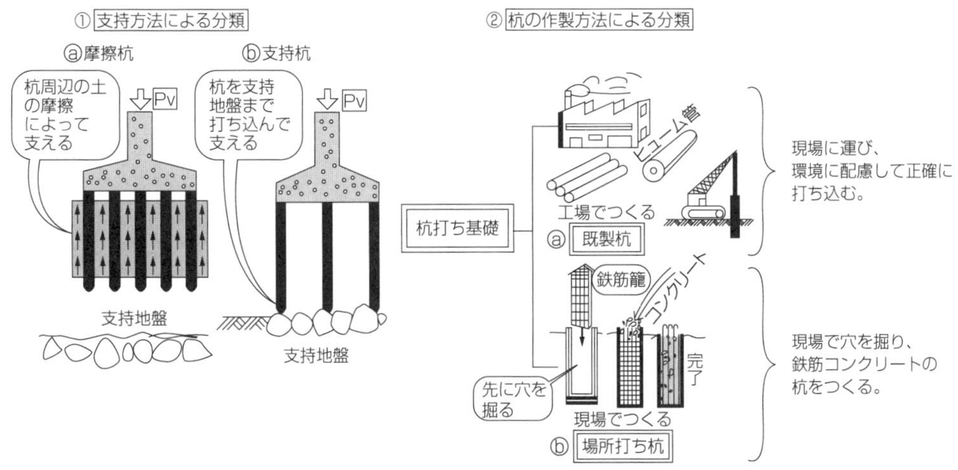

図 3-8　杭打ち基礎

3・3・1　既製杭（pre cast pile）の種類

①鉄筋コンクリート杭：RC杭（reinforced concrete pile：鉄筋で補強したコンクリート杭）ともいい、遠心力を使って工場で作製する杭。

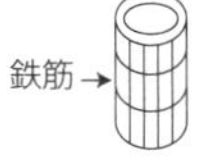

②プレストレストコンクリート杭：PC杭（pre stressed concrete pile：プレストレスを与えた杭）ともいい、杭の強さが大きい。切断時には鉄筋で補強する。

③鋼杭：鋼矢板（sheet pile：鋼板でつくった杭）や形鋼、鋼管杭などがある。

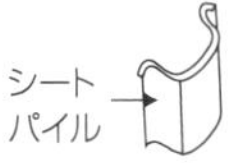

図 3-9　既製杭の種類

既製杭には図 3-9 のような種類があり、構造物の重量や支持方法、支持地盤までの深さなど現場の条件と経済性を考慮して選定する。また、古くから使用されている木杭もあり、ねばり強さに富み、取扱いや加工が容易であるが耐久性に欠けるので、現在では規模の大きい杭打基礎工としてはあまり用いられない。

3・3・2　既製杭の打設工法

一般的な打設工法として、最も確実性のある打撃・振動を利用する工法があるが、騒音・振動などの建設公害が問題となるので、無騒音・無振動形の工法もいろいろと工夫されている。**杭の間隔は支持杭**では、杭の直径 2.5〜3.0 倍以上、**摩擦杭**では 3.0〜3.5 倍以上が望ましい。あまり間隔が狭いと、杭間の土が隆起したり、また隣接杭を移動させたりし、大きな摩擦力も期待できない。

(1) 打撃・振動を利用する工法

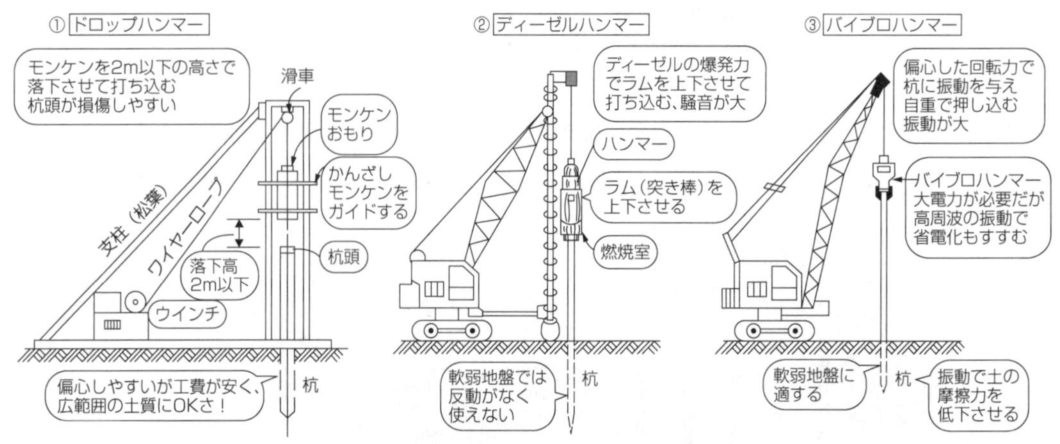

図 3-10　打撃・振動を利用する杭の打設工法

① **ドロップハンマー**（drop hammer：ハンマーを落下）は、モンケン（monkey：猿、杭打鐘）をウインチ、ワイヤーロープ、滑車などの装置で自由落下させて打設する。モンケンの質量は、杭の1～3倍で、杭頭の損傷を防ぐには、質量の大きいもので落下高を小さくする。偏心しやすいのが欠点であるが、設備が簡単で工費も安い。この工法は騒音や振動規制法に指定されていなく、また広範囲の土質に適応できる。

② **ディーゼルハンマー**（diesel hammer：ディーゼルはエンジンを発明した人名）は、燃料に**重油**または**軽油**を用い、ラム（ram：杭打鐘）が燃焼室に落下する重力で空気を圧縮すると高熱を発し、ここに燃料を噴射すると爆発を起すディーゼルエンジンの力を利用する（ガソリンエンジンは点火プラグで爆発させる。310ページ参照）。爆発と杭の反動でラムをはね上げ、ハンマーにぶつかって再び落下する。この工法は一般的で能率も良く広く用いられているが、騒音が90デシベル（規制値85デシベル以下）と大きく、使用場所や時間などが規制されている。

また、1回の打撃に対する貫入量が1 mm以下になると、杭やディーゼルハンマーが損傷するおそれがあるので、杭の打止め近くでも2 mm以下にならないようにする。1回の打撃に対する貫入量が2 mm以下ということは、杭の先端が支持層に達していると推測して打止め管理に使用する場合もあるが、打止め管理は試験杭（91ページ参照）の貫入量などから判断するのが正しい。この工法は、杭に反動力を与える硬い地盤に適する。

③ **バイブロハンマー**（vibro hammer：振動ハンマー）は、偏心モーターによって発生させた振動によって杭周辺の地盤の摩擦力を低下させ、杭の自重で押し込む工法で騒音は少ないが振動が大きく、振動公害として規制されていたが、最近では改良されている（規制値75デシベル以下）。この工法は、あまり硬い地盤には適さず、適用範囲も少ない。

(2) 低公害形の既製杭の打設工法

打撃・振動を利用するディーゼルハンマーやバイブロハンマーなどは、効率は良いが騒音や振動の規制を受け、市街地の杭打ち工事では、場所打ち杭（93ページ参照）が増加している。しかし、既製杭は支持力に対する信頼性が高いので、次のように騒音や振動を低くするように工夫した、低公害形の打設工法として工事が行われているが、打設に対する信頼度は(1)より劣る。

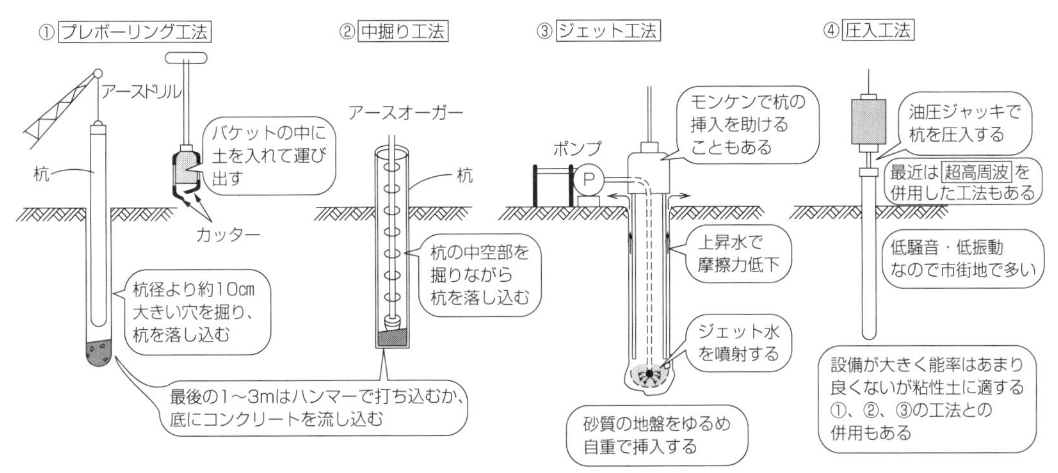

図 3-11　低公害形の杭の打設工法

① **プレボーリング**（pre boring：予め穴を掘る）**工法**は、アースドリルやアースオーガーで予め穴を掘り、杭を挿入する工法で、騒音公害の規制は受けない。

② **中掘り工法**は、アースオーガーやアースドリルを杭の中空部に入れ、杭先端の土を掘削して杭の自重で落し込む工法で、騒音や振動の規制は受けない。

③ **ジェット**（jet：噴出する）**工法**は、杭の先端から、高圧力水（ジェット水）を噴射し地盤をゆるめると同時に、杭の周囲に沿って上昇する水が、杭と土との摩擦力を低下させて杭の自重で挿入できる工法で、砂地盤に適し、粘性地盤では高含水比になり適さない。

④ **圧入工法**は、油圧ジャッキを杭頭部に設置し、ピストンで杭を押し込む工法で、騒音・振動面では問題ないが、設備が大がかりで移動性に欠け、能率はあまり良くない。一般に粘性土に適する工法である。最近は人体に感じない超高周波で杭にわずかな振動を与えながら圧入する、**油圧式超高周波杭打工法**（284 ページ参照）が開発されている。

3・3・3　既製杭の施工管理

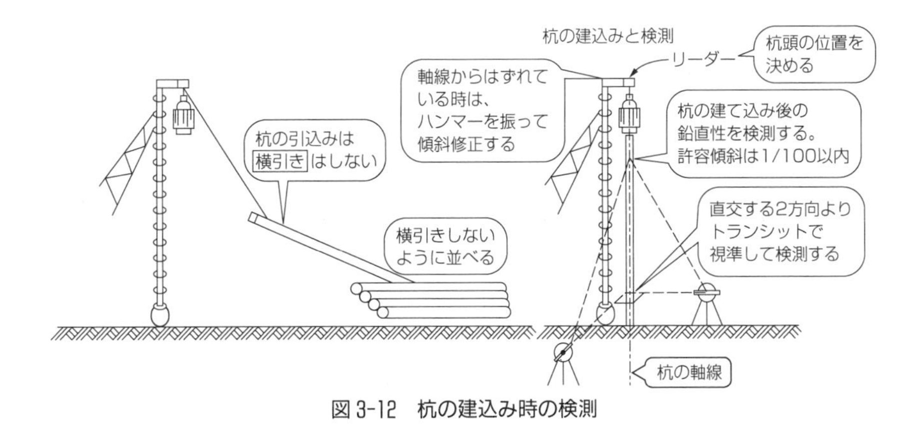

図 3-12　杭の建込み時の検測

既製杭の施工管理には、①建込み時の杭の鉛直性を調べる**検測**（図 3-12）、②**リバウンド**（rebound：再び跳ね返る）**量**を測定して支持力や打止め管理をする方法がある。

(1)　杭の検測

杭の建込み時に図 3-12 のような方法で検測し、傾いている場合はハンマーの位置を微動させて

傾斜修正をする（このことをハンマーを振るあるいは杭を廻すともいう）。

また、打ち込み中に杭先端に玉石などの障害物があり、傾斜した場合は打設を中断し、引き抜いて杭を十分点検し、位置を10～15 cm（許容範囲）移して、再度打ち込む。引き抜きに手間がかかり不可能な時は、杭を切断してしまう。斜杭は支持力が不十分であり、また、無理に引張るなどで杭が曲ったり、ひび割れが入り、弱点となるので避ける。

（2） リバウンド量の測定

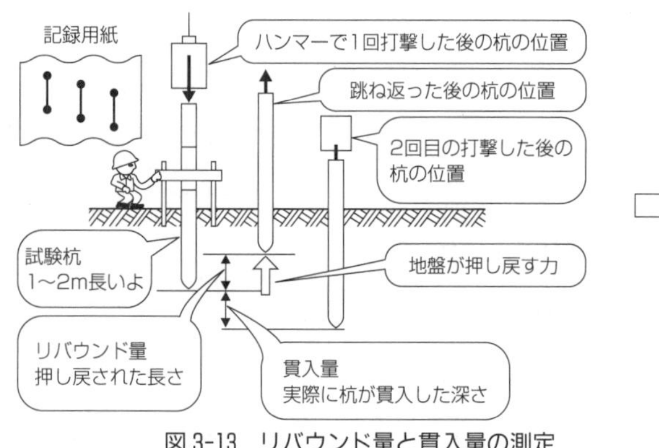

図3-13 リバウンド量と貫入量の測定

既製杭の打設管理として、図3-13のように**試験杭を用い、現場の代表的な地盤で打ち込んでリバウンド量や貫入量を測定して、打止めのデータを作成し、施工管理を行う。**

一般に**杭の打止め管理は、試験杭の支持力から求めた貫入深さを規準とするが、1回の貫入量が2～10 mm**となった状態で、責任技術者が判断して決めていることが多い。

（3） 杭の支持力を求める打込み公式

杭の許容支持力Ra〔kN〕を求める公式（道路橋設計示方書による）

$$Ra\,〔kN〕=\frac{1}{F_s}\left(\frac{AEK}{e_0\ell_1}+\frac{NU_1\ell_2}{e_f}\right)$$

F_s：安全率（一般に3を採用）　A：杭の純断面積　E：ヤング率
K：リバウンド量　N：N値　U：杭の周長　ℓ_1：地上部の長さ
ℓ_2：地中部の長さ　e_0、e_f：補正係数

この公式から各杭の正確な支持力を求めるのでなく、支持力のばらつきを防ぐ施工管理に使うのが一般的である。受験対策としては、この公式を用いて支持力を計算するのではなく、このような公式があることと、杭の形状寸法、ヤング率、リバウンド量、地盤の支持力を示すN値などが関係することを理解しておけばよい。

要点

『直接基礎工と杭打ち基礎工〈既製杭〉のまとめ』

- 直接基礎工は、浅い基礎地盤上に直接つくるもので、フーチングとべた基礎がある。
- フーチング基礎工の安定は、沈下・滑動・転倒しないことで、安定の3条件式を満足することである。また施工方法は、深さが5 m程度までで浅く、目で確認しながら施工できる。
- 杭打ち基礎工には、摩擦杭と支持杭とに分類される。また、杭の作製方法から既製杭と場所打ち杭とがあり、打設方法は環境に配慮するなど工夫されている。
- 既製杭は、RC杭、PC杭および鋼杭（H形鋼、鋼管、鋼矢板）と木杭がある。
- 既製杭の打設工法は、①打撃・振動を利用する方法と②低公害形の打設工法がある。ドロップハンマーなどいくつかの打設工法があるが、工法名から打設方法がわかるように特徴などをよく理解しておくことが必要である。

・既製杭の施工管理には、①建込みと検測、②リバウンド量や貫入量の測定があるが、それぞれの方法をイラストで理解し、結果の処理や打止め管理についても理解しておくことが必要である。

例題 3-2　直接基礎工に関する次の記述のうち、適当でないものはどれか。

（1）　掘削が所定の深さに近づいたときは、機械掘削を避け、人力掘削する。

（2）　一般の地盤では、掘削終了直後にぐり石や砕石を敷いて入念に基礎地盤の処理を行う。

（3）　基礎底面に突起を設けると、地盤の鉛直支持力を増加できる。

（4）　基礎の安定計算は、転倒・滑動・沈下について行うのが一般的である。

解説

(3)の記述については、図のように底面の突起は、滑動（水平方向の力）に抵抗するために設けるもので鉛直方向の支持力には関係がない。(1)の説明では基礎地盤の乱れを防ぐために人力で行うことは正しい。

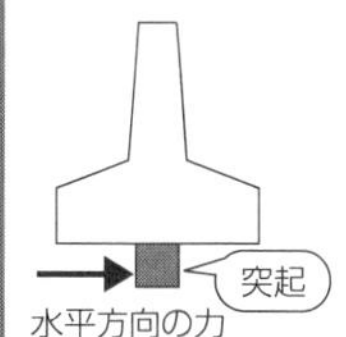

また、(2)、(4)の説明が正しいことにも理解できよう。

答(3)

例題 3-3　既製杭の施工に関する次の記述のうち適当なものはどれか。

（1）　ディーゼルハンマーは、硬い地盤に適し、軟弱な地盤では能率が低下する。

（2）　鋼杭を現場で継ぐ場合は、現則としてガス溶接継手とする。

（3）　ドロップハンマーを用いる場合、杭頭が損傷しないようにできるだけ杭の重量より軽いハンマーを用いて打設する。

（4）　油圧ハンマーは、ラムを油圧によって駆動させるので、振動や騒音が大きくなる。

解説

既製杭の打設工法についてはテキストのイラストで工法名と打設方法をよく理解しておくようにする。
鋼杭の現場継手は、危険防止の点からもガスを使わず、アーク（電弧）溶接とするので(2)は適当でない。
ディーゼルハンマーは地盤のハンマーへの反動も必要なので(1)は正しい。(3)(4)についてはイラストで正しくないことがわかる。

答(1)

例題 3-4　杭の施工管理に関する次の記述のうち、適当なものはどれか。

（1）　杭の支持力を求める打込み公式で算定する場合、ハンマーの燃料消費量が重要な要素となる。

（2）　ディーゼルハンマーの打止めは、1回の打撃の沈下量が2 mm 以下となった場合とする。

（3）　リバウンド量とは、1回の打撃直後に押し戻された長さで示される。

（4）　杭の検測だけでは斜杭は発見できない。

解説

打込み公式に関係する要素は、杭の形状寸法、ヤング率、リバウンド量地盤のN値であり、(1)は誤りとなる。ハンマーの打止めは、貫入量などを測定し、試験杭のデータによって決めた貫入深さや貫入量を規準に判定するので、(2)の記述の2 mm 以下は、打止め管理ではない。(3)のリバウンド量の記述が正しく、この値などにより支持力を求める。

答(3)

3・4　杭打ち基礎工〈場所打ち杭〉

公害の規制を受ける既製杭の打設施工に代わって、市街地では、騒音や振動の少ない**場所打ち杭**（予め穴を掘り、その中に鉄筋籠を入れコンクリートを打設してつくる杭）が広く用いられるよう

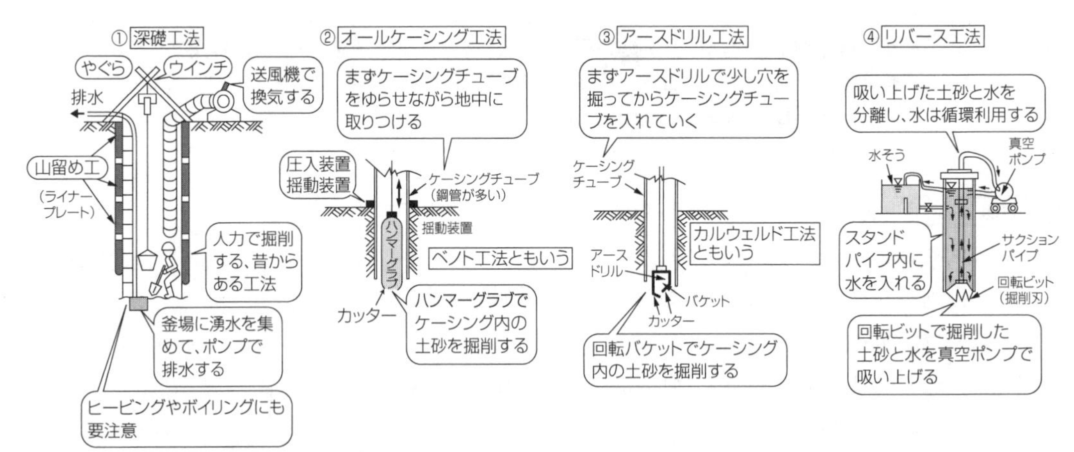

図 3-14　場所打ち杭の主な工法による種類

になった。杭の支持力や施工のしやすさなどでは、既製杭に劣るが、大広径の杭の施工ができるなどの長所もある。主な場所打ち杭の工法には、図 3-14 のようなものがある。

3・4・1　場所打ち杭の施工方法

(1)　深礎工法

日本独自の工法で、人力で掘削するので、地中にある大きな石などの処理や支持力などを直接確めながら作業ができる利点がある。

施工方法：施工方法は次のようになる。

① 孔壁の保護用の鋼製山留めによる**山留め工**（ライナープレート）（孔の周囲の土砂の崩落を防止する）を行う。

② 土砂搬出用のウインチ、やぐらなどの設備を準備する。

③ 排水用ポンプで釜場に集めた湧水を排除する。

④ 送風機と送風管で送気して**換気**する。

なお、湧水のあるときは、山留め工は撤去しないで、コンクリートで内側を覆う。また、傾斜地で複数の杭をつくる場合は、地下水の関係上、山側から谷側に向って施工する。

(2)　オールケーシング（all casing：筒状のもので包む）工法

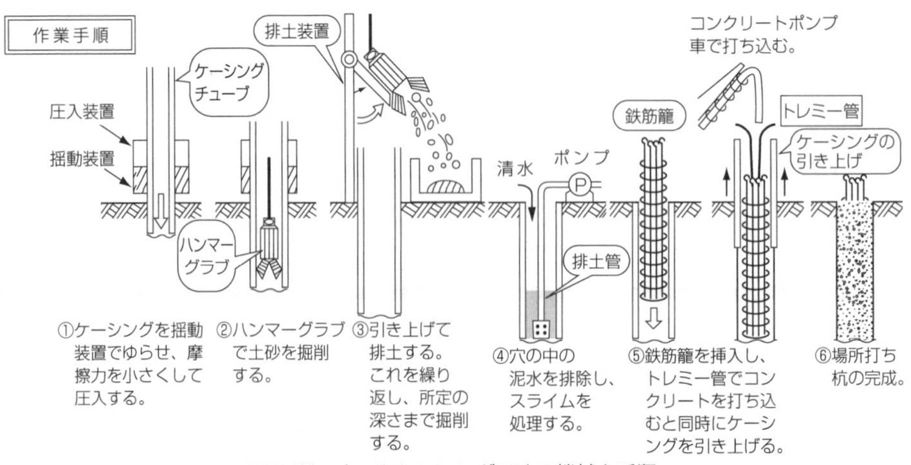

図 3-15　オールケンシング工法の機械と手順

この工法は、フランスのベノト社が開発したもので、**ベノト工法**ともいう。

施工方法：施工の順序や工法は、図 3-15 のようになる。

・揺動装置：ケーシングをゆらせる機械で、地盤との摩擦力を少なくして圧入できる。

・ハンマーグラブ（hammer grab：強力に土をつかむ装置）：ケーシング内に落として土砂をつかみとるグラブ。

・排土装置：ハンマーグラブを引き上げ、図 3-15 ③のように排土する装置。

（3） アースドリル（earth drill：土に穴をあける工具）工法

この工法は、アメリカのカルウェルド社が開発したもので、**カルウェルド工法**ともいう。

施工方法：施工の順序や工法は図 3-16 のようになるが、オールケーシング工法とのちがいは、先にアースドリルである程度の深さまで掘削し、その後にケーシングを挿入することと、ベントナイト液（水と粘土を混ぜた溶液）を使用することである。

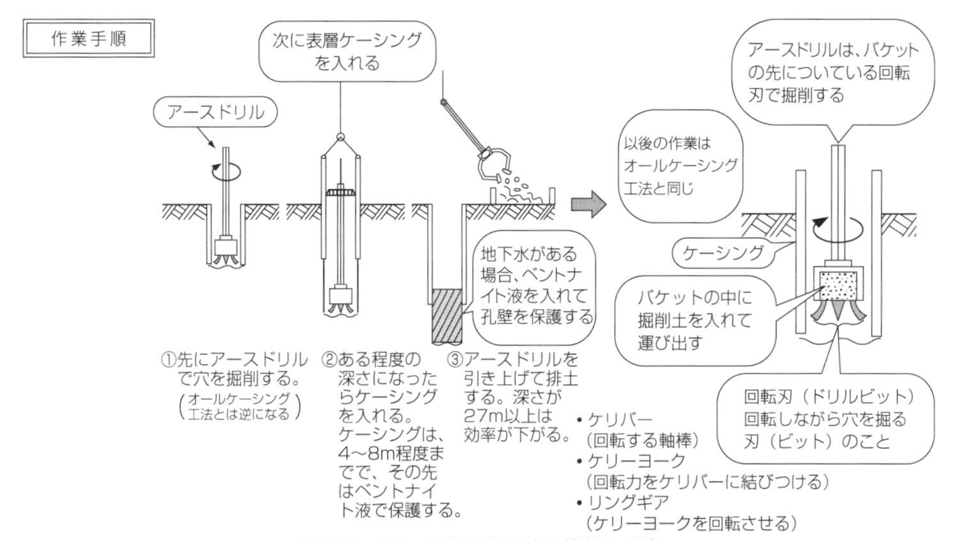

図 3-16　アースドリル工法の機械と手順

（4） リバース工法（リバースサーキュレーション工法：reverse circulation：逆循環工法）

この工法は、ドイツで開発されたもので、ジェット工法とは逆に、土砂と水を一緒に**吸い上げて**掘削する工法で、回転ビットや機械類などは一組の装置として組みこまれている。

施工方法：施工の順序や工法は、図 3-17 のようになる。

作業手順で示したように、水を循環して利用し、連続的に能率よく施工でき、また移動性もあり、ほとんどの地盤に適する。水上作業も可能である。

作業手順

①表層からスタンドパイプを立て、水位を地下水位より 2m高くして孔壁を保護する。

②回転ビットで孔底の土砂を掘削し、土砂と水を一緒にサクションパイプで吸い上げる。

③吸い上げた土砂と水を貯水槽に入れ、土砂と水を分離させる。

④分離した水を再びスタンドパイプ内に戻し、再利用する。

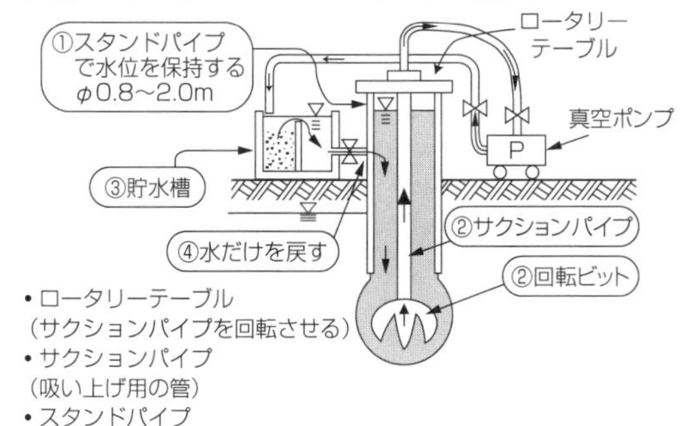

図 3-17　リバース工法の機械と手順

3・4・2　場所打ち杭の施工管理

場所打ち杭の施工管理は、杭をつくる場所の掘削作業にともなう施工管理と、掘削完了後の鉄筋籠の配置を含むコンクリートの施工管理に大別できる。ここでは場所打ち杭の仕上げ作業ともいえる後者の、コンクリートの施工管理について説明する。

コンクリートの施工管理は、図3-18のようなことについて行う。

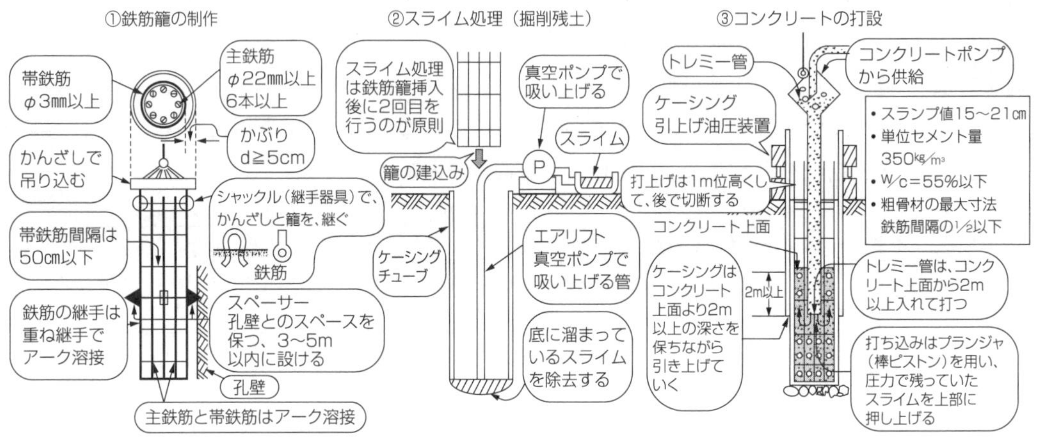

図3-18　コンクリートの施工管理

図3-18③のように、打設されたコンクリートの上部は、残っていたスライムが含まれているので、0.5～1.0 m位高く打上げ、その部分（杭頭部）を後で切断する。また、泥水や排土の処理も大切である。

要点

『杭打ち基礎工〈場所打ち杭〉のまとめ』

① 場所打ち杭は、騒音や振動を少なくして、公害の規制を受けないように工夫したもので、市街地の杭打ち工法として広く利用されている。

② 場所打ち杭の施工方法には、深礎工法・オールケーシング工法・アースドリル工法・リバース工法などがあるが、工法名から打設方法が分るように、各工法の特徴などをよく理解しておくようにする。

③ 深礎工法は、排水や換気にも十分配慮する。孔壁の保護には山留め工を設ける。この工法は、日本古来からある井戸掘り工法である。

④ オールケーシング工法は、まずケーシングを揺動させながら地中に入れる。アースドリル工法は、先にアースドリルで掘削をしてからケーシングを挿入する。この両者の違いを明確にしておくこと。

⑤ リバースとはジェットに対して逆循環と解釈すれば、およその工法がわかる。水を循環させ、連続的に能率よく掘削でき、移動性もよい。

⑥ 場所打ち杭の施工管理には、鉄筋籠の製作、スライム処理、コンクリートの打設があり、それぞれの特徴をイラストでよく理解することが大切である。

例題 3-5 場所打ち杭の施工に関する次の記述のうち適当でないものはどれか。

(1) アースドリル工法は、バケットを回転させて掘削を行う。

(2) ベントナイトは、孔壁崩壊防止用の人工泥水をつくるときに用いられる。

(3) コンクリートの打込みは、トレミーの下端を打ち込んだコンクリートの上面より原則として 2 m 以上入れておく。

(4) リバースサーキュレーション工法の孔壁の保護は、ケーシングチューブを使用して行う。

解説
場所打ち杭に関する問題は、まず予め掘る穴の工法名と使用する機械や掘削工法をテキストのイラストで理解しておくことであり、その点から各問の記述をみてみると、(1)は正しいことがすぐわかるであろう。(4)の記述の孔壁保護はオールケーシング工法で、リバース工法では 2 m 以上の水圧で行うので誤りである。(2)、(3)の記述は正しいので、内容を確認しておくこと。
答(4)

例題 3-6 場所打ち杭工法に関係のないものは、次のうちどれか。

(1) ハンマーグラブ

(2) リバース工法

(3) 中掘り工法

(4) 深礎工法

解説
(3)の中掘り工法は、工法名より杭の中空部を掘削する工法と考えれば、既製杭の打設工法であり、誤りであることがわかる。
答(3)

例題 3-7 次の場所打ち杭工法名と使用機器の組合わせのうち適当でないものはどれか。

(1) オールケーシング工法――ハンマーグラブ

(2) 深礎工法――送風機

(3) アースドリル工法――回転バケット

(4) リバース工法――アースオーガー

解説
テキストのイラストで工法名と使用機器の役割が理解できていれば正解は容易にわかる。(4)のリバース工法はリバースサーキュレーション(逆循環工法)と理解していれば、泥水処理であり、アースオーガーは全く関係ないことがわかるであろう。
答(4)

3・5 ケーソン (caisson：底のない箱枠) 基礎工

ケーソン基礎工は、コンクリートでつくった**底のない箱枠**を、地盤に沈下させて基礎工としたもので、杭基礎と比較して高価なので、杭基礎が不可能な現場に用いる。ケーソン基礎工には、図 3-19 のような種類がある。

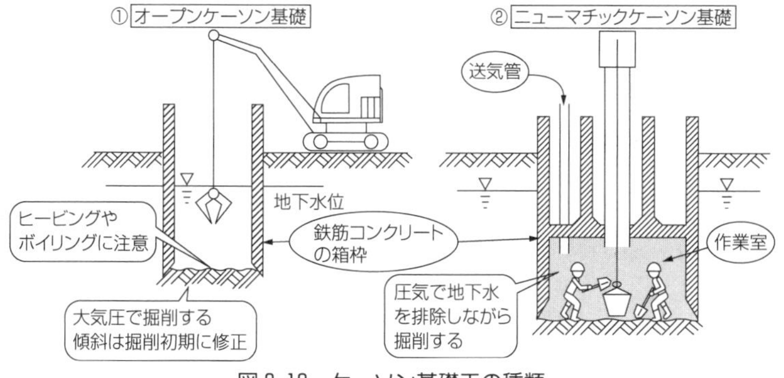

図 3-19 ケーソン基礎工の種類

オープンケーソンは、大気圧下で作業するので安全性はあり、地下水位が深ければ 60 m 程度まで掘削できる。ニューマチックケーソンは、高圧下の中で作業するので健康障害などの問題があり、掘削深さ 35 m 程度までである。

3・5・1　オープンケーソン（open caisson：開かれたケーソン）基礎工

施工方法：オープンケーソン基礎工の施工の順序は、図3-20のようになる。

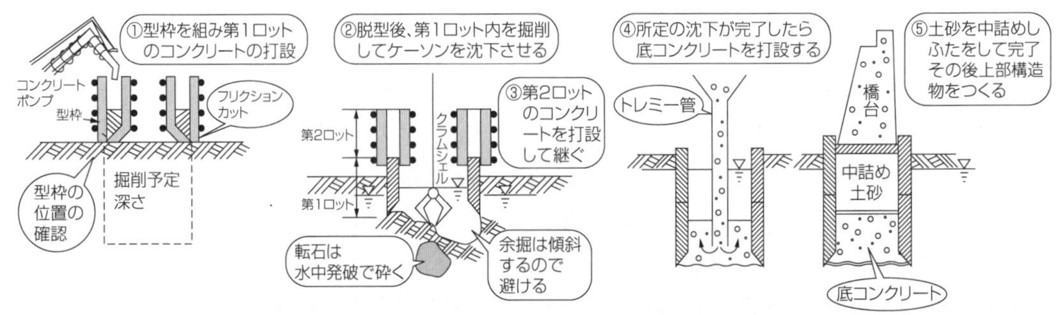

図3-20　オープンケーソン基礎工の施工

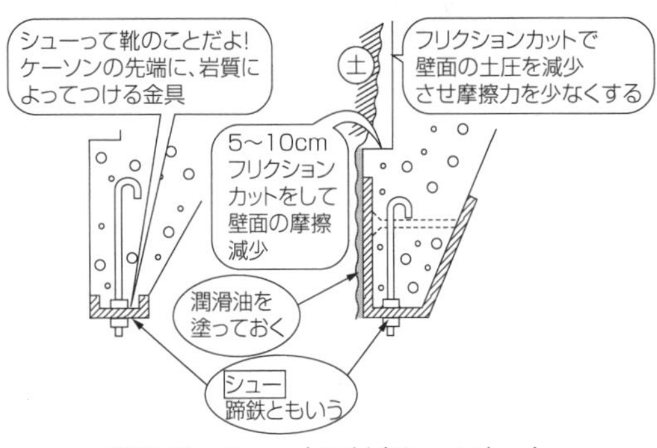

図3-21　シューとフリクションカット

ケーソンの先端にはシュー（shoe：靴）をつけて保護する。フリクションカット（friction cut：摩擦力をカット）を設け潤滑油を塗布したり、高圧水や圧縮空気を噴出させるなどで壁面に作用する摩擦力を減じて沈下を促進している。

ケーソンの高さは、図3-20③のように、順次沈下に応じてロット（lot：節、1単位）を打ち継いでいく。1ロットは3〜4 m程度である。

3・5・2　ニューマチックケーソン（pneu matic caisson：圧縮空気ケーソン、人間の肺）基礎工

この工法は、前ページ図3-19②のように、圧縮空気を作業室に送り込み、地下水の浸入を防ぎながら人力で掘削するもので、支持力の測定や地質の状況の確認が容易で、作業工程などを正確に把握することができる。しかし、人が高圧下で作業するので、万全な設備と安全管理を何よりも優先して施工しなければならない。

施工方法：ニューマチックケーソン基礎工の施工の順序と留意点は、図3-22のようになる。

ニューマチックケーソン基礎工の掘削深さは、地下水の浸入を防ぐために0.1 MPa（メガパスカル、0.1 MPa=1 kgf/cm^2）以上の高圧下の中で作業するが、人の健康管理上0.35 MPa以上の高圧は用いることができない。従って地下水位以下35 m程度が限界である。また気圧を調節するエアロック（気閘室）のしくみは、図3-23のようになっている。

その他次のような留意点がある。

① 再圧室（高圧障害治療室）を設ける。
② 加圧・減圧は毎分0.08 MPa以下とし、身体を温めておくこと。6ヶ月ごとに健康診断をする。
③ 発破や強制沈下の際は、全員の避難の確認をする。
④ 支持地盤に達したかどうかの判定は、一般に平板載荷試験を行う。
⑤ 高圧作業主任者は、免許が必要である。

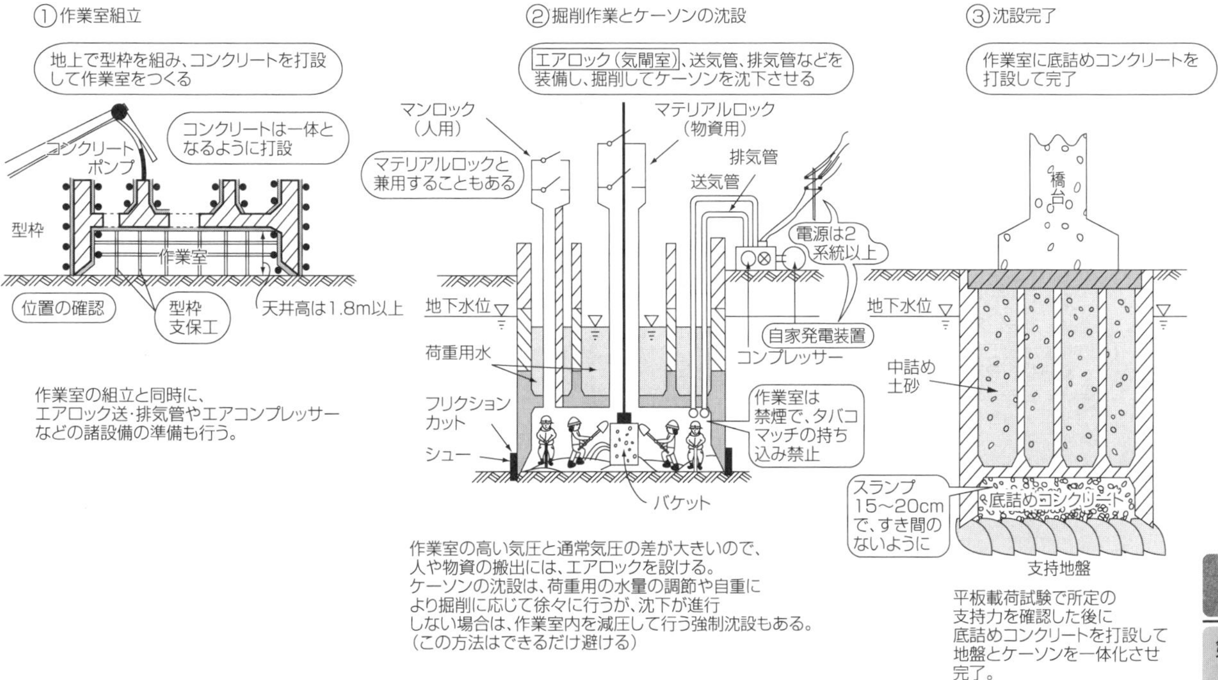

図 3-22　ニューマチックケーソン基礎工の施工の順序と留意点

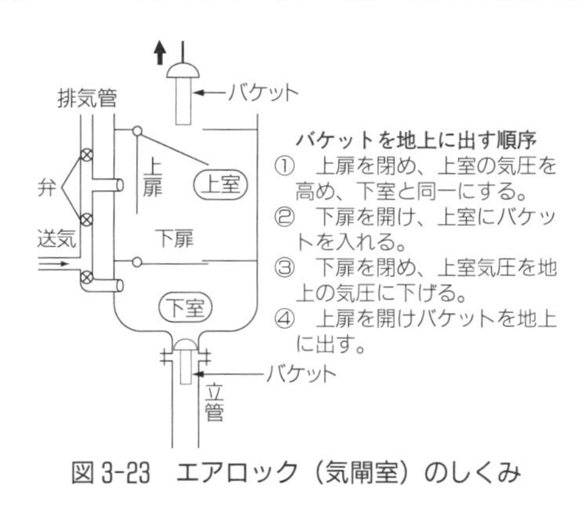

図 3-23　エアロック（気閘室）のしくみ

3・6　その他の基礎工

一般的な基礎工としては、今までに学んできた**直接基礎工・杭打ち基礎工・ケーソン基礎工**があるが、最近の市街地での基礎工として、図 3-24 に示すような**連続地中壁工法**が多く採用されているので、ここで施工方法などをみてみよう。

(1)　連続地中壁工法

この工法は、従来は仮設工作物としての土留め工の一種として開発されたものであるが、図 3-24 のように基礎本体の一部として多く施工されるようになった。その主な理由は、壁体の長さや厚さは比較的自由に、そして**ガイドウォール**（H 形鋼など）に沿って、機械類が移動するので無騒音・無振音で施工でき、周辺地盤への影響も少ない。さらに、一度に壁体の掘削が可能な垂直多軸回転ビット式掘削機の開発により、連続的に地中壁が築造できることなどである。

施工方法

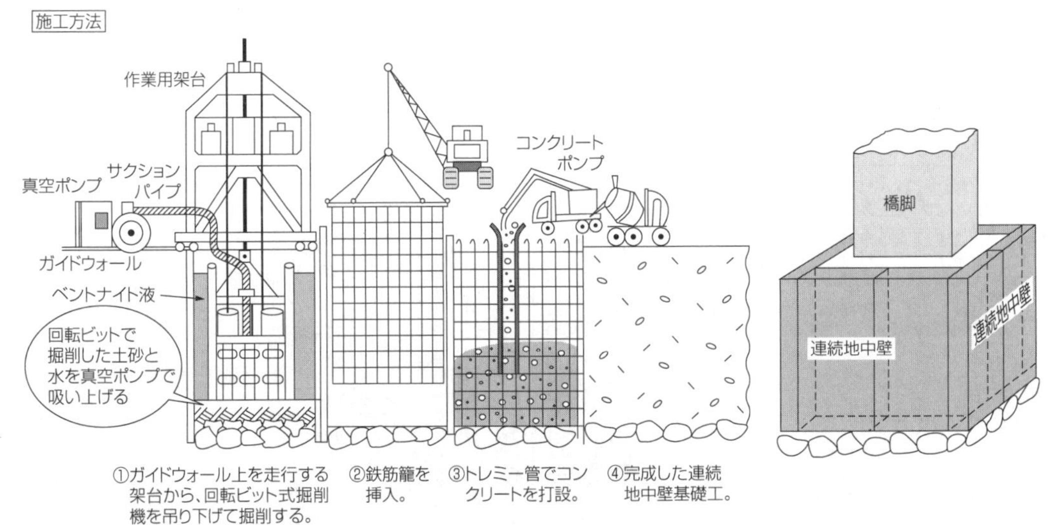

図 3-24　連続地中壁工法

（2）　その他の基礎工　その他の基礎工として、図 3-25 のような工法がある。

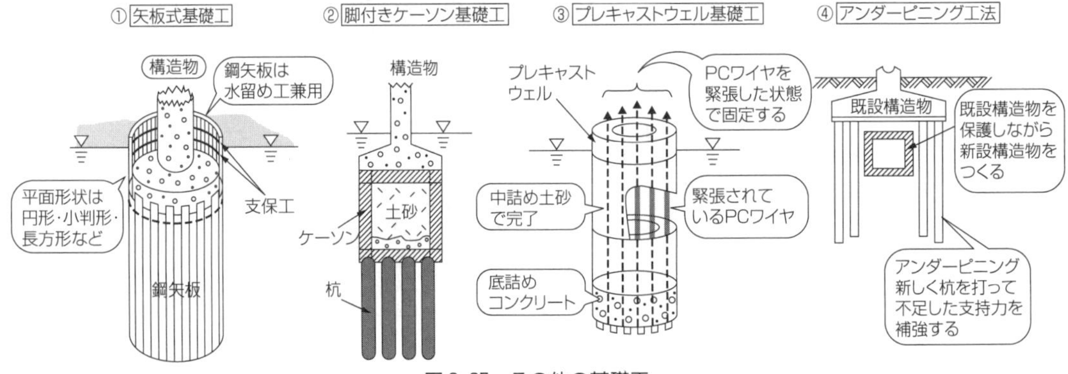

図 3-25　その他の基礎工

① **矢板式基礎工：**ケーソンの代りに鋼矢板を環状に打ち込んで施工する。

② **脚付きケーソン基礎工：**杭とケーソンを一体化して施工する。支持地盤の深い所に適する。

③ **プレキャストウェル基礎工：**工場製品のウェル（井筒）を PC ワイヤで固定していく。

④ **アンダーピニング工法：**既設の基礎工を補強などして、荷重を受けかえる工法。

要点

『ケーソン基礎工とその他の基礎工のまとめ』

- ケーソンはコンクリートでつくった底のない箱枠で、これを利用した基礎工には、オープンケーソンとニューマチックケーソン基礎工がある。
- オープンケーソン工は、大気圧下で施工し安全性は高い。ニューマチックケーソン工は、作業室の空気圧を 0.1 MPa 以上の高圧にして地下水の浸水を防ぎながら、人力掘削を行うので、掘削深さは 35 m 程度が限界である。オープンケーソンは 60 m 程度まで可能。
- ケーソン基礎工の工法については、掘削開始から完了までの手順をイラストで理解し、用語の意味も知っておくことが大切である。特に、ロット・シュー・フリクションカット・エアロック・マテリアルロック（物資専用のロック）・マンロック・ホスピタルロック（再圧室）などである。

・エアロックのしくみは、上室の空気圧の調節を考えて理解する。下扉を開けるときは上扉を必ず閉め、上室の空気圧を下室と同じにしておくことなどである。
・その他の基礎工については、工法名から使用する材料・目的などの関係と、どのような形状をしているのかを理解しておく。

例題 3-8 ニューマチックケーソン工法と比較したオープンケーソン工法の特徴の記述として、次のうち適当でないものはどれか。

(1) 施工深さは、オープンケーソン工法の方が深いところまで施工できる。
(2) 掘削状況の確認は、オープンケーソン工法の方が困難である。
(3) 機械設備は、オープンケーソン工法の方が比較的簡単で工費が安くすむ。
(4) 周辺地盤への影響は、オープンケーソン工法の方が少ない。

解説
ニューマチックケーソン工法の方が、エアロックや排・送気設備などで大がかりになるが、これは地下水対策であり、掘削は人力で行う。従って(1)の記述はややもすると誤りと思いやすいが、正しい。(2)の記述は深くなるとクラムシェルなどの水中機械掘削になり確認は困難となり正しい、(3)も同様に正しく(4)の記述では、人力掘削のニューマチックケーソンの方が影響が少なく誤りとなる。
答(4)

例題 3-9 ニューマチックケーソン工法の作業者に対する次の記述のうち適当でないものはどれか。

(1) 函内は禁煙であり、タバコ、ライター、マッチなどはロックテンダーにあずけること。
(2) バケットの昇降中は、シャフトの直下に立入らないこと。また、バケットに乗っての昇降は禁止されている。
(3) 睡眠は十分にとり、酒気を帯びて入函しないこと。
(4) 退函後、ガス圧減少時間中は、身体を温めないこと。

解説
ニューマチックケーソン工法の作業者に対する注意事項であり、(1)、(2)、(3)はいずれも正しいのでよく理解しておくこと。特に圧気中は酸素濃度が高くなっているので火災が発生しやすい。テンダーは世話人である。
(4)の作業終了後の平常の気圧に戻る時は、身体を冷さないようにして、徐々になじむようにすることが必要である。
答(4)

例題 3-10 地中連続壁の施工に関する次の記述のうち適当でないものはどれか。

(1) ガイドウォールは、掘削作業の定規であり、又、鉄筋かごや掘削機械等の重機の荷重を受けるために築造するものである。
(2) スライムの一次処理は、掘削完了直後に行い、一般に砂分率を目安に管理する。
(3) 掘削は、土質に応じ所定の精度を確保できる適切な速度で施工しなければならない。
(4) 安定液の主な使用目的は、掘削中の溝壁の安定を保ち、良質な水中コンクリートを打設するための良好な置換流体とすることである。

解説
(1)のガイドウォールは連続壁構築のため、機械類等の荷重を受けたり、施工上の定規となるもので正しい。
(2)のスライム(沈澱泥など)の処理は掘削直後に行う一次処理と、鉄筋が建込み後に行う二次処理がある。砂分率で管理は二次処理で行うので誤りである。(3)、(4)の記述は正しい。
答(2)

例題 3-11 既製杭の打込みに関する次の記述のうち適当でないものはどれか。

(1) 圧入による方法は、粘性土地盤に適し、低騒音・低振動であるが、圧入機自体が大きく、その移動性が悪い。

(2) 打撃・振動による方法は、埋込みによる方法と比べ、確実な方法であるが、騒音・振動をともなう。

(3) 中掘り及びプレボーリングによる方法は、一般に、打撃・振動による方法と比べると支持力は大きくなる。

(4) 射水による方法は、杭の先端や周辺から射水しながら地中に埋めていくもので、砂質地盤に適する。

解説

既製杭の打込みに関する記述のうち(1)、(2)、(4)の説明文はいずれも正しいのでよく確認をしておこう。(3)の支持力については、打撃・振動による方法が信頼性は高いが、騒音や振動規制法を考慮する必要がある。

答(3)

例題 3-12 場所打ち杭の「工法」とその「孔壁の保護方法」との組合せとして、次のうち適当なものはどれか。

	〔工　法〕	〔孔壁の保護方法〕
(1)	アースドリル工法	スタンドパイプと水頭圧
(2)	深礎工法	ライナープレート
(3)	リバースサーキュレーション工法	ケーシングチューブ
(4)	オールケーシング工法	ベントナイト安定液

解説

場所打ち杭では、どの工法においても、掘削孔壁の崩れるのを防止する対策が必要である。(1)アースドリル工法：ベントナイト液、(2)深礎工法：ライナープレート（裏地板）、(3)リバースサーキュレーション工法：スタンドパイプと水頭圧、(4)オールケーシング工法：ケーシングチューブ。

答(2)

例題 3-13 既製杭の施工に関する次の記述のうち適当でないものはどれか。

(1) 杭の打込みを正確に行うには、杭軸方向を設計の角度で建込み、建込み後はトランシットなどで、杭を直交する２方向から検測する。

(2) 杭は、杭の根入れ深さ、動的支持力、打止め時の一打あたりの貫入量などにより、総合的に十分に検討して打止める。

(3) 試験杭は、各基礎ごとに適切な位置を選定し、杭長は本杭と同じ長さとする。

(4) １本の杭の打込みは、打込み途中で休止せず、原則として連続的に行う。

解説

杭の建込み後は杭を直交する2方向から検測するので正しい。(2)と(4)も説明文はいずれも正しいので、確認しておこう。(3)の試験杭の長さは、本杭より1～2ｍ長いものを用いる。

答(3)

第Ⅱ編　土木工学等〈分野別の土木工学〉

（1）　過去の出題傾向

（出題比率：◎かなり高い　○高い）

科目	主な出題項目	出題比率	問題数		選択数
第1章 土木構造物	1-1 鋼材	○	3	20	6
	1-2 鋼橋の架設	◎			
	1-3 鉄筋コンクリート床版				
	1-4 プレストレストコンクリート				
第2章 河川・砂防	2-1 河川		4		
	2-2 堤防	◎			
	2-3 河川工作物	◎			
	2-4 砂防	◎			
第3章 道路・舗装	3-1 道路		4		
	3-2 路床	○			
	3-3 路盤	◎			
	3-4 アスファルト舗装	◎			
	3-5 コンクリート舗装	◎			
	3-6 その他の舗装技術				
第4章 ダム	4-1 ダムの分類と特徴		1		
	4-2 ダム工事				
	4-3 コンクリートダム	○			
	4-4 フィルタイプダム				
第5章 トンネル	5-1 トンネルの分類		1		
	5-2 山岳トンネル工法	○			
	5-3 支保工と覆工	○			
	5-4 特殊工法				
	5-5 その他の工法				
第6章 海岸・港湾	6-1 海岸と波		2		
	6-2 海岸堤防	○			
	6-3 消波工				
	6-4 侵食対策				
	6-5 港湾の施設	○			
	6-6 浚渫と埋立て				
第7章 鉄道・地下構造物	7-1 鉄道	○	3		
	7-2 線路閉鎖工事と近接工事	◎			
	7-3 地下構造物	◎			
第8章 上下水道	8-1 上水道の概要		2		
	8-2 上水道の施設	○			
	8-3 下水道の施設	○			
	8-4 終末処理場				

（2） 学習の要点

第II編は、第1章から第8章まで、土木事業の全ての分野の技術的・専門的事項が含まれており、広範囲で出題数も20題と多いものの、解答数は6題と少なく選択幅が大きい。学習の要点は、次のようになる。

① 各章とも、イラストを通して全範囲に目を通して、概略的に全体を理解する。特に、**ゴシック**（太字）で示した事項や用語を中心に学ぶようにする。

② 出題傾向を基に、各章の中心的事項や興味・関心の持てる出題項目をいくつか選び、それらについては、テキストで十分理解できるように学習する。例えば、各章から2項目選んだとすると、全部で16項目となり、解答数の6題はこれらの16項目の中のどこかに該当することが予想されるので、受験対策上の学習の要点として、重要出題項目を選んで学ぶ方法も考えられる。

③ 例題や演習問題は必ず自分で解答してみて、問題慣れをすることも大切である。また、②の重要出題項目を選ぶ際に役立てる。

第1章　土木構造物

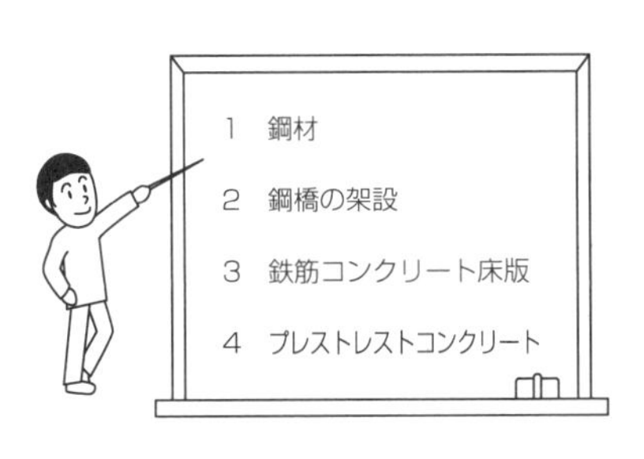

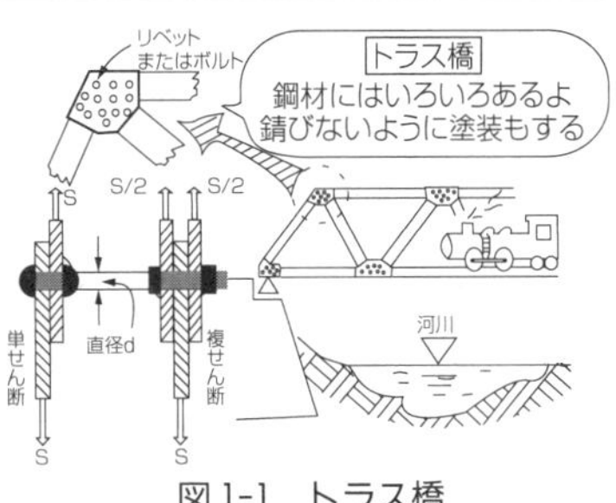

図1-1　トラス橋

土木構造物には、ダム・トンネル・道路・鉄道などの多くの社会資本と言われるものがあり、これらのものを築造するには様々な材料が使用されている。ここでは、その中でも中心的な鉄筋や鋼板などの**鋼材**の性質や加工方法などについて学ぶ。

1・1　鋼材

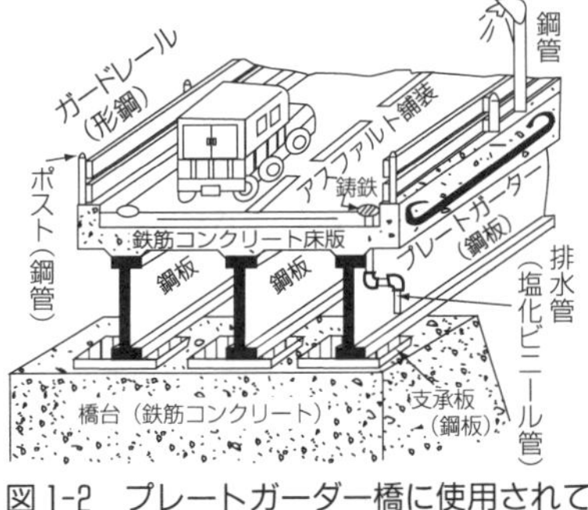

図1-2　プレートガーダー橋に使用されている鋼材

鋼材は図1-2のように、鋼板や鋼管、形鋼など色々な形で土木構造物に部材として使用されている。これらの鋼材の**強度**は、どのように調べ**表示**されているのだろうか。

また、コンクリート中の鉄筋は基本的には錆（さ）びないが、鋼材は空気に触れると錆びるので、**加工方法**や**塗装**についても知ることが大切である。

1・1・1　鋼材の強度

鋼材の強度は、図1-3のように引張試験を行って、**引張強さ**や**降伏点強さ**などを求めている。

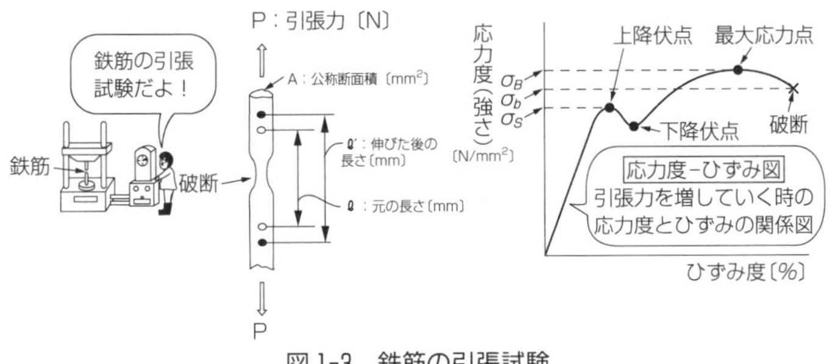

図1-3　鉄筋の引張試験

引張強さ σ_B〔N/mm²〕

$$\sigma_B=\frac{\text{最大応力点荷重〔N〕}}{\text{公称断面積〔mm}^2\text{〕}}$$

降伏点強さ σ_S〔N/mm²〕

$$\sigma_S=\frac{\text{上降伏点荷重〔N〕}}{\text{公称断面積〔mm}^2\text{〕}}$$

破断強さ σ_b〔N/mm²〕

$$\sigma_b=\frac{\text{破断荷重〔N〕}}{\text{公称断面積〔mm}^2\text{〕}}$$

ひずみ度 ε〔%〕 $\varepsilon=\dfrac{\ell'-\ell}{\ell}\times 100$

なぜ鋼材の強さを引張試験によって求めるのか、それは鋼材そのものの強さや降伏点は、引張と圧縮ともほぼ等しいことと、鉄筋コンクリートのはりでは、鉄筋は引張力に抵抗すると考えて設計するので、引張強さが必要となる。また、鋼材を圧縮すると複雑に変形（座屈）し、正しい強さが求めにくいことなどが理由である。

図 1-3 において、**引張強さ** σ_B は、最大応力点荷重〔N〕を鉄筋の公称断面積〔mm^2〕で割って求める。また、鋼材の**降伏点強さ** σ_S 及び破断強さ σ_b も図の関係から求める。

引張強さと降伏点強さ以外の鋼材の主な性質には、次のようなものがある。

① 鋼材の硬さ：硬さは引張強さ、降伏点、もろさ、弾性係数（応力度とひずみ度の比）などの鋼材についての総合的な性質を表している。

② 衝撃強さ：衝撃に対するもろさ（靱(じん)性）の程度を表す。シャルピー衝撃試験がある。

③ 疲れ限度：繰り返し応力を受ける鋼材の強さの低下の限度で、一般に 200 万回の繰り返し荷重を受けた時の鋼材の強さで表す。

④ リラクセーション：PC 鋼材（115 ページ参照）に引張力を加え、一定の伸びを生じたまま固定して長時間経過すると、徐々に張力が減少する性質をいう。

⑤ 疲れ破壊：長時間一定の荷重（静的な荷重）を加えておくと、やがて疲れ破壊する現象で、主に 1.8 kN/mm^2 以上の応力を受ける高張力鋼などでは可能性がある。

1・1・2 鋼材の表示

鋼材の材質（化学成分）や用途（製品名）、強さなどを種類別に分別できるように、次のように表示している。例として **SS 400** をあげて説明すると

S　S　400

- 400 → 一般に鋼材の引張強さ〔N/mm^2〕であり、鉄筋は降伏点強さ〔N/mm^2〕で示す。例は鋼材なので、400 N/mm^2 の引張強さとなる。
- 2 文字目の S → 用途や製品名を示す。例の S は構造用圧延鋼材（structural）となる（A：耐候性　B：棒状物　C：鋳造物　D：異形棒鋼　F：鍛造物　M：溶接構造用圧延鋼材　P：プレストレス用鋼材　R：丸棒鋼　S：一般構造用圧延鋼材　TK：構造用炭素鋼管　US：ステンレス枠　V：リベット用材　W：線材　Y：矢板用鋼材などがある）。
- 1 文字目の S → 材質（化学成分）で、S：鋼（steel）、F：鍛造物（鉄）などで示す。例の S は鋼材となる。

従って、SS 400 は**一般構造用圧延鋼材**で、引張強さが 400 N/mm^2 の材料といえる。代表的な鋼材の記号と用途名・製品名をみてみると、SM 490：溶接構造用圧延鋼材、SR 235：鉄筋コンクリート用丸棒鋼（降伏点強さが 235 N/mm^2）、SWPR 7 A：プレストレス用丸鋼線 7 本よりの A 種などがあげられる。

例題 1-1　JIS 規格に示された鋼材に関する次の組合せのうち誤っているものはどれか。

（1）　STK 400――一般構造用炭素鋼管

（2）　SM 490　――溶接構造用圧延鋼材

（3）　SD 390　――鉄筋コンクリート用異形棒鋼

（4）　SMA 490――溶接構造用鋼品

解説

全問とも材質は S で鋼材であり、用途が TK は構造用炭素鋼管、M は溶接構造用圧延鋼材、SMA は耐候性溶接鋼材であり、（4）が誤りとなる。D は異形棒鋼なので（3）も正しい。

答（4）

1・1・3 鋼材の加工と接合

(1) 鋼材の加工

鋼材の加工の主なものは、図1-4のように、**せん断・穴あけ・曲げ**などである。

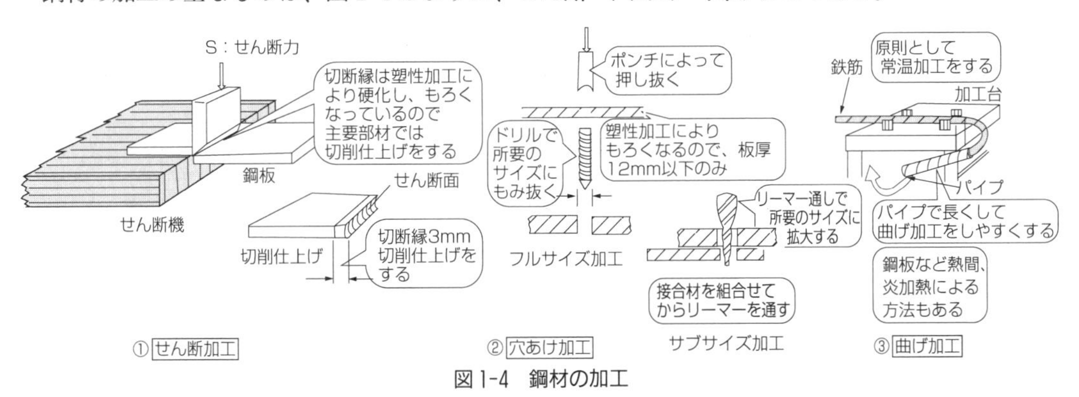

図1-4 鋼材の加工

(2) 鋼材の接合

各種鋼材を組み合わせて、鋼橋のような大きな構造物を組立てるには、どうしても鋼材を接合することになる。接合の方法には、図1-5のような種類がある。

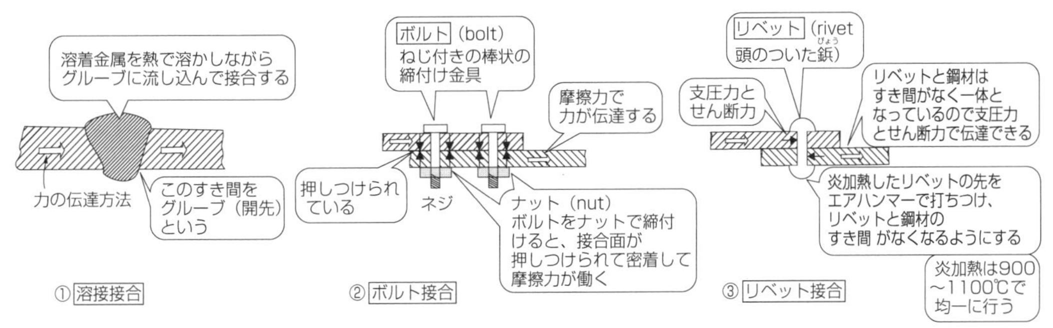

図1-5 鋼材の接合方法

1・1・4 溶接接合

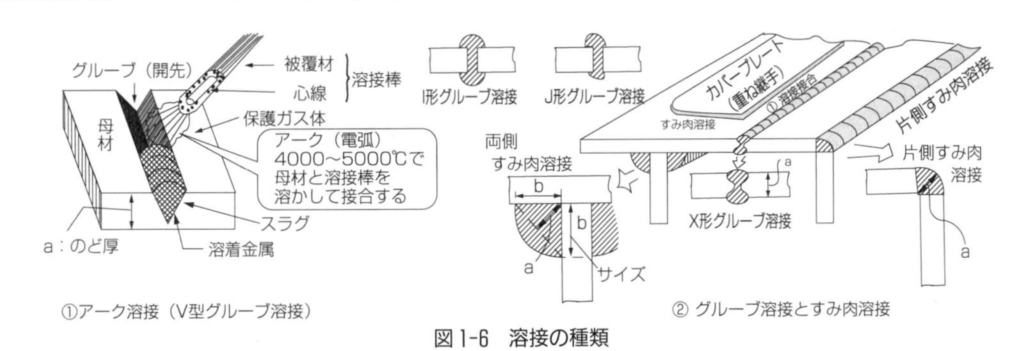

図1-6 溶接の種類

溶接接合の方法には、図1-6のように鋼材のすみに溶着金属を流し込む**すみ肉溶接**と、鋼材と鋼材を突き合わせて、開口部（グルーブ：groove 細長い溝）に流し込む**グルーブ溶接**とがあり、グルーブの形やすみ肉の位置などによって、図に示した種類がある。

(1) 溶接の施工

溶接には、**ガス溶接**と**アーク溶接**（arc：電弧）があり、鋼橋の製作には一般にアーク溶接が用いられている。また溶接の施工方法には、図1-7のような種類がある。

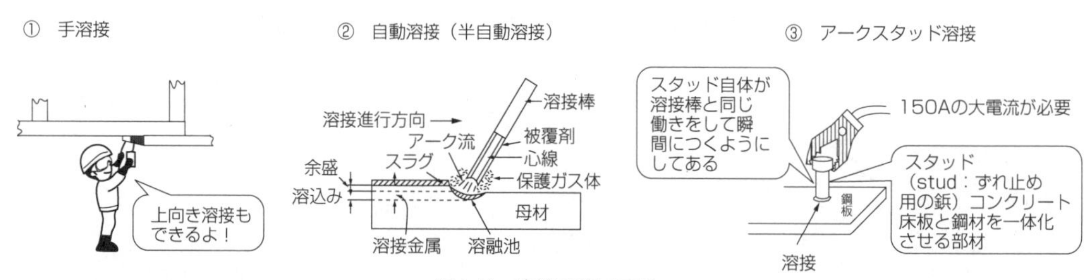

図1-7　溶接の施工方法

(2) 溶接施工上の留意点

① 溶接は有資格者が担当する。仮溶接は短い溶接で欠陥となりやすいので、本溶接と同じ仕様で慎重に施工する。また、板厚の厚い鋼材は予熱（50〜100℃）を与え、グルーブ部は水や油、さびなどを取り除き、清掃をしておく。

② 溶接の始端と終端は、ビード（溶着金属の波形・リズム）がそろわず、図1-8のような**クレーター**ができる。これは溶接部として欠陥となるので、**エンドタブ**（endtub：受け皿、たらい）という仮設板を設け、この部分でクレーターを受けるようにする。

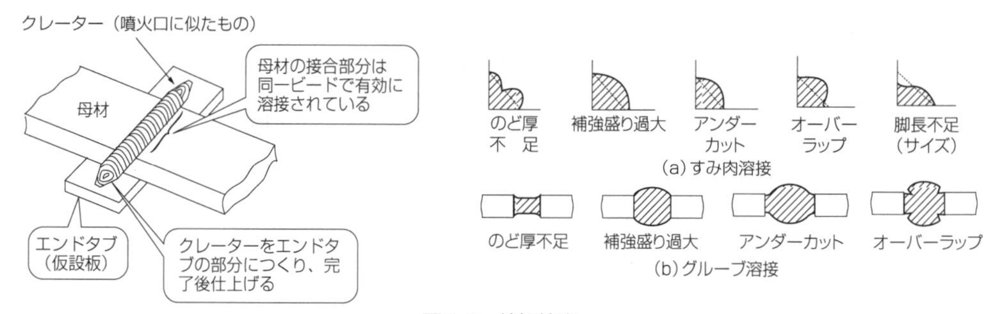

図1-8　外観検査

③ 溶接箇所は、どうしても構造物の弱点となりやすいので、図1-8のような**外観検査**と溶接内部の割れや気孔などの有無を調べる**内部欠陥検査**がある。内部欠陥検査には、放射と透過試験や超音波探傷試験（グルーブ溶接に用いる）などがある。

1・1・5　ボルト接合

鋼橋の架設現場での鋼材の接合は、リベット打ちの技術者の不足などから、ボルト接合が一般的となっている。107ページの図1-5にも示したように、ボルト接合は、主に接合面の**摩擦力**によって荷重を伝達するので、まず図1-9のような接合面の処理を行う必要がある。

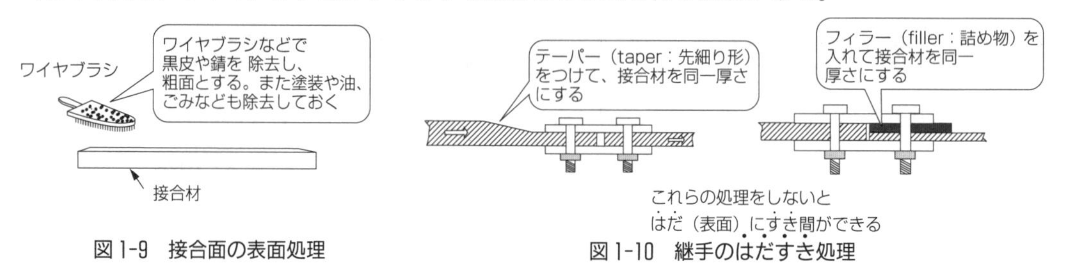

図1-9　接合面の表面処理

図1-10　継手のはだすき処理

(1) ボルトの締付け順序と施工

ボルトの締付け順序は、図1-11のように一組のボルト群の中央から端部に向って行う。また、締付けの施工は、トルクレンチやスパナで所定の締付け力が与えられるように、仮締めと本締めの2回行う。締付け力を**トルク**(torque)ともいう。

図において、トルク係数法は手締式のものを示したが、規定のトルクになると自動的に回転が止まる仕組みになっている、機械式が多く用いられている。

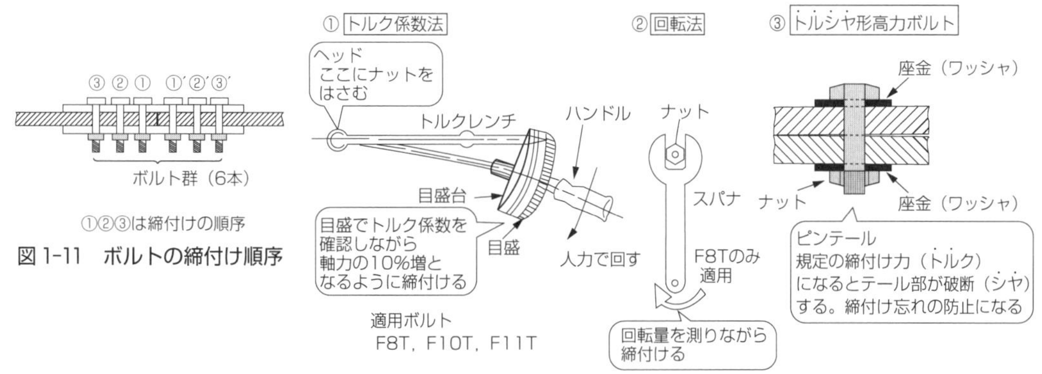

図1-11 ボルトの締付け順序

図1-12 ボルトの締付け施工

ボルトは機械的性質により、F 8 T、B 8 T、F 10 T、B 10 T(B:道路公団仕様)に分類され、それぞれの許容応力度は次のようになっている。

F 8 T⇒98 N/mm^2 (1000 kgf/cm^2)、F 10 T⇒122.5 N/mm^2 (1250 kgf/cm^2)

なおボルトの締付け施工では、締め忘れを防止する工夫も必要である。

(2) ボルトの締付け検査

① 回転法の検査は、開始の位置をマーキングしておき、所定の回数がわかりやすいようにする。締付け力の検査対象は、全ボルトについて行う。

② トルク係数法は、全ボルト数の10%を標準として検査するが、自己記録用紙で検査するときは、全ボルトについて行う。また、トルク係数が変化しないように、できるだけ早期に検査する。

なおボルトの保管は、包装したまま現場の湿気の少ない乾燥した所に置くようにする。

また、溶接とボルトの両方で鋼材を接合するときは、先に溶接を行う。

1・1・6 塗装

鋼材は空気に触れると錆びるので、鋼橋など鋼材を主材料とした構造物は、どうしても**防錆塗料**を塗装することになる。防錆塗料の原料には、顔料(がんりょう)(色)、展色剤(てんしょくざい)(油)、添(てん)加剤(乾燥剤など)、溶剤(希釈剤(きしゃくざい))とからなり、下塗用、中塗用、上塗用がある。

また、塗装の形態には、工場ではスプレー式、現場でははけ式が用いられている。

(1) 素地調整(けれん:歌舞伎用語で、早替りなどの意味がある)

塗装をする鋼材表面の錆、古い塗料などを除去し、きれいに**早替り**することを**けれん**といい、塗装をする鋼材の**素地調整**となる。けれんには図1-13のような種類がある。

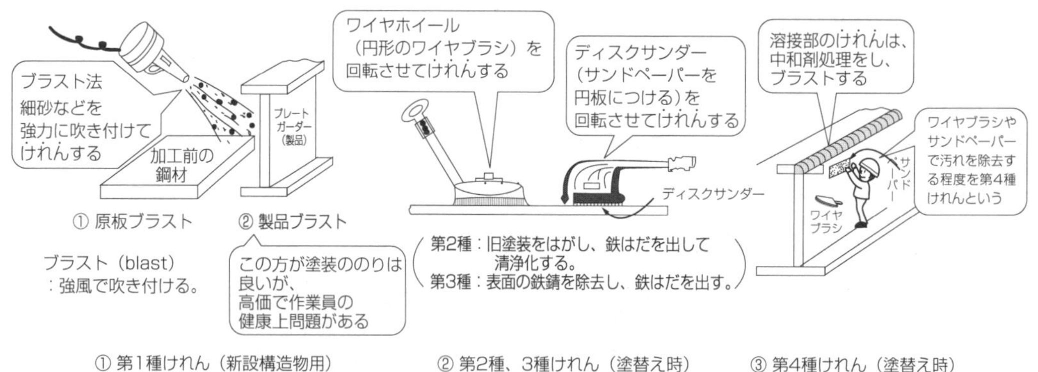

図1-13　素地調整（けれん）

（2）　工場塗装と現場塗装

工場での塗装の留意点は、**温度は5°C以上、湿度は85%以下で行い、降雨・降雪・強風・炎天下などでの作業は中止する**。また、現場塗装では第4種けれんを行ってから塗装する。塗装順序は、補修塗り⇨下塗り⇨中塗り⇨上塗り塗装となる。塗装時の気候などを考慮しながら、塗り重ねの期間を適切に計画することが大切である。

『鋼材のまとめ』

① 鋼材の強度は、引張強さ（N/mm²）や降伏点強さ（N/mm²）で表しており、これらの値は引張試験を行い、それぞれの荷重（N）を鋼材の公称断面積（mm²）で割って求める。

② 鋼材の性質を示す表示は、SS 400、SR 235 のように記号や数値で示している。代表的な鋼材の記号や数値の持つ意味を理解しておくことが大切である。

③ 鋼材の加工の主なものは、せん断、穴あけ、曲げ加工であり、工法や処理方法などについても知っておくようにする。特に鉄筋の現場での曲げ加工は、図1-4 ③のように常温で行う。

④ 鋼材の接合方法には、溶接、ボルト、リベット接合があり、このうち溶接接合とボルト接合については出題率も高いので、よく知っておくこと。特に、専門用語とその意味をイラストより理解（暗記ではなく）することが大切である。

⑤ 溶接接合の方法には、すみ肉溶接とグルーブ溶接があり、それぞれの用語から、部材をどのように接合するのかを、イラストより理解しておくこと。また、クレーターとエンドタブの関係も知っておくようにする。

⑥ ボルト接合の考え方は、鋼材の接合面の摩擦力によって荷重を伝達するので、摩擦力を高めるためのボルトの締付け方法や接合面の処理について、イラストより十分に理解しておくことが大切である。

⑦ 塗装については、けれんの持つ意味をよく理解し、主なけれん方法や塗装の留意点について知っておくようにする。

例題 1-2　鋼橋の高力ボルト接合に関する次の記述うち、適当でないものはどれか。

（1）　摩擦接合は、高力ボルトで継手材片を締め付け、材片間の摩擦力によって応力を伝達するものである。

（2）　ボルト軸力の導入は、ボルト頭をまわして行うのを原則とする。

（3）　摩擦接合において、接合される材片の接触面は、十分な摩擦力が得られるようにする。

（4）　ボルトの締付けは、中央のボルトから順次端部のボルトに向って行う。

解説

ボルトによる接合は、摩擦力を利用するのが一般的で、材片の摩擦面の黒皮や錆を除去する処理は当然行うべきものであり、(1)と(3)の記述は正しい。(2)のボルトの軸力の導入は、ナットを回して行うので、(2)が誤りとなる。(4)のボルトの締付け順序は1組についてのことであることを理解しておく。

答(2)

例題 1-3　鋼橋の塗装作業を中止する場合の気象条件について、次のうち適当でないものはどれか。

（1）　気温が5℃以下のとき

（2）　塗膜乾燥前に降雨のおそれがあるとき

（3）　湿度が60%以下のとき

（4）　炎天で鋼材の温度が高いとき

解説

塗装後の塗装膜の早期乾燥を考えるときに、一番問題となるのは湿度であり、湿度が85%以上のときは避ける。従って(3)の記述が誤りであり、(1)、(2)、(4)の内容は正しいので確認しておくこと。

答(3)

1・2　鋼橋の架設

橋梁（きょうりょう）は使用する材料によって、**鋼橋・鉄筋コンクリート橋・PS コンクリート橋**などに分類されるが、共通する構造的な各部の名称は図 1-14 のようになる。

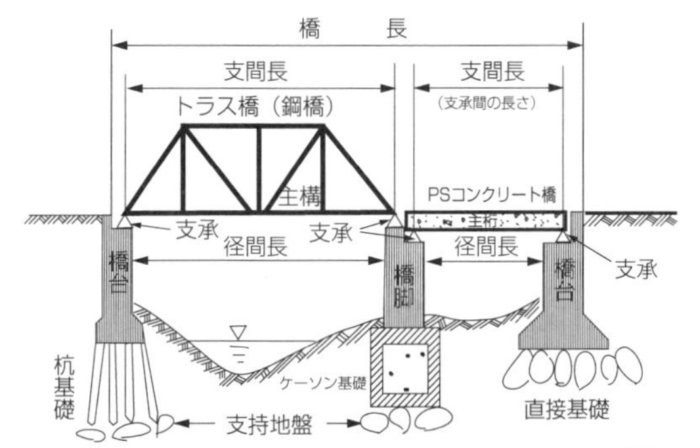

トラス橋：直線の部材を順次三角形状に組んで主構をつくる。
PSコンクリート橋：プレストレスを導入したコンクリート橋

上部構造	主構 主桁 支承	自動車などの交通荷重と自重に耐えられるようにつくる。 景観上からも美しい形状が望まれる。
下部構造	橋台 橋脚 杭基礎 ケーソン基礎 直接基礎	上部構造の荷重を安全に支持地盤に伝達する。 橋台：両岸の構造物、橋脚：中間の構造物 基礎工には、直接基礎・杭基礎・ケーソン基礎などがある。

図 1-14　橋梁の各部の名称

1・2・1　鋼橋の製作手順

鋼橋が完成するまでの主要な手順は、図 1-15 のようになる。

図の製作手順のうち、①原寸図・け書きは、工場の床面に設計図を基に実物体の原寸図を描き、これから型板をつくり、鋼板上に加工位置をけ書きしていく。最近はコンピュータによる自動工作機械が普及しているので、け書きは主構部分に多く使用されている。

④の仮組立ては、事業者、施工業者立合いのもとで行う検査といえる。主な検査項目は図 1-15④に示したものになる。⑦の実際に橋梁をか（架）けていく**架設工事**については重要なので、架設工法について次に説明していく。架設に関する出題率は、毎年かなり高くなっている。

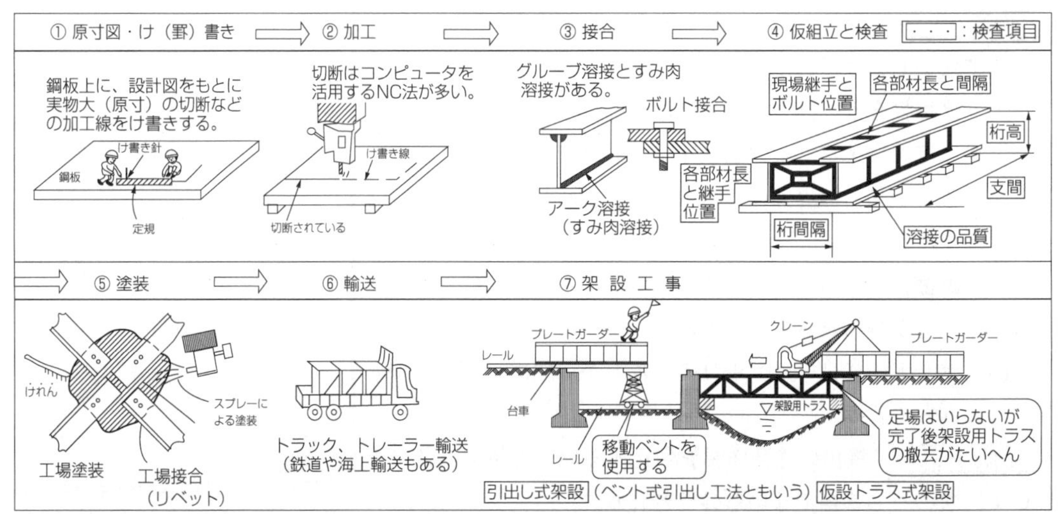

図 1-15　鋼橋の製作手順

1・2・2　鋼橋の架設工法

工場で製作した各部材を現場で組立て、鋼橋を完成させることを**鋼橋の架設**という。部材を組立てる際には、接合面をまず仮締めをし、他の接合面のボルト穴の位置を確認してから本締めを行う。仮締めには、仮締ボルト、ドリフトピン（drift pin：押し込むピン、仮締用ピン）を使用する。その際の合計本数は、ボルト穴総数の 1/3 を標準とし、そのうち 1/3 以上をドリフトピンとしている。

鋼橋の架設工法には図 1-16 のような種類があり、現場条件から適正な工法を選択する。

① トラッククレーン式：大型のトラッククレーンで、組立てた状態で架設するので、桁には応力がかからず、工期も短かく経済的に施工できる。

② 足場式：支間が長い場合に、図のように中央部にステージング（足場：ベントともいう）を設け、その上で桁を下から支持しながら架設する方法で、ステージング工法またはベント式工法という。架設時の桁は無応力である。

③ ケーブル式：足場を設けることができない渓流や谷部では、図のようにケーブルで部材を組立てていく方法で、桁は無応力で長大支間の架設に適する。

④ 片持梁式：この工法も足場を設けられない場所に適し、図のように片持梁式に片側から張り出していくキャンチレバー工法と、橋脚を中心に左右にバランスをとりながら張り出していくバランシング工法（やじろべい方式ともいう）がある。この工法では、桁が中央部で継がれるまでは、かなり大きな応力がかかることになる。

⑤ 引出し式：桁の先端にトラス状の手延機を取り付け、少しずつ前方に引出していく工法で、図 1-15 ⑦のように移動ベントを使用する場合は、ベント式引出し工法ともいう。

⑥ 大ブロック式：長大径間の架設工法で、図のように一括して大ブロックの鋼橋が架設でき、継手などの作業も省け、短時間で架設できる。

⑦ 仮設トラス式：図 1-15 ⑦のように架設用トラスを先に仮設しておき、これを足場として桁を架設する工法で、完了後のトラスの撤去が欠点となる。

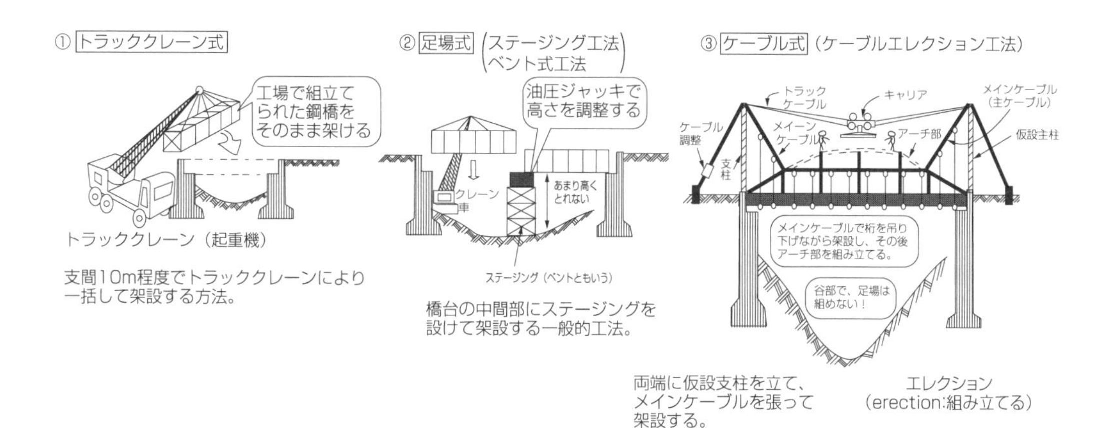

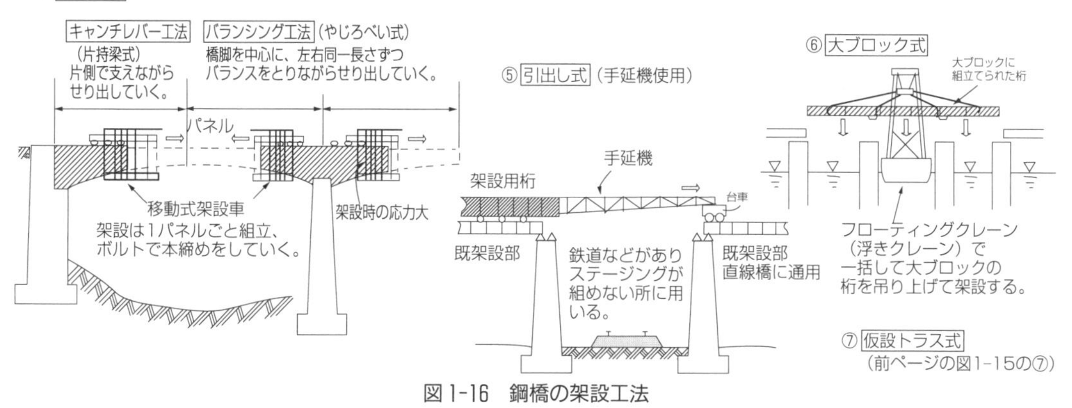

図1-16　鋼橋の架設工法

要点

『鋼橋の架設のまとめ』

① 橋梁は大きく分けて、トラスやアーチなどを組み立て、交通荷重を直接支える上部構造と交通荷重や上部構造の重さを支持地盤に伝達する下部構造になる。各部の名称を図1-14により、知っておくようにする。

② 鋼橋の製作手順のうち、①原寸図・け書き、④仮組立てと検査、⑦架設工事については、図1-15のイラストで理解しておくこと。

③ 鋼橋の架設工法については、工法名とどのような機械を使って架設するのか、またどのような特徴があり、適用条件などについて、図1-16でよく理解しておくことが必要である。特に機械や器具の名称と役割をよく覚えるようにする。

例題1-4　鋼橋の架設工法で、橋桁を下から支持する工法はどれか。

（1）大ブロック式工法　（2）片持梁式工法

（3）ベント式工法　（4）ケーブル式工法

解説

移動ベントを用いて桁を前方に引出す方法をベント式（引出し式）ともいう。ベントで支えながら引出すので、桁を下から支持する工法であり、(3)が正解である。(1)、(2)、(4)の工法はイラストを参照。

答(3)

例題 1-5　鋼橋の架設工法と関係のないものはどれか。

（1）　ベント式工法　　　（2）　リバース工法

（3）　ケーブル式工法　　（4）　引出し式工法

解説
鋼橋の架設については、工法名と使用機械、工法について、イラストで全体を理解しておくこと。(2)のリバース工法が関係ない。答(2)

例題 1-6　鋼橋の架設用機械器具として関係のないものはどれか。

（1）　ウインチ　　　（2）　ドリフトピン

（3）　スクレーパー　（4）　ステージ

解説
鋼橋の架設に使用される機械器具に関する問題であり、イラストで全体像をつかむ中で覚えるしかない。(3)のスクレーパーは土工用機械で関係がないが、(1)、(2)、(4)はどの工法に使用されるのか確認しておくようにする。答(3)

1・3　鉄筋コンクリート床版

各種の架設工法でつくられた鋼橋に、車道や歩道などの道路をつくる場合には、一般に図 1-17 のような**鉄筋コンクリート床版**の上に舗装される。鉄筋の加工や組立てについては、既に(P 75〜76 ページ参照) 学んでいるので、ここでは主に鉄筋コンクリート床版の施工についてみていこう。

1・3・1　橋の構造と主鉄筋の配置

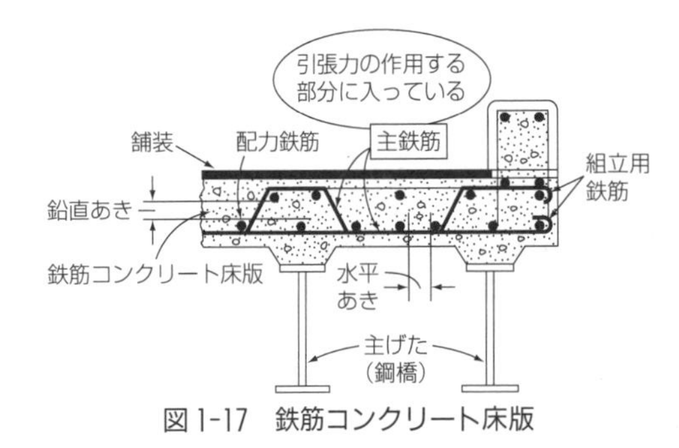

図 1-17　鉄筋コンクリート床版

コンクリートの引張力に弱い欠点を補強するものが鉄筋であり、構造上大きな引張力が作用する部分に入れた鉄筋を**主鉄筋**という。その他に図 1-17 のような鉄筋も入っている。

鉄筋の組立てについては、設計図により 1 m² 当り 4 個位のスペーサー等を用い、かぶりやあきを正しく確保できるように行う。

1・3・2　鉄筋コンクリート床版の施工

(1)　型わく、支保工

型わく底面の設置高は、計画高よりキャンバー（逆そり）、上越し（上起しともいい、自重による支保工の沈下量）等を考慮して求める。

(2)　コンクリートの打設

① 打設には一般にコンクリートポンプ車が利用される。打設に先立ち、コンクリートポンプ車のホースに流したセメントモルタルは使用してはならない。

② コンクリートポンプ車の圧送管は、組立てられた鉄筋や型わくに固定してはならない。また、バイブレーターは鉄筋に触れないように締固める。

③ 橋軸方向の打継目は原則としてつくらない。やむを得ずつくる場合は、**橋軸直角方向**とする。

④ 気温が低い時期には、コンクリートの圧縮強度が 15 N/mm² になるまで保温養生を行う。

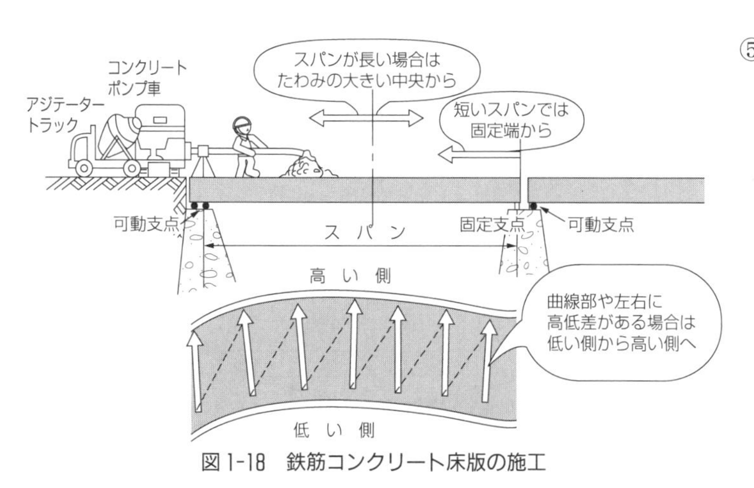

図1-18　鉄筋コンクリート床版の施工

⑤　打込みは、ひび割れ防止のため図1-18のように、スパンが長い場合は中央から、スパンが短い場合は、固定支点から可動支点に向かって打設することもある。また、曲線部で床版が傾斜している場合は、低い側から高い側に向かって打設する。

1・4　プレストレストコンクリート

コンクリートは既に学んだように、圧縮力には強いが、引張力に弱い。その引張力に弱いコンクリートの内部に、**予めPC鋼材を利用して圧縮応力**（プレストレスト）**を内蔵させておき**、これを桁（けた）として利用したものが、プレストレストコンクリート桁である。今この桁に図1-19のように**引張力F**が作用した場合、コンクリートの内部にFによる新しい**引張応力F′**が生じる。この引張応力F′が、予め内蔵されてるプレストレストによって**打ち消される**ように設計したものを**プレストレストコンクリート**（PSコンクリートまたはPC）という。

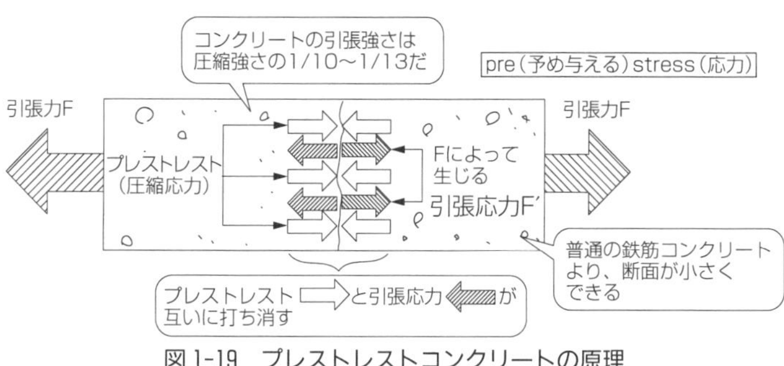

図1-19　プレストレストコンクリートの原理

1・4・1　プレストレストコンクリートの施工（プレストレスの導入方法）

コンクリートの内部に、予め内蔵させるプレストレスの導入方法には、図1-20に示すような2つの方法があり、図1-17から導入のしくみ全般を理解しておくようにする。

(1)　プレテンション（pre tension：予め引張力を鋼材に加えておく）**方式**

図1-20の(1)の方式でプレストレスを導入するもので、鉄道の枕木などの製造に用いる。

(2)　ポストテンション（post tension：コンクリートが硬化した後に引張力を加える）**方式**

図1-20の(2)の方式で、予め**シース**を型枠の中で固定しておき、コンクリートがある程度硬化した後にプレストレスを導入するもので、コンクリート桁などの現場施工に用いる。

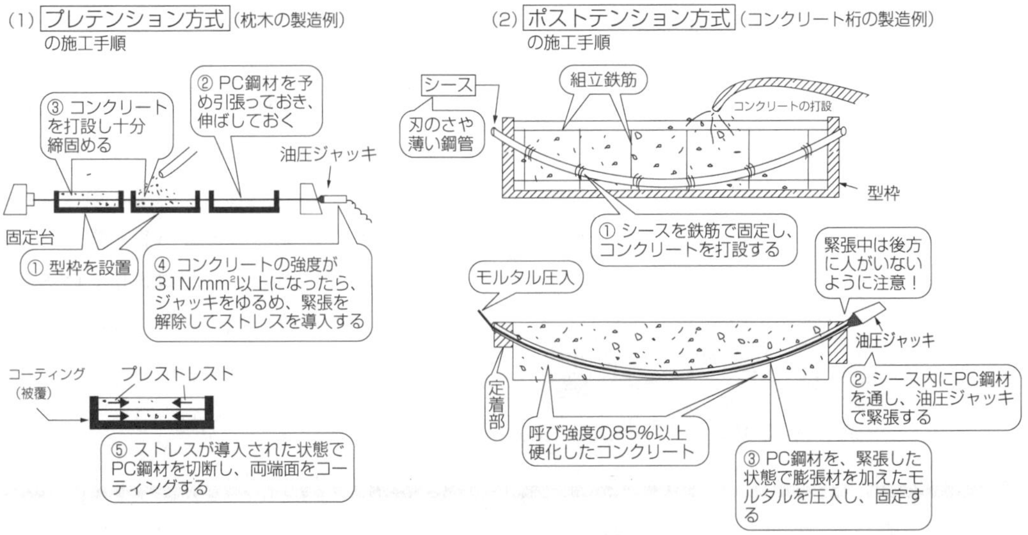

(1) プレテンション方式（枕木の製造例）
の施工手順

③ コンクリートを打設し十分締固める
② PC鋼材を予め引張っておき、伸ばしておく
油圧ジャッキ
固定台
① 型枠を設置
④ コンクリートの強度が31N/mm²以上になったら、ジャッキをゆるめ、緊張を解除してストレスを導入する
コーティング（被覆）
プレストレスト
⑤ ストレスが導入された状態でPC鋼材を切断し、両端面をコーティングする

(2) ポストテンション方式（コンクリート桁の製造例）
の施工手順

シース
刃のさや 薄い鋼管
組立鉄筋
コンクリートの打設
型枠
① シースを鉄筋で固定し、コンクリートを打設する
緊張中は後方に人がいないように注意！
モルタル圧入
油圧ジャッキ
定着部
② シース内にPC鋼材を通し、油圧ジャッキで緊張する
呼び強度の85%以上硬化したコンクリート
③ PC鋼材を、緊張した状態で膨張材を加えたモルタルを圧入し、固定する

図1-20　プレストレストコンクリートの施工

要点

『鉄筋コンクリート床版とプレストレストコンクリートのまとめ』

① 引張力に弱いというコンクリートを補強する目的で鉄筋を入れた床版（スラブ）を、鉄筋コンクリート床版という。

② 主鉄筋は構造（設計）上大きな引張力に抵抗する鉄筋をいう。

③ コンクリートポンプによる打設前に、ホースに流したモルタル等は使用してはならない。また、バイブレーターは鉄筋に触れないように締固める。

④ 気温が低い時期には、コンクリートの圧縮強度が15 N/mm² になるまで、保温養生を行う。

⑤ プレストレストコンクリートとは、プレ（予め）ストレス（応力）を内蔵させたコンクリートをいう。

⑥ プレストレストコンクリートの施工方法の(1)プレテンション・(2)ポストテンションの各方式のしくみと原理を、図1-20よりよく理解しておく。

⑦ 特に図1-20において、プレテンション方式のストレスの導入と解除について、ポストテンション方式では、シース、油圧ジャッキによるストレスの導入と定着部について理解しておくこと。

例題1-7　鉄筋コンクリート床版の施工に関する次の記述のうち適当でないものはどれか。

(1)　気温が低い時期には、コンクリートの圧縮強度が15 N/mm² 程度に達するまでは適当な保温設備のもとに養生を行う。

(2)　コンクリートの打込みは、雨天、強風時は原則として避け、やむを得ず打設するときは遮へい設備を設けて行う。

(3)　流動性を高め自己充てん性が確保されたコンクリートについては、必ずしも振動締固めを行わなくてもよい。

(4)　コンクリートポンプの輸送管は、圧送中に動くので型枠に直接固定しておくとよい。

解説

問題文の(1)、(2)、(3)は施工上必要事項であり、いずれも正しいのでよく確認しておこう。(4)の輸送管はかなり動くので、型枠に固定してはならない。
また、バイブレーターも鉄筋に触れないように締固める。
答(4)

例題1-8　鉄筋コンクリート床版の施工に関する次の記述のうち適当でないものはどれか。

(1)　レディーミクストコンクリートを用いる場合は、運搬車が滞留したり間隔があきすぎたりしないように、打設計画を作成することが必要である。

(2)　バイブレーターによる締固めは、できるだけ鉄筋に触れないように行うことが必要である。

(3)　床版の打設順序は、一般にたわみの小さい箇所から打設することが望ましい。

(4)　橋軸方向の打継目は原則として作ってはならない。

解説

(1)の床版のコンクリートの打設にレディーミクストコンクリートを用いる時は、アジテーターの配車計画を正確に作成する。(2)、(4)の記述が正しく、(3)の打設順序は、一般にたわみの大きい箇所から始めるので正しくない。

答(3)

例題1-9　プレストレストコンクリートに関する次の記述のうち誤っているものはどれか。

(1)　プレストレストコンクリートとは、予め計画的に部材断面に圧縮応力（プレストレス）が与えられたコンクリートをいう。

(2)　ポストテンション方式とは、予めPC鋼材を緊張しておいてコンクリートを打設し、コンクリートの硬化後緊張力を解放する方式である。

(3)　コンクリートにプレストレスを与える方式には、プレテンション方式とポストテンション方式があり、鉄道の枕木などプレストレストコンクリート製品には、一般にプレテンション方式が用いられる。

(4)　コンクリートにプレストレスを与えるために用いるPC材料には、PC鋼線、PC鋼より線、PC鋼棒などがある。

解説

プレストレストコンクリートでは、プレ（予め）、ポスト（後から）という意味をよく理解し、施工方法の基本的なしくみをよく理解しておくことが大切である。ここでは(2)の記述のポストは硬化した後にストレスを導入させるので、明らかに誤りである。(1)、(3)、(4)の記述はいずれも正しいので、内容を確認しておくことが必要である。

答(2)

例題1-10　プレストレストコンクリートに関する次の記述のうち誤っているものはどれか。

(1)　プレテンション方式とは、コンクリートの硬化後にPC鋼材を緊張し、このPC鋼材を適当な定着具でコンクリートに定着させ、プレストレスを与える方式である。

(2)　プレストレストコンクリートとは、あらかじめ部材断面に圧縮応力が与えられたコンクリートをいい、ポストテンション方式とプレテンション方式がある。

(3)　PC鋼材の配置は、プレテンション方式のけたが直線か折れ線状であるのに対し、ポストテンション方式のけたでは曲線配置も可能である。

(4)　コンクリートにプレストレスを与えるために用いるPC鋼材には、PC鋼線、PC鋼より線、PC鋼棒がある。

解説

これも前例と同じように、プレとポストの英語の意味をしっかり理解していれば、(1)の記述は誤りであることがわかる。(2)、(3)、(4)の記述はいずれも正しいので確認しておこう。

答(1)

第2章 河川・砂防

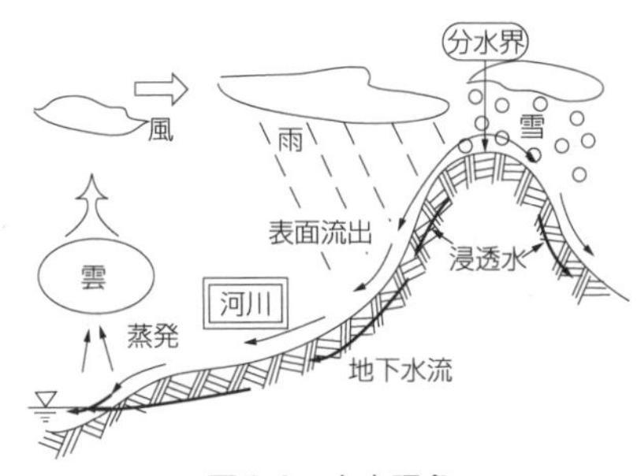

図 2-1　水文現象

河川は自然の宝庫であるが、ひとたび氾濫（はんらん）すると大災害になる。また、河川の水は発電・上水道・かんがいなどに利用されている。ここでは、**治水・利水・砂防**の各構造物全般の分類や特徴、施工方法について学ぶ。

2・1　河川

河川とは、**流水**とそれが流れる堤防などの**道筋**の総称である。

2・1・1　河川の分類と特徴

(1)　河川の分類

河川は図 2-2 のように、1 級河川・2 級河川（河川法）や本川と支川などに分類される。

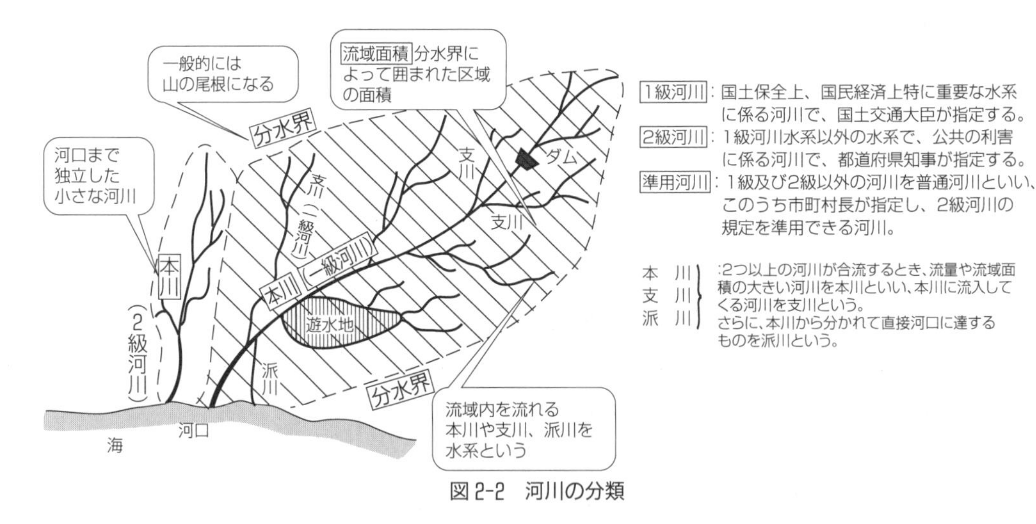

図 2-2　河川の分類

(2)　河川の特徴

① 流域の形状による特徴　図 2-3 のように、流域の形状によって、それぞれ特徴が異なるので、その河川の特性を調査し、洪水（こうずい）（異常に増水する現象）対策の資料とすることが大切である。

また、河川の特性を数値的に表したものに、図 2-4 の**形状係数** F がある。

$$形状係数\ F=\frac{流域の平均幅\ B}{本川の長さ\ L}=\frac{A}{L^2}\quad\left(流域面積=A、流域の平均幅\ B=\frac{A}{L}\right)$$

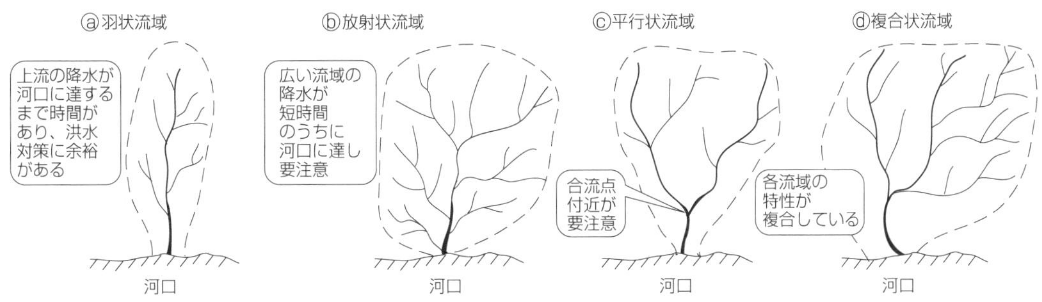

図 2-3　流域の平面形状による分類

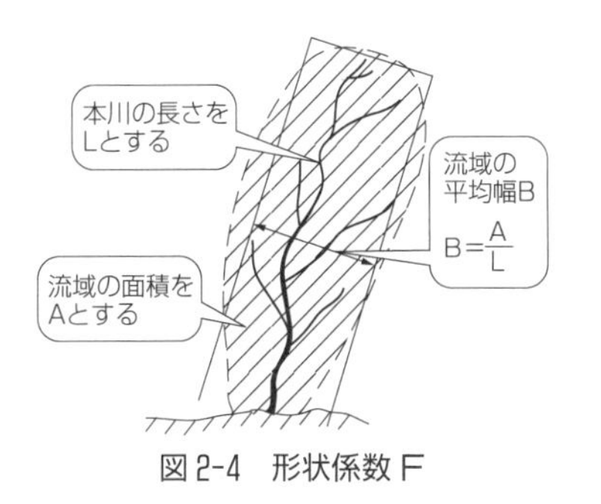

図 2-4　形状係数 F

F が大⇨本川の長さ L に対して、流域の平均幅 B が大きく、図 2-3 の放射状流域と同様な特徴を持つ河川といえる。

② 流出状況による特徴　降水がどの程度河道に流出するかなどの状況によって、次のような方法で特性を調べる。

1) 河状係数＝$\frac{最大流量}{最小流量}$（この値が大⇨流量の変化の激しい河川で治水上好ましくない）

2) 流出率＝$\frac{総流出量}{総降水量}$（この値が 1 に近い程降水が浸透されず河道に流出する河川で、治水上好ましくない）

3) 比流量＝$\frac{ある地点の流量}{その地点までの流域面積}$（洪水時｛この値が大⇨治水上好ましくない／この値が小⇨保水性がある）

2・2　堤防

堤防とは、流水を安全に下流へ流出させるための代表的な**河川工作物**である。

2・2・1　堤防の断面と水位

堤防の断面と各部の名称及び水位記号を示すと、図 2-5 のようになる。

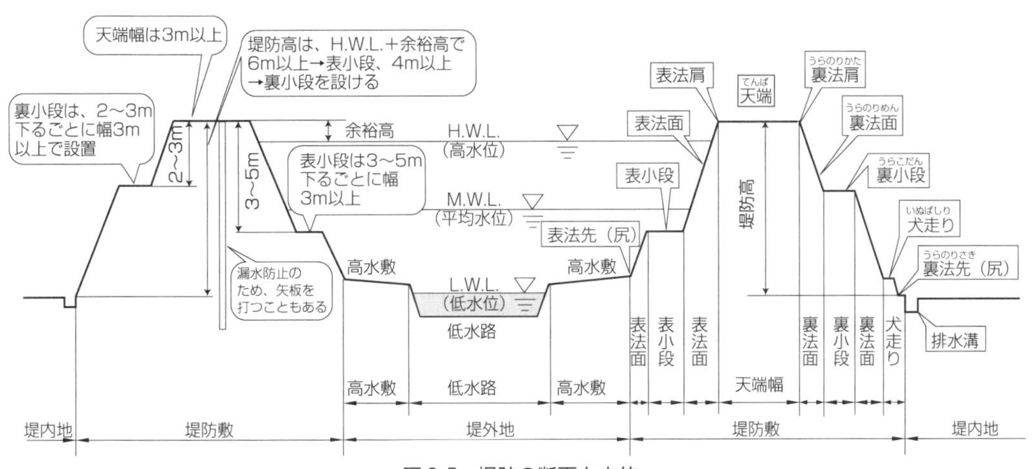

図 2-5　堤防の断面と水位

堤内地と堤外地：堤防によって洪水の被害から守る内側と外側という考え方によって、図2-5のように**堤内地**、**堤外地**が決まる。これは出題率も高く、よく理解しておこう。

小段：河川構造令では、小段は原則として設置しないことになっているが、一般には築堤施工上や堤防の点検などの維持管理上及び裏法面からの漏水を防止するなどの理由で、設けることが多い。

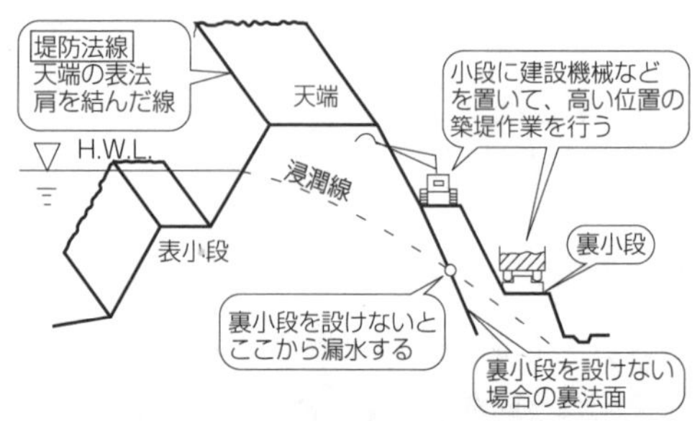

図2-6　小段を設ける理由

H. W. L：高水位（high water level）

M. W. L：平均水位（mean water level）

L. W. L：低水位（low water level）

H. H. W. L：最高水位（highest high water level）

L. L. W. L：最低水位（lowest low water level）

2・2・2　堤防の種類

堤防は、その機能、規模、形状から図2-7のような種類がある。各堤防の役割は、

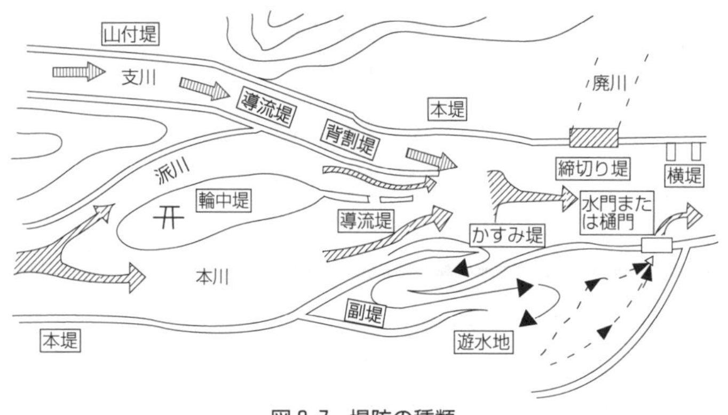

図2-7　堤防の種類

本堤：河道の両側にあり、流水を安全に下流に流す主堤防

かすみ堤：洪水を一時**遊水地**に貯留させるための不連続の堤防（かすみの如く消えてしまう堤防）で、図2-7のかすみ堤による流れをよく理解しておくこと。遊水地に一時貯留された洪水は、やがて**排水用の水門または樋門**から本川に戻し、洪水による被害を防ぐ日本古来からある工法で、渡良瀬川の遊水地（栃木県）は現在も残っている。

導流堤：流水の方向を安定させるために設ける堤防

背割堤：本川と支川の合流を、徐々に緩るやかにするための堤防

2・2・3　築堤工事

築堤工事は図2-8のようなものがある。①**新堤工事**は**新川開削**（ショートカット：short cut、分水路、水路付け替え）によるものが多く、新河川敷となる掘削土砂を、新堤の盛土材料として有効に使用する。②**引堤工事**は、河幅を拡大して流水が流れる断面積を大きくするもので、新堤防が十分に安定するまでの3ヶ年間は旧堤を残しておく。③**旧堤拡築工事**は、これを繰り返すと天井河川（堤内地面より水位が高い河川）となりやすいので、河床の掘削や新川開削など、**総合河川計画**のもとに**河道改修**の工事を行うことが大切である。

図に示す新堤工事、引堤工事、旧堤拡築工事の各築堤工事は、いずれにしても基礎地盤や旧堤の表面上に、**盛土**の工事を行うことになる。

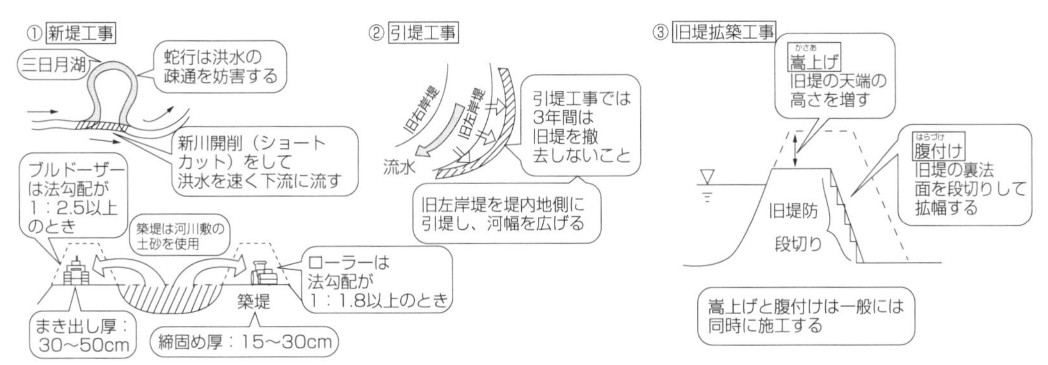

図 2-8　築堤工事の種類

（1）　築堤工事の施工上の留意点

施工上の留意点をあげると、図2-9のようになる。①の余盛り高は10〜50 cm となる。②のまき出し厚さについては、高まき（50 cm 以上で締固めが不十分となる）も薄まき厚（30 cm 以下のときせん断破壊する）も避けるようにする。③の締固め作業は図のようであるが、その他法面の整地や締固め作業には、モーターグレーダーや図のようなアタッチメントを備えたショベル系機械により、土羽打ち（法面を叩いて締固める）や仕上げを行う。④の基礎地盤のかき起こしや段切りを行い、密着を図るのは当然である。⑤の漏水防止対策は、特に透水性のある地盤では大切であり、図の**押え盛土**を設けることもある。

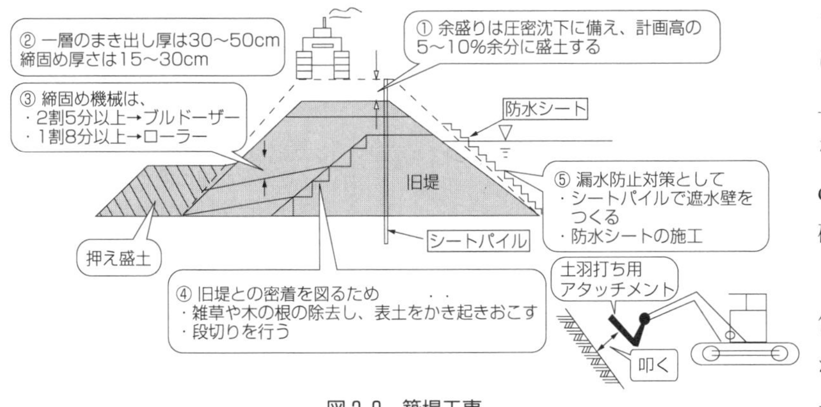

図 2-9　築堤工事

（2）　築堤工事の種類別の工事開始順序

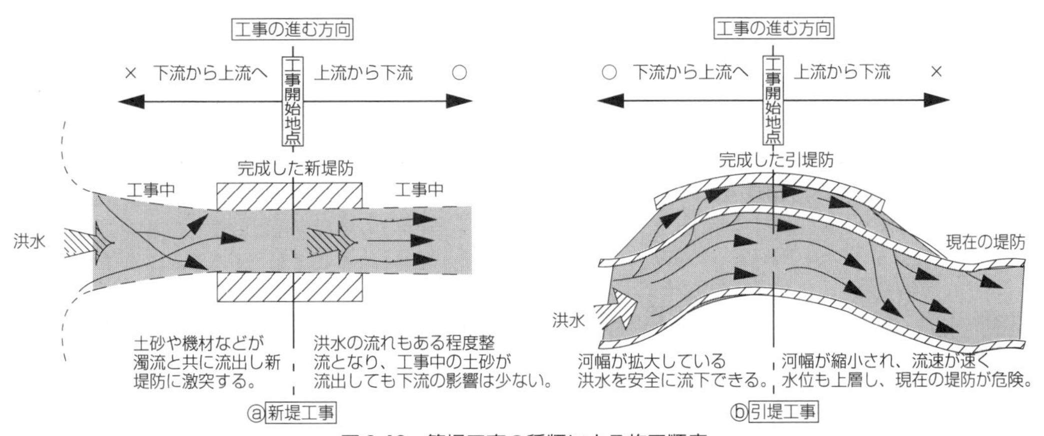

図 2-10　築堤工事の種類による施工順序

築堤工事中に洪水が発生することも想定し、一般に図2-10のような順序で作業を進めている。洪水による出水に伴い、工事中の土砂などの流出を想定し、新堤工事では図ⓐにおいて、上流から下流に向けて工事を進行し、引堤工事や旧堤拡築工事、低水路工事などは、図ⓑにおいて、下流から上流に向けて進めることがそれぞれ理解できよう。

要点

『河川と堤防のまとめ』

① 河川の分類は、「河川法」では一級・二級・準用河川に分類されている。また、二つ以上の河川が合流するとき、流量や流域面積の大きい河川を本川、他を支川という。

② 堤内地とは、堤防によって洪水の被害から守られている内側で、堤防と堤防の間は堤外地ということをよく理解しておくこと。

③ 築堤工事のまき出し厚さ 30～50 cm、締固め厚は 15～30 cm で、高まきも薄まきもよくない。また法勾配が 1：2.5（2 割 5 分）以上のときは、直接ブルドーザーで転圧できる。

④ 築堤工事の種類には、新堤工事、引堤工事、旧堤拡築工事があり、新堤工事は上流から下流に向けて進め、引堤や旧堤拡築工事は下流から上流に向うように工事を進める。

例題 2-1 築堤工事に関する次の記述のうち適当でないものはどれか。

（1） 堤防敷は雑草や木の根などを入念に除去し、基礎地盤のかき起こしを行い、基礎地盤と盛土の密着を図る。

（2） 堤防の腹付けの場合、旧堤は長い間自然に圧密されたものであるから、抜根、段切りを行って土を乱してはならない。

（3） 引堤工事では、新堤防が完成後 3 年以上経過してから旧堤防を撤去する。

（4） 築堤用土としては、掘削・運搬・敷きならし、締固めなどが容易であること。

解説

(1)の基礎地盤と盛土の密着を図るこれらの作業は当然必要であり正しい。(2)腹付けの場合も旧堤と腹付けした土の密着で図る必要があり、抜根や段切りは必要であり、(2)の記述が誤りとなる。(3)の旧堤の撤去は、新堤が安定するまでの3年間かかることもよく理解しておく。(4)の記述は当然のことであり正しい。

答(2)

例題 2-2 河川堤防の図のような各部の名称の組合せで正しいものはどれか。

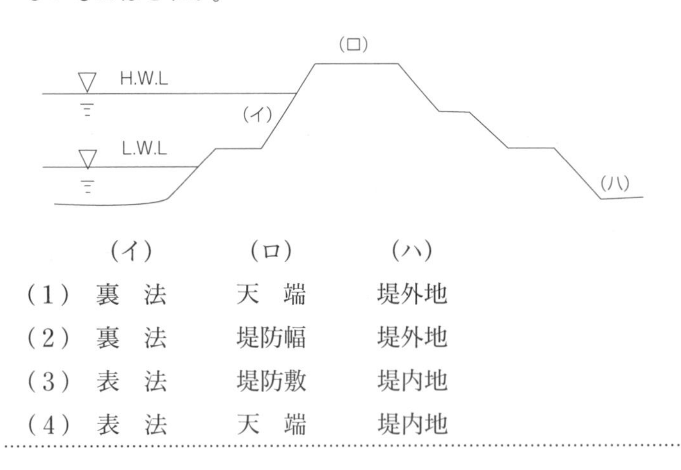

	(イ)	(ロ)	(ハ)
(1)	裏 法	天 端	堤外地
(2)	裏 法	堤防幅	堤外地
(3)	表 法	堤防敷	堤内地
(4)	表 法	天 端	堤内地

解説

堤防の断面と各部の名称もよく出題されるので、これは完全に覚えておくこと、この場合全名称を暗記するのでなく、まず堤内地と堤外地については、堤防によって人々が守られている内側と外側、流水がある法面は表と理解し、後は肩・法面、小段、尻（先）に表と裏をつければよいことを覚えておく。この考え方で(イ)は表法なので(3)か(4)、(ロ)は天端なのでここで(4)が正しいことがわかる。

答(4)

例題 2-3 河川堤防の施工に関する次の記述のうち、適当でないものはどれか。

（1） 築堤した堤防の法面は、野芝などを播種または貼り付けて保護する。

（2） 河川堤防に用いる土質材料は透水性のないものが望ましい。

（3） 既設堤防に腹付けして堤防断面を大きくする場合、1 層の締固め後の仕上り厚さは 40 cm とする。

（4） 既設堤防に腹付けを行う場合は、旧堤防との接合を高めるため、階段状に段切りを行う。

解説

1 層の締固め後の仕上り厚さは 30 cm 以内である。

答（3）

2・3 河川工作物

流水を安全に下流や海などに流すために、いろいろと工夫された**河川工作物**があり、代表的なものとして、図 2-11 に示す**護岸**と**水制**がある。

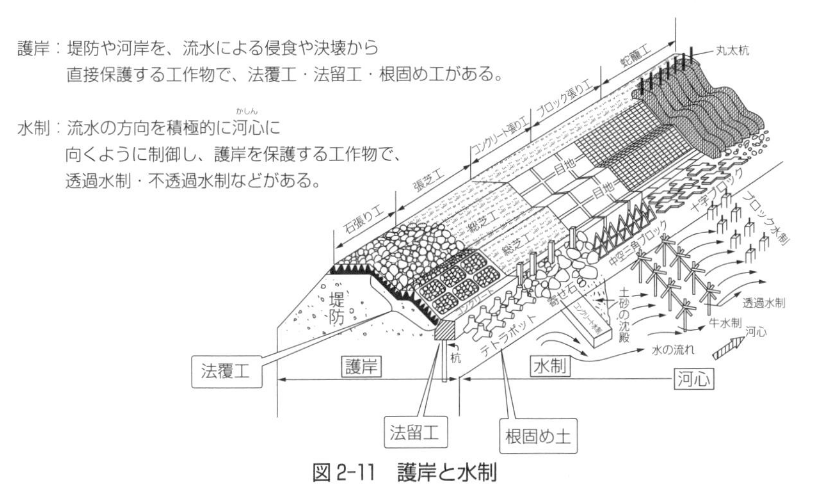

図 2-11 護岸と水制

2・3・1 護岸

堤防の護岸は、流水による堤体の洗掘や浸透水から保護し、堤防の決壊を防止するために、図 2-12 のような**法覆工**（のりふく）、**法留工**（のりどめ）、**根固め工**から成り立っている。

（1） 法覆工

図のように**川表**の法覆工は、直接流水が水衝するので、芝付け工は全面に芝を張り付ける**総芝工**とし、石やブロックの場合（1 割勾配より急な場合は積み工、緩やかな場合は張り工という）は、目地をモルタルで詰め、裏込めコンクリートを施工する**練積み工**や**練張り工**として、水衝による堤体の侵食を防ぐ強さを持たせると同時に、堤体内への浸透水を防止する役割も果している。法覆工の種類と直高及び法勾配の目安は、表 2-1 のようである。図中の**高水護岸**のことを**堤防護岸**ともいい、高さは原則として H. W. L までとするが、必要に応じて天端まで設けている。また、**低水護岸**は、低水路を維持するために設け、洪水時には水中に没して肩部が洗掘されやすいので、肩部は折返しをつけ、高水敷護岸ともいえる**天端保護工**を施工する必要がある。

法覆工の表面は、凹凸をつけて流水の抵抗を大きくし、流水の方向を**河心**に向けるように、コンクリートブロックなどは表面の形状が工夫されている。その点では、鉄線や竹で編んだ蛇籠（じゃかご）に、河

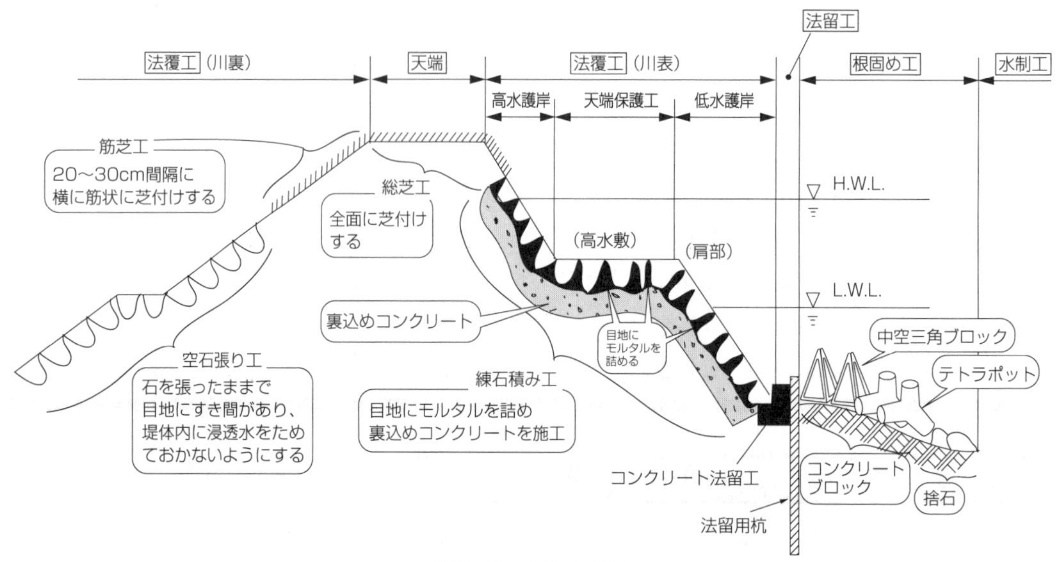

図 2-12　護岸の種類

表 2-1　法覆工の高さと勾配

法覆工の種類		法覆工の直高〔m〕	法勾配〔割〕
石積み工 コンクリートブロック積み工	練積み工	3 以上〜5 未満	0.5
		3 未満	0.3
	空積み工	3 未満	1.0
石張り工 コンクリートブロック張り工	練張り工		1.5
	空張り工	3 未満	2.0
コンクリート法枠張り工			1.5
蛇籠土・連結コンクリートブロック張り工			2.0

床から採れる玉石などを詰めた**蛇籠工**は、粗面であり、しかも弾力性もあるので、硬さの異なる芝付け工とコンクリート張り工などの間に、緩衝の役割のためにも用いられている。なお、コンクリート張り工などは、温度変化の伸縮に対して、10〜20 m ごとに目地を設け、終わる所には後部から支える小口止めを設けるようにする。

川裏の法覆工は、芝付け工は**筋芝工**や**種子吹付け工**（45 ページ参照）とし、石やブロックの場合は空積み（張）工として堤体内の浸透水を早期に抜くようにしている。

(2)　法留工

法留工は、図 2-13 に示すように、法覆工の水衝による**ずれ落ちを防止し、支持する**ために法覆工の最下部に設けられるもので、コンクリート製の基礎工などを杭や枠工で支える構造が多くなっている。また、法留工は法覆工脚部の**洗掘を防止**する役も果している。

(3)　根固め工

根固め工は、図 2-13 に示すように、法留工前面の**河床の洗掘を防止**し、**法留工・法覆工を保護**するために設けられるもので、一般には、コンクリート製の十字型やテトラポットなどのブロックが用いられている。

根固め工は図 2-13 のように**独立性**と**屈撓**（くっとう）**性**を持たせることが大切である。図においてこの両者の性質を施工上配慮しなかったならば、どのような状況になっていくのだろうか考えることも大切

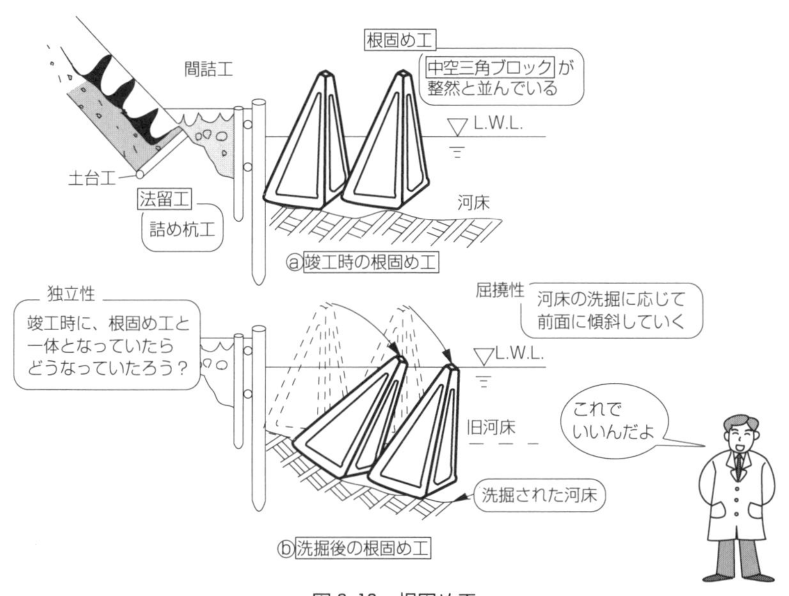

図 2-13　根固め工

である。

以上護岸の工事の法覆工・法留工・根固め工の工法や特徴などについて学んできた。特に大切なことは、護岸全体の安全性を考えるとき、法留工と根固め工とは**縁を切り**、根固め工の流出や破壊が、直ちに法留工の破壊につながらないようにすることと、根固め工には図 2-13 に示すような**屈撓性**を持たせるように配慮することである。

2・3・2　水制（すいせい）

水制とは、図 2-14 のような目的で堤防から河心に向けて設ける工作物で、図 2-14 に示すような種類がある。

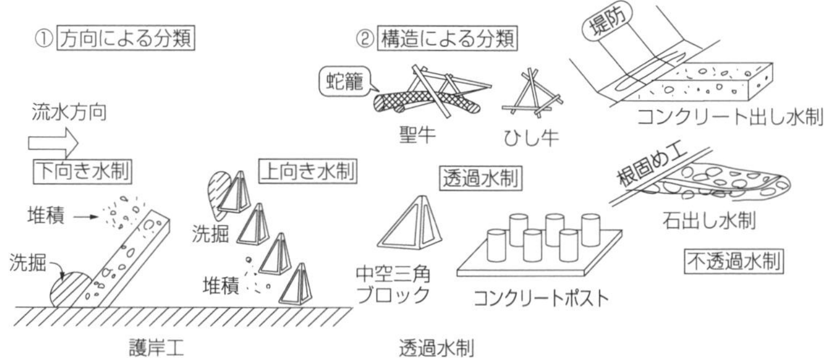

下向き水制：水制脚部を洗掘し、頭部に堆積する。水当りの強い急流部に用いる。
上向き水制：水制頭部が洗掘され、河心の水深保持に役立ち、一般に多く用いている。
透過水制：流水の一部を透過できる構造で、流速を減少させ土砂を堆積させる。
不透過水制：流水を跳ね返して、方向を変える流水を透過させない構造・水衝が大きいので、高さを低くし、間隔も水制高の 10 倍程度とする。

図 2-14　水制の種類

水制は図 2-14 のように

①　方向による分類
②　構造による分類

に分けられる。水制の種類を選定・計画するには、**水制効果**（洗掘と堆積）と水衝による水制構造物の**維持安定**を考慮することが大切である。

また、根固め水制もあり、いろいろと工夫されている。

2・3・3　その他の河川工作物

その他の工作物として、図 2-15 のように堰・水門・伏せ越し・樋門（管）などがあり、多くは**利水**と関連してつくられている。

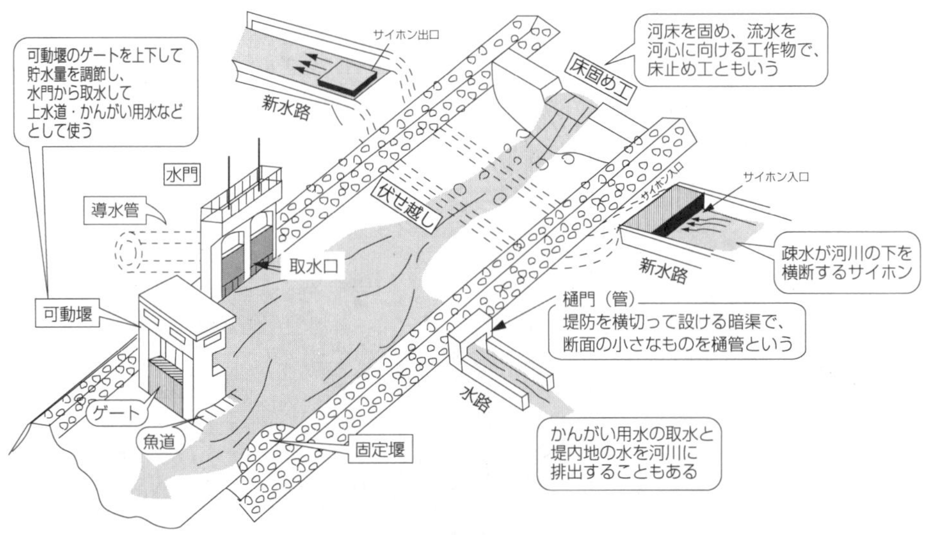

図 2-15　その他の河川工作物

堰・水門：堰は河川を横断する形で設け、水位を調節して、水門から各種用水を取水しやすくしている。必要に応じて魚の通路である**魚道**を設けることが大切である。

また、河口部では海水の浸入を防いだり、高潮や洪水の際に、本川の流水が支川や市街地に逆流するのを防止する**治水**工作物としても利用されている。

伏せ越し：かんがい用水路などが河川と交差する場合、河床下に河川を横断する形でつくられる水路で、逆サイホンを利用する。深さを十分にとる必要がある。

樋門（管）：一般には河川水の取水を目的とするが、堤内地の降水の排水の働きもする。開渠（かいきょ）である水門と異って暗渠（あんきょ）でつくり、堤防の弱点となるので沈下に留意して施工する。

要点

『護岸・水制とその他の河川工作物のまとめ』

- 護岸は、堤防や河岸を流水の衝突から直接保護する工作物で、法覆工・法留工・根固め工から成り立っており、それぞれ独立させるように配慮して施工する。
- 法覆工は一般に緩流部では芝付工、急流部では石やコンクリートブロック、コンクリート枠工、コンクリート張り工、蛇籠工など構造物による工法が用いられる。
- 法留工は木杭や鋼矢板、コンクリート枠工などで法覆工を支持する。
- 根固め工はコンクリートブロックが多く、屈撓性を持たせるように配慮することが必要である。
- 水制は、流れの方向を積極的に河心に向け、護岸を間接的に保護する工作物で、方向による分類と構造による分類があり、種類名と特徴を良く理解しておくこと。
- その他の河川工作物では、図 2-15 により、工作物の種類名と目的を良く理解しておくこと。

例題 2-4 河川護岸に関する次の記述のうち、適当でないものはどれか。

（1） 護岸の根入れ深さは、計画河床または現河床のいずれか低い床を基に選び定める。

（2） 練りブロック積み工の構造は、法覆工・法留工・根固め工を一体とすることがよい。

（3） ブロック張り工の表面は、凹凸を設け、粗面にすることがよい。

（4） コンクリート張り工の護岸は、一般に 10～20 m ごとに伸縮目地を設ける。

解説

護岸の根入れ深さは、高水時の河床の洗掘に対して十分安全であるように、どちらか低い河床を基に計画するので(1)は正しい。(2)の記述はイラストで示したように独立させるので誤りとなる。(3)、(4)の記述は正しいので内容をよく確認しておくこと。

答(2)

例題 2-5 河川工作物に関する次の記述のうち、適当でないものはどれか。

（1） 護岸工の種類には、法覆工、基礎工・根固め工の 3 つがあり、それぞれ独立させる。

（2） 樋門及び樋管とは、ダムの余水吐に関する設備名で、治水上必要なものである。

（3） 緩流河川の水制工法には、一般に杭出し水制などの透過水制を用いる。

（4） 低水護岸工は、破壊を防ぐために、一般に天端保護工を設けている。

解説

河川工作物全体について、概略をイラストより理解していれば、(1)、(3)、(4)の記述が正しいことはすぐにわかる。(4)の記述での天端保護工については、高水時に水中に没する低水護岸と高水敷に関係することをよく理解しておこう。なお、法留工を基礎工ともいう。

答(2)

例題 2-6 河川の護岸根固め工に関する次のうち、適当でないものはどれか。

（1） 捨石工　　（2） コンクリートブロック工

（3） 沈床工　　（4） 詰杭工

解説

護岸工のうちの根固め工の果す役割や設ける位置を考えると、(4)の詰杭工はイラストからもわかるように法留工の一種であり誤りとなる。答(4)

2・4 砂防

砂防とは、河川への土砂の流出、土石流、地すべり、崖崩れなど土砂による災害を防ぐことをいう。砂防工事には、左図のように山腹を整え、植栽など行う**山腹工事**と、渓流の河床を安定させる砂防ダムなどの砂防構造物をつくる**渓流工事**とに分類される。

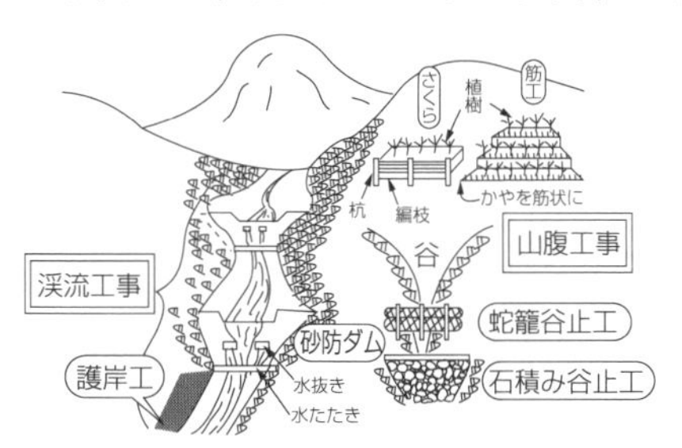

また、地すべりや崖崩れが予想される地域では、それぞれの**対策工事**を行なう。ここでは、これらの砂防工事全般について説明する。

2・4・1 山腹工事

山腹工事は、山腹からの土砂の崩落と流出を抑制する工事で、図 2-16 のように①山腹を整える

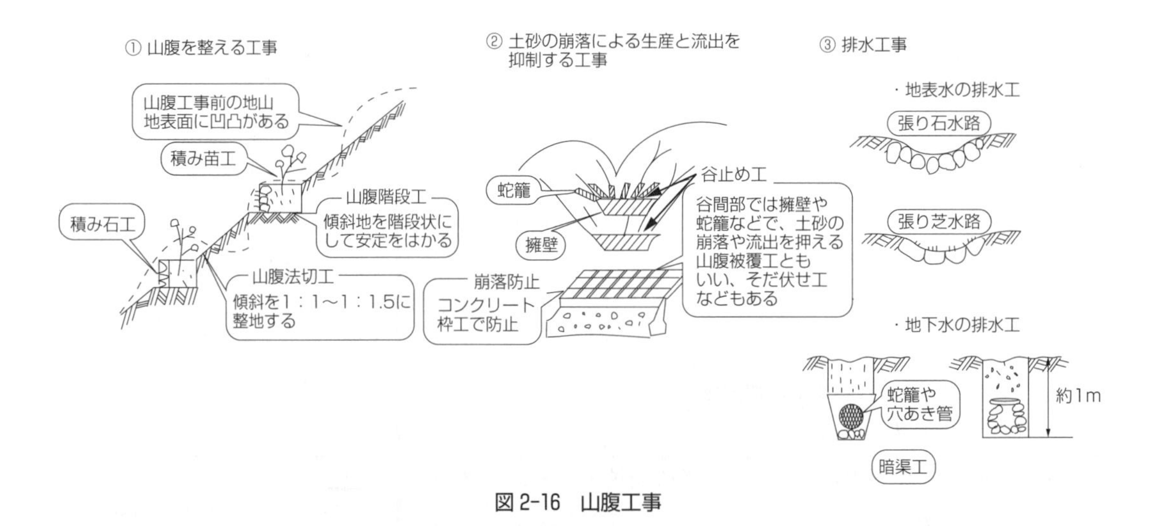

図 2-16　山腹工事

工事、②土砂の崩落と流出を抑制する工事、③排水工事に分類できる。

2・4・2　渓流工事

比較的急勾配の渓流における流水や流出土砂の影響から、河床の洗掘や土砂の堆積を防ぎ、河床を安定させる渓流工事には、次のような種類がある。

(1)　砂防ダム

砂防ダムは、図 2-17 のように河道への流出土砂を貯留し、河床勾配を緩やかにし、流水による河道の侵食を防止して、渓流の河道を安定させるために施工する。

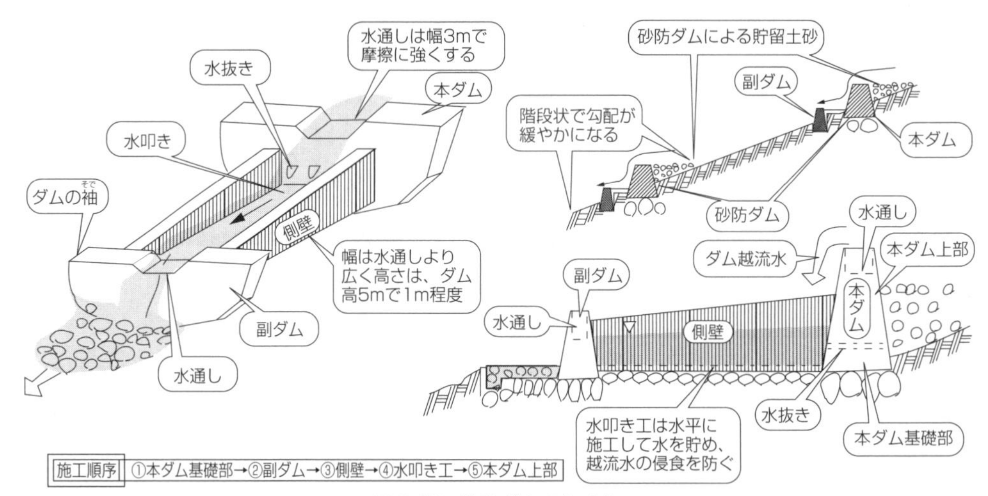

図 2-17　砂防ダムのしくみ

(2)　砂防ダムの施工

①　基礎工　砂防ダムを支持する地盤の掘削や整地などの土工事を基礎工という。

施工方法：基礎工の施工方法は、次のようになる。

a.　掘削は渇水期を原則とし、両岸を対象に1段ずつ掘削しコンクリートを打設する。

b.　掘削は地山を緩めないように必要最小限とし、大転石は無理に除去しない。また、大発破は避けて、人力掘削で仕上げる。

c.　掘削残土の処理は、ダム上流側に埋戻してもよい。

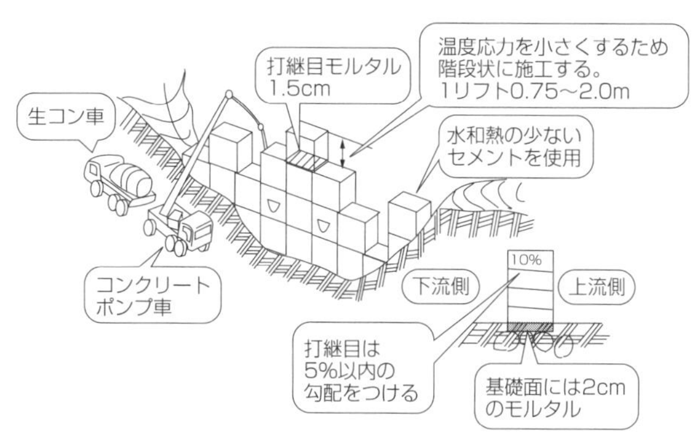

図 2-18　砂防ダムの施工の留意点

② コンクリート工　砂防ダムのコンクリートを打設することをいう。

施工方法：コンクリートの主な施工方法は、次のようになる。

a. コンクリートの打設は、大規模ダムではバケット（クレーン式）がよい。

b. マスコンクリートなので、水和熱の少ないセメントを用い、できるだけ単位水量を少なくする。コンクリートの打設は、図 2-18 のように両岸から対象的に行い、1 段のリフト高は（打ち上げる高さ）0.75～2.0 m とする。階段上に打ち継ぐのは、コンクリートの表面積を大きくして水和熱を発散させ、収縮を少なくして、温度応力を小さくするためであり、十分な養生とレイタンスの除去が大切である。

③ 水叩き工　図 2-18 のように、防砂ダムの水通し部を越流した水の衝撃をやわらげるために設け、高さはダム高 5 m で 1 m、20 m で 3 m 前後とする。水叩き工の先端には、袖を持つ副ダムを設ける。また、根入れ深さは、洗掘されない程度とする。

(3) 床固め工と流路工

床固め工は、一般に渓流の下流部で、比較的緩勾配の河床の安定のために施工する。構造は砂防ダムの本ダムとほぼ同一であるが、副ダムや側壁を設けず、床固め工の間は、図 2-19 のように傾斜をつけた**流路工**と組み合わせる場合が多い。また、両岸と底面を図 2-19 のように施工したものを **3 面張り**という。

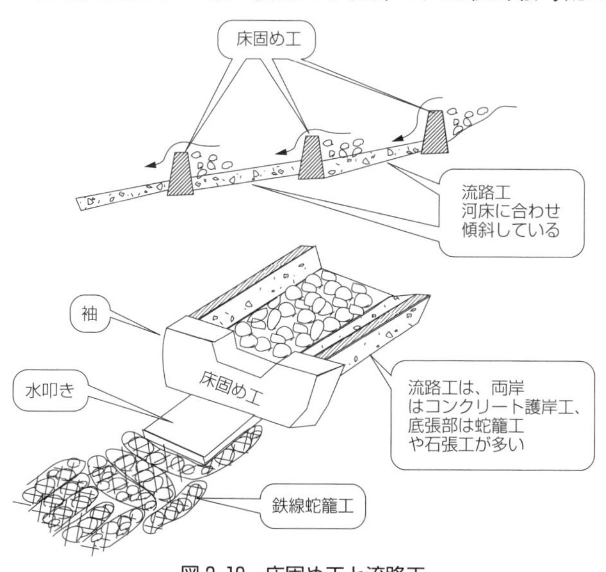

図 2-19　床固め工と流路工

施工上の留意点は次のようになる。

床固め工：乱流や支渓流との合流点などの渓床の低下が予想される地点に設け、流路工とは一体化させず縁を切る。また、落差が 5 m 以上ある場合は、階段状にする。

流路工：掘込み方式とし、築堤はしない。流路工の幅は現状より狭くせず、勾配は渓床に合わせる。

2・4・3　地すべり防止対策工事

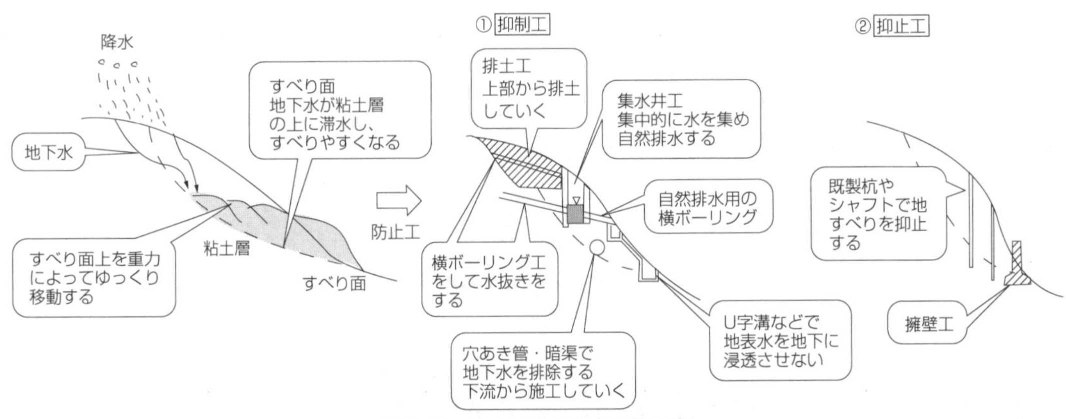

図 2-20　地すべりと防止対策工事

地すべりとは図 2-20 のように、主に地下水が粘土層上に滞水してすべり面をつくり、その上の地山が重力の作用により、徐々に下方に移動することをいう。一度に多量の土砂が移動するので、道路・鉄道・河川・建造物などに大きな影響を与える。

地すべりの防止工は、次のような方法がある。

(1)　**抑制工**　地すべりの主原因である地下水を排除する工法で、U 字溝など山腹排水工を行う**地表水排水工**と地下水を排除して、地山のせん断抵抗力を強めて地すべりを抑制する**地下水排除工**があり、それぞれの主な防止工法を図 2-20 に示した。これらの抑制工は、地すべりの主原因である地下水を排除するので、根本的な永続工法といえる。

(2)　**抑止工**　この工法は、とりあえず地すべりを抑止する工法で、最終的には抑制工を施工して主原因を除去することになる。既製杭を現地で打ち込む**杭打工**と場所打ち杭を打設する**シャフト工**や地すべり末端部で抑止する**擁壁工**などがある。

要点

『砂防のまとめ』

- 砂防工事には、山腹を整える山腹工事と渓流の河床を安定させる渓流工事、地すべりや崖崩れを防止する地すべり防止対策工事がある。
- 山腹工事には、図 2-16 に示すように、①山腹を整える工事、②土砂の崩落による生産と流出を抑制する工事、③排水工事などがあり、これらを組み合わせた例が多い。
- 砂防ダムは一般に、本ダムと副ダム、水叩きから成り立っている。それぞれの構造物の各部の名称や役割を、図 2-17 からよく理解しておくこと。
- 砂防ダムと床固め工や流路工との構造や役割の相違点をよく理解すること。
- 地すべり防止対策工事には、①抑制工と②抑止工があり、それぞれの役割を図 2-20 でよく理解しておくこと。

例題 2-7 砂防ダムの一般的なコンクリート打設に関する次の記述のうち適当でないものはどれか。

（1） 岩盤上にダムコンクリートを打設する場合には、接着効果をよくするため、1～2 cm 程度のモルタルを敷いてから行う。

（2） 通常1リフト高は、コンクリートの水和熱やひび割れを考慮し、2.5 m 以上とする。

（3） コンクリートの打設順序は、最も低いところから硬化熱の発散を考慮して決める。

（4） 接着をよくするためのモルタルの配合は、ダムコンクリート中のモルタルと同程度のものとする。

解説

マスコンクリートとなるダムコンクリートの打設では水和熱に関することをよく理解しておく必要がある。(1)、(3)、(4)の記述はいずれも正しいので、内容を確認しておくこと。(2)の記述の1リフトの高さは1.5～2.0 m なので、これは覚えておく。従って(2)の2.5 m 以上は誤りである。

答(2)

例題 2-8 副ダム、水叩き工を有した砂防ダムの一般的な施工順序のうち、正しいものは次のうちどれか。

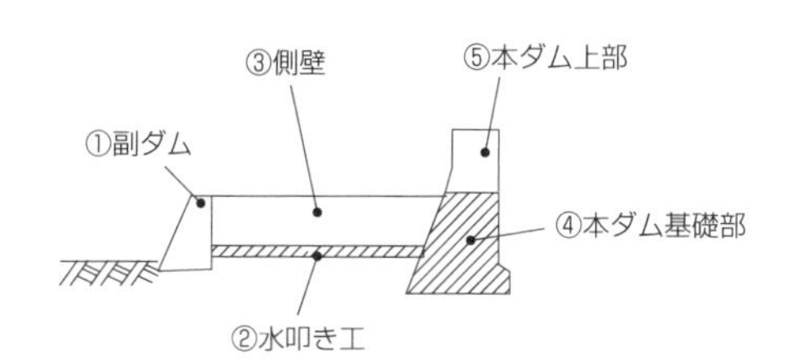

（1） ④—①—③—②—⑤

（2） ④—②—⑤—③—①

（3） ①—④—③—②—⑤

（4） ①—②—③—④—⑤

解説

砂防ダムの施工順序は、工事中の出水などを考えると、まず④の本ダム基礎部を完了し、それから下流側の①、③、②と仕上げ最後に⑤の本ダム上部で完了となる。この砂防ダムの施工順序は多く出題されているので、よく理解しておこう。

答(1)

例題 2-9 流路工の施工に関する次の記述のうち、適当でないものはどれか。

（1） 流路工は、できる限り掘込方式を避け、築堤方式とすべきである。

（2） 流路工を護岸のみで施工する場合の根入れ深さは、現在の最深部以下とする。

（3） 流路工において河積を広げる場合は、下流側から施工する。

（4） 流路工の上流端には、一般的に砂防ダムや床固め工を施工する。

解説

(1)の流路工はできるだけ掘込式とすることが望ましい。河床上に築堤方式にすると計画高水位も高くなり、土砂を多く留めて天井河川になりやすい。従って(1)が誤りである。(2)、(3)、(4)の記述は正しいので、流路工の内容を正しく理解することができる。

答(1)

例題 2-10　地すべり防止工法に関する次の記述のうち適当でないものはどれか。

（1）　排土工は、原則として地すべり斜面下部から上部に向って施工する。

（2）　杭工は、基礎の破壊防止や施工性から、一般に打込み杭より挿入杭が多く用いられる。

（3）　暗渠工は、下流から上流に向かって施工することを原則とする。

（4）　地すべり活動が活発に継続している場合には、原則として抑止工を用いず、抑制工を先行して実施する。

解説

(1)の排土工は抑制工として効果のある工法であり、地すべりの面の上部から徐々に排土し、荷重を減じ、滑動が抑制させるために行う。斜面の下部から排土すると地すべりをさらに誘発させる原因となり、(1)の記述は明らかに誤りである。地すべりに関しては抑制工と抑止工の違いをよく理解しておくこと。

答(1)

例題 2-11　擁壁の「種類」と「形状」との組合せとして、次のうち適当でないものはどれか。

〔種類〕　〔形状〕

（1）　控え壁式……………………………………

（2）　重力式……………………………………

（3）　もたれ式……………………………………

（4）　片持ち梁式……………………………………

解説

擁壁には次のような種類がある。

(1)　重力式

(2)　もたれ式

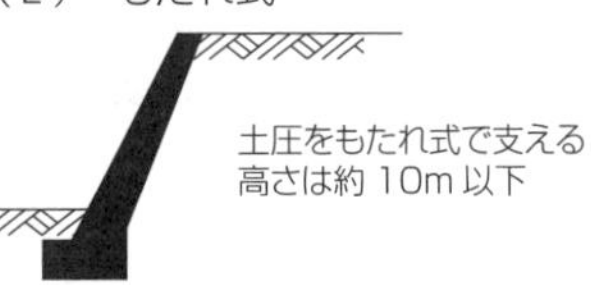

(3)　片持ち梁式

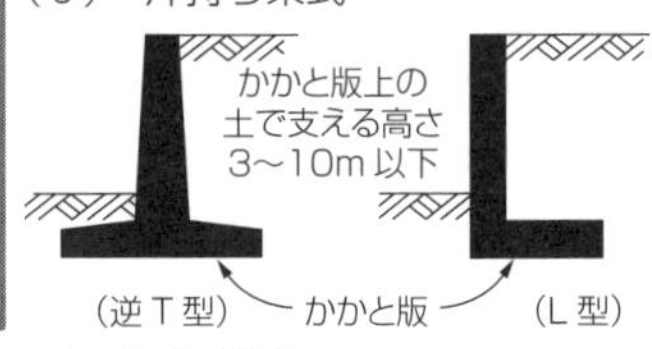

(4)　控え壁式

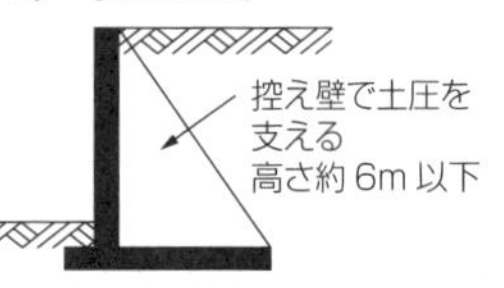

(5)　支え壁式

支え壁で土圧を
支える
高さ約 6m 以下

(6)　ブロック（石）積式

ブロック
(石)
裏込めコンクリート
ブロック(石)を積んで
土圧を支える
高さ約 7m 以下

従って(2)の型式は片持ち梁の逆 T 型となる。

答(2)

例題 2-12　砂防えん堤に関する次の記述のうち、適当でないものはどれか。

（1）　水通しは一般に台形断面とし、水を越流させるため対象流量を越流させるのに十分な大きさとする。

（2）　水たたき工は本えん堤を越流した水の衝撃をやわらげるために設ける。

（3）　砂防えん堤の施工順序は、副えん堤と側壁護岸を施工し、次に本えん堤と基礎部を同時に施工する。

（4）　水抜きは、施工中の流水の切替えや堆砂後の浸透水を抜いて水圧を軽減するために設けられる。

解説

基本的な施工順序は、本えん堤基礎部 → 副えん堤 → 側壁護岸 → 水叩き → 本えん堤上部

答(3)

第3章 道路・舗装

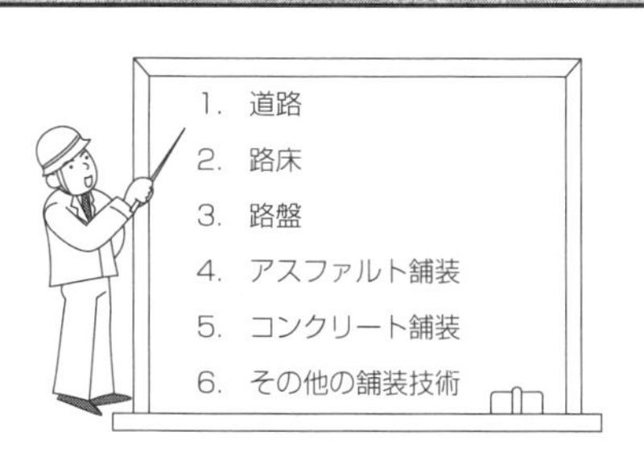

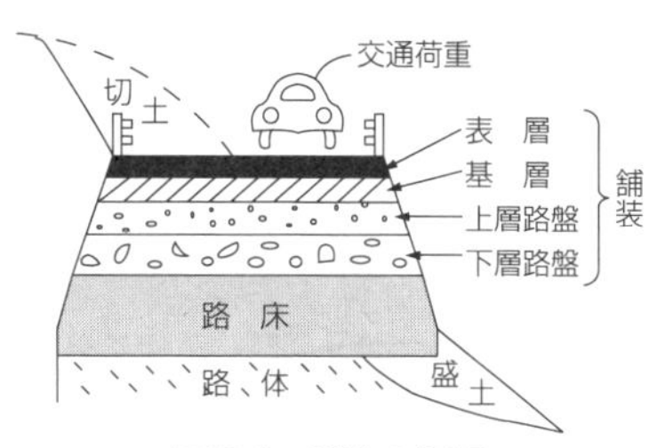

図 3-1　道路の断面

道路は、歩行者及び自動車などの交通のために設けられた**通路**で、鉄道とともに、陸上交通を分担する重要な交通施設である。ここでは、道路全般や図 3-1 に示す、**路床・路盤・舗装**などの施工方法について学ぶ。

3・1　道路

3・1・1　道路の分類と区分

(1)　道路法による分類と道路構造令による区分

道路法による道路は、**高速自動車国道・一般国道・都道府県道・市町村道**の 4 つに分類されている。また、道路構造令では、図 3-2 のように、**地方部**は第 1 種と第 3 種、**都市部**は第 2 種と第 4 種とに**区分**し、道路法による種類によって級別にしている。この区分により、道路構成の基本となる曲線半径、縦断勾配・視距や、**設計速度**などが決まる。設計速度は、同じ道路でも都市部（2、4 種）より地方部（1、3 種）のほうが値が大きい。

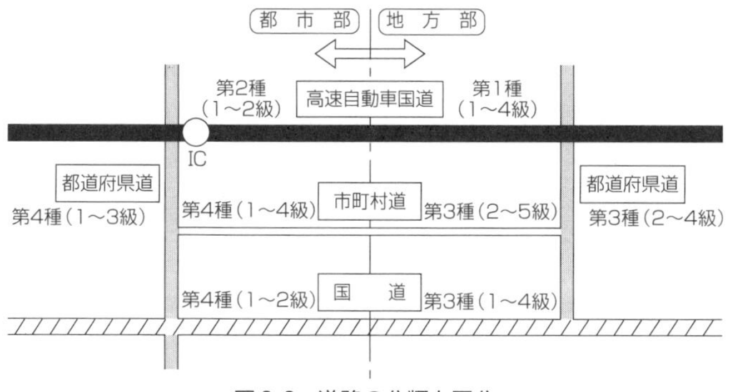

図 3-2　道路の分類と区分

(2)　路面の材料による分類

道路の路面は図 3-1 において表層部分によって分類すると図 3-3 のようになる。施工上、アスファルトコンクリート舗装道とセメントコンクリート舗装道が中心となる。

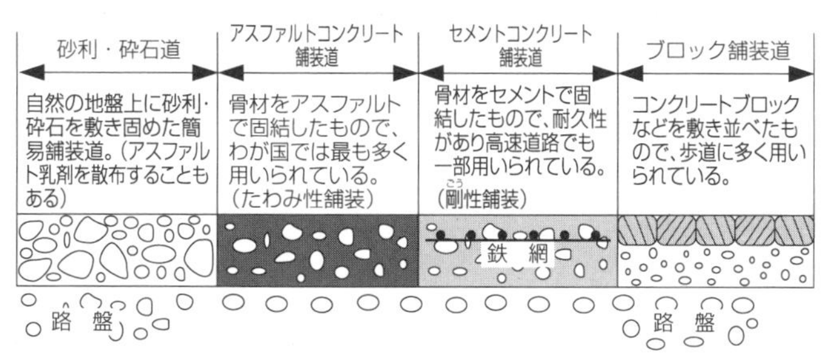

図 3-3　路面材料による分類

3・1・2　道路の線形と横断構成

(1)　道路の線形

道路の線形には、図 3-4 のように**平面線形**と**縦断線形**がある。

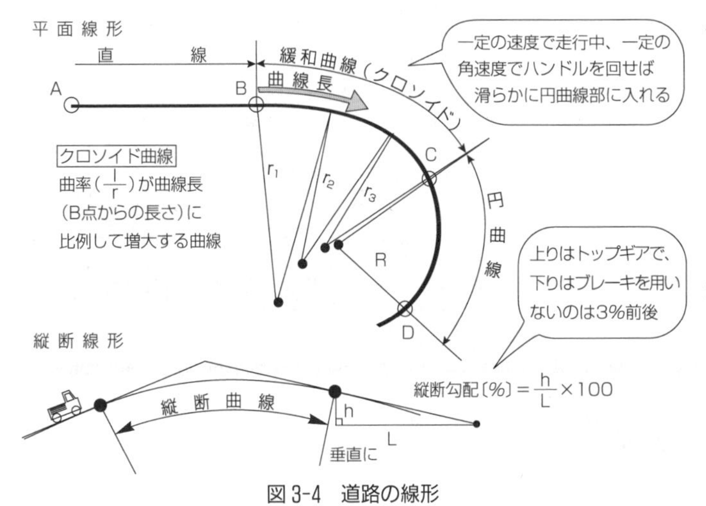

図 3-4　道路の線形

平面線形：直線区間と円曲線区間との間には、自動車が快適に走行できるように、緩和曲線区間を入れる。一般に緩和曲線には、**クロソイド曲線**が用いられる。

縦断線形：車両が速度を下げずに走行できる理想的な縦断勾配は 3%前後であり、5%を超える場合は、幅 3 m の**登坂車線**を設けるものとする。

(2)　路面の横断構成

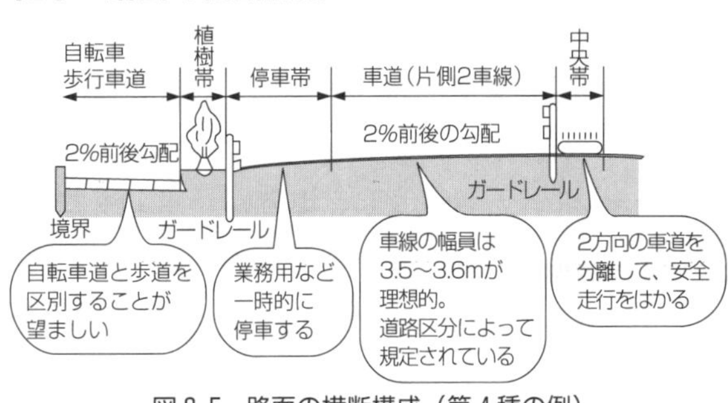

図 3-5　路面の横断構成（第 4 種の例）

路面を構成する要素は、車道・中央帯・路肩・停車帯・植樹帯・自転車歩行者道などで、これらの組み合わせによって構成されている。図は道路区分の第 4 種の例であるが、第 1 種～第 4 種の区分によって路面の横断構成は異なる。また、路面上に障害となる建造物の設置を禁止する空間を示した**建築限界**もある。

3・2　路床

路床は、図 3-6 に示すように、舗装（表層＋基層＋路盤）や交通荷重などを支持する**道路の基礎**

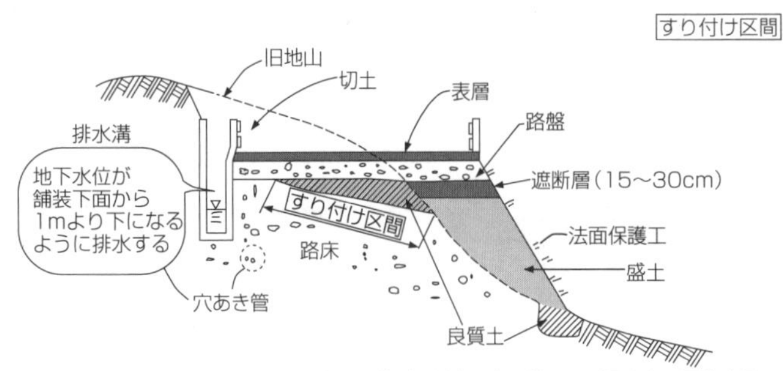

すり付け区間：切土と盛土の接続部の施工は、切土面と盛土がなじみ、一体化させて不等沈下が生じないために良質土ですり付けた区間をいう。すり付けの施工は、勾配は約4%で、下図のように縦断方向においても設ける。

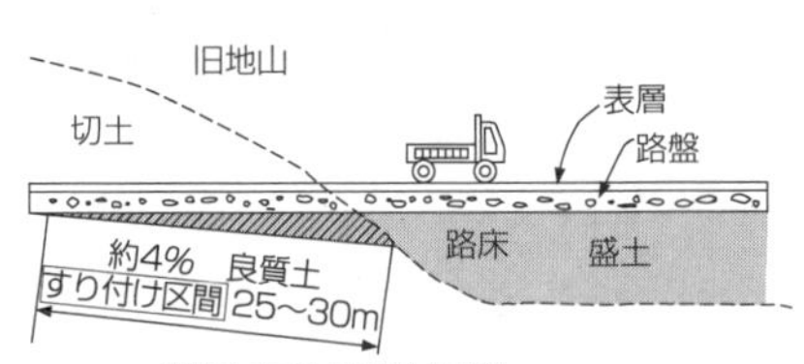

図 3-6　道路の断面と路床

の役を果す構造で、舗装の下約1mの範囲までの部分をいう。これは、舗装や交通荷重の影響を受けるおおよその深さから定めた値である。

路床の支持力は、CBR試験や平板載荷試験により求めるが、路床の強さは、舗装全体の厚さを大きく左右し、**舗装厚の設計の基本**となる大切な値である。

3・2・1　路床の施工

(1)　路床材料

路床土は適当な支持力と耐久性が必要であり、望ましい材料としては、せん断強さが大きく、圧縮変形の小さい土であり、礫や砂分の多い粗粒土となる。望ましくない材料としては、吸水性や圧縮性が大きい、凍土、有機質土、ベントナイト、温泉余土などを含んだ土である。切土面の自然土や現地で盛土をした材料が良質で、規格以上の設計CBRであればそのまま利用できるが、規格以下の場合は、**遮断層**を設けるなどの処置を行う。

(2)　路床の施工上の留意点

① 所要の縦横断面形状で、均一な支持力を持ち平担性を有すること。

② 路床面より30cm以内の転石や岩盤は取り除く。また造成中は横断勾配を大きくして排水に留意し、材料の含水比を大きくさせない。

③ 一層の締固め厚さが20cm以下となるように敷きならす。(まき出す)

④ 切土と盛土の接続部には、図3-6のように良質土ですり付ける**すり付け区間**を設ける。

⑤ 路床土の設計CBR値は、少なくとも3以上とし、3未満の場合で地下水位が高く、十分な締固めの工法ができないときは、図3-6に示す遮断層を設けたり、瀝青剤や石灰・セメントなどによる**安定処理工法**などの改良工を施工する。

⑥ 締固め後の施工管理方法に、プルーフローリング（proof：試験、rolling：車輪を回転させる）がある。この方法は路床面が所定の形状に締固めされて仕上がっているか、支持力は十分かなどを調べるため、図3-7のように行う試験である。

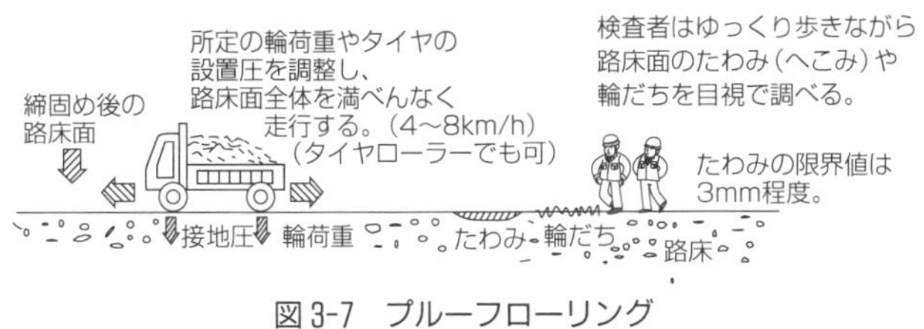

図3-7　プルーフローリング

3・2・2　路床の改良工

路床土が軟弱な場合の改良工には、図3-8のような方法がある。

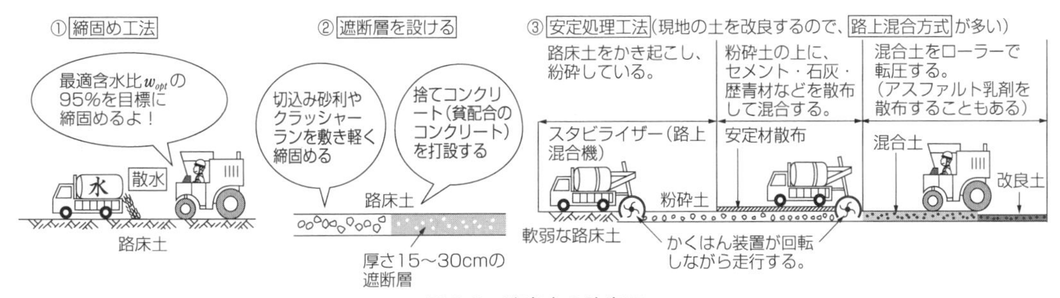

図3-8　路床土の改良工

3・3 路盤

路盤の構造は、厚さが 30 cm 以上になると図 3-9 のように、**上層路盤**と**下層路盤**に分ける。これは荷重が大きく作用する上層部には、支持力の強い**良質な材料**を用いて**技術的条件**を満たし、下層部には比較的支持力が小さいが、**現場近くで入手できる材料**を使用し、**経済的条件**を満たすという考え方から分けている。路盤の材料や施工方法について説明していく。

3・3・1 路盤材料

上層路盤は、良質な材料が必要なため、図 3-9 のような**歴青安定処理・セメント安定処理・石灰安定処理**や**粒度調整砕石**などを用いる。これらの材料は、単体として用いる場合と、粒度調整砕石層の上部 10 cm 位に、安定処理工を設ける場合がある。

下層路盤は、現場近くで入手できる材料（山砂利、クラッシャーランなど）を用いるが、設計 CBR 値が規格に合わない場合は、セメントや石灰を加えて安定処理を行う。

また、再生資源の利用の促進という視点から、**建設副産物**としてのコンクリート塊を砕いた再生骨材を、路盤材料として利用することが多くなっている。

図 3-9 は、アスファルトコンクリート舗装（以降はアスファルト舗装という）及びセメントコンクリート舗装（以降はコンクリート舗装という）の路盤材料の種類や基準を示した。

3・3・2 路盤の安定処理工法

（1） 歴青・セメント・石灰の各安定処理

砕石・砂利・スラグ・砂などの骨材に、安定材として歴青材・セメント・石灰などを添加し、混合した材料を現地に運搬して締固める工法である。従って混合方式は、一般に中央プラント（骨材プラント）が多いが、路上混合方式の場合もある。

（2） 粒度調整工法

砕石・切込み砂利・スラグ・砂利・砂・砕石くずなど 2 種類以上の骨材を、粒度が良好となるような比率で混合し、路盤材料としての規格に合うように調整した材料で、多く使用されている。混合方式は路上と中央プラント方式があるが、一般には中央プラント方式が多い。

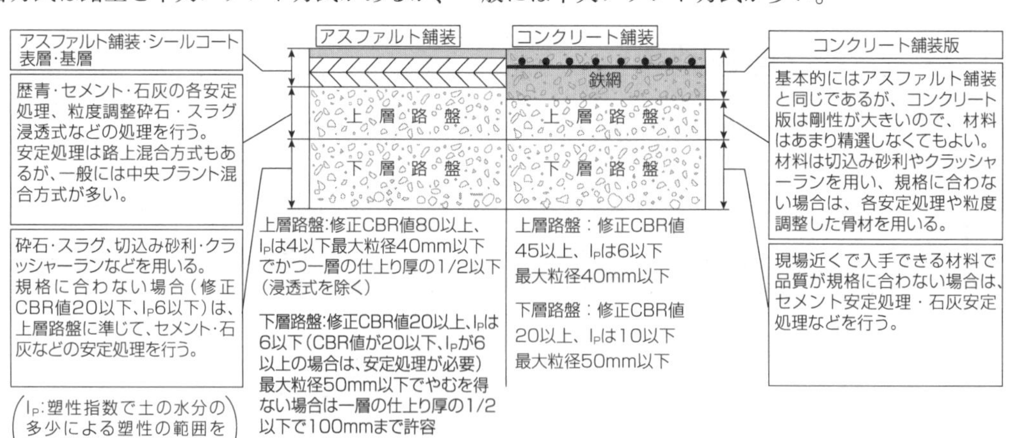

図 3-9 路盤材料の種類と基準

(3) 浸透式工法

敷きならした骨材（マカダム工法）に瀝青材料を散布浸透させて安定性を図る。

3・3・3　路盤の施工と品質基準

① 上層路盤で瀝青安定処理工法の場合、一層の仕上り厚さを 10 cm 以下とし、それ以上の場合は 2 層に分け、必要に応じてタックコートを設ける。

② 下層路盤では、一層の仕上り厚さは 20 cm 以下とし、それ以上の場合は 2 層に分ける。締固め時の材料は、最適含水比に近い状態で、最大乾燥密度の 95%以上に仕上げる。

③ 各安定処理工法の品質基準（表 3-1）を満すように施工する。

表 3-1　安定処理工法の品質基準

安定処理工法の種類	品質基準
瀝青安定処理工法	マーシャル安定度加熱混合：3.4 KN 以上、常温混合：2.4 KN 以上
セメント安定処理工法	一日水浸後の一軸圧縮強度：294 N/cm² 以上、1 層の仕上り厚さ 10～20 cm
石灰安定処理工法	一日水浸後の一軸圧縮強度：98 N/cm² 以上、1 層の仕上り厚さ 10～20 cm
粒度調整処理工法	修正 CBR 値が 80 以上、0.4 mm 以下の I_P は 4 以下、1 層の仕上り厚さ 15 cm 以下

3・3・4　コート（coat：瀝青材料などで被覆する）

コートには図 3-10 のような種類と役割があり、一般にアスファルト乳剤を用いる。

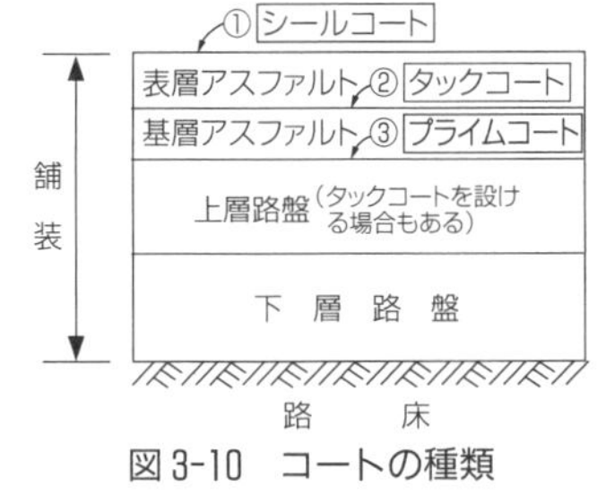

図 3-10　コートの種類

① **シールコート**（seal：表面に張るもの）：表層アスファルトの表面に瀝青材を厚さ 1 cm 程度に散布し、表層アスファルトの摩耗を防ぎ、若返りと防水を目的とする。シールコートを数回に重ねて行うアーマ（装甲板）コートを行えば、耐摩耗性はさらに向上する。

② **タックコート**（tack：つなぐ、鋲）：表層と基層アスファルト相互の付着性を良くし、つなぐ目的のため、アスファルト乳剤などを 0.3～0.6 ℓ/m² の量で散布する。

③ **プライムコート**（prime：最初の）：上層路盤とアスファルト混合物相互の付着性を良くするために、コートとして最初に行うもので、アスファルト乳剤やカットバックアスファルトを 1～2 ℓ/m² の量で散布する。また、防水の役割も果している。

要点

『路床と路盤のまとめ』

- 路床は道路の基礎の役を果す構造であり、路盤の下から深さ約 1 m の範囲までをいう。
- 路床材料として望ましい条件は、せん断強さが大きく、圧縮変形の小さい土で、礫や砂分の多い粗粒土となる。
- すり付け区間は、切土面と盛土のなじみを良くし、一体化させるために設けるもので、道路の縦断方向にもすり付ける。
- 路床土の設計 CBR 値が 3 未満で地下水位が高い場合は、厚さ 15～30 cm の遮断層を設ける。
- 路床の安定処理工法には、スタビライザーによる路上混合方式が多い。

- 路盤は一般に、厚さが 30 cm 以上になると、上層と下層路盤に分け、上層路盤には支持力の強い良質な材料を用いる。そのために材料に各安定処理を行ったり、粒度調整砕石を用いる。下層路盤材料は、比較的支持力は小さいが、現地近くで入手できる経済的な材料を使用する。
- 粒度調整工法は、2 種類以上の骨材を混合し、規格に合うように調整したもので、修正 CBR 値が 80 以上、I_p が 4 以下となっている。
- 締固め後の施工管理方法に、プルーフローリングがある。
- コートには、シールコート、タックコート、プライムコートがある。

例題 3-1 路床と路盤に関する次の記述のうち、適当でないものはどれか。

（1） 路床土の転圧は、土の特性に関係なく転圧回数が多い程転圧効果が大きい。

（2） 路床・路盤の締固めや仕上りの程度は、プルーフローリングを行うとよい。

（3） 下層路盤には比較的支持力の小さい安価な材料を、上層路盤には良質で支持力の大きな材料を用いる。

（4） 上層路盤には、粒度調整砕石を用いるか、歴青剤やセメントなどの安定処理工法を用いる。

解説

路床土の転圧は、路床土が軟弱な場合は、遮断層を設けるが、その場合は材料を均等に敷き、軽く転圧し、せん断破壊で土が逃げないようにする。また、粘性土が高含水比の場合は、転圧回数を多くすると、こね返し現象で鋭敏比 S_t が大きく、支持力が低下する。従って(1)が誤りで、(2)(3)(4)は正しい。

答(1)

例題 3-2 道路の路床及び路盤に関する次の記述のうち、適当なものはどれか。

（1） すり付け区間に用いられる材料には、支持力を増すためにセメントコンクリートを用いる。

（2） 路盤は厚さが 50 cm 以上の場合は上下層に分け、下層路盤は上層路盤や表層・基層の重量や交通荷重を支えるので、上層より支持力の大きい材料を用いる。

（3） コートは被覆することで、セメントコンクリート舗装の表面に施工する。

（4） 遮断層の締固めは、タンパーやランマーなど重量の軽い建設機械を用いるようにする。

解説

路床土に設けるすり付けは、設ける理由を理解しておけば、(1)の記述は誤りであることがわかるであろう。(2)の上・下層路盤に分ける理由と果す役割を理解しておけば誤りがわかる。(3)のコートは、3 箇所に用い、表面に施工するシールコートだけでなく誤りで、(4)の記述が正しい。理由は前記例題 3-1 の解説と同じである。

答(4)

3・4 アスファルト（asphalt）舗装

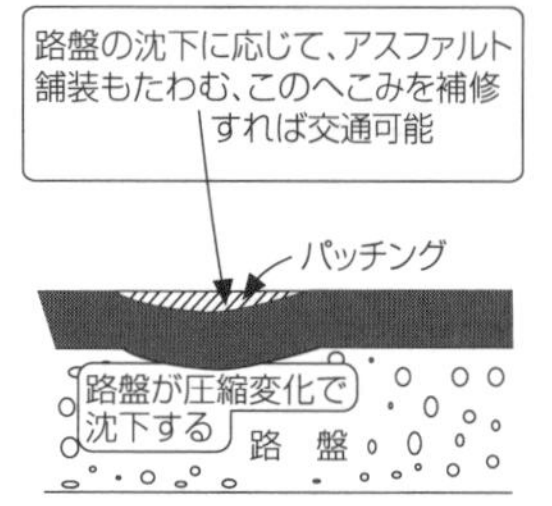

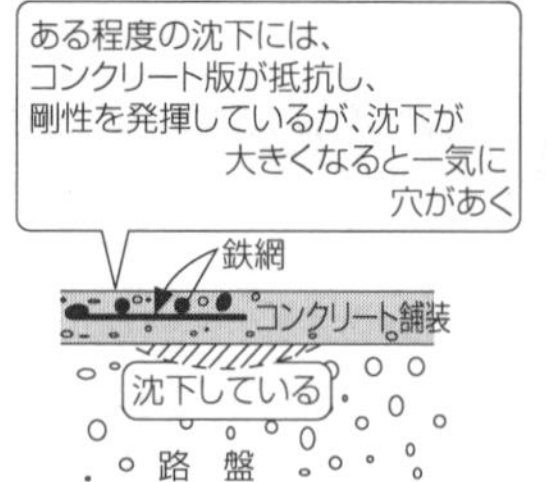

図 3-11　たわみ性と剛性

アスファルト舗装は、コンクリート舗装の**剛性舗装**に対して、**たわみ性舗装**ともいう。アスファルト舗装は図 3-11 のように、路盤などの沈下に応じて撓むので、たわみ性舗装といわれるのである。

ここでは、アスファルト舗装の材料や配合設計、施工などについて説明していく。

3・4・1　歴青材料

歴青とは、炭化水素化合物を主成分とする物質の呼び名（総称）で、黒くて粘性があり、骨材を結合させる力が大きいので舗装用の歴青材料や目地材などとして多く使用されている。

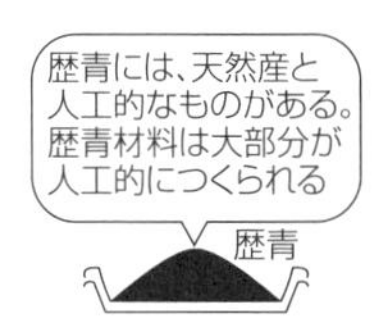

主な歴青材料
- ① アスファルト（asphalt）
  石油を精製した後の残留物で、道路の舗装で最も多く使用されている。
- ② コールタール（coal tal:石炭のやに）
  石炭を精製した後の残留物で、生産量は少なく、最近はあまり利用されていない。

図 3-12　歴青材料

歴青材料としては、図 3-12 のように、人工的につくられるアスファルトとコールタールがあるが、使用量などから、歴青材料といえば、**アスファルト**が主になっている。

3・4・2　アスファルト舗装用骨材

アスファルト混合物の骨格をなす**骨材**は、図 3-13 のように分類される。これらの骨材を使用したアスファルト混合物の品質は、骨材の**粒度**に大きく影響されるので、粒度管理に十分な配慮が必要となる。

・砕石：岩石や玉石などの原石を砕いた骨材。

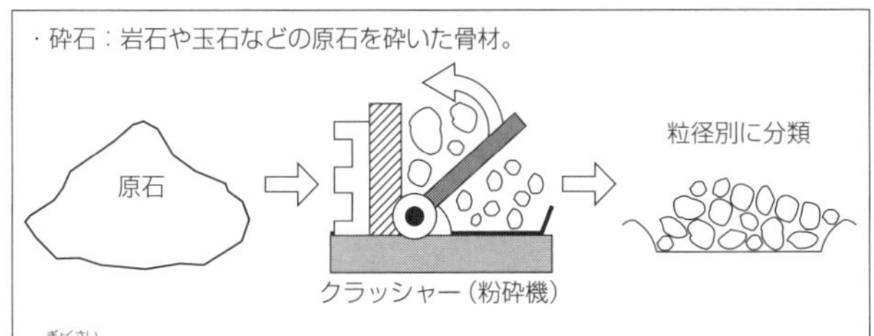

・玉砕（ぎょくさい）：玉石や砂利を砕くさいに、断面の一部に丸味を残すようにした骨材。
・砂利：川砂利・山砂利・海砂利。
・スラグ：鉱さいを破砕した骨材。
・砂：川砂・海砂・人工砂。
・フィラー（石粉）：石灰岩などを粉末状に粉砕した骨材。
・再生骨材：建設廃棄物の骨材を再利用。

図 3-13　骨材の種類

また、舗装用骨材として、最も多く利用されているのは**砕石**であり、砕石には次のような種類がある。

① **単粒度砕石**：最も一般的なもので、粒径別に 1〜7 号に分類される（5 号砕石は S-20 と表記され、最大粒径 20 mm、6 号は S-13 で 13 mm、7 号は S-5 で 5 mm のようになっている）。

② **クラッシャーラン**（crusher-run：砕いたまま）：切込砕石ともいい、砕いたままで粒径別に細かく分類をしていなく、粒度範囲の広い砕石。

③ **粒度調整砕石**：修正 CBR 値を高め、理想的になるように、粒度を調合した砕石。

④ **スクリーニングス**（screenings：砕石くずでダストともいう）：2.5 mm 以下の砕石粉。

3・4・3　表層・基層の施工法の種類

アスファルトと骨材の混合方式により、図 3-14 のような種類がある。

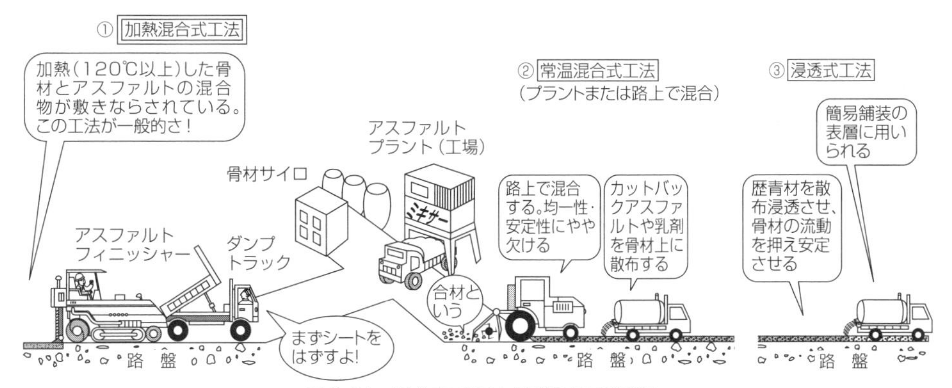

図 3-14　混合方式による施工法の種類

3・4・4　アスファルト舗装の配合設計

舗装の混合方式の種類のうち、**加熱混合方式**が混合物の均一性・付着性・防水性・安定性に優れ、大量機械化施工に適し、最も多く用いられるので、ここではその配合設計の基本的な考え方と手順について説明する。表3-2は混合物の標準配合である。

表3-2　加熱アスファルト混合物の標準配合
（日本道路協会：舗装施工便覧など）

種　類		粗粒度アスファルトコンクリート	密粒度アスファルトコンクリート		細粒度アスファルトコンクリート
用　途		基　層	表　層		表　層
仕上がり厚（cm）		4~6	4~6	3~5	3~5
最大粒径（mm）		20	20	13	13
通過質量百分率（%）	25 mm	100	100		
	20	95~100	95~100	100	100
	13	70~90	75~90	95~100	95~100
	5	35~55	45~65	55~70	65~80
	2.5	20~35	35~50		50~65
	0.6	11~23	18~30		25~40
	0.3	5~16	10~21		12~27
	0.15	4~12	6~16		8~20
	0.074	2~7	4~8		4~10
アスファルト量（%）		4.5~6	5~7		6~8
アスファルト針入度		40~60、60~80、80~100、100~120			

（1）　配合設計の手順

① 表3-2により、混合物の種類を決め、表に示された粒度範囲から、粒度を選ぶ。

② アスファルト量や針入度をマーシャル試験などによって求める。なお同一材料や同一の骨材配合による良好な施工例がある場合は、その時の値を利用してもよい。

③ 1日1方向当たりの大型車の交通量（台/日）から、交通量の区分を求め、この区分と路床土の設計CBR値から、アスファルト混合物の必要厚 T_A や合計厚の目標値を、舗装設計施工指針などより決める。

④ 設計例を参考に、各層の横断構成（各層の厚さや安定処理方法など）を仮定する。

⑤ 仮定した横断構成により、T_A と合計厚を計算し、目標値を上回れば設計厚が決定したことになる。なお T_A は、各層を全てアスファルト混合物を使用した場合の厚さであり、安定処理や砕石などを使用した場合は、等値換算係数により補正する。

3・4・5　アスファルト舗装〈表層・基層〉の舗設

表層・基層の舗設は、図3-15のように**敷きならし**と**締固め**の施工となる。温度管理や施工上の留意点などを図に示した。

アスファルト舗装の舗設作業は、図のように**アスファルトフィニッシャー**（asphalt finisher：最終のアスファルト機械）で敷きならし、**継目転圧⇒初期転圧⇒2次転圧⇒仕上げ転圧**の順に行う。締固め温度は、あまり高いと**変位**や**ヘアクラック**（hair crack：毛のような細いひび割れ）を生じるし、低いと締固めの効果が良くないので、施工時の温度管理は大切である。

ローラーによる転圧は、横断方向には低い側から高い側に移りながら、縦断方向には**駆動輪を前**

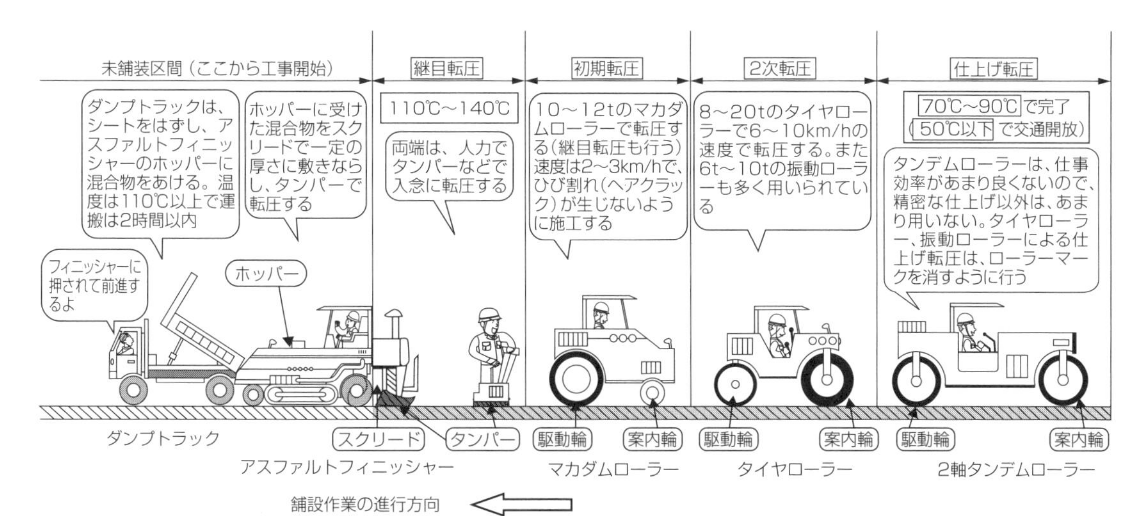

図 3-15　アスファルト舗装の舗設作業

にして行なうようにする。仕上げ転圧後の舗装面のたわみは、ベンケルマンビーム試験で求める。

また、舗設作業は**雨天のときは中止し**、既に敷きならしたものは、早急に転圧をする。気温も**5℃以下になったら中止**するが、混合温度を高めたり、アスファルトフィニッシャーのスクリードを暖めるなど、**寒冷対策**を行えば、5℃以下でも舗設してよい。

初期転圧時にヘアクラックを生じた時は、次の対策を行うようにする。

① ローラーの自重を軽くして、線圧力（舗装面に接するローラーの1 cm^2 当りの荷重）を下げる。

② 輪径の大きなローラーを使用する。

③ 走行速度を遅くする。

④ アスファルト混合物の配合を検討する。

既設舗装との継目部分は温度が下がりやすいので、最初に転圧をし、表層と基層では継目位置をずらすようにする。既設舗装がさめないうちの継目を**ホットジョイント**という。

3・4・6　アスファルト舗装の補修

舗装は、交通荷重や気象条件等の外的作用を常に受け、また舗装自体の老朽化により、やがて円滑かつ安全な交通に支障をきたすことになる。これを防ぐには、常に路面状態を把握し、適切な維持修繕を行うことが重要である。

（1） アスファルト舗装の破損

① **亀甲状ひび割れ**：路床や路盤の支持力低下や沈下、混合物の劣化や老化により亀甲状のひび割れが発生する。

② **線状ひび割れ**：線状ひび割れは、路盤の支持力が不均一な場合や舗装の継ぎ目などに縦・横に長く生じるひび割れ。

③ **ヘアクラック**：ヘアクラックは、初転圧時の混合物の過転圧などにより、主に表層に縦・横・斜め不定形に発生するひび割れ。

④ **わだち掘れ**：わだち掘れは、路床・路盤の沈下や表層混合物の塑性流動などにより、車両の通過位置に生じる凹凸。

(2) アスファルト舗装の補修工法

① **パッチング**:パッチングは、局部的なポットホールやくぼみなどを応急的に充填する工法。

② **オーバーレイ工法**:オーバーレイ工法は、既設舗装の上に加熱アスファルト混合物層を舗設する工法である。舗装表面にひび割れが多く発生し、応急的な処置では不十分な場合などに行う。また、表層などの一部を切削したのちオーバーレイを行う切削オーバーレイもよく行われる。オーバーレイ工法を行う際は、施工後の建築限界や路上施設、沿道高低差への配慮が必要である。

③ **打換え工法**:打換え工法は、舗装の破損がきわめて著しい場合に既設舗装の路盤までを打換えて、新たな舗装を行う工法。オーバーレイなどによる補修が不適当な場合に用いられる。

④ **切削工法**:切削工法は、路面の凸部等を切削除去し、不陸や段差を解消する工法で、オーバーレイ工法や事前処理として行われることも多い。

⑤ **表面処理工法**:表面処理工法は、既設舗装の表面に薄い封かん層を設ける工法であり、予防的維持工法として用いられることもある。表面処理工法には、①表面に散布した瀝青材料の上に、砂や砕石を被覆付着させるチップシール工法、②スラリー状のアスファルト乳剤混合物を薄く敷きならすスラリーシール工法、③表面に散布または塗布した樹脂系材料の上に、硬質骨材を散布・固着させる樹脂系表面処理工法、などがある。

要点

『アスファルト舗装のまとめ』

- アスファルト舗装は、路盤などの沈下に応じて撓(たわ)むので、たわみ性舗装ともいう。
- 瀝青材には、アスファルトとコールタールがあるが、現在ではコールタールはほとんど用いられず、道路舗装にはアスファルトが主に使用されている。
- アスファルト舗装用骨材は、一般に砕石が用いられる。砕石は単粒度砕石・粒度調整砕石・クラッシャーランなどに分類されている。
- アスファルト混合物の混合方式には、加熱混合方式、常温混合方式、浸透方式があるが、表層・基層の舗装には、加熱混合方式が一般的で、混合温度は140℃以上である。
- 表層・基層の舗設作業は、敷きならし(アスファルトフィニッシャー)と締固めであり、締固め作業の手順は、継目転圧⇒初期転圧⇒2次転圧⇒仕上げ転圧となる。
- 舗設時の温度管理は、アスファルト舗装の良否を判定する重要なもので、継目転圧時では110℃～140℃で、以下70℃～90℃で仕上げ転圧まで完了させる。温度が高いと変位やヘアクラックを生じ、低いと締固めの効果がよくない。50℃以下で通行可能となる。
- 舗設は雨が降ったり、気温が5℃以下の場合は中止して、必要な処置を行う。
- 表層と基層の継目位置はずらして施工する。

例題 3-3 アスファルト舗装の締固め作業に関する次の記述のうち、適当でないものはどれか。

(1) 初転圧等においてヘアクラックを防止するには、ローラーの線圧を下げるか、走行速度を遅くする。

(2) 締固め作業の各段階に用いるローラーは、初転圧がマカダム(ロード)ローラー、二次転圧はタイヤローラー、仕上げ転圧がタンデムローラー、振動ローラーが一般的である。

解説

ヘアクラック(毛のような細いひび割れ)防止策は(1)の記述のとおりで正しい。(2)のローラー群の組み合わせは一般的なものである。(3)の記述は、駆動輪を前方にして押上げるようにし、低速から等速走行で転圧するので誤りとなる。よく出題されているので理解しておくように。

（3） 初転圧時には、混合物を前方に押して盛り上げないように、駆動輪を後にして転圧する。
（4） 縦断方向に大きな勾配がある場所では、低い側から高い側に向けて転圧する。

(4)の低い側から高い側も同様に理解しておく。
答(3)

例題 3-4　アスファルト舗装に関する説明のうち、誤っているものはどれか。
（1） プライムコートは路盤材料の防水性を高め、その上のアスファルト混合物とのなじみをよくするために最初に施工するものをいう。
（2） 初転圧時の混合物の温度は一般に90℃～110℃である。
（3） 交通開放時の舗装表面の温度は、概ね50℃以下である。
（4） アスファルトフィニッシャーに荷降ろしするダンプトラックは、フィニッシャーに押されながら前進し、静かに降ろすようにする。

解説
プライムとは最初と覚えておけば(1)の記述が正しいことがわかる。(2)、(3)のアスファルト舗設時の温度管理については、よく出題されるので、まとめて覚えておくこと。(2)の初転圧は110～140℃であり誤りである。(4)についてはテキストのイラストをよく理解しておくようにする。
答(2)

例題 3-5　アスファルト舗装工事における加熱混合物の締固め施工の作業順序として適当なものはどれか。
（1） 継目転圧――初 転 圧――2 次 転 圧――仕上げ転圧
（2） 初 転 圧――2次転圧――継 目 転 圧――仕上げ転圧
（3） 初 転 圧――2次転圧――仕上げ転圧――継 目 転 圧
（4） 初 転 圧――継目転圧――2 次 転 圧――仕上げ転圧

解説
最初に敷きならし転圧するのは、既設舗装の温度が低いので混合物の温度が高いうちに行う、継目転圧である。このことをしっかり理解しておけば、(1)が正解となる。なお(1)の転圧順序を覚えると同時に、一般に各転圧に使用するローラーも組合せて理解しておくこと。答(1)

例題 3-6　道路のアスファルト舗装道路の補修工法に関する次の記述のうち、適当でないものはどれか。
（1） パッチングは、ポットホールやくぼみの応急的な措置に用いられる。
（2） 打換え工法は、既設舗装の破損が著しいときに表層から打ち換える工法である。
（3） オーバーレイ工法は、舗装表面にひび割れが多く発生するなど、応急的な補修では不十分な場合に、既設舗装の上に加熱アスファルト混合物層を舗設する工法である。
（4） 切削工法は、路面の凸部を切削除去し、不陸や段差の解消を図る工法である。

解説
打換え工法は、既設舗装の破損が著しいときに路盤から打ち換える工法である。
答(2)

3・5 コンクリート（concrete）舗装

たわみ性舗装のアスファルト舗装に対して、**剛性舗装**であるコンクリート舗装は、図3-16のように、路盤上に鉄網を入れた**コンクリート版**を施工することになる。**鉄網**は、コンクリート版のひび割れの発生を防ぎ、仮に発生した場合に、段違いによる交通障害やひび割れの拡大を押える役を果している。鉄網の幅は、コンクリート版の幅より10 cm短くし、長さの方向でつなぐ場合は、

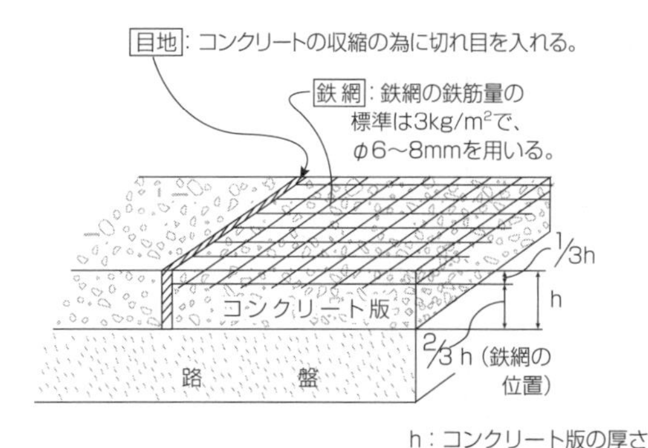

図 3-16　コンクリート舗装

20 cm 程度重ね合わせるようにする。

鉄筋量や位置は図 3-16 のとおりであり、なるべく溶接によって組立て、縦横方向の鉄筋量がほぼ等しくなるように決めるのがよい。

3・5・1　コンクリート版の厚さ

コンクリート版の**厚さ**は、アスファルト舗装の設計と同様に、1 日 1 方向当たりの大型交通量による**交通区分**より求める。例えば大型車交通量が 100 台未満の L 交通区分では 15 cm、3000 台以上の D 交通区分では 30 cm となっている。版厚が大きい場合は、2 層に分けてもよい。

また、コンクリートの強度は、曲げ強さで 4.4 N/mm^2 以上となっている。

3・5・2　目地（joint）

コンクリート版の温度変化による**膨張・収縮・そり**の応力を除き、ある程度自由にこれらを発生させる目的で設けるコンクリート版の切れ目を**目地**という。

（1）　目地の種類

目地には、図 3-17 のように縦目地と横目地があり、それぞれ次のような役を果している。

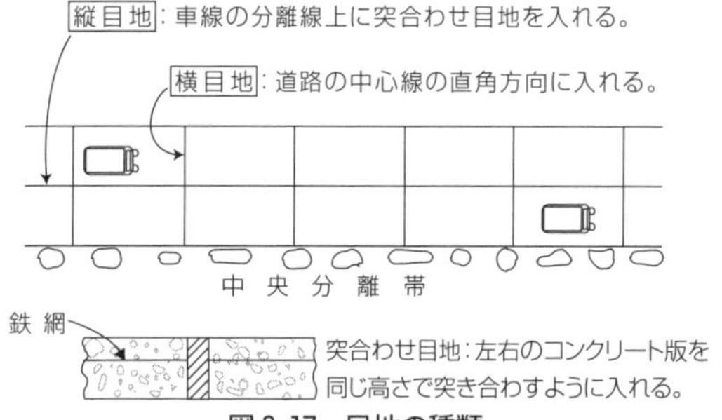

図 3-17　目地の種類

縦目地：交通荷重によるコンクリート版のそり応力を減少させ、縦方向のひび割れを防止する。目地には、図 3-18 のような**タイバー**（tie bar：鉄筋で結ぶ）が用いられる。

横目地：**膨張目地**と**収縮目地**がそれぞれ必要であり、これがコンクリート舗装の弱点となるので、数はできるだけ少なく、また構造上もできるだけ強いものが必要となる。

（2）　縦目地の構造

縦目地には図 3-18 のような、上下、左右ともしっかり固定してコンクリート版のそりを防ぐタイバーを用いる。タイバーは荷重伝達や目地部のコンクリートの補強効果もある。

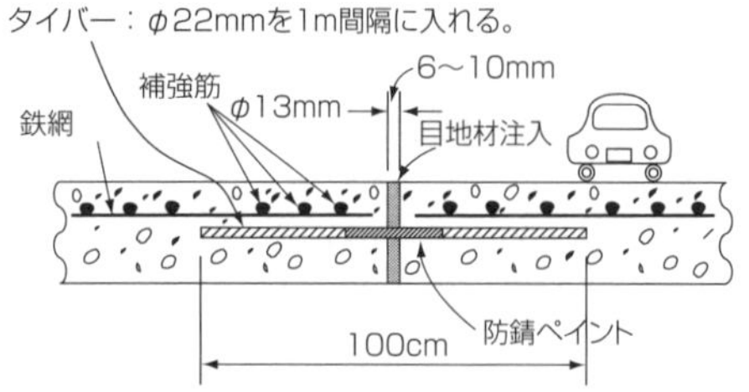

タイバー：φ22mmを1m間隔に入れる。
補強筋 φ13mm
6〜10mm
鉄網
目地材注入
防錆ペイント
100cm

図 3-18　縦目地の構造

タイバーは直径 22 mm の丸鋼また異形鉄筋を用い、目地部は防錆ペイントを塗る。

目地材には一般にブローンアスファルトを使用し、コンクリート版の縁部は補強筋を入れて、衝撃による破壊を防ぐようにしてある。

(3) 横目地の構造

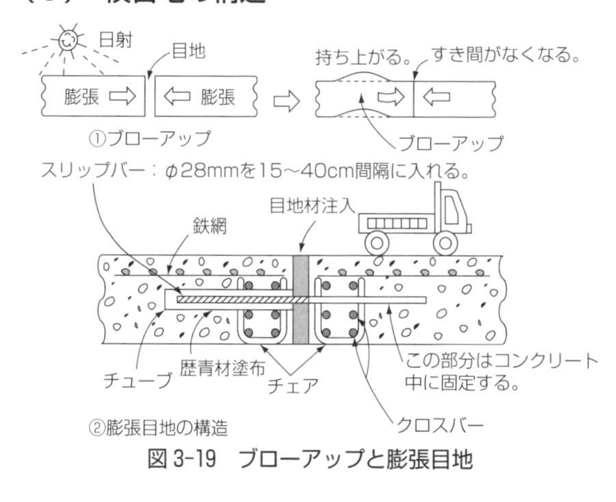

図 3-19　ブローアップと膨張目地

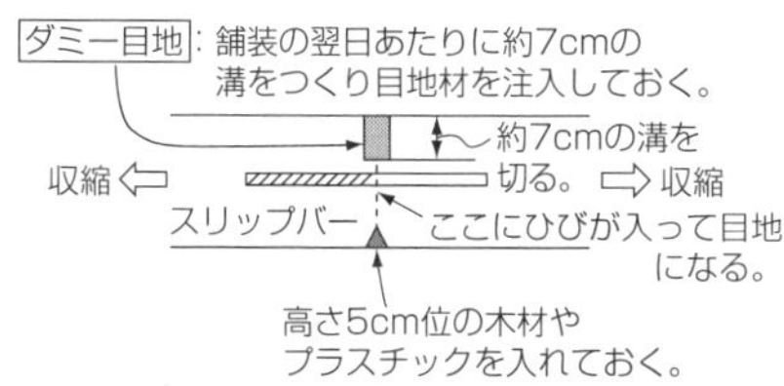

図 3-20　ダミー目地（カッタ目地、めくら目地ともいう）

① **膨張目地**：長時間の日射による高温によって生じるコンクリート版の**ブローアップ**（blow-up：ふくらむ）を防ぐために設ける。膨張目地は、コンクリート版の上下のみを固定し、左右には自由に伸縮できるように、図 3-19 の**スリップバー**（slip bar：スリップを可能にした鉄筋）を用いる。スリップバーは、チューブやコンクリートの中でスリップしやすくするために瀝青材を塗布してある。また、コンクリート版の端部では、チェア（chair：椅子）によって正しい位置に設置されている。

目地間隔は施工時期と版厚によって標準値が決められている。例えば版厚が 25 cm 以上では施工時期が、12〜3 月⇒120〜240 m、4〜11 月⇒240〜480 m となっている。

② **収縮目地**：コンクリート版の硬化に伴う収縮によって生じる応力を減少させ、横方向のひび割れを防止する。収縮目地の構造は、膨張目地と同様にスリップバーを用いる。目地間隔は、7.5 m、8 m、10 m が標準であり、図 3-20 のような**ダミー目地**（dummy：見せかけ）が多い。これは突合わせ目地と異なり、表面に約 7 cm の溝をつくっておくと、底面の木材やプラスチックの台との間の断面が少なくなり、この位置に収縮によるひび割れが入り、やがて突合わせ目地と同様になる。

3・5・3　コンクリート版の施工

(1) コンクリートの混合方式

コンクリート版をつくるコンクリートの混合には、次のような方式がある。

① 中央コンクリートプラント方式：専用のプラントを設置して混合し、運搬する。

② レディーミクストコンクリート（生コン）方式：所要の品質の生コンを利用。なおコンクリートの運搬は、スランプが 2.5 cm 以下の場合は、ダンプトラックでもよい。

(2) コンクリート版の舗設順序

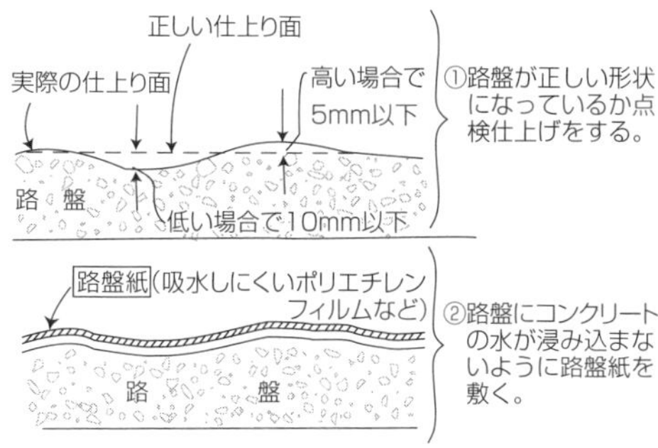

図 3-21　路盤こしらえ

① 型枠や舗設用大型機械群を使用する場合は、走行用レールなどの設備をする。

② 図 3-21 のような**路盤こしらえ**をする。コンクリート版をつくる路盤表面の点検仕上げと、路盤紙を敷くことになり、コンクリート舗装の良否を決めるので、入念に行うようにする。

路盤紙は、コンクリートの打込み・締固めなどの作業に耐えられるものを用いる。また、完成後のコンクリート版の膨張や収縮をしやすくする役も果している。路盤紙には吸水しにくいものを使用し、クラフト紙も用いられる。

③　敷きならしと締固め作業を行う。最近は図 3-22 のような大型機械群で施工する。

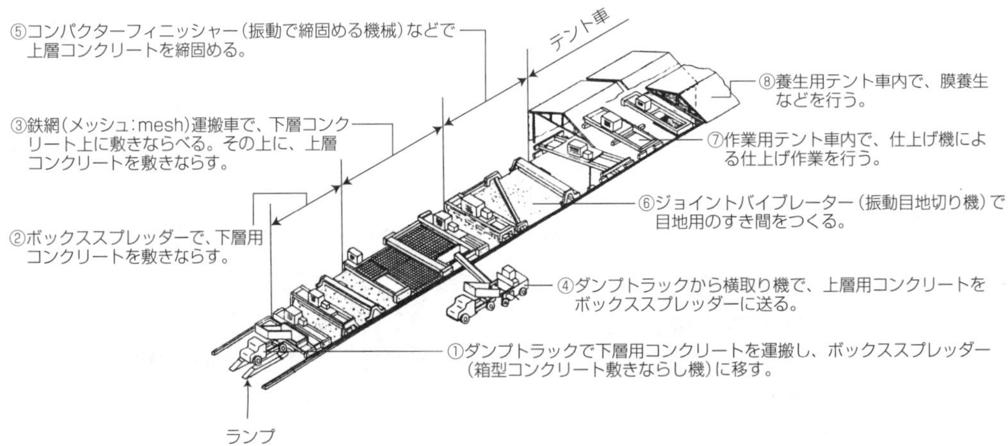

1組になった図の機械群が、両側のレール上を一定の速度で施工していく。作業順序を①～⑧で示した。

図 3-22　大型機械群によるコンクリート版の施工

（3）コンクリート版の養生

コンクリート打設後の養生方法には、図 3-23、24 のように**初期養生**と**後期養生**がある。

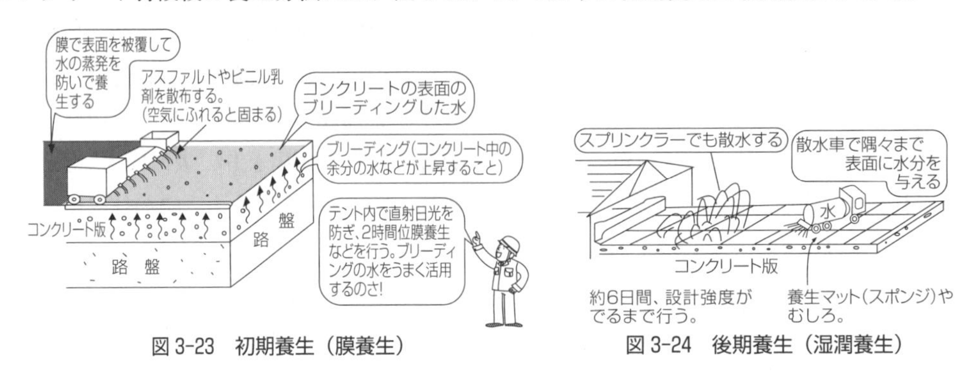

図 3-23　初期養生（膜養生）　　図 3-24　後期養生（湿潤養生）

要点

『コンクリート舗装のまとめ』

- コンクリート版は、ある程度曲げ応力にも抵抗でき、アスファルト舗装のたわみ性舗装に対して剛性舗装ともいう。
- 鉄網は ϕ 6～8 mm の鉄筋を縦横方向等しくなるように組立て、鉄筋量の標準は 3 kg/m^2。
- 目地には縦目地と横目地があり、コンクリート版の膨張・収縮・そりなどの応力を除き、ある程度自由にこれらを発生させるコンクリート版の切れ目をいう。
- 縦目地は一般に車線の分離上に設け、上下、左右とも固定するタイバーを用いる。
- 膨張目地は、コンクリート版のブローアップを防ぐために設け、左右には自由に伸縮できるように、スリップバーを用いる。スリップバーはチェアによって正しく入れる。
- 収縮目地は、コンクリート版の横方向のひび割れを防ぐために設け、スリップバーを用いる。一般にダミー目地が多い。

例題 3-7　セメントコンクリート舗装に関する次の記述のうち、適当でないものはどれか。

（1）　目地の数はできるだけ少なく、また構造はできるだけ強いものが必要である。

（2）　コンクリートは均等に締固める。版厚が大きい場合は、2層に分けてもよい。

（3）　コンクリートの表面仕上げは、荒仕上げ→平坦仕上げ→粗面仕上げの順となる。

（4）　路盤紙は、コンクリートの打設に先立って、これを完全に除去しておくこと。

解説

セメントコンクリート舗装の記述で、(1)、(2)、(3)はいずれも正しいので、よく理解しておこう。(4)の路盤紙は、コンクリート中の水分が、路盤に吸収されるのを防ぐために、打設に先立って敷くもので、誤りとなる。

答(4)

例題 3-8　道路舗装の施工に関する次の記述のうち、適当でないものはどれか。

（1）　アスファルト混合物の敷きならしには、厚さを一定に調節できるアスファルトフィニッシャーを用いる。

（2）　タイヤローラーによるアスファルト舗装の締固めは、作業速度が速い。

（3）　セメントコンクリート版には、原則として鉄網及び補強鉄筋を用いる。

（4）　セメントコンクリート舗装の初期養生は原則としてスプリンクラーで散水する。

解説

セメントコンクリートの養生は、イラストにも示したが、ブリーディング水を利用する膜養生と、養生マット上に散水車で移動しながら散水するもので、スプリンクラーのように特定の所に固定して散水するのは適当でない。(1)(2)(3)の記述はいずれも正しい。

答(4)

例題 3-9　セメントコンクリート舗装の初期ひび割れ防止対策として適切でないものはどれか。

（1）　水和熱の発生量が少なく、高温のセメントを用いないこと。

（2）　単位セメント量をできるだけ多くすること。

（3）　単位水量をできるだけ少なくすること。

（4）　カッターによる目地切りは、できるだけ早期に行うこと。

解説

セメントコンクリート舗装に用いるコンクリートは、表面積が広く、版の厚さは薄いので打設時の締固めなどは容易にできる。従って、スランプを小さく（2.5 cm ぐらい）し、ひび割れ対策を行うことである。そのために単位セメント量が多いと水和熱が高いので(2)の記述が誤りとなる。他の記述は正しい。答(2)

3・6　その他の舗装技術

道路舗装の中心は、撓(たわ)み性と呼ばれるアスファルトと剛性舗装のセメントコンクリートであるが、最近はさまざまな機能を持つ次のような舗装も施工されている。

(1)　排水性及び透水性舗装

降水などを路面から浸透させ、タイヤのスリップを防ぐと同時に、雨の日でも快適な走行ができるように、図 3-25 のような排水性及び透水性舗装が施工されている。

図に示すように、排水性舗装及び透水性舗装には利害があるが、今後は車道下でも透水性舗装が施工できるように技術開発が進められている。

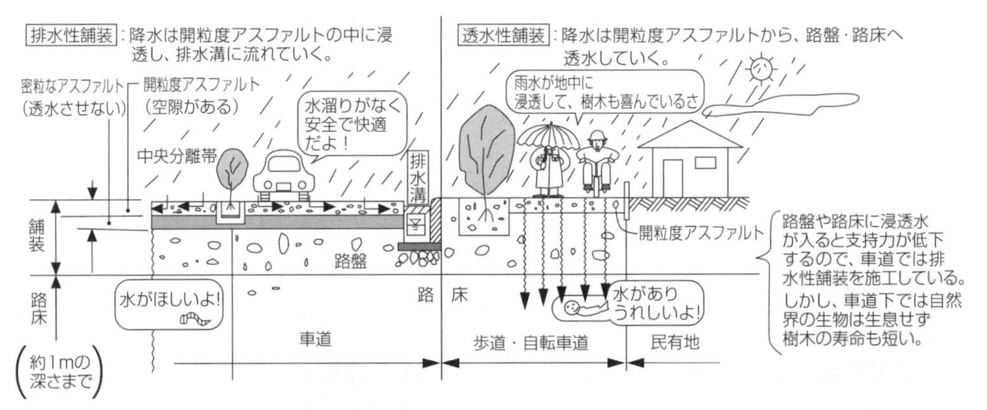

図 3-25　排水性及び透水性舗装

（2）　再生アスファルト舗装

長時間の直射日光と重い車両によるアスファルト舗装のわだちなどの変形が、大きくなると自動車の安全走行上問題が生じるので、新しく舗装を行う必要がある。従来は、アスファルト混合物を削り取り、プラントから新しいアスファルト混合物を運び、舗設していたが、現在では、路上でヒーターにより加熱し、軟らかくなったアスファルト混合物を再生機によってかき起こし、さらにかく拌して敷きならす**路上表層再生工法**（リペーブ式）がかなり普及している。

（3）　半撓み性舗装

撓み性舗装のアスファルトは黒色、剛性舗装のコンクリートは白色で、両者を混ぜ合わせた白と黒の舗装を、半撓み性舗装という。

この舗装のしくみは、まず粗粒で空隙の大きな開粒度アスファルト混合物を舗設し、その空隙の中にセメントミルク（樹脂を含む）を浸透させて固めたもので、舗装の表面は白と黒のまだら模様となり、アスファルト舗装の欠点である流動性は少なくなり、白と黒の組合わせで交通荷重に耐えるので、半撓み性舗装といわれている。セメントミルクの中に、色素を加えれば、アスファルトのカラー舗装ともなる。

（4）　コンポジット舗装

アスファルト舗装の基層部分をコンクリートで舗装して剛性を持たせ、表層のコストの安いアスファルト舗装と組合わせ（コンポジット）たもので、耐久性を持たせながらコストを低減させる工法である。

第4章 ダム

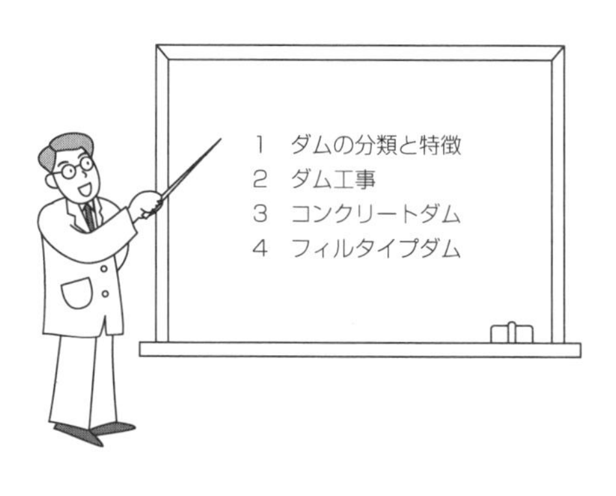

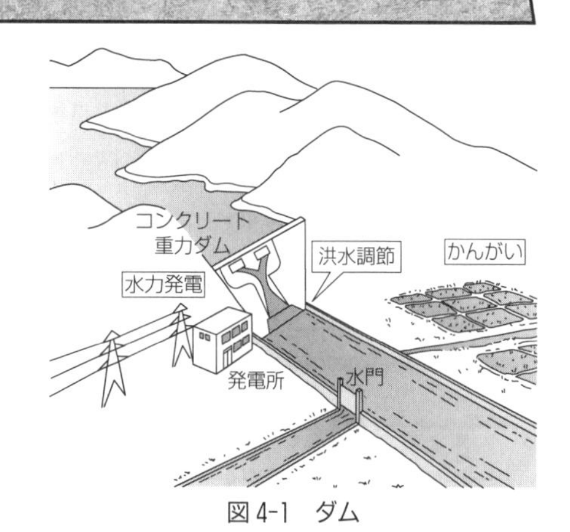

図 4-1 ダム

ダム（dam）とは、河川や谷間を横断するような形で、水などを貯留するために建設する土木構造物であり、**治水**（洪水調節）・**利水**（発電・上水道・かんがい）上から、我々の生活に必要な施設である。ここでは、ダムの分類や施工方法などについて学ぶ。

4・1 ダムの分類と特徴

ダムは高さと使用する材料や形式によって、次のように分類されている。

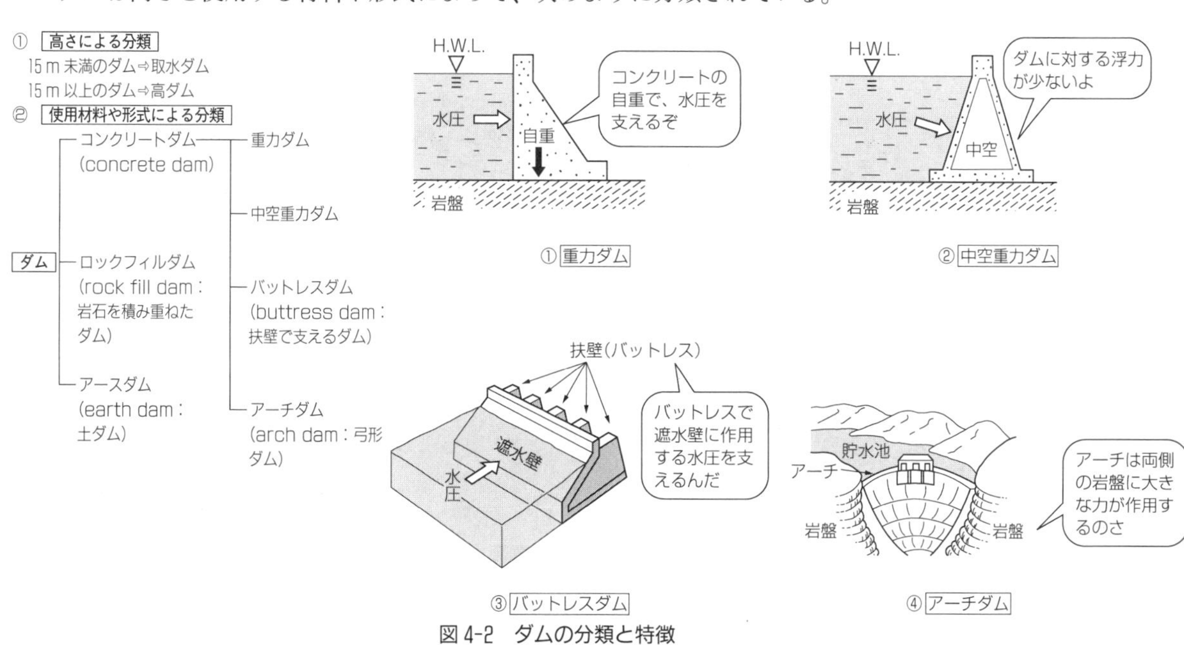

図 4-2 ダムの分類と特徴

① **重力ダム** 最も一般的で、断面はほぼ三角形とし安定性が良い。施工も比較的容易であるが、コンクリートの量が多く水和熱の処理と支持力の大きい地盤が必要となる。

② **中空重力ダム** コンクリートダムの内部を中空にしたダムで、施工は複雑となるが、コンクリート量は、重力ダムの 20～30％減となり、水和熱の放散も容易となる。また、水中に没する部分が少ないために、ダムに対する浮力（揚圧力）を減少できる。

③ **バットレスダム**　コンクリートの壁体を組み合わせた構造で、地震には弱い。

④ **アーチダム**　コンクリートのアーチで水圧を両岸に伝える形式で、比較的狭い峡谷で両岸に良好な岩盤が必要である。コンクリート量は、重力ダムの約半分となる。

⑤ **ロックフィルダム**　ダム地点で良好な岩石が得られれば、経済的であり、完了後もある程度の沈下も許されるので、比較的弱い地盤でも可能である。遮水壁（表面形・内部形）を設ける。また、放水施設はダム本体と分離して設けるようにする。

⑥ **アースダム**　土を盛り上げ、突固めたダムで、ダム頂を余水が越流しないようにすることと、遮水壁を堅固にして、破壊の原因となる漏水を防ぐことが必要である。

4・2　ダム工事

満水状態に貯水されたダムが、決壊したならば、ダム下流の地域には、想像もつかない大きな災害が発生するであろう。ダムが安定した状態で目的を果たすには、設計段階では、**転倒・滑動・沈下**のダム安定の3条件を満足するように慎重に行うと同時に、ダム工事においても、これから学ぶ施工方法や留意点をよく理解し、施工不良箇所などは絶対につくらないように十分に配慮して、ダム工事を行うことが大切である。

4・2・1　ダム工事の施工順序

ダムは、材料や形式によっていくつかのものがあるが、一般的な**ダム工事の施工順序**を図4-3に示す。ダム工事は、大規模で長期間になるので、十分な検討が必要となる。

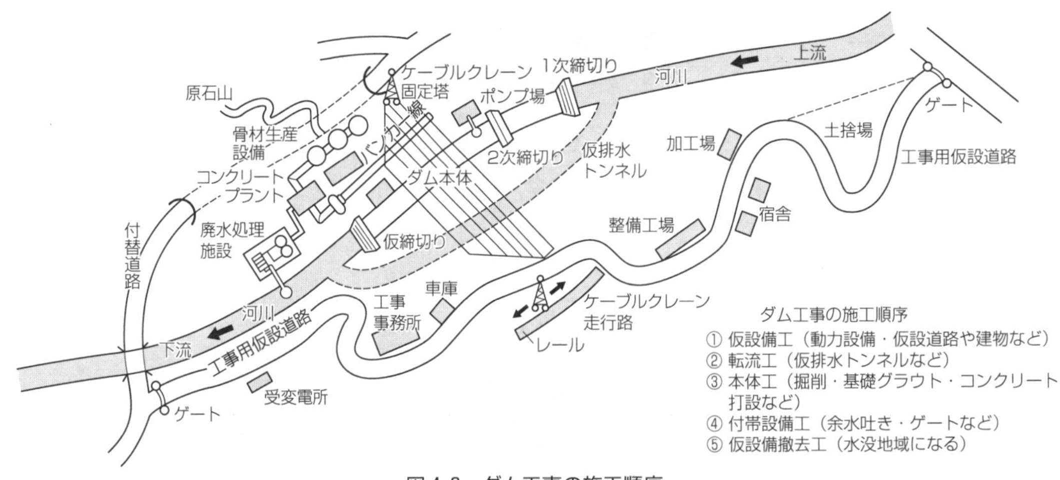

図4-3　ダム工事の施工順序

4・2・2　仮設備工

図のように仮設備工には、動力設備や道路、建物など数多くあるが、ここでは過去の出題状況から、図4-4に示す**骨材及びコンクリートの製造設備**について説明する。図4-4はコンクリートダムを想定しての仮設備であり、いずれもダム完成後には撤去される。従って、これらの設備は、ダム完成後の水没予定地に設置するように計画する。

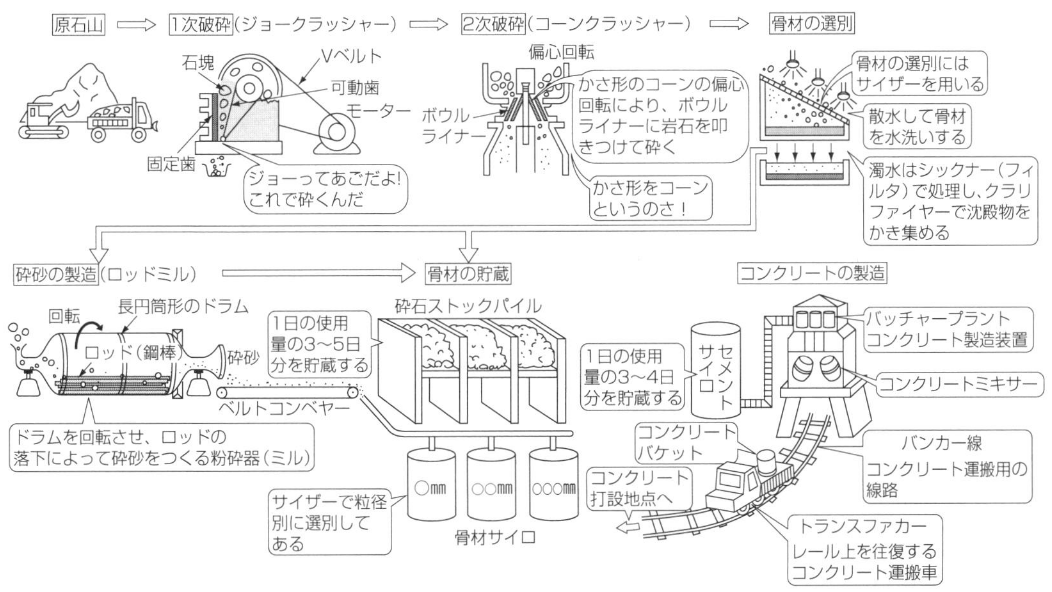

図 4-4　骨材及びコンクリート製造設備

(1)　骨材の製造

原石山から採取した石塊が図 4-4 のように 1 次破砕 （ジョークラッシャー）⇨ 2 次破砕 （コーンクラッシャー）⇨ 骨材の選別 ⇨ 砕砂の製造 （ロッドミル）を経て骨材として製造され、ストックパイルや 骨材 サイロに貯蔵されている。骨材の選別には、ふるい分け装置やサイザーが用いられ、骨材の表面に石粉や泥がついていると、セメントとの接着力が弱まるので水洗浄をする。濁水は沈殿地やシックナーで処理し、沈殿物はクラリファイヤーでかき集めて処理をする。

(2)　コンクリートの製造設備

ストックパイルやサイロに貯蔵されている骨材を、必要に応じて**バッチャープラント**に運びコンクリートを製造する。練り混ぜられたフレッシュコンクリートは、図のようにバンカー線（石炭や燃料などを運ぶ線路のこと）上をトランスファカーで打設地点まで運ぶ。

コンクリートの製造設備には、水和熱処理のための冷却装置や冷水製造設備もある。

4・2・3　転流工

ダム工事は、河川の流れを一時転流させ、河床が乾いた状態で確実に施工する必要がある。流水を転流させる工事を**転流工**といい、図 4-5 のように 3 種類の方法がある。

(1)　仮排水トンネル

この方式は川幅が狭く、流量の少ない場所に適し、ダム基礎部の全面的掘削が可能となるが、工費も割高となる。比較的川幅の狭い日本の河川でのダム工事では、仮排水トンネル式が多く採用されている。

(2)　仮排水開渠、仮排水樋

この方式は川幅が広く、流量が少ない場所に適し、ダム基礎部の全面的掘削は難しくなるが、工期が短かく、工費も安い。仮排水開渠部分の堤体工事を行うときには、図のように、堤体内に設ける仮排水路に、流水の方向を切換えることになる。

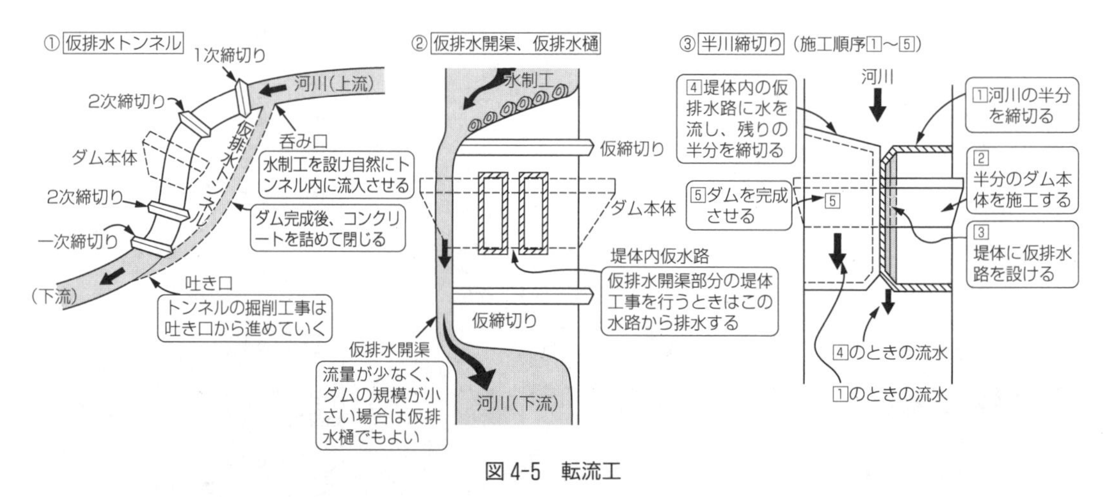

図 4-5　転流工

(3)　半川締切り

この方式は川幅が広く、比較的流量の多い場所に適するが、ダム本体を片側ずつ施工するので、支持地盤が深い場所では施工が困難となる。施工順序は図のようになる。

(4)　転流工の対象流量

各方式の仮排水路は、対象となる流量を安全に流下できるような構造とする。特に、フィルタイプダムは、工事中であっても越流は絶対に避けなければならない。転流工の方法の選択は、河川の出水量・出水頻度・地形・施工条件などを十分に検討し、慎重に決定することが大切である。

4・2・4　余水吐き（洪水吐き）

洪水のダムへの流入によって、貯留しきれない水が生じてくる。この水を**余水**といい、余水を計画的に、しかも安全にダム下流に放流する設備を**余水吐き**という。

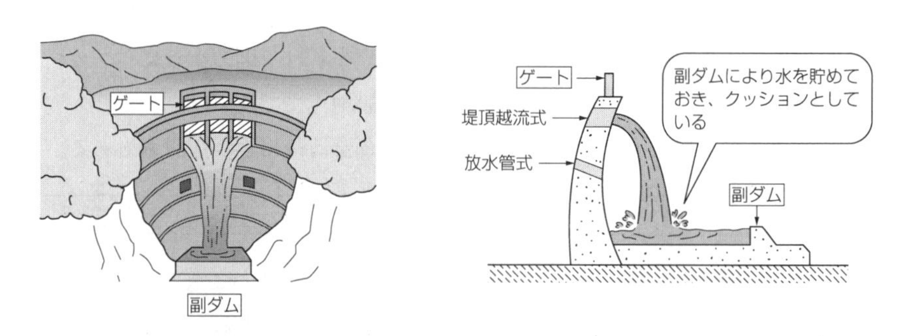

余水吐きは、コンクリートの場合は、一般に図のような**堤頂越流式**が多いが、フィルタイプダムでは、ダム本体の沈下も予想されるので、堤体上に放流設備を設けることが禁止されている。従って、堤体以外に設けるか、または堤体の一部をコンクリートダムにして、余水吐きを設けることになる。

余水吐きの形式には、図以外にシュート式、立て坑式、トンネル式などがある。

要点

『ダムの分類と特徴・ダム工事のまとめ』

- ダムの分類については、分類名と形状、特徴などについて、イラストで理解しておくこと。
- ダムの工事については、工事現場での各施設の配置などを想像しながら、主な施工順序を知っておくようにする。特に仮設物には、どのようなものが必要なのかを考えながら、イラストで確認しながら覚える。
- 仮設備工では大きく、骨材製造関係とコンクリートプラントに分けられる。特に骨材プラントの中で、どのような順序で骨材が生産されているのかを理解しておく。コンクリートプラント内での順序は、生コンの製造過程とほぼ同一であるが、特にマスコンクリートでの水和熱処理のための冷却施設があるのも理解しておく必要がある。
- ダム工事の基本となる転流工については、方式としくみを理解しておく。

例題 4-1 ダムの築造条件に関する次の記述のうち、適当でないものはどれか。

(1) アーチダムは川幅の狭い谷間が選ばれ、両岸に強固な岩盤が必要である。

(2) 重力ダムは、河川部の基礎岩盤が風化されていても、両岸の岩盤が良好であれば適する。

(3) フィルタイプダムの設計に当たっては、余水吐きは本体上に設けないようにする。

(4) 基礎岩盤の掘削は、仕上り面の損傷を極力小さく施工する必要がある。

解説

ダムの種類の選定は現地の地質や地形によって決まる。(1)の記述は正しい。(2)の重力ダムはダムの自重によって水圧に耐えるので、当然堅固な基礎岩盤が必要であり、風化されていないことである。従って(2)が誤りであり、(3)、(4)は正しい。

答(2)

例題 4-2 ダム工事の仮設備に関する次の記述のうち、適当なものはどれか。

(1) 転流工の方式とその規模は、ダムの型式に関係なく、現地の地質、地形、施工の難易さなどにより決定する。

(2) 骨材運搬路は、他の工事用道路などとは、無関係に独自に計画する。

(3) セメントサイロに貯蔵しておく量は、1日の使用量の3～4日分である。

(4) 転流工の仮締切りは、時期に関係なく、仮排水路の完成後直ちに行う。

解説

(1)の記述では決定要因に水流や流速などの水文条件がなく誤りである。(2)は経済上兼用できるようにするので、これも誤り。(3)のセメントの貯蔵量は3～4日分なので正しい。(4)仮締切りは時期はできるだけ出水期は避け、渇水期に施工するよう計画するので誤りである。

答(3)

例題 4-3 ダム工事設備とその用語の組合せのうち、適当でないものはどれか。

(1) バンカー線――――骨材選別

(2) ロッドミル――――骨材製造

(3) クラリファイヤー――濁水処理

(4) サイザー――――骨材選別

解説

工事設備と用語の組合せに関する出題率はかなり高い。イラストの中で理解することが大切である。バンカー線は、炭鉱で石炭を運ぶ専用の線路で、ここではコンクリートを運ぶ線路となり(1)が誤りで他は正しい。

答(1)

4・3 コンクリートダム(concrete dam)

4・3・1 コンクリートダムの設計

コンクリートダムの形式は、ダムの分類によっていくつかあるが、共通的な設計に関する考え方は図 4-6 のようになる。

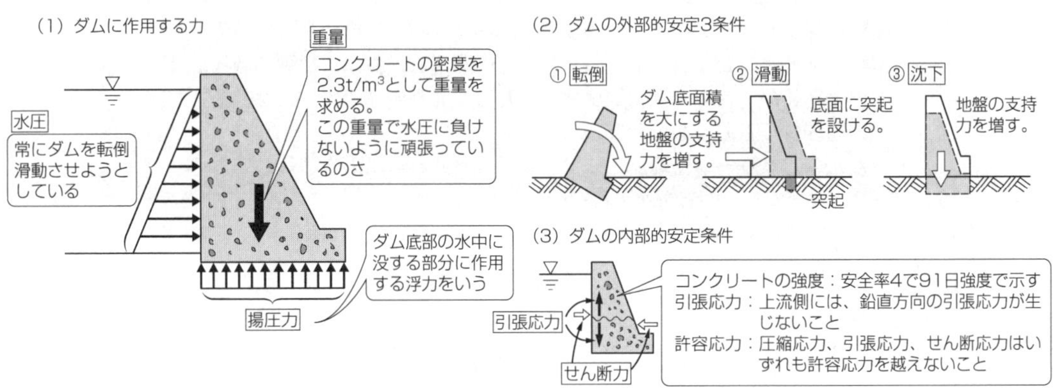

図 4-6　ダム設計の基本的な考え方

4・3・2 基礎掘削

重量の大きいダムを支える基礎地盤は、堅固で節理も少なく、大きな支持力と不透水性を持っていることが必要条件である。基礎掘削は、これらの岩盤を法面も含めて露出させることであり、掘削方法には図 4-7 のような工法がある。

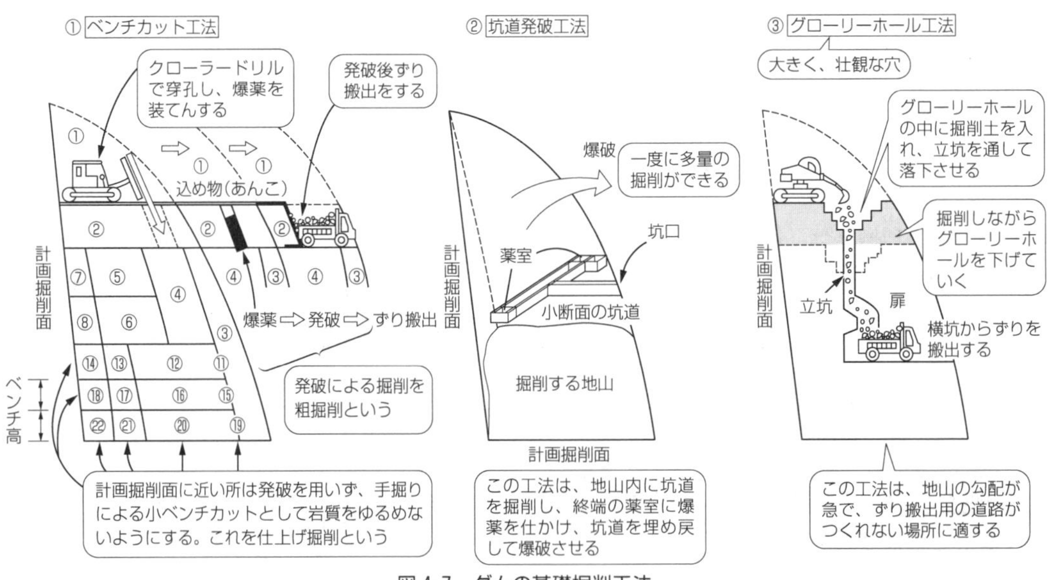

図 4-7　ダムの基礎掘削工法

4・3・3 基礎処理

重量の大きいダムを支える基礎岩盤は、堅固で高い水密性が求められる。しかし、良好な基礎岩盤でも、断層・節理・亀裂・破砕帯などがあると、ダムの安定に大きく影響するので、これらを補強したり改良する必要があり、これを**基礎処理**という。

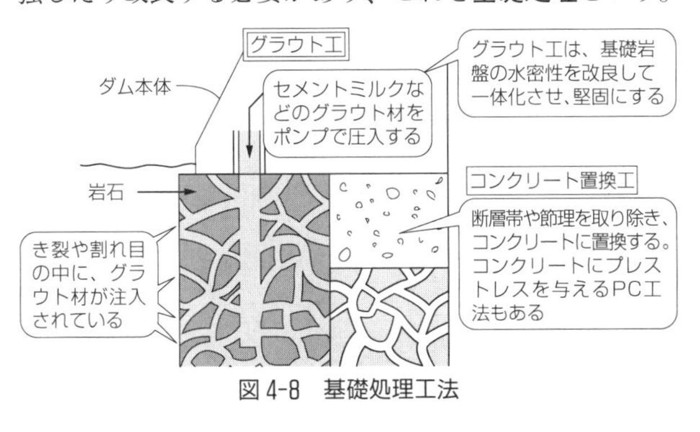

図 4-8　基礎処理工法

基礎処理の工法には、いくつかあるが、代表的工法としては図 4-8 のように、①**グラウト工**、②コンクリート置換工があるが、基礎岩盤への浸透水を防ぎ、排除する排水工も必要である。ここでは最も多く用いられているグラウト工について、種類と役割、工法などを中心に説明していく。

(1)　グラウト（grout：セメントミルクなどを圧入する）工

グラウト材を基礎岩盤に圧入する工法には、場所や目的によって、図 4-9 のような種類があり、ダムの規模や地形、岩質などにより、適切に計画して施工するようにする。グラウトの手順は、①ボーリングマシンによる削孔、②孔内の洗浄と水押しをして注入量を測定、③圧入、④だめ押しとなる。グラウト工の中心は、岩盤の地耐力を増し、ダムと一体化させる**コンソリデーショングラウト**である。また、グラウト完了後の効果を判定する試験には、ボーリング孔から圧力水を注入し、孔長 1 m 当りの透水量から求める**ルジオンテスト**がある。また、削孔機械にはパーカッションボーリング（打撃を加えながら削孔し、施工速度が速い）とロータリーボーリング（回転式）がある。

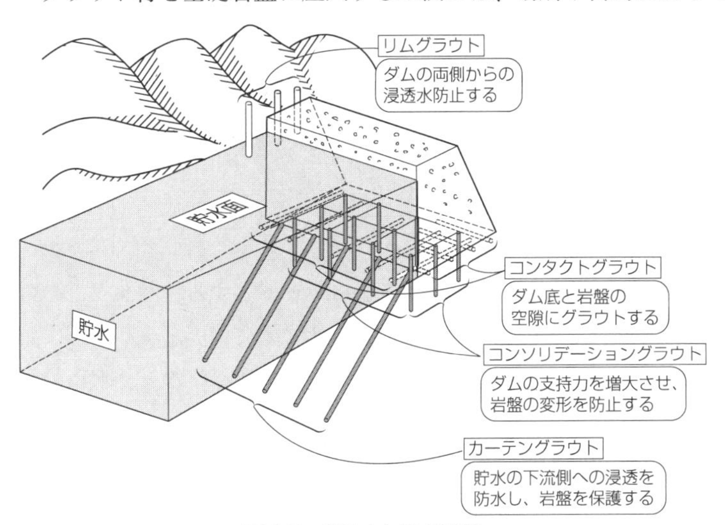

図 4-9　グラウト工の種類

4・3・4　コンクリートダムの施工

(1)　ダムコンクリートの配合

マスコンクリートとなるダムのコンクリートの配合は、一般に次のようになる。

①　AE コンクリートとする。

②　単位セメント量は、140 kg/m³ 程度とする。

③　粗骨材の最大寸法は、80～150 mm とする（最大寸法が大きいことは、セメント量を少なくして水和熱の発生量を減少させることになる）。

④　細骨材率 s/a を小さくする（全骨材中の細骨材の占める容積を少なくする）。

⑤　単位水量を少なくする（スランプ 3～5 cm、水セメント比 W/C は 60%以下）。

(2) ダムコンクリートの打設

ダムコンクリートの一般的な打設工事現場の状況を図 4-10 に示す。

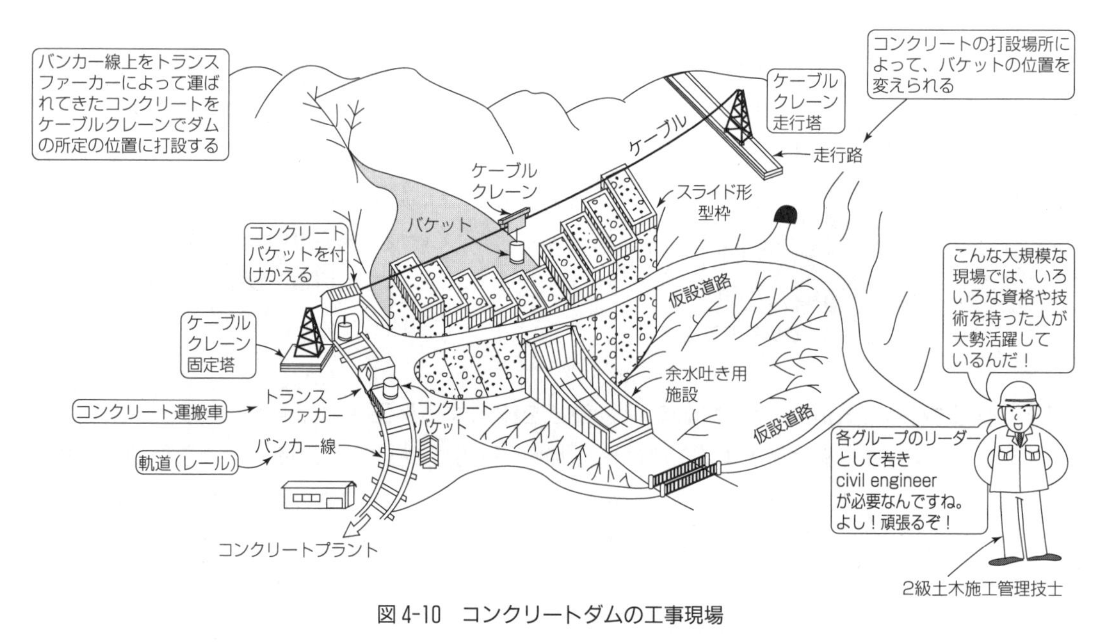

図 4-10 コンクリートダムの工事現場

ダムコンクリートの打設上の留意点は、次のようである。

① 打設高は、1 時間当り 4 m までとする。

② コンクリートの運搬は、材料の分離の少ない図 4-10 のようなバケットとする。バケットの容量は、ミキサの 1 バッチの大きさもしくはその倍数となるものが適当である。

③ 1 リフト（lift：1 回分の打上げ高さ）は、1.5～2.0 m とする（あまり高くなると、水和熱の放散がしにくく、ひび割れの原因となる）。

④ 図 4-11 のように、隣接するコンクリートブロックの打上げ差は、上下流方向で 4 リフト、ダム軸方向で 8 リフト以内を標準とする（リフトの許容差）。

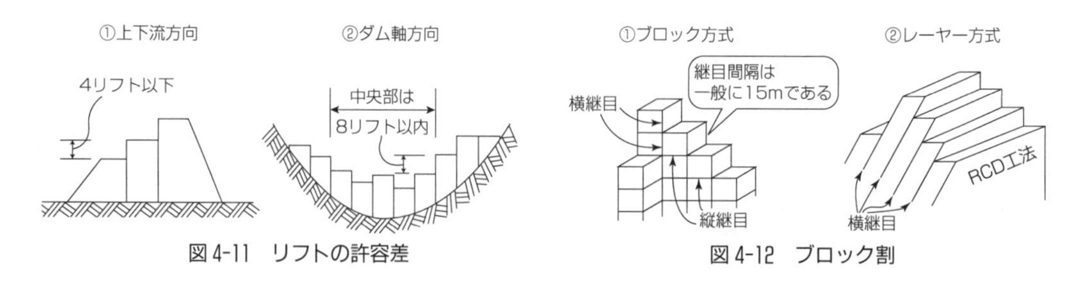

図 4-11 リフトの許容差　　図 4-12 ブロック割

⑤ 鉛直型枠は、35 kgf/cm²（3.4 N/mm²）に硬化するまでは、脱型しない。

⑥ コンクリートの打設方式には、図 4-12 のような種類があるが、水和熱を放散させやすいブロック方式が多く用いられている。レーヤー方式は RCD 工法で採用される。

(3) 水平打継目

ダムコンクリートは高さが大きいので、どうしても水平打継目（縦継目）が生じる。この場合、ブリーディングによって表面にできるレイタンスを完全に除去し、コンクリートを一体化させなければならない。コンクリート打設後 6～12 時間以内に、図 4-13 のような圧力水と空気を吹き付ける、グリーンカット工法を行っている。

(4) 養生とコンクリートの冷却

ダム工事は長期間にわたるので、寒中及び暑中はコンクリートの施工方法を十分に考慮して、養生するようにする。特に急激な温度変化や、乾燥、荷重、衝撃などからコンクリートを保護する養生では、寒中の保温、暑中の散水などが必要となる。

また、水和熱によるコンクリートの温度上昇を小さくするには、予め使用材料を冷却しておく**プレクーリング**と、図4-13のように通水管に冷却水を流す**パイプクーリング**がある。通水は打設直後から2〜3週間行う第1次クーリングと、継目グラウトのために行う第2次クーリングの際に行う。

図4-13 グリーンカットとコンクリートの冷却

4・3・5 RCD工法（Roller Compacted Dam concrete）による施工

RCD工法は、ローラーによって締固めるダム工法のことで図4-14のように硬練りのコンクリートを用い、運搬・敷きならし・締固めなどは、一般の土工事や道路工事に使われている、ダンプトラックやブルドーザーなどの**汎用機械を使用して施工できる**特徴がある。施工は、堤体の平面全体

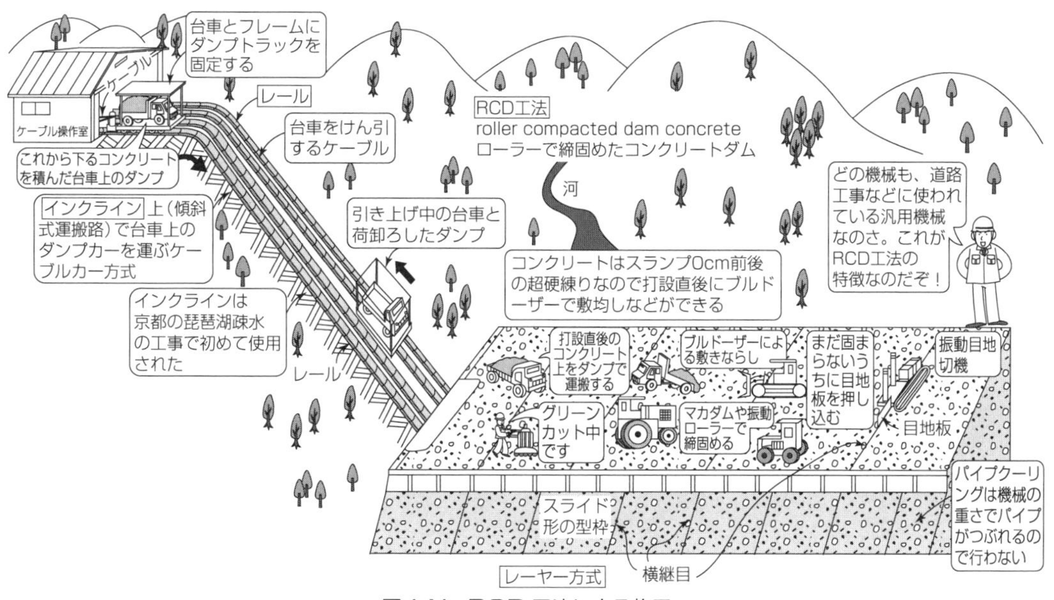

図4-14 RCD工法による施工

を**レーヤー**方式で打設し、1リフトの高さを75〜100 cmを標準としている。コンクリートの運搬は、図のようにインクラインやベルトコンベヤーを用いるなど、ダム工事全体が合理化されたコンクリートダムの施工法であり、中規模から大規模の重力式ダムに適用される。

また、硬練りで単位セメント量も少ないので、水和熱が低く、打設面上をブルドーザーやダンプトラックが走行するので、パイプクーリングは行わない。

要点

『コンクリートダムのまとめ』

- ダムが外部的安定であるためには、転倒・滑動・沈下の3条件を満足することであり、内部的には、ダムの上流側に引張応力が生じないことと、圧縮・引張り・せん断の各応力がコンクリートの許容応力を越えないように設計することである。
- ダムの基礎地盤の掘削方法には、ベンチカット工法、坑道発破工法、グローリーホール工法があり、それぞれの工法の方法と特徴を図4-7で理解しておくこと。
- 基礎処理のうち、各種のグラウト工についてのしくみと施工手順を知り、ここは出題率も高いので、図4-9でよく理解しておく必要がある。特にグラウト工の名称と位置及び目的は大切である。
- ダムコンクリートの配合については、一般的な事項について知っておくこと。粗骨材の最大寸法は80〜150 mmと大きい。
- ダムコンクリートの打設については、ブロックの施工方法とリフトの許容差についてよく理解しておくこと。また、グリーンカットやクーリングの方法について、それぞれの用語の持つ意味を理解し、図4-13において工法について知っておくこと。
- RCD工法は、まずRCDの英語をよく理解しておけば、工法や特徴もわかるであろう。図4-14において、RCD工法の全体像を覚えておくこと。

例題 4-4　ダムの基礎処理としてのグラウチングに関する次の記述のうち、正しいものはどれか。

(1)　削孔機械は、ロータリーボーリングとパーカッションボーリングの2種があるが、後者の方が削孔速度が遅い。

(2)　グラウチングは一般に、削孔→孔内洗浄→水押し→注入→だめ押し→機器清掃の順に施工する。

(3)　コンソリデーショングラウト式は、ダムの支持力を増すと同時に、ダムの両岸からの浸透水を防止するためにダムの両側に施工する。

(4)　コンタクトグラウトは、ダムの打継目からの漏水を防止のために施工する。

解説

削孔機械はこの2種であり、打撃(パーカッション)を加えながら削孔するパーカッションボーリングの方が速く削孔できるので、誤りである。各グラウチングの施工する位置や目的は、図4-9よりよく理解しておくようにする。また、施工順序は、(2)の記述の通りで正しい。水押しとは、注入量を求めること。従って、(1)、(3)、(4)が誤りとなる。
答(2)

例題 4-5　コンクリートダムの施工に関する記述のうち、適当なものはどれか。

（1）グリーンカットは、新しいコンクリートの打設後6〜12時間内に行うのがよい。

（2）鋼製型枠を使用する場合には、せき板に剥離剤を塗る必要がない。

（3）コンクリートの養生は、できるだけ直射日光をあて、強度発現を速める。

（4）示方配合を現場配合に直すには、正確な計量は必要としない。

解説

グリーンカットはコンクリート表面のレイタンスを除去することであり、(1)の記述は正しい。(2)、(3)、(4)の記述は、いずれも逆のことをいっているので適当でない。

答(1)

例題 4-6　コンクリートダムの施工に関する次の記述のうち、適当でないものはどれか。

（1）横継目の間隔は、一般に 15 m とされている。

（2）鉛直面の型枠は、コンクリートの圧縮強度が 35 kgf/cm² (3.4 N/mm²) 以上になるまで取りはずさない。

（3）横継目のみで、縦継目を設けないコンクリートの打設方式をレーヤー方式という。

（4）継目グラウチングは、一般にパイプクーリングによりコンクリートを冷却する前に実施する。

解説

(4)の記述のパイプクーリングは、コンクリートを冷却し、収縮させる目的で行うので、十分に収縮してから継目グラウチングを行わないと漏水の原因となる。従って(4)の記述が誤りとなる。(1)、(2)、(3)はいずれも正しいので、内容を確認しておくこと。

答(4)

例題 4-7　ダムに用いるコンクリートの性質に関する次の記述のうち、適当でないものはどれか。

（1）単位重量が小さいこと

（2）水密性が大きいこと

（3）体積変化が小さいこと

（4）耐久性が大きいこと

解説

ダムのコンクリートは、自重で水圧に耐えるようにも設計するので、コンクリートの単位重量は当然大きいことが必要であり、(1)記述が正しくない。(2)、(3)、(4)はダムコンリートとして必要な性質であり、いずれも正しい。答(1)

例題 4-8　ダムコンクリートの特徴を一般の無筋コンクリートと比較した次の記述のうち、誤っているものはどれか。

（1）単位水量が大きい

（2）スランプが小さい

（3）粗骨材の最大寸法が大きい

（4）単位セメント量が小さい

解説

ダムコンクリートとして要求される性質を満足するには、(1)の単位水量を少なくして(2)のスランプも小さくする。また、発熱量を少なくするには(4)の単位セメント量を少なくすると同時に(3)の最大寸法の大きい骨材を用いる。従って、(1)の記述が誤りとなる。答(1)

例題 4-9　RCD 工法によるコンクリートダムの施工に関する次の記述のうち適当でないものはどれか。

（1）　コンクリートをブルドーザーで敷きならし、振動ローラーで締固める。

（2）　コンクリートのパイプクーリングは行わない。

（3）　コンクリートは作業性を考え、流動性の高い富配合のコンクリートを用いる。

（4）　打設地点までのコンクリートの運搬には、一般にダンプトラックを用いる。

解説

RCD 工法は、超硬練りのコンクリートをダンプトラックで運び、ブルドーザーや振動ローラーなどの汎用機械を用いて施工する工法である。パイプクーリングは重量の大きい機械によってパイプがつぶされるので用いない。以上のことから(3)の流動性の高い記述は誤りとなる。

答(3)

4・4　フィルタイプダム(fill type dam)

フィルタイプダムは、土砂や岩石などを積み重ねる形式のダムで、堤体材料の種類によって次のように分類されている。

(1)　アースダム（earth dam：土ダム）

アースダムに用いる堤体材料は、粘土・土・砂などの**不透水性な土質材料**を均一に敷きならし、タンピングローラーやタイヤローラーなどで入念に締固め施工して、堤体全体で遮水する構造にしたもので、浸透した水はダム内部の中心から下流部に設けるドレーンから排水する。ダム高は一般に 30 m 以下と低く、大容量の貯水には適さない。

(2)　ロックフィルダム（rock fill dam：岩石を満たしたダム）

ロックフィルダムに用いる堤体材料は、岩石が主で透水性が大きいので、図 4-15 のような**遮水方式**を用いる。ダムの高さは一般に 70 m 以下とされている。

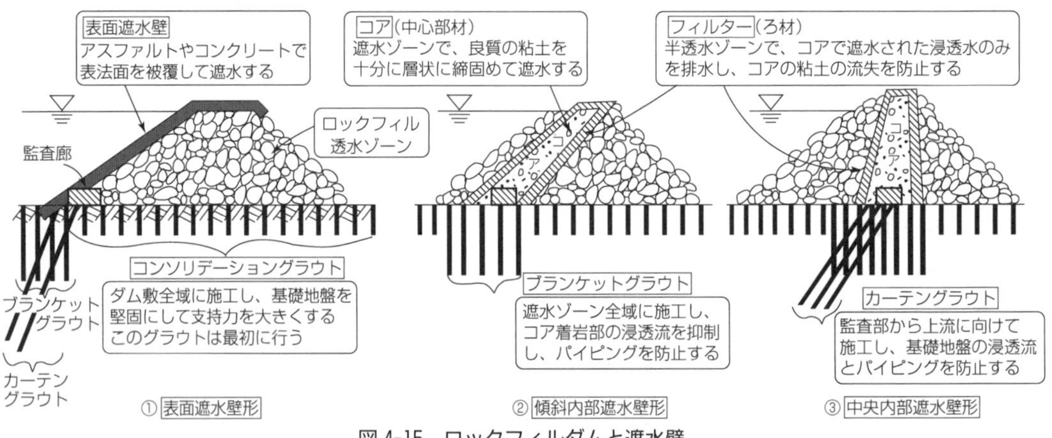

図 4-15　ロックフィルダムと遮水壁

図 4-15 の内部遮水壁形のコアは、不透水性な土質材料を**ダム軸に平行**に 20〜30 cm の厚さにまき出し、タンピングローラーやタイヤローラーで入念に締固める。半透水ゾーンのフィルターを含むところは、図のフィルターとしての役割の他、ロックとコアの不等沈下に伴なう応力の伝達や変形の影響を緩和する働きもしている。

グラウト工は、コンクリートダムの場合と同様に、グラウトを施工する他、コアに接する基礎地盤に不透水質をつくる**ブランケットグラウト**がある。ロックフィルダムは、多くの岩石を積み上げて築造するので、基礎地盤の制約も少なく、グラウト工も透水性の改良が重点で比較的浅く、現地付近で適当なロックが得られれば経済的にも有利といえる。

堤体材料として**砂礫材料**を用いる場合は、一層のまき出し厚さを30〜40 cmにし、ブルドーザーやタイヤローラー、振動ローラーなどで、土質材料の場合と同様に、**ダム軸に平行**に転圧していく。また、最も量の多い**ロック材料**の場合には、まき出し厚さは1〜2 mとし、散水して岩石表面を洗浄しながら、ブルドーザーやマカダムローラーなどで転圧する。

ロックゾーンの盛立ては、特にフィルターに接する所やアバットメント（コアの基礎部）付近に、大塊のロックが集中しないように注意して施工する。

これらの施工の途中で洪水が発生し、現地が越流されると大被害を受けるので、転流工は十分余裕の持ったものとする。転流工に仮排水トンネルを設ける場合は、一般に図4-16のように2本とすることが多い。

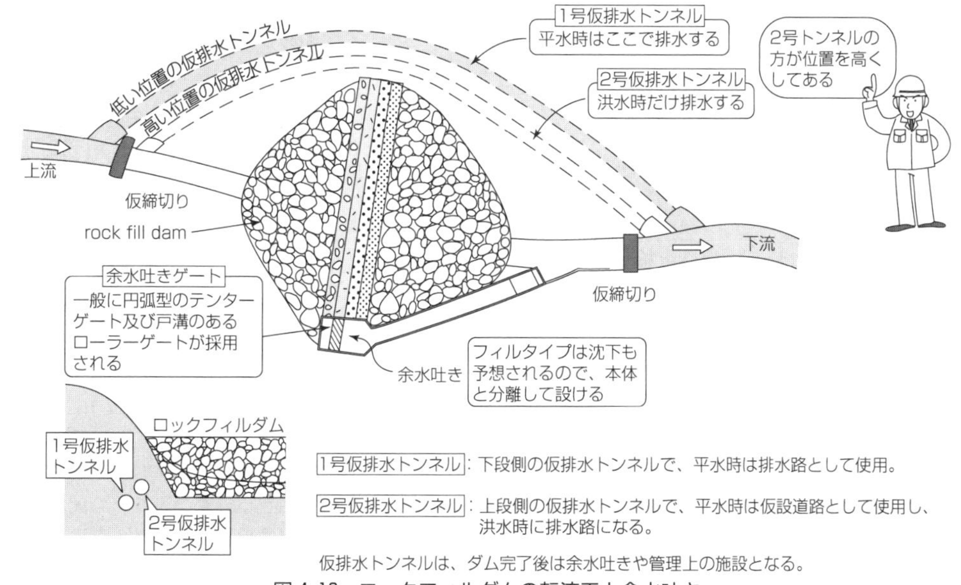

図4-16　ロックフィルダムの転流工と余水吐き

また、余水吐き（洪水吐きともいう）は、フィルタイプダムの**堤体上に直接設けることは禁止**されている。これはダムや基礎地盤は、積み重ねた岩石などが長年の間に、ある限度内の不等沈下が許されているからであり、図のように堤体と分離して設ける。ダム完了後に仮排水トンネルを余水吐きとして利用する方法もあるが、流木などにより閉塞する可能性があるので、一般に採用されている例は少ない。

例題4-10　ロックフィルダムに関する一般的な施工順序について、次の組合せで適当なものはどれか。

（イ）基礎掘削　　（ロ）堤体盛立て

（ハ）仮排水路　　（ニ）ブランケットグラウト

（1）（イ）―（ハ）―（ロ）―（ニ）

（2）（ハ）―（イ）―（ニ）―（ロ）

（3）（ニ）―（イ）―（ハ）―（ロ）

（4）（ハ）―（イ）―（ロ）―（ニ）

解説

ダムの施工順序はまず転流工で河川水を留め、次に基礎掘削と基礎処理（ロックフィルダムではブランケットグラウトが大切）を行ってから、ロックの盛立てとなる。従って、当然(2)が正しい。

答(2)

例題 4-11 ロックフィルダムの盛立てに関する次の記述のうち、適当でないものはどれか。

(1) 盛立ては、フィルターとの境界部やアバットメント付近に大塊が集中しないようにする。

(2) コアゾーンの転圧は、ダム軸に直角方向に施工して、遮水性を向上させる。

(3) ロックゾーンでは、上層と下層のかみ合わせよくするため、下層面のかき起しを行う。

(4) コアゾーンの盛立てには、含水比の管理を十分に行う。

解説

コアゾーン及びロックゾーンの転圧は、原則としてダム軸に平行に施工する。従って、(2)の直角方向が誤りである。(1)、(3)、(4)の記述はいずれも正しいので内容を確認しておくこと、特に土質材料の転圧では、w_{opt} 管理が必要。

答(2)

例題 4-12 ダムの放流設備に関する次の記述のうち、誤っているものはどれか。

(1) フィルダムの場合に、トンネル洪水吐きは流木などによる閉塞の恐れがあり、一般に採用されない。

(2) 洪水吐きの設計対象流量は、コンクリートダムよりフィルダムの方が大きい。

(3) ローラーゲートは、戸溝がないので、テンターゲートより流水の乱流が少ない。

(4) フィルダムは、ダムの点検修理のため、貯水池の水位を低下させる放流設備を設ける。

解説

洪水吐き（余水吐き）の流量を調節するために水門（ゲート・扉）を設ける。ゲートには図のようなものがあり、ローラーゲートが誤りとなる。

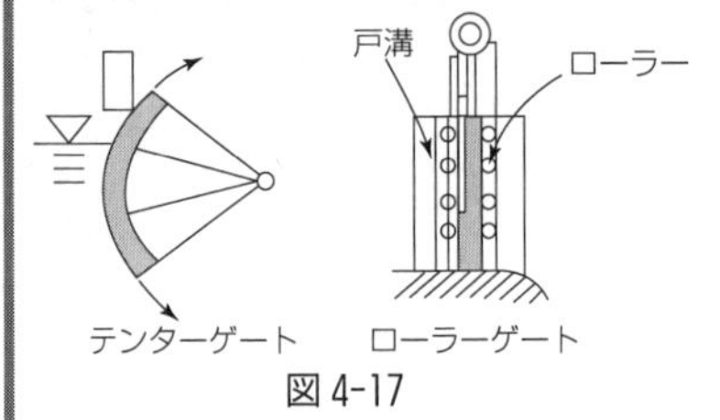

図 4-17

答(3)

例題 4-13 RCD 工法によるダムの施工に関する次の記述のうち適当でないものはどれか。

(1) コンクリートの1回あたりの打ち上がり高さをリフトといい、1リフトの高さは、75～100 cm 程度である。

(2) パイプクーリングによるコンクリートの温度規制は行わない。

(3) コンクリートの運搬は、バッチャープラントから打設面までトラックミキサ車を用いて行う。

(4) 横継目は、一般に、コンクリート敷均し後、振動目地切機などを用いて設置し、その設置間隔は、15 m 程度とする。

解説

(1)の1リフトの説明文は正しいので確認しておこう。特に1リフト高は 75～100 cm 程度が標準である。(2)の RCD では重い建設機械を使用するのでつぶれる心配もあるし、温度規制は予め材料を冷却するプレクーリングなどを行うので正しい。(3)は図 4-14 でも分るようにダンプトラックを用いるので誤りである。

答(3)

例題 4-14 ダムに関する用語の組合せのうち、次のうち適当でないものはどれか。

(1) コンクリートダム――――グリーンカット

(2) パイプフーリング――――冷却水

(3) フィルタイプダム――――スラック

(4) カーテングラウチング――基礎岩盤

解説

(3)のスラックは鉄道用語であり、曲線部のレールの軌間の拡大をいう。他の用語の組合せは正しいが、どんなものか確認しておこう。

答(3)

第5章 トンネル

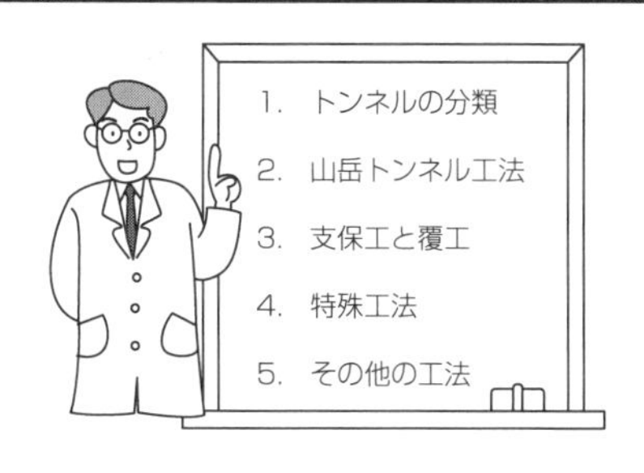

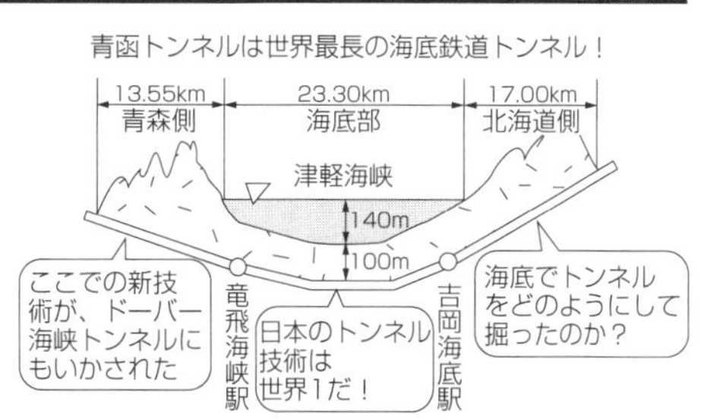

図 5-1　青函トンネル

トンネル（Tunnel：隧道（ずいどう））は、山腹や水底をくり抜いてつくった**通路**である。日本列島は中央に山脈があり、周囲は海に囲まれており、目的地に早く、快適に到達するには、トンネルが必要である。ここでは、トンネルの**掘削**や**覆工**などの施工方法について学ぶ。

5・1 トンネルの分類

トンネルを用途と工法によって分類すると、表 5-1 のようになる。

表 5-1　トンネルの分類

用途による分類	工法による分類
① 交通：道路トンネル・鉄道トンネル ② 水路：発電用水路・上下水道水路・地下河川 ③ その他：共同溝・地下街	① 山岳トンネル工法 ② 開削工法 ③ シールド工法 ④ 沈埋トンネル工法 ⑤ 推進工法

また、トンネルの平面線形は、できるだけ直線とするが、曲線の中に設ける場合は、曲線半径を大きくする。縦断線形は一般に 0.3％とし、湧水の多いときは 0.5％とする。

5・2 山岳トンネル工法

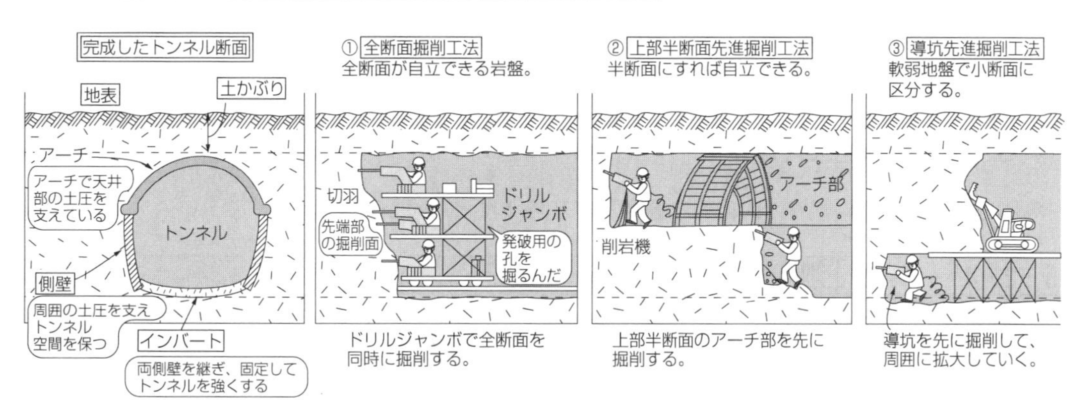

図 5-2　山岳トンネル工法

図 5-2 のような断面のトンネルを地中につくるには、まず地中を掘削しなければならず、掘削工法は大きく分けて図 5-2 のように、**全断面掘削工法・上部半断面先進掘削工法・導坑先進掘削工法**

となる。工法の選定には、地形、地質、断面形状、工期などを考慮し、最も経済性・安全性に富むものを中心に、十分に検討して決めることになる。

5・2・1　全断面掘削工法

切羽全断面が自立できる岩盤に、**全断面同時発破**をかけるか、あるいは図5-3のような**トンネルボーリングマシン**で掘削をする。この工法は、支保工も不要で、経済性・安全性・作業管理上好ましいが、切羽でのトラブルで作業が中断すると、直ちに全工事に影響するなどの欠点もある。

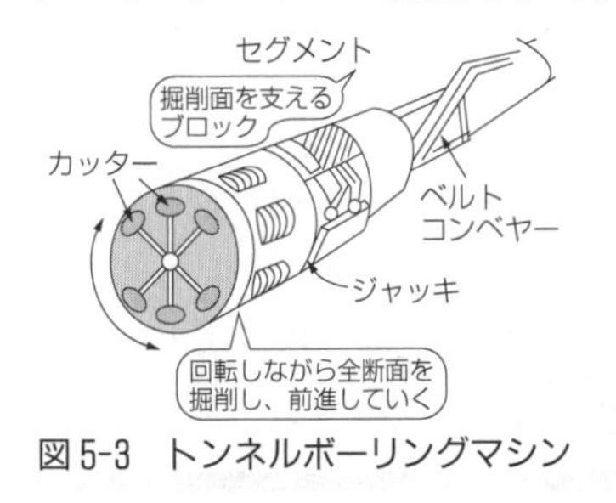

図5-3　トンネルボーリングマシン

また、切羽の岩質が悪化した場合の対応が難しく、工法を変更することもできない。従って、この工法は断面が、30〜40 m^2 級以下の中小断面のトンネルに採用され、これ以上の大断面の掘削には適さないし、掘削機械に関する費用（製作・運搬・維持費）が多くかかる欠点もある。

5・2・2　上部半断面先進掘削工法

切羽の**半断面であれば自立**できる地質に適する工法で、施工の順序は図5-4のようになる。下部半断面の掘削には、大形機械も使用できる利点もあるが、上半部と下半部が平行して掘削できず、2倍の工期を必要とするので、長大トンネルには不向きとなる。

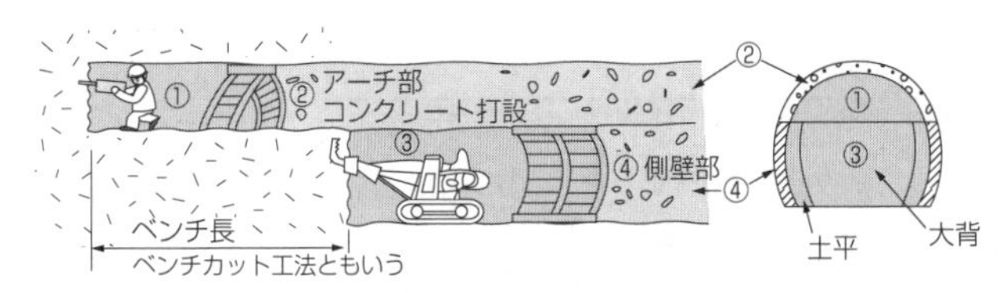

① 上部半断面掘削　② アーチ部コンクリート打設　③ 下部半断面掘削
④ 側壁部コンクリート打設

図5-4　上部半断面先進掘削工法

5・2・3　導坑先進掘削工法

切羽の地質が軟弱で、**半断面でも自立できない**場合はトンネルを**小断面に区分け**して掘削する。このとき、先進して掘削する小断面の部分を**導坑**という。

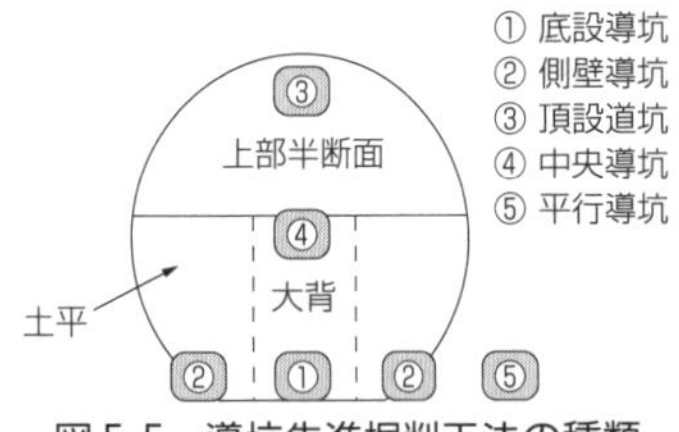

図5-5　導坑先進掘削工法の種類

導坑を先に掘削することにより、地質や湧水状況を調査でき、測量や材料の搬入、通風などにも役立っている。導坑は図5-5に示すように、位置によって名称がつけられ、それぞれの特徴があるので、現場の状況により位置を決定する。

導坑先進掘削工法のうち、代表的な掘削順序と特徴などを図5-6に示す。

5・2・4　削岩と爆破

トンネルの掘削には、一般にダイナマイトなどの爆薬を爆発させて行う**発破**を用いる。爆薬としては、膠（こう）質ダイナマイト、カーリット、ANFOなどが用いられ、装薬方法（発破方法）には、図5-7のようなものがある。また、爆薬などを詰め込む発破孔を、削岩機を用いて穿（せん）孔することを**削岩**という。削岩機には、図5-5に示したように単体のものから、ジャンボ削岩機など用途に応じていくつかあり、穿孔速度は軟岩で70〜80 cm/min、硬岩で40〜50 cm/minとなる。

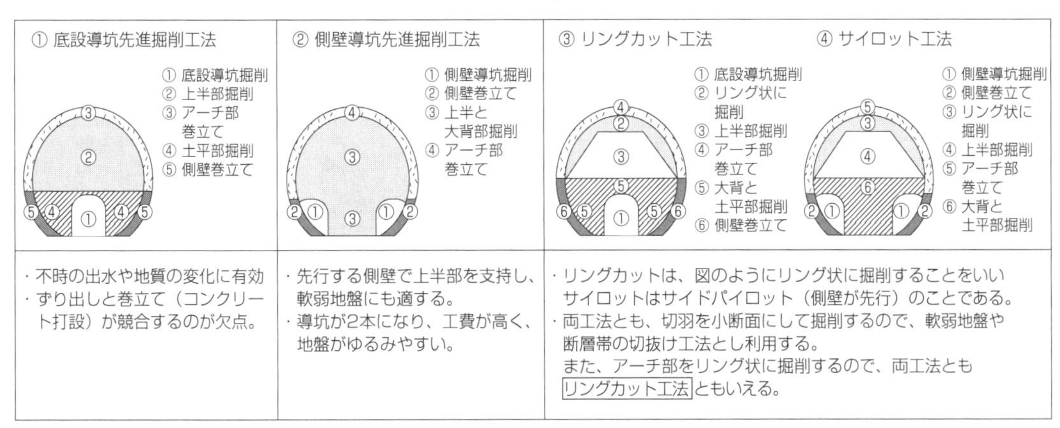

図 5-6　導坑先進掘削工法

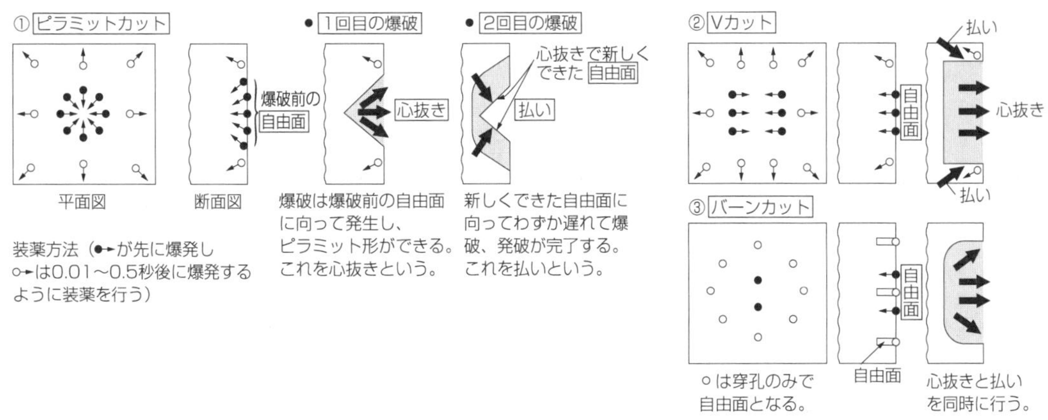

図 5-7　装薬と爆破のしくみ

図 5-7 からもわかるように、爆破は**自由面**に向って発生していくので、自由面のつくり方（穿孔方向）が爆破効果に影響することになる。一般には、**心抜き**と**払い**の方法をとるピラミットカットと V カットが多く採用されている。ピラミットカットは、穿孔が 1 つの頂点に向かうので技術的に難しいが、爆薬が集中するので効果は大きい。また、V カットは、切羽断面の左右をだき合わせた合理的な心抜きで、大断面の掘削に適する。

バーンカットは、穿孔が水平でしやすく、爆薬量も少ない。装薬しない空孔が自由面の役を果すので、この空孔をばか孔ともいう。この工法は、小断面の掘削に適する。その他の方法として、平行孔を数孔穿岩し、孔じりに装薬するノーカットもある。

（1）　爆破作業の注意事項

トンネル工事で爆薬による爆破作業は、最も危険なので、図 5-8 のような注意事項について慎重に対処する必要がある。

（2）　ずり処理

爆破作業により、切羽で崩壊した土砂を**ずり**といい、図 5-9 のように、ずりの**積込み・運搬・ずり捨て**の作業を**ずり処理**という。図 5-3 に示したトンネルボーリングマシンのような機械掘削の場合は、積込み・運搬が連動するが、一般には図 5-9 のような手順でずり処理を行っている。

① ずり積込み機の種類　走行方式には、レール式・クローラー式・ホイール式があり、積込み方法によっては、図 5-9 に示したロッカーショベルのオーバーショット式やサイドダンプ式とフロ

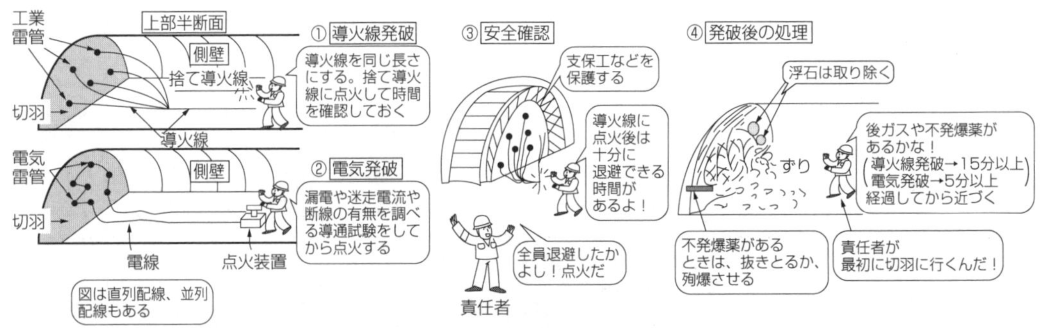

図 5-8　爆破作業の注意事項

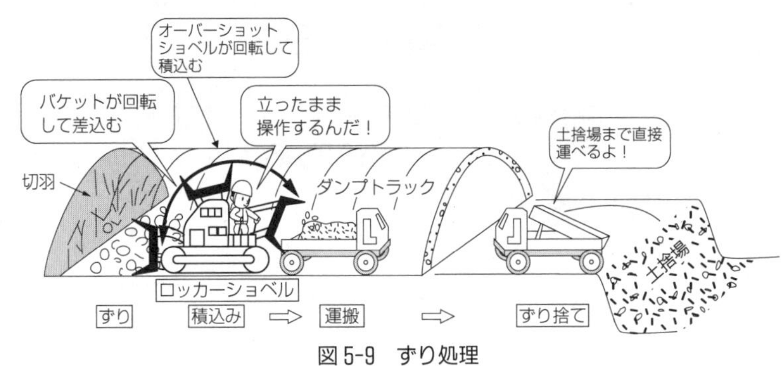

図 5-9　ずり処理

ントエンド式などがある。

② ずり運搬方法　運搬方式には、ずりトロ（トロ：トロッコのことで、トラックがなまった語）を機関車でけん引するレール方式とホイール方式がある。

レール方式の機関車は、バッテリー式とディーゼル式があり、ディーゼル式の場合は、排気ガス対策を講ずる必要がある。また、レールの分岐方式には、図 5-10 のような方式がある。レール方式では、土捨場までの運搬について、レールを延長するのか、または坑口でダンプトラックに積み替えて処理をするのかを、検討することになる。

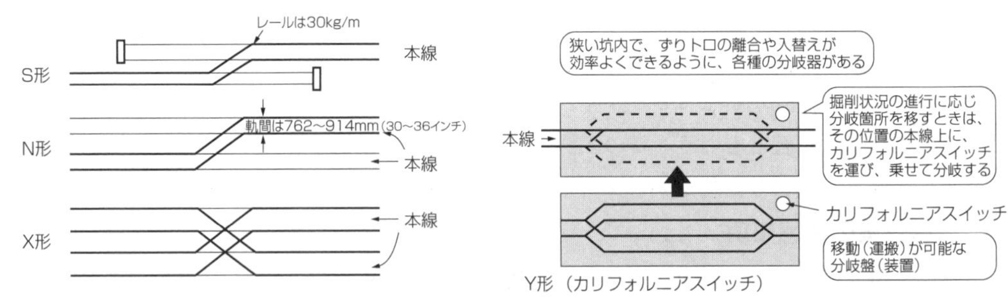

図 5-10　分岐器

図 5-11　ターンテーブル

ホイール方式のずり運搬方法の主なものはダンプトラックであり、図 5-9 のように、土捨場まで直接運搬できて作業効率がよい。しかし、軟弱地盤や導坑のような狭い作業空間には適さないし、掘削作業が進むにつれて、坑内でのバック走行距離が長くなり、安全性や効率性がわるくなるので、図 5-11 に示すターンテーブルや側壁の一部を余掘りするなど、方向転換方法を考慮する必要がある。また、換気設備も十分に行う。

なお、運転席をその場で前後方向に逆転できるサイドダンプ方式の特殊ダンプトラックなども使用されている。

(3) 換気

工事中の坑内には、発破後の後ガス・粉じん・排気ガスや作業員の呼吸などで、空気がかなり汚れているので、なんらかの方法により換気を行い、安全な作業環境をつくることが大切である。換気の計画には、作業員1人当り3 m^3/min の換気量が必要と考える。

また、有毒ガスの許容限度を、一酸化炭素100 ppm、炭酸ガス1.5%、酸化窒素25 ppm以下としている。

要点

『トンネルの分類と山岳トンネル工法のまとめ』

- トンネルの工法による分類には、山岳トンネル工法・開削工法・シールド工法・沈埋トンネル工法・推進工法などがあり、縦断勾配は一般が0.3%、湧水の多いときは0.5%とする。
- トンネルの掘削工法は、大きく分けて全断面掘削・上部半断面先進掘削・導坑先進掘削の各工法があり、図5-2より概略のしくみや工法を理解し、さらに各工法の説明とイラストから種類や特徴を、掘削の順序も考えながら理解するとよい。切羽断面の大きさや工法を決める要因は、切羽の自立の可否であることも知っておこう。
- 導坑先進掘削工法のうち、リングカット工法とサイロット工法はよく理解しておくこと。
- 爆破は自由面に向って発生するので、自由面の形を想定して削岩(穿孔)の方向が決定する。ピラミットカットのように、1点に向う斜め方向の穿孔は難しい。また、心抜きと払いについても、イラストから爆破順序と自由面の関係をよく理解しておこう。
- 爆破作業の注意事項は大切であり、出題率も高いのでよく覚えておくこと。また、不発爆薬の処理も重要である。
- ずり処理については、内容や方法について、一応理解しておくようにする。カリフォルニアスイッチは移動分岐器である。

例題 5-1 下図のトンネル掘削方式のうち、地質が複雑で地耐力が不足し、上半アーチの基礎工を必要とするときの最も適した工法はどれか。

(1)中央導坑先進工法

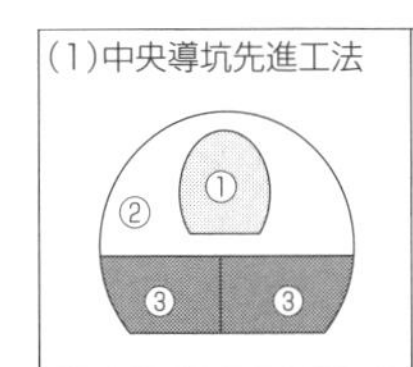

(2)上部半断面工法

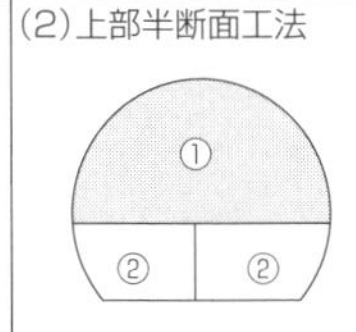

(3)側壁導坑先進工法

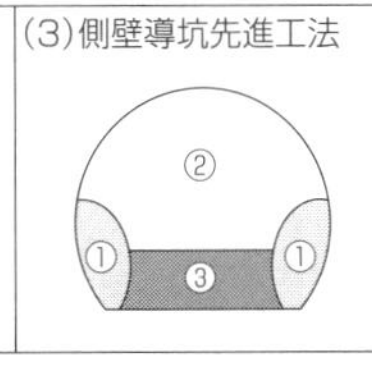

(4)全断面工法

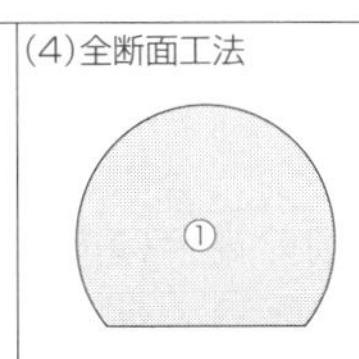

解説

上半アーチの基礎工としては、当然(3)の側壁となり、これが適した工法となる。(1)は半断面も自立できない場合の工法で中央導坑から左右に掘削し、支保工を組み立て地山を支える工法である。(2)は半断面だけ自立できる場合の工法。(3)は側壁のコンクリート工を先行し、アーチ部へと切り広げていく。答(3)

例題 5-2 トンネル掘削の発破に必要な穿孔に関する次の記述のうち、適当でないものはどれか。

(1) 穿孔に先立って、切羽の点検、浮石や残留爆薬の有無の確認と除去を行う。

解説

孔じりとは、前回発破の際に残った孔で、残留火薬のある恐れもあるので、利用して新しく穿孔することは禁じられている。従って(2)が誤り

（2） 穿孔は、孔じりを利用して行うのが効率的である。

（3） 穿孔中の異常な湧水やガスの噴出、地質の変化は、のみ下がりや排水の色や量等により、ある程度知ることができる。

（4） 穿孔機械の選定は、岩質、トンネル断面の大きさ、掘削工法などより決める。

となる。(1)、(3)、(4)の記述は正しいので内容を確認しておくこと。(3)ののみ下がりとは削岩機先端のビット（掘削刃・のみ）の進み具合をいう。

答(2)

例題 5-3 ずり処理に関する次の記述のうち、適当でないものはどれか。

（1） ずり積み作業中は、危険区域を定め、当該作業員以外は立入禁止とする。

（2） ずり積みは過積みにすると脱線や傷害事故の原因となるので注意する。

（3） ずり運搬の自走式のタイヤ方式は、レール方式に比べ仮設備や換気設備が簡単である。

（4） レール方式は、トンネルの規模や地質等に制約されないが、レールの勾配に制約される。

解説

(1)、(2)、(4)の記述はいずれも正しい。(4)のトンネル内のレールの勾配は50/1000（5%）以下となっている。(3)のタイヤ方式は、仮設備（レール、まくら木）などは簡単で、勾配による制約もないが、排気ガスの換気設備や環境対策を十分に行う必要があるので(3)が誤りとなる。レール式は電気を用い問題がない。

答(3)

例題 5-4 トンネルの発破作業に関する次の記述のうち、適当なものはどれか。

（1） 導火線発破の場合、安全確保のため、発破時計または捨て導火線を用いる。

（2） 不発孔、残留火薬点検のため、爆破後直ちに切羽の点検をする。

（3） 装薬の能率を上げるため、穿孔の終了した孔から順次火薬を装てんする。

（4） 導火線の連続点火は、その数にかかわらず確実を期すために1人で行う。

解説

(1)の点火数が5発以上のときは、必ず発破時計や捨て導火線を用いることになっており、この記述が正しい。(2)の点検は、導火線では15分以上、電気発破では5分以上となっている。(3)は並行作業で間違いのもとになり禁止されている。(4)は導火線の長さによって点火数が決められており（1.5m以上→10発以下、1.5m未満→5発以下、0.5m未満→してはいけない）その数にかかわらずの記述が誤りである。

答(1)

例題 5-5 山岳トンネルの掘削工法に関する次の記述のうち、適当でないものはどれか。

（1） ベンチカット工法は、一般に上部半断面、下部半断面に断面を2分割して掘進する工法である。

（2） 全断面工法は、大断面のトンネルや地質が安定しない地山で採用される工法である。

（3） 中壁分割工法は、大断面掘削の場合に多く用いられ、トンネルの変形や地表面沈下の防止に有効な工法である。

（4） 側壁導坑先進工法は、土被りが小さい土砂地山で地表面沈下を防止する必要のある場合などに用いる工法である。

解説

ベンチカット工法にはロングベンチ、ショートベンチ等があり正しい。(2)の全断面工法は、大断面ではなく、小断面や地質が安定した地山に用いられ誤りである。(3)、(4)の説明文は正しく、それぞれ確認しておこう。

答(2)

5・3 支保工と覆工

トンネルは、掘削面をコンクリートなどで覆う**覆工**を行って完成する。この覆工を施工するまでの間や覆工の型枠を、土圧に対して支持する仮設構造物を**支保工**という。

5・3・1 支保工

(1) 支保工の種類

支保工には、図5-12のような種類があり、地質・断面・掘削方式などにより、適切な支保工を選ぶことが必要である。また、支保工として要求される一般的な性質は、

① 取扱いが簡単で、速く組立てができ、土圧に対して安全であること。

② 発破に対して抵抗力が大きいこと。

などであり、この性質も支持工の種類を選定する要因となる。

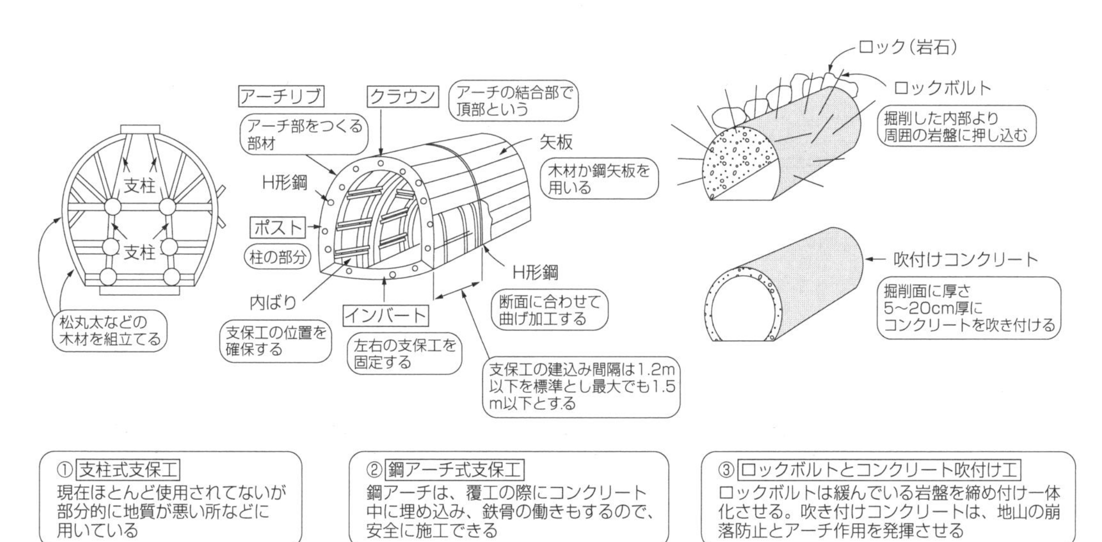

図5-12 支保工の種類と特徴

図5-12からもわかるように、土圧に対して支持する支保工には、**鋼アーチ式支保工**のようにトンネル内に鋼材を組立てて支持する方法と、周囲の岩盤の強さを利用する**ロックボルトとコンクリート吹付け工**の方法がある。

鋼アーチ式支保工には、H形鋼の他に鋼管なども使用され、鋼材の継手箇所は弱点になりやすいので、ボルトでしっかり接合することが大切である。

ロックボルトを岩盤に固定する方法には、図5-13のようなものがある。

(2) ナトム工法(NATM:New Austrian Tunneling Method)

この工法は、支保工の種類の**ロックボルト工と吹付けコンクリート工を組み合わせた**もので、周囲の岩盤の強さを利用し、図5-13に示すように、吹き付けコンクリートの**アーチ作用**と、ロックボルトの**吊り下げ効果**の利点を同時に発揮できるようにしたものである。

ナトム工法の施工順序や特徴を図5-13に示す。

ナトム工法はオーストリアで開発され、主にヨーロッパで多く採用されていたが、軟弱な地質や

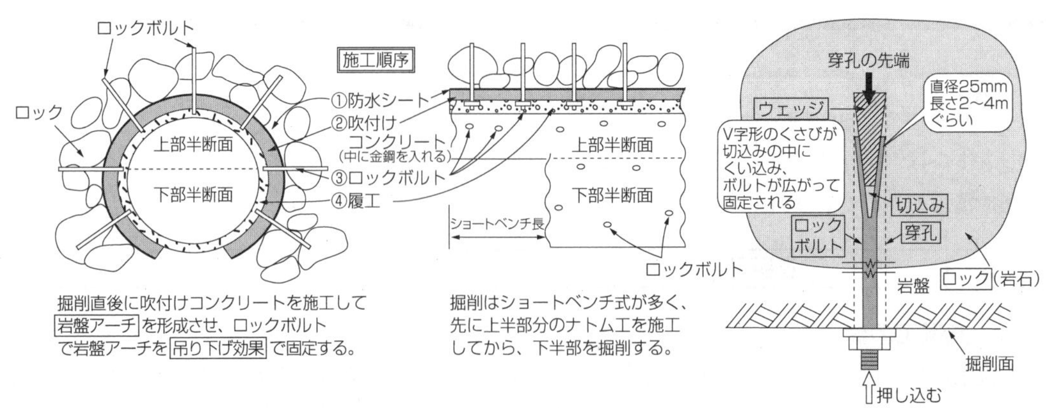

図 5-13　ナトム工法とロックボルトの固定方式（ウェッジ形）

膨張性の地質にも適用できることから、**最近は日本でも利用**されている。この工法の基本的な考え方は、鋼アーチ支保工の場合は、トンネル内空の変形を押えるために、かえって大きな土圧を支持することになるが、ナトム工法は、周囲の岩盤と共にトンネル内空に生じるある程度の変形を許し、変形後の平衡状態での岩盤の強さを、最大限利用しようとするものである。また、ロックボルトの固定方式には、図のウェッジ形の他に、ねじ込み方式のエクスパンション形もある。

5・3・2　覆工

覆工は、トンネル周囲の崩壊と漏水を防止し、地山を安全に支持するために施工するもので、図5-14のような構成になっている。覆工の施工順序による呼び方は、次のようになる。

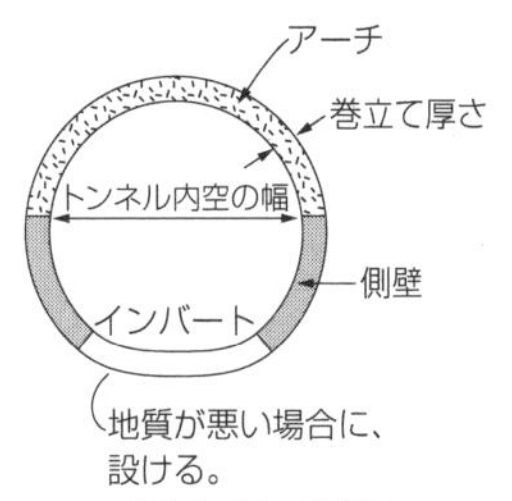

図 5-14　覆工

① アーチ⇨側壁⇨インバート：**逆巻き工法**

② 側壁⇨アーチ⇨インバート ｝：**本巻き（順巻き）工法**

③ 全断面同時打設(下方から上方へ) ｝：**本巻き（順巻き）工法**

また、覆工のコンクリートの強度は、28日強度で15.6〜19.6 N/mm² でほとんどが無筋コンクリートであり、巻立て厚さは図のトンネル内空の幅に対して、表5-2のような値となっている。

表 5-2　設計巻厚の標準

トンネル内空の幅（m）	コンクリート覆工の設計巻厚（cm）
2	20〜30
5	30〜50
10	40〜70

（1）型枠

覆工としてのコンクリートを打設するための型枠には、図5-15のように組立式と移動式がある。移動式はさらに、テレスコピック形（伸縮自在）とノンテレスコピック形があり、断面の大きさや長さ、掘削方法などで選別する。

移動式型枠のうち、テレスコピック形のしくみは図のようになり、連続してコンクリート打設ができる。ノンテレスコピック形は、コンクリートの打設後、養生をして所要の強度がでてから、主要部分の型枠を取りはずし、レール上を移動することになる。

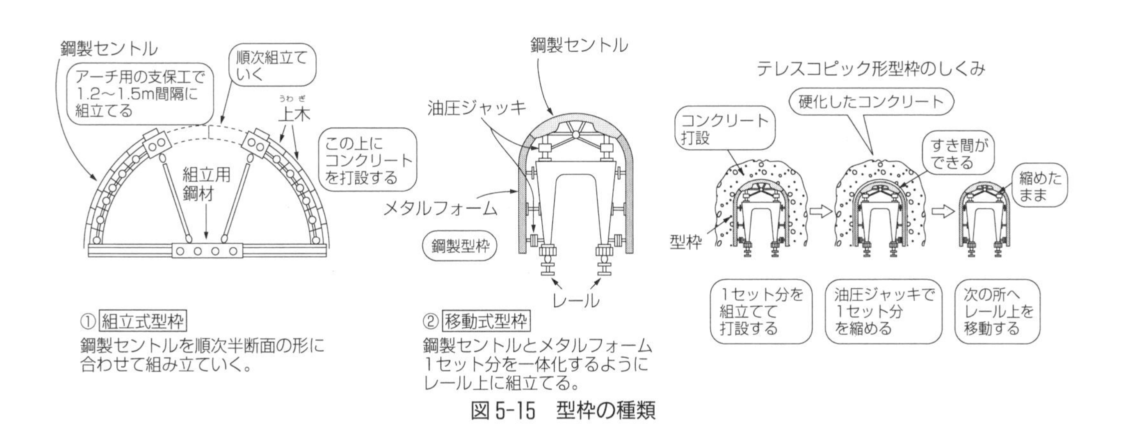

図 5-15　型枠の種類

(2)　コンクリートの打設

コンクリートの打設は、供給源より高い位置のアーチ部などもあり、コンクリートポンプなどの打設機械を使用する。打設上の留意点をあげると図 5-16 のようになる。

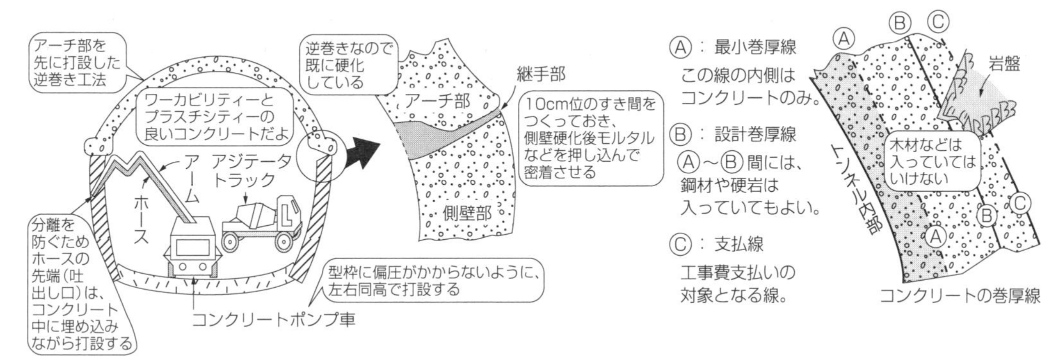

図 5-16　コンクリート打設上の留意点

この他の留意点としては、湧水のある場合は適切な排水処理を行うことと、練り混ぜてからできるだけ早く打設すること。また、一区間は連続して打設し、**コールドジョイント**はつくらないなどであり、コンクリートの設計巻厚のこともよく理解して施工するようにする。

(3)　グラウト工

コンクリートを打設した覆工と、背面の地山との間に空隙がどうしても残る。特に、鋼製の支保工の場合に多い。空隙は、地山のゆるみを誘発し、過度の土圧が覆工に作用するので、1 MPa（10 kgf/cm²）程度の強度のモルタルを空隙中にグラウトし、密着させるようにする。

5・4　特殊工法

トンネル掘削中の湧水にともない、断層破砕帯や砂礫層及び軟弱地盤などの含水比が大きくなると、自立する力は極端に低下し、土砂の流失や崩壊、土かぶり部分の沈下など大災害の原因となる。これらを防ぐには、湧水を止めることと、トンネル周辺の地山を強化することであり、図 5-17 に示す**特殊工法**と言われている施工方法がある。

① **薬液注入工法**：岩盤の割れ目、破砕帯、砂礫や地層の間隙などに、セメントミルク・水ガラス系薬液及び尿素系樹脂・ウレタン系・アクリル系などの薬液をグラウトし、地山の間隙を充塞し

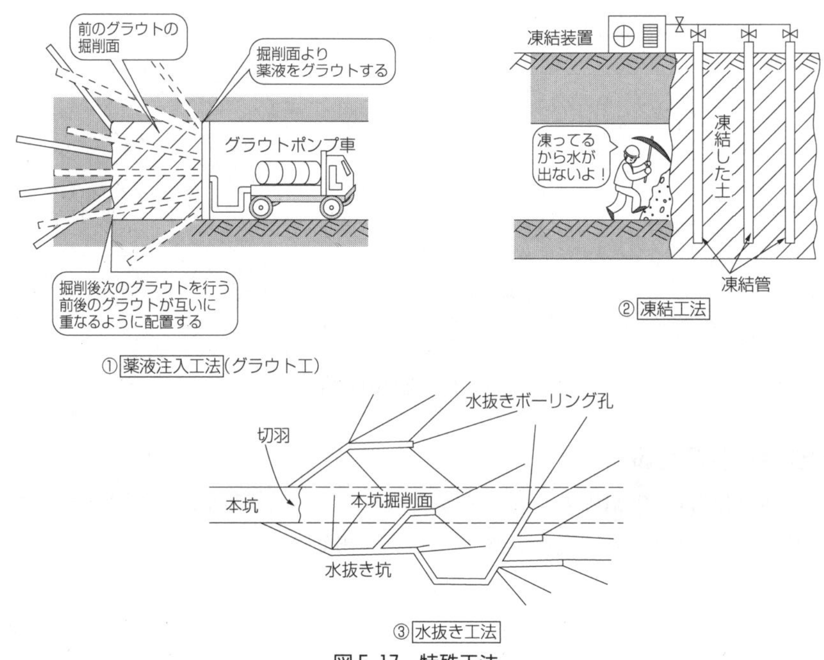

図 5-17　特殊工法

て湧水を止め、地盤を固める。グラウトは図①のように、掘削前後のグラウトが互いに重なり、十分に薬液が浸透していくように配置する。

② **凍結工法：**軟弱地盤や含水量の多い地盤を−20〜−30℃で一時凍結・固結させて地盤の強度を増すと同時に湧水を止め、施工を容易にする。この工法は、薬液注入工法や脱水工法では掘削できない軟弱地盤に適するが、地下水の流速が速いと難しい。

③ **水抜き工法：**トンネル掘削中に破砕帯に遭遇し、湧水量が多い場合に適する工法で、図③に示すように、切羽から前方に水抜き孔を掘削し、破砕帯手前でボーリング孔を穿孔して水抜きを行う。抜水は本坑を通じて坑外に排水する。

5・5　その他の工法

① **ウェルポイント工法：**トンネルの周囲に深井戸を掘り、ウェルポイント式に地下水を吸い上げて、トンネル地点の地下水位で下げて掘削する工法。

② **パイプ並列工法：**トンネル断面の外周にボーリングをし、パイプを埋設してこれを鋼アーチ支保工で支持しながら掘削する。このパイプで薬液注入もできる。

③ **メッセル工法：**トンネル断面の外周に、メッセル矢板（特殊な形鋼矢板）をジャッキで１枚ずつアーチ形に押し込み、地山を支持しながら掘削する工法。

要点

『支保工と覆工、特殊工法のまとめ』

・支保工は、取扱いが簡単で早く組立てられ、土圧を安全に支持し、発破などに強いことが求められる。

・支保工の種類には、トンネル断面の内部で支える支柱式や鋼アーチ式の支保工と、外部の周囲の岩盤の強さを利用するロックボルト工やコンクリート吹付け工がある。また、ロックボルトとコンクリート吹付工を、組み合わせたナトム工法がある。これらの支保工の種類と特徴を図 5-12 により、よく理解しておくこと。特にナトム工法については、考え方も理解しておくことが大切である。

・覆工では、逆巻き工法と本巻き工法の施工順序を覚えておく必要がある。

・型枠では、鋼製セントルなどの用語を理解すること。移動式型枠については、テレスコピック形のしくみを、図 5-15 から理解しておくようにする。

・コンクリートの打設については、図 5-16 の打設上の留意点をよく理解しておく。特に、逆巻き工法におけるアーチ部と側壁部の継目の施工については大切である。

・グラウト工や特殊工法については、全般的なことについて知っておくようにする。

例題 5-6 トンネルの掘削方式と覆工方法に関する用語の組合せで、次のうち誤っているものはどれか。

（1） 底設導坑先進上部半断面工法――本巻き工法
（2） 上部半断面先進工法――――――逆巻き工法
（3） 全断面工法―――――――――――本巻き工法
（4） 側壁導坑先進上部半断面工法――本巻き工法

解説

本巻き工法は、下方の側壁部から順次上方のアーチ部にコンクリート覆工を行うことで、アーチ部から下方の側壁の順を逆巻き工法という。(1)の掘削方法は、底設導坑から切り上がって上部半断面に掘進し、先にアーチ部の覆工を施工するので、逆巻き工法となり誤りである。(4)の掘削方法は、先に側壁部を掘り、覆工を行うので本巻工法となる。

答(1)

例題 5-7 トンネル支保工に関する次の記述のうち、適当でないものはどれか。

（1） 支保工の構造を構成する部材としては、吹付けコンクリート、ロックボルト、鋼アーチ支保工及び覆工などがある。
（2） 支保工は掘削後速やかに施工し、支保工と地山をできるだけ一体化する。
（3） ロックボルトと吹付けコンクリートのみによる支保工は、地山の自立性が悪い場合に適している。
（4） 支保工の施工後、地山荷重の増大により、支保工に変状が生じた場合は、増し吹き付けコンクリート、増しボルトなどがある。

解説

吹付けコンクリートとロックボルトのみによる支保工は、地山の自立性の良い場合に適するので、(3)の記述が誤りである。自立性の悪い場合は、吹付けコンクリートの補強として鋼製支保工を併用する。(1)、(2)、(4)の記述はいずれも正しいので内容を確認しておくこと。

答(3)

例題 5-8 トンネルの覆工に関する次の記述のうち、適当でないものはどれか。

(1) コンクリートの運搬は、材料の分離やスランプの変化を避けるため、アジテータトラックを使用する。

(2) 覆工の巻き厚は、高強度のコンクリートを用いて薄くした方がよい。

(3) 型枠面にコンクリートが付着しないように、型枠剥離剤を塗布する。

(4) 地山の地質が不良なので、インバートを施工し、閉合断面とする。

解説

覆工の巻き厚は、トンネル断面の内空幅によって決まり、強度も28日強度で、15.6 N/mm^2～19.6 N/mm^{2}となっており、(2)の記述が誤りとなる。(4)のインバートは逆アーチで、覆工全体を合体として不良の地質に耐えるために設ける。

答(2)

例題 5-9 トンネルの掘削工法に関する次の記述のうち、適当でないものはどれか。

(1) 側壁導坑先進工法は、土被りが小さく、地表が沈下するおそれがある場合に用いられる。

(2) ベンチカット工法は、半断面であれば切羽を鉛直に保つことができる地質に用いられる。

(3) 導坑先進工法は、地質や湧水状況の調査を行う場合や地山が軟弱で切羽の自立が困難な場合に用いられる。

(4) 全断面工法は、比較的小さな断面のトンネルや崩れやすい地山によく用いられる。

解説

例題5-5と同様に考えると、(4)の説明の崩れやすい地山によく用いられるが適当でないといえる。(1)、(2)、(3)の説明文はいずれも正しい。

答(4)

第6章 海岸・港湾

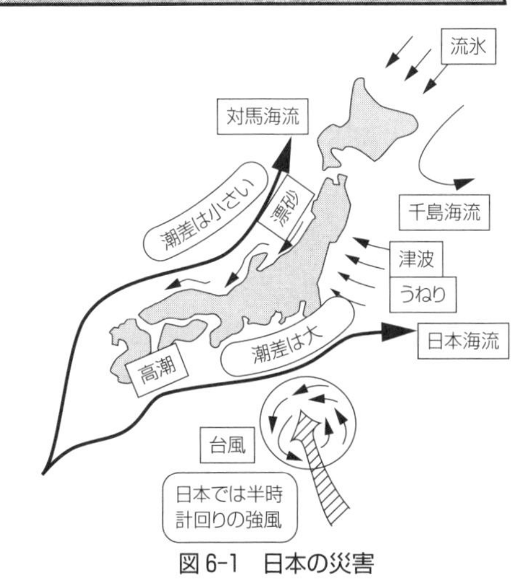

図 6-1　日本の災害

日本は周囲を海に囲まれ、図 6-1 のような多くの災害の原因が発生している。**海岸・港湾の計画や施工**は、災害の発生を軽減すると同時に、輸出入などの港湾機能が、安全で迅速・円滑に遂行できるようにつくられている。ここでは、海岸・港湾の各施設について学ぶ。

6・1　海岸と波

海の災害から国土を守るために築造する堤防を**海岸堤防**といい、堤防に突き当る**波力**に対して安全でなければならない。ここではまず、波の基本的性質について説明する。

6・1・1　波の基本的性質

波の基本的性質や波が海岸に近づく際の変化の状況を図 6-2 に示した。図の関係から、波の**伝播速度** C〔m/s〕は、波長 L〔m〕を周期 T〔s〕で割れば求められる。また、波の形は不規則で波高や周期も一定でなく、海岸堤防の設計の際に不便であるため、**有義波**という代表値を用いている。この値は、波の観測記録から、波高の最も大きい**最高波**から数えて 1/3 だけ取り出し、これらの波高を平均したものを**有義波高**（有義波ともいう）、同様に周期を平均したものを**有義波周期**として表している。

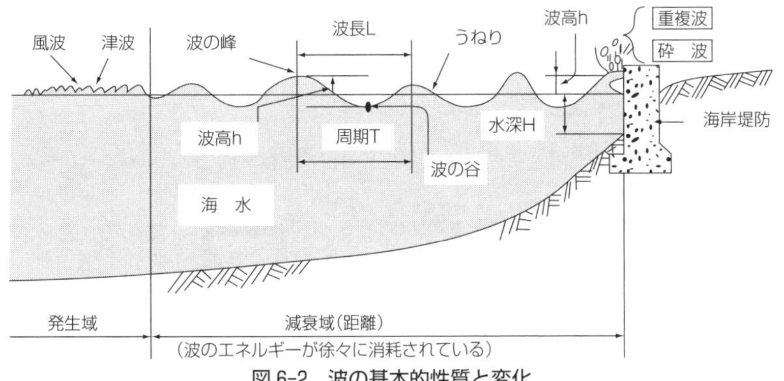

図 6-2　波の基本的性質と変化

波は図において、風波や津波により発生域で起り、この発生した波を元の平衡状態に戻そうとする力が働き、それが振動現象となり水面に伝わっていく、この現象を**波**という。

また、この波が減衰域に入ると、波長や周期が増し、波高が減少する。この波を**うねり**という。**津波**には地震津波と暴風津波とがあり、一般に前者を津波、後者を**高潮**と呼んでいる。地震津波の波長は大きいが、沿岸に近づくと波高が大きくなり危険である。

(1) 波圧（波力の大きさ）

図6-2の海岸堤防に突き当る波力の大きさは、**重複波**と**砕波**とに区別して求めている。

① **重複波**：波が海岸堤防に向っていく**進行波**と、堤防に衝突して反対方向に向う**反射波**が重なりあってできる波を**重複波**といい、図において、堤防の水深Hが波高hの2倍以上（H≧2h）の場合に発生する。重複波の波圧は、サンフルー式で求める。

② **砕波**：波が海岸に近づくと、周期は一定だが、波長は短く、波高は大きくなり、水面上に急に盛り上がって安定を失い、**砕波**となる。堤防にこの砕波が衝突すると、静水圧の1.5倍の衝撃力を与える。砕波として扱うのは、水深Hが波高hの2倍以下（H<2h）の場合で、波圧は当然静水圧の1.5倍として求めている。

(2) 潮位（海面の高さ）

海岸や港湾工事を行う地点での標高は、その地点での**基本水準面**（CDL）を基に求めている。

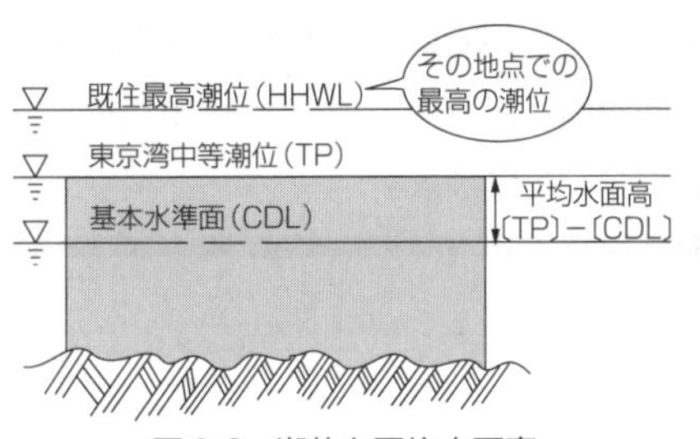

図6-3　潮位と平均水面高

基本水準面は、1年間の潮位を平均した平均潮位に、潮汐（ちょうせき）（月と太陽の引力によって潮位が周期的に変化する現象）を加味して定めた値である。従って、場所によって値が異なり、広範囲の海岸・港湾工事には不便になるので、東京湾中等潮位との関係を明確にしてあり、その差を図6-3に示すように、**平均水面高**と呼んでいる。

6・2　海岸堤防

6・2・1　海岸堤防の種類と特徴

津波や高潮から沿岸部を防護する一般的な方法として、図6-4のような**海岸堤防**や**海岸護岸**があり、構造形式によって分類すると、**傾斜形**・**直立形**・**混成形**となる。

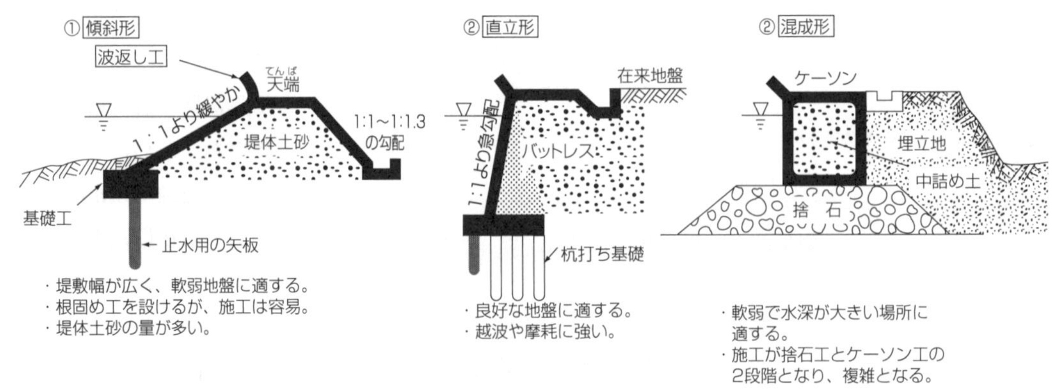

図6-4　海岸堤防の種類と特徴

6・2・2　海岸堤防の施工

海岸堤防は、図 6-5 のように**堤体工・基礎工・根固め工・波返し工**などで構成され、これらが一体となって、波力などの外力に抵抗できる安定した構造物とする。

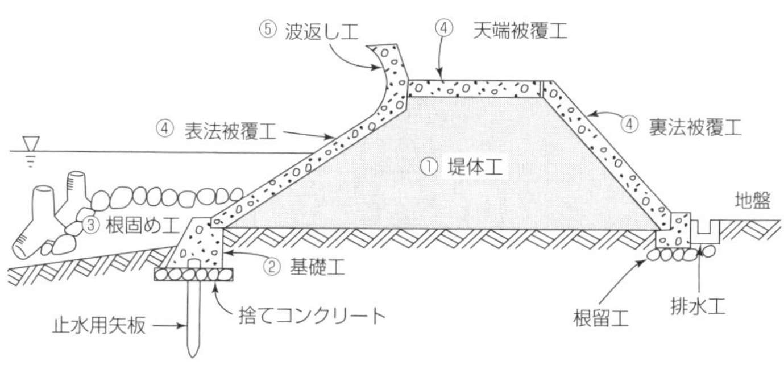

①堤体工：盛土材料を厚さ30cmの層状にまき出し十分に転圧する。天端高は圧密沈下を見込んで余盛りを行う。
②基礎工：場所打ちコンクリート基礎が一般的。軟弱地盤で水深が大きい場所は捨石や捨ブロック基礎を用いる。
③根固め工：捨石やテトラポットなどのコンクリートブロックなどが多い。波浪に強い形状や重量の大きいものが必要。
④被覆工：表法被覆工にはコンクリートブロック張りや厚さ50cm以上の場所打ちコンクリートを用いる。天端や裏法被覆工で場所打ちコンクリートを用いる場合は厚さ20cm程度とする。
⑤波返し工：鉄筋コンクリート構造とする。パラペットともいう。

図 6-5　海岸堤防の施工

(1)　堤体工と基礎工、根固め工

堤体工は、海岸堤防の主体であり、多少粘土を含む砂質土や砂礫土を入念に締固め、透水や**沈下・滑動・転倒**などがないような安全な構造でなければならない。

基礎工は、堤体や被覆工を支え、滑動や沈下を防止するとともに、波による洗掘にも耐える構造とする。そのために根入れを十分とることと、根固め工などで保護するような構造とする。基礎地盤の透水性が大きい場合は、図に示す止水用矢板を設ける。

また、表法被覆工と基礎工との継目には、図 6-6 のような基礎工の内部に止水板を入れて、堤体崩落の原因である漏水や吸い出しが起こらないように配慮している。

根固め工は、図のように表法被覆工の下部または基礎工の前面に設け、波力による基礎工の洗掘を保護すると同時に、堤体の滑動を防ぐ役割も果している。

また、図の裏法被覆工の下部に設ける**根留工**や**排水工**は、波力・水圧・越波・しぶきなどによる堤体の滑動や沈下を防ぐとともに、排水工により越波水を処理する。

(2)　被覆工と波返し工（parapet：胸壁）

表法被覆工は、堤体を波力などから保護するとともに、堤体と一体となって高潮や波浪の浸入や堤体土砂の流出を防止している。最近は、図 6-6 に示すように場所打ちコンクリートが多く、その場合は厚さ 50 cm 以上とし、目地や継手、止水板などを設ける。

天端被覆工は、越波水による堤体土砂の流出を防止するために被覆する。天端を道路として使用する場合は、被覆材にアスファルトを用いることもあるが、交通荷重にも耐えるように施工する。

裏法被覆工は、天端被覆工と同様に越波水による堤体土砂の流出を防止するために被覆し、表法被覆工と同じように目地などを設けた構造とする。

海岸堤防の被覆工は、ある程度の越波を許容して設計されていることになる。

波返し工は、表法被覆工をはい上がってくる波浪などの高波を、沖へ戻すために、壁体に図 6-6 のような曲面をつけたもので、**胸壁**（パラペット）ともいう。構造は表法被覆工と完全に一体化させるため、鉄筋コンクリートとする。

図 6-6 に表法被覆工と波返し工の施工上の留意点を示す。図において特に重要なのは、場所打ちコンクリート版に設ける**伸縮継手**（目地）で、止水板やスリップバー（145 ページ参照）目地材な

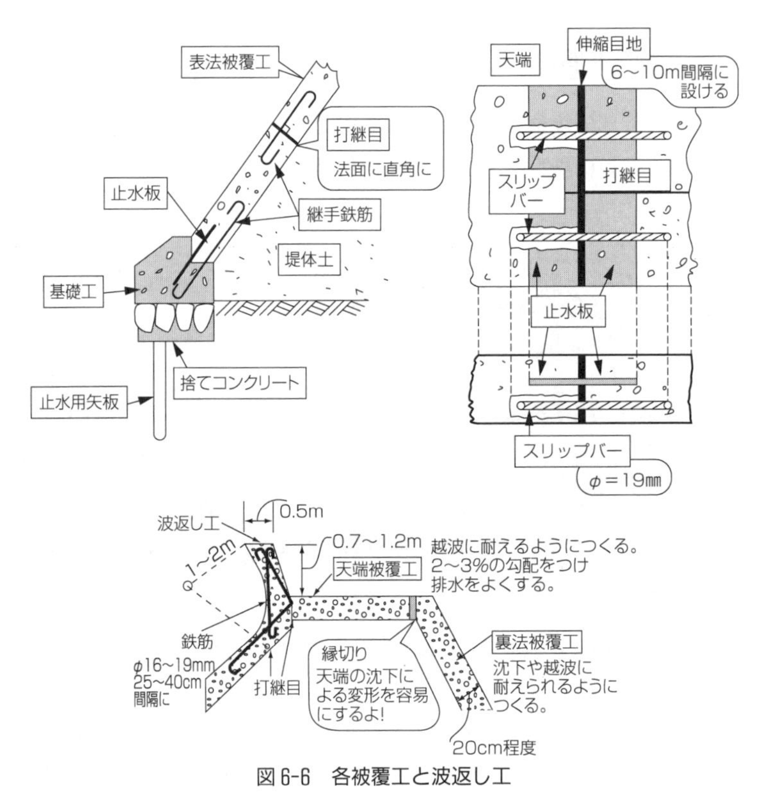

図 6-6　各被覆工と波返し工

ど入念に施工し、わずかの隙間からの堤体土砂の吸い出しを防ぐようにする。

6・3　消波工

海岸堤防の表法被覆工に衝突する波圧を減らす目的で、図 6-7 のように堤防の前面にコンクリートブロックを横に積み重ねたものを**消波工**という。

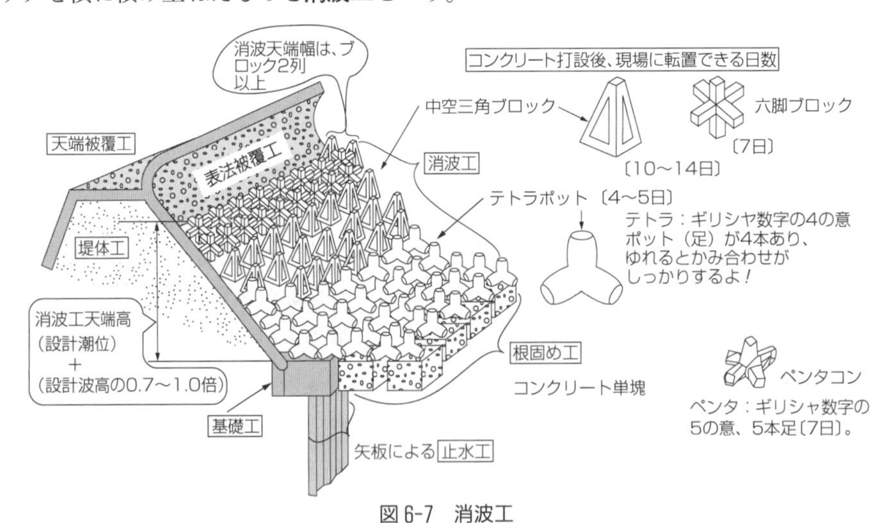

図 6-7　消波工

ブロックには、テトラポットや日本で開発された各種の異形ブロックがあり、それぞれ特徴がある。共通的には、表面の**粗度**と内部の**空隙**および積み方による**かみ合わせ**によって、波のエネルギーを減少させらことができることである。積み方には、層積みと乱積み（水中施工）があり、安定性も大切である。

6・4 侵食対策

海岸の侵食とは、海岸線（汀線という）が少しずつ陸地に向って、後退する現象をいう。侵食対策は、後退する原因を究明すると同時に、海岸に土砂が運び込まれるように工夫することである。ここでは後者の工夫による侵食対策工について説明する。

図 6-8 の**突堤工**は、海岸線にほぼ直角に突き出した堤体で、一般的にはある間隔をおいて数基設ける。構造的には、海流や漂砂（海流によって海底の土砂が移動すること）の透過を許す透過堤と許さない不透過堤とがある。**離岸堤**は、海岸から 10〜100 m の沖合いに、海岸線に平行に築堤し、トンボロ（イタリヤ語で砂州の意味）現象で対策とする。**養浜工**は、人工的に沿岸に土砂を供給する対策で、埋立て用地の造成も養浜工の一種である。

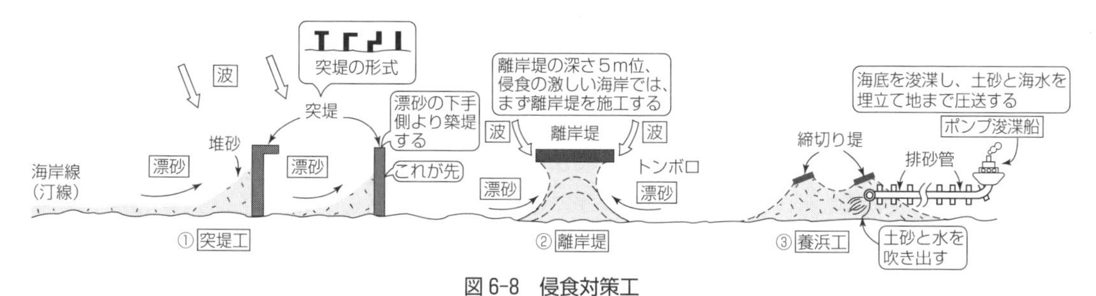

図 6-8 侵食対策工

要点

『海岸についてのまとめ』

- 波の伝播速度は、波長 L〔m〕を周期 T〔s〕で割った値で、C〔m/s〕で示される。
- 有義波は不規則の波の形の代表値であり、有義波高や有義波周期の求め方を理解しておくこと。また、うねり・津波・高潮・台風についても知っておくようにする。
- 海岸堤防などの設計に必要な波圧は、重複波と砕波に区別して求めている。それぞれどのような波なのかを理解しておく。重複波の波圧は、サンフルー式を用いる。
- 海岸工事の高さの基準は、その地点の基本水準面（CDL）より求める。また、東京湾中等潮位（TP）との差を平均水面高という。この関係もよく理解しておくこと。
- 海岸堤防の形による種類には、傾斜形・直立形・混成形があり、それぞれの形と特徴を図 6-4 でよく理解しておくことは大切である。
- 海岸堤防の施工については、堤体工・基礎工・根固め工・各被覆工・波返し工からなり、それぞれの施工上の留意点を図 6-5 から理解しておくこと。特に被覆工については、各用語とその意味をしっかり理解しておくこと。図 6-5 に関することは、出題率も高い。
- 消波工で覚えておくことは、消波工天端高、各ブロックの名称と転置できる日数で、粗度と内部の空隙とかみ合わせの関係で波のエネルギーを減少させることである。
- 侵食対策については、図 6-8 により工法名としくみについて知っておくこと。

例題 6-1　海岸の現象に関する次の記述のうち、適当でないものはどれか。

（1）　日本の近海のやってくる台風の風は、反時計回りに吹き込むので、台風の進行方向の右側の方が強く吹く。

（2）　海浜の侵食やたい積は、沿岸漂砂や砂の供給源の変化が原因となる。

（3）　海岸堤防に突き当る波には、有義波と砕波の２つに大別できる。

（4）　潮汐は地域差があり、日本海沿岸は一般に小さい。

解説

有義波は、その地域の波高が、最高波から数えて 1/3 だけ取り出し平均したもので、海岸堤防の設計などに必要な値であり、この記述は誤りとなる。突き当る波は重複波と砕波となる。(1)、(2)、(4)の記述はいずれも正しい。潮汐は一般に日本海側で小さいことも覚えておこう。

答(3)

例題 6-2　海岸堤防の施工に関する次の記述のうち、適当でないものはどれか。

（1）　表法被覆工の場所打ちコンクリートのジョイント（打ち継目）は、ほぞを設けて水平打継目とした。

（2）　堤体工の余盛りは、堤高、土質、基礎地盤の良否などによって計画した。

（3）　根固め工の捨石は、表層になるべく大きい石を用い、内部に向って次第に小さい石を用いるようにした。

（4）　波返し工は、表法被覆工と一体となるように鉄筋コンクリートを用いた。

解説

打継目は下図のように水平継目にすると鋭角部にクラックが生じ破壊につながる。

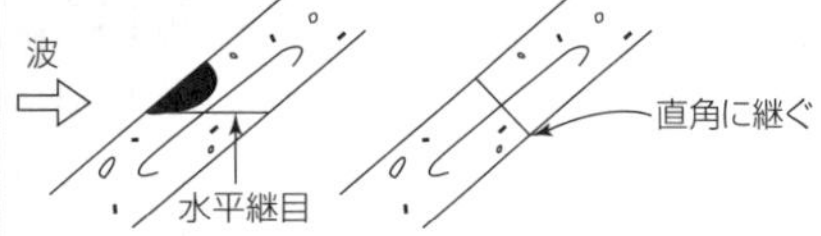

従って(1)の記述が誤りとなる。(2)、(3)、(4)の内容は正しいので確認しておくこと。特に波返し工は一体化する。

答(1)

例題 6-3　下図の海岸堤防の用語の組合せのうち、正しいものはどれか。

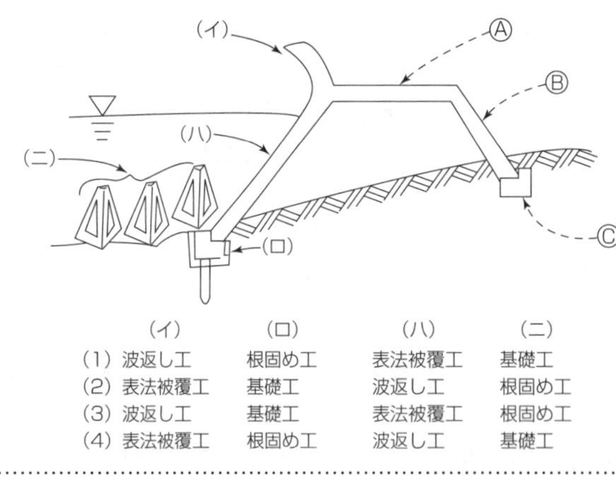

	(イ)	(ロ)	(ハ)	(ニ)
(1)	波返し工	根固め工	表法被覆工	基礎工
(2)	表法被覆工	基礎工	波返し工	根固め工
(3)	波返し工	基礎工	表法被覆工	根固め工
(4)	表法被覆工	根固め工	波返し工	基礎工

解説

海岸堤防の用語に関する出題率は高いので、各名称と主な施工方法や役割については理解しておく必要がある。(イ)については明らかに波返し工であり、これで正解は(1)か(3)にしぼられる。後は、はっきりわかっている用語の組合せを求めればよく、(3)が正しい。

なお、参考までに

Ⓐは天端被覆工

Ⓑは裏法被覆工

Ⓒは**根留工**

となる。

答(3)

例題 6-4 消波工に関する次の記述のうち、誤っているものはどれか。

(1) 消波工は、それ自体で波圧に抵抗するため、できるだけ空隙を少なく密に積み、一体性の確保を図るようにする。

(2) 消波工の主な目的は、衝撃波圧の打上げ高及び越波量を減少させる。

(3) 堤防の天端高は、消波工天端高よりある程度の高さをもたせる。

(4) コンクリートブロックの積み方には、層積みと乱積みがある。

解説

消波工は、コンクリートブロックなどの表面の粗度をブロック間の空隙とかみ合わせによって、いかに波のエネルギーを減少させることができるかによって良否が決まる。従って(1)の記述のうち、一体性の確保を重視し、空隙を少なくすると消波効果が失われるだけでなく、全体の転倒なども予想される。従って(1)の記述が誤りとなる。

答(1)

6・5 港湾の施設

港湾とは、静かな水域で船舶が安全に航行や停泊ができ、また水陸交通の連絡施設があり、それらの機能を十分に発揮している図 6-9 のような**地域全体**をいう。

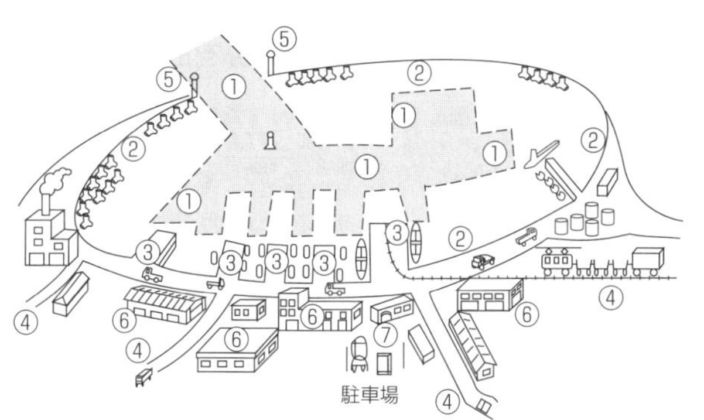

図 6-9 港湾の施設

図の港湾の施設のうち、ここでは、**航路・防波堤・岸壁**の計画や施工について説明するとともに、港湾の機能を維持するための、**浚渫と埋立て**についても学ぶ。

6・5・1 航路

航路の幅や船廻し場などの大きさを決める要因は、その港に入港を許可している**船の長さ L** を

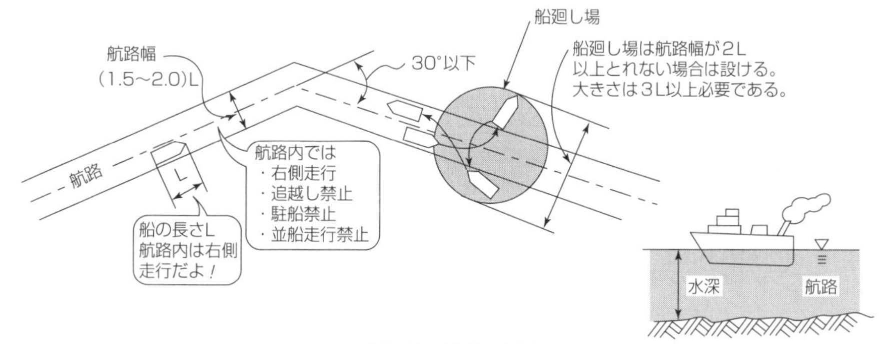

図 6-10 航路の規定

基に決めている。また、航路には、航行する船が安全に走行できる**水深**も必要であり、航路の機能を維持するために、定期的に浚渫を行い、常に検査・点検をし、安全な航路を確保している。

6・5・2　防波堤

外郭施設の主体は、港湾内の各施設の機能や船舶の航行・停泊・荷役などが、安全で円滑に行なわれるように、波浪・津波・高潮などから守るために築造する**防波堤**である。

防波堤は図6-11のように、構造上から、**傾斜堤・直立堤・混成堤**の3種類に大別され、それぞれが海岸堤防と同じような特徴を持っている。これらの防波堤は、港湾内の水域を静穏にし、港湾機能を維持するためにどうしても必要であり、その役割は大きい。従って、過去の出題率も高いので、図6-11により、各工法のしくみや特徴が重要となる。

(1)　防波堤の種類と特徴

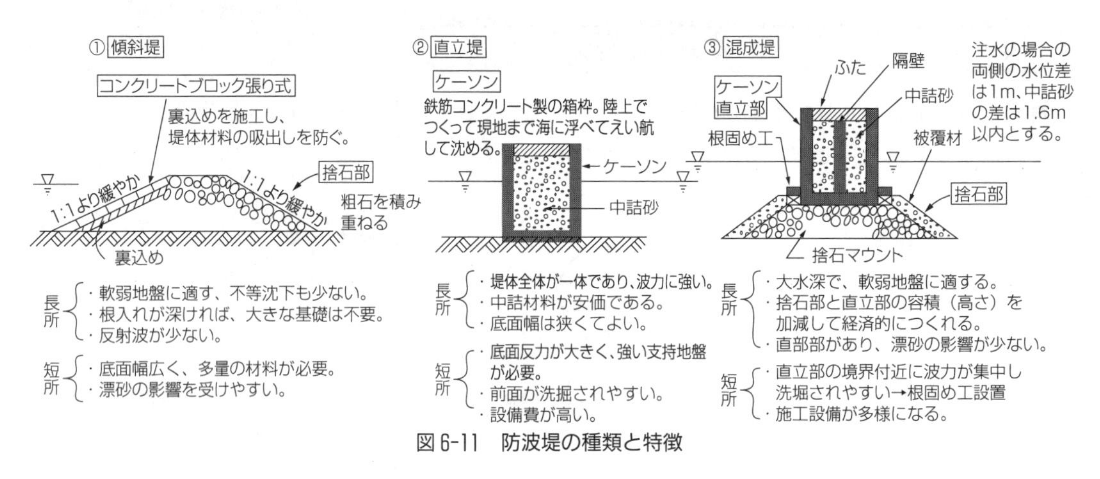

図6-11　防波堤の種類と特徴

(2)　ケーソン（caisson：鉄筋コンクリート製の箱枠）の施工順序

ケーソンは図6-12のように、**ケーソンヤード**で製作し、現場まで**引き船**で**えい航**し、予め海底を**床掘り**し、混成堤の場合は捨石マウントが完了している所定の位置に、正しく**据付ける**。据付けは、作業船のウインチでケーソンの四隅を吊り、位置や方向を調節しながら決め、ケーソン内に徐々に注水して沈めて据付ける。

ケーソンを据付けたら直ちに中詰をし、ふたコンクリートの打設をして完了となる。この場合中

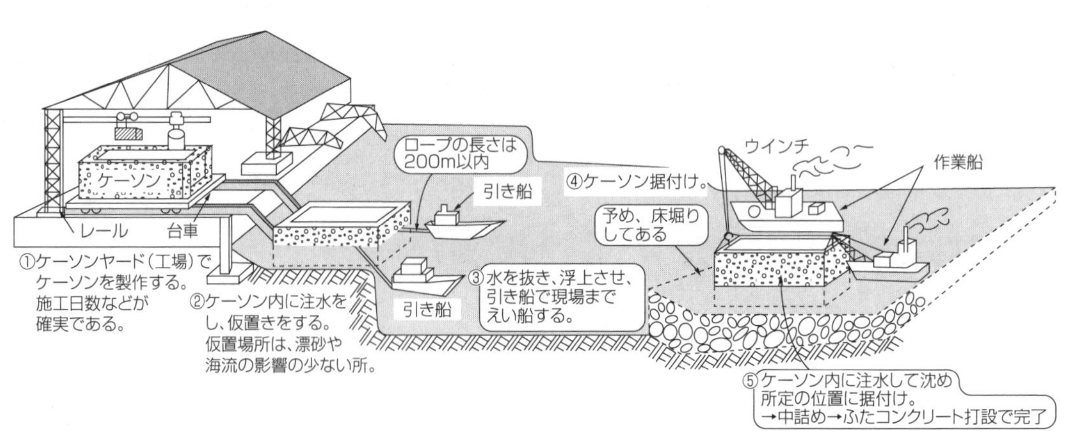

図6-12　ケーソンの施工順序

詰材などの沈下に対処するため、ケーソンの側壁上部とふたコンクリートは一体化させず、縁を切る構造とすることが大切である。

6・5・3　係留施設

係留施設は、**岸壁**や**さん（桟）橋**など船を直接係留する施設が主体となるが、荷役や船客の乗降、臨港鉄道や道路などの施設も含まれ、**埠頭**（ふとう）とも呼んでいる。

(1)　埠頭の形状

船が港に入り、直接接岸して停泊する埠頭の形状には、図6-13のようなものがあり、突堤式と平行式が多く用いられている。また、水深4m以上で、500t以上の大型船が停泊できるものを**岸壁**、水深が4m以下で、小型船が接岸して荷役などを行うものを**物揚場**と区別している。

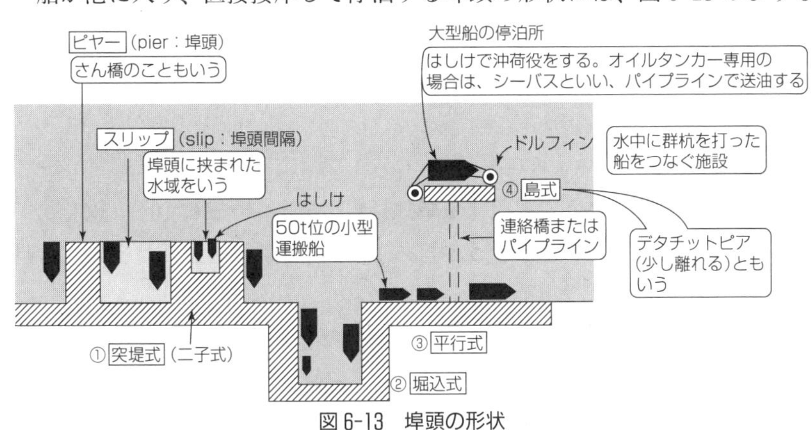

図6-13　埠頭の形状

(2)　重力式岸壁

重力式岸壁には図6-14のような種類があるが、いずれも水圧や土圧などの外力を、壁体の重量と摩擦力によって抵抗する構造であるが、地震に対して弱い欠点がある。

ケーソンや各ブロックは、ケーソンヤードなどの陸上で製作し、現場までえい航またはトレーラーなどで運び、所定の位置に並べるように据付けていく。

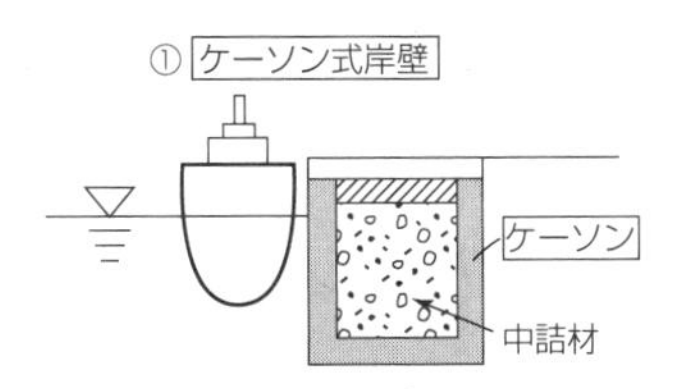

・ケーソン全体が一体であり、堅固である。
・中詰材料が安価である。
・設備費が高く、岸壁の長さが短いと不経済となる。

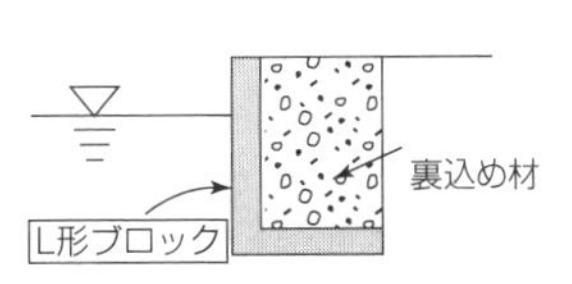

・水深が浅い場合に適する。
・ブロック据付後、裏込め材を入れるまでは不安定である。
・壁厚が薄いので、ずれやすく中詰材の流出が生じやすい。

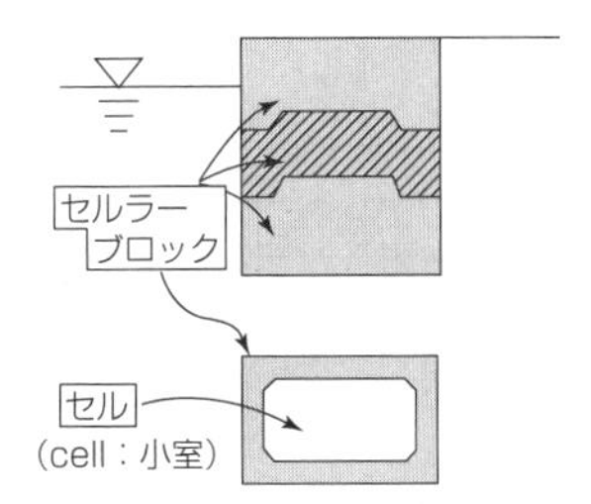

・中詰材が砂利の場合は一体性に、欠ける。
・壁体底面の摩擦抵抗が大きい。

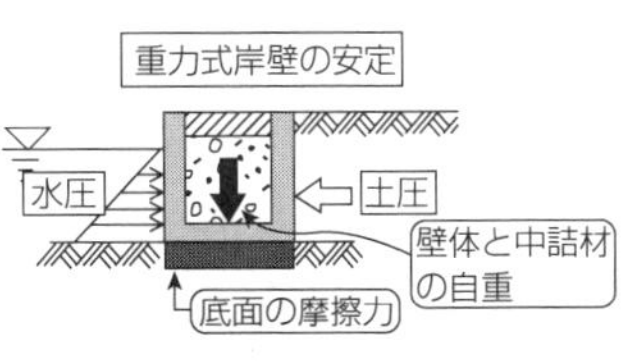

図6-14　重力式岸壁の種類と特徴

(3)　鋼矢板式岸壁

船が接岸する岸壁の前面に、図6-15のように鋼矢板を打ち込んだ構造を**鋼矢板式岸壁**という。一般には背面の土圧に対しては、**控え工**と**タイロッド**で鋼矢板を支持し、さらに前面には**腹起し**を設けている。矢板には、鋼管や鉄筋コンクリート板、木板もあるが鋼矢板が最も多く用いられてい

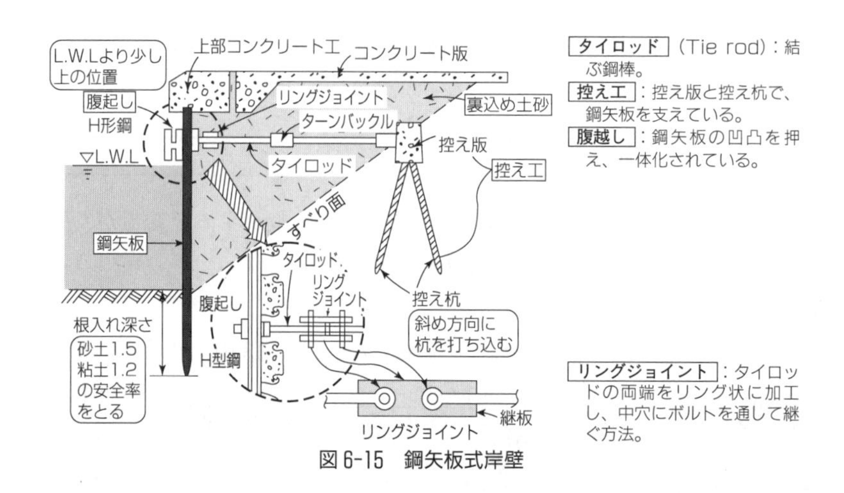

図 6-15　鋼矢板式岸壁

る。施工方法は次のようになる。

① **鋼矢板打設工**　鋼矢板を1枚ずつ建て込んで打設する**単独打ち**工法と、一度に10〜5枚を建て込み、両端から順に中央に向って打設していく**びょうぶ打ち**工法がある。この工法は、順に打設するまでの数枚の鋼矢板が、波浪の影響を受けやすい欠点がある。

② **控え工**　控え杭打設後に控え版を取り付け、タイロッドで鋼矢板と連結する。

③ **腹起し**　鋼矢板の前面のタイロッドの取付け位置に設ける。一般に図に示したようにH形鋼が用いられる。なおタイロッドは水平に、鋼矢板と直角に取り付ける。

④ **裏込め工**　タイロッドの取り付け後、控え工の前面から鋼矢板の方向に施工する。

⑤ **上部コンクリート工**　裏込め工が終った時点での鋼矢板の法線の凹凸を修正して、コンクリートを打設する。この場合、鋼矢板前面の浚渫は完了しておく必要がある。

なお、鋼矢板を円形閉合状に打設し、中詰めをして岸壁とした**セル式係船岸**もある。

(4)　その他の施設と設備

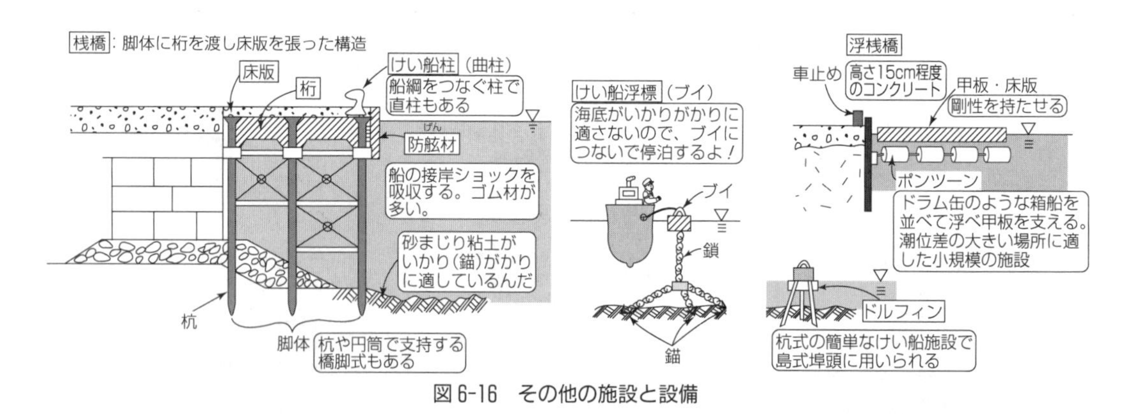

図 6-16　その他の施設と設備

6・6　浚渫（しゅんせつ）と埋立て

浚渫（しゅんせつ）は、海底の土砂を掘り下げる作業で、船舶の安全な航行や停泊を確保する目的で行われると同時に、埋立てやコンクリート用の骨材の採取の目的もある。浚渫や埋立てに使用する作業船の種類や特徴を示すと、図6-17のようになる。

① ポンプ浚渫船　浚渫と埋立てが、連続して行える。

作業手順　1）ポンプ浚渫船をスパットで固定し、カッターで海底の土砂を掘削しながら、ラダー（はしご台）に支えられたサクションパイプ（吸い上げ管）で土砂と水を一緒に吸い上げる。
2）船尾から排砂管で埋立て地まで、土砂を送る。排砂管は、フロートで海面上に浮ばらせる方法と、海底に沈設したり、支柱と受け台で海面より高い位置に設置する方法がある。
3）埋立て地では、排砂管端末より、土砂と水を吐き出し、浚渫と埋立てが連続的に施工できる。

② バケット浚渫船

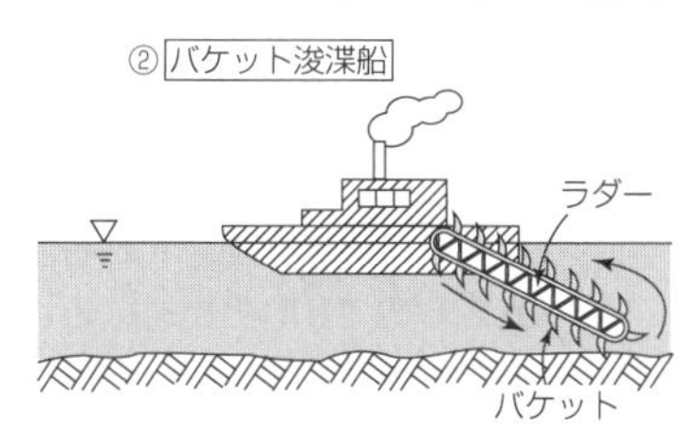

1組のバケットコンベヤーをスウィングしながら連続的にすくい上げる。
仕上げ面が平坦である。小形のものは非航式が多いが大形船は自航式である。

③ グラブ浚渫船

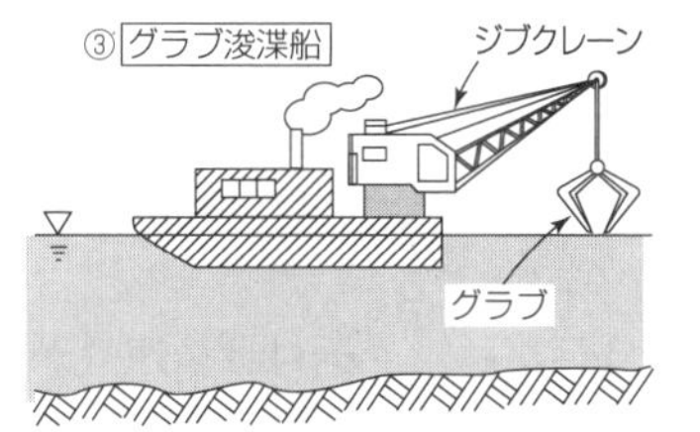

陸上のクラムシエルと同様に、狭く深い場所に適する。自航式もあるが一般には非航式 が多い。

④ ディッパー浚渫船

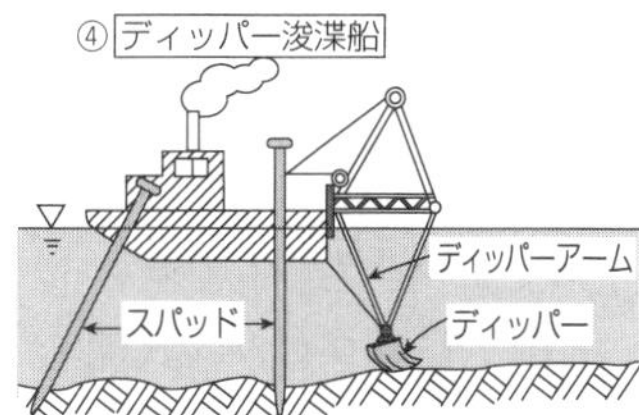

スパッドで固定し、砕くように掘削する。陸上のパワーショベルと同様で、最も硬い地盤の掘削に適する。非航式が多い。

図 6-17　浚渫船の種類と特徴

ポンプ浚渫船には、**非航式**と**自航式**があり、図の排砂管を用い、埋立て地まで運搬する方式は一般に非航式である。カッターのスウィング角度は70～90°で、幅は船の馬力数にもよるが、50～100 m程度である。自航式の場合は、船体に大きな泥倉を設け、満載後に土捨場まで運搬する方法となる。**バケット・グラブ・ディッパー**の各浚渫船にも、図に示したように、非航式と自航式があり、非航式の場合は、掘削土砂を積み込んで運搬する**土運船**を利用する。

埋立て用の土砂の運搬方法には、ポンプ浚渫船や土運船の他に、陸上から道路・軌道・大形のベルトコンベヤーなどを活用している。**干拓**も埋立て工法の一種である。

『港湾の施設のまとめ』
- 航路の幅や船廻し場などの規定を、図 6-10 のイラストで覚えておくこと。
- 防波堤は、港湾機能を維持するための重要な外郭施設であり、形式や特徴など、いろいろの角度から数多く出題されているので、図 6-11 から十分に理解しておく必要がある。形式や特徴などは、海岸堤防や岸壁と同様な構造で共通点も多いので、まとめて理解するとよい。ケーソンの施工順序についても、同様な視点でよく理解すること。
- 係留施設では、まず埠頭と岸壁・さん（桟）橋との区別を明確にし、埠頭の形状を実際の港を想定しながら、図 6-13 で覚えておくようにする。
- 重力式岸壁の安定について、図 6-14 からよく理解し、そのためにどのような種類と特徴が必要なのかという考え方で、理解しておくことが大切である。
- 鋼矢板式岸壁の構造と施工方法については、用語とともによく理解しておくようにする。
- その他の設備については、図 6-16 のイラストで用語とともに覚えること。
- 浚渫と埋立てでは、浚渫船の種類と特徴を図 6-17 によってよく覚えておくこと。特に、ポンプ浚渫船による浚渫と埋立ての施工手順は大切である。

例題 6-5 防波堤に関する次の記述のうち、誤っているものはどれか。

(1) 混成堤は、傾斜堤と直立堤との特徴をかねており、水深の大きい所には適さない。

(2) 傾斜堤は、波が大きく比較的水深の浅い小規模の防波堤として用いる。

(3) ケーソンは、ケーソンの製作を陸上で行い、施工が確実で海上での施工日数を短縮することができる。

(4) ブロック式直立堤は、各ブロック間の結合が十分でなく、ケーソンより一体性に欠ける。

解説

混成堤は、イラストにも示したように、大水深で軟弱地盤に適するので、(1)の記述が誤りとなる。なお、防波堤の種類と特徴に関する問題はよく出題されているので、混成堤を中心に傾斜堤・直立堤についても十分に理解しておくようにする。(2)、(3)、(4)の記述は正しいので内容を確認しておくこと。

答(1)

例題 6-6 各種係船岸の施工に関する次の記述のうち、適当でないものはどれか。

(1) L形ブロック式係船岸では、ブロック据付け後速やかに裏込めを施工する。

(2) 桟橋式係船岸の開放形鋼管杭の先端部の補強リングは、鋼管の外側に取り付けるのが一般的である。

(3) セル式係船岸の矢板の打ち込みは、1周の回り打ちが完了したら、次は逆の順序で回り打ちを行えば、矢板の傾斜を防げる。

(4) 矢板式係船岸の矢板の打ち込みは、矢板の種類、打ち込み長さ、土質などを考慮してびょうぶ打ちか単独打ちにするかを決める。

解説

L形ブロックは裏込め材を入れるまでは不安定なので(1)の記述は正しい。(2)の鋼管杭の補強リングは、図のように鋼管の内側に入れる。外側にはめ込むと打ち込みにくくなる。従って(2)の記述が誤りとなる。なお鋼管の打ち込み方には、回り打ち、単独打ち、びょうぶ打ちがある。

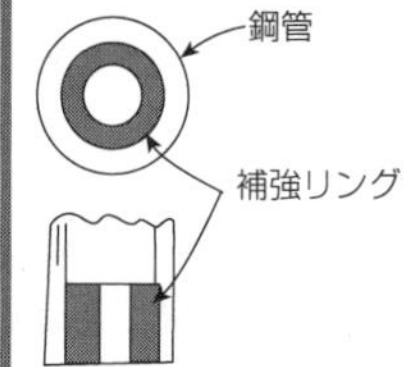

答(2)

例題 6-7 ポンプ船による浚渫工事に関する次の記述のうち、適当でないものはどれか。

(1) 作業能率を高めるために、排砂管の延長が最短距離となるように設置した。

(2) 作業中に排砂管内の流れが遅くなり、土砂が詰まるおそれがあるときは排砂管の管径を大きくする。

(3) 排砂管内の流量が増し、モータが焼けるおそれのあるときは、ポンプの回転数を減らす。

(4) 浚渫深さは、浚渫船に近接して設けた量水標による水位潮位から判断する。

解説

排砂管の管径を大きくすると、流れが遅くなりかえって土砂が詰りやすくなる。従って(2)の記述が誤りとなる。(1)、(3)、(4)の記述はいずれも正しいので、この程度の内容で理解しておくようにする。

答(2)

例題 6-8 港湾工事に関する用語の組合せで、次のうち適当でないものはどれか。

(1) 根固め工———洗掘防止用マット

(2) タイロッド——スウィングアンカー

(3) 海底管路———ゴムジョイント

(4) 捨石基礎———ガット船

解説

(2)の組合せで、タイロッドとは結ぶ（タイ）棒（ロッド）であり、スウィング（振る）アンカ（いかり）は浚渫船の固定釘であり、誤りである。(3)のゴムジョイントは、自由度を持たせるもの。(4)のガット船は、自航式の土運船　答(2)

例題 6-9 傾斜型海岸堤防の施工に関する次の記述のうち、適当なものはどれか。

（1） 堤体の材料は、一般に土砂を使用し、締固めの点から、多少粘土を含む砂質又は砂礫質のものを用いるので、海岸の砂は使用してはならない。

（2） 波返し工は、表法被覆工をはい上がってくる波浪などの高波を沖へ戻すために設けるものであり、表法被覆工と完全に連続して一体となるようにする。

（3） 堤内地への越波、しぶきなどを排出するための排水工は、原則として、天端肩や裏法の途中に設ける。

（4） 根固工は、基礎工の前面に接続して設けるものであり、単独に沈下・屈とうしないよう基礎工と一体構造として施工する。

解説

一応全問題をみると、(2)が正解であることがすぐ分る。(1)の海砂はコンクリートの材料以外では使用してよい。(3)の排水工は、原則として裏法尻に設ける。(4)の根固工は基礎工と一体構造にしないことは、河川工作物と同様であり、誤りとなる。

答(2)

例題 6-10 防波堤の施工に関する次の記述のうち、適当なものはどれか。

（1） 直立堤は、軟弱な地盤に用いられ、傾斜堤に比べ使用する材料の量は多く、波の反射は大きい。

（2） 傾斜堤は、水深の深い場所に用いられ、海底地盤の凹凸に関係なく施工できる。

（3） ケーソンの構造は、えい航、浮上、沈設を行うため、ケーソン内の水位を調節しやすいように、それぞれの隔壁に通水孔を設ける。

（4） 根固工には、通常根固めブロックが使われ、ガット船による据付けが一般的である。

解説

直立堤は少ない堤体なので使用材料は少なく、波の反射が大きいので、硬い地盤が必要である。傾斜堤は比較的水深の浅い所に用いる。(4)の根固工は通常クレーン付き台船を使用する。ケーソン設置の順序は問題文の通りであり正しい。

答(3)

例題 6-11 離岸堤の施工に関する次の記述のうち、適当なものはどれか。

（1） 汀線が後退しつつある場合に、護岸と離岸堤を新設しようとするときは、離岸堤を設置する前に護岸を施工する。

（2） 侵食区域の離岸堤の施工は、上手側（漂砂供給源に近い側）から着手し、順次下手側に施工するのを原則とする。

（3） 開口部あるいは堤端部は、波浪によって洗掘されることがあるので計画の１基分はなるべくまとめて施工する。

（4） 比較的浅い水深に離岸堤を設置する場合は、前面の洗掘が大きくなるので、基礎工にはマットやシート類は使用せず必ず捨石工を使用する。

解説

説明文をよくみると、(3)の開口部や堤端部は、波浪によって洗掘されやすいので、当然計画の１基分はまとめて施工することになり正しい。(1)の汀線が侵食しているときは、先ず離岸堤を設置してから護岸をする。また、上手側より着手すると下手側の侵食が激しくなるので逆である。

答(3)

第7章 鉄道・地下構造物

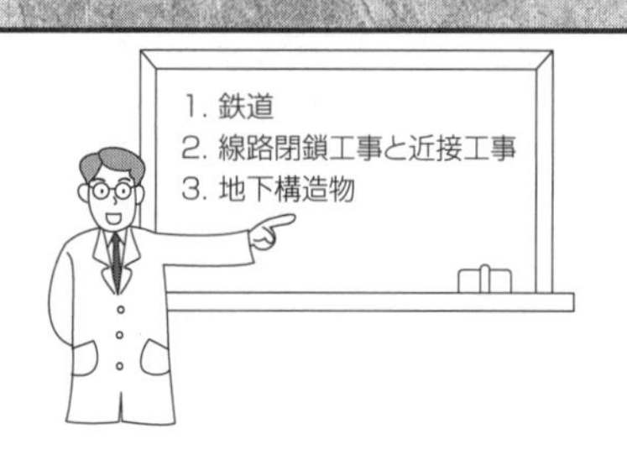

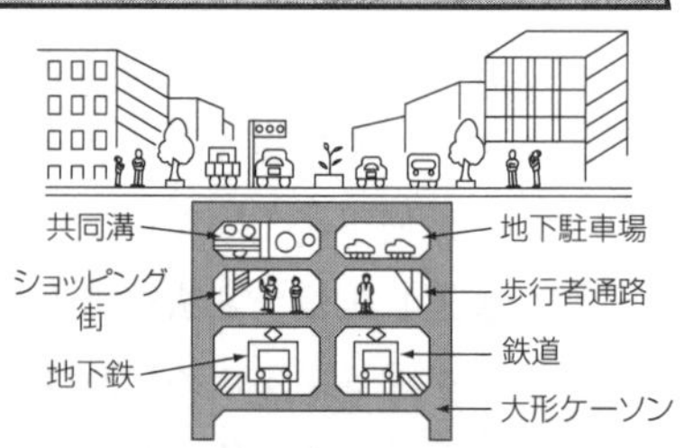

図7-1　鉄道・地下構造物

鉄道とは、**レール**上を動力を用いて車両が走行する専用の**通路**（道）であり、安全・迅速・確実・安価に輸送する**交通手段で**、公共性も高い。これらの鉄道の機能を維持するために、どのような施設や設備があるのだろうか。また、既設の市街地に、新しく鉄道などを建設するには、地下を利用するようになる。その場合の地下構造物の種類や施工法についても知らなければならない。ここでは、**鉄道**と**地下構造物**について学ぶ。

7・1　鉄道

鉄道については、**鉄道規定・軌道規定・線路閉鎖工事・近接工事**について説明する。

7・1・1　鉄道規定と軌道規定

鉄道規定や軌道規定は、鉄道の基本的施設の計画や施工に際しての必要な規定であり、次のようなものがあるが、各項目について、できるだけ関係づけて説明する。

7・1・2　線路の構造と鉄道規定

線路とは、図7-2に示すように、車両が走行する通路全体をいい、線路を構成する一部として、路盤や軌道がある。図の線路の構造の中での鉄道規定は、次のようになる。

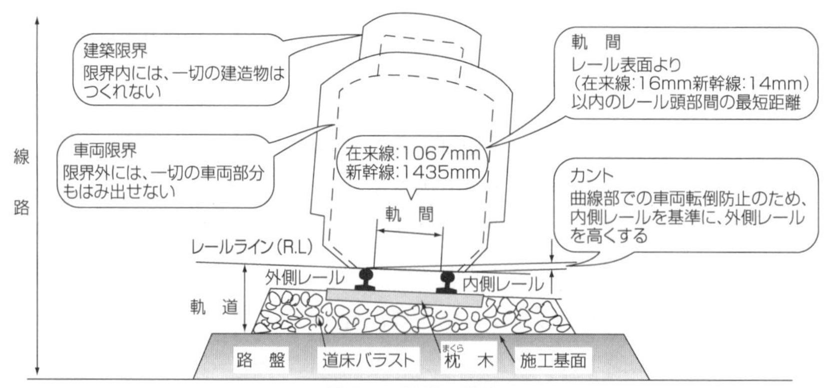

図7-2　線路の構造

①　**軌間**：図に示したとおりで、在来線の1067 mmや新幹線の1435 mm（4フィート8･1/2インチ）は、インチの長さをmmに換算したものである（イギリスで最初に営業した車輪間隔）。なお、1435 mmは**国際標準軌間**で、これより広い軌間を**広軌**（ロシア、スペインなど）、狭い軌間を**狭軌**という。従って、日本の在来線は狭軌といえる。

② **カント**（cant：傾斜）：外側と内側レールの高底差をカントといい、列車速度・曲線半径・軌間などの条件によって定められている。

③ **建築限界**と**車両限界**：線路内を車両が安全に走行するために設けられた、空間を確保する限界である。

④ **緩和曲線**：図7-3に示すように、直線部と円曲線部をつなぐ曲線で、sin 逓減曲線（sin 曲線を徐々に減じる曲線）が一般に用いられ、カントと列車最高速度によって決まる。

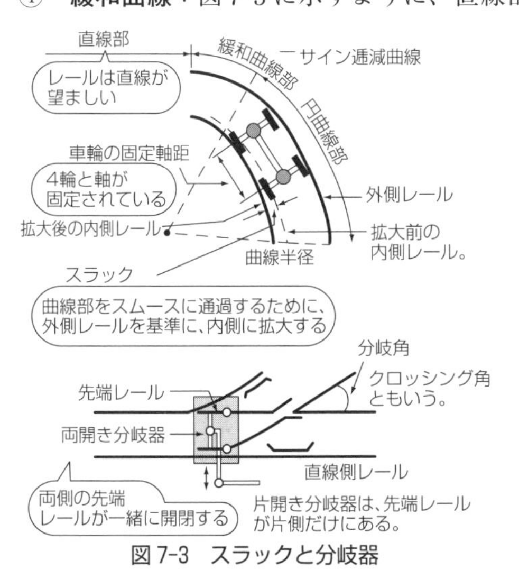

図7-3　スラックと分岐器

⑤ **スラック**（slack：拡大）：車両の車輪は、図のように4輪が同軸で固定され、方向が4輪共同一なため、曲線部において車両が円滑に走行するには、軌間をある区間拡大する必要が生じる。この拡大量をスラックという。在来線で半径600 m以下の曲線部では、30 mm以下である。

⑥ **分岐器**：線路が2方向に分岐する所に設けられ、大部分が図のような**両開き分岐器**である。分岐角の大きさは、分岐器の番号（クロッシングナンバー）で表され、番数の大きいほどその分岐角は小さくなるようにつけられている。

⑦ **その他の規定**：線路の走行方向（○○/1000の千分率で示す）の勾配が変化する所には、円曲線または放物線の縦曲線を入れる。路盤は強化路盤とし、盛土に土を用いた場合は、一層の仕上り厚さを30 cm以下とし、最大乾燥密度の90%以上で管理する。また、一層ごとに高分子材料のネットを敷き補強する。盛土に砕石またはスラグ砕石を用いる場合は、粒度調整を行い、一層の仕上り厚さを15 cmとし、最大乾燥密度の95%以上で管理する。

また、強化路盤の表層はアスファルト舗装をし、マーシャル試験で求めた基準値の、95%以上となるようにするなど、施工を慎重に行ったものが強化路盤である。

7・1・3　軌道規定

軌道は図7-4に示すように、施工基面上（路盤上）の車両の走行に必要な部分で、レール・枕木・道床によって構成され、それぞれの軌道規定は図7-4のようになる。なお線路は、輸送量及び重要度に応じて、1～4級線に区分されており、その区分によって軌道規定もつくられている。

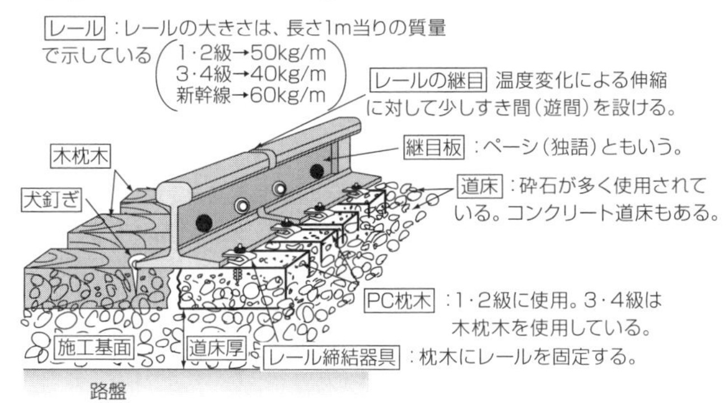

図7-4　軌道

① **レール**（rail）：レールの断面の大きさは、図示したように表す。レールの長さが200 m以上をロングレールといい、レールの両端には、伸縮継目を設ける。

② **道床**：レールや枕木に弾力性を与え、列車走行にともなう振動を吸収すると同時に荷重を路盤に伝える。また、排水を良好にし、木枕木の腐

食や雑草の生えるのを防ぐ働きもしている。新幹線の駅構内では、コンクリート道床（スラブ軌道）もあるが、大部分が砕石（1・2・3級線は砕石、4級線は砕石または砂利）を用いており、次の条件を満足するものが、良い道床材料（バラスト）といえる。

- 吸水性が少なく（砕石の中に水を含まない）、排水が良好なこと。
- 質量が大きくて強固で、摩耗に耐え、稜角（りょうかく）（かどがとがっていること）に富むこと。
- 粒度が適当で、保線作業が容易なこと（粘土・汚泥・有機物を含まないもの）。
- 風化しにくく、凍結しないこと。

道床厚は、レール直下における枕木の下面から路盤の上面までの最短距離で示す。

要点

『鉄道のまとめ』

- 鉄道規定・軌道規定については、毎年1〜2題は必ず出題されており、特に、カントとスラックは重要である。曲線部において、遠心力による列車の転倒を防ぐために、外側と内側レールに高低差をつけることはわかるであろう。その場合内側レールを低くすると、所要の道床厚が確保できないので、内側レールの道床厚を基準に、外側レールを高くすると覚えるようにする。またスラックは、外側レールを基準に、内側レールを拡大すれば、少しでも曲線を緩やかにできると理解することである。
- 両規定に関するその他の項目について、イラストを中心に全て理解しておくこと。範囲は少ないが出題率が高いので、合格点のとりやすいところであるので、頑張るように。

例題 7-1　鉄道線路の建築限界に関する次の記述のうち、適当なものはどれか。

（1）　建築限界は、車両限界より小さくなっている。
（2）　ホーム部分の建築限界は、縮小車両限界と同じになっている。
（3）　曲線区間の建築限界は、直線部の建築限界より大きくなっている。
（4）　トンネル内では、電灯や電線を建築限界内に入れてもよい。

解説

鉄道（道路でも同様）交通の安全性を考えれば、信号や標識も含めて一切の建造物を設けることが許されない限界が建築限界であり、(1)、(2)、(4)の記述はいずれも誤りである。曲線区間は当然大きくとるので、(3)の記述が正しい。

答(3)

例題 7-2　鉄道線路の曲線部に関する次の記述のうち、正しいものはどれか。

（1）　カントは、一般に曲線半径が小さいほど、また列車速度が速いほど大きい。
（2）　急曲線におけるスラックは、円曲線内のみとし、緩和曲線内に持ち込んではならない。
（3）　曲線におけるカントの不足量は、内側レールを下げて補う。
（4）　緩和曲線の長さは、列車の通過速度とは関係なく、曲線半径から求める。

解説

カントやスラックに出題率はかなり高いのでイラストでよく理解しておくようにする。列車の曲線部の走行状況を考えれば、カントを内側レールを下げてつけると、安全性や施工基面上からもよくない。また、スラックを外側レールで拡大すると、曲線半径が短かくなり安全上問題になる。このように理解するとよい。(1)の記述が正しい。

答(1)

例題 7-3 鉄道に関する次の記述のうち、適当なものはどれか。

(1) バラスト軌道における道床厚とは、バラストの上面から下面までの平均厚である。

(2) 路盤沈下のおそれのある区間では、コンクリート版を用いたスラブ軌道がよい。

(3) 線路勾配は、2点間の高低差を水平距離で割り、その比を1000分率で示す。

(4) ロングレールは、レールの材質がよく伸縮がないので、レール継目がなく快適に列車の走行ができる。

解説
(1)のバラスト道床厚は、枕木の下面から、低いレール側の施工基面までの厚さであり、この記述は誤りである。(2)では、沈下に対して整正作業の容易なバラスト軌道の方が有利であり、誤りとなる。(3)の1/1000(パーミル)は正しい。(4)のロングレール(200m以上)にも終端には伸縮継目が必要である。
答(3)

例題 7-4 鉄道に関する次の記述のうち、適当なものはどれか。

(1) 軌間とは、左右レールの中心間の距離である。

(2) 道床バラストは、輪荷重の衝撃力を緩和するために、川砂利のような丸味をおびたものがよい。

(3) レール分岐器のうち、片開き分岐器は、分岐する先端レールが片側にしかない。

(4) 軌道とは列車の走行に必要なレールと枕木のことである。

解説
軌道に関する主な規定は下図のようになる。

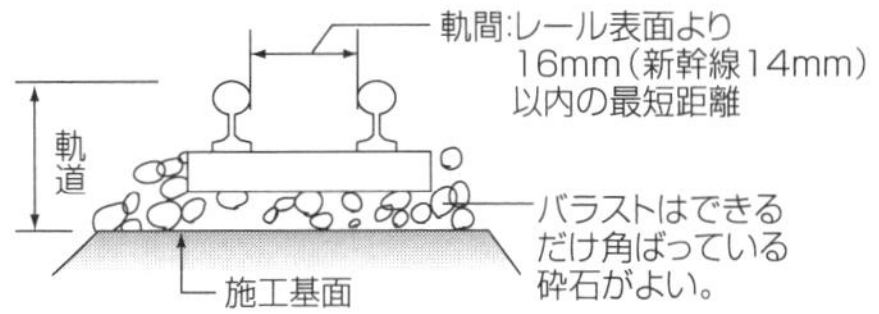

従って、(1)、(2)、(4)の記述は誤りとなる。(3)の片開き分岐器は、先端レールが片側だけなのでこの記述が正しい。答(3)

例題 7-5 鉄道に関する次の用語の組合せのうち、正しいものはどか。

(1) カント――――内側レールを拡大する

(2) 車両限界――――車両のいかなる部分もはみ出してはいけない限界線

(3) 施工基面――――枕木の面

(4) 両開き分岐器――直線レールより左右両方向のレールに分岐できる

解説
(2)の車両限界は、たとえパンタグラフにしてもはみ出してはいけない限界でこれが正しい。(1)、(3)、(4)の記述はいずれも誤りである。(4)の両開き分岐器は、先端レールが左右のレールについており、最も多い分岐器。
答(2)

7・2 線路閉鎖工事と近接工事

線路内のレールや枕木の交換などで、ある区間の線路内に工事が終了するまで、列車や車両の進入を中断する保安措置を**線路閉鎖工事**という。また、現在列車が走行している線路を**営業線**といい、図7-5のように、営業線の安全走行を確保する目的で、踏切工事など営業線の近くで行う工事を、**近接工事**という。どちらの工事にしても、工事に伴う事故防止のため、いくつかの工事規定や安全対策がとられている。また、線路閉鎖工事を行うには、事前に次のような検査を実施し、工事の必要性の有無を判断する必要がある。

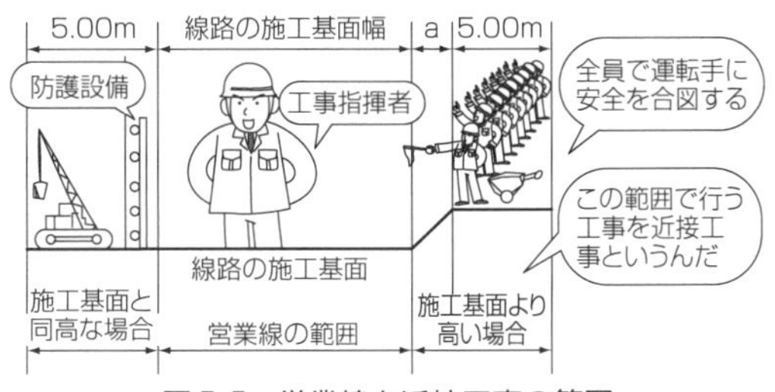

図7-5 営業線と近接工事の範囲

7・2・1　軌道の検査

レールや枕木、締結器具などの摩耗や損傷の程度の他、図7-6のような軌道狂いの4項目について検査を行う。その結果、レールや枕木などの交換の有無や、軌道狂いについては、4項目ごとに定められている**整備限度**から、軌道更新作業の必要性を決める。

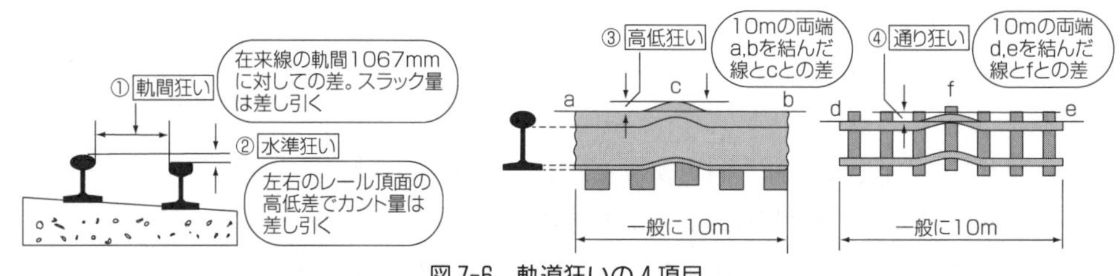

図7-6　軌道狂いの4項目

7・2・2　線路閉鎖工事

車両や列車の進入を中断して行う線路閉鎖工事には、図の軌道の検査結果から、次のようなものがあり、軌道上を走行する大形機械車を使用して行う。

① レールや枕木の交換、レールのくせ直し、盛金(もりがね)または溶接など軌道狂いの4項目についての更新作業。左右のレールを交換する替換もある。

② 線路内及び線路に近接して行う電柱工事、足場の仮設や撤去及び火薬を使用する発破作業などである。また、軌道を支える橋桁に関する補修工事も線路を閉鎖する。

(1) 線路閉鎖工事の施工上の留意点

工事は図7-7のように、作業開始前に**駅長**または**監督員**から、**工事指揮者**に対して、計画書にもとづいた作業内容を指示する。工事指揮者は、集合場所や時間、作業内容や使用機械などを全作業員に熟知・確認させ、安全を第一に作業を実施する。予定の作業が終了したときは、その旨を駅長に通告する。また立合いを指示された工事指揮者は、作業終了後も現場に残り、初列車の安全を確認する。

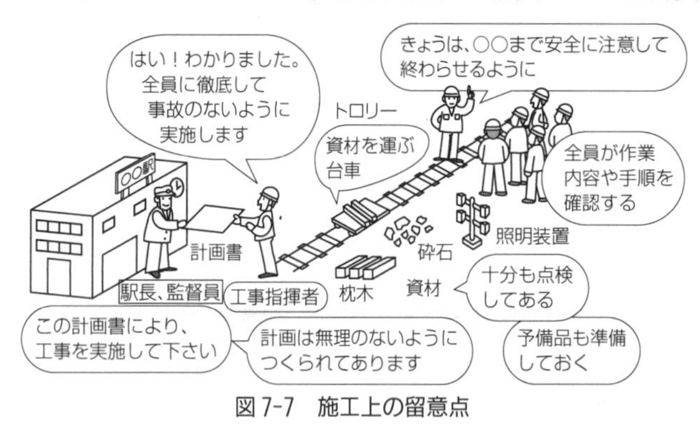

図7-7　施工上の留意点

また、トロリーの使用は、工事指揮者が監督者の承認を受けて行う。監督者不在のときは、使用しないようにする。使用に当っては、ブレーキなどの点検を行うことも大切である。なお、監督員や工事指揮者の組織上の立場については、次に学ぶ。

7・2・3　近接工事

近接工事に関する出題傾向は、工事そのものではなく、いかにしたら営業線への安全上の影響を少なくできるかという、防護設備や防護方法、使用重機械類や自動車の点検整備と操作運転上の注意、事故発生時の対策などが多く出題されている。

(1) 近接工事の事故防止体制

事故防止体制は図7-8のように、近接工事の**発注者**と**受注者**(請負者)の相方で組織化されている。図の受注者側の体制は、JR社の代表的なもので、全社共通ではない。

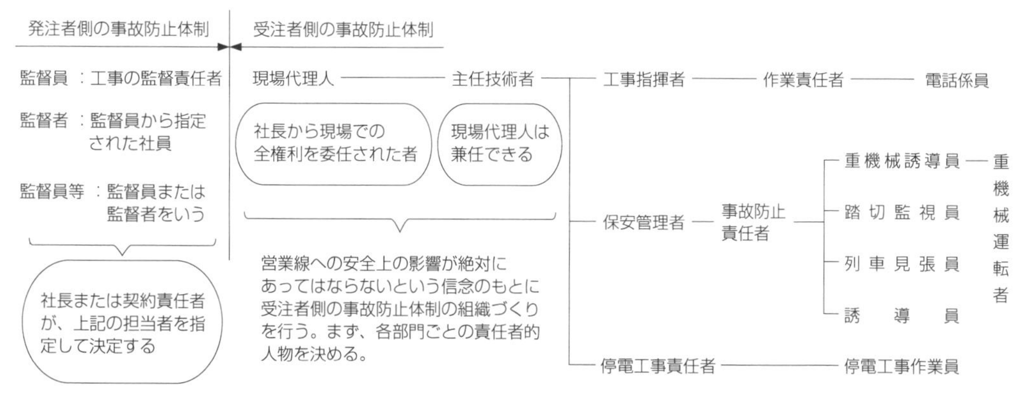

図7-8 近接工事の事故防止体制の例

(2) 近接工事の施工上の留意点

① 営業線の列車の安全確保のため、所要の防護設備を設け、定期的に点検する。

② 近接工事用の重機械の作業は、列車の接近から通過まで一時中止する。

③ 複線以上の所での積御しの場合、列車見張員を配置し、建築限界内に置かない。

④ 営業線が信号区間の場合は、バール、スパナなどの金属による電気短絡の防止。

⑤ 保安管理者は、工事指揮者と相談し、事故防止責任者に列車の指揮をする。

⑥ 重機械の運転者は、安全運転講習会の修了証を添えて、保線区長や工事区長の承認を受ける。また、重機械のブーム及びダンプカーの荷台は、これを下げた状態を確認してから走行する。

⑦ 列車見張員は、信号炎管、合図灯、呼笛、時計、時刻表、緊急連絡表などの列車防護用具を携帯しなければならない。

要点

『線路閉鎖工事と近接工事のまとめ』

- 軌道狂いの4項目については、図7-6により全体のかかわりの中での各項目の項目名と、どのような状況なのかをよく覚えておく必要がある。4項目とは、軌道狂い・水準狂い・高低狂い・通り狂いである。
- 線路閉鎖工事と近接工事、営業線について、それぞれどのようなものかをしっかり確認しておくことが必要である。そのためには図7-7のイラストを理解すること。
- 線路閉鎖工事の施工上の留意点は、とにかく列車の通行を一時中断して行うので、定められた時間内に正確に、安全に予定した工事を完了させることである。その為には、作業内容、作業時間などを十分に考慮した無理のない計画を立て、組織を通しての指示、打合わせと確認、通告などの安全上の措置を確実に実行することである。
- トロリーの使用は、工事指揮者が監督者の承認を受けて行う。
- 近接工事の事故防止体制では、発注者側の体制についても知っておくこと。特に、監督員が指定して監督者を決めることで地位がわかるであろう。
- 近接工事の施工上の留意点は、出題率も高いので、すべてを良く覚えておくこと。

例題 7-6 鉄道線路閉鎖工事に関する次の記述のうち、適当なものはどれか。

（1） 工事監督者は、工事または作業の終了後も現場に残り、初列車の安全の確認を行う。

（2） 工事監督者は、初列車の通過が確認されてから、作業終了の通告を駅長に行う。

（3） 線路閉鎖工事は、作業開始前に、工事指揮者の指示により実施する。

（4） 作業方法や予定時間その他の注意事項は、作業責任者が熟知していれば十分である。

解説

工事の安全性は絶対に確保しなければならず、そのために事故防止体制が規定されている。(1)、(2)の工事監督者は発注側の人であり、(3)の工事指揮者（管理者）は、請負側の人であることを確認しておく必要がある。(2)の記述の作業終了通告は、所定の作業が全部終了したときに、駅長に通告することになっているので、この記述は誤りである。(3)の工事開始前の指示は工事監督者が行うし、(4)の熟知していなければならないのは、作業者全員なので、(2)、(3)、(4)は誤り。

答(1)

例題 7-7 鉄道の営業線近接工事の保安対策に関する次の記述のうち、適当でないものはどれか。

（1） 営業線の列車が接近する際は、安全に十分注意を払いながら作業する。

（2） 1名の列車見張員では見通し距離を確保できない場合、2名以上の列車見張員を配置する必要がある。

（3） 工事現場にて事故発生のおそれが生じた場合、直ちに列車防護の手配をとり、関係箇所へ連絡する必要がある。

（4） 列車の運転保安及び旅客公衆などに加え、簡易な安全設備を必要に応じて設ける。

解答

列車の接近から通過まで作業員の安全を確保し、作業は中止する。

答(1)

7・3 地下構造物

地下に築造される構造物には、図 7-1 のように地下鉄・地下駐車場・地下街などの大規模のものと、上下水道管・ガス管・電話線などが一括して納まっている共同溝などがある。これらの地下構造物の施工方法は、地表から掘り下げていく**開削工法**やケーソン工法、沈埋工法などの**垂直式施工法**と山岳トンネル工法やシールド工法の**水平式施工法**に大別される。

7・3・1 垂直式施工法

土木一般の第 3 章基礎工の 3・1 基礎の掘削（85 ページ参照）で学んだ工法で掘削し、掘削完了後基礎コンクリートや防水工事を行って、地下構造物を構築していくのである。

また、ケーソン工法についても、3・5 ケーソン基礎工や第 6 章海岸・港湾の 6・2 海岸堤防（176 ページ参照）で学んでおり、ここでは、図 7-9 のように沈埋函を小形船でえい航して沈設する**沈埋工法**について説明する。東京の首都高速道の羽田海底トンネルや東京湾トンネルでは、この沈埋工法を採用して施工した。

図のように、陸上でトンネル函体を 100 m 以内に区切って製造し、沈設場所まで浮かべてえい

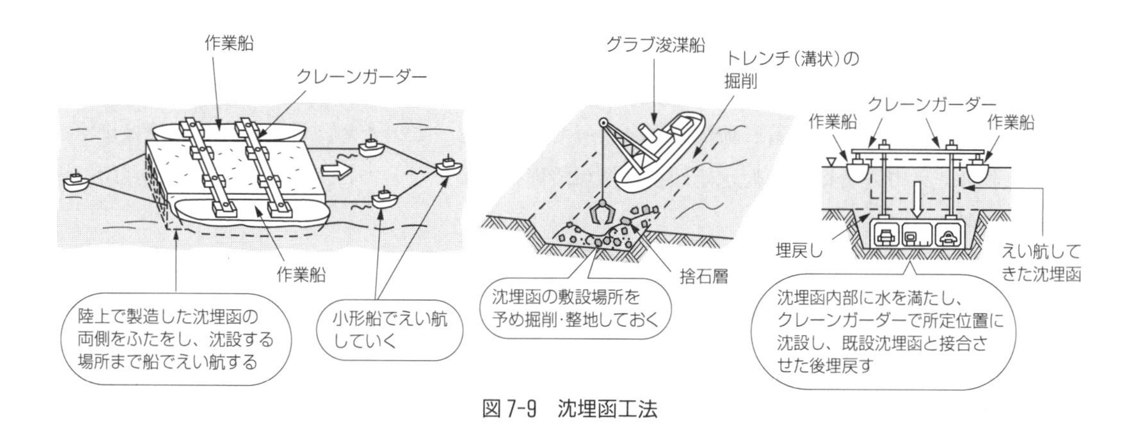

図 7-9　沈埋函工法

航して沈設する。その**後既設函と結合**してから**埋戻し**を行う。沈埋函の水密性を良くするために、沈埋函の外周を鋼製殻または防水膜で被覆しておく。この工法は、軟弱地盤上でも設置可能であり、圧気作業がないので、作業が安全で、施工深さも制限がないが、水中作業が多く、水流が速いと沈設が困難となる。また、既設函との結合は、地震や不等沈下などにより、水密性と強度上弱点となりやすい欠点がある。

7・3・2　水平式施工法

この施工法のうち、山岳トンネル工法は、第5章のトンネルの5・2山岳トンネル工法（163ページ参照）掘削で学んでいるので、ここではシールド工法などについて説明する。

(1)　シールド工法（shield：盾、トンネル工事用の鋼製の円筒保護枠）

フランスのブルネルが、木材の中での船喰い虫の巣づくりからヒントを得て考案したといわれる工法で、図 7-10 のように**鋼製の円筒形の枠を推進ジャッキで押し出し**、切羽の土砂の**掘削と搬出**をした後、コンクリートの**セグメントを組み立てる**方式である。シールド工法は切羽の状態により、次のような密閉式と開放式に分類される。

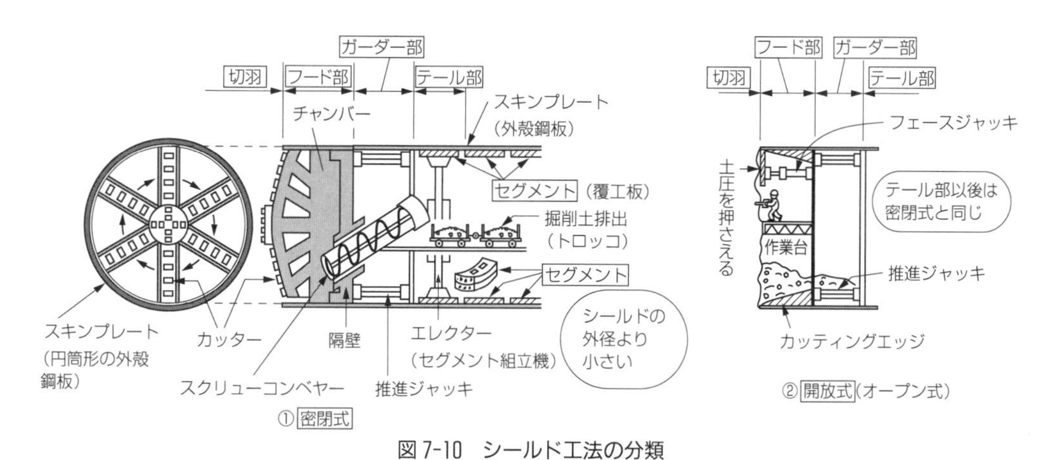

図 7-10　シールド工法の分類

①　**密閉式**：軟弱地盤で、切羽全面が**自立できない**場所では、図 7-10 ①のようにシールド前面のフード部とガータ部の間に**隔壁**を設け、**チャンバー**（小部屋）内に**圧気・土・泥水**などを充満させて切羽の安定を図り、土砂の掘削と搬出を行う工法である。圧気を利用する**圧気式工法**は、地上に圧気が噴出する噴発や酸欠、労働者の健康、安全管理上に問題がある。掘削土砂をチャンバ

ー内に充満させる**土圧式工法**は、地盤沈下も少なく、環境に与える影響が比較的少ない。また**泥水式工法**は、チャンバーの中に泥水を循環させ、切羽の安定を保つと同時に、掘削土砂は泥水と共に坑外まで、排泥管を配管し流体輸送によって搬出する。このため、坑内の作業環境はよくなるが、泥水とずりを分離する泥水処理費、機械設備費が高いなど、各工法にはそれぞれ長所、短所などの特徴がある。

② **開放式**（オープン式）：切羽が**自立でき**、湧水も少なく、図 7-10 の②のように、作業台上で人力または回転カッターなどで掘削し、ずりを搬出する。

③ **閉そく式**（ブラインド式）：切羽全面が同時に自立できない場所では、山岳トンネル掘削の導坑先進掘削工法と同様に、自立できるように小断面に区分けして掘削し、他の部分は一時閉そくしておき、掘削した小断面から順次周囲の閉そく部分を掘削して、やがて全断面に拡大していく工法である。

(2) 特殊工法

水平式施工法で、シールドの原理を応用したものに、図 7-11 のような種類の工法がある。図はいずれも、鉄道の線路の下に、地下構造物を築造する代表的な例である。

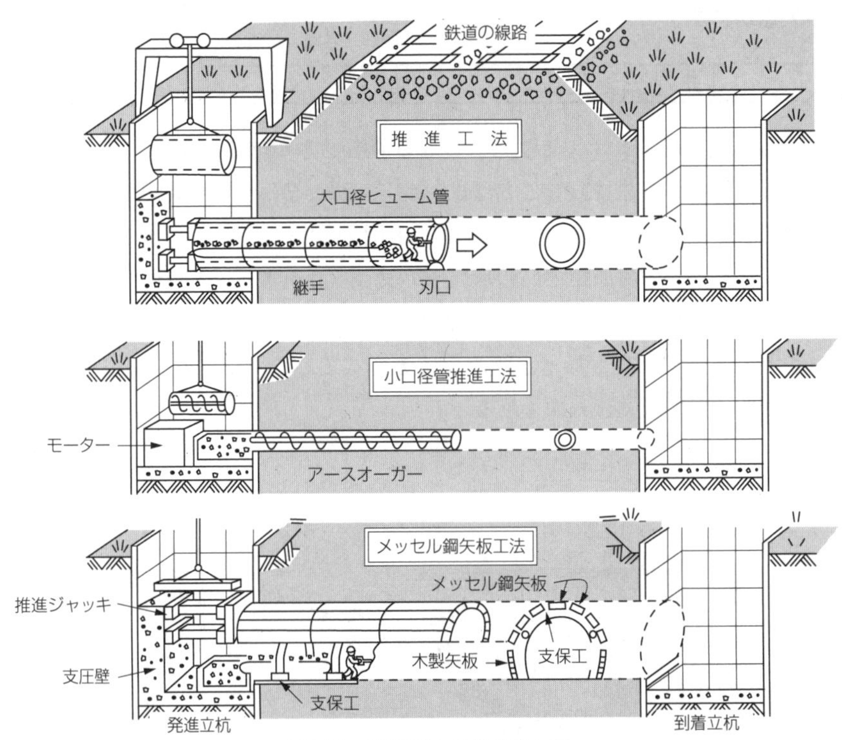

図 7-11　特殊工法の代表的な例

① **推進工法**

ヒューム管を推進ジャッキで、発進立坑より到着立坑に向けて押し込む工法。一般に、土かぶりが 3 m 以上の場合は、開削工法より経済的で有利である。

② **小口径管推進工法**

人力で掘削できない 700 mm 以下のヒューム管の圧入に用いられる工法。

③ **メッセル鋼矢板工法**

特殊加工した鋼矢板（メッセル鋼矢板）を、1 枚ずつ推進ジャッキでアーチ形になるように地山に圧入し、土かぶり圧や線路などによるアーチ部の崩落を防ぎながら、図7-11のように支保工を組んで掘削する工法。

なお①の推進工法では、ヒューム管の施工上延長距離が長い場合、ヒューム管の中間部にジャッキを挿入して圧入する**中押し式推進工法**と、到着立て坑にあるフロンテジャッキ（前面にあるジャッキ）で、PC鋼材に連絡されたヒューム管や箱形の函体（エレメント）などを引き寄せる**けん引式工法**がある。けん引式工法は、推進工法と異なり蛇行はしないが、曲線部の施工はできない。

また、③のメッセル鋼矢板工法と同じ方法で、鋼管（パイプ）を先に地山に圧入し、パイプの周囲をモルタルなど注入して固め、メッセル鋼矢板工法と同様に掘削していく、**パイプルーフ工法**(pipe roof：パイプで天井を固める）もある。

7・3・3 アンダーピニング工法（under pinning：下で固定して受ける）

図7-12のように、既設構造物の真下や近接地点に、新しい地下構造物をつくるために深い掘削を施工すると、既設構造物の基礎工と、地盤の支持力に影響し、支持力が不足することが予想される。その場合一般には、既設構造物の荷重を**仮受け**して新設構造物の基礎工を施工し、その基礎工で既設構造物を**本受け**するようにしている。

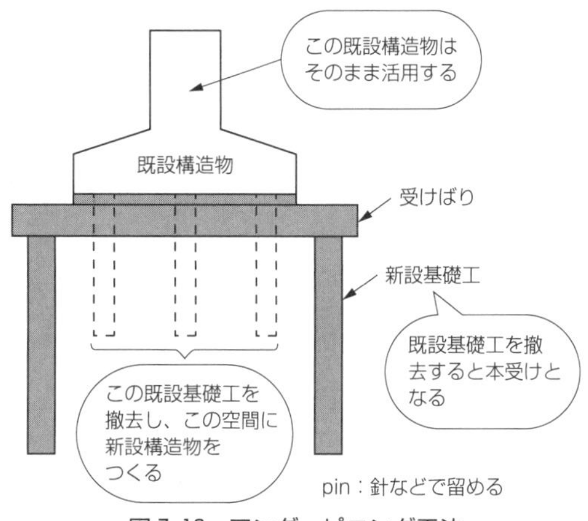

図7-12　アンダーピニング工法

図において、既設構造物を受けばりで一時仮受けをし、新設基礎工が完成した段階で、既設基礎工を撤去して、本受けとなるように施工する。この工法を**アンダーピニング工法**という。作業は狭い空間で危険も伴うので、既設構造物に沈下など生じないように慎重に行うことが必要となる。

要点

『地下構造物のまとめ』

- 地下構造物をつくるための施工方法としての、沈埋工法やシールド工法、特殊工法などをイラストで、主に施工手順を中心に理解してくようにする。
- シールド工法に関する問題は、毎年出題されているので、イラストによって各部の名称や役割などを十分に理解しておくこと。
- 地下に埋設されている既設物を防護しながら、新しい地下構造物の施工方法であるアンダーピニングも重要である。

例題 7-8 地下鉄工事に用いられる沈埋トンネルに関する次の記述のうち、誤っているものはどれか。

（1） プレハブ型式であり、現場での作業時間が短縮できる。
（2） 沈設の際に最も留意すべきことは、既設函との結合において、空隙をつくらないようにすることで、そのために基礎工は不陸のないように施工する。
（3） 沈埋函本体は陸上で製造されるので、確実性がある。
（4） 沈設される水中トンネルは、水中重量がかなり大きいため、大規模な基礎が必要となる。

解説
テキストのイラストをみれば、(1)と(3)は正しいことがすぐわかる。(2)の作業上の留意点もこの通りで、結合部に空隙があると水密性や強度上弱点となり正しい。(4)陸上での沈埋函の重量が大きいので、正しいと思いがちだが、水中では浮力の分だけ軽くなり、基礎も小規模でよく、むしろ不陸と不等沈下防止の方が重要となる。
答(4)

例題 7-9 シールド機械に関する次の記述のうち、適当でないものはどれか。

（1） フード部は、切羽の掘削と山留めを行う部分である。
（2） セグメントの外径は、シールドの外径より大きくなる。
（3） テール部は、セグメントを組立てる場所で、エレクターが装備されている。
（4） ガーター部は、フード部とテール部を結び、シールド全体の構造を保持している。

解説
シールド機の各名称については、イラストでよく知っておこう。(1)、(3)、(4)については、名称からシールド機の位置が分れば正しいことがすぐわかるであろう。(3)の記述のセグメントは覆工板で、これを円形に組立て、コンクリートの巻き立ての支保工となる。組立てはシールド内で行うので外径は、シール機より小さくなり誤りとなる。
答(2)

例題 7-10 河川を横断する地下鉄の工法として、次のうち関係のないものはどれか。

（1） シールド工法　（2） 築島ケーソン工法
（3） 沈埋工法　（4） NATM 工法

解説
(4)のNATM工法は主に山岳トンネル工法でここでは関係がない。
答(4)

例題 7-11 シールド工法に関する次の記述のうち、適当でないものはどれか。

（1） シールド工法は、開削工法が困難な都市の下水道工事や地下鉄工事などで多く用いられる。
（2） 泥水式シールド工法では、泥水処理設備が必要となる。
（3） 土圧式及び泥土圧式シールド工法では、圧気により切羽の安定をはかる。
（4） 一般に、シールド機の掘削場所への搬入や土砂の搬出などのために立坑が必要となる。

解説
シールド工法は大きく、密閉式、開放式、閉そく式に分類でき、地山が自立できない場所では、密閉式が用いられる。密閉したチャンバー内に、掘削した土、土砂に添加剤を加えた泥土および圧気を入れて切羽を安定させて掘削するが、このうち圧気式は酸欠問題等があり、ほとんど用いられていない。
また、(3)の土圧式泥土圧式シールド工法と圧気とはそれぞれ別々なので誤りとなる。
答(3)

第8章 上下水道

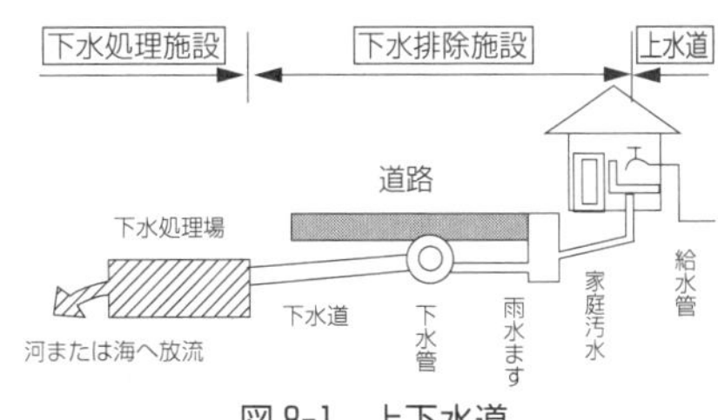

図 8-1　上下水道

自然界の水源から取水した原水を、上水道の**三要素**である良い**水質**と適度な**水量**と**水圧**を持たせ、各家庭や工場などに給水するまでの**上水道の施設**や、使用後の下水を排除・処理をして、自然界の河海に放流するまでの**下水道の施設**などについて学ぶ。

8・1 上水道の概要

取水した**原水**を、各家庭や工場などに給水するまでの施設は、図 8-2 のようになる。

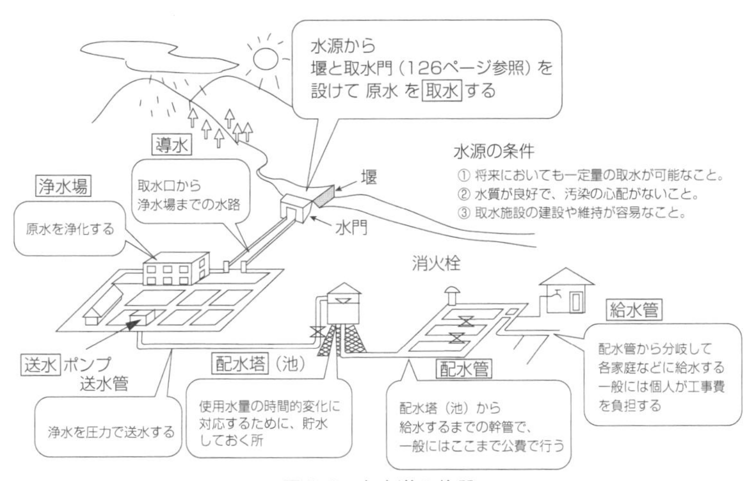

図 8-2　上水道の施設

8・2 上水道の施設

図 8-1 に示した上水道の各施設の概要は、次のようになる。

8・2・1　導水施設

導水方法には、地中に暗渠（きょ）や導水管を設ける地中形と、地表の開水路（開渠）で導水する地表形があるが、汚染や危険防止上、地中形とすることが望ましい。

（1） 導水管

上水道の各施設では、大部分が管（パイプ）が利用され、いずれの場合でも、内圧（水圧）や外圧（土圧など）に耐えられ、強度のあるものを使用する必要がある。表 8-1 に、上水道の各施設に

表 8-1　上水管の種類と特徴

管種	特徴
鋳（ちゅう）鉄（てつ）管	強度が大である。耐食性がある。 長年月では管内面にさびこぶが出ることも考慮しなければならない。重量大で取り扱いにくい。
ダクタイル鋳鉄管	上記のほか強じん性に富む。
鋼管	軽い。引張り強さならびにたわみ性が大きい。溶接が可能である。塗覆装（ライニング）管以外は腐食に弱い。
遠心力鉄筋コンクリートパイプ（ヒューム管）	耐食性大。価格が安い。電食のおそれがない。内面粗度が変化しない。 重量大で施工困難。異形管がないので敷設場所が限定される。
水道用石綿セメント管	耐食性大。価格が安い。電食のおそれがない。内面粗度が変化しない。 せん断力に対して弱い。
水道用硬質塩化ビニル管	耐食性大。価格が安い。電食のおそれがない。内面粗度が変化しない。重量小で施工性や加工性がよい 衝撃・熱・紫外線に弱い。

利用される管の種類と特徴を示す。

ダクタイル鋳鉄管：ダクタイル（延性、引き伸ばす性質）を持たせた鋳鉄管

鋼管のライニング：鋼管内の腐食を防止するために、タールやモルタルでライニング（内部覆装、内張り）を行うこと。

（2）　導水管の施工

導水管の敷設場所は、原則として**公道**または水道用地とし、急激な屈曲は避ける。

また、事故に対応するため、管を 2 本敷設したり、要所に連絡管を取りつけること。

8・2・2　浄水施設

水源から取水した原水を、水道水の水質規準に適合するように浄化するところを、浄水場という。浄水場内に導水された原水は、図 8-3 に示すような各浄水施設による処理手順によって浄化され、送水ポンプによって配水塔（池）に送水されている。

浄水施設の主なものは、図の**沈殿池**と**ろ過池**であり、それぞれが次のようになる。

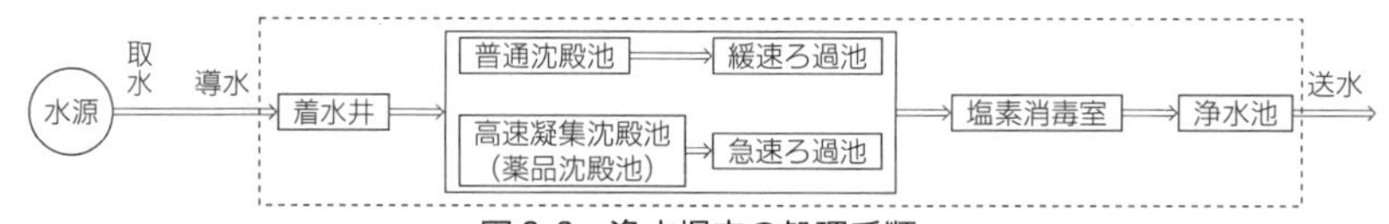

図 8-3　浄水場内の処理手順

（1）　普通沈殿池と高速凝集沈殿池

普通沈殿池では、沈殿池内の流れを遅くしたり、あるいは一時止め、原水中に含まれている微細なごみや生物を、重力の作用で自然沈殿させる方法で、当然時間がかかる。

それに対して高速凝集沈殿池は、微細なごみや生物を凝集させる薬品を、原水に加えて凝集物（フロック）を形成し、質量を大きくして速く沈殿させる方法である。

（2）　緩速ろ過池と急速ろ過池

緩速ろ過池は、一般に普通沈殿池と組み合せて行うろ過で、4～5 m/日の速さで処理を行い、生物による処理も利用し、臭気除去などの効果がある。

それに対して急速ろ過法は、120～150 m/日と高速で処理をするので、ろ過層表面に溜ったろ過膜を、一日一回洗浄除去しなければならない。洗浄方法は、緩速ろ過池では、ろ過膜と表層の砂の

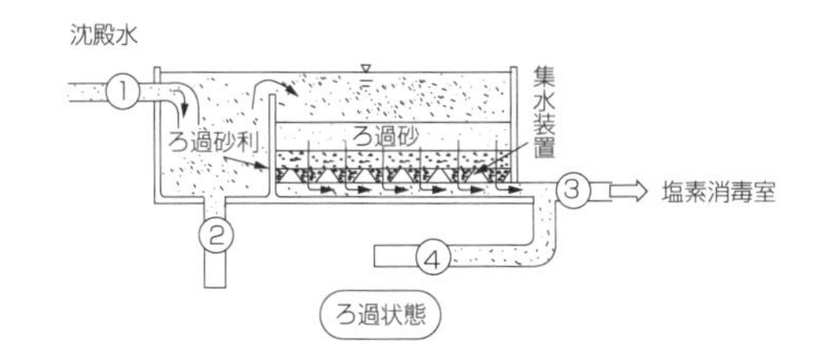

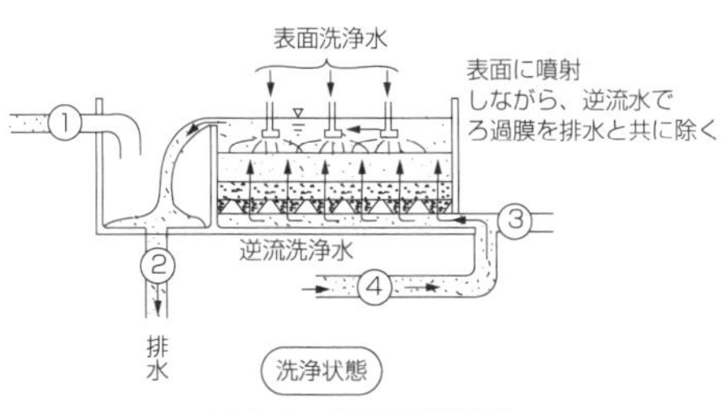

図 8-4　急速ろ過方法

一部を人工的に削り取って洗浄するが、急速ろ過池では、図 8-4 のように、ろ過砂はそのままの状態で、逆流水で洗浄するので、短時間で終る。

図の操作手順は、弁（バルブ）①と③を開け、②と④を閉じた状態でろ過を行う。

また、①と③を閉じ、②と④を開け、図のように、逆流洗浄をする。このような操作を必要とするので、高度な技術と維持管理費が高くなるが、用地は狭くてよく、都市型の浄水処理施設といえる。

8・2・3　送水と配水施設

浄水を配水塔（池）まで送る**送水**や、各家庭などに給水するまでの幹管である**配水**は、大部分が管水路であり、管径や本数などは、計画 1 日最大給水量を基に計画する。

（1）配水方式

配水方式は、地形などにより、図 8-5 の自然流下式及びポンプ加圧式と両者の併用式がある。

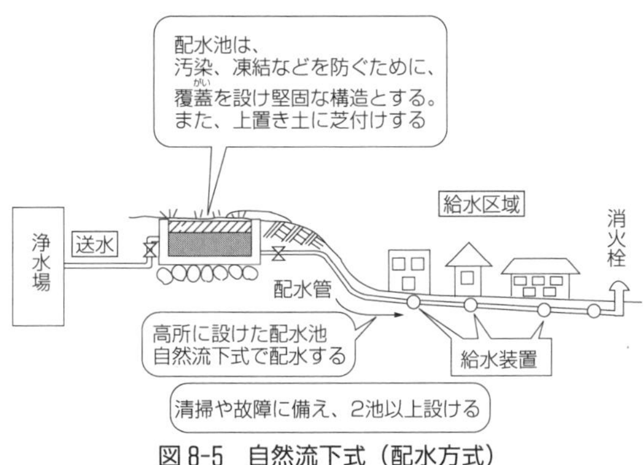

図 8-5　自然流下式（配水方式）

① 自然流下式：図のように、高所に設けた配水塔（池）に圧力で送水し、給水区域内に自然に流下させる方式。

② ポンプ加圧式：適当な高所がない地域では、ポンプで加圧して配水する。

③ 併用式：一部地域は自然流下式、他はポンプ加圧式など併用する。

これらの方式のうち、特にポンプ加圧式は、維持管理に留意する必要がある。

（2）配水管

配水管とは、図のように配水池から、給水装置に至るまでの幹管をいい、一般には、図 8-6 のような管網を形成している。管網は、できるだけ**網目式**に配管し、やむを得ず**樹枝状式**となる所では、**行き止まり管**となる末端には、防錆のために消火栓を設ける。

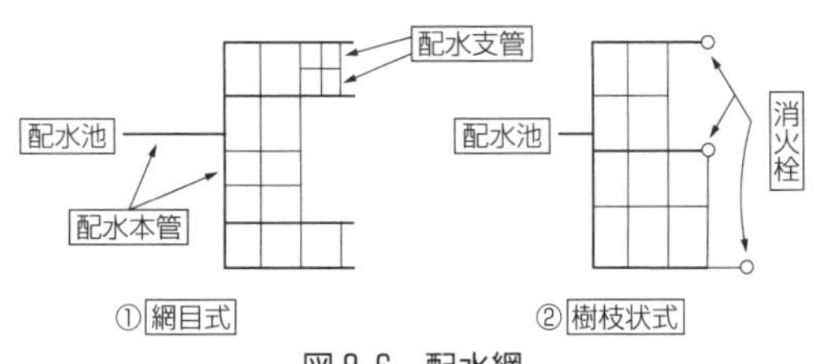

図 8-6　配水網

また、給水区域が、系統を異にする 2 以上の配水網から配水されている場合は、配水支管は相互に連結をし、火災や故障時などには水を融通できるようにしておく。消火栓は、100～200 m 間隔に設置する。

① 配水管の管径は、配水塔（池）の水位が低下した使用量の多い時間帯でも、給水不良にならないように、配水塔（池）の**低水位**から算定した有効水圧（最小動水圧）をもとにきめている。

② 配水管の埋設位置は、**配水本管**は道路の中央寄りに、**配水支管**は歩道または車道の端寄りで、車両のわだちの直下にならない位置に敷設する。

③ 配水管の埋設深さは、土かぶり 90 cm 程度を標準とし、寒冷地では凍結深度以下に敷設する。また、他の地下埋設物とは、30 cm 以上の間隔を保つようにする。

（3） 給水装置

配水管から分岐して各家庭に給水するための、給水管やこれに直結しているメーターなどの器具を給水装置という。給水方式には、図 8-7 のような方法がある。

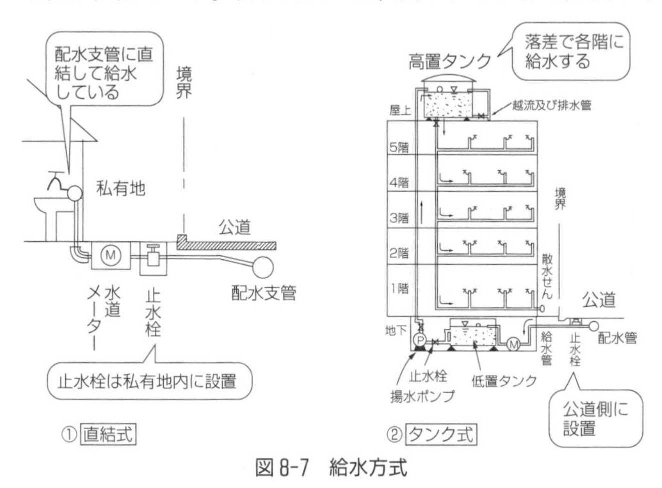

図 8-7 給水方式

直結式は、配水管内の水圧によって図のように給水する。

タンク式は、直結式で一度低置タンクに貯水し、ポンプで高置タンクに揚水して、図のように落差で各階に給水する。

給水管には、タンク式ではダクタイル鋳鉄管や鋼管も使用されるが、直結式や細い管径では**硬質塩化ビニル管**が多い。

給水管の埋設深さは、車道で 120 cm、歩道 90 cm、私有地内では 30 cm 以上となっている。寒冷地では、配水管と同様に、凍結深度より深く埋設する。

要点

『上水道の概要と上水道の施設まとめ』

- 水源地から取水した原水を浄化し、給水するまでの処置手順は、取水⇨導水⇨浄水⇨送水⇨配水⇨給水となる。
- 表 8-1 の上水管の種類と特徴のうち、特に鋳鉄管・ダククイル鋳鉄管・鋼管・硬質塩化ビニル管の特徴について、知っておくこと。
- 浄水場内の処理手順（図 8-3）に関することは、出題率も高いので、よく理解しておくこと。この種の問題は、解答を暗記するのではなく、浄水場内の浄化のしくみを理解すれば正解は容易である。特に、沈殿してからろ過するのは当然であろう。
- 浄水施設については、沈殿池とろ過池について、それぞれの内容を知っておくこと。
- 配水施設や給水装置については、方式と管の埋設について知っておくようにする。

例題 8-1　急速ろ過方式による浄水場の浄水施設のフローシートとして、一般的なものは次のうちどれか。

（1）着水井→急速ろ過池→高速凝集沈殿池→塩素注入井→配水池
（2）着水井→高速凝集沈殿池→急速ろ過池→塩素注入井→配水池
（3）着水井→急速ろ過池→塩素注入井→高速凝集沈殿池→配水池
（4）着水井→高速凝集沈殿池→塩素注入井→急速ろ過池→配水池

解説
水源から**導水**し、浄水場に**着水**した**原水**を飲料に適するように**浄水**するには、まず質量の大きい浮遊物を**沈殿**させ次に**ろ過**し**塩素**で消毒として**配水**へとなることを考えれば、正解は当然(2)となる。浄水の基本をしっかり理解しておくこと。
答(2)

例題 8-2　配水管に関する次の記述のうち、正しいものはどれか。

（1）配水支管は、自然流下式を原則とし、公道の中央部に布設する。
（2）配水管の水密構造の継手は、地下水などの混入防止のためにある。
（3）公道に配水管を布設する場合は、道路管理者との協議が必要である。
（4）配水管の配置には、網目方式はできるだけ避けるようにする。

解説
配水支管を公道に布設する場合には、道路管理者と協議し、道路の端部にする。従って(1)は誤りで(3)の記述が正しい。自然流下水式は好ましいが、原則ではない。配置方式はできるだけ網目状にし、行止り状は防錆の点から避ける。
答(3)

例題 8-3　上水道管として多く使用される硬質塩化ビニル管の特徴に関する次の記述のうち、誤っているものはどか。

（1）低温時において耐衝撃性が低下する。
（2）耐食性に劣る。
（3）表面に傷がつくと強度が低下する。
（4）加工性が良い。

解説
硬質塩化ビニル管の特徴についても表 8-1 に示してあるが、他の管についても重点を知っておくようにする。塩化ビニルの最大の特徴は、耐食性と加工性が良いことであり、(2)の記述が誤りとなる。
答(2)

8・3　下水道の施設

下水には、**家庭汚水**と**工場排水**の他に、**雨水・地下水**も下水として排除、処理されている。これらの下水をきれいにして、河海に放流するまでの道を下水道の施設という。

8・3・1　下水道の種類

下水道は、図 8-8 に示すような**公共用水域内の水質の保全**を、最優先する目的で建造される施設で、図のように分類されている。

① **公共下水道**：市町村が事業主となり、下水を排除する管を道路下に敷設し、終末処理場に送る下水道をいう。
② **流域下水道**：公共用水域を広域的にとらえ、放流する河川や湖沼などの効果的な水質保全のため、いくつかの市町村が排除した公共下水を、まとめて終末処理場で一括処理する方式で、都道

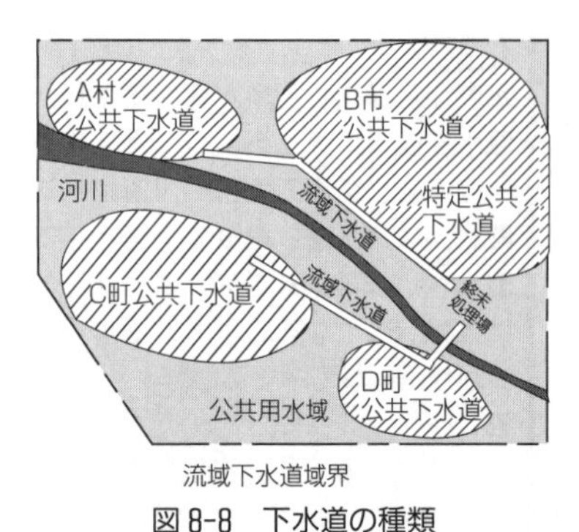

図 8-8　下水道の種類

府県が管理する下水道である。

③　**特定公共下水道：**工業団地などからの工場排水専用の下水道のことをいう。

この他に、都市を流れる河川で、流域面積が2 km² 以下のものを都市下水路とし、この水路に流入する排水の水質規制を実施し、水質の保全に役立てている。

8・3・2　下水の排除方式

家庭汚水や雨水などを終末処理場へ送る排除方式には、図8-9のように、汚水と雨水を1本の下水管で一緒に送水する**合流式**と下水管を2本にして、汚水は終末処理場へ、雨水はそのまま河海に放流する**分流式**がある。比較的道路幅の狭いわが国では、下水道管を2本埋設するのは、困難であり、費用も高くなるので、合流式が多い。しかし、雨量の多少により、下水の量や質が変化し、終末処理場の管理が複雑となる。

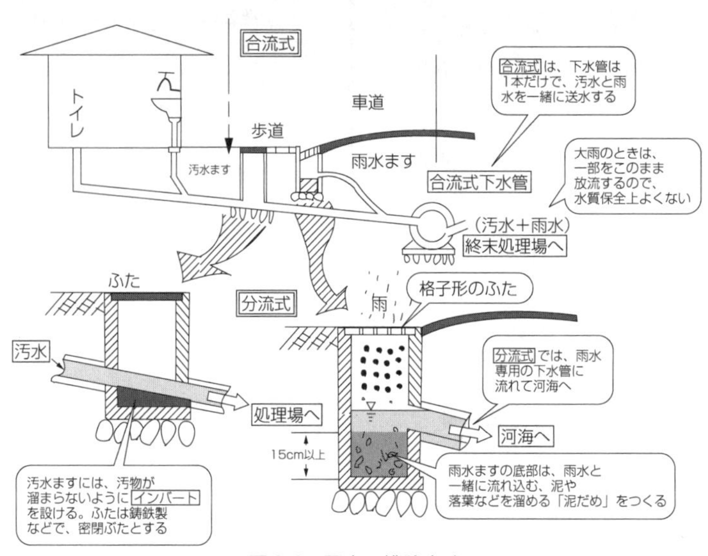

図 8-9　下水の排除方式

8・3・3　下水管路

(1)　下水管の種類

下水管には、図8-10①のように、鉄筋コンクリート管（ヒューム管）や硬質塩化ビニル管などの工場製品を、現場で埋設して各種の**継手**で接合していく方法と、図②のように、現場で打設して

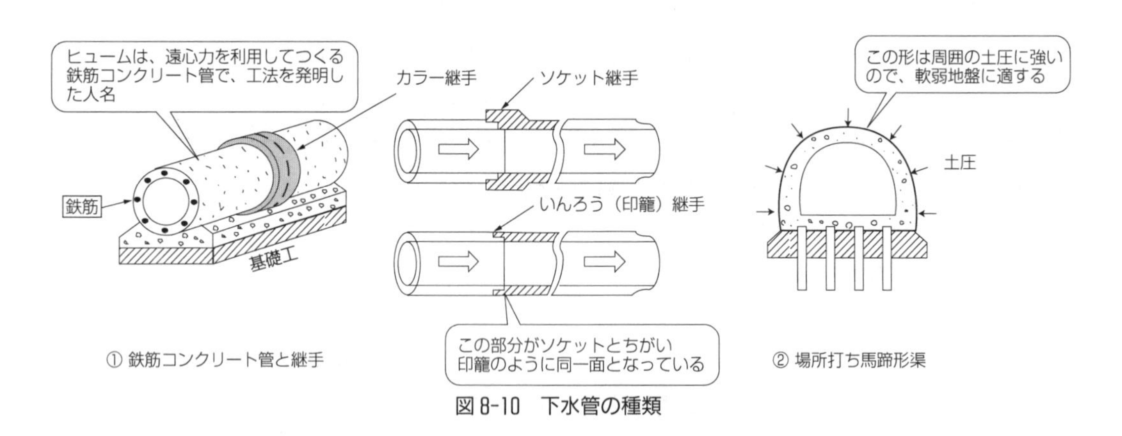

図 8-10　下水管の種類

管渠を築造していく方法がある。工場製品には上記の他に、陶管・ダクタイル鋳鉄管・鋼管・強化プラスチック複合管や長方形（正方形も含む）や渠（側壁・底版・頂板などの製品を別々に運搬し、現場で組立てて渠をつくる）もあり、この工法は、場所打ち渠より工期の短縮ができる。

また、場所打ち渠では、馬蹄形の他、長方形・円形・卵形などがある。

(2) 下水管の接合

管路の方向や勾配・管径など変化したり、他の下水管が合流する所では、下水管を**接合**する必要がある。接合箇所には、**マンホール**（人が出入する孔）を設け、維持・点検・清掃などに利用する。管路の接合の方法には、図 8-11 のような種類がある。

① **水面接合**：マンホール上下管内の水流の水面を、一致させるように接合する。合理的であるが、計算が複雑となる。一般的な地形に適する。

② **管頂接合**：図 8-11 ②のように、上下管の頂部の高さを一致させるように接合する。計算は容易だが、下流に行く程、管の埋設深さが増すので、下り勾配の地形に適。

③ **管底接合**：上下管の底部の高さを一致させるように接合する。管の底部を一定の勾配で接合していくので、管の埋設深さは、一様に変化し深くならないが、上流の管内の流れは、水理的に圧力管となり、継手などに悪影響を与えるので要注意。

④ **管中心接合**：上下管の中心を一致させるように接合する。施工も比較的容易であり、水面接合の代用として広く用いられている。

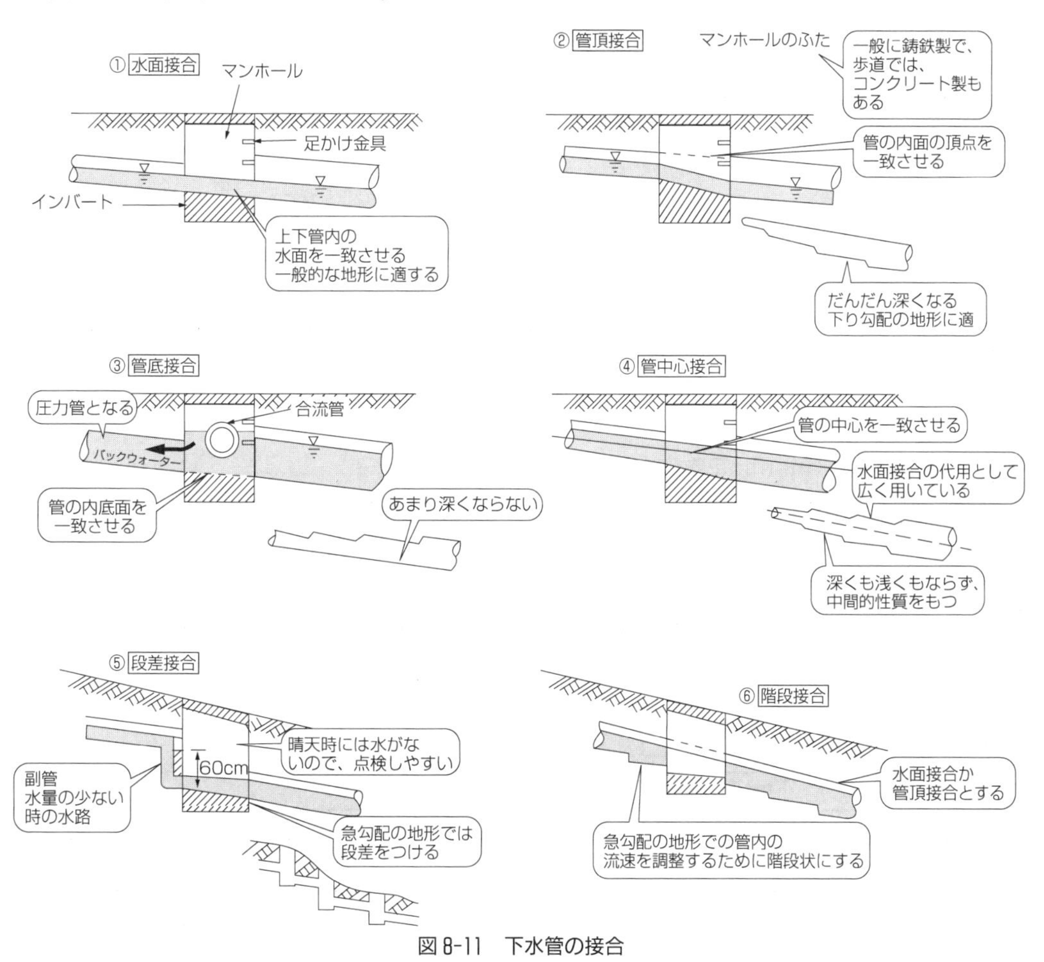

図 8-11　下水管の接合

⑤　**段差接合**：地形が急勾配の場合に、段差をつけて接合し、落差が 60 cm 以上ある所では、図 8-11 ⑤のような副管を設けて、清掃などの保守・点検を容易にする。

⑥　**階段接合**：地形が急勾配の場合に、管底を階段状にして、流速を調整している。

（3）　管渠の基礎工

下水管渠を埋設する際に、管渠の自重や下水流の重さに管渠が耐えられるように、管渠を支える図 8-12 のような**基礎工**を設ける。

基礎工は、ヒューム管のような、荷重によるたわみ量の少ない**剛性管渠**と、硬質塩化ビニル管のような**可撓**（とう）（たわみやすさ）**管渠**では、施工方法が異なる。さらに、地質・支持力・荷重の大きさなどにも左右される。図 8-12 では、①～⑥に剛性管渠の基礎工の種類について示し、⑦に可撓性管渠の対応について説明してある。

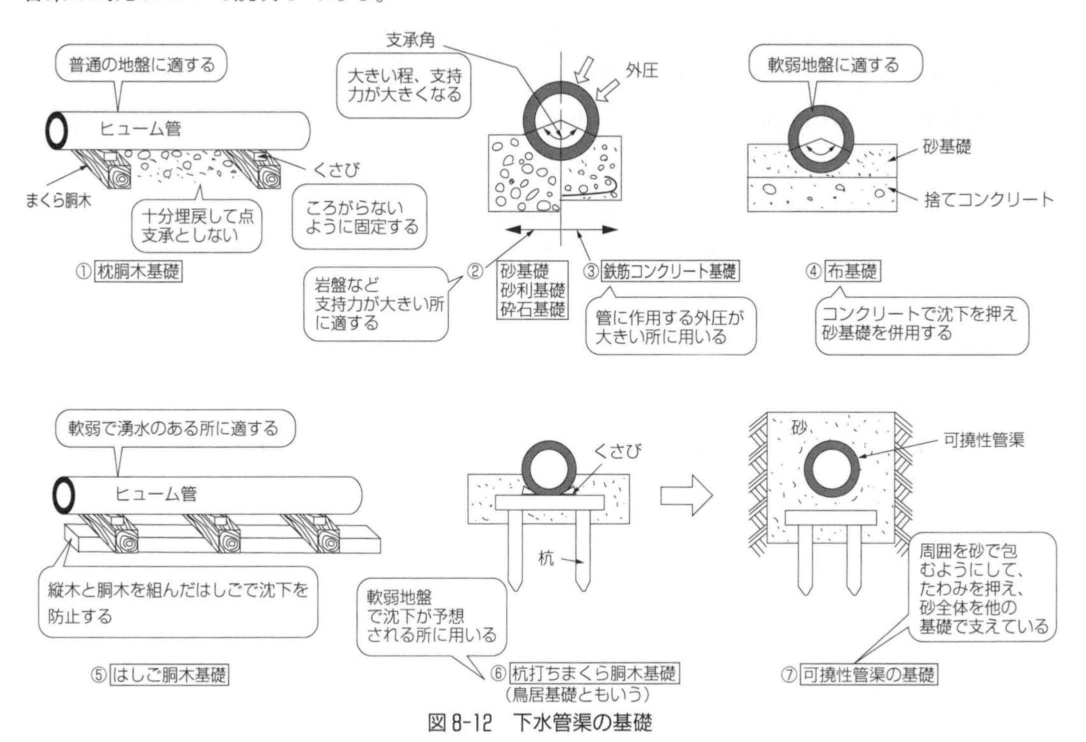

図 8-12　下水管渠の基礎

（4）　マンホール（manhole：人が出入りする孔）及び**ます**

マンホールは、図 8-11 のように管の接合や勾配の変化する所に設け、管渠の点検・清掃などのために、人が出入りする施設である。また、直線区間で管渠の接合点でなくても、管径に応じてマンホールを設ける最大間隔が、次のように決められている。①管径が 300 mm 以下⇨50 m、管径 1000 mm 以下⇨100 m。足かけ金具は、防食性のものを使用する。

また、下水管の途中に設ける汚水ますや雨水ますについては、図 8-9 を参照。マンホールの蓋は原則として、車道では鋳鉄製、歩道では鉄筋コンクリート製を使用する。

8・3・4　下水道の施工（推進工法）

下水道は一般に公道下に施工される。この場合施工が最も確実で容易な**開削工法**が用いられればよいが長い期間道路を閉鎖したり、鉄道や他の地下構造物と交差することはできない。そこで考案されたのが、195 ページで学んだシールド工法や推進工法などであり、比較的管径の小さな下水管の施工には**推進工法**が多く用いられている。この推進工法は、コンクリート管の先端に刃口をつけ、人力で掘削する工法とスクリューオーガーなどの機械で掘削する工法があり、特に呼び径700 mm以下のヒューム管を推進する**小口径管推進工法**が多く用いられている。これらを総合的にまとめると図8-13のようになる。

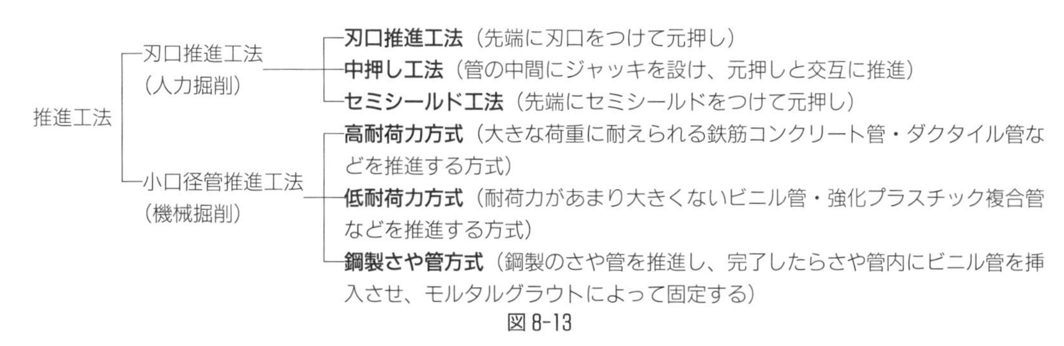

図8-13

小口径管推進工法の3つの方式には、各々に次のような**掘削及び排土方式**がある。この場合**先導体**とした推進管をそのまま**下水管**として敷設する**一工程式**と、先導体で掘削した後に、これを案内として下水管を推進して敷設する**二工程方式**がある。

① 圧入方式

- 一工程式　図のように先導体と推進管を接続して圧入する。
- 二工程式　先に先導体を圧入し、その後それを案内として推進管を推進する。

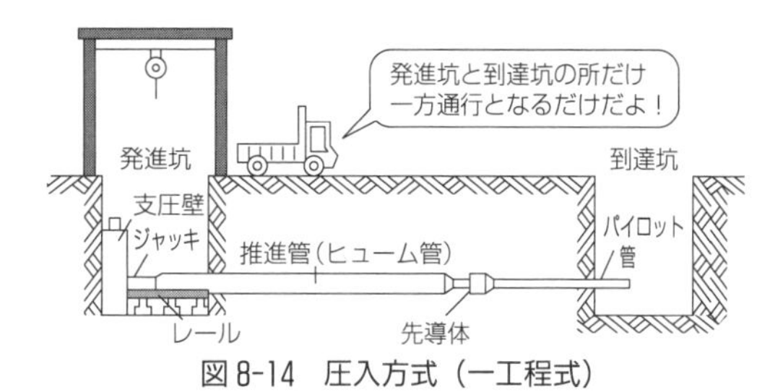

図8-14　圧入方式（一工程式）

② オーガー方式

- 一工程式　オーガーと推進管を接続して圧入。
- 二工程式　先にオーガーを圧入し、その後推進管と入れ替える。

③ ボーリング方式

- 一重ケーシング式　先端に刃先をつけた鋼管を回転させ、その後塩化ビニルと交替する。
- 二重ケーシング式　さや管の内部にスクリュー式内管をセットし、回転させて掘削する。

④ 泥水方式

- 一工程式　泥水式先導体と推進管を接続して圧入する。
- 二工程式　先に泥水式先導体を推進した後に推進管に交替する。

⑤ 泥土圧方式　この方式は一工程式のみで、二工程式はない。推進管の先端に泥土圧先導体をつけて、添加剤を加えて泥土化した土をスクリューコンベアで排土しながら推進する。

8・4　終末処理場

今までに学んできた下水道の施設によって、終末処理場に送られてくる下水は、次の2つの考え方で処理され、河海や湖沼に放流されている。

① 下水を水分と汚濁物質に分離する。⇨**水処理**

② 分離した汚濁物質を無害なものにする。⇨**汚泥処理**

ここでは、これらの処理の方法のうち、最も多く採用されている**活性汚泥法**について概要を説明する。

図 8-15 には、活性汚泥法による終末処理場内の処理手順と役割を示した。

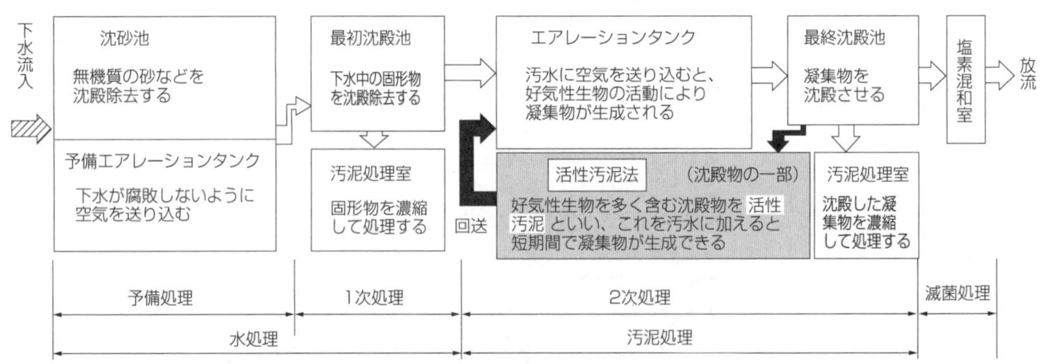

図 8-15　活性汚泥法の処理手順と役割

活性汚泥法は、図 8-15 のとおりの各処理を行って放流されている。特にこの方法は、好気性生物を多く含む**活性汚泥**を、これから処理しようとする汚水に混合し、汚水の凝集と沈殿を早め、処理効率がよく敷地面積も少なくてよいが、維持費が高く、操作も複雑となる。また、沈殿した汚泥は、汚泥処理室で含水率を少なくして濃縮し、農作物の肥料やタイルなどに加工したり、焼却もするなど、再利用の方法がいくつか開発されている。

しかし、活性汚泥法でも、りんや窒素は除去できず、このまま川海や湖沼に放流すると、プランクトンが異常発生して赤潮となったり、悪臭の原因となるので、活性炭などによる**高度処理**が必要となる。

要点

『下水道の施設のまとめ』

・下水道には、公共下水道・流域下水道・特定公共下水道があり、それぞれの公共用水域と管理者などについて、概略的な事項を図 8-8 で理解しておくこと。特に流域下水道について知っておくように。

・下水の排除方式には、合流式と分流式があり、わが国では合流式が多い。しかし、合流式の場合、大雨で下水量が増えると、その一部をそのまま河海に放流するので、水質の汚濁につながったり、また、終末処理場の管理にも問題がある。

・下水管には、工場製品を現場に運んで埋設する方法と、現場で下水管渠を築造する場所打ち渠があり、下水量や地形などにより決定していく。下水管渠の種類も知っておくこと。また、下水管渠の敷設については、推進工法（第 7 章 196 ページ）などを参照。

・下水管の接合については、かなり出題率も高いので、図 8-11 から名称や特徴を理解しておくこと。

・基礎工についても、図 8-12 より工法名と特徴を理解しておくこと。

・終末処理については、図 8-15 の活性汚泥法の処理手順を覚えておくようにする。

例題 8-4　下水管の布設に関する次の記述のうち、正しいものはどれか。

（1）下水は圧力勾配で流下し、汚泥の沈殿防止のために、特に汚水管渠の勾配を厳密にとる必要がある。

（2）分流式下水道での雨水の排除は、道路排水を雨水管に、宅地内排水では汚水管に取り入れる。

（3）2本の管渠が合流する場合の中心交角は、なるべく60°以下とする。

（4）取り付け管の管底は、本管の中心線より下方に取り付ける。

解説

下水管渠には汚水管渠だけでなく、雨水管渠や合流管渠があり、特に汚水管渠のみの勾配を厳密にとる記述は正しくない。また分流式では、雨水の排除は雨水管、汚水の排除汚水管と区別されているので正しくない。2本の下水管渠が合流する場合は図のようになっている。従って(3)が正しい。

60°以下
上方に
背水

(4)において下方に取り付けると本管から逆に取り付け管に下水が背水するおそれがある。答(3)

例題 8-5　下水管の布設に関する次の記述のうち、誤っているものはどか。

（1）ヒューム管の継手には、カラー継手、ソケット継手、いんろう継手がある。

（2）枕土台基礎は、地盤が比較的良好な場合に用いられる。

（3）可撓性管渠の基礎工は、原則として自由支承の砂基礎とし、条件によってははしご胴木や布基礎を用いる。

（4）車道に設けるマンホールのふたは、鉄筋コンクリート製を原則とする。

解説

(1)、(2)、(3)の記述はいずれも正しいので、イラストをみてどのようなものか確認をしておくこと。(4)のマンホールのふたは、道路舗装の種類にかかわらず、車道では鋳鉄製、歩道では鉄筋コンクリートを原則に用いることになっており、この記述が誤りとなる。

答(4)

例題 8-6　下水管渠の接合に関する次の記述のうち、適当でないものはどれか。

（1）水面接合は、計画水面で一致させるので、水理学的に最も良い方法である。

（2）管頂接合は、管の内面頂部を合わせて接合する方法で、管渠が浅く土工費が経済的となる。

（3）管底接合は、バックウォーターがおこり、上流管渠の水理条件が悪くなる。

（4）段差接合は、急な傾斜地に適する工法である。

解説

接合にはイラストで示すような方法と特徴があり、理解しておくことが大切である。特に覚えることは、管頂接合では下流に行く程深くなること、管底接合では、バックウォーター（逆流）がおこること、水面接合が一般的で水理学的にも合理的であることであり、これからみると(2)の浅くなるが誤りとなる。

答(2)

例題8-7　下水道の設備に関する次の記述のうち、適当でないものはどれか。

（1）　マンホールの底部には、下水を円滑に流下させるために、インバートを設ける。

（2）　マンホールの副管は、晴天時の下水量の全量を流下させるものがよい。

（3）　雨水ますの底部は、雨水中の土砂が下水管に円滑に流入できるように工夫されている。

（4）　雨水ますの蓋は、雨水が入りやすく、かつ、載荷重に耐える構造とする。

解説

インバートは逆アーチ形のもので、円滑に下水を流下させるために設ける。従って(1)は正しい。(2)の副管は段差接合の場合に設け、この記述通りで正しい。(3)の雨水ますの底部は、イラストにも示したが、土砂が溜り下入管に流入させないように工夫してあり、誤りである。(4)の記述は正しい。

答(3)

例題8-8　活性汚泥法による下水処理の処理手順で正しいものはどれか。

（1）　エアーレーションタンク→沈砂池→最初沈殿池→最終沈殿池

（2）　沈砂池→最初沈殿池→最終沈殿池→エアーレーションタンク

（3）　沈砂池→最初沈殿池→エアーレーションタンク→最終沈殿池

（4）　エアーレーションタンク→最初沈殿池→最終沈殿池→沈砂池

解説

下水処理の手順は、まず無機質で質量の大きい砂などを**沈砂池**で沈下させ、次に下水中の固形物を**最初沈殿池**で沈殿させ固形物を濃縮処理する。次に空気を吹き込み、活性生物の活動により分解させる**エアーレーションタンク**に入り、最後に分解物を沈殿させる最終沈殿池となる。従って手順としては(3)が正しい。

答(3)

例題8-9　下水管渠資材としての陶管とヒューム管の特徴を比較した次の記述のうち、適当でないものはどれか。

		(陶管)	(ヒューム管)
（1）	大管径の製造	難しい	易しい
（2）	耐衝撃性	劣る	優れている
（3）	耐化学性	劣る	優れている
（4）	単位長さの質量	軽い	重い

解説

陶管は最近はあまり使用されていないが、部分的なものや配水管としても使用されることもある。粘土などで成形し焼成したものにうわぐすりを塗ったもので、耐薬品性、耐化学性に優れている。従って(3)が誤りとなる。

答(3)

例題8-10　小口径管推進工法の掘削及び排土方式として、次のうち高耐荷力方式に該当しないものはどれか。

（1）　圧入方式　　（2）　オーガ方式

（3）　泥水方式　　（4）　ボーリング方式

解説

小口径管推進工法のうち、ボーリング方式は、鋼管の先端に刃先をつけて回転させたり、さや管として鋼管を用いてボーリングをするだけで、その後硬質塩化ビニル管と入れ替えたり、モルタルを裏込めするので、高耐荷力方式でなく、鋼製さや管方式となる。

答(4)

第Ⅲ編　法規（出題傾向と学習の要点）

（１）　過去の出題傾向

（出題比率：◎かなり高い　○高い）

<table>
<tr><th>科目</th><th>主な出題項目</th><th>出題比率</th><th colspan="2">問題数</th><th>選択数</th></tr>
<tr><td>第１章　労働基準法</td><td>1-1 労働基準法</td><td>◎</td><td>2</td><td rowspan="11">11</td><td rowspan="11">6</td></tr>
<tr><td>第２章　労働安全衛生法</td><td>2-1 労働安全衛生法</td><td>◎</td><td>1</td></tr>
<tr><td>第３章　建設業法</td><td>3-1 建設業法</td><td>◎</td><td>1</td></tr>
<tr><td rowspan="2">第４章　道路関係法</td><td>4-1 道路法</td><td>◎</td><td rowspan="2">1</td></tr>
<tr><td>4-2 道路交通法</td><td></td></tr>
<tr><td>第５章　河川法</td><td>5-1 河川法</td><td>◎</td><td>1</td></tr>
<tr><td>第６章　建築基準法</td><td>6-1 建築基準法</td><td>◎</td><td>1</td></tr>
<tr><td>第７章　火薬類取締法</td><td>7-1 火薬類取締法</td><td>◎</td><td>1</td></tr>
<tr><td rowspan="2">第８章
騒音規制法・振動規制法</td><td>8-1 騒音規制法</td><td>◎</td><td rowspan="2">2</td></tr>
<tr><td>8-2 振動規制法</td><td>◎</td></tr>
<tr><td>第９章　港則法</td><td>9-1 港則法</td><td>◎</td><td>1</td></tr>
<tr><td rowspan="8">第10章
環境保全関係法規と対策</td><td>10-1 環境基本法</td><td></td><td rowspan="7">1</td><td colspan="2" rowspan="8">2（必須）
※出題範囲は
第Ⅳ編の施工
管理法から</td></tr>
<tr><td>10-2 大気汚染防止法</td><td></td></tr>
<tr><td>10-3 水質汚濁防止法</td><td></td></tr>
<tr><td>10-4 建設工事公衆災害防止対策要綱抜粋</td><td></td></tr>
<tr><td>10-5 建設工事に伴う騒音・振動防止対策</td><td>◎</td></tr>
<tr><td>10-6 廃棄物の処理及び清掃に関する法律</td><td></td></tr>
<tr><td>10-7 資源の有効な利用の促進に関する法律</td><td></td></tr>
<tr><td>10-8 建設工事に係る資材の再資源化等に関する法律（建設リサイクル法）</td><td>◎</td><td>1</td></tr>
</table>

（２）　学習の要点

第Ⅲ編の法規は、しくみを理解するというより、規則や規則事項を覚えるような内容が多い。従って、テキストのイラストを通して、どうしてこの法律や規則が必要になったのかなどの背景を考えながら、集中的に学ぶのではなく、気楽にいつも身近に置いてあるイラストをみているうちに、規則や規制が自然と身につくような学び方がよい。学習の要点は次のようになる。

第１章　労働基準法

労働基準法の基本的事項（適用範囲、均等待遇、男女同一賃金など）と労働契約全般（3つの制限、就業規則、解雇全般、賃金支払）、女性・年少者の就業制限について理解しておくこと。特に、就業制限については、主な項目と制限内容について知っておくようにする。

第２章　労働安全衛生法

法規では選択問題として１問、施工管理法では必須問題として3～4問（知識２問、能力1～2問）の出題傾向にある。学び方として、次の２点にしぼるとよい。１つは、作業主任者の選任と作業内容であり、もう１つは主な工事の計画の届出についてとなる。

第３章　建設業法

技術者の選任と立場に関する事項について主に学ぶようにする。

第4章　道路関係法

ここでは、道路法の車両制限令全般について学ぶようにする。

第5章　河川法

ここでは、1・2級及び準用の各河川の管理者との関係と、その管理者の許可事項について知り、その中で特に主要な許可事項について学ぶようにする。

第6章　建築基準法

この法律は適用範囲が広く重要事項が決め難いが、出題数が1題なのであえて絞れば、法律全般の中で主要な用語の解説を主に学ぶようにする。用語と説明との組合せが多く出題されている。

第7章　火薬類取締法

ここではまず、火薬類の定義と貯蔵の組合せについて、なぜ組合せてはいけないのかを考えながら覚える。また、火薬類の取扱い上の主な内容についても目を通しておくようにする。

第8章　騒音規制法・振動規制法

騒音規制法及び振動規制法の規制基準について、騒音及び振動の大きさと特定建設作業の種類以外は、全く同様なので、一緒に覚えてしまう。その他は、85デシベルの騒音規制と75デシベルの振動規制の違いと、規制が適用する特定建設作業の種類名（騒音では8種類、振動は4種類）を覚えることである。この規制については毎年出題されているので、100%正解が得られるように頑張って覚えてほしい。なお、大きさの測定は、作業場との境界線上で行い、1日だけで終わる作業は特定建設作業ではないことも知っておこう。

第9章　港則法

港則法は、港内の交通法的なものなので、航路と航法を主に、交通を安全、円滑に実施するための港長への許可基準を中心に学習するとよい。

第10章　環境保全関係法規と対策

環境保全関係法規と対策は、第Ⅳ編の施工管理法（知識）のところで、環境保全1題、建設副産物1題の計2題（必須）が出題される。

出題比率が高いのは、**10-5 建設工事に伴う騒音・振動防止対策、10-8 建設工事に係る資材の再資源化等に関する法律（建設リサイクル法）**である。

建設工事に伴う騒音・振動防止対策については、イラストや例題により各種建設機械の特性を理解するとよい。建設工事に係る資材の再資源化等に関する法律では、特定建設資材の意味と4種類、指定建設副産物の定義と種類などを学ぶようにする。なお、廃棄物と建設副産物との関係を理解する観点から、**10-6 廃棄物の処理及び清掃に関する法律、10-7 資源の有効な利用の促進に関する法律**もしっかり学ぶとよい。

第1章　労働基準法

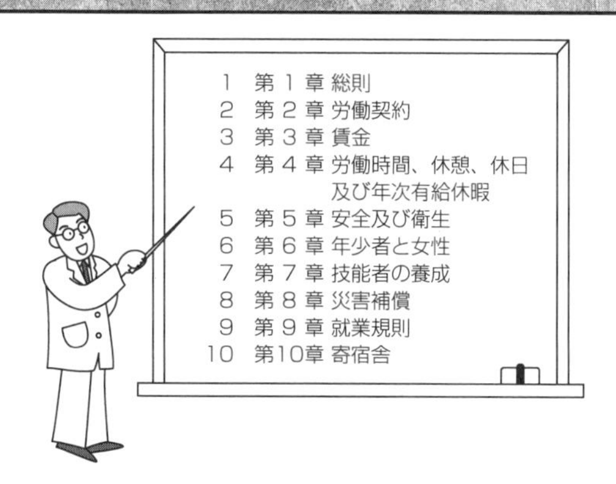

労働基準法は、労働者の**労働条件**についての**最低の基準**を定めた法律であり、この法律をもとに作成し決定された**労働条件**は、労働者、使用者とも遵守しなければならない。ここではこの労働条件の作成や決定に必要な法律の主項目について学ぶ。

1・1　労働基準法

労働基準法は、憲法25条第１項の「すべて国民は、健康で文化的な最低限度の生活を営む権利を有する」という規定を受けて、労働者保護のために定められた法律で、第１章から第13章まである。

1・1・1　第1章　総則

ここでは**労働条件**を作成・決定する際の基本的事項が、次のように定められている。

労働基準法	労働協約	就業規則
労働者の保護を目的とした均等待遇などの項目を基準とする	使用者と労働組合との両者間の約束	場所・時間・休日等のその会社の就業条件など

労働条件の明示

労働条件の原則

① 労働者が人間として生活を営むための**必要をみたす**ものでなければならない。

② この法律で定める労働条件の基準は**最低**なものであり、当事者はこれを理由として労働条件を**低下**させてはならないし、その**向上**に努めなければならない。

労働条件の決定

① 労働条件は、労働者と使用者が**対等の立場**において決定すべきものである。

② 労働者及び使用者は、**労働協約・就業規則・労働契約**を遵守し、誠実に義務を履行しなければならない。

均等対遇：国籍・信条・社会的身分による差別の禁止

男女同一賃金：女性であることを理由に賃金の男性との差別の禁止

強制労働：労働者の意志に反しての強制労働の禁止

中間搾取の排除：業（仕事）として他人の就業に介入し、利益を得てはならない。

公民権行使の保障：選挙権などの行使（投票に行く）が、労働時間中にも保障されている。

1・1・2　第2章　労働契約

労働契約とは、使用者と労働者が対等な立場で、第1章で決定した労働条件を基に、両者が結ぶ**賃金・給料などの支払う**ことを約束したものである。図は、法律で規定されている契約に際して考慮すべき条項や遵守すべき基本的な条項について説明してある。

契約期間：「～工事が完了するまで」というほかは、3年を超える期間で締結してはならない。

賠償予定：使用者は、労働契約の不履行の違約金等を定め、損害賠償を予定する契約はできない。

前借金の相殺：前貸しの債権（給料等）と賃金等を相殺してはならない。

強制貯金：使用者は強制的に貯蓄させたり、これを管理してはならない。

解雇の予告：解雇する場合は、少なくとも30日前に予告する。予告なしの場合は、30日分以上の平均賃金を支払わなければならない。ただし、予告の日数は、平均賃金を支払えば、その日数分を短縮できる。

解雇制限：業務上の負傷や疾病の療養のための休業期間とその後の30日間及び産前産後の女性の休業期間とその後の30日間は解雇してはならない。

また、療養開始後3年経過しても治らず、打切補償を支払う場合は、行政官庁の認可を受け解雇できる。

ここでいう契約期間とは、期間を定める場合の規定で、一般には期間を定めないで、解雇及び自己退職以外は、定年まで継続するようにしていることが多い。

退職時において、労働者が使用期間、業務の種類、その事業における地位、賃金又は退職の事由（解雇の場合にはその理由を含む）について、証明書の発行を請求した場合には、使用者は遅滞なくこれを交付しなければならない。

また使用者は、労働者が死亡又は退職し、権利者から請求があった場合には、7日以内に賃金を支払い、積立金、保証金、貯蓄金など労働者の権利に属する全ての金品を、返還しなければならないことになっている。

なお、解雇の予告の規定は、次の労働者には適用されない。

① 日々雇い入れられる者（ただし、1か月を超えて引続き使用されるときは適用）

② 2か月以内の期間を定めて使用される者
③ 季節業務に4か月以内の期間を定めて使用される者
（②③について：所定の期間を超えて引続き使用されるときは適用）
④ 試みの使用期間中の者（14日を超えて引続き使用されるときは適用）

1・1・3　第3章　賃金

賃金とは、使用者が労働者に労働の代償として支払う、賃金・給料・手当・賞与その他名称のいかんにかかわらない全てのものをいう。賃金についての法律上の規定は、図のようになっている。

また**平均賃金**とは、算定すべき日以前3か月間に支払われた賃金の総額を、その期間の総日数で除した金額をいう（交通費や家族手当は含まれない）。

賃金の支払：**賃金支払いの5原則**が法律で定められている基準だが、法令または労働協約の定めにより、通貨以外で支払うこともできる。また、労働者の同意があれば、銀行等に振込むことも可能である。

最低賃金：賃金の最低基準についての法律での規定

休業手当：使用者の責任とされる事由により休業する場合、平均賃金の60%以上の手当を支払わなければならない。

非常時払：労働者が出産・疾病・災害等の非常の場合に賃金を請求した場合、使用者は支払日前であっても、その日までの賃金を支払わなければならない。

賃金支払いの5原則
① 毎月1回以上支払う
② 一定の期日を定める（曜日指定はだめ）
③ 通貨（現金）とする
④ 全額支払う
⑤ 直接労働者本人に支払う

賃金に関する問題の出題率はかなり高いので、上図においてよく理解しておくようにする。特に**賃金支払いの5原則**とそれに関することは、次の点も含めて大切である。

① 賞与も賃金の一部であるが、支払い回数などの規定はない。
② 非常時払は、やむを得ない事由により、1週間以上帰郷する場合も該当するが、2〜3日の帰郷は適用されない。
③ 賃金台帳は、使用者に対して3か年間の保存が義務づけられている。
④ 賃金は、たとえ未成年者であっても、直接本人に渡し、親権者に渡してはならない。

1・1・4　第4章　労働時間、休憩、休日及び年次有給休暇

ここでは、労働者の健康保持及び文化的な生活を行うことができるように、**労働時間**や**休憩**・**休**

日等が規定されている。

(1) 労働時間と休憩

労働時間：労働時間は原則として、休憩時間を除き1日につき8時間、1週間につき40時間（8時間×5日）と規定されている。

休憩：労働時間が**6時間**を超えるときは、少なくとも**45分間**、**8時間**を超えるときは**1時間**の休憩を、労働時間の途中に与えなければならない。

労働時間や休憩の一般的な組み方は右図のようになっている

8：00　10：00〜10：15　12：00〜13：00　15：00〜15：15　17：30

労働	休憩	労働	休憩	労働	休憩	労働
2時間	15分間	1時間45分	1時間	2時間	15分間	2時間15分
2時間		3時間45分		5時間45分		8時間

また、休憩時間は原則としていっせいに与え、労働者に自由に利用させなければならない。

変形労働時間：1か月以内の一定期間を平均して、1週間当りの労働時間が40時間であれば、特定の日または特定の週に上記労働時間（1日8時間）を超えて労働させてもかまわない。

なお、変形労働時間として扱う場合の主な留意点は次のようである。

① 事業所を異にする場合は、労働時間は通算して計算される。

② トンネル工事等の坑内労働の場合は、坑内にいる間は休憩時間も含めて、全て労働時間とみなす。すなわち、トンネル入坑する時刻から退坑した時刻までが労働時間となる。

変形労働時間は、あくまでも図に示したように、使用者と労働者の代表との労働協約に基づいて行われるもので、使用者が一方的に決めることはできない。また、このような手続をとれば、1日の労働時間が8時間を超えることも法律上可能といえる。

(2) 休日と年次有給休暇

休日：休日は、毎週少なくとも1回、または4週間に4日以上与えなければならない。ただし、4週につき4日以上与えられているときは、特定の週に与えられないこともある。

年次有給休暇：6か月間継続勤務し、全労働日の8割以上出勤した者は、その後の6か月間に10日以上、1年6か月以上継続勤務した者はさらに1日、以降2年は2日、3年は4日、4年は6日、5年は8日、6年は10日を最初の10日に加算し、最大日数は1年で20日の有給休暇が与えられる。この場合、業務上負傷し、または疾病にかかり、療養のために休業した期間及び産前産後の休業期間は出勤扱いとして算出される。

なお、年間10日以上の有給休暇を与えられる従業員、パート、アルバイトを対象に、企業には「年休を与えた日を基準日として1年以内に5日以上の有給休暇を取得」させること、あわせて、「年休管理簿」の作成・管理も義務化される。

時間外及び休日の労働：労働協約を基に労働基準監督署長に届け出た場合は時間外や休日に労働させることができる。

ただし、次の健康上特に有害な業務の労働時間の延長は、1日について2時間を超えてはならない。

割増賃金⇨時間外労働に対する賃金の計算は、次のようになっている。

① 時間外労働2時間の場合の時間外賃金：通常賃金（家族手当、通勤手当を含まない）額の25%以上の割増賃金を支払う。

② 時間外労働が、深夜労働（午後10時から午前5時迄）の場合は、50%以上の割増賃金を支払う。ただし、通常勤務が深夜労働の場合での時間外労働については、通常賃金の中に深夜労働分が含まれているので、①と同様に計算していく（要注意）。

例題 1-1 労働基準法に関する次の記述のうち、適当なものはどれか。

（1） 労働基準法は、労働条件などの一般的な基準を定めた法律である。

（2） 労働契約に際して、使用者は労働者に対して労働条件を明示する必要がある。

（3） 労働者を解雇する場合は2か月前に予告すること。従って労働者も自己退職する場合は、2か月前に使用者に申し出ることになっている。

（4） トンネル工事等の坑内労働時間中の休憩時間は、一般の場合より多くとる。

解説

労働基準法に関する一般的な問題である。(1)の記述では、この法律は最低の基準を示したものであり、誤りである。(3)の解雇の予告（自己退職の申し出）は30日であり誤りである。(4)の坑内労働は休憩も含めて坑内にいる間は全て労働時間となりこれも誤りである。従って(2)の記述が正しい。

答(2)

例題 1-2 労働基準法上、賃金の支払いに関する次の記述のうち、適当でないものはどれか。

（1） 平均賃金とは、算定すべき日以前3か月間に労働者に対し支払われた賃金の総額を、その期間の総日数で除した金

解説

未成年者であっても賃金は直接本人に支払わなければならない。

答(2)

額をいう。

（2） 未成年者の賃金は親権者または後見人に支払わなければならない。

（3） 使用者は、使用者の責任とされる事由による休業の場合、休業期間中当該労働者に定められた休業手当を支払わなければならない。

（4） 使用者は、労働者が出産、疾病、災害などの非常の場合に賃金を請求する場合においては、支払日前であっても、既往の労働に対する賃金を支払わなければならない。

例題 1-3 労働契約に関する次の記述のうち、適当でないものはどれか。

（1） 1日の労働時間が6時間の場合は、労働時間の途中に45分の休憩時間を与えた。

（2） 労働時間を延長するため、労働者の過半数で組織する労働組合と書面による協定を行い、所轄労働基準監督署長へ届けた。

（3） 就業規則を常時各事業所の見やすい場所に掲示した。

（4） 労働契約に際し、賃金、労働時間その他の労働条件を口頭で約束した。

解説

休憩時間は、労働時間に含まれないので、一斉に全く自由に過せるようにする。(1)、(2)、(3)の記述はいずれも正しいので、それぞれの内容を確認しておくこと。特に労働契約の項目（賃金や労働時間など）については、口頭での約束ではなく、必ず書面にて行うことになっている。従って、(4)の記述が誤りとなる。

答(4)

例題 1-4 労働基準法に関する次の記述のうち、誤っているものはどれか。

（1） 使用者は、6か月間継続勤務し、全労働日の8割以上出勤した労働者に対して、年次有給休暇を与えなければならない。

（2） 労働時間が8時間を越える場合には、少なくとも45分の休憩を与える。

（3） 使用者の都合により労働者を休業させた場合、労働者に休業手当を支払わなければならない。

（4） 使用者は、満18才に満たない者を、坑内で労働させてはならない。

解説

(1)の年次有給休暇については、テキストに説明した程度はしっかり理解してほしい。(1)の記述は正しい。(2)の記述では前問のように、6時間で45分、8時間の場合は少なくても1時間の休憩を与えることになっているので誤りとなる。(3)の休業手当は、平均賃金の60%以上を支払うことになっている。

答(2)

例題 1-5 賃金に関する次の記述のうち、違反とならないものはどれか。

（1） 賃金の一部を本人の将来のことを考え、強制的に貯金させた。

（2） 前借金があるので、その分を今回支払う分より差し引いて支給した。

（3） 労働者の不法行為によって発生した損害は、賠償を請求することができる。

（4） 脅迫して労働を強制すること。

解説

労働基準法第3章の賃金では、賠償予定、前借金相殺、強制貯金、不当解雇、強制労働、中間搾取などは禁止されている。問題をみると、(1)、(2)、(4)は明らかに違反している。(3)の記述で、不法行為は賠償請求されても仕方がないので、違反とはならない。

答(3)

1・1・5　第5章　安全及び衛生

労働者の安全及び衛生⇨これに関しては、**労働安全衛生法**の定めに従う（225ページ参照）。

1・1・6　第6章　年少者と女性

（1）　年少者

法律では、**満年令で15才未満の者を児童**、**15才以上18才未満の者を年少者**といい、**満20才未満の者を児童・年少者を含めて未成年者**として、図のような規定がある。

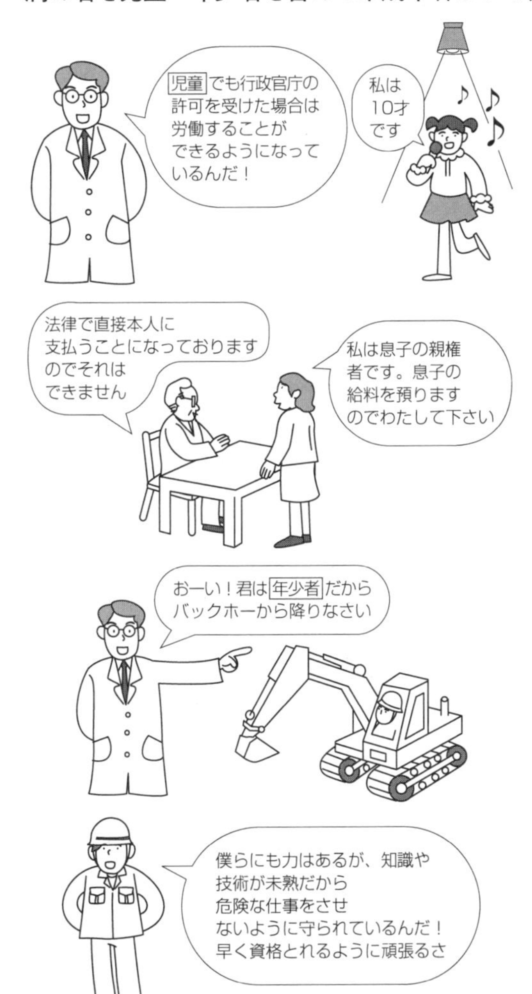

最低年令：修学時間外で学校長の証明と親権者の同意があれば満13才以上の児童も軽微な労働をさせることができる。また、映画や演劇等の事業については、満13才未満の児童についても同様とする。

未成年者の労働契約：親権者または後見人は、未成年者に代って労働契約を締結したり、賃金を受け取ってはならない。

また、締結した労働契約が、未成年者に不利な場合は、親権者または後見人、行政官庁が解除することができる。

年少労働者の労働時間及び休日と深夜業

① 年少労働者の時間外労働及び休日労働は禁止されている。

② 労働時間は修学時間を通算して1日につき7時間、1週間につき40時間を超えてはならない。

③ 1週間のうち、1日の労働時間が4時間以内に短縮するときは、他の日に10時間まで延長できる。

④ 深夜労働（午後10時〜午前5時）は禁止されているが、満16才以上の男性が交替制で労働することはできる。

危険有害業務の就業制限：使用者は、年少者または女性に危険な業務や重量物を取り扱う業務に就業しないように保護されている。

表1-1　重量物取扱い業務の制限

年　令	性別	断続作業の重量	継続作業の重量
満16才未満	女	12kg（118N）以上	8kg（ 79N）以上
	男	15 〃 （147N） 〃	10 〃 （ 98N） 〃
満16才以上 満18才未満	女	25 〃 （245N） 〃	15 〃 （147N） 〃
	男	30 〃 （294N） 〃	20 〃 （196N） 〃
満18才以上	女	30 〃 （294N） 〃	20 〃 （196N） 〃

① 坑内労働は禁止されているが、医師、看護婦、新聞等の取材のための業務は除く。

② 毒劇物薬を取り扱う業務の禁止

表 1-2　年少者の就業制限業務（抜すい）

就業禁止の業務
1．起重機の運転の業務
2．積載能力 2 t 以上の人荷共用または荷物用のエレベーターおよび高さ 15 m 以上のコンクリート用エレベーターの運転の業務
3．動力による軌条運輸機関、乗合自動車、積載能力 2 t 以上の貨物自動車の運転業務
4．巻上機、運搬機、索道の運転業務
5．起重機の玉掛けの業務（補助業務は除く）
6．動力による土木建築用機械の運転業務
7．軌道内であって、ずい道内、見透し距離 400 m 以下、車両の通行頻繁の各場所における単独業務
8．土砂崩壊のおそれのある場所、または深さ 5 m 以上の地穴における業務
9．高さ 5 m 以上で墜落のおそれのある場所の業務
10．足場の組立、解体、変更の業務（地上または床上の補助作業は除く）
11．火薬、爆薬、火工品を取り扱う業務
12．土石等のじんあいまたは粉末が著しく飛散する場所での業務
13．異常気圧下における業務
14．さく岩機、びょう打ち機等の使用によって身体に著しい振動を受ける業務
15．強烈な騒音を発する場所の業務
16．軌道車両の入替え、連結、解放の業務

③　重量物を取り扱う業務は表 1-1 のような制限がある。

④　その他表 1-2 のような業務は就業禁止の制限がある。

（2）　女性

満 18 才以上の女性については、次のような就業制限がある。

①　坑内労働の禁止

使用者は、年少者と同じように満 18 才以上の女性についても、坑内労働は禁止されている。ただし、臨時の必要のため坑内で行われる医師および看護師の業務、新聞等の取材等の業務等は行ってもよい。

②　妊産婦等について危険有害の就業制限

使用者は、妊娠中の女性および産後一年を経過しない女性には、表 1-3 のような就業制限がある。特に表 1-1 の制限はよく覚えておくこと。

③　産前産後の就業制限

出産前は 6 週間、出産後は 8 週間は、女性が休業を請求した場合は就業させてはならない。ただし、産後 6 週間を経過した女性が請求した場合で、医師が支障がないと認めた業務に就かせることは、差し支えない。

例題 1-6　労働基準法に定められている就業制限に関する次の記述のうち正しいものはどれか。

（1）　使用者は、満 16 才の男性を坑内で労働されてもよい。

（2）　使用者は、原則として、満 18 才の男性を午後 10 時から午前 5 時までの間において労働させてはならない。

（3）　使用者は、満 20 才の女性にダンプトラックやブルドーザーの運転をさせてはならない。

（4）　使用者は、原則として、満 18 才の女性を坑内で労働されてはならない。

解説

労働基準法に関しては、就業制限に関するものが多く出題されている。いろいろと迷うこともあるが、絶対的な解答肢を選ぶのも一方法であり、この場合 18 才以上の女性の坑内労働は、特別の場合を除いては禁止されている。

答（4）

表 1-3　妊産婦の就業制限の業務の範囲等

×…妊産婦またはその他の女性に就かせてはならない業務
△…産後 1 年を経過しない女性が従事しない旨の申し出があった場合は従事させてはならない業務
○…妊娠中以外で満 18 歳以上の女性に就かせてもさしつかえない業務

女性労働基準規則第 9 条（抜すい）	就業制限の内容		
	妊娠中	産後 1 年以内	その他の女性
1. 表 1-1 に掲げる重量以上の重量物を取り扱う業務	×	×	×
2. 鉛、水銀、クロム、砒素、黄りん、弗素、塩素、シアン化水素、アニリンその他これらに準ずる有害物のガス、蒸気または粉じんを発散する場所における業務	×	×	×
3. さく岩機、びょう打ち機等身体に著しい振動を与える機械器具を用いて行う業務	×	×	○
4. ボイラーの取扱い、溶接の業務	×	△	○
5. つり上げ荷重が 5 t 以上のクレーン、デリックの業務	×	△	○
6. 運転中の原動機、動力伝導装置の掃除、給油、検査、修理の業務	×	△	○
7. クレーン、デリックの玉掛けの業務（2 人以上の者によって行う玉掛けの業務における補助作業の業務を除く。）	×	△	○
8. 動力により駆動される土木建築用機械または船舶荷扱用機械の運転の業務	×	△	○
9. 直径が 25 cm 以上の丸のこ盤またはのこ車の直径が 75 cm 以上の帯のこ盤に木材を送給する業務	×	△	○
10. 操車場の構内における軌道車両の入換え、連結または解放の業務	×	△	○
11. 蒸気または圧縮空気により駆動されるプレス機械または鍛造機械を用いて行う金属加工の業務	×	△	○
12. 動力によるプレス機械、シャー等を用いて行う厚さが 8 mm 以上の鋼板加工の業務	×	△	○
13. 岩石または鉱物の破砕機または粉砕機に材料を送給する業務	×	△	○
14. 足場の組立、解体または変更の業務（地上または床上における補助作業の業務を除く。）	×	△	○
15. 胸高直径が 35 cm 以上の立木の伐採の業務	×	△	○
16. 機械集材装置、運材索道等を用いて行う木材の搬出の業務	×	△	○
17. 多量の高熱物体、低温物体を取り扱う業務	×	△	○
18. 著しく暑熱、寒冷な場所における業務	×	△	○
19. 異常気圧下における業務	×	△	○
20. 土砂が崩壊するおそれのある場所または深さが 5 m 以上の地穴における業務	×	○	○
21. 高さが 5 m 以上の場所で、墜落により労働者が危害を受けるおそれのあるところにおける業務	×	○	○

1・1・7　第 7 章　技能者の養成

ここでは**徒弟の弊害排除**として、使用者は、徒弟、見習、養成工その他名称の如何を問わず、技能の習得を目的とする者であることを理由として、労働者を家事その他技能の習得に関係のない作業に従事させたり、酷使してはならないと規定されている。

1・1・8　第 8 章　災害補償

労働者が**業務上の事由**により、負傷もしくは疾病にかかり、または死亡した場合、使用者は次のような補償をしなければならない。

療養補償：療養中の費用は、使用者が負担する。

休業補償：療養中は労働者の平均賃金の 60％を支払う。

障害補償：療養が終了した後身体に障害が残るときは、障害の程度（1 級～14 級）に応じて平均賃金を定められた日数分支払う（1級：1340日分、8級：450日分、14級：50日分）。

打切補償：療養後3年を経過しても完治しないときは、平均賃金の1200日分の打切補償を支払えば、その後補償しなくてよいことになっている。

遺族補償：業務上死亡した場合は、遺族に対して、平均賃金の1000日分の補償を支払う。

葬祭料：業務上死亡した場合は、葬祭を行う者に対して平均賃金の60日分を葬祭料として支払う。

審査及び仲裁：療養方法や補償金額等の補償の実施に関して異議のある者は、行政官庁や労災保険審査官に対して審査または仲裁を申し立てることができる。

記録の保存：災害補償に関する記録は、3か年保存しておく。

請負制度の場合の使用者（補償を行う義務者）は元請負人となっているが、下請人に仕事をさせる場合、書面による契約で、下請人に補償を引き受けさせることができる。

また、補償を受ける権利のある労働者は、退職しても変更されない。またこの権利を譲渡したり差し押さえることはできない。

1・1・9　第9章　就業規則

常時10人以上の労働者を使用する使用者は、始業及び終業時刻、休憩時間や賃金や昇給時期、退職等の内容を明記した**就業規則**を作成し、行政官庁に届け出なければならない。また、常時各作業場等に掲示し、労働者に周知させるようにする。

就業規則を作成または変更する場合は、労働組合か労働者の過半数を代表する者の意見書を添付するが、労働基準法と労働協約に違反していなければ、組合や代表者からの賛成がなくてもよいことになっている。

1・1・10　第10章　寄宿舎

使用者は、事業の付属**寄宿舎**（労働者が自宅以外で生活する所）に労働者を寄宿させる場合、**寄宿舎規則**を作成し、行政官庁に届け出なければならない。図には、寄宿舎規則の作成や規則の内容について説明してある。

寄宿舎生活の自治：使用者は寄宿する労働者の私生活の自由を侵してはならない。また、寮長、室長など寄宿生活の自治に必要な役員の選出に干渉してはならない。

寄宿舎生活の秩序：寄宿舎で生活する労働者は、寄宿舎規則を遵守しなければならない。

寄宿舎の設備及び安全衛生：使用者は、寄宿舎の換気・採光・照明・保温・防湿・清潔・避難・定員の収容・就寝に必要な措置その他労働者の健康、

寄宿舎規則

① 起床、就寝、外出、外泊について
② 行事に関する事項
（強制的参加はできない）
③ 食事に関する事項
④ 安全および衛生に関する事項
⑤ 建設物や設備の管理方法

寄宿舎の規格は次ページの図のようである

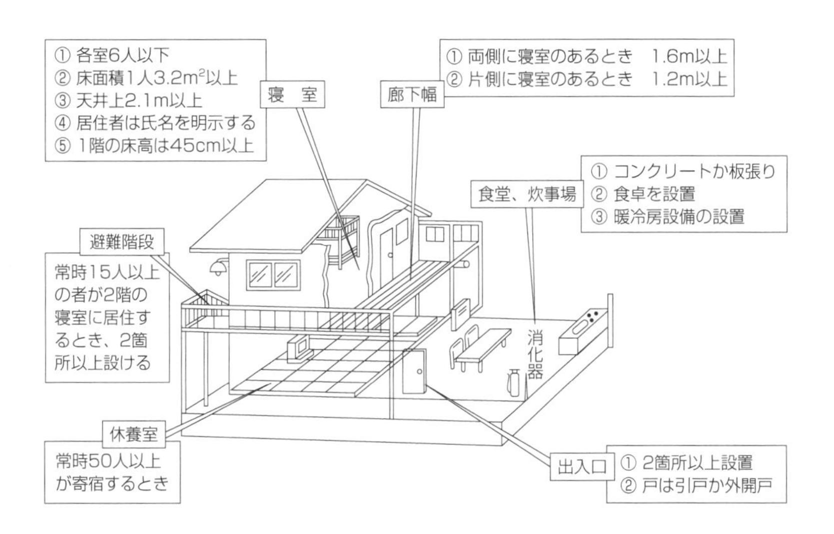

風紀及び生命の保持に必要な措置を講じなければならない。またこれらの措置の基準は**命令**である。

設置場所：寄宿舎の設置場所の条件

①　付近に爆発性、引火性の物を取り扱いまたは貯蔵する場所がないこと。

②　付近にガスまたは粉じんが発散する場所がないこと。

③　著しい騒音または振動のない場所

④　雪崩または土砂崩壊のおそれのない場所

⑤　下水管や溜めます等を設置し、湿潤でなく、出水時浸水のおそれのない場所

要点

『労働基準法のまとめ』

- **労働基準法は範囲も広く、出題も2題なので、テキストのイラストを見ながらじっくりと規則を身につけていこう。**
- **労働基準法の基本的事項（第1章）については、全般的に理解しておこう。**
- **女性及び年少者の就業制限の出題率は、なかり高いので、表1-1の重量物取扱い制限や表1-2年少者の就業制限業務については、一応目を通し、主要項目については覚えておきたい。**
- **他の章についても、テキストをいつも身近に置き、気楽にイラストを見て自然に規則を覚えるようにしてほしい。**

例題1-7　満18才未満の男子を就労させても、労働基準法に違反しない業務は次のうちどれか。

（1）　積載能力2t以上の貨物自動車の運転業務

（2）　クレーン、デリックの運転業務

（3）　足場の組立てや解体作業の補助業務

（4）　坑内での材料を運搬する補助業務

解説

(1)の貨物自動車の運転免許の取得は満18才以上である。(2)のクレーンの免許も同様であり、いずれも免許を持っていない者を就労させるのは違反となる。(4)の坑内業務は一切できない。従って、(4)の補助作業は就労できないので、(3)の記述は違反とならない。

答(3)

例題 1-8　労働基準法に関する次の記述のうち、誤っているものはどれか。

（1）　使用者は、労働者が女性であることを理由として、賃金などについて、男性と差別的取り扱いをしてはならない。

（2）　使用者は、行政官庁の許可を受けた場合を除き、休日を一斉に与えなければならない。

（3）　使用者は臨時の賃金等を除き、賃金を毎月1回以上、一定の期日を定めて支払わなければならない。

（4）　労働者を解雇する場合は、30日前に予告するか、30日分以上の平均賃金を支払わなければならない。

解説

(1)の記述はその通りで正しい。(2)の記述で、休日は毎週少なくとも1回以上与えることになっているが、それは一斉にこだわることなく、個々に与えてもかまわない。従って誤りとなる。一斉に与えるのは休憩時間である。(3)、(4)の記述は正しいことはすぐに分ることと思う。
答(2)

例題 1-9　満16才以上18才未満の男性に就労させても、労働基準法に違反する業務は次のうちどれか。

（1）　25 kg の重量物を断続して取り扱う業務

（2）　交替制による坑内作業

（3）　交替制による午後10時から午前5時までの業務

（4）　深さ3 m の地穴における業務

解説

18才未満の年少者及び児童の坑内労働は一切禁止されていることをよく覚えておこう。当然(2)の記述が違反となり、(1)、(3)、(4)はそれぞれの規定からみても就労が可能である。
答(2)

例題 1-10　満16才未満の男性と女性に重量物を取り扱う業務に就労させる場合、労働基準法に違反するものはどれか。

（1）　女性に重さ11 kg の断続作業

（2）　女性に重さ7 kg の継続作業

（3）　男性に重さ13 kg の断続作業

（4）　男性に重さ11 kg の継続作業

解説

表1-1の重量物の業務制限をみれば、(4)の継続作業の11 kg が10 kg 以上となっていることで、この作業に就労させると違反となる。
なお、満18才以上の女性で断続作業で30 kg、継続作業では20 kg となっている。答(4)

例題 1-11　災害補償に関する次の記述のうち、労働基準法上、誤っているものはどれか。

（1）　労働者が業務上負傷した場合、使用者は療養補償により必要な療養を行い、又は必要な療養の費用を負担しなければならない。

（2）　療養補償を受ける労働者が、療養開始後3年を経過しても完治しない場合においては、使用者は、打切補償を行い、その後は補償を行わなくてもよい。

（3）　労働者が業務上の事由により負傷した場合、使用者は、労働者の療養中は負傷した時の賃金の全額を休業補償として支払わなければならない。

（4）　労働者が補償を受ける権利の譲渡や差し押えをしてはならない。

解説

労働者の平均賃金の60%を休業補償として支払う。
答(3)

第2章 労働安全衛生法

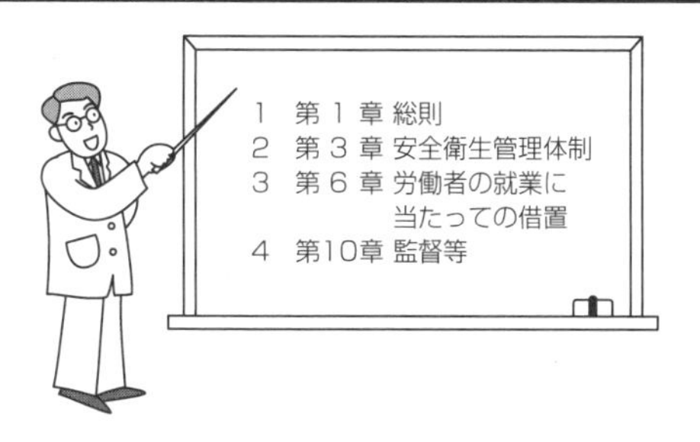

労働安全衛生法は、重大化する労働災害や重層複雑化する企業形態に対処するために、昭和47年に労働基準法から独立して制定された法律である。ここでは、労働災害を防止する**基準や安全体制の組織づくり**などについて学ぶ。

2・1 労働安全衛生法

この法律は、第1章から第11章まであるが、そのうちの特に過去の出題傾向からいくつか関係する章や項目を選んで説明していく。

2・1・1 第1章 総則

ここでは、この法律制定の目的や事業者及び労働者の責務などについて定められている。

目的：労働災害防止と労働者の安全と健康を確保し、快適な職場環境の形成を促進することを目的とする。

労働災害防止のための**3大骨子**

①危険防止基準の確立。②責任体制の明確化。③自主活動の促進。

これを中心に総合的計画的な対策を推進する。

事業者の責務：3大骨子の最低基準を守るだけでなく、職場環境や労働条件の改善を通じて、労働者の安全と健康を確保するように努力する。

労働者の責務：3大骨子の必要事項を守るほか、事業者その他の関係者が実施する労働災害の防止策に協力するよう努めなければならない。

事業者に関する規定：図のA社、B社のうち、どちらかを代表者と決め、当該労働基準局長に届け出て、この法律の適用をうけなければならない。

労働安全衛生法の3大骨子の一つに、**責任体制の明確化**、即ち**安全衛生管理体制**の設立が義務づけられている。ここでは、次の①、②、③に示す3つの事業所（現場）の状態についての**安全管理体制**づくりについて、説明していく。

なお、事業所ごとの各管理者や責任者は、選任すべき事由が発生した日から、**14日以内**に選出し、下図の①及び②の事業所については、遅滞なく労働基準監督署長に報告することになっている。③の事業所では選任はするが、報告は必要ない。

① 同一事業所で常時100人以上の直用労働者（他の会社の労働者を含まない）を雇用している場合

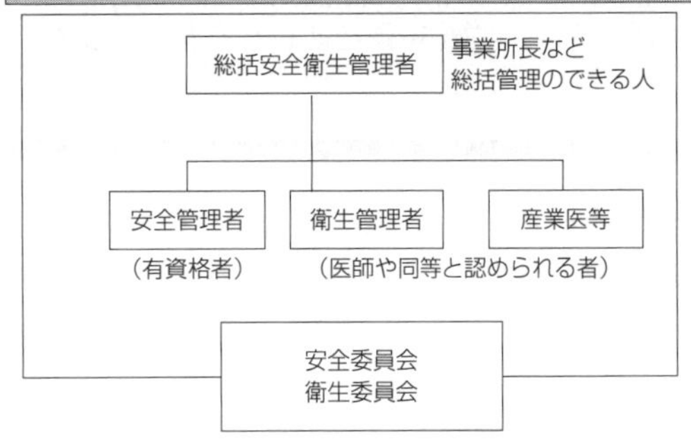

② 同一事業所で常時50人以上の直用労働者を雇用している場合

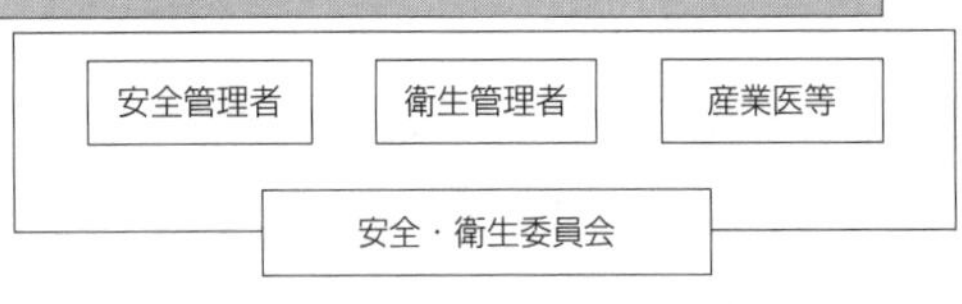

②の場合の安全管理体制は、①の場合に選任した総括安全衛生管理者は不要だが、他の管理者などは①の場合と同様である。

総括安全衛生管理者：事業者は、左図の①の事業所において選任し、この者に、**安全管理者**、**衛生管理者**または、救護に関する技術的事項を管理する**産業医**等を指揮させる。資格としては、事業の実施を総括管理できる立場の者となる。

安全管理者：事業者は有資格者のうち、専属として選任し、安全に関する技術的事項を管理させる。また、巡視を行い、危険防止の措置を講じる権限を与える。

衛生管理者：事業者は、有資格者のうち専属として選任し、衛生に関する技術的事項を管理させる。また、毎週1回巡視を行い、有害な状態の防止の措置を講じる権限を与える。

産業医等：事業者は、有資格者のうち産業医等を選任し、月1回作業場を巡視し、労働者の健康管理をさせる。

安全委員会・衛生委員会：左図の①と②の事業所では、2つの委員会を設け、月1回以上委員会を開催する。安全委員会は労働災害の原因及び再発防止を検討する。衛生委員会は、労働者の健康増進について検討し、記録は3か年保存する。また両委員会を1つの会議として行ってもよい。

安全・衛生委員会：①の場合の安全委員会と衛生委員会を一つにまとめた委員会で、月1回以上開催し、記録は3か年保存する。

委員会での調査審議事項

① 労働者の危険防止や健康の保持増進を図るための基本対策

② 労働災害の原因及び再発防止策で、安全や衛生に係るもの

③ 労働者の危険防止や健康障害防止に関する重要事項（規定や関係教育の実施計画作成）

統括安全衛生責任者：特定元請負業者（発注者から直接受注した事業者）は、下図③の事業所において、元請と関係請負人の混在することによる労働災害を防止する責任者として統括安全衛生責任者を選任し、毎月１回以上安全衛生協議会を開催したり、毎日１回以上巡視するなど、その事業を統括管理させる。また次の元方安全衛生管理者を指揮させる。

③　元請・下請の労働者が 50 人以上混在している場合（圧気とトンネル工事では 30 人以上とする）。

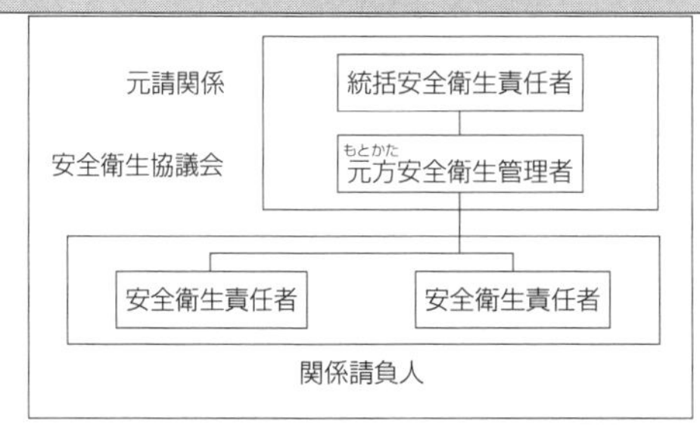

元方安全衛生管理者：特定元請負業者が選任し、統括安全衛生責任者を補佐し、作業所を巡視しながら、関係請負人に対する技術的事項の指導や管理を行わせる。

安全衛生責任者：関係請負人は、下請側の現場責任者となる**安全衛生責任者**を選任し、統括安全衛生責任者との連絡及び、関係者への周知徹底する業務を行わせなければならない。

安全衛生協議会：作業員の人数に関係なく、別途工事業者も含めた関係請負人全員と元請とで構成する協議会で、混在することによる工事の安全確保のため、毎月１回以上開催する。

作業主任者：事業者は、労働災害を防止するため、管理を必要とする一定の作業（表 2-1）については、次の者のうちから、当該作業の区分により**作業主任者**を選任しなければならない。

①　都道府県労働基準局長の**免許**を受けた者
- 発破技士（免）・クレーン運転士（免）などで（免）と表示する

②　都道府県労働基準局長の指定する者が行う**技能講習**を修了した者
- 小型移動式クレーン運転技能講習修者などで（技）と表示する

職務の分担：同一作業所で当該作業に係る作業主任者を２人以上選任したときは、それぞれの作業主任者の職務の分担を定めなければならない。

氏名等の周知：事業者は、当該作業主任者の氏名及びその者に行わせる事項を、作業所の見やすい箇所に掲示し、関係者に周知させる。

作業主任者の職務

①　当該作業について、**作業方法を決定し、直接指揮する**

②　材料、器具、工具、安全帯、保護帽等を**点検**し、不良品を取り除く

③　安全帯、保護帽の使用状況を**監視**する

なお、常時50人以下しか雇用しない場合は、法律でなく行政指導で管理体制をつくる。

建設業に関係のある作業で、作業主任者を選任しなければならないものは、表2-1のとおりで、このうちのかなりの作業主任者については、第Ⅳ編・第6章の安全管理の各作業の安全対策のイラストに登場するので、関係づけて理解してほしい。

なお、免許や技能講習の他に、特に**建設機械の運転**に関しては、関係する事業所が実施する**特別教育を修了**すると、次のように一定の機械の運転ができるようになっている。

・機体重量3t未満の各種建設機械（ブルドーザーやショベル系掘削機など）⇨3t以上は（技）。

・杭打機　・ローラー類　・つり上げ荷重が1t未満の移動式クレーンなど。

表2-1　作業主任者一覧表

名　称	選任すべき作業
高圧室内作業主任者（免）	高圧室内作業
ガス溶接作業主任者（免）	アセチレン等を用いて行う金属の溶接・溶断・加熱作業
コンクリート破砕器作業主任者（技）	コンクリート破砕器を用いて行う破砕作業
地山掘削作業主任者（技）	掘削面の高さが2m以上となる地山掘削作業
土止め支保工作業主任者（技）	土止め支保工の切りばり・腹おこしの取付け・取外し作業
型わく支保工の組立等作業主任者（技）	型わく支保工の組立解体作業
足場の組立等作業主任者（技）	つり足場、張出し足場または高さ5m以上の構造の足場の組立解体作業
鉄骨の組立等作業主任者（技）	建築物の骨組み、または塔であって、橋梁の上部構造で金属製の部材により構成される5m以上のものの組立解体作業
酸素欠乏危険作業主任者（技）	酸素欠乏危険場所における作業
ずい道等の掘削等作業主任者（技）	ずい道等の掘削作業またはこれに伴うずり積み、ずい道支保工の組立、ロックボルトの取付け、もしくはコンクリートの吹付作業
ずい道等の覆工作業主任者（技）	ずい道等の覆工作業
コンクリート造の工作物の解体等作業主任者（技）	その高さが5m以上のコンクリート造の工作物の解体または破壊の作業
コンクリート橋架設等作業主任者（技）	上部構造の高さが5m以上のものまたは支間が30m以上であるコンクリート造の橋梁の架設解体または変更の作業
鋼橋架設等作業主任者（技）	上部構造の高さが5m以上のものまたは支間が30m以上である金属製の部材により構成される橋梁の架設、解体または変更の作業

（免）免許を受けた者　（技）技能講習を修了した者

2・1・3　第6章　労働者の就業に当たっての措置

ここでは、新しく労働者を雇用した場合の**安全衛生教育**と、資格を持っていなければ、当該業務に従事できない**就業制限**について説明する。

安全衛生教育：事業者は次の場合、当該業務についての安全、衛生のための教育を行わなければならない（有資格者は不要）。

①　労働者を雇い入れたとき

②　労働者の作業内容を変更したとき

③　省令で定める危険または有害な業務につかせるとき

④　新たに職務につく職長や親方（作業主任者は除く）

就業制限：表2-2に示す一定の業務においては、該当する**免許**や技能講習**修了証**及び省令で定める**資格**（土木施工管理技士など）を有する者でなければ、当該業務に従事できない**就業制限**がある。

有資格者は、当該業務に従事するときは、免許証などを携帯しなければならない。

表2-2　就業制限に係る業務

業務・業種	資格・免許
発破時におけるせん孔、装てん、結線、点火不発の装薬、残薬の点検、処理の業務	発破技士 火薬類取扱保安責任者
制限荷重が5t以上の揚貨装置の運転業務	揚貨装置運転士
ボイラー（小型ボイラーを除く）の取扱業務	ボイラー技士
つり上げ荷重が5t以上のクレーンの運転業務	クレーン運転士 床上操作式クレーン運転技能講習修了者
つり上げ荷重が5t以上の移動式クレーンの運転業務	移動式クレーン運転士
つり上げ荷重が1t以上5t未満の移動式クレーンの運転業務	小型移動式クレーン運転技能講習修了者
つり上げ荷重が5t以上のデリックの運転業務	デリック運転士
潜水器を用い、かつ空気圧縮機等による送気を受けて水中において行う業務	潜水士
金属の溶接・溶断・加熱の業務	ガス溶接作業主任者 ガス溶接技能講習修了者
最大荷重が1t以上のフォークリフトの運転業務*	フォークリフト運転技能講習修了者
機体重量が3t以上の整地、運搬、積込み、掘削・基礎工事、解体（ブレーカー等）用機械の運転業務*	車両系建設機械運転技能講習修了者
最大荷重が1t以上のショベルローダーまたはフォークローダーの運転業務*	ショベルローダー等運転技能講習修了者
最大積載量が1t以上の不整地運搬車の運転業務*	不整地運搬車運転技能講習修了者 建設機械施工技士
作業床の高さが10m以上の高所作業車の運転業務*	高所作業車運転技能講習修了者
つり上げ荷重が1t以上のクレーン、移動式クレーン、デリックの玉掛け業務	玉掛技能講習修了者

*：この運転業務は、作業場内に限られ、道路上を実行させる場合には、道路交通法によるので注意すること。

2・1・4　第10章　監督等

事業者は、当該事業の業種及び規模などについて、労働災害防止に関する実施計画を提出する義務がある。ここでは主に**計画の届出等**について説明していく。

計画の届出：工事に関する計画の届出には、次の2種類がある。

(1) 土木工事に伴う機械・設備を**設置**、移転、変更する場合、**工事開始前 30 日**までに、その計画を**労働基準監督署長**に届け出なければならない。

(2) **大規模な工事**で、重大な労働災害を生ずるおそれのある場合は、**工事開始前 30 日**までに、その計画を**厚生労働大臣**に届け出なければならない。その他**一般の工事**は、**工事開始前 14 日**までに、その計画を**労働基準監督署長**に届け出なければならない。

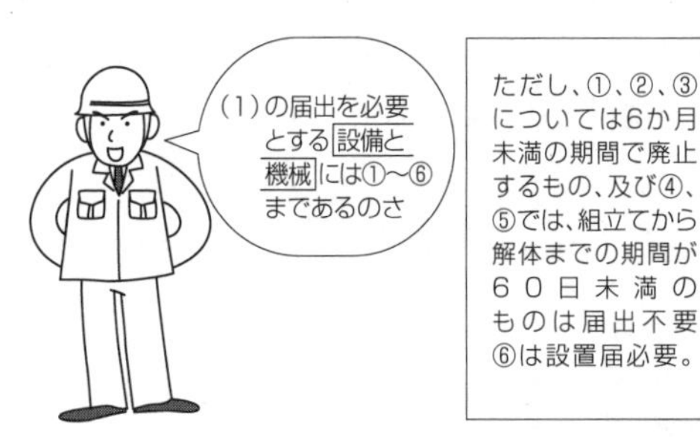

労働基準監督署長に届出る機械と設備

① アセチレン溶接装置（移動式は除く）

② 軌道装置（土砂搬出用鉄道線路）

③ 型枠支保工（支柱の高さが 3.5 m 以上のもの）

④ 架設通路（高さ及び長さが 10 m 以上のもの）

⑤ 足場（吊り足場、張出し足場は高さに関係なく届出る。その他の足場は、高さが 10 m 以上のもの）

⑥ 設置届出を必要とする機械類

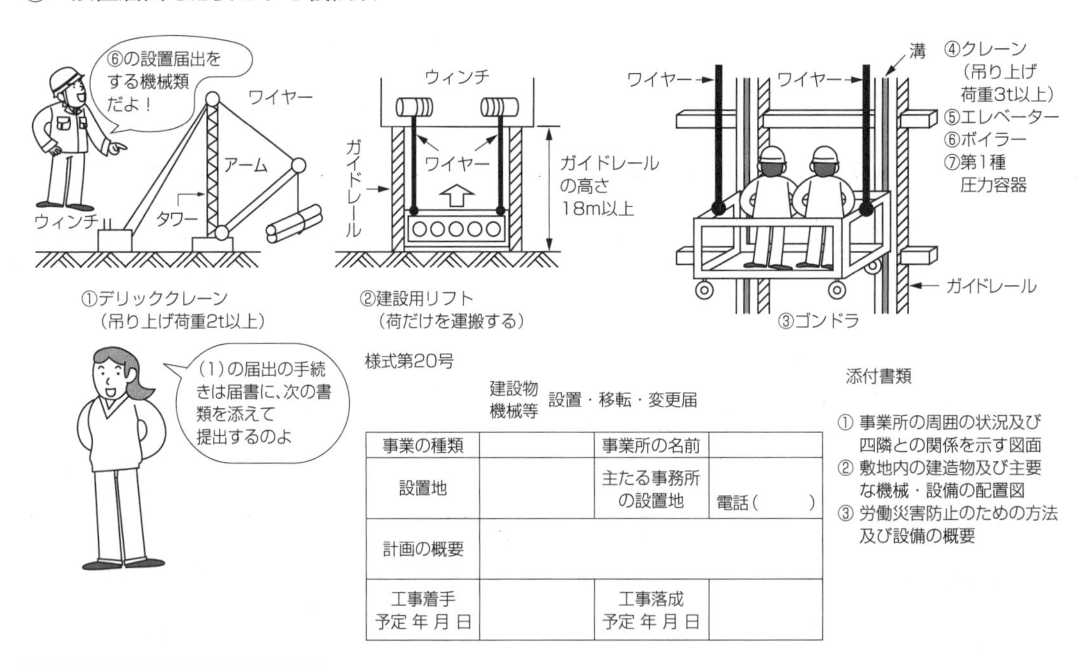

①デリッククレーン（吊り上げ荷重2t以上）

②建設用リフト（荷だけを運搬する）

③ゴンドラ

様式第20号

建設物機械等 設置・移転・変更届

事業の種類		事業所の名前	
設置地		主たる事務所の設置地	電話（　　　）
計画の概要			
工事着手予定 年 月 日		工事落成予定 年 月 日	

添付書類

① 事業所の周囲の状況及び四隣との関係を示す図面
② 敷地内の建造物及び主要な機械・設備の配置図
③ 労働災害防止のための方法及び設備の概要

厚生労働大臣に届出る工事：重大な労働災害を生ずるおそれのある**特に大規模**な土木工事には、次のようなものがある。

① 高さ 300 m 以上の塔（タワー）の建設

② 堤高が 150 m 以上のダムの建設

③ 最大支間 500 m（吊り橋 1000 m）以上の橋梁工事

④ 長さ 3000 m 以上のずい道工事

⑤　長さ1000 m以上、3000 m未満のずい道工事で、深さ50 m以上の立坑の掘削工事

⑥　ゲージ圧が0.3 MPa（メガパスカル）以上の圧気工事

労働基準監督署長に届出る工事：工事開始前14日までに届出るその他一般の工事には、図のように①～⑤のものがある。

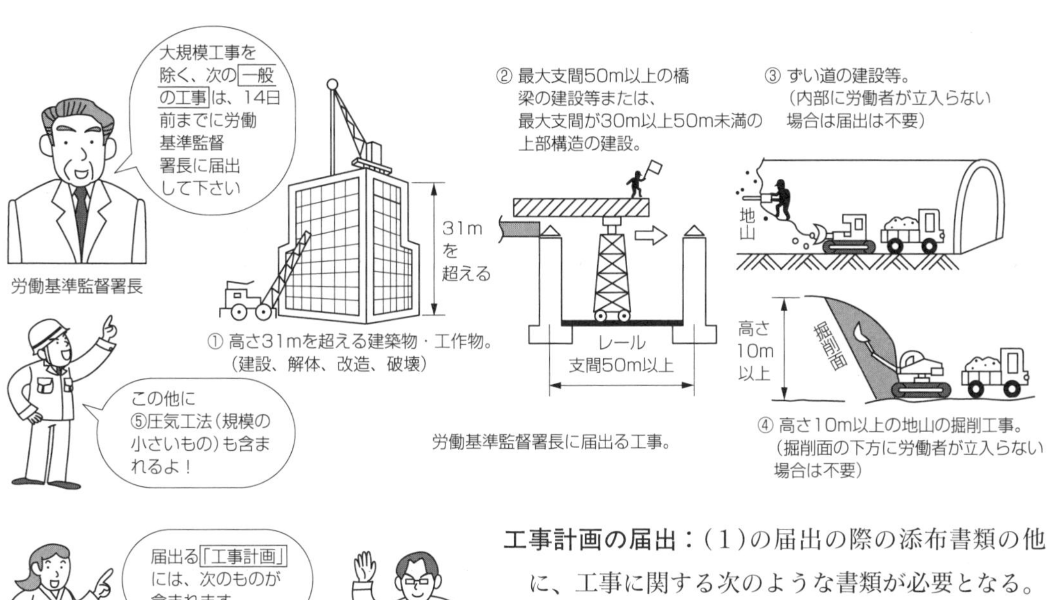

労働基準監督署長に届出る工事。

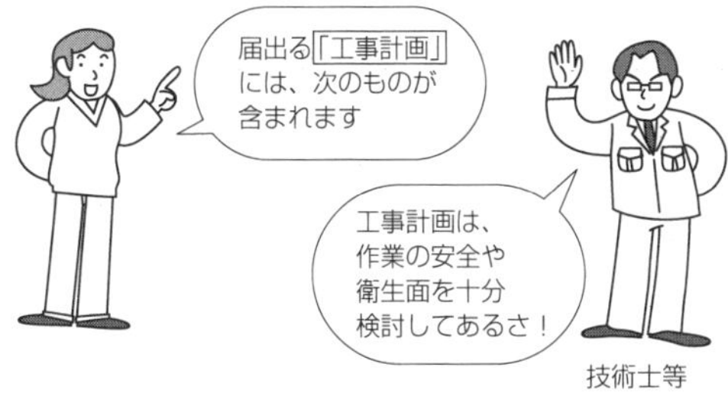

工事計画の届出：（1）の届出の際の添布書類の他に、工事に関する次のような書類が必要となる。

①　建設しようとする建設物の概要を示す図面

②　工法の概要を示す図面または書面

③　工程表

有資格者の参画：厚生労働大臣や労働基準監督署長に届出る工事においては、施工計画の作成に際し、作業の安全確保や衛生の面から、一定の実務経験を有する者や技術士、1、2級土木施工管理技士などの**有資格者が参画**することが法律で義務づけられている。

審査：届出られた工事計画の内容等については、学識経験者の意見を参考にそれぞれの機関で審査をし、届出た事業者に対し、勧告、要請、場合によっては、命令することができる。

要点

『労働安全衛生法のまとめ』

- 労働安全衛生法から出題は1題なので、安全衛生管理体制、作業主任者、計画の届出の3分野についてテキストのイラストを中心に、重点的に理解しておくことが大切である。
- 安全衛生管理体制については、事業所の雇用人数などの状態別の管理する者の名称と役割などを、イラストなどで、なんとか工夫して覚えておくようにする。
- 作業主任者では、先ず職務をきちんと理解しておくこと。次に表2-1の主要な作業については、十分に理解しておかなければならない。第IV編、第6章の安全管理のイラストと関係づけてほしい。
- 計画の届出は、主な工事別の届出の必要な条件については、数も少ないので覚えておくこと。

例題 2-1 安全衛生管理体制についての次の記述のうち、適当でないものはどれか。

（1） 総括安全衛生管理者は、常時100人以上の労働者を雇用している事業所で、その事業の実施を総括管理できる人物である。

（2） 安全衛生委員会は、毎月1回以上会議を行い、その記録は3か年間保存することになっている。

（3） 衛生管理者には、歯科医師は有資格者として認められない。

（4） 常時50人以上の労働者を雇用している事業所では、総括安全衛生管理者は選任しなくてもよい。

解説

(1)、(2)、(4)の記述はイラストでも説明してあるが、いずれも正しい。この内容は管理体制の基本的なものなので、確認しておくようにする。(3)の衛生管理者の有資格者は医師となっており、歯科医師も含まれるので、この記述が誤りとなる。答(3)

例題 2-2 元請の労働者12名、下請の労働者が62名が働いている工事現場で、労働安全衛生法の違反となるものは次のうちどれか。

（1） 元請で、安全管理者を選任していない

（2） 下請の事業所で、安全委員会を設けている

（3） 元請で、統括安全衛生責任者を選任していない

（4） 下請で、統括安全衛生責任者を選任していない

解説

50人以上の元請・下請の労働者が混在している事業者に関する基本的な問題であり、問題をよく吟味してみると、(3)の記述内容が違反となる。どのような状態のときに、どのような管理者を選任しなければならないのかをテキストでよく確認しておく必要がある。答(3)

例題 2-3 労働安全衛生法で、次の作業名とその作業主任者名との組合わせのうち、適当でないものはどれか。

（1） 土止め支保工の切りばりの取付けまたは取外しの作業——土止め支保工作業主任者
（2） コンクリート破砕器を用いる破砕作業——コンクリート造の工作物の解体等作業主任者
（3） 橋梁の上部構造の組立てまたは解体の作業——鉄骨の組立て作業主任者
（4） ずい道のコンクリート等の吹き付け作業——ずい道等の掘削等作業主任者

解説
表 2-1 の作業主任者一覧表の主要な作業については暗記しておくようにしてほしい。
(2)の作業名に対しては「コンクリート破砕器作業主任者」を選任するので誤りとなる。なお、第Ⅴ編第 3 章の安全管理で主な作業主任者の役割や施工方法などを十分に理解しておくことが大切である。
答(2)

例題 2-4 労働安全衛生法で定める「足場の組立て等」作業主任者の職務に関係ないものはどれか。

（1） 作業の方法、作業者の配置の決定
（2） 安全帯、保護帽の使用状況の監視
（3） 足場の組立て図の作成
（4） 材料の欠点の有無の点検

解説
ここでは足場の作業主任者に関する問題だが、各問とも作業主任者の職務として知っていなければならないものなので、全て覚えておくようにする。特に、作業主任者は、それぞれの工事を進める中で、つくられている組立て図などを基に指揮や点検が主な仕事となる。従って、(3)の記述が誤りとなる。答(3)

例題 2-5 労働安全衛生法上、所轄労働基準監督署長に、工事計画の提出をしなくても違反とならないものはどれか。

（1） 高さ 40 m の鉄塔の解体作業
（2） 支間が 40 m の橋梁工事
（3） 長さ 500 m のずい道工事
（4） ゲージ圧が 0.15 Mpa の圧気工事

解説
計画の届出に関する出題も多いのでイラストの程度で理解しておくこと。
(1)は高さ 31 m 以上の工作物の解体に該当する。(2)は支間 50 m 以上の場合に届出が必要なので、未提出でも違反とはならない。従って(2)の記述が正解となる。答(2)

例題 2-6 労働安全衛生法での就業制限において、免許を取得した者でなければ就業できない業務は次のうちどれか。

（1） ゴンドラの操作業務
（2） 発破に関する業務
（3） ブルドーザーの運転業務
（4） 吊り上げ荷重が 5 t 未満のクレーンの運転業務

解説
表 2-2 の就業制限のうち、免許の必要な業務（一般に○○士）だけ覚え、他は技能講習修了者とする方法もよい。
なお、ブルドーザーなど建設機械では 3 t 未満の場合は、特別教育修了者でもよい。3 t 以上は（技）となる。
答(2)

第3章　建設業法

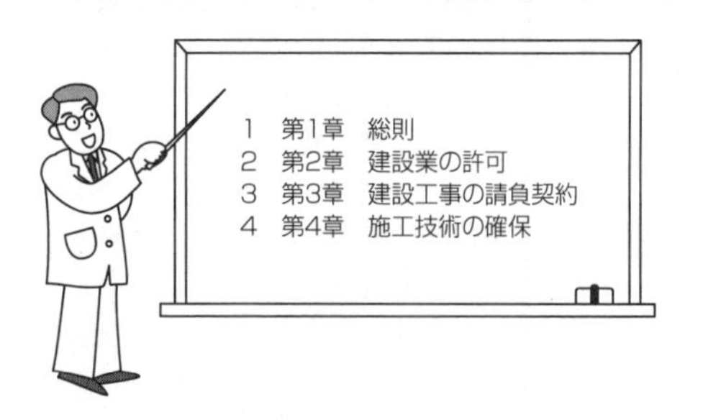

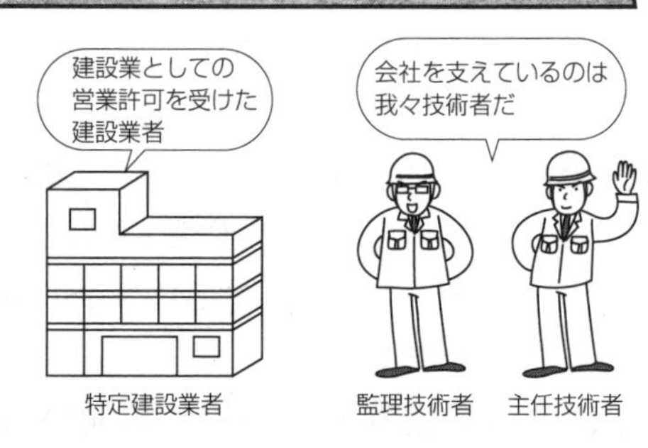

建設業法は、昭和24年5月に制定され、その後時代の変遷と共に改正されて現在に至っている。ここでは主に、建設業の**許可**や**施工技術の確保**などについて学ぶ。

3・1　建設業法

この法律は、適正な施工を確保して**発注者を保護**すると同時に、建設業の**健全な発達を促進**するという2大骨子を基に、第1章から第8章まであるが、そのうちの建設業に関することを中心に説明していく。

3・1・1　第1章　総則

ここでは、法律制定の目的や建設業の定義などの基本的なことが定められている。

目的：

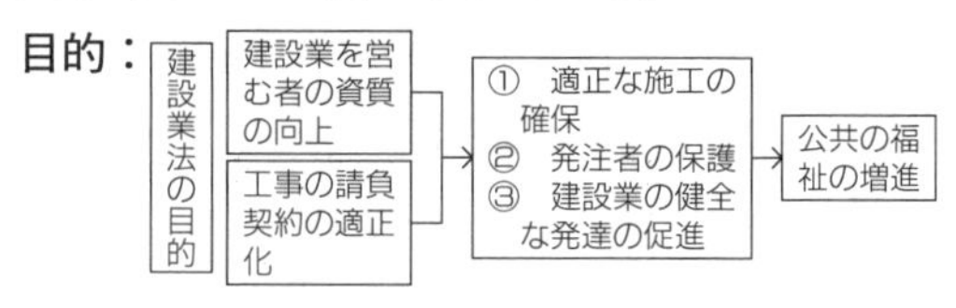

定義

（1）　**発注者**：建設工事を注文する者。

（2）　**建設業**：元請、下請を含め、建設工事の完成を請け負う営業をいい、営む者を建設業者という。

（3）　**元請人**：下請契約における注文者となる建設業者のことをいう。

（4）　**下請人**：下請契約における請負者となる建設業者のことをいう。

建設業の種類：建設業には、土木工事、大工工事業、とび・土工工事など29**業種**あり、その内次の7業種を**指定建設業**という。

指定建設業：①土木工事業　②建築工事業　③電気工事業　④管工事業　⑤鋼造物工事業　⑥舗装工事業

⑦造園工事業　　⑧〜㉙一般の建設業

これらの建設工事を請負うには、次に学ぶ建設業として **29 業種ごと**に許可を受ける。

3・1・2　第2章　建設業の許可

7業種の指定建設業を含む29業種の工事を請負うには、次のような**建設業としての許可**を受けなければならない。

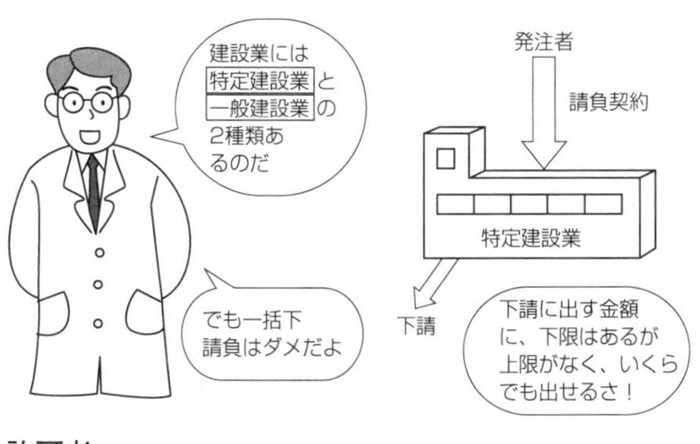

建設業の許可

（1）　**特定建設業**：発注者から直接工事を請負い、そのうち4,000万円（建築工事は6,000万円）以上の工事を下請に出すことのできる業者。

（2）　**一般建設業**：4,000万円（建築工事は6,000万円）未満の工事を下請に出すことのできる業者。

許可者

（1）　**国土交通大臣の許可が必要：2つ以上**の都道府県に営業所を設ける場合

（2）　**都道府県知事の許可が必要：1つだけ**の都道府県で営業する場合

許可不要の工事

①　工事1件の請負代金が1,500万円未満の建築一式工事

②　延べ面積が150 m² 未満の木造住宅

③　工事1件の請負代金が500万円未満のその他の工事

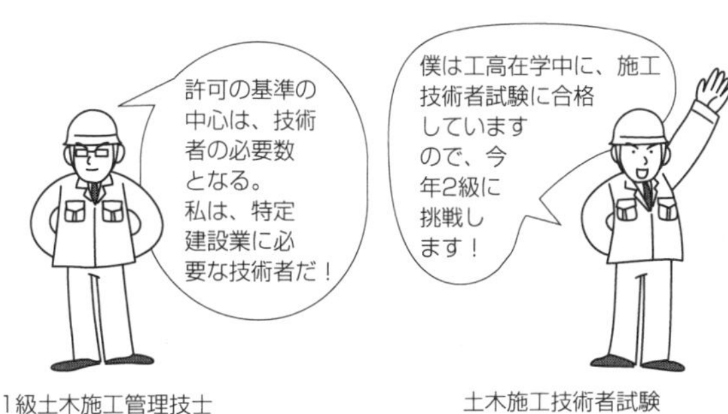

図3-1　第2章建設業の許可

許可の申請：許可を受けようとする者は、所定の様式により、許可の申請書を提出する。

許可の基準：特定建設業と一般建設業のそれぞれに建設業として備えていなければならない基準が設けられており、これに適合しなければ許可は認められない（表3-1）。

技術者：特定建設業、一般建設業の営業所ごとに専任の技術者を置く（表3-1）。

特定建設業と一般建設業の許可の基準を表3-1に示した。比較しながら覚えること。

表3-1　特定建設業と一般建設業の許可の基準（業種が土木工事業の場合）

項　目	特定建設業	一般建設業
経営業務の管理責任者（法人の場合の常勤役員または個人支配人のうちの1人）	（次のいずれかを満たすこと） ①　許可を得る建設業に関し、5年以上経営業務の管理責任者としての経験 ②　許可を得る建設業以外の建設業に関し、7年以上経営業務の管理責任者としての経験 ③　許可を得る建設業に関し、経営業務管理責任者に準ずる地位で次のいずれかの経験 a)取締役会等から権限委譲を受け、執行役員等として5年以上建設業経営業務等の管理経験 b)7年以上経営業務の補佐経験	
技術者（各営業所ごとに専任の技術者を置くこと）	①　1級土木施工管理技士等 ②　一般建設業専任技術者要件のうち、元請負額4,500万円以上の工事に2年以上指導監督的実務経験者 ③　大臣特別認定者	①　2級土木施工管理技士（種別：土木）等 ②　指定学科（土木工学、建築学等）修了者で高卒・専門学校卒後5年以上、大卒・専門学校卒（専門士・高度専門士）後3年以上の実務経験者 ③　許可を得る建設工事に関し、10年以上の実務経験者（学歴に関係なし）
誠実性	法人、個人、役員等が、請負契約の締結やその履行に際して不正又は不誠実な行為をするおそれが明らかでないこと	
財産的基礎	（次の全てを満たすこと） ①　欠損額が資本金の20%を超えない ②　流動比率が75%以上であること ③　資本金2,000万円以上、かつ自己資本4,000万円以上	（次のいずれかを満たすこと） ①　自己資本が500万円以上 ②　500万円以上の資金調達能力 ③　過去5年間許可を受けて継続した営業実績

なお、許可を受けた建設業者は、次の5つの事項を記載した**標識**を掲げることになっている。

①特定建設業、一般建設業の別　②許可年月日、許可番号、業種　③商号または名称

④代表者氏名　⑤主任技術者または監理技術者の氏名

3・1・3　第3章　建設工事の請負契約

建設業法制定の目的の1つに、工事の請負契約の適正化があげられている。ここでは、契約成立に伴う責任と保証や禁止事項など、種々の契約規定について説明していく。

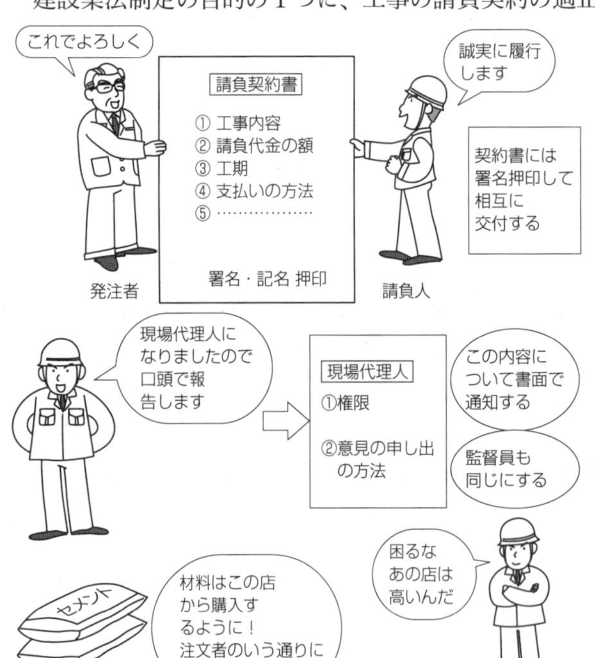

請負契約の原則：請負契約の当事者は、**対等の立場**における**合意**に基づく**公正な契約**を締結し、信義に従って**誠実に履行**しなければならない。

契約書の内容：左図のように、①工事内容から始まり、工期の変更や契約に関する紛争の解決方法など、約13項目について記載されている。また、契約書は発注者、請負人の相互に交付しなければならない。

現場代理人、監督員の選任等に関する通知：現場代理人、監督員の選任等の双方に対する通知は、必ず**書面**で行わなければならない。

不当に低い請負代金の禁止：注文者は、取引上の地位を不当に利用して、通常必要と認められる原価以下の請負代金で契約してはならない。

購入強制の禁止：注文者は請負契約の締結後、自己の地位を不当に利用して使用材料や機械器具の指定及びこれらの購入先を指定して購入させ、請負人の利益を害してはならない。

その他の主な規定：その他の主な規定には、図のようなものがある。

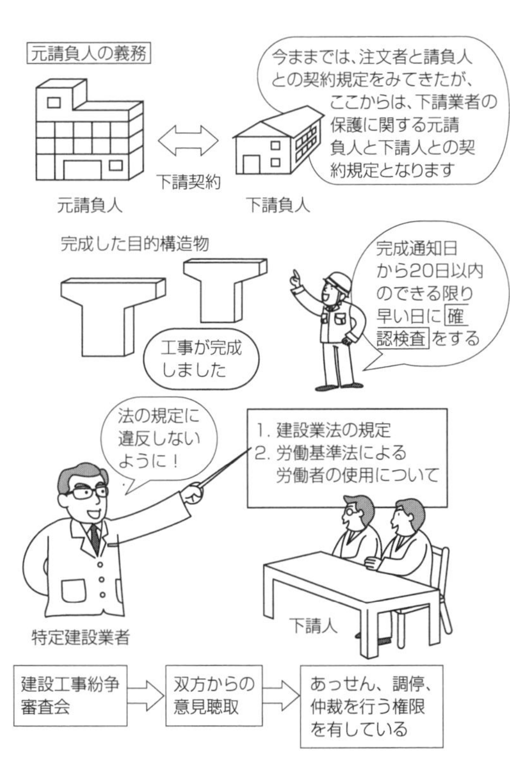

下請負人の意見の聴取：元請負人は、工程や作業方法などを決めるときは、**予め下請負人の意見**をきく必要がある。工事の出来高部分や完成後の支払いを下請負人が請求したときは、元請負人は請求日から1か月以内のできる限り短い期間内に**請負代金**を支払わなければならない。

前払金：元請負人は、**前払金**の請求を下請負人から受けたときは、資材の購入など工事の着手に必要な費用を前払金として支払うようにする。

検査及び引渡し：確認検査で異常がなければ、下請負人の申し出により、直ちに目的物の**引渡し**を受けなければならない。

特定建設業者の下請代金の支払い期日：下請負人が目的物の引渡しを申し出た日から50日以内のできる限り短い期間内に、元請負人（特定建設業者）は下請代金を支払い、下請負人を保護しなければならない。

下請負人に対する指導：特定建設業者は、下請負人に対して、工事施工上の技術や法規について指導する。

請負契約に関する紛争の処理：建設工事の請負契約に関する紛争の解決を図るため、**建設工事紛争審査会**が設けられている。

3・1・4　第4章　施工技術の確保

建設業者は、公共性の高い建設工事を行うので、**施工技術の確保**に努める責任があり、その為に**主任技術者や監理技術者**を設置しなければならない。設置や任務について説明する。

主任技術者の設置等：建設業者は、建設工事の技術上の管理をする者として、**主任技術者**を置かなければならない。主任技術者の資格条件は**一般建設業の技術者**の内容と同じである。（土木工事業の場合）

なお、下請に関し、上位下請に主任技術者が専任でいる場合、下位下請はこれを設置しなくてもよい。

特定建設業者（土木工事業）　　建設業者（土木工事業）

下請契約の場合、元請負人（特定建設業者）側では監理技術者、下請負人（一般建設業など）側からは主任技術者がいて、現場での技術上の管理に当たることになる。

監理技術者の設置等：発注者から**直接工事を請負った**特定建設業は、その工事の下請に出す金額の合計が、4,500万円（建築工事では7,000万円）以上となる場合は、建設工事の管理をする**監理技術者**を置かなければならない。監理技術者の資格条件は、**特定建設業の技術者**の内容と同じである。（土木工事業の場合）

なお、元請に関し、技士補が専任でいる場合、監理技術者の複数現場の兼任が認められる。

大臣指定資格者証交付機関

監理技術者資格証の交付：大臣は、監理技術者となる有資格者が、**資格証**の交付申請をしたときは、交付する。

表3-2

区　分	建設工事の内容	専任を要する工事
「主任技術者」を設置する建設工事現場	①　下請負をした工事現場。 ②　下請負に出す金額の合計が4,500万円（建築一式工事では7,000万円）未満の建設工事現場。 ③　土木一式工事、建築一式工事について、これらの工事を請負った業者が、一式工事を構成する各工事（例えば、土木一式工事では、とび土木、石工、管工事、鉄筋工、舗装工事等）を施工する際は、各工事ごとの工事現場。 ④　付帯工事を施工する工事現場。	国、地方公共団体の発注する工事や学校、マンション等の工事で、4,000万円（建築一式工事では8,000万円）以上の工事現場。
「監理技術者」を設置しなければならない建設工事現場	7つの指定建設業（土木工事、建築工事、電気工事、管工事、鋼構造物工事、舗装工事、造園工事）に係る建設工事で、国及び地方公共団体・公共法人が発注する建設工事では、監理技術者の設置が義務づけられている。	同上

要点

『建設業法のまとめ』

- 建設業の許可では、29 業種と指定建設業、特定及び一般建設業の違いなど理解しておく。
- 建設工事の請負契約では、特に下請負人に対する義務と保証を理解する。
- 施工技術の確保では、監理技術者、主任技術者を設置する工事内容について表 3-2 などで理解しておくこと。

例題 3-1 ある土木工事で、下図のような請負関係にあるとき、建設業法において現場に置くべき技術者に関する記述のうち誤っているものはどれか。

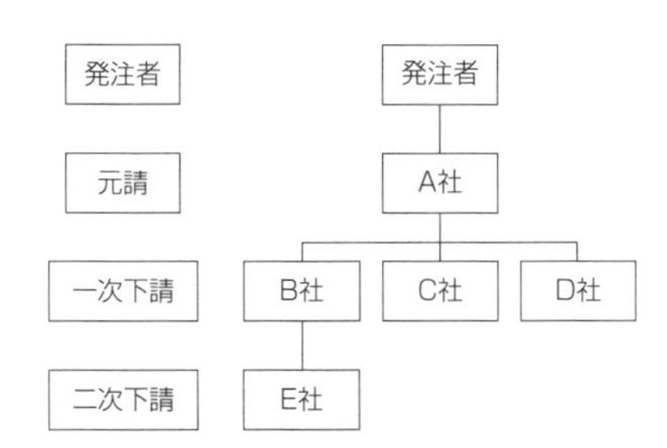

(1) B、C 及び D 社の請負金額の合計が 4,000 万円以上のとき、A 社は特定建設業の許可を必要とし、監理技術者を置かなければならない。

(2) B、C、D 及び E 社は、建設業の許可を受け、全て主任技術者を置く。

(3) D 社は、請負金額が 500 万円未満ならば、建設業の許可が無くても工事を請負うことができる。

(4) E 社の請負金額が 4,000 万円以上のときは、B 社は特定建設業者としての許可が必要であり、監理技術者を設置しなければならない。

解説

技術者の確保に関する基本的な問題であり、十分に内容を分析してよく理解するようにしたい。
(1)の記述については、A 社から下請に出す請負金額が 4,000 万円以上の場合は、元請の A 社は当然特定建設業者としての許可が必要であり、しかも発注者から直接請負っているので、監理技術者の設置も必要である。従って(1)の記述は正しい。
(2)の記述の主任技術者の設置は、下請業者なので正しい。
(3)の記述は、1 件の請負金額が 1,500 万円の軽微な工事の場合は、許可不要なので正しい。(4)の内容では、B 社の下請代金が 4,000 万円以上なので、当然特定建設業として の許可が必要であるが、B 社は直接発注者から請負ったのではなく A 社からなので、主任技術者の設置でよい。従って(4)の記述が誤りとなる。
答(4)

例題 3-2 建設業の許可に関する次の記述のうち適当でないものはどれか。

(1) 都道府県知事より建設業の許可を受けた者は、その都道府県の区域外において営業活動を行ってはならない。

(2) 特定建設業の許可を受けた者でなければ、発注者から直接請負う一件の建設工事につき、政令で定める金額以上の下請契約をしてはならない

(3) 建設業の許可は、一般建設業または特定建設業を問わず、29 種の建設工事の業種ごとに受けなければならない。

(4) 2 以上の都道府県に営業所を設けて営業しようとする建設業者は、国土交通大臣の許可を受けなければならない。

解説

建設業法からは 1 題の出題であり、例年の傾向から、建設業者の許可と技術者の確保に関する所を重点に置くべきである。この問題は許可の基本的な問題であり、十分に理解と確認をしておくようにする。(1)の記述では、全国どこでも営業活動ができるので誤り、他は正しい。
答(1)

例題 3-3　建設業法では、工事現場の公衆の見やすい場所に、一定の事項を記載した標識を掲げることと定めているが、次のうち記載事項に含まれないものはどれか。

（1）　一般建設業または特定建設業の別
（2）　主任技術者または監理技術者の氏名
（3）　許可年月日、番号、許可を受けた建設業の業種
（4）　資本金の額

解説
工事現場で必ず見かける標識に関する問題である。一般市民が標識をみて、何を一番知りたいのかを考えると、やはり会社名なり商号であろう。(4)の資本金の額よりは、商号または名称であり、誤りとなる。なお(3)の業種には29種あり、それぞれに許可を受ける　答(4)

例題 3-4　建設業法の主任技術者の職務に関する次の記述のうち正しいものはどれか。

（1）　工事現場において、作業主任者を指揮監督する。
（2）　工事現場において、現場代理人として請負人の代理をつとめる。
（3）　工事現場において、技術者の長として技術者の指導監督をつとめる。
（4）　工事現場において、建設工事の施工の技術上の管理をつとめる。

解説
この問題は(2)の現場代理人以外は判断に迷う方も多いと思う。(1)、(3)の記述内容は、工事を進める上で、技術者の長としてあり得ることであるが建設業法の主任技術者の職務としては明記されていない。正しいのは(4)である。
答(4)

例題 3-5　建設業法の定めとして、建設業者が請け負った建設工事を施工するときに、工事現場ごとに、専任の主任技術者を置かなければならない工事は、次のうちどれか。ただし、金額は工事一件の請負代金額とする。

（1）　国が発注する2,200万円の道路に関する舗装工事
（2）　地方公共団体が発注する3,800万円の庁舎に関する建築一式工事
（3）　地方公共団体が発注する2,400万円の橋梁に関する鋼構造物工事
（4）　鉄道会社が発注する4,100万円の鉄道に関する土木一式工事

解説
建設工事で工事一件の請負代金額が4,000万円（建築工事の場合は8,000万円）以上の場合は、工事現場ごとに専任の主任技術者を置かなければならず、(4)が該当する。(2)は金額が3,800万円であるが、建築工事では8,000万円以上なので該当しない。
答(4)

例題 3-6　建設業法に定められている主任技術者の職務内容として、次のうち正しいものはどれか。

（1）　施工計画の作成、工程管理、品質管理、請負代金額の変更
（2）　施工計画の作成、工程管理、品質管理、現場の技術上の指導監督
（3）　安全管理、出来形管理、下請負人との契約の終結、請負代金額の変更
（4）　安全管理、出来形管理、現場の技術上の指導監督、下請負人との契約の締結

解説
建設業法では、建設工事を適正に実施するため、当該建設工事の施工計画の作成、工程管理、品質管理その他の技術上の管理及び指導監督の職務を誠実に行うようになっている。従って(2)が正解。
答(2)

第4章　道路関係法

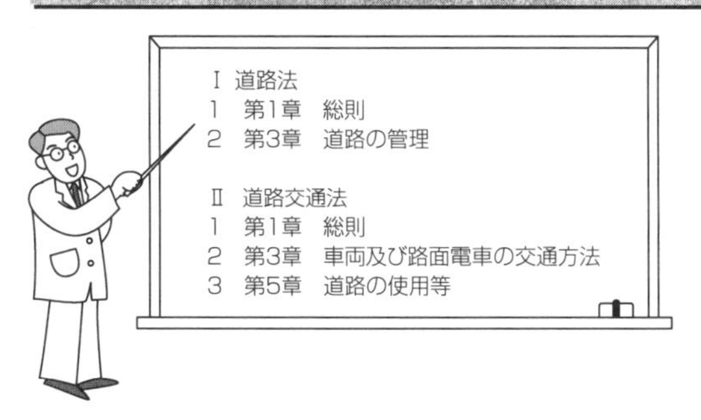

道路法：車両制限令で3.8m以下
許可者は道路管理者

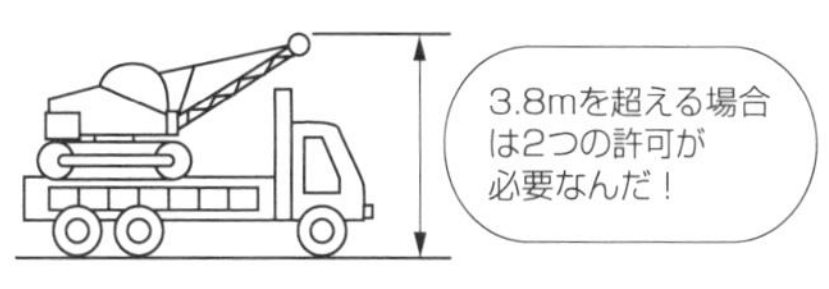

道路交通法：積載制限で3.8m以下
許可者は警察署長

道路関係の法律には、①**道路法**（主に道路網の整備や管理に関する）と②**道路交通法**（主に道路交通の安全と円滑を図る）の2つがあり、これらを中心に数多くの**法令**が定められている。ここでは法令などの要点を説明していく。

4・1　道路法

4・1・1　第1章　総則

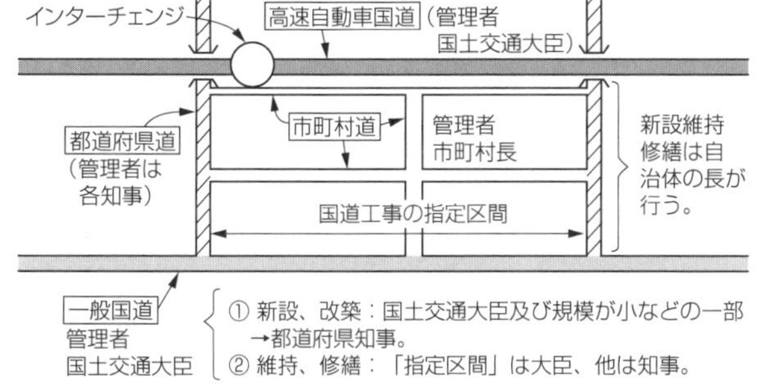

定義

（1）**道路**：一般交通用の道で、トンネル、橋、渡船施設、道路用エレベーター等やその他附属工作物と一体となったものをいう。

（2）**道路の附属工作物**：道路上の柵（さく）・駒止・並木・街燈や道路標識、管理用各施設。

道路の種類：**道路法で定める道路の種類**

①　高速自動車国道　　②　一般国道　　③　都道府県道　　④　市町村道

4・1・2　第3章　道路の管理

道路の管理者：道路の管理者及び新設、改築や維持修繕その他管理については、4・1・1第1章総則の図のように、道路の種類ごとに定められている。

道路の占用：道路に工作物、物件、施設を設け、継続して道路を使用する場合は、**道路管理者の許可**が必要となり、次のような種類がある。

①　電柱、電線、郵便差出箱、公衆電話等
②　水道管、下水道管、ガス管等
③　鉄道、軌道等
④　歩廊、雪よけ等
⑤　地下街、地下室等
⑥　露店、商品置場等

⑦ 看板、工事用板囲、足場、詰所等

許可申請書：上記工作物について、所轄の警察署長に許可申請書を提出すれば、警察署長を経由して道路管理者へ送付される。

公益物件の占用の特例：水道管、下水道管、鉄道、ガス管、電柱、電線を設けるときは、1か月前までに、**工事の計画書**を道路管理者に提出しなければならない。

車両制限令：道路の**構造を保全し**、また交通の危険を防止するために設けられた車両の大きさなどを制限したもので、次のような規定がある。

(1) **車両の長さ、幅、高さ（一般道）**：車両の幅等の最高限度は左下図のように規定されている。

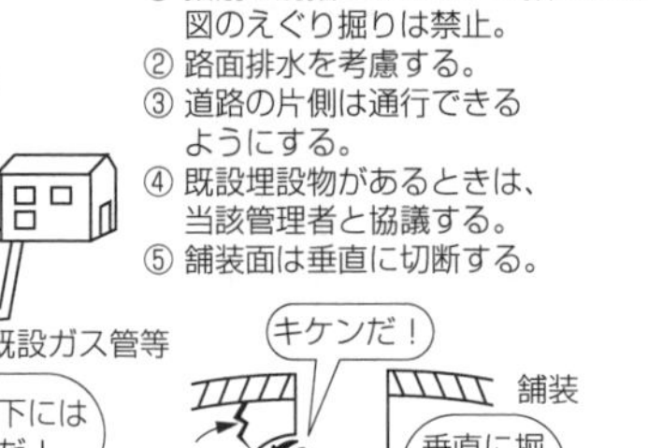

(2) **車両の重量制限**：道路管理者が定めた場合や高速道路では、25 t以下、それ以外の一般道では20 t以下となっている。また、左右の両輪を結ぶ車軸の重量は10 t以下（輪荷重は5 t以下）と規定されている。

(3) **回転半径**：最小回転半径（外側車輪のわだち）12 m以下

(4) **トレーラ**：左図のように規定されている。

(5) **カタピラを有する車両**：パワーショベルなどカタピラ（履帯）を有する自動車が一般道を通行する際には、敷板やゴム製のカタピラ使用など、路面を損傷しないような措置をとることになっている（除雪の場合は制限なし）。

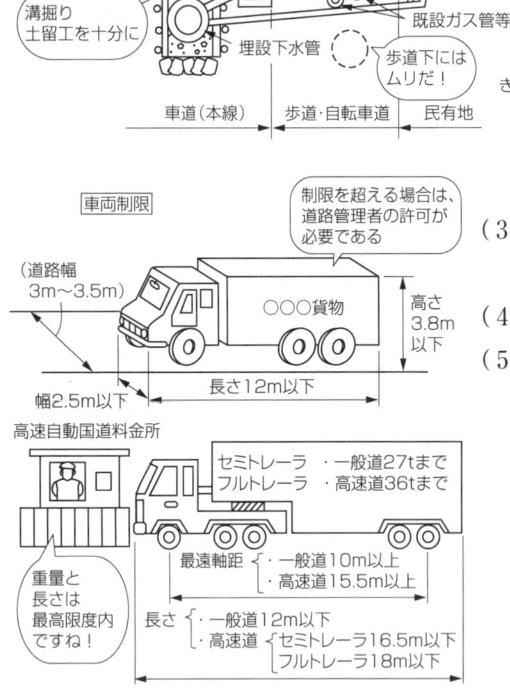

4・2　道路交通法

道路法が道路の管理や道路の占用及び、車両の長さや重量制限などが主であったが、**道路交通法**は、交通の安全と円滑を図ることを主とし、道路交通に起因する障害を防止する目的で制定されている。

4・2・1　第1章　総則

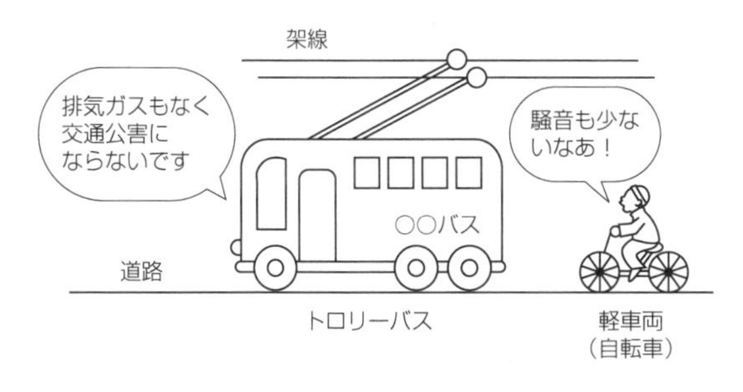

定義

（1）　**車　両：**自動車、原動機付自転車、軽車両及びトロリーバスをいう。

（2）　**自動車：**原動機を用い、レール又は架線によらないで運転する車。

（3）　**軽車両：**自転車、荷車などで人や動物の力により又は他の車両に牽引され、レールによらないで運転する車。

（4）　**トロリーバス：**架線から供給される電力により、レールによらないで運転する車。

（5）　**交通公害：**交通によって生ずる大気汚染、騒音や振動など人に被害を与えるもの。

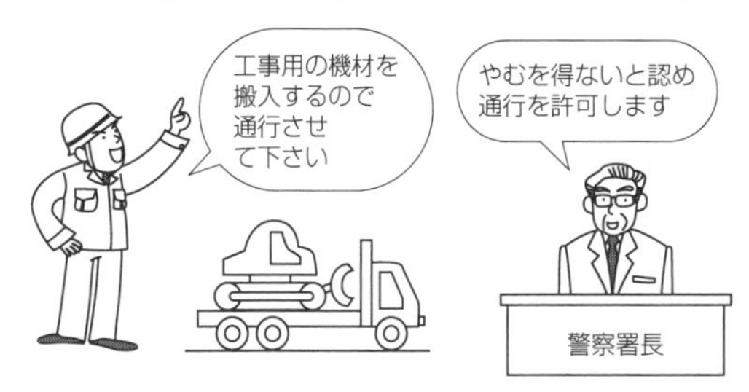

通行の禁止

①　歩行者または車両等は、道路標識等により通行禁止の道路を通行してはならない。

②　**警察署長がやむを得ない理由がある**と認めて許可をしたときは通行できる。

③　許可証の公布を受けた車両の運転手は、当該許可証を携帯して運転する。

4・2・2　第3章　車両及び路面電車の交通方法

乗車または積載の方法

①　車両の運転手は、車検証に記載されている荷物の重量や大きさ及び乗車人員数を越えてはならない。

②　荷台に人を乗車させたり、運転台に荷物を積載してはならない。ただし、貨物を監視するために、最小人員を乗せることはできる。

③　荷物の長さは、自動車の長さの 1/10 を加えた長さを越えてはならない。

④　荷物は荷台の左右からはみ出さない。

⑤　荷物の高さは、路面より 3.8 m 以下とする。

許可：分割不可の荷物で、上記制限を超える場合**出発地警察署長**が交通安全上支障がないと認めたときは、条件付きで許可することができる。

条件

①　貨物の見やすい箇所に標識をつける。

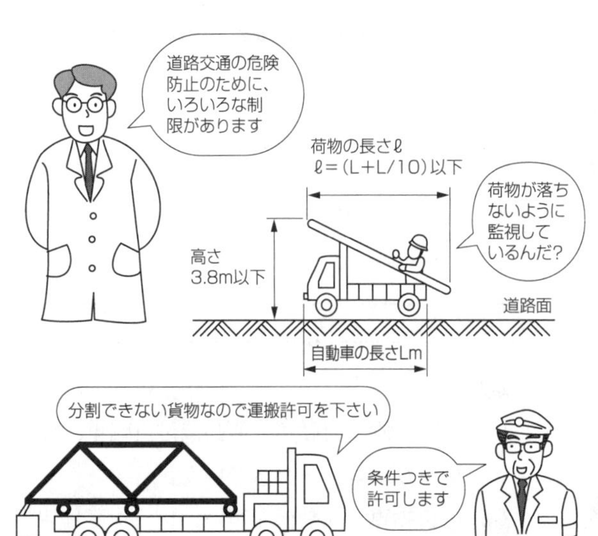

昼間は0.3m²以上の赤布
夜間は赤色灯または反射器

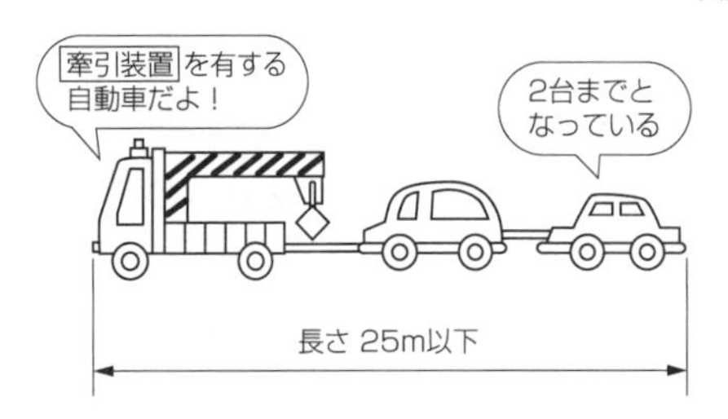

② 車両の前面に許可証を掲示する。

③ その他危険防止するための事項。

自動車の牽引制限

① 牽引装置を有する車両以外の車両が牽引してはならない。

② 小型特殊車両及び自動二輪車については1台、その他の自動車では**2台まで**とする。

③ 牽引車の先端から牽引される自動車の後端までの長さは、**25 m 以下**とする。

④ 長さが25 m 以上となるときは、**公安委員会**に申請し、許可を受ける。

安全運転管理者等の設置

① 乗車定員が11名以上の自動車1台、他の自動車5台以上使用するときは、安全運転管理者を選任する。

② 20台以上（自動二輪車は0.5台と計算）使用するときは、副安全運転管理者を1人ずつ増やす。

③ 選任の事由が生じた日から15日以内に、所轄公安委員会に届け出る。

4・2・3　第5章　道路の使用等

道路の使用の許可：次のいずれかに該当する者は、**所轄警察署長**の許可を受けなければならない。

① 道路において、工事もしくは作業をしようとする者またはその工事の請負人。

② 道路に石碑、銅像、広告板、アーチその他これらに類する工作物を設けようとする者（屋台、露店、祭礼など）。

要点

『道路関係法のまとめ』

・道路関係法からは例年1題出題され、しかも選択問題なので、次の要点を中心に理解しておくようにする。

・要点は、①道路の占用工事、②車両制限令、③貨物の積載方法と許可の3点とし、その他のことについては、イラストで概略理解しておく程度とする。

例題 4-1 道路法に定める道路の占用に関する工事で次の記述のうち誤っているものはどれか。

（1） 工事の時期は、交通に著しく支障を及ぼさない時期とする他、原則として道路の片側は交互通行ができるようにする。

（2） 舗装の切断は、のみまたは切断機を用い、直線かつ路面に垂直に行うようにする。

（3） 水道管、下水道管、ガス管などの公益物件の占用では、工事の1か月前に工事の計画書を提出しなければならない。

（4） 道路を掘削する方法には、つぼ掘りやえぐり掘りが多く採用されている。

解説

道路の占用に関する基本的な問題である。問題をみて、なんとなく(1)、(2)、(3)の記述は正しいと思うであろう。そこで(4)の内容をみると明らかに誤りであるえぐり掘りがある。

このように、明らかに誤り（正しい）である問題を求めるのも、正解を得る方法である。

答(4)

例題 4-2 道路において水道管の埋設工事を行う場合の許可に関する次の記述のうち、適当でないものはどれか。

（1） 道路法では、道路の占用許可申請を道路管理者に、道路交通法では道路の使用許可申請を当該警察署長の両方に提出する。

（2） 道路を掘削する場合は、溝掘りまたはつぼ掘りとし、えぐり掘りは禁止されているので行わない。

（3） 掘削土砂の埋戻しは、層ごとに行うとともに、確実に締固める。

（4） 許可申請は、工事開始前までに、申請書のみ提出すればよい。

解説

道路工事の許可申請は、一般に当該警察署を経由して道路管理者に送付されている。(1)の工事は両法律に関係するので、両者に提出するので正しい。(3)の埋戻しについては正しいのでよく理解しておくこと。(4)の記述では、道路法の公益物件の特例に該当し、1か月前までに工事計画書を提出することになっており、誤りである。

答(4)

例題 4-3 車両制限令に規定されている車両寸法等について、次のうち誤っているものはどれか。

（1） 総重量：20 t または 25 t　　（2） 幅：2.75 m

（3） 高さ：3.8 m　　（4） 長さ：12 m

解説

車両制限令で定められている各制限値は、完全に理解しておくようにする。(2)の幅は、2.5 m 以下なので誤りである。(3)の高さは、道路交通法でも制限されている。答(2)

例題 4-4　普通貨物自動車を用いて積載物を運搬する場合、道路交通法で定めている制限を超えているものはどれか。

(1)　積載物の長さが、自動車の長さの 1/10 を加えた長さの場合

(2)　積載物の重さが、車検証に記載されている最大積載荷重の場合

(3)　積載物の幅が、自動車の幅に左右それぞれ 0.15 m 加えた場合

(4)　積載物の高さに、自動車の積載する場所の高さを加えたものが 3.8 m の場合

解説

道路交通法による積載物に関する制限であり、よく理解しておくこと。(3)の幅については、自動車幅を超えてはならないので、この記述が誤りとなる。なお自動二輪車は車幅の左右に 0.15 m はみ出してもよい。

答(3)

例題 4-5　道路法に関する次の記述のうち誤っているものはどれか。

(1)　県が管理する国道に下水道管を埋設する場合には、国土交通大臣から占用の許可を受けなければならない。

(2)　道路を掘削する場合においては、えぐり掘を行ってはならない。

(3)　カタピラを有していても路面を損傷するおそれのない自動車は、舗装道を通行することができる。

(4)　車両の幅、高さの最高限度は、それぞれ 2.5 メートル、3.8 メートルである。

解説

公道下に下水道管を埋設するためには、道路管理者の許可が必要であり、この現場管理者は県なので誤り。道路法施工令では、えぐり掘の方法によらないことと規定されている。(3)、(4)はそれぞれ正しい。

答(1)

例題 4-6　車両制限令に定められている車両の幅等に関する次の記述のうち正しいものはどれか。

(1)　車両の幅の最高限度は、2.4 メートルである。

(2)　車両の輪荷重の最高限度は、10 トンである。

(3)　車両の最小回転半径の最高限度は、車両の最外側のわだちについて 14 メートルである。

(4)　車両の高さの最高限度は、道路管理者が道路の構造の保全及び交通の危険の防止上支障がないと認めて指定した道路を通行する車両にあっては、4.1 メートルである。

解説

車両制限令に関する出題はかなり多いので、242 ページの規定は完全に覚えておくこと。(4)の高さ 4.1 m が正しい。

答(4)

例題 4-7　車両制限令に定められている車両の幅又は長さの最高限度として、次のうち正しいものはどれか。ただし、高速自動車国道を通行するセミトレーラ連結車、フルトレーラ連結車を除くものとする。

(1)　車両の長さ ……………………………………11 メートル

(2)　車両の長さ ……………………………………12 メートル

(3)　車両の幅 ………………………………………2.3 メートル

(4)　車両の幅 ………………………………………2.4 メートル

解説

前例と同様。

答(2)

第5章 河川法

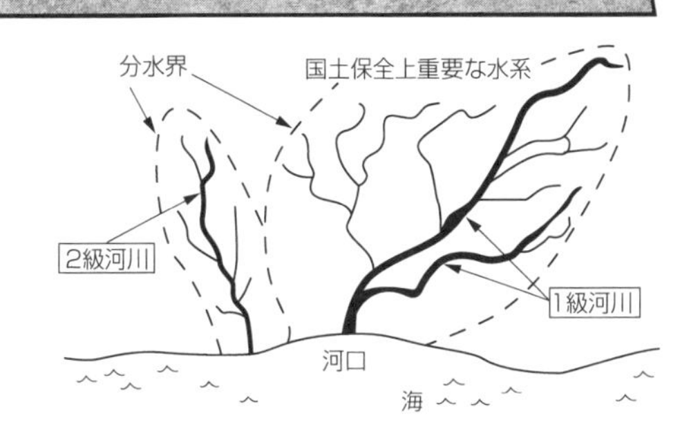

河川とは、**流水**とそれが流れる堤防などの**道筋の総称**であり、河川法はこの流水と道筋の河川工作物が十分に機能を発揮し、洪水などによる災害を防止して、国土の保全と開発に寄与することを目的に制定された法律である。

5・1 河川法

5・1・1 第1章 総則

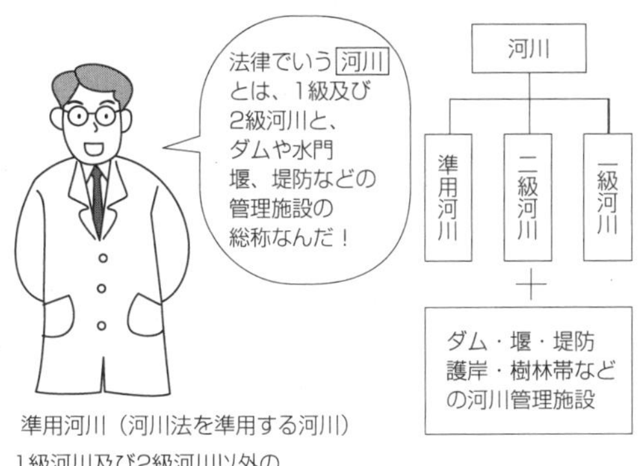

準用河川（河川法を準用する河川）
1級河川及び2級河川以外の河川を普通河川といい、このうち2級河川に準じて市町村長が指定し、管理するものをいう。

河川及び管理施設

（1）　**河川**：**1級河川**及び**2級河川**をいい、これらの河川に係る**河川管理施設**を含むものとする。

（2）　**1級河川**：国土保全上または国民経済上特に重要な水系に係わる河川で、**国土交通大臣が指定し、管理者**でもある。

（3）　**2級河川**：1級河川の係わる水系以外の公共の利害に重要な関係のある水系に係わる河川で**都道府県知事が指定し、管理者**でもある。

河川管理施設：ダムなどの他に、流水による公益を増進するもの、公害の除去や軽減する施設。

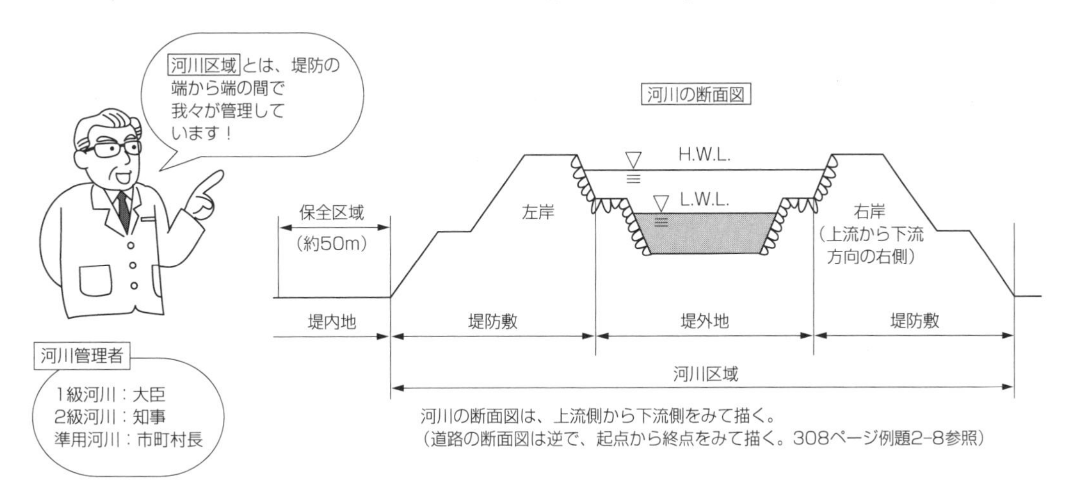

河川の断面図は、上流側から下流側をみて描く。
（道路の断面図は逆で、起点から終点をみて描く。308ページ例題2-8参照）

河川区域：河川法において**河川区域**とは、図に示す1、2、3号の区域をいう。

5・1・2	第2章　河川の管理

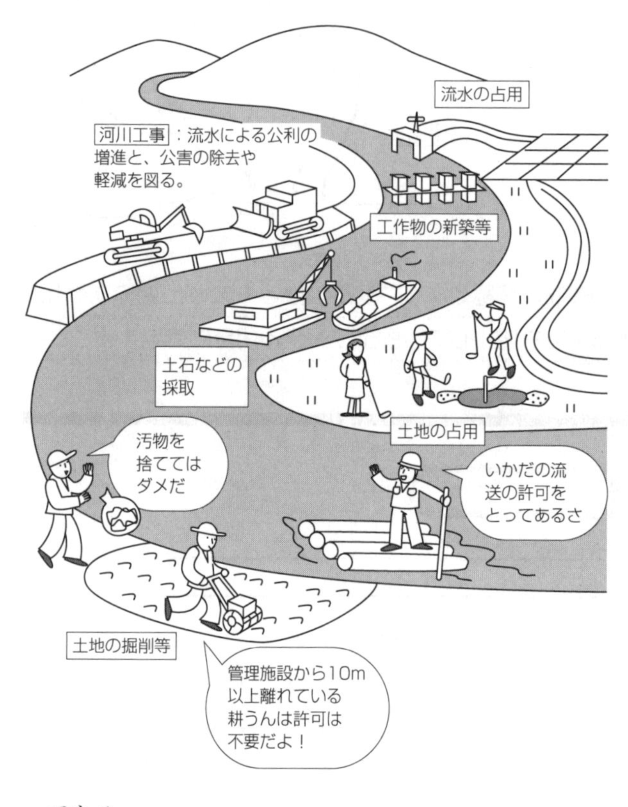

流水の占用の許可：河川の流水を占用する者は、河川管理者の許可を受けなければならない。

土地の占用の許可：河川区域内の土地を占用しようとする者は、河川管理者の許可を受けなければならない。

土石等の採取の許可：河川区域内の土地において、土石または河川産出物で政令に指定したものを、採取しようとする者も許可が必要である。

工作物の新築等の許可：河川区域の土地において、工作物を新築または改築及び除却しようとする者は、河川管理者の許可を受ける。

土地の掘削等の許可：河川区域内の土地において、掘削または盛土、切土など土地の形状を変更したり、竹木の栽培や伐採をしようとする者も許可が必要である。

竹木の流送等の禁止制限または許可：河川管理施設の閘門において、所定の寸法、喫水の限度を超える舟またはいかだは運航させてはならない。また、1級河川において竹木を流送しようとする者も許可が必要である。

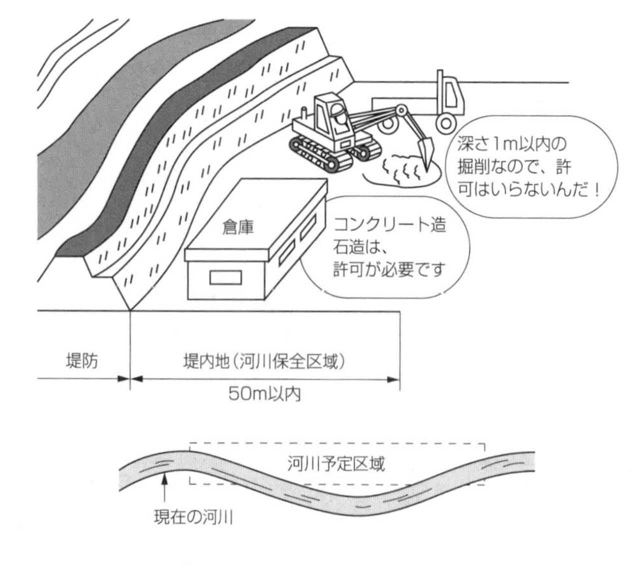

河川における禁止行為

① 河川を損傷すること。

② 河川区域内に汚物や廃物を捨てること。

③ 河川区域内の土地に、自動車などを乗り入れること。

河川保全区域：堤防、護岸の管理施設を保全するため土地の掘削や工作物の構築等を**規制する区域で**、堤防と堤内地の境界から**50 m 以内**の区域をいう。指定は、大臣が知事の意見を聞いて行う。

河川保全区域における**許可を必要としない行為**

① 耕うん。

② 高さ3m以内の盛土（堤防に沿って行う盛土で、堤防に沿う部分の長さが20m以上のものを除く）または1m以内の掘削。

③ 既に許可を受けている河川工事と一体とみなす仮設物（足場・板がこい、標識など）。

④ 建築機械の仮置などによる占用。

河川予定区域：官報または知事の公報によって指定が公示された**新たに河川区域となるべき土地で**保全区域と同様な規制がある。

要点

『河川法のまとめ』

- 河川法からの出題は1題であり、主に河川区域と管理についてと、各種の許可に関する範囲から出題されている。
- 河川の管理については、管理施設名と管理者との関係を理解しておくこと。
- 各種の占用や行為の許可については、例題を少しでも多く行って覚えることである。

例題5-1　河川法による河川及び河川管理施設に関する次の記述のうち適当なものはどれか。

（1） 1級河川とは、重要な河川で、地域によって流量などが変化するので、管理は当該地域の自治体の長が直接管理者となって行う。

（2） 2つの河川の合流地点に設ける逆流防止水門は、河川管理者が直接管理している。

（3） 出水期においての河川区域内での河川工事は、実施は不可能である。

（4） 施工しようとする河川工事が公共性の高い場合は、河川法上の規制は受けない。

解説

1級及び2級河川の定義と管理者は、よく理解しておこう。(1)の記述は2級河川の内容である、国土保全上、国民経済上重要な河川が1級河川であり、管理者は当然国（大臣）となる。(2)の水門は河川管理施設であり正しい。(3)は出水期でも水留工などを行い適切な工法で実施できる。(4)河川工事は大部分が公共性が高く、当然規制は受ける。

答(2)

例題5-2　河川法において、河川管理区域内で行う次の行為のうち、河川管理者の許可を要しないものはどれか。

（1） 竹木の採取　　（2） 田畑の耕し

（3） 工作物の除却　　（4） 土石の採取

解説

河川管理者の許可が必要な行為は工作物の除却・新築・改築と土石の採取、竹木の採取が主である、(2)の耕うんは不要である。ただし、田畑は占用許可が必要。答(2)

例題5-3　河川区域内の土地において行う行為のうち、河川法の許可を必要としないものは次のうちどれか。

（1） 1日50 m^3 未満の汚水を河川に流す。

（2） 倉庫をつくったので、堤防に坂路を新設する。

（3） 掘削によって生じた土石を、その河川の護岸工の材料として使用する。

（4） 工事のための仮設建物を河川敷に設置する。

解説

(1)の記述の1日50 m^3 未満の汚水は、許可なしで排出できるが、河川汚濁の原因となっている。(2)、(3)、(4)の行為はいずれも許可が必要である。(3)については他の現場でも土石を利用するときは許可が必要である。

答(1)

例題 5-4 河川法のうち河川の管理についての次の記述のうち、誤っているものはどれか。

（1） 1級及び2級以外の河川で、2級河川に準じて市町村長が指定し管理する河川を「準用河川」という。

（2） 河川保全区域とは、堤内地の境界からおよそ20 m以内の区域をいう。

（3） 河川区域内の土地に、自動車などを乗り入れることは禁止されている。

（4） 河川区域内の民有地内での砂利の採取にも許可が必要である。

解説

(1)、(3)、(4)の記述はいずれも正しい。(4)の内容については、民有地でも河川区域内であれば、掘削に伴い土地の形状を変更する行為になり、許可が必要となる。(2)の河川保全区域は、境界から50 m以内の区域なので誤りとなる。

答(2)

例題 5-5 河川法の定めとして河川保全区域内における行為のうち、河川管理者の許可を受けなければならない行為は次のうちどれか。ただし、高規格堤防特別区域内の土地を除く。

（1） 耕耘（こううん）

（2） 堤内の土地における堤防に沿う部分の長さが20 mで、地表から高さ3 mの盛土

（3） 堤内の土地における地表から1 m以内の土地の掘削

（4） 堤内の土地における木造の現場事務所の新築

解説

河川保全区域内における許可を要しない行為のうち、(2)の長さが20 m以上となると許可が必要となり、誤りとなる。(1)、(3)、(4)は許可を必要としないことも覚えておこう。

答(2)

例題 5-6 河川工事を請け負った建設業者が、河川区域内で行う次の行為のうち、「河川法」上、河川管理者の許可を必要としないものはどれか。ただし、高規格堤防特別区域内での行為を除くものとする。

（1） 工事現場の板がこいの設置

（2） 工事用の仮設の現場事務所の設置

（3） 工事用の電線の設置

（4） 工事に従事する作業員の屋根付き駐車場の設置

解説

ここは河川区域内における許可行為に関するもので、(1)は工作物の新築と一体とみなしこれだけの許可は不要。(2)～(4)はいずれも新築する河川工作物となり、許可が必要となる。

答(1)

例題 5-7 河川法による規制を受けない河川は次のうちどれか。

（1） 一級河川

（2） 二級河川

（3） 普通河川

（4） 準用河川

解説

河川法では河川を「一級河川、二級河川及び準用河川以外の河川を普通河川と規定しているので(3)が正解となる。

答(3)

第6章 建築基準法

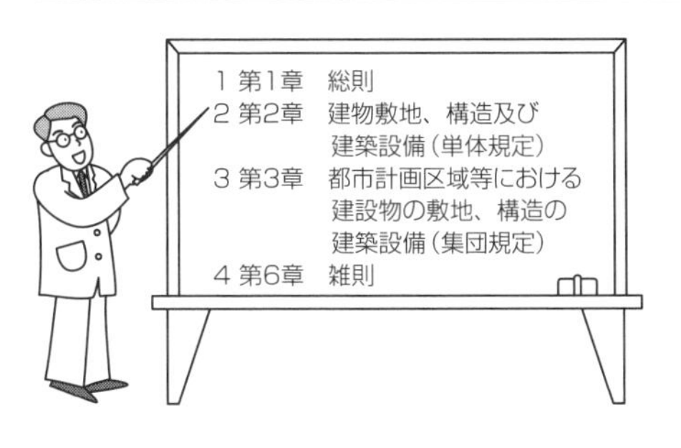

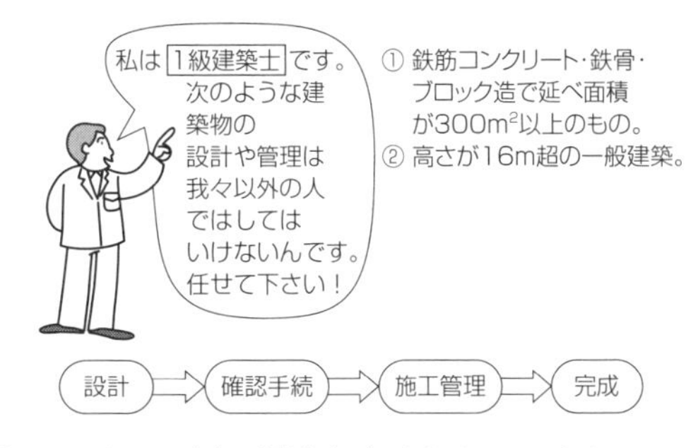

建築基準法は、建築物の敷地、構造、設備及び用途に関する最低の基準を定めたものであり、この法律の基本的内容は、①**建築手続**、②個々の建築物の技術的基準の**単体規定**、③都市計画区域内における建築物の用途や形態等の制限の**集団規定**、④仮設物等の規定を定めた**雑則**から成っている。ここではこれらの主項目について学ぶ。

6・1　建築基準法

6・1・1　第1章　総則

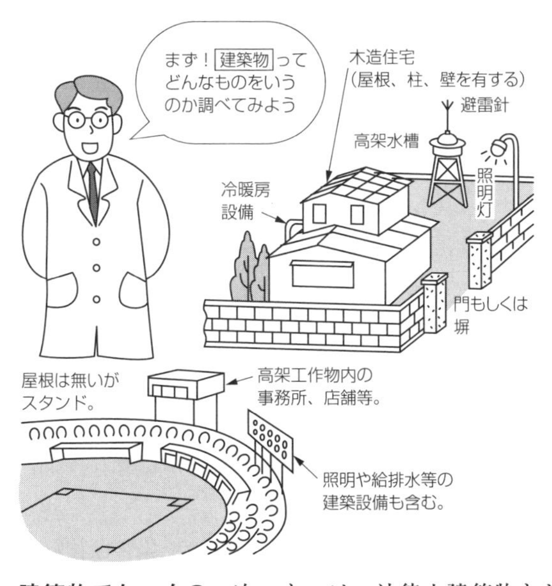

目的：この法律は、建築全般に関する**最低の基準**であり、国民の生命、健康及び財産の保護を図り、公共の福祉の増進に資することを目的とする。

定義

（1）　**建築物：土地に定着する工作物**で次のものをいう。

建築物であるもの

① 屋根及び柱もしくは壁を有するもの
② ①に付属する門もしくは塀
③ 観覧のための工作物
④ 地下もしくは高架工作物内に設ける事務所等
⑤ 上記のものに付帯する照明等の建築設備

建築物でないもの：次のものは、法律上建築物として扱わない。

① 土地に定着していないもの（キャンピングカーやテント）
② 鉄道及び軌道の線路敷地内の運転保安に関する施設（プラットホームの上家、跨線橋、保線用物置、水槽タンク、踏切番小屋等）

（2）　**特殊建築物**：**不特定**または**多数の人々が出入り**するか、**火災や公害のおそれのある**次の建築物をいう。

学校、体育館、病院、百貨店、市場、集会所、公衆浴場、共同住宅、工場、車庫、倉庫など。その他これらに類する用途に供する建築物をいい、一般の建築物よりもきびしく制限される。

（3） **建築設備**：**建築物に設ける**次のものをいう。電気、ガス、給水、排水、換気、暖房、冷房、消火、排煙もしくは汚物処理の設備又は煙突、昇降機もしくは避雷針をいう。

（4） **居室**：居住、執務、作業、集会、娯楽その他これらに類する**目的のために継続的**に使用する室をいう。

（5） **主要構造部**：主として**防火上重要な部分**の部材の名称で、壁・柱・床・梁・屋根・階段をいう。ただし、最下階の床部（1階床）・地面に埋まっている基礎・ひさし・構造上重要でない間仕切り壁・間柱・小梁・屋外階段などは含まない。

なお、同じような用語として「**構造耐力上主要な部分**」があり、ここでは主要構造部に加え基礎・壁・柱・土台・筋かいが含まれる。

（6） **延焼のおそれのある部分**：隣地境界線、道路中心線または同一敷地内の2以上の**建築物の外壁間の相互の中心線から、1階では3m以下、2階以上では5m以下**の建築物の**部分**をいう。

（7） **建築**：建築物を新築し、増築し、改築し、又は移転することをいう。建築という用語はこの4つのいずれかの行為を行っても使用するものである。

① **新築**：何も建っていない敷地（更地）に建築物を建てること。

② **増築**：建築物の床面積が増えること。同一棟でも別棟でも同様に増築という。

③ **改築**：建築物を除去（一部でもよい）し、その跡へ以前と用途・規模・構造がほぼ変わらないものを建てる場合をいう。

④ **移転**：同じ敷地内で建築物の位置を変えることをいうので、別の敷地に移動した場合は移転とはいわない。

（8） **大規模の修繕と模様替え**：一種以上の主要構造部に対して、過半の修繕または模様替えを行う行為をさす。ここで、対象となる部材は主要構造部であることがポイントである。

① **修繕**：建築物の老朽化や損傷部分などを、実用上支障のない状態まで回復させること。

② **模様替え**：建築物の仕上げ、装飾などを改めること。

〈建築手続〉

建築主事：政令で指定する人口25万人以上の市は、市長の指揮監督の下に**建築主事を置かなければならない**。その他の市町村は建築主事を**置くこと**ができ、これらの市町村長を**特定行政庁**という。

建築確認申請：**建築主**（発注者）が**設計者**と打合せて作成した**建築計画**が建築基準法に**適合**しているかどうかを、着工前に建築主事または指定確認検査機関に確認してもらうことを**建築確認申請**といい、確認に要する日数は次の建築物で35日以内（次に該当しないものは7日以内）である。

・構造によらず、2階以上又は延べ面積が200 m^2 を超えるもの。

加えて、次の構造の建築物には、前記の他に、**構造計算適合性判定制度**により、専門家による**構造計算の審査**を行う必要がある。主な対象建築物を以下に示す。

① 木造で高さ16 m又は延べ面積300 m^2 を超えるもの。

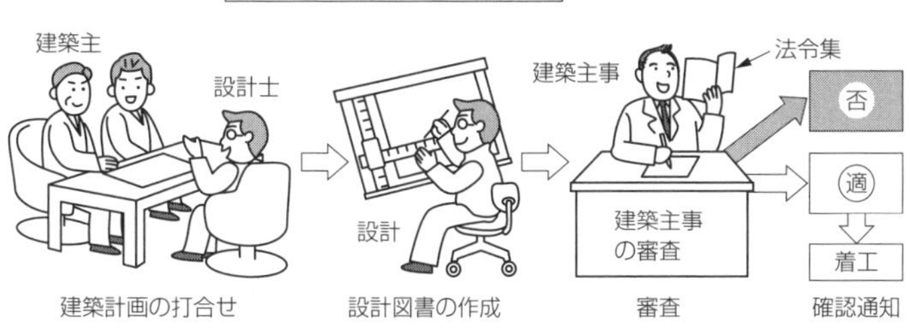

② 鉄筋コンクリート造または鉄筋鉄骨コンクリート造で、高さ20 mを超えるもの。

③ 鉄骨造で4階建て以上。

構造計算適合性判定の審査期間は14日（最大49日）である。この構造計算適合性判定期間も確認申請の審査期間に含まれ、審査期間は最大70日必要となる。

消防長の同意：長屋または共同住宅など一般の住宅以外の建築物の建築確認については、消防長の同意が必要である。

建築工事届、建築物除去届：延べ面積が10 m^2 を超える建築物を建築または除去する場合には、それぞれ建築着工届、除去届を都道府県知事に確認申請に添付して届け出る。

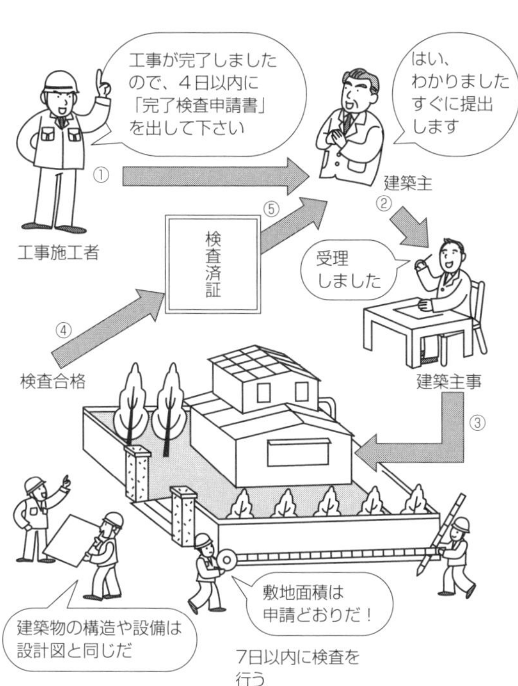

工事の完了検査：建築主は、建築確認を受けた工事が完了したときは、**工事完了4日以内**に建築主事に文書で届け出る。建築主事は届け出を受理して**7日以内**に法令に適合しているか**検査**をし、適合していれば完了検査済証

を交付し、建築物の使用を認める。

中間検査：工事完了後では目視できない構造耐力上重要な部分などで、工事中に検査が必要な工程を**特定工程**という。特定工程には、全国一律の工程と、特定行政庁がその地方の建築物の動向その他の事情を勘案して定める工程がある。特定工程の工事終了後、建築主事などに**中間検査**の申請をして検査を受ける必要がある。一定の特定工程では、中間検査合格証の交付を受けなければ工事を進めることはできない。階数が3以上の鉄筋コンクリート造の共同住宅などが対象となる。

6・1・2　第2章　建築物の敷地、構造及び建築設備（単体規定）

単体規定：個々の建築物の敷地や構造などの諸規定を単体規定といい、次のようなものがある。

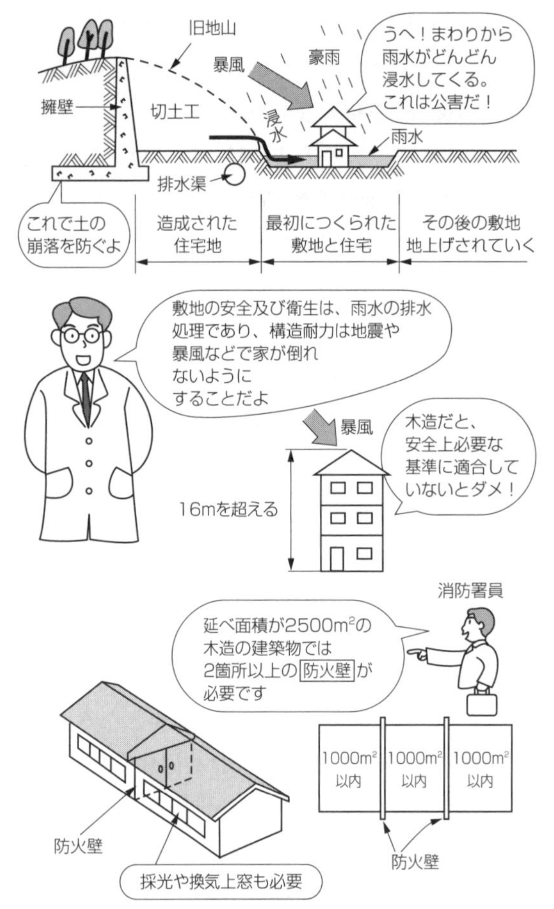

敷地の安全及び衛生

① 敷地に隣する道路より高くするか、十分な排水をする。

② 湿潤で出水のおそれの多い土地やごみなどの埋立地は、地盤を安全で衛生的になるようにする。

③ がけ崩れのある場所は、図のような擁壁を設ける。

構造等の安全性及び省エネ

① 建築物は、許容応力度計算による安全性及び省エネ性能が審査の対象となる。

② 木造で高さ16 m又は階数3階を超える建築物や延べ床面積が300 m^2を超える建築物などについては、当該建築物の安全上必要な構造方法に関する技術的基準に適合しなければならない。

大規模の木造建築物の外壁：延べ床面積が**1,000 m^2を超える**建築物の外壁及び軒裏で延焼のおそれのある部分を**防火構造**とし、その**屋根は不燃材料でふくこと**。しかし、耐火建築物や10 m^2以下の物置及び茶屋・あずま屋などは除かれる。

防火壁：延べ床面積が**1,000 m^2を超える**建築物は、**防火壁**により1,000 m^2以内となるように区画する。

居室の採光及び換気

住宅、学校、病院、寄宿舎などの居室は、採光及び換気のために、一定面積の窓を設ける。

a．採光上の窓の床面積に対する割合　　住宅や病室は1/7、学校他1/5～1/10

b．換気上の窓の床面積に対する割合　　1/20以上

第3章　都市計画区域等における建築物の敷地、構造及び建築設備（集団規定）

この章の規定は、都市計画区域（都市として整備、開発及び保全する必要がある区域で、都道府県知事が指定する）内に限り適用するもので、**集団規定**ともいわれ、次のようなものがある。

都市計画区域の区分：都市計画には無秩序な市街化を防止し、計画的市街化を図るために**市街化区域と市街化調整区域**に区分する。

地域地区：都市計画を実施するには、次に掲げる5つの地域、地区または街区の中から、当該都市の計画内容に関係があり、必要なものを選んで指定する。

（1）　**用途地域**：住居系（第1種、第2種、低層、中高層、住居、田園の組合わせ）8地域と商業系2地域、工業系3地域の計13地域に分類し、土地利用について制限している。

（2）　**特別用途地区**：用途地域を補足するもので、地方公共団体の条例で定める。

（3）　高度地区または高度利用地区。

（4）　特定街区：東京・新宿の超高層ビル街などで、斜線制限等の適用がなくなる特定街区の規則の定めにより建築される場所。

（5）　**防火地域または準防火地域**など。

集団規定：一つひとつの建築物の集団が一つの街となる。個々の建築に対する単体規定も大切だが、街全体として、生活のしやすい整った美しい環境づくりも大切であり、このときの区域や地域地区ごとのルールが集団規定である。集団規定の主なものを次に説明していく。

敷地と道路との関係：建築物の敷地は、**幅員4m以上の道路に2m以上**接していなければならない（接道義務ともいう）。

特別用途地区：文教地区や観光地区など用途地域を補うもので、11種類の地区および条例で定めた地区があり、各地区ごとに規制が定めてある。

用途地域別の建築物の形態制限：建築物の敷地面積に対する面積及び高さについて、用途地域別に次のような制限がある。

（1）　**建ぺい率**：建築面積（同一敷地内に2つ

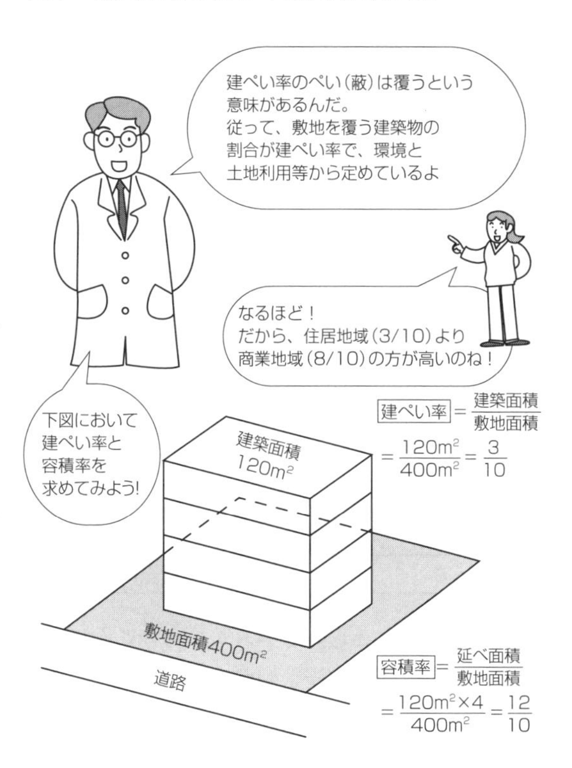

以上の建築物があるときは、2つの合計）と敷地面積の割合をいう。制限は3/10〜10/10で定める。

（2） **容積率**：建築物の延べ面積（同一敷地内に2つ以上の建築物があるときは、2つの延べ面積の合計）と敷地面積の割合をいう。制限は5/10〜100/10で定める。

（3） **外壁の後退距離及び建築物の高さ**：第一種及び第二種低層住居専用地域における建築物の外壁は、道路または敷地境界線より1mまたは1.5m以上離して建築する。また建築物の高さは、10mまたは12mまでとする。

斜線制限：建築物の斜線制限には**道路斜線制限・隣地斜線制限・北側斜線制限**の3種類がある。

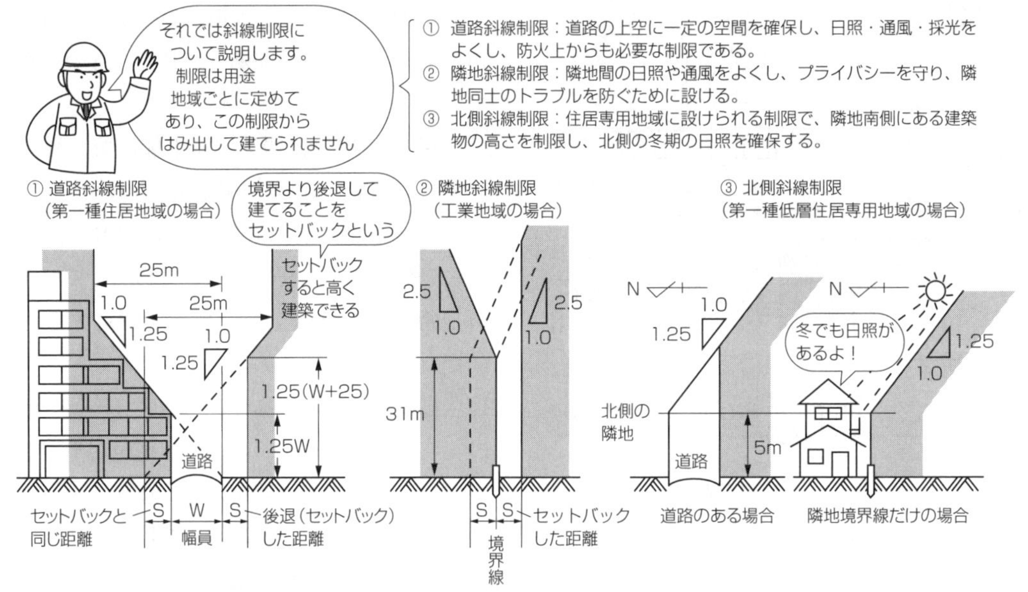

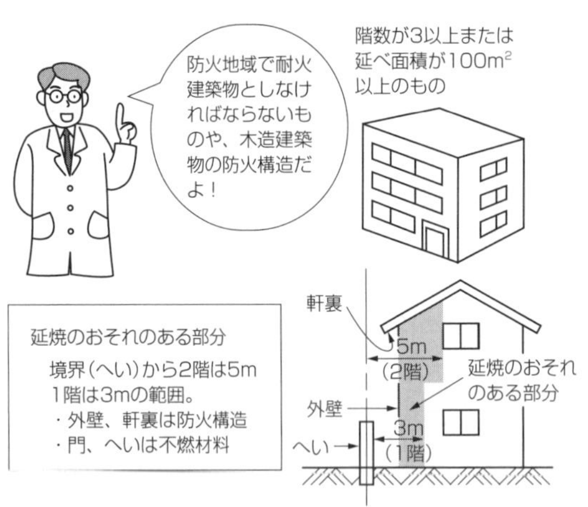

防火地域：都市計画で定められた防火地域内の建築物は、その規模により、**耐火建築物**または**準耐火建築物**としなければならない。

準防火地域：準防火地域内の建築物は、その規模により、**耐火建築物**または**準耐火建築物**としなければならない。

防火構造：また、準防火地域内にある**木造建築物等**は、その外壁及び軒裏で延焼のおそれのある部分は**防火構造**としなければならない。

屋根：防火地域または準防火地域においては、屋根に必要とされる性能に関して建築物の構造および用途の区分に応じて定められた技術的基準に適合するものとしなければならない。

6・1・4　第6章　雑則

雑則として定められているもののうち、以下の3項目を解説する。

① 仮設建築物に対する制限の緩和。　② 工作物への建築基準法の準用。

③ 工事現場等における確認の表示。

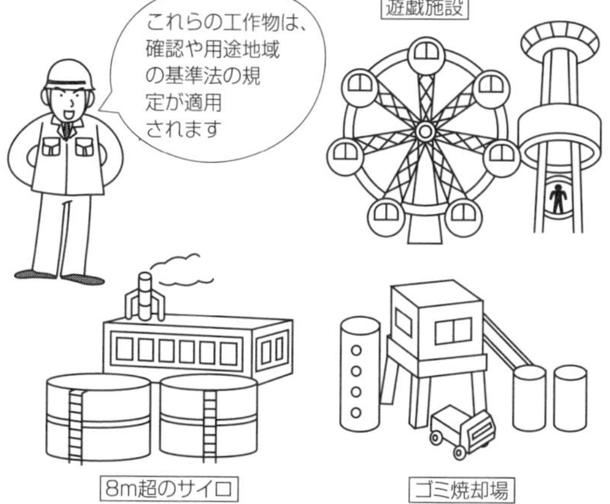

仮設建築物に対する制限の緩和

（1） 非常災害が発生した場合、特定行政庁が指定する区域内で、国及び地方公共団体または日本赤十字が**災害救助のために**必要な**仮設建築物**を建築する場合と、**被災者自ら使用**する 30 m^2 以内の**仮設建築物**で1か月以内にその工事に着手するものについては法律は適用されない。

（2） 災害発生に伴い、仮設住宅、停車場、郵便局、官公署その他公益上必要な用途に供する応急**仮設建築物の建築工事をするために**現場に設ける事務所、下小屋、材料置場等の仮設建築物は、確認、検査、防火等の大部分は法律の適用を受けない。ただし、**3か月以上存続使用する場合は、特定行政庁の許可を必要とする。なお、その期限は2年に限る。**

（3） 特定行政庁は、安全上、防火上及び衛生上支障がないと認めた場合、仮設の興行場・博覧会場及び店舗その他これに類する仮設建築物を、1年以内の期間で建築することを許可できる。

（4） 特定行政庁は、安全上、防火上及び衛生上支障がなく、かつ、公益上やむを得ないと認める場合、国際的な規模の会議又は協議会の用に供する仮設興行場などについて、使用上必要と認める期間を定めて、その建築を許可することができる。

工作物への準用（指定工作物）：本来建築物ではない（建築物の定義のなかで「屋根を有するもの」とある）工作物（工作物とは人が造ったもの）でも、建築物に準じて手続きが必要なものをいう。具体的な工作物の例を以下に示す。

（1） 主に構造規定の規制を受けるもの

① 駆動装置を伴わないもの：高さ 15 m 超の鉄筋コンクリート造の柱、鉄柱、木柱など、高さ8 m 超の高架水槽、サイロ、物見棟など、高さ6 m 超の煙突、高さ4 m 超の広告塔、装飾塔、記念塔など、高さ2 m 超えの擁壁。

② 駆動装置を伴うもの：観光用のエレベーターまたはエスカレーター、高架の遊戯施設（コースターなど）、原動機を伴う回転運動遊戯施設（メリーゴーランド、観覧車など）。

（2） 主に用途地域の規制を受けるもの

① 住居、商業地域内に設けるコンクリートクラッシャーなど。

② 住居系用途地域内に設ける機械式自動車駐車装置。

③　高さ8mを超えるサイロ（飼料・肥料等の貯蔵槽）。

④　汚物処理場、ゴミ焼却場などの処理施設。

工事現場における確認の表示：建築確認申請を必要とする建築や大規模修繕、大規模模様替の各工事の施工者は、現場の見やすい所に工事確認済みの表示をすることになっている。

また、大規模修繕または大規模模様替の工事の施工者は、当該工事に係る**設計図書**を工事現場に備えておかなければならない。

要点

『建築基準法のまとめ』

- 重要な用語は、建築物、建築設備、居室、主要構造部、構造耐力上主要な部分、建築、大規模の修繕と模様替え、特殊建築物、指定工作物、容積率、建ぺい率 である。
- 存置期間を限定された建築物（仮設建築物）について重要な部分は、応急仮設建築物（すべての法令が適用されない、または、一部の法令の適用を受けない）、仮設建築物（一部の法令の適用を受けない）である。
- 建築基準法に適用した建築物を建設するための重要な仕組みは、建築確認申請、中間検査、完了検査 である。
- 例題と解説についてもしっかり学習し、ポイントを押さえるようにすること。

例題 6-1　建築基準法の記述のうち、間違っているものはどれか。

（1）　建築物とは、土地に定着する工作物のうち、屋根及び柱もしくは壁を有するもので、付属する門もしくは塀も含む。

（2）　建築物には、鉄道及び軌道の線路敷地内の運転保安に関する施設や跨線橋、プラットホームの上屋なども含まれる。

（3）　特殊建築物とは、不特定または多数の人々が出入りするか、火災や公害のおそれのある建築物をいう。

（4）　建築とは、新築、増築、改築、又は移転することをいう。

解説

鉄道及び軌道の線路敷地内の運転保安に関する施設は建築物ではない。しかし、鉄道高架の下に建設する店舗、事務所などは規制を受ける。

特殊建築物とは、学校、病院、映画館、体育館、百貨店、共同住宅、工場などをさす。建築には4つの状態があり、新築、増築、改築、移転がある。移転とは同一敷地内での位置の変更をいい、ほかの敷地へ変更する場合は移転とはいわない。

答（2）

例題 6-2　建築基準法の記述のうち、間違っているものはどれか。

（1）　建築設備とは、建築物に設けるものをいい、電気、ガス、給水、排水、および避雷針を含む。

（2）　居室とは、人がある一定時間滞在する部屋を指し、便所、浴室、洗面所、住宅の台所を含む。

（3）　容積率とは、敷地における建築物の規模を制限するものであり、建築物の延べ面積の敷地面積に対する割合をいう。

（4）　建ぺい率とは、建築物の建築面積の敷地面積に対する割合をいう。

解説

建築設備には、電気、ガス、給水、排水、換気、暖房、冷房、消火、排煙もしくは汚物処理の設備、または煙突、昇降機もしくは避雷針をいう。

居室とは、住居、執務、作業、集会、娯楽、その他これらに類する目的のために継続的に使用する部屋をいうが、便所、浴室、洗面所、住宅の台所は含まない。しかし、飲食店の厨房は居室となる。

答（2）

例題 6-3　建築基準法の記述のうち、間違っているものはどれか。

（1）指定工作物とは、建築物ではないが建築物に準じて手続きが必要な工作物をさし、住居系用途地域内に設ける機械式自動車駐車装置を含む。

（2）大規模の修繕とは、建築物の主要構造部の一種以上について、建築物の老朽化や損傷部分などを実用上支障のない状態まで回復させることをいう。

（3）大規模の模様替えとは、建築物の主要構造部の一種以上について、建築物の仕上げ、造作、装飾などを改めること。

（4）大規模の修繕では、建築物が建設された当時の法令が適用されるため、現行の法令に適合しなくてもよく、既存不適格建築物とよばれる。

解説

指定工作物：建築物ではないが、建築物に準じて手続きが必要な工作物をさす。

主に構造規定の規制を受ける指定工作物：高さ 15 m 超の鉄柱、高さ 8 m 超の高架水槽、高さ 6 m 超の煙突、高さ 4 m 超の広告塔、高さ 2 m 超の擁壁など。駆動装置を伴う、ジェットコースターなどの遊戯、観覧車なども含む。

主に用途地域の規制を受ける指定工作物：住居系用途地域内に設ける機械式自動車駐車装置、汚物処理場、ゴミ処理場など。

既存不適格建築物：建築物の建設中あるいは完成後に、法令が変更され、現行法令とは不適合な建築物。増築や大規模の修繕などの際には、現行法令に適合するように改めないといけない。

答（4）

例題 6-4　建築基準法の記述のうち、間違っているものはどれか。

（1）建築物の主要構造部とは、主に防災面からみて主要な部分をいう。そのため、地盤面以下にある基礎部は含まない。

（2）建築物の主要構造部は、壁、柱、床、梁、屋根、階段であるが、1 階の床は含まれない。

（3）建築物の主要構造部には、地震・強風などの大きな水平力を負担する斜材（筋かい）を含む。

（4）構造耐力上主要な部分の一部が、主要構造部である。

解説

主要構造部は、構造耐力上主要な部分の一部である。構造耐力上主要な部分は、主に構造面からみて主要なもので、土台、筋かい、基礎などを含む。主要構造部に含まないものとして、壁：構造上重要でない間仕切り壁、柱：間柱・つけ柱、床：揚げ床・最下階の床・廻り舞台の床、梁：小梁、屋根：ひさし、階段：局部的な階段・屋外階段がある。

答（3）

例題 6-5　建築基準法の記述のうち、間違っているものはどれか。

（1）確認申請が不要な建築物は、防火、準防火地域以外の地域で増築・改築・移転の床面積の合計が 10 m^2 以内のものと、災害時の応急仮設建築物、工事用仮設建築物である。

（2）長屋または共同住宅など一般の住宅以外の建築物建築確認については、消防庁の同意が必要である。

（3）工事が完了したときは、工事完了 4 日以内に建築主事に文書で届け、建築主事は受理して 7 日以内に法令に適合しているか検査をし、適合していれば完了検査済証を交付し、建築の使用を認める。

（4）特定行政庁が「特定工程の指定」をした建築物の場合、中間検査を受けなければならない。なお、工事は検査終了後すみやかに開始することができる。

解説

中間検査においても「中間検査合格証」が交付され、交付を受けなければ工事を進めることはできない。

答（4）

例題 6-6 建築基準法上、防火地域または準防火地域内の現場に設ける延べ面積が 50 m^2 を超える仮設建築物に関する次の記述のうち、間違っているのはどれか。

（1） 仮設建築物の屋根は、政令上、技術的基準に適合するもので、国土交通大臣が定めた構造方法を用いる必要がある。

（2） 建築主は、建築物の工事完了にあたり、建築主事への完了検査の申請は必要である。

（3） 建築物の建築面積の敷地面積に対する割合（建ぺい率）の規定は適用されない。

（4） 建築物は、自重、積載荷重、風圧および地震に対しての安全な構造としなければならない。

解説

建築物の工事完了にあたり、建築主事への完了検査の申請は不要である。

答（2）

例題 6-7 仮設建築物の記述のうち、間違っているのはどれか。

（1） 防火地域にある、日本赤十字社が災害救助のために建築するために建築する建築物には、すべての法令が適用されない。

（2） 防火地域になく、被災者が自ら使用するために建築する延べ面積 30 m^2 以内の建築物には、すべての法令が適用されない。

（3） 現場に設ける延べ面積 50 m^2 を超える仮設建築物を建築しようとする場合は、建築主事への確認の申請は適用されない。

（4） 応急仮設建築物の存続期間は 3 か月であるが、特定行政庁は、安全上、防火上、衛生上支障がないと認めた場合は、2 年以内の期限を限って許可できる。

解説

防火地域内に建設される場合は、建築物などが密集していることもあり、仮設建築物からの火災などの二次災害が考えられるため、一部の法令が適用される。

答（1）

例題 6-8 仮設建築物の記述のうち、間違っているのはどれか。

（1） 現場に設ける延べ面積 50 m^2 を超える仮設建築物には、容積率の規定は適用されない。

（2） 準防火地域内で、現場に設ける延べ面積 50 m^2 を超える仮設建築物の屋根の構造は、政令で定める技術的基準などの適合するものとしなければならない。

（3） 応急仮設建築物で、公益上必要な仮設建築物（郵便局、駅舎、官公署など）は、特殊建築物であるため、内装の制限を受ける。

（4） 仮設建築物を撤去する場合は、都道府県知事に届ける必要がある。

解説

除去・撤去する場合は、届ける必要はない。

答（4）

第7章 火薬類取締法

トンネルや大規模な掘削工事などで広く利用されている火薬類は、強大な爆発力を発揮するが、その反面、取扱いや保管方法を間違えると大被害を受けることになる。

火薬類取締法は、火薬類による災害防止のために、製造・貯蔵・運搬・消費などの取扱いについて、厳重に規制した**取締法**であり、法律の主な内容について学ぶ。

7・1 火薬類取締法

7・1・1 第1章 総則

火薬類の分類方法には、火薬類の組成・性能・用途等により、いくつかあるが、第一章総則の定義では、**火薬・爆薬・火工品**に分類されている。

目的：この法律は、火薬類の製造、販売、貯蔵、運搬、消費その他の取扱いを規制することにより、**火薬類による災害を防止し、公共の安全を確保することを目的とする。**

定義

（1） **火薬：**推進的爆発の用途に供せられる**緩性火薬類**である。火薬は爆発反応が緩慢で、**爆速は340 m/s以下**と遅く、次の(2)の爆薬に比べて破壊力は弱い。

火薬には黒色火薬などがあり、緩性火薬なので、導火線の心薬にも使われている。

（2） **爆薬：**破壊的爆発の用途に供せられる**猛性火薬類**である。爆薬は爆発反応が迅速で、**爆速は**2,000～8,000 m/sであり、強大な破壊力を発揮するので、発破に用いるダイナマイトやニトログリセリンの他に、雷こう・アジ化鉛などの起爆薬など数多く使用されている。

（3） **火工品：**火薬または爆薬をある目的のために加工したもので、法令で次のものが火工品と定められている。

① 工業雷管、電気雷管、銃用雷管、信号雷管

② 実包および空包

③　信管および火管

④　導爆線、導火線および電気導火線

⑤　信号焔管および信号火せん

⑥　煙火その他の火工品（経済産業省令で定めるものを除く）

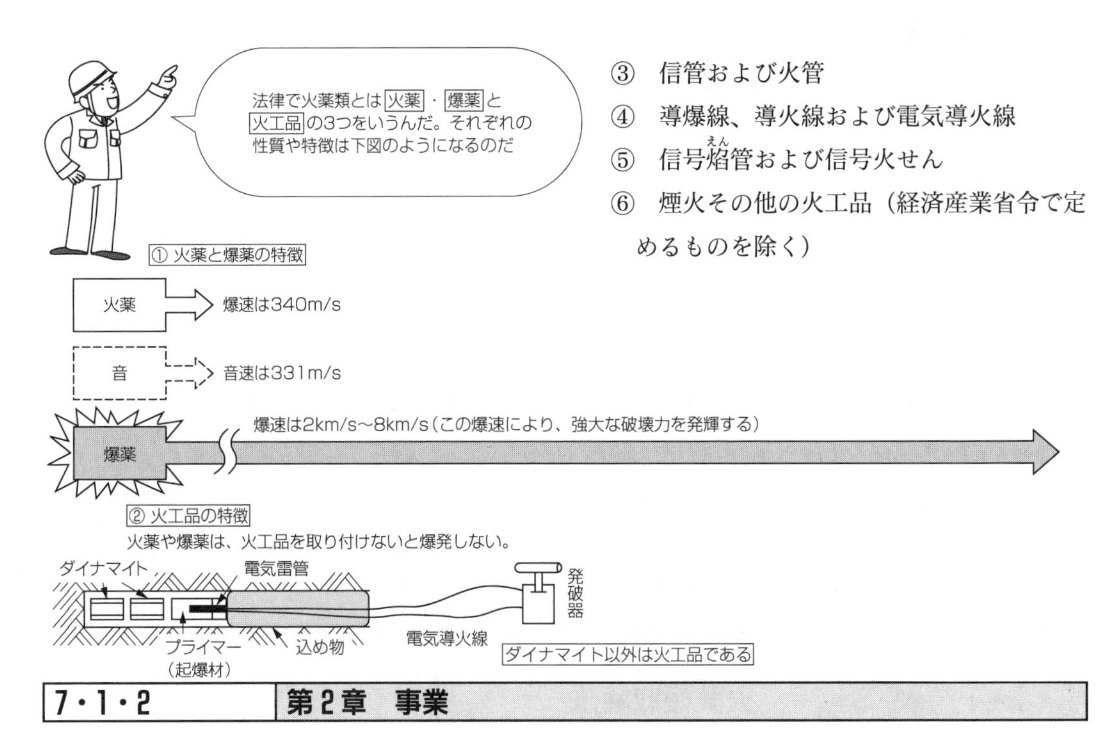

7・1・2　第2章　事業

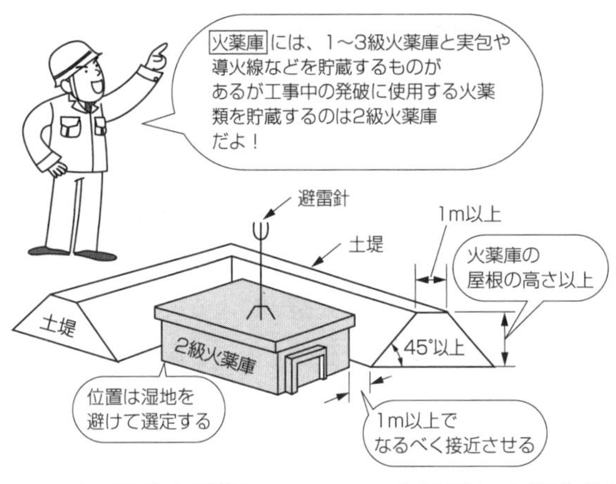

貯蔵：火薬類の貯蔵は**火薬庫**にしなければならない。ただし、通商産業省令で定める数量以下についてはこの限りでない。

火薬庫に関する規定には、次のようなものがある。

（1）　火薬庫を設置し移転または設備を変更しようとする者は**都道府県知事の許可が必要**。

（2）　火薬庫の譲渡または引渡があったとき譲受人または引受人は、火薬庫設置の許可の地位を承継し、このことを遅滞なく都道府県知事に届け出る。

（3）　火薬庫の所有者は、火薬庫の構造位置及び設備が、技術上の基準に適合するように維持す

2級火薬庫の構造と貯蔵上の留意点

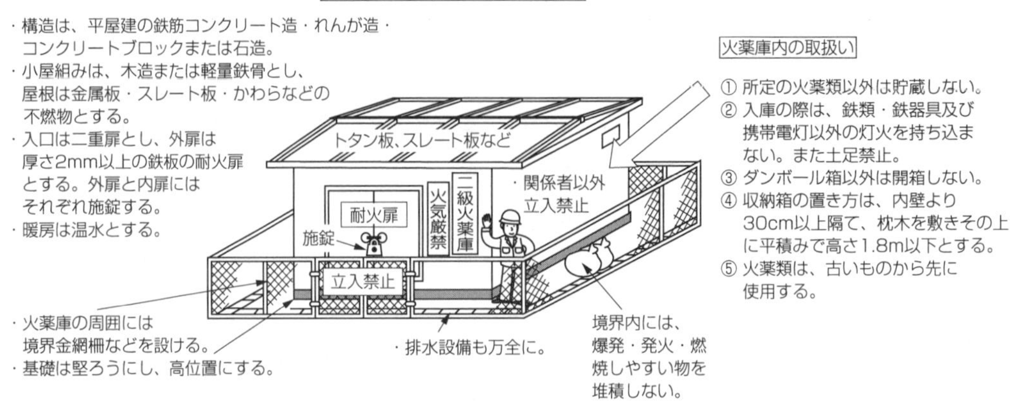

る。適合しない場合、知事は改善または移転を命ずることができる。

貯蔵の区分：火薬庫には、1〜3 級火薬庫及び水蓄・実包・煙火・玩具・導火線の各火薬庫があり、それぞれの火薬庫の貯蔵火薬類の区分が表 7-1 のように定められている。

最大貯蔵量：1〜3 級の各火薬庫ごとの火薬類の最大貯蔵量を表 7-2 に示す。

表 7-1　貯蔵の区分

貯蔵すべき火薬庫	貯蔵火薬類の区分
1 級火薬庫	火薬・爆薬・実包・空包・コンクリート破砕器・導爆線・電気導火線・導火線
	工業雷管や電気雷管などの火工品（信号焰管、信号火せん及び煙火を除く）
2 級火薬庫	火薬・爆薬・建設用びょう打ち銃用空包・コンクリート破砕器・導爆線・電気導火線・導火線
	工業雷管・電気雷管・建設用びょう打ち銃用空包・コンクリート破砕器・導爆線・電気導火線・導火線
3 級火薬庫	火薬・爆薬・火工品
導火線庫	電気導火線・導火線

表 7-2　火薬庫の最大貯蔵量

	1 級火薬庫	2 級火薬庫	3 級火薬庫
火　薬	80 t	20 t	50 kg
爆　薬	40 t	10 t	25 kg
工業及び電気雷管	4 千万個	1 千万個	1 万個
信号雷管	1 千万個		1 万個
導爆線	2,000 km	500 km	1,500 m
導火線 電気導火線	無制限	無制限	無制限

火薬類の運搬

前後と両側に掲げる

夜間の標識は火の部分に反射剤を用いると同時に赤色灯をつける。

標識

赤地布 0.35×0.50 に火と白書きする

火薬類　火薬類　火薬類　証書

標識は、火薬が10kg以下、爆薬が5kg以下雷管が100個以下などの場合は、掲げなくてよい。

運搬：火薬類の運搬は、次のような順序となる。

① 荷送人は運搬する旨を**都道府県公安委員会に届け出る。**

② 公安委員会は、災害の発生防止または公共の安全の維持のため、**次のことを指示する。**

a） 運搬日時、通路、運搬方法。

b） 火薬類の性状による積載方法。

指示通り運搬されることを確認して、**運搬証明書を交付する。**

③ 火薬運搬時は、内閣府令で定める技術上の基準及び運搬証明書に記載されている内容に従って運搬し、常に**運搬証明書を携帯する。**

消費：火薬類を爆発または**燃焼**させようとする者もしくは**廃棄**しようとする者は**都道府県知事の許**

・固化したダイナマイトは、もみほぐして使用できる。

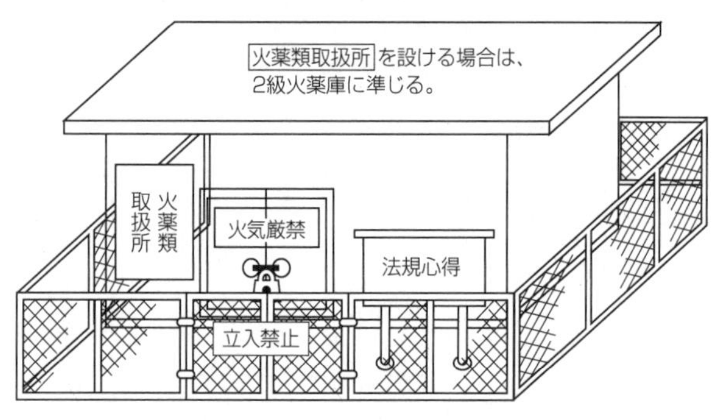

1日の火薬類の消費量を管理する所

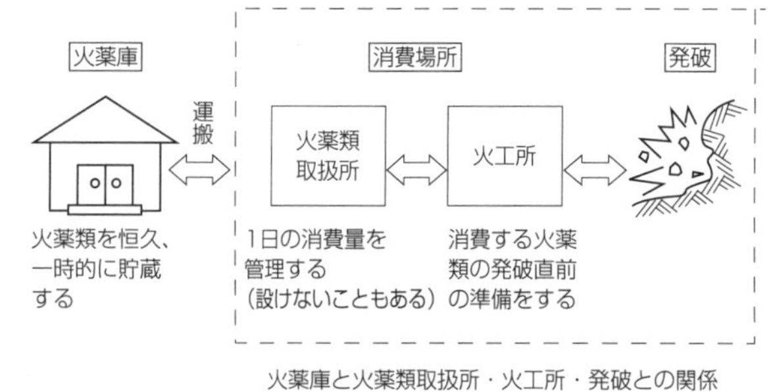

火薬庫と火薬類取扱所・火工所・発破との関係

発破作業の安全対策は
安全管理の350ページ参照。

・電気発破の場合の処理
① 母線から発破器を取りはずし、その端を短絡する。
② その後5分以上経過後に発破箇所に近づいて点検。

・導火線発破の場合の処理
① 点火後15分以上経過後に発破箇所に近づく。

可を受けなければならない。また、18才未満の者は、火薬類の取扱いをしてはならない。

火薬類の取扱い：消費場所において火薬類を取り扱う場合には、次のような規定を守らなければならない。

① 火薬類の収納容器は木その他電気不良導体でつくり、内面に鉄類を表さない。

② 持ち運びは、火薬類を別々に収納し、衝撃等に対して、背負い袋等の安全策をとる。

③ 凍結または固化したダイナマイトは、所定の方法で処理してから使用する。

④ 火薬類取扱所を経由して消費場所に持ち込む火薬量は1日の消費見込み量以下。

⑤ その他、落雷や盗難、火気の使用など全般的に危険防止に留意すること。

火薬類取扱所：消費場所における火薬類の管理及び発破の準備をするところであり、1つの消費場所に1箇所設ける。ただし、1日の消費量が火薬爆発にあって25 kg以下、雷管250個以下、導火線500 m以下の消費場所では設けなくてよい。

火薬類取扱所の構造、位置及び設備については、見やすい所に**法規心得**を掲示する他は、2級火薬庫に準じて設けられる。

火工所：火工所は消費場所において、薬包に工業雷管もしくは電気雷管を取り付ける所をいう。また、火薬類取扱所を設けないときは、火薬類の管理などを行う。火工所は**発破直前の火薬類を取り扱う危険な作業を伴うので、常時見張人を配置する**。また、火工所の構造などの規定は、火薬類取扱所に準ずるがより安全性を確保するために、火工所の位置や設備なども十分に留意する必要がある。

発破：火薬類の**発破**を行う場合には、次の各号の規定を守らなければならない。

① 発破場所に携行する火薬類の数量は、使用する消費見込量を越えないこと。

② 発破場所では責任者を定め、火薬類の数量や発破孔に対する装てん方法を記録させる。

③ 発破による飛散物の損害防止のための防護措置を講ずること。

④ 発破に際しては、危険区域に見張人を配置し、付近の者に発破の警告を発して危険がないことを確認後に点火を行う。

⑤ 装てんが終了し、火薬類が残った場合には、直ちに火工所に返納すること。

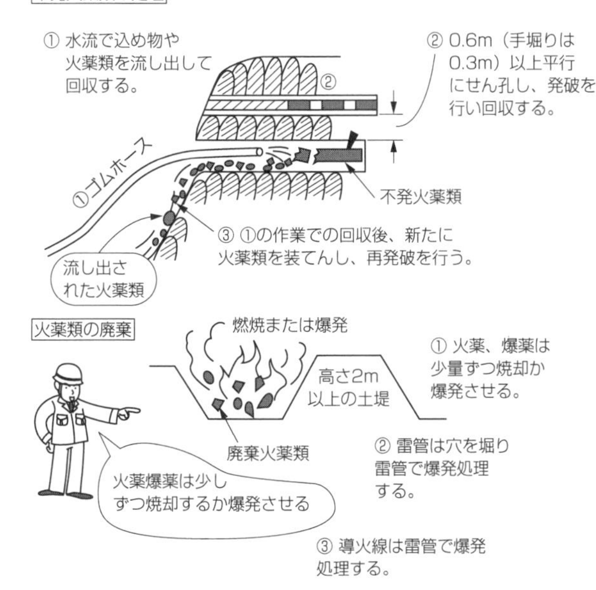

不発：発破後所定の時間の経過後点検し、もし不発の装薬がある場合には、左図のような規定を守りながら回収作業を行う。

発破終了後の措置：発破終了後、当該作業者は、発破による有害ガスの除去や、岩盤、コンクリート構造等についての危険の有無を検査し、安全と認めた後（坑道式発破では30分後）でなければ、何人も発破場所及びその付近に立ち入らせてはならない。

火薬類の廃棄：火薬類を廃棄する場合は、図の規定を守らなければならない。

要点

『火薬類取締法のまとめ』

- **火薬類取締法からの出題は1題であり、過去の出題傾向からみると、火薬の定義・貯蔵・運搬・消費の4分野のうち、貯蔵と消費から主に出題されている。**
- **火薬類の貯蔵については、火薬庫の構造と貯蔵の区分に関する出題が多い。**
- **火薬類の消費については、火薬類の取扱いと火薬類取扱所および火工所の役割などについて、十分に理解しておくようにする。**

例題7-1　火薬類取締法において、火工品として定められていないものは次のうちどれか。

（1） ダイナマイト　　（2） 工業雷管

（3） 信管　　（4） 導爆線

解説

火薬類の定義に関する問題であり、火薬・爆薬・火工品の3つについて、イラストなどで理解しておくようにする。(1)のダイナマイトは明らかに爆薬であり誤りとなる。答(1)

例題 7-2 火薬類取締法に定める２級火薬庫における火薬の貯蔵に関する次の記述のうち、適当でないものはどれか。

（１） 火薬庫は、貯蔵以外の目的のために使用しないこと。
（２） 火薬と爆薬は、同一の火薬庫に貯蔵できる。
（３） 爆薬の最大貯蔵量は 10 t までである。
（４） 火薬と電気雷管は、同一の火薬庫に貯蔵できる。

解説
火薬庫に貯蔵する区分に関する問題はよく出題されるので、表 7-1 については、1・2 級火薬庫の区分内容をよく理解しておくこと。基本的には、火薬・爆薬と起爆材である雷管類は同一には貯蔵しないことであり、(4)の記述内容が誤りとなる。
答(4)

例題 7-3 1 級火薬庫における火薬の貯蔵について、同一の火薬庫に合わせて貯蔵してはならない組合せは次のうちどれか。

（１） 爆薬と導火線　　（２） 工業雷管と導爆線
（３） 火薬と爆薬　　（４） 火薬と工業雷管

解説
(1)～(3)の組合せでは、爆発の危険性はないので、合わせて貯蔵できる。特に(2)の組合せは共に火工品である。(4)については、前例同様合わせての貯蔵はできないので正解は(4)となる。
答(4)

例題 7-4 ダイナマイトの取扱いについての次の記述のうち、誤っているものはどれか。

（１） 火工所でダイナマイトに電気雷管を取り付けた。
（２） 固化したダイナマイトは、もみほぐして使用した。
（３） 凍結したダイナマイトを、蒸気管に接近させ融解して使用した。
（４） ダイナマイトは、鉄類でつくった容器などに収納してはならない。

解説
火薬類の消費、取扱いに関する問題で、ダイナマイトはよく出題されている。(1)、(2)、(4)の記述については、それぞれ正しいことがわかるであろう。特に火工所は、使用直前の火薬類を取り扱うことを明記しておこう。(3)の凍結融解の方法が誤りとなる。
答(3)

例題 7-5 火薬類取締法の消費に関する次の文中の［　］に入る語句の最も適当な組合せはどれか。

「火薬類を［(イ)］させ、燃焼させようとする者は、［(ロ)］の［(ハ)］を受けなければならない。」

	(イ)	(ロ)	(ハ)
（１）	爆発	経済産業大臣	検査
（２）	貯蔵	都道府県知事	許可
（３）	爆発	都道府県知事	許可
（４）	貯蔵	経済産業大臣	検査

解説
火薬類の取扱いについての届出または許可の大部分は都道府県知事が関係しており、運搬は都道府県の公安委員会、保安責任者関係は経済産業大臣となっている。従ってこの文章の許可者は都道府県知事となり、(2)か(3)の中から正解を選べばよい。(イ)の語句は爆発か貯蔵となるが、消費に関するので爆発となり、(3)が正しい。この文は暗記しておこう。答(3)

例題 7-6 火薬類の消費者は、経済産業省令で定める事項を記載した帳簿を備えることになっているが、記載事項に該当しないものはどれか。

（１） 格納の場所　　（２） 消費した火薬類の種類
（３） 消費数量　　（４） 消費の年月

解説
どの種類で、いつ、どれだけ、だれに出し入れしたかを記載することになっており、(1)の格納場所は誤りである。なお、帳簿は 2 年間保存となっている。答(1)

第8章 騒音規制法・振動規制法

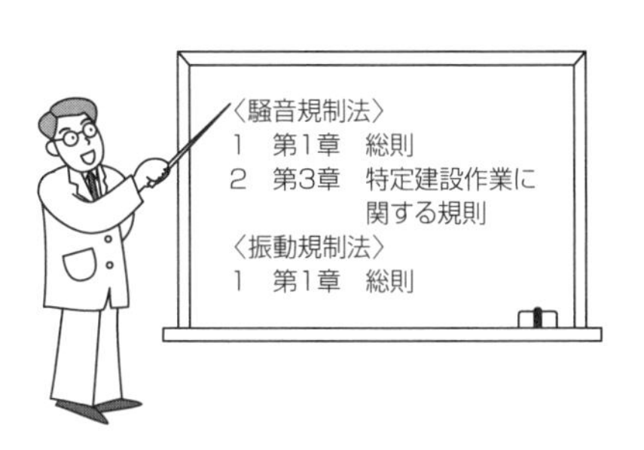

8・1　騒音規制法

この法律は、主に建設工事などによって**発生する相当範囲にわたる騒音**について、生活環境を保全し、国民の健康を保護することを目的に制定されたものである。

8・1・1　第1章　総則

生コン工場

① 杭打機・杭抜機を使用する作業
② びょう（鋲）打機を使用する作業
③ 削岩機を使用する作業
④ 空気圧縮機を使用する作業
⑤ コンクリート・アスファルトプラント

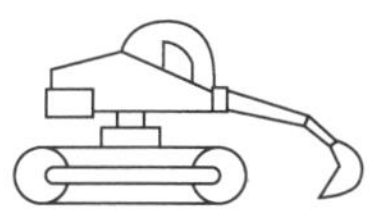

⑥ バックホーを使用する作業

⑦ トラクターショベルを使用する作業

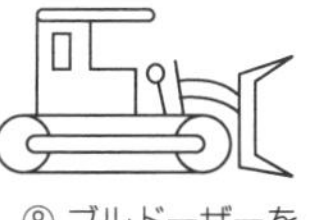

⑧ ブルドーザーを使用する作業

定義

（1）　**特定建設作業**：建設工事として行われる作業のうち、**著しい騒音を発生する作業で政令で定める**ものをいい、次のような**8種類の作業**が指定されている。ただし、**1日だけで終了する作業は、特定建設作業として指定されない。**

① **杭打機（モンケンを除く）、杭抜機または杭打杭抜機（圧入式を除く）を使用する作業（杭打機をアースオーガと併用する作業を除く）**

② **びょう（鋲）打機を使用する作業**

③ **削岩機を使用する作業（1日の移動距離が50 m以内に限る）**

④ **空気圧縮機（電動機以外の原動機を使用し、原動機の定格出力が15 kW以上のものに限る）**

⑤ **コンクリートプラント（ミキサーの混練容量が0.45 m^3以上）またはアスファルトプラント（混練容量が200 kg以上）を設けて行う作業**

⑥ **バックホー（原動機の定格出力が80 kW以上）を使用する作業**

⑦ **トラクターショベル（原動機の定格出力が70 kW以上）を使用する作業**

⑧ **ブルドーザー（原動機の定格出力が40 kW以上）を使用する作業**

（2）　**騒音規制基準**：建設現場での作業場の**境界線上**における**騒音の大きさの許容限度（85デシベル）**や地域の指定、作業時間などの規制基準で、表8-1のとおりである。

表 8-1　特定建設作業の騒音規制基準

騒音の大きさ	85 デシベル以下	
1日当りの作業時間	1号区域	1日につき 10 時間まで
	2号区域	1日につき 14 時間まで
作業ができない時間	1号区域	午後 7 時から翌日の午前 7 時まで
	2号区域	午後 10 時から翌日の午前 6 時まで
作業期間の制限	同一場所では連続 6 日間まで	
作業禁止日	日曜日またはその他の休日	

（この規制は、指定地域内に限定される）

（3）　**地域の指定**：都道府県知事は、住民の集合地域や病院、学校などの周辺地域の状況を考慮して、住民の生活環境保全のために、次のように地域を指定する。

①　**1号区域**：次のいずれかに該当する区域。

（イ）　住居専用地域のように良好な住居の環境を保全するため、特に静穏の保持を必要とする区域。（住居専用地域、住居地域）

（ロ）　住居の用に併せて、商業・工業の用に供されさている区域。（商業地域・準工業地域の一部）

（ハ）　学校・保育所・病院・図書館・老人ホームの敷地の周囲からおおむね 80 m の区域

②　**2号区域**：1号の区域以外の区域。

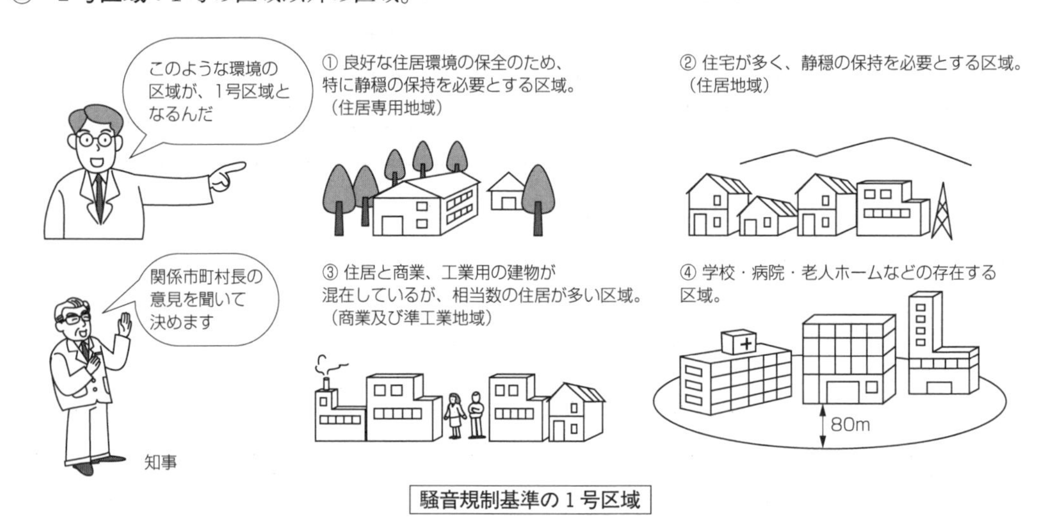

騒音規制基準の 1 号区域

（4）　**自動車騒音**：自動車の運行によって発生する騒音をいう。

8・1・2　第 3 章　特定建設作業に関する規制

ここでは、事業者が政令で指定された特定建設作業を施工する場合の届出や、報告及び検査、改善勧告と命令などの規制について説明する。

実施の届出：特定建設作業を施工しようとする事業者は、作業開始の **7 日前までに市町村長**に届け出なければならない。

ただし、災害などで緊急に作業を行う場合は、届出を行い得る状態になり次第、速やかに届出を行うことになっている。

騒音規制基準：騒音の大きさは、作業場の**敷地境界線上**で測定し **85 デシベル**（人間が聞こえる最小限の音を標準音とし、それとの比率で示す）**以下**とする。指定地域の**作業時間**などは、表 8-1 のとおりに規制されている。

改善勧告と改善命令：市町村長は、特定建設作業に伴って発生する騒音が、規制基準値を超える場合には、騒音防止の方法や作業時間の変更などの改善の勧告または命令ができる。

報告及び検査：勧告や命令などしないように、事業者は作業の状況などを委任者に報告し、また立ち入り検査などを受ける。

事務の委任：都道府県知事の権限に属する事務のうち、特定建設作業実施の届出の受理などは、市町村長に委任することができる。

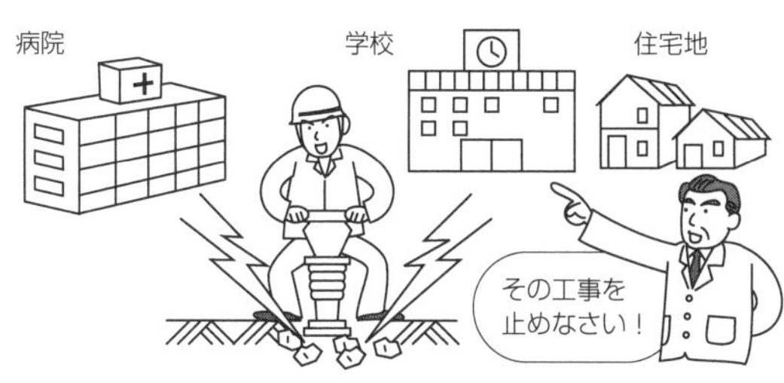

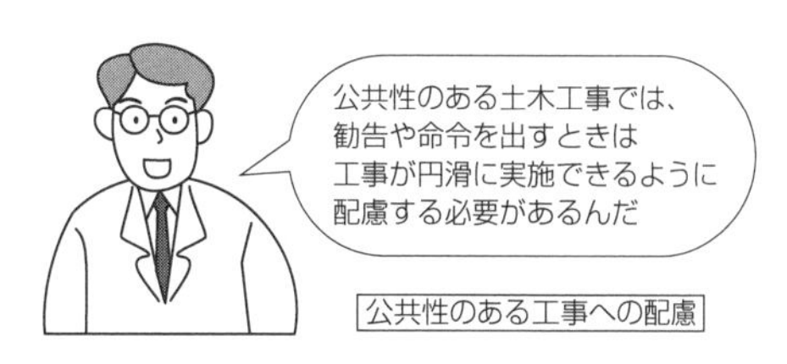

8・2 振動規制法

この法律は、8・1で学んだ騒音規制法に準じており、**異なる事項は①振動規制基準における振動の大きさが75デシベル以下**（騒音の大きさは85デシベル）と、②振動規制法によって指定されている**特定建設作業が4種類**（騒音規制法では8種類）であり、その他の**地域の指定、作業時間の制限、勧告と命令、報告及び検査、公共性のある工事への配慮などは全て騒音規制法と同じ**である。従って、ここでは4種類の特定建設作業を中心に説明して他は省略する。

8・2・1 第1章 総則

定義

（1） **特定建設作業**：建設工事として行われる作業のうち、**著しい振動を発生する作業**であって、政令で定めるものをいい、次のような**4種類の作業**が指定されている。ただし、**1日だけで終了する作業は、特定建設作業として指定されない。**

① **杭打機（モンケン及び圧入式を除く）、杭抜機（油圧式を除く）、杭打杭抜機（圧入式を除く）を使用する作業**

② **鋼球を使用して建築物その他の工作物を破壊する作業**

③ **舗装版破砕機を使用する作業（1日の移動距離が50m以下に限る）**

④ **ブレーカー（手持式を除く）を使用する作業（1日の移動距離が50m以下に限る）**

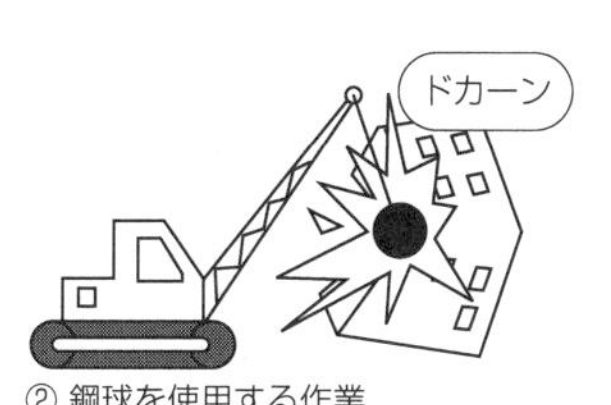

② 鋼球を使用する作業

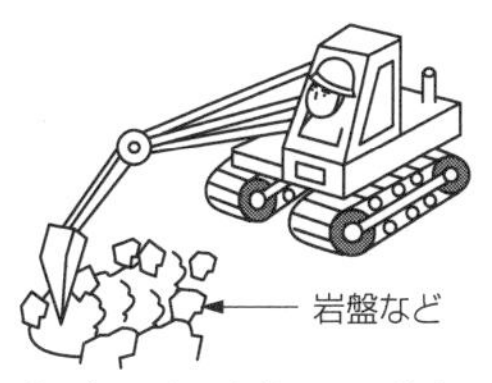

④ ブレーカーを使用する作業

要点

『騒音規制法・振動規制法のまとめ』

- 法規全体の出題数 11 題のうち、騒音規制法・振動規制法から各 1 題ずつ計 2 題出されているが、範囲が少なく、重要であるが覚えることもまとめれば比較的容易なので、必ず正解がとれるように、頑張ってほしい。
- まず覚えることは、両規制法とも全く共通な、規制基準の内容、地域の指定、届出に関することである。作業時間の覚え方は各自いろいろと工夫してほしい。なお、規制基準の大きさは、騒音レベルでは 85 デシベル、振動レベルは 75 デシベルである。
- 特定建設作業の種類は、騒音規制法では 8 種類、振動規制法では 4 種類であり、それぞれの作業名と内容は理解しておくようにする。

例題 8-1 騒音規制法に定める特定建設作業に該当しないものはどれか。

（1） 杭打機を使用する作業

（2） 電動機を使用する作業

（3） 削岩機を使用する作業

（4） 空気圧縮機を使用する作業

解説

8 種類の特定建設作業名を知っていれば正解は容易で、(2)の電動機が該当しないことはわかる。いま、(1)と(3)は該当することがわかり、残りの(2)か(4)のうちから選ぶ場合は、騒音の大きさを想定すればよい。答(2)

例題 8-2 騒音規制法で定める特定建設作業の記述のうち、誤っているものはどれか

（1） 災害その他非常事態の発生により緊急に行う必要のある特定建設作業は、夜間または深夜に行ってもよい。

（2） 特定建設作業に関する規制は、指定地域内に限定される。

（3） 日曜日、その他の休日なので、騒音の大きさを小さくし、地域住民に配慮して特定建設作業を行った。

（4） 特定建設作業とは、建設工事のうち、著しい騒音を発生する政令で定めた 8 つの作業である。

解説

騒音規制法で定める特定建設作業は、(4)の記述の通りである。規制基準では、(3)の日曜日、その他休日には作業は禁止されているので、(3)が誤りとなる。作業において騒音を小さくすることはできない。他の(1)、(2)記述は正しいので、内容を確認しておくようにする。

答(3)

例題 8-3 特定建設作業に関する振動規制法上の記述のうち、適当でないものはどれか。

（1） 振動の大きさを作業所の敷地境界線で 85 デシベルにした。

（2） 圧入式杭打機を使用する作業であったので、作業の実施届出をしないで杭打作業を行った。

（3） 非常事態の発生により、緊急に行う作業であったので、一日 2 交替で 24 時間連続して作業を行った。

（4） 非常事態の発生により緊急に行う作業であったので、作業実施届を作業開始日に行った。

解説

振動規制法上の定めで、騒音規制法との相違点は(1)振動の大きさが 75 デシベルと、特定建設作業は 4 種類であることを十分に理解しておくこと。従って、(1)の 85 デシベルは騒音の規制で誤りとなる。

(2)、(3)、(4)の記述はいずれも正しいので、内容をよく確認しておくように

答(1)

例題 8-4 振動規制法に定める特定建設作業に該当するものはどれか。

(1) ディーゼルハンマーを使用する作業
(2) 圧入式杭打機を使用する作業
(3) ジェット工法による既製杭の打設作業
(4) 油圧式杭抜き機を使用する作業

解説
振動規制法で定める杭打機については、モンケンや圧入式、油圧式は該当しないことをよく理解しておくこと。(1)のディーゼルハンマーを使用する作業が該当する。
答(1)

例題 8-5 騒音規制法、振動規制法の両方の規制を受ける特定建設作業は次のうちどれか。

(1) 杭打機を使用する作業
(2) ブレーカーを使用する作業
(3) 削岩機を使用する作業
(4) 空気圧縮機を使用する作業

解説
両方の規制を受けるのは(1)の杭打ち作業であり、(2)は振動規制法、(3)と(4)は騒音規制法にのみ該当する。
答(1)

例題 8-6 騒音規制法に定められている特定建設作業で超えてはならない騒音の規制値は次のうちどれか。

(1) 特定建設作業の場所の敷地の境界線において 75 デシベル
(2) 特定建設作業の場所の敷地の境界線において 85 デシベル
(3) 特定建設作業の施工箇所において 75 デシベル
(4) 特定建設作業の施工箇所において 85 デシベル

解説
騒音も振動も大きさを測定する所は境界線で、騒音が 85 デシベル、振動が 75 デシベルであることは、絶対に忘れてはならない。問題文より(2)の記述が正しいことはすぐに分る。
答(2)

例題 8-7 振動規制法に定められている特定建設作業に該当する作業は次のうちどれか。ただし、当該作業がその作業を開始した日に終わるものを除く。

(1) 手持式ブレーカーを使用する作業
(2) 鋼球を使用して建築物その他の工作物を破壊する作業
(3) 空気圧縮機を使用する作業
(4) 圧入式くい打機を使用する作業

解説
両法の特定建設作業も絶対に覚えておくこと。振動規制法に定められている特定建設作業は4つであり、(2)の鋼球を使用しての破壊作業が該当する。
答(2)

例題 8-8 振動規制法の定めに関する次の記述のうち、正しいものはどれか。

(1) 学校や病院の敷地に近接して行う特定建設作業の夜間・深夜作業の禁止時間帯は、原則として、午後7時から翌日の午前7時までとなっている。
(2) 政令で定められている特定建設作業には、モンケン及び圧入式くい打機を使用する作業が含まれる。
(3) 特定建設作業を行う者は、原則として当該作業の開始の日の5日前までに、工事工程表、振動防止の対策方法などを都道府県知事に届け出なければならない。
(4) 振動規制法で定められている特定建設作業で超えてはならない振動の規制値は 85 デシベルである。

解説
規制基準はレベルの大きさ以外は騒音・振動とも同一である。(1)の学校や病院の近くは1号区域であり正しい。(2)の特定建設作業には、もんけん及び圧入式くい打機は含まれない。(3)の届ける日は、作業開始から7日前である。(4)の振動の規制値は 75 デシベルであり、正しいのは(1)である。
答(1)

第9章 港則法

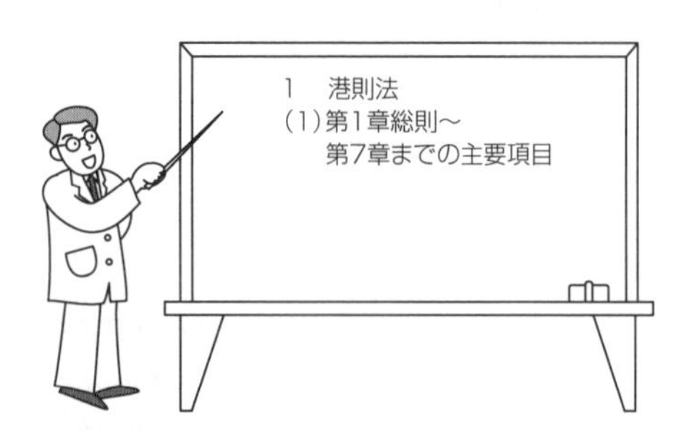

港湾に関する法律には、港則法・海岸法・港湾法、漁港法、海洋汚染防止法などいくつかあり、これらの法律が総合的に規制をして、港湾機能が発揮できるようになっている。

このうち**港則法**は、港湾内の**交通法規**ともいわれ、港内の船舶交通の安全及び整とんを図ることを主に制定された法律であり、過去の問題は全てこの港則法から出題されている。

9・1　港則法

9・1・1　第1章　総則～第7章雑則までの主要項目

目的：港内における船舶交通の安全及び整とんを図ることを目的とする。

定義

（1）　**汽艇等**：汽艇（総トン数20トン未満の汽船をいう）、はしけ及び端舟その他ろかいのみをもって運転し、又は主としてろかいをもって運転する船舶をいう。

（2）　**特定港**：きっ水の深い船舶や外国船舶が常時出入する港で、京浜・神戸等全国で73箇所を政令で指定している。

港長：海上保安官の中から**海上保安長が港長を任命し**、港内における事故防止のための適切な措置を講じられるようにする。

港長への届出と制限：「特定港内」での行為で港長の許可を必要とするものや制限には次のものがある。

（1）　**入出港の届出**：総トン数が20t未満の船舶や、端舟及びろかいをもって平水区域を航行できる船舶と予め許可を受けている工事用船舶と定期船を除く船舶は、入出港の際に**港長に届出**なければならない。

（2）　**停泊の制限**

①　船舶は、トン数などにより**港長が指定**した錨地（びょうち）に停泊しなければならない。

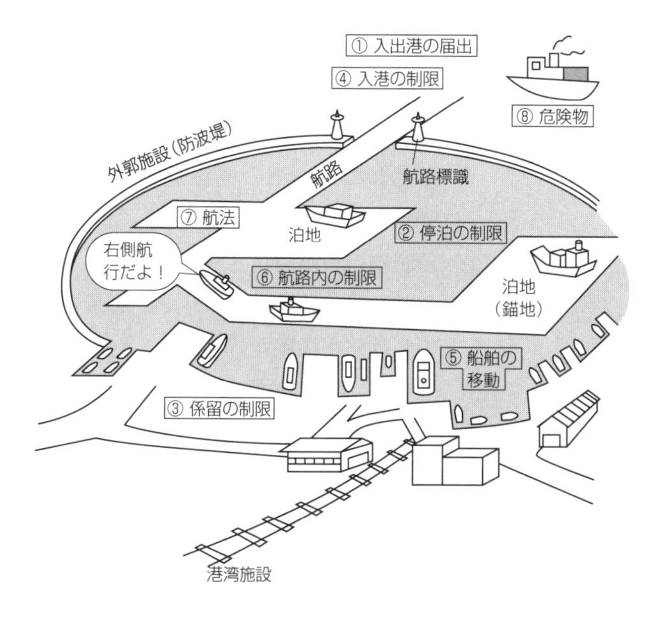

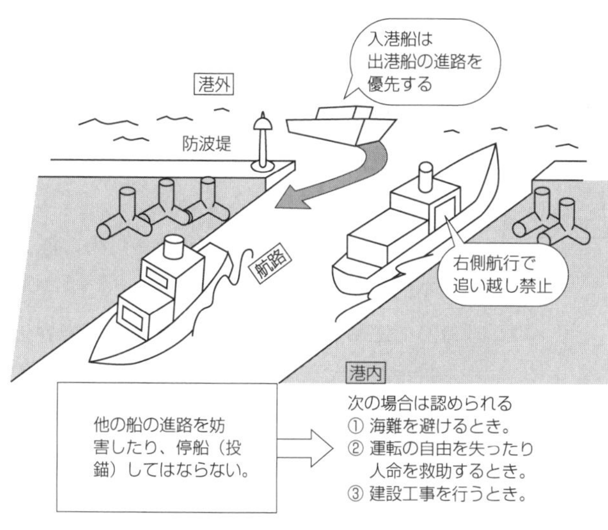

② 指定された区域外でも**港長が認めた場合**は、指示に従って停泊できる。

③ 岸壁などの港湾施設付近や、河川などの水路及び船たまり付近には停泊できない。

（3） **係留の制限**：汽艇等やいかだは、港内でみだりに係船浮標などに係留したり、他の船舶の交通の妨げとなるおそれのある場所に停泊もしくは停留してはならない。

（4） **入港の制限**：船泊は許可のある場合または海難を避けるなどやむを得ない理由がある場合を除いて、日没から日の出までは入港してはならない。

（5） **船泊の移動**：港長は必要があると認めたときは、港内に停泊する船舶に対して、移動を命ずることができる。

（6） **航路内の制限**

① 汽艇等以外の船舶は、航路を航行しなければならない。

② 船舶は航路内において投錨したり、えい航している船を放してはならない。

（7） **航法と航行**

① 入港船は、出港船の進路を優先する。

② 右側航行なので、防波堤や埠頭の横を航行するときは、右げん（右側の方へ）に近づくようにする。また、航路内の並行や追越は禁止する。

③ 汽艇等は、他の船舶の航路を避けなければならない。

④ 帆船は、港内では帆を下げるか、引船により航行する。

（8） **危険物**

① 爆発物などの危険物を積載した船舶は、港の境界外で港長の指揮を受けなければならない。

② 爆発物以外の危険物を積載した船舶については、港長の指定した場所で停泊または停留してよい。

（9） **えい（曳）航**

① 引船の船首から200 m を超えない船舶のえい航はできる。超えるときは、港長の許可を受けなければならない。

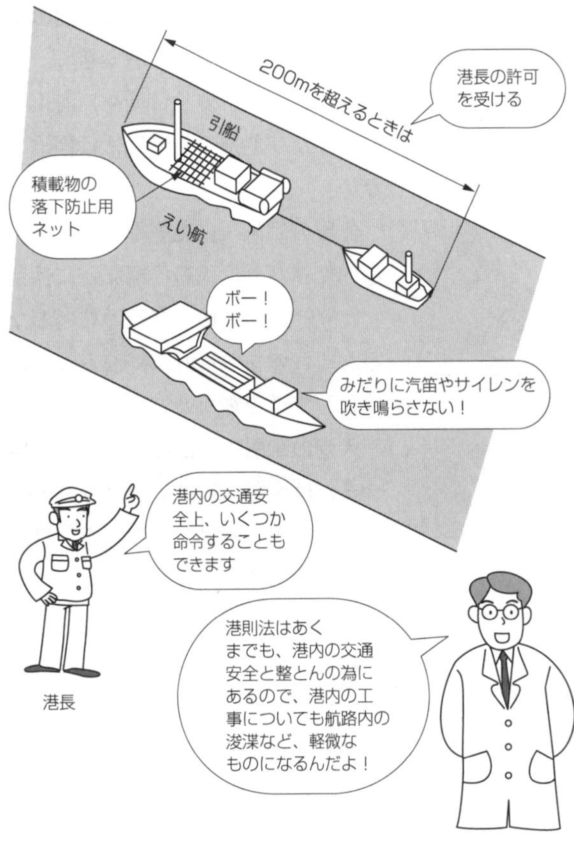

② 2縦列をこえないこと。

(10)　**水路の保全**

①　廃棄物の投棄の禁止

港内または、港の境界外10 km以内に廃棄物を投棄してはならない。

②　積載物の脱落防止

積載物の脱落防止用のネットを張るなどの脱落防止措置を行う。

③　港長は、投棄物や脱落物の除去を命じることができる。

(11)　**信号・灯火の制限**

①　船舶は、港内においてみだりに汽笛またはサイレンを吹き鳴らしてはならない。

②　私設信号を設ける場合は、港長の許可を受けなければならない。

③　港内または港の境界付近において、船舶の交通の妨げとなる強力な灯火をみだりに使用してはならない。

また、港長は必要に応じ、灯火の減光を命じることができる。

(12)　**工事の許可**：港内または港の境界付近において、工事または作業をしようとする者は、港長の許可を受けなければならない。

要点

『港則法のまとめ』

・港則法は、陸上の交通における道路交通法と同じ役割を持ち、港長は陸上交通上の警察署長と同一と考え、国道の工事については、国土交通大臣の管理下にあるように、種々の組織があるが、ここではあくまでも港長への届出と許可や、港長の権限について学べばよく、必ず選択問題として1問出題され、範囲も少ないので、正答数を増やす分野ともいえる。イラストと解説で概略理解し、この後の問題と解説は理屈なしで暗記してしまうのも、一つの受験対策である。

例題 9-1 港則法に規定する特定港内で軽微な工事をしようとする場合の届出に関する次のうち正しいものはどれか。

（1） 港湾管理者の許可を受ける。
（2） 水上警察署長の許可を受ける。
（3） 都道府県知事の許可を受ける。
（4） 港長の許可を受ける。

解説
この種の問題はよく出題されているが、港内の交通上支障があるような届出や許可は、全て港長にかかっていることをよく確認しておくこと。正解はもちろん（4）である。
答（4）

例題 9-2 港則法に関する次の記述のうち、誤っているものはどれか。

（1） 港長は特に必要があると認めるときは、特定港内に停泊する作業用船舶に移動を命ずることができる。
（2） 船舶は航路内において他の船舶と会うときは、右側を航行しなければならない。
（3） 特定港の境界付近で工事または作業しようとする者は、港湾管理者の許可を受けなければならない。
（4） 特定港内で夜間工事を行う場合、船舶交通の妨げとなるおそれのある強力な灯火をみだりに使用してはならない。

解説
特定港内または境界付近における船舶交通安全上の許可事項は、全て港長であることをしっかり理解しておくこと。（3）の記述の港湾管理者は、イラストでも説明したように、防波堤などの大規模な港湾施設の建設工事などの許可者であり、この記述が誤りである。
答（3）

例題 9-3 港則法に関する次の記述のうち、誤っているものはどれか。

（1） 特定港内で工事または作業を実施する場合は、港長の許可が必要である。
（2） 特定港内において私設信号を定める場合は、都道府県知事の許可が必要である。
（3） 航路内において他の船舶を追い越してはならない。
（4） 港則法は、港内における船舶交通の安全および整頓を図ることを目的として制定された。

解説
いうまでもなく（2）の記述内容の都道府県知事ではなく、港長の許可が必要であり誤りとなる。（3）の航路内の航行では、並航や追い越しは禁止されている。
答（2）

例題 9-4 港則法に関する次の記述のうち、誤っているものはどれか。

（1） 特定港内で汽艇等以外の船舶を修繕するときは、港長に届け出なければならない。
（2） 特定港内で工事を実施しようとするときは、港長に届け出なければならない。
（3） 港長は、港内に入港する船舶から入港料などを徴収することはできない。
（4） 特定港内で工事資材を沈没させ、港長の除去命令があるときは、その命令に従う必要がある。

解説
届け出と許可の違いに関する問題である。（1）の修繕は港長へ届け出るだけでよいが、（2）の記述の工事の実施については、港長の許可を受けなければならない。この点も理解しておこう。（3）、（4）の記述はいずれも正しいので内容を確認しておくようにする。
答（2）

例題 9-5 港則法に定めている特定港内で港長の許可行為に該当しないものはどれか。

（1） 工事または作業をするとき
（2） いかだを係留するとき
（3） 作業用の私設信号を定めるとき
（4） 作業船を船だまりの入口付近に停泊させるとき

解説
（1）、（2）、（3）はいずれも港長の許可が必要であることは、他の例題などで十分理解できていることと思う。（4）の記述内容では他の船舶の航行に支障がなければ、停泊許可は必要ないので、（4）が誤りとなる。
答（4）

例題 9-6 港則法に定められている次の記述のうち正しいものはどれか。

（1） 船舶は、航路内において他の船と行き会うときは、左側を航行しなければならない。
（2） 船舶は、航路内において海難を避けようとするときは投びょうしてもよい。
（3） 船舶は、航路内において航路幅が並列で航行するのに支障がないと認められる場合には、並列で航行してもよい。
（4） 特定港内においては、汽艇等をけい船しようとする者は、港長の許可を受けなければならない。

解説
（1）の航路内では右側航行となっている。（2）航路の投びょうは、海難を避けようとするときは、投びょうしてもいいので正しい。（3）航路内での並列航行は禁止されている。（4）は汽艇等以外の船舶のけい船は港長の許可は不要である。
答（2）

例題 9-7 港則法の定めに関する次の記述のうち誤っているものはどれか。

（1） 船舶は、航路内で並行して航行してはならない。
（2） 特定港内で工事又は作業をしようとする者は、港長の許可を受けなければならない。
（3） 船舶は、航路内で他の船舶と行き会うときは、右側を航行してはならない。
（4） 船舶は、特定港において危険物の荷卸をするには、港長の許可を受けなければならない。

解説
（2）の工事又は作業については、港長の許可が必要であり正しい。（3）はよく問題を読んで早合点しないように。（3）は当然右側を航行しなければならないので、誤りとなる。
答（3）

例題 9-8 港則法の定めに関する次の記述のうち誤っているものはどれか。

（1） 特定港内又は特定港の境界付近で工事をしようとする者は、港長の許可を受けなければならない。
（2） 船舶は、航路内においては、いかなる場合においても、投びょうし、又はえい航している船舶を放してはならない。
（3） 船舶は、特定港において危険物の荷卸しをするには、港長の許可を受けなければならない。
（4） 港内又は港の境界付近において、船舶の交通の妨げとなるおそれのある強力な燈火は、みだりに使用してはならない。

解説
港則法に関する問題は同じようなものが多い。この問題もひとつひとつよく読むと、（2）の「いかなる場合においても」が誤りと分るのである。
答（2）

第10章 環境保全関係法規と対策

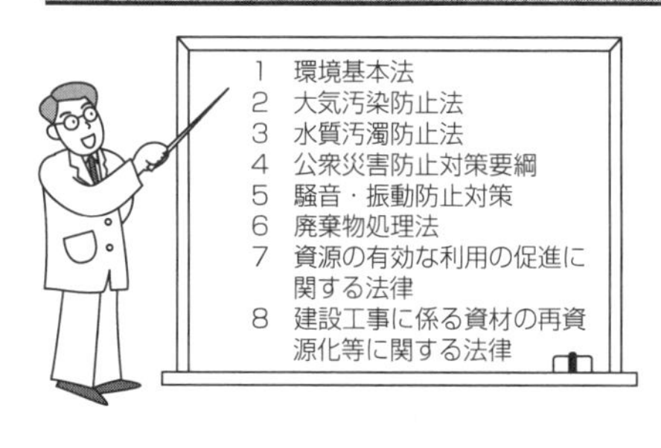

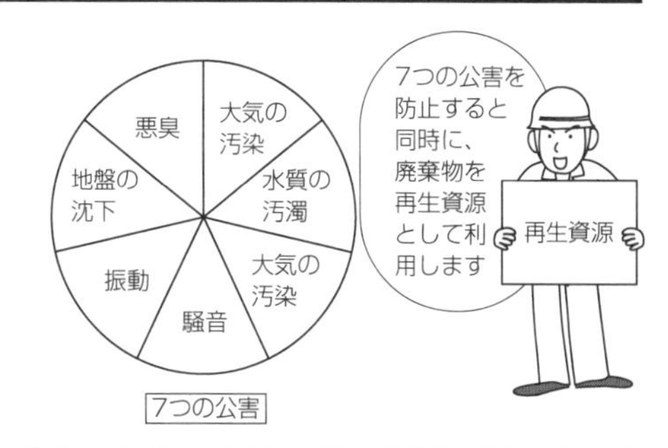

第10章で学ぶ環境保全関係規には、①環境基本法、②大気汚染防止法、③水質汚濁防止法、④公衆災害防止対策要綱、⑤廃棄物処理法、⑥資源の有効利用に関する法律などであるが、出題傾向にも示したように、建設工事に伴う騒音・振動防止対策に関する出題率が高いので、この章でこれらについても学ぶようにしてある。

10・1 環境基本法

この法律は、公害を防止するための**環境保全に関する基本的**な事項が定められている。

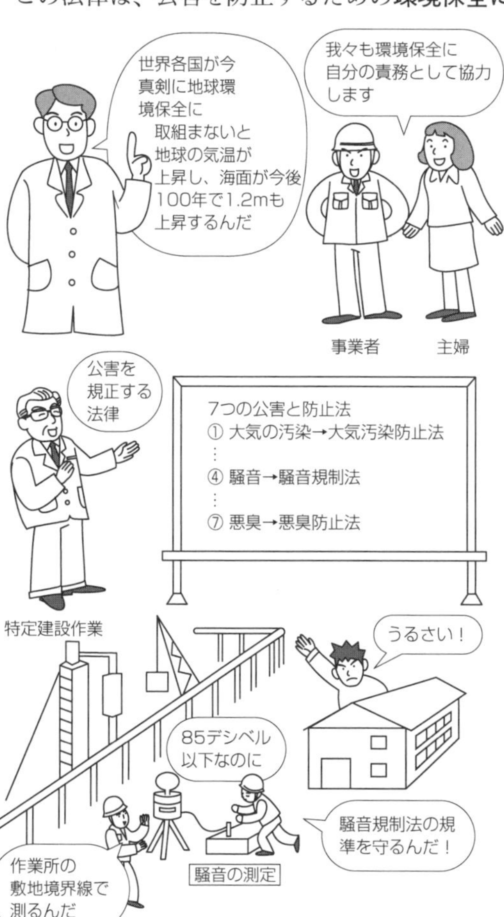

目的：環境の保全について基本理念を定め、国、地方公共団体、事業者、国民の責務を明らかにして、環境保全に関する総合的な施策を推進し、人類の福祉に貢献する。

環境の定義

(1) **環境への負荷**：人間の活動による環境保全上の支障の原因となるおそれのあるもの。

(2) **地球環境保全**：人間の活動による地球温暖化、オゾン層の破壊、海洋の汚染、野生生物の減少などを防ぎ、地球環境を良くすること。

(3) **公害**：事業活動や人間の活動によって生じる相当範囲にわたる①**大気の汚染**・②**水質の汚濁**・③**土壌の汚染**・④**騒音**・⑤**振動**・⑥**地盤沈下**・⑦**悪臭**の**7つの公害**によって、人の生活環境に被害が生じることをいう。

責務

(1) **国の責務**：**環境基準**などの国民の生活環境を保全するため施策を実行する。

(2) **地方公共団体の責務**：当該地域の保全に関する施策を実行する。

（3） **事業者の責務**：事業活動による環境の悪化を防止するため、国などの施策に協力をする。

（4） **国民の責務**：環境の負荷の減少に努め、国や地方公共団体の施策に協力する。

環境規準：政府は、①大気の汚染・②水質の汚濁・③土壌の汚染・④騒音について、生活環境を保全する上で維持されることが望ましい基準を定めるものとする。

10・2　大気汚染防止法

ばい煙発生施設

骨材

ボイラー

アスファルトプラント

ばい煙の排出基準

① 各施設ごとに許容限界より定める
② 一般排出量基準、特別排出量基準、知事が定める上乗せ基準

粉じん発生施設

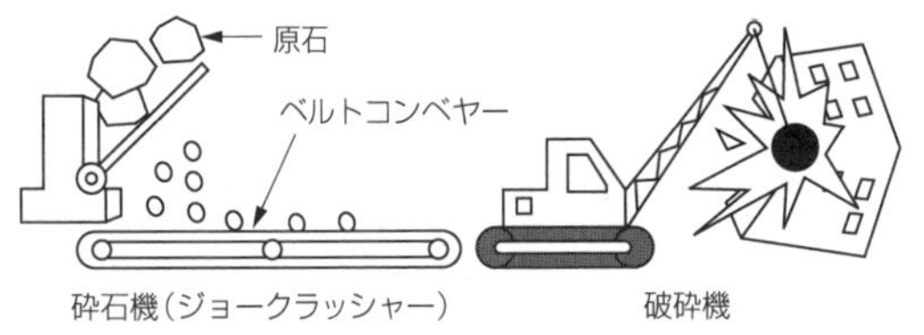

粉じんの排出基準は、大気中の濃度の許容限界から定める。

届出

目的：建築物の解体等及び事業所活動に伴う**ばい煙や粉じん**の排出等を規制し、大気の汚染に関する次の事項を図る。

① 国民の健康保護

② 生活環境の保全

③ 損害賠償による被害者の保護

定義

（1） **ばい煙**：燃料その他の物の燃焼に伴い発生するいおう酸化物、ばいじん、カドミウム等のことをいう。

（2） **粉じん**：物の選別、破砕その他の処理または堆積に伴って発生し、飛散する物質をいう。

（3） **汚染発生施設**：ばい煙や粉じんを発生する施設のことをいう。

（4） **ばい煙発生施設**

① ボイラー（1時間当り50 ℓ以上の燃料を燃焼するもので、アスファルトプラントも含まれる）

② 乾燥炉（火格子面積が1 m^2以上のもの）

③ 廃棄物焼却炉（火格子面積が2 m^2以上のもの）

④ コークス炉（使用量が1日当り20 t以上のもの）

（5） **粉じん発生施設**

① コークス炉（1日当り50 t以上のもの）

② 土石や鉱物の堆積場（1000 m^2以上のもの）

③ ベルトコンベヤー、バケット（密閉式は除く）

④ 破砕機または摩砕機（出力75 kW以上）

⑤ ふるい（石岩、セメント、鉱物用で湿式は除く）

設置届：設置者は、ばい煙または粉じん発生施設の設置届を、都道府県知事に提出しなければならない。また、設置届が受理された60日経過後に設置することができる。

10・3 水質汚濁防止法

10・3・1 第1章 総則

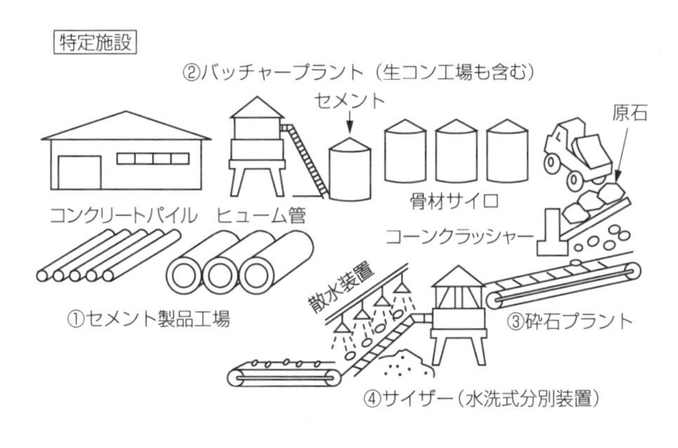

目的：工場（生コン工場など）や事業所から排出される水による公共用水域や地下水の水質汚濁を防止する。また、人の健康に係る損害賠償責任などについて定め、国民の健康と被害者の保護を目的とする。

特定施設：カドミウムや化学的酸素要求量による汚染その他人の健康に被害を生ずるおそれのある物質を含む廃液を排出する施設をいい、次のような施設が指定されている。

① セメント製品製造の用に供する施設
② 生コンクリートの製造業の用に供するバッチャー・プラント
③ 砕石業の用に供する施設
④ 砂利採取業の用に供する水洗式分別施設

10・3・2 第2章 排出水の排出の規制等

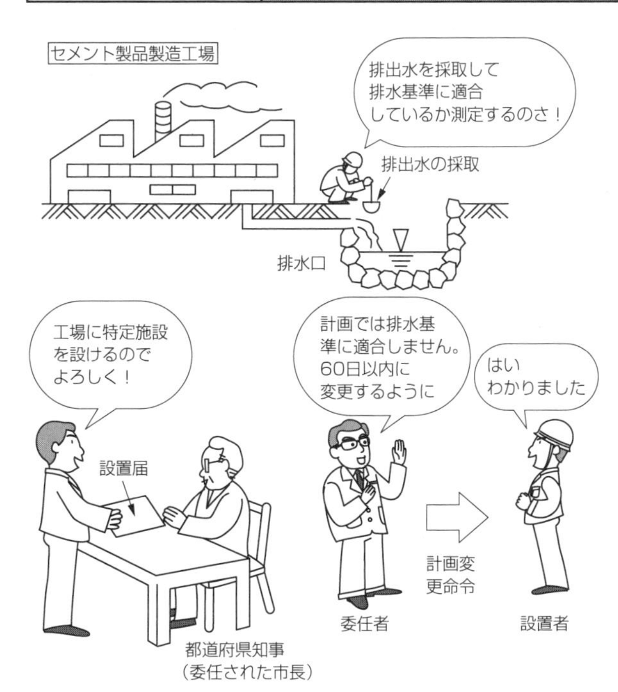

排水基準：排出水に含まれる有害物質の量は、その物質の許容限度とし、環境省で定める。

また、都道府県知事は、区域に排出される排出水の汚染状態に応じて、前記政令で定めた基準よりきびしい許容限度を定めることができる。これを上乗せ基準という。

排出水の制限：特定施設等から排出水を排出する場合、排水口において排水基準に適合しなければならない。測定記録は3か年保存する。

改善命令等：都道府県知事は、排出水が基準に適合しないときは、事業者に対して、期限を定めて、特定施設や汚水の処理方法の改善を命令したり、一時停止命令を出すことができる。

設置届：特定施設を設置または構造を変更しようとする者は、その60日前までに知事に届け出る。知事は届出の内容を審査し、排水基準に適合しないときは、60日以内に計画の変更または廃止を命ずる。

例題 10-1 環境基本法で定められている公害に関係のないものは次のうちどれか。

(1) 地盤の沈下　(2) 日照の阻害

(3) 土壌の汚染　(4) 悪　臭

解説

環境基本法での7つの公害には、(2)の日照の阻害は含まれていないので、誤りとなる。

答(2)

例題 10-2 環境基本法において、人の健康を保護し、生活環境を保全するうえで、維持されることが望ましい基準を「環境基準」という。環境基準の対象とする公害として、該当しないものはどれか。

(1) 大気の汚染　(2) 振　動

(3) 騒　音　(4) 水質の汚濁

解説

「環境基準」で示された公害は、①大気の汚染、②水質の汚濁、③土壌の汚染、④騒音の4つである。従って(2)の振動が該当しない。

答(2)

例題 10-3 大気汚染防止法に関する次の記述のうち、適当でないものは、どれか。

(1) ばい煙の排出基準には、一般排出基準、特別排出基準と、都道府県知事の定める上乗せ基準がある。

(2) 土石の堆積場で面積が1000 m^2 以上のものは、粉じん発生施設として規制の対象となる。

(3) アスファルトプラントは、ばい煙には該当しない。

(4) 粉じん発生施設を設置する場合は、設置届を都道府県知事に提出しなければならない。

解説

(1)の排出基準は、政令で定める一般的な範囲に適用できる一般排出基準と、発生施設が集合している地域に適用する特別排出基準があり、さらに、知事がある区域において自然的、社会的条件から、上記2つの基準よりきびしく規制する上乗せ基準がある。従って(1)は正しく、(3)のアスファルトプラントは、ばい煙発生施設なので誤りとなる。

答(3)

例題 10-4 水質汚濁防止法に関する次の記述のうち、適当でないものはどれか。

(1) 生コンクリート製造用の混合施設は、水質汚濁防止法でいう特定施設である。

(2) 排出基準は、排出水の汚染状態について政令で定めている。

(3) 水質汚濁防止法の規定は、放射性物質による汚濁には適用されない。

(4) 特定施設の構造等の変更の届出は、市町村長に対して行えばよい。

解説

(1)の生コン工場は4種の特定施設の中に入っているので正しい。(2)の排出基準については、例題4-1でも解説したとおりで、これも正しい。(3)の記述の放射性物質による汚濁は、除外されている。(4)の届出は知事名で届け出るので誤りとなる。

答(4)

10・4 建設工事公衆災害防止対策要綱（土木工事編）抜粋

この要綱は、罰則を伴う法律ではなく、国土交通省が公布する**規則**であり、主に市街地で土木工事を施工する場合に、遵守すべき最小限度の基準が定められている。公害防止関係法規の出題内容をみると、騒音や振動などの公衆災害防止対策がほとんどなので、ここに対策要綱のうちから主題に関係する項目を中心に抜粋し、説明していく。

10・4・1 第1章　総則

目的：土木工事による公衆災害防止のために必要な**計画・設計**及び**施工**の基準を示し、土木工事の安全な施工の確保に寄与する。

隣接工事との調整：起業者及び施工者は、他の建設工事と**隣接輻輳**（そう）して土木工事を施工する場合は、十分に**連絡調整**を行い、公衆災害を防止する。

付近居住者等への周知：起業者及び施工者は、あらかじめその工事の概要を付近の居住者等に**周知**させ、その**協力**を求めなければならない。

事故発生時の措置と調査：土木工事の施工により事故が発生し、公衆に危害を及ぼした場合には、直ちに**応急措置**及び**連絡**を行うとともに、原因を**調査**して再発防止の措置を行う。

10・4・2 第2章　作業場

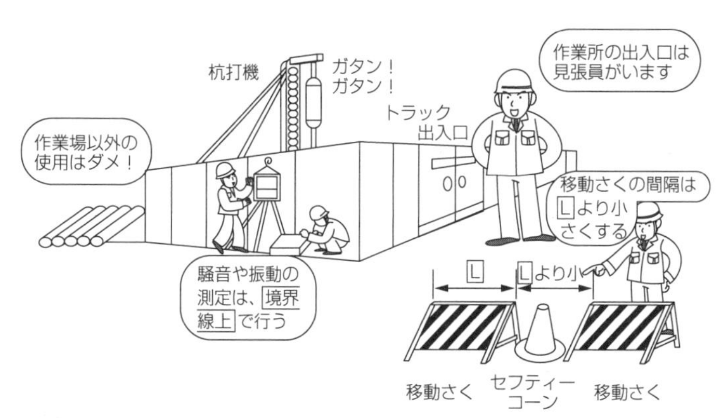

作業所の区分：工事のために使用する区域を**作業所**といい、周囲から明確に区分し、この区域以外の場所を使用してはならない。

移動さくの設置：移動さくを連続して設置する場合は、原則として移動さくの**長さ以上の間隔**をあけてはならない。

騒音及び振動の測定：都道府県知事は、法律によって定められた**指定地域**について、騒音及び振動の大きさを測定する。

規制基準、騒音：85 デシベル以下、**振動**：75 デシベル以下

10・4・3　第3章　交通対策

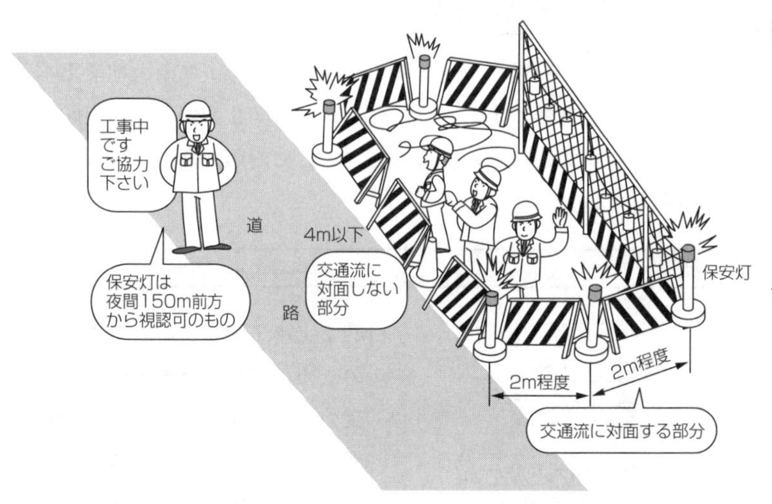

道路標識等：起業者及び施工者は、道路敷や道路敷に接して土木工事を施工する場合は、**道路標識等を設置**しなければならない。

保安灯：保安灯は高さ1m程度のもので、**夜間150m前方**から視認できる光度を有するもので、図のような間隔で設置しなければならない。

車道幅員：土木工事のため、一般道の交通を部分制限する場合は、1車線のときの車道幅員は3m以上、2車線のときは5.5m以上とする。

歩行者対策：歩行者通路を設置するときの幅員は0.90m以上（高齢者や車椅子使用者等の通行が想定されない場合は幅員0.75m以上）とし、特に歩行者が多い箇所においては幅員1.5m以上とする。

10・4・4　第5章　埋設物

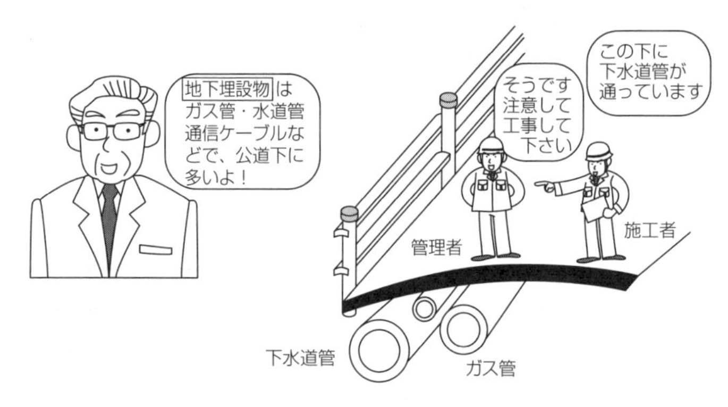

事前措置：起業者は、土木工事の設計に当たっては、工事現場地域にある埋設物について調査し、設計図書にその埋設物の保安に必要な措置を記載し、施工者に明示しなければならない。

立会：埋設物の管理者に対し、埋設物の種類や位置等の確認のため、立会を求める。

埋設物の確認：埋設物が予想される場所で土木工事を施工するときは、施工に先立ち、試掘等を行い、確認したならば管理者に報告をしなければならない。

10・4・5　第6章　土留工

土留め支保工と掘削：地盤の掘削においては①土質条件、②地下水の状況、③周辺地域への環境などの条件を総合的に勘案して、土留め支保工の種類を決定し、安全かつ確実に掘削工事が施工できるようにする。

この場合、掘削深さが1.5m以上の現場では原則として土留工を設ける。また、4m以上の場合は、周辺地域への影響が大きいことが予想され、**騒音及び振動対策**としても、重要な仮設物として、図のような確実な土留工を設けなければならない。

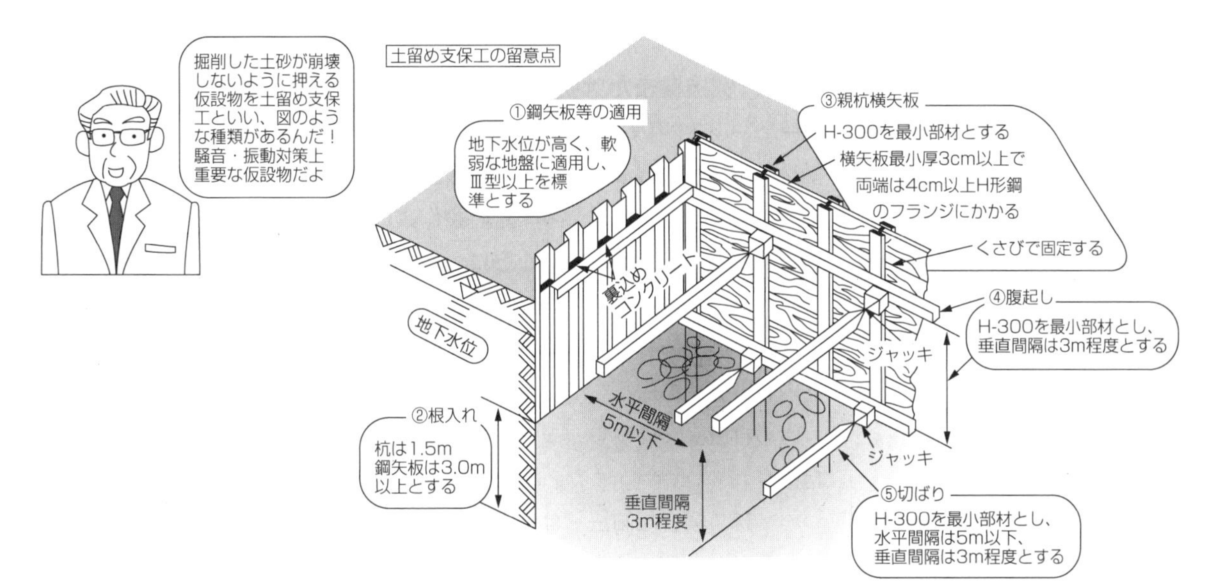

土留め支保工の構造：設計計算は、学会その他で技術的に認められた方法及び基準に従い、施工期間中における降雨等による条件の悪化を考慮して行わなければならない。また、土留工の構造は、その計算結果を十分満足するものとする。

土留め支保工の管理：施工者は、土留工を施してある間は、常時点検を行い土留用部材の変形、ゆるみなどの早期発見に努力し、事故防止に努めなければならない。

10・5 建設工事に伴う騒音・振動防止対策

建設工事に伴う騒音及び振動は、工事現場周辺の環境保全に大きく影響するので、当然のことながらその**防止対策の必要性**は、年々高まってきている。このような状況の中で、平成6年度から**毎年出題**されるようになっている。各年度の問題内容を分析してみると、範囲が広く、いろいろな法規などが関連しており、むしろ、現場の実務経験で身につけた常識的な判断で解答していくことが多いといえるので、あらゆる建設工事において、騒音、振動の防止対策を行うことは、土木技術者としての責務であることを自覚して、防止対策の内容を学んでほしい。出題範囲は第Ⅳ編の施工管理のところとなっている。

特定建設作業：騒音規制法では、杭打機やブルドーザーを使用する作業など**8種類**。振動規制法では、同じく杭打機などを使用する作業など**4種類**である（第Ⅲ編第8章参照）。

これらの特定建設作業のうち、過去の出題傾向から、次の種類の作業をとりあげ、騒音及び振動の防止対策を説明していく。

(1) **杭打機**（モンケンを除く）、**杭抜機または杭打杭抜機**（圧入式を除く）**を使用する作業**（杭打機をアースオーガーと併用する作業を除く）〈騒音・振動規制法〉

杭打機、杭抜機または杭打杭抜機を使用する作業は、騒音及び振動が大きく、両規制法による**特定建設作業**に指定されている。それぞれの規制基準の内容や取扱いなどについては、第8章で学んでいるが、ここでは建設工事に伴う騒音・振動防止対策が出題の中心となるので、各種の杭の打設工法や特徴を下図のイラストで理解し、例題により内容と範囲を広くしてほしい。

図の打設工法のうち、モンケン及び圧入式は、特定建設作業として指定されていない。また、杭打機をアースオーガーと併用する作業については、騒音規制法では指定から除かれているが、振動規制法では除かれていない。イラストや例題で説明してあるが、近年圧入工法と併用して打設する**油圧式超高周波杭打工法**が多く採用されるようになり、出題率も高いので、よく理解しておくようにする。

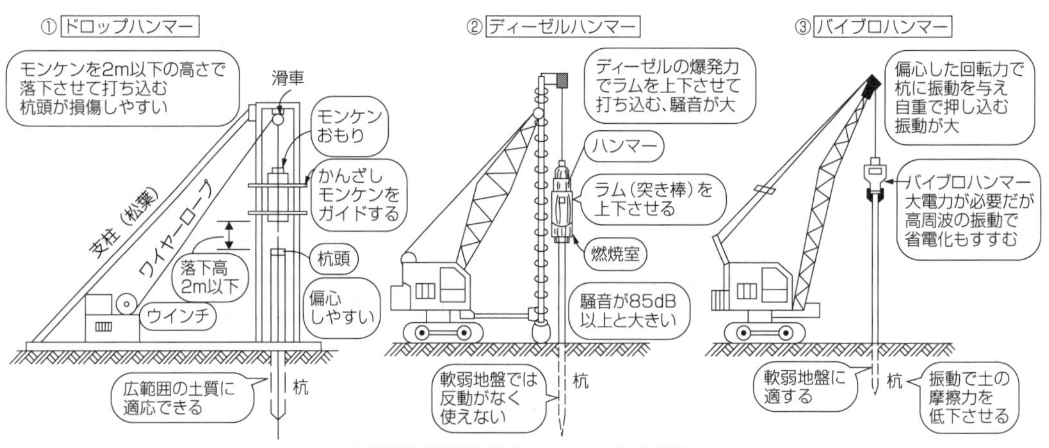

打撃・振動を利用する杭の打設工法

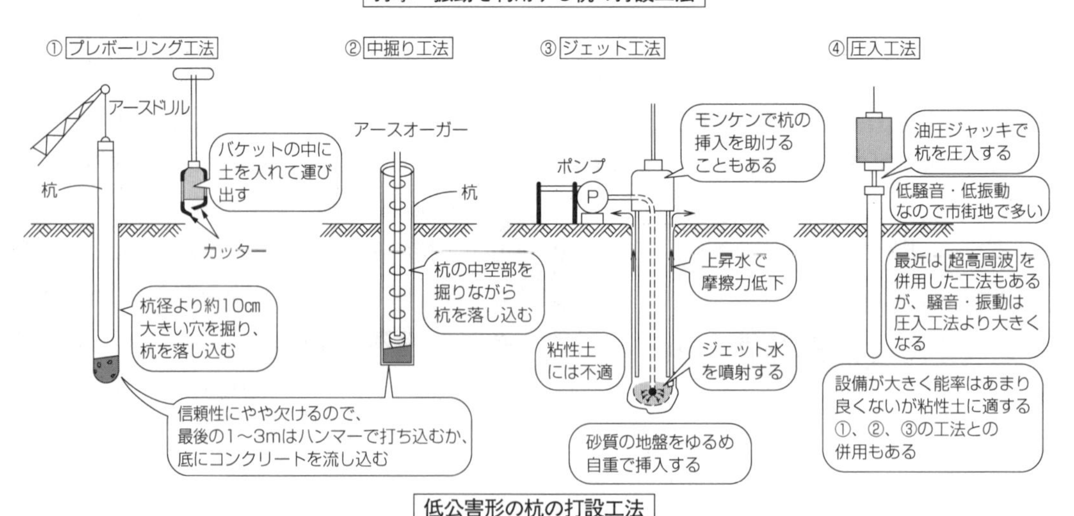

低公害形の杭の打設工法

図10-1

例題 10-5　杭の打込み工法で、低公害形ハンマーとして用いられるものは次のうちどれか。

（1）　ドロップハンマー

（2）　ディーゼルハンマー

（3）　油圧ハンマー

（4）　気動ハンマー

解説

杭打機は大別すると図 10-1 ののように、

①　打撃・振動を利用する方法

②　低公害形の打設法

となる。問題の(1)、(2)、(4)はいずれもハンマーを打撃して打設する工法で当然騒音・振動が大きく公害となる。そこで開発されたものが低公害形打設工法で、市街地での杭打作業が可能となっている。イラストより(3)の油圧ハンマー（圧入工法）が正しい。

答(3)

例題 10-6　建設工事に伴う騒音及び振動対策に関する次の記述のうち、適当なものはどれか。

（1）　油圧式超高周波杭打工法は、油圧式杭打工法より発生する騒音、振動は小さい。

（2）　鋼矢板及び H 鋼杭の土留工で、バイブロハンマーを使用する場合は、ジェット工法に比べて施工性は劣るが振動は小さい。

（3）　振動防止に関する総合対策は、施工時に十分検討する。

（4）　杭打機を使用する作業は、騒音規制法及び振動規制法の両方の規制を受ける特定建設作業である。

解説

(1)の油圧式超高周波杭打工法は、高い周波数の振動は地盤に伝播しにくく、また人体が感じないという特性を利用したもので、圧入工法（油圧ジャッキ工法）よりは施工性は良いが**動的な振動は大きくなり**誤りとなる。(要注意)（2)のバイブロ（振動）ハンマーは当然振動が大きく誤りである。(3)の記述の施工時に検討することは誤りで、設計時に十分検討し、施工時には再検討するようにすべきである。(4)の記述はその通りで正しい。答(4)

（2）　バックホー・トラクターショベル・ブルドーザーを使用する作業〈騒音規制法〉

表 10-1　建設機械の騒音の大きさ

主な建設機械の種類	ブルドーザー	パワーショベル	クラムシェル	ロードローラー	ディーゼルハンマー	ベット工法グラブバケット	ダンプトラック	各種プラント
騒音の大きさ デシベル dB（程度）	63	64	63	62	95	68	78	80

ブルドーザー

ブルドーザーの発生音の周囲への伝播を防ぐ対策

・**騒音対策**：防音壁や防音カバー防音ボックス、防音テントの設置。

・**振動対策**：防振ゴムや防振溝の設置。

エンジン音：エンジン音はエンジンの回転数の増加に伴って大きい。

摩擦音：トラクターの履帯と地盤面との摩擦によって生じる騒音でエンジン音より大きい。

例題 10-7 建設工事に伴う騒音・振動対策に関する次の記述のうち、適当でないものはどれか。

(1) 建設機械等から発生した騒音や振動が周囲に伝播するのを防止するために、防音カバー、防振ゴム等が使用される。

(2) 運搬車両は、一般に大型のものほど騒音や振動が大きい。

(3) ブルドーザーは、高速で後進を行うと、足廻り騒音と振動は小さくなる。

(4) 建設機械の長時間使用は、結合部の緩るみや潤滑剤の不足等が生じるので、注意を払う必要がある。

解説

(1)建設機械からの発生音の伝播を防ぐには、防音壁や防音カバー、振動に対しては防振ゴムや防振溝を用いるので正しい。

(2)運搬車両の騒音は、一般に大型のものほど大きくなりこの記述も正しい。

(3)ブルドーザーの作業は、前進と後進をくり返して行うが、高速で後進することはエンジンの回転速度も速くなり騒音は大きくなる従ってこの記述が正しくない。(4)の記述は正しい。答(3)

例題 10-8 建設工事に伴う騒音・振動対策に関する次の記述のうち適当でないものはどれか。

(1) 作業工程の作成にあたっては、周辺地域の状況と施工法を合わせて検討し、影響がなるべく小さくなるように作業時間帯を選ぶ。

(2) ブルドーザーで掘削押土とする場合、無理な運転をするとエンジン音が著しく大きくなる。

(3) ブルドーザーの発生音のうち、エンジン音より履帯と地面との摩擦によって生じる騒音の方が大きいといえる。

(4) バックホーの騒音や振動は騒音規制法及び振動規制法の両方の規制を受ける。

解説

(1)の作業時間帯の設定には、周辺地域の状況によって制限を受けるので正しい。

(2)の記述が当然であることはわかるであろう。ブルドーザーで一度に能力以上の量の無理な押土作業をすると、エンジン音が大きくなるので正しい。(3)エンジン音より摩擦音の大きいことが一般的であり、この記述も正しい。

(4)バックホー、トラクターショベル、ブルドーザーは騒音規制法のみの規制を受けるので誤りとなる。

答(4)

要点

『環境保全関係法規のまとめ』 ①

環境保全関係法規は、出題数や内容から、騒音及び振動の防止対策を重点的に学習する。その為には、第8章の騒音規制法と振動規制法と常に関係づけながら、テキストの10・4と10・5を中心に、例題を完璧に理解しておくようにする。

例題 10-9　公害は各公害ごとに防止法や規制法が具体的に定められている。「公害」と「法律」との関係として誤っているものは次のうちどれか。

（公害）　（法律）

（1）振　動――振動規制法

（2）地盤沈下――建築物用地下水の規制に関する法律

（3）騒　音――騒音規制法

（4）大気汚染――悪臭防止法

解説

（4）の大気汚染については、ばい煙、粉じん、自動車排出ガスの許容限度を「大気汚染防止法」に基づき定めている。また、悪臭については「悪臭防止法」で規制されている。従って（4）の関係が誤りで、（1）～（3）は正しい。

答（4）

例題 10-10　土留工に伴う騒音及び振動に関する次の記述のうち、適当なものはどれか。

（1）多滑車式引抜工法は、油圧ジャッキ工法に比べて簡易な設備となるが、発生する騒音や振動はかなり大きい。

（2）油圧ジャッキ工法は、騒音・振動対策には有効であるが、硬質地盤への施工は、バイブロハンマーを利用するものと比べ施工能力は劣る。

（3）アースオーガー併用圧入工法は、施工した杭の自立性や信頼性は油圧式超高周波杭打工法に比べ優れている。

（4）油圧式超高周波杭打工法は、発生する騒音・振動が、油圧ジャッキ工法より小さい。

解説

多滑車式引抜工法は、油圧ジャッキ工法に比べて設備は多くの滑車を組合わせるので大がかりとなる。従って（1）の記述は誤りとなる。（2）の油圧ジャッキ工法は、杭頭部に設置した油圧ジャッキで杭を圧入するので、騒音・振動には有効であるが、一般に硬質地盤には適さず、バイブロハンマーよりも施工能力は劣るので、正しい。（3）はアースオーガーで杭方向に先に掘削するので、自立性や信頼性に欠ける。従って先端に捨てコンクリートを施工することもあり、誤りとなる。（4）の記述については、例題 10-6 と同様で誤りとなる。

答（2）

例題 10-11　建設工事に伴う騒音及び振動対策に関する次の記述のうち、適当でないものはどれか。

（1）長時間設置するプラントなどの騒音対策としては、遮音パネル、遮音シートは効果がない。

（2）高力ボルトの締付けに使用するインパクトレンチは、油圧式レンチに比べて作業能力は優れているが騒音は大きい。

（3）油圧ジャッキ工法の振動は、油圧式超高周波杭打工法の振動よりも小さい。

（4）騒音規制法での特定建設作業では、著しい騒音を発生する８種類の作業を政令で定めている。

解説

（1）の長時間設置するプラントの騒音対策としては、遮音パネルや遮音シートは、効果があるので欠かせない。従って、この記述が誤りとなる。（2）のインパクトレンチの記述はその通りで、よく出題されている。（3）の油圧式超高周波杭打工法については既に説明してあり、正しい。（4）の記述は正しいが、ここで特定建設作業の定義を再確認しておこう。

答（1）

10・6 廃棄物の処理及び清掃に関する法律（廃棄物処理法）

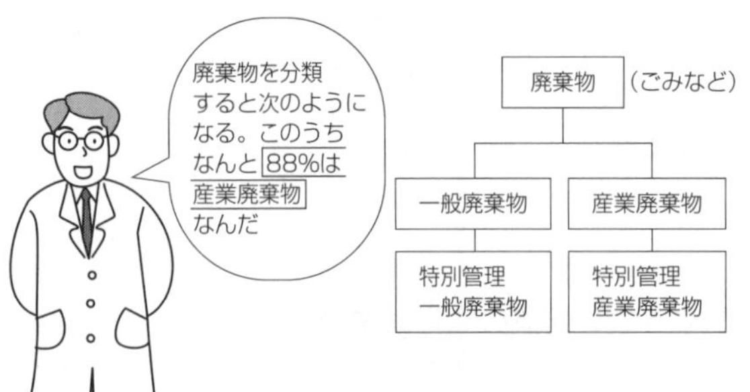

目的：廃棄物の排出の抑制と適正な処理をし、生活環境の保全及び公衆衛生の向上を図る。

定義

（1）**廃棄物**：ごみ、粗大ごみ、燃え殻、汚泥、ふん尿、廃油、廃酸、廃アルカリ、動物の死体その他の汚物または不要物であって、固形状または液状のものをいう。

（2）**産業廃棄物**：事業（生産）活動によって生じたもので、図の建設廃棄物の中で工事によって発生したコンクリート塊などは産業廃棄物となる。

（3）**一般廃棄物**：人間の日常生活の中で排出されるもので、産業廃棄物以外の廃棄物。

（4）**特別管理廃棄物**：爆発性毒性、感染性その他人の健康などに被害を生ずるおそれのあるもので特別管理を要する廃棄物。

国民の責務：廃棄物を分別に排出すると同時に、排出を抑制し、再生利用を図る。

事業者の責務：事業活動に伴って生じた廃棄物は、自らの責任によって適正に処理する。また、再生利用等を図り、廃棄物の減量に努める。

産業廃棄物の処理：事業者自らが産業廃棄物を処理するときは、処理業としての許可は不要であるが、政令で定める産業廃棄物の収集、運搬及び処分に関する基準に従わなければならない。また、産業廃棄物の処理業を営む者は、当該区域の都道府県知事の許可を受けなければならない。

10・7 資源の有効な利用の促進に関する法律

目的：資源の少ない我が国において、再生資源の有効な利用の確保と廃棄物の抑制及び環境の保全に資することを目的とする。

定義

（1）**再生資源**：一度使用されもしくは廃棄された物品のうち、原材料として再利用できるもの又は可能性のあるものをいう。

（2）**建設副産物**：建設工事に伴い、副次的に得られた物品のことで、図のように建設発生土等と建設廃棄物に分類される。

（3）**指定建設副産物**：建設副産物のうち、**再生資源として利用することを促進するものとして、土砂・コンクリート塊・アスファルトコンクリートの塊・木材**を政令で定めている。

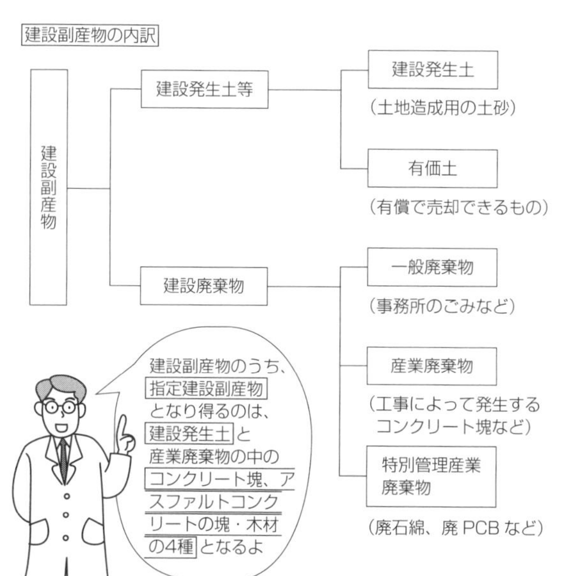

（4） **特定再利用業種**：再生資源を利用することが技術的及び経済的に可能な業種で、紙製造業・ガラス容器製造業と建設業の**3業種**が政令で定められている。

（5） **再生資源利用計画の作成**：建設工事に伴い、次の建設資材を搬入する場合は、あらかじめ再生資源利用計画を作成する。

① 体積が1000 m^3 以上である土砂

② 重量が500 t以上ある砕石

③ 重量が200 t以上である加熱アスファルト混合物

10・8 建設工事に係る資材の再資源化等に関する法律（建設リサイクル法）

目的：特定の建設資材についての再生資源の十分な利用及び廃棄物の減量等を通し、生活環境の保全及び国民経済の発展に寄与する。

特定建設資材：建設工事に使用する資材を建設資材といい、これらの資材が建設工事（解体工事など）により廃棄物となった場合に、これを再資源化することにより、目的達成のために有効と認められるもので、図の4種が政令で定められ、土砂は含まれていないことに留意する。

①コンクリート

②コンクリート及び鉄から成る建設資材

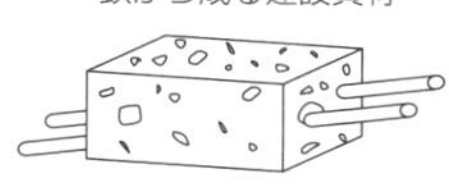

③木材

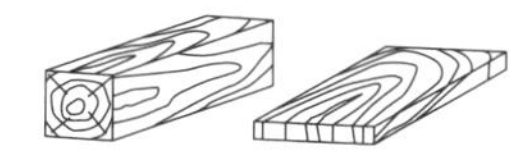

④アスファルトコンクリート

要点

『環境保全関係法規のまとめ』②

- **資源の有効利用促進に関する出題率も高いので、十分に理解しておく。特に産業廃棄物・建設副産物・指定建設副産物の定義と区別を明確にしておくようにする。**
- **建設工事に係る資材の再資源化等に関する法律では、特定建設資材の意味と4種名を覚えておくこと。**

例題 10-12 建設工事に伴って発生する廃棄物のうち、産業廃棄物に該当しないものはどれか。

(1) アースドリル工法により発生するベントナイトを含んだ泥土
(2) 機器を搬入する際に包装材として利用された木材の残材
(3) 木造家屋の解体に伴い発生する古木材
(4) 場所打ち杭の頭処理により発生するコンクリート塊

解説
廃棄物には、一般廃棄物と事業（生産）活動に伴って発生する産業廃棄物がある。(2)の包装材に使われた木材は生産活動ではないので該当しない。(1)、(3)、(4)は、それぞれが事業（生産）活動に伴って発生した廃棄物であり正しい。
答(2)

例題 10-13 資源の有効な利用の促進に関する次の記述のうち誤っているものはどれか。

(1) 工事現場外に搬出される建設残土、コンクリート塊、廃木材は建設副産物である。
(2) 汚泥は建設副産物ではなく、再生資源として定められていない。
(3) 再生資源に該当するものであって、建設廃棄物に該当しないものとして建設発生土があげられる。
(4) 再生資源は、副産物のうち有用なものであって、原材料として利用することができるものまたはその可能性があるものである。

解説
(1)の記述は、指定建設副産物としては廃木材があるので誤りであるが、副産物としては正しい。問題文をよく吟味して早合点しないように注意する問題である。(2)の汚泥は、建設工事に伴い発生したもので当然副産物であるが再生資源としては使えない。従って(2)が誤りとなる。(3)と(4)の記述は正しいので、内容を確認しておこう。
答(2)

例題 10-14 廃棄物処理法に関する次の記述のうち、誤っているものはどれか。

(1) 廃棄物を分類すると、人間の日常生活の中で排出される一般廃棄物と生産活動に伴って発生する建設発生土となる。
(2) 事業者が自ら産業廃棄物を運搬・処分する場合は、産業廃棄物処理業としての知事の許可は必要ない。
(3) 建設廃棄物の中で最も多く再生資源として再利用されているのは、アスファルトコンクリート塊である。
(4) 特別管理廃棄物とは、爆発性、毒性、感染性のおそれのあるものである。

解説
(1)の記述では、一般廃棄物の定義は正しいが、生産（事業）活動に伴い発生するのは産業廃棄物であり、誤りとなる。(2)、(3)、(4)の記述はいずれも正しい。なお建設発生土は埋立てなど再生資源として再利用されるので、指定建設副産物である。
答(1)

例題 10-15 建設工事に係る資材の再資源化等に関する法律（建設リサイクル法）において、特定建設資材に該当しないものはどれか。

(1) コンクリート　　(2) 木材
(3) 汚泥　　(4) アスファルトコンクリート

解説
H12年6月に法律が改正され指定副産物となり、問題の(3)の汚泥が土砂となっている。従って該当しないものは(3)となる。
答(3)

第Ⅳ編　施工管理法

（1）　過去の出題傾向

（出題比率：◎かなり高い　○高い）

<table>
<tr><th rowspan="2">科目</th><th rowspan="2">主な出題項目</th><th rowspan="2">出題比率</th><th colspan="2">基礎的な知識</th><th colspan="2">基礎的な能力</th></tr>
<tr><th colspan="2">必須問題</th><th colspan="2">必須問題</th></tr>
<tr><td rowspan="7">第１章
測量</td><td>1-1 距離測定</td><td></td><td rowspan="7">1</td><td rowspan="38">11</td><td rowspan="13"></td><td rowspan="13"></td></tr>
<tr><td>1-2 角度の測定</td><td></td></tr>
<tr><td>1-3 三角測量の基本</td><td></td></tr>
<tr><td>1-4 トラバース測量の基本</td><td></td></tr>
<tr><td>1-5 水準測量の基本</td><td>◎</td></tr>
<tr><td>1-6 平板測量の基本</td><td></td></tr>
<tr><td>1-7 測量技術の現在と将来</td><td></td></tr>
<tr><td rowspan="2">第２章
設計図書</td><td>2-1 公共工事標準請負契約約款</td><td>◎</td><td rowspan="2">2</td></tr>
<tr><td>2-2 設計図の記号</td><td></td></tr>
<tr><td rowspan="4">第３章
機械・電気</td><td>3-1 機械</td><td></td><td rowspan="4">1</td></tr>
<tr><td>3-2 原動機</td><td></td></tr>
<tr><td>3-3 ポンプ・送風機・空気圧縮機</td><td></td></tr>
<tr><td>3-4 電気</td><td></td></tr>
<tr><td rowspan="5">第４章
施工計画</td><td>4-1 施工管理</td><td>○</td><td rowspan="5">1</td><td rowspan="5">2</td><td rowspan="23">8</td></tr>
<tr><td>4-2 施工計画</td><td></td></tr>
<tr><td>4-3 工程計画</td><td></td></tr>
<tr><td>4-4 仮設備計画</td><td></td></tr>
<tr><td>4-5 土工の計画</td><td></td></tr>
<tr><td rowspan="3">第５章
工程管理</td><td>5-1 工程管理の構成</td><td></td><td rowspan="3"></td><td rowspan="3">2</td></tr>
<tr><td>5-2 工程図表</td><td>◎</td></tr>
<tr><td>5-3 フォローアップ</td><td></td></tr>
<tr><td rowspan="8">第６章
安全管理</td><td>6-1 労働災害</td><td></td><td rowspan="8">2</td><td rowspan="8">2</td></tr>
<tr><td>6-2 労働安全衛生法</td><td>◎</td></tr>
<tr><td>6-3 掘削作業の安全対策</td><td></td></tr>
<tr><td>6-4 型枠及び型枠支保工の安全対策</td><td></td></tr>
<tr><td>6-5 足場の安全対策</td><td></td></tr>
<tr><td>6-6 建設機械に対する安全対策</td><td></td></tr>
<tr><td>6-7 物的要因の防止策</td><td></td></tr>
<tr><td>6-8 人的要因の防止策</td><td></td></tr>
<tr><td rowspan="7">第７章
品質管理</td><td>7-1 品質管理の基本</td><td></td><td rowspan="7">2</td><td rowspan="7">2</td></tr>
<tr><td>7-2 代表的な品質管理の方法</td><td></td></tr>
<tr><td>7-3 ヒストグラムと工程能力図による方法</td><td>◎</td></tr>
<tr><td>7-4 管理図による方法</td><td></td></tr>
<tr><td>7-5 その他の品質管理の方法</td><td></td></tr>
<tr><td>7-6 抜取検査</td><td></td></tr>
<tr><td>7-7 ISO</td><td></td></tr>
<tr><td rowspan="2">法規※</td><td>環境保全</td><td>◎</td><td>1</td><td rowspan="2" colspan="2"></td></tr>
<tr><td>建築副産物</td><td>◎</td><td>1</td></tr>
</table>

※第Ⅲ編　法規　から出題。

（2） 学習の要点

第Ⅳ編は、出題数19題が必須であるので、第Ⅰ編と同様、内容を完璧に理解し正答が得られるように努力をすることで合格ライン（24問）に到達することとなる。第Ⅰ編でも述べたとおり、第二次検定（第Ⅴ編）では、ほとんどが第Ⅰ編と第Ⅳ編から出題されており、本編のイラストも含めた施工管理法の理解がその対策となる。第Ⅳ編の内容もまた、第一次検定と第二次検定の両方の対策のために、十分に時間をかけてしっかりと学ぶことが大切となる。各章の要点は次のようになる。

第1章　測量

出題比率が高いのは、**1-5 水準測量の基本**である。

① 第1章は、測量士補の受験内容でもあり、出題数が1題なので比較的正解は容易となる。特にレベルとトランシットの器械的誤差の種類や消去の組合せや、基本的な測量計算が主なので、必ず正解となることが大切となる。

第2章　設計図書

出題比率がかなり高いのは、**2-1 公共工事標準請負契約約款**である。

① 公共工事標準請負契約約款については、工事内容及び工期や請負代金の変更、災害時の対応など、約款の基本事項に係る文章問題が多いので、目を通しておく必要がある。ここからは2題出題なので、必ず出ると考えて学ぶようにする。

第3章　機械・電気

気楽にエンジンのしくみや建設機械の規格などが自然と身につくような学び方がよい。

第4章　施工計画

出題比率が高いのは、**4-1 施工管理**である。

① 施工管理の一般的手順（計画→実施→検討→処理）や原価、工程、品質の相互関係などの基本的内容については、説明できるようにする。

第5章　工程管理

出題比率がかなり高いのは、**5-2 工程図表**である。

① 工程図表の管理、ネットワークによる管理全般の具体的な管理手法については、十分に活用できることが大切となる。

② ネットワーク全般の用語や基本的ルールなどの全般的知識について理解しておくと同時に、クリティカルパスの特徴と日数計算について、十分に理解することが重要となる。

第6章　安全管理

出題比率がかなり高いのは**6-2 労働安全衛生法**である。第Ⅲ編第2章の内容とあわせて、十分に時間をかけて学ぶことが大切となる。

① この章は範囲も覚えることも多く、出題数も4題（必須）と多い。従って、ある程度時間をかけて、各項目とも学んでいくことが必要となる。安全管理体制に係る事項、特に作業主任者の選任や資格関係は重要事項であり出題傾向を参考に学習に取り組むことが大切となる。

② 掘削作業、型枠支保工、建設機械の安全対策などは、重要事項となる。人的要因の防止対策については、各種の安全対策を順次根気よく覚えることが大切となる。

第7章　品質管理

出題比率がかなり高いのは、**7-3 ヒストグラムと工程能力図による方法**である。

① ヒストグラムや $\bar{x}$-R 管理図についても作成する原理・原則や管理図のしくみを理解するように学習することが重要であり、その特徴及び管理図の見方も大切となる。

第1章 測量

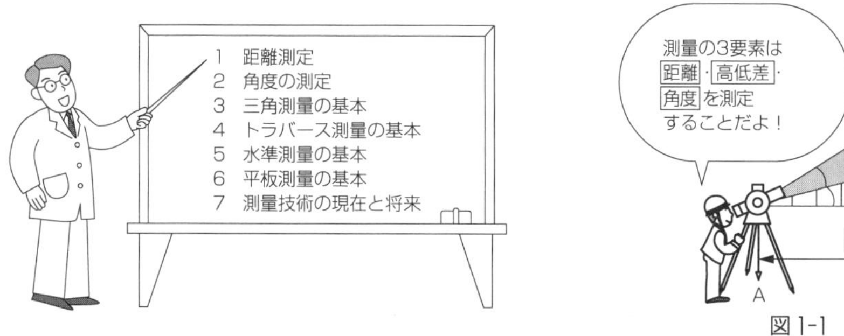

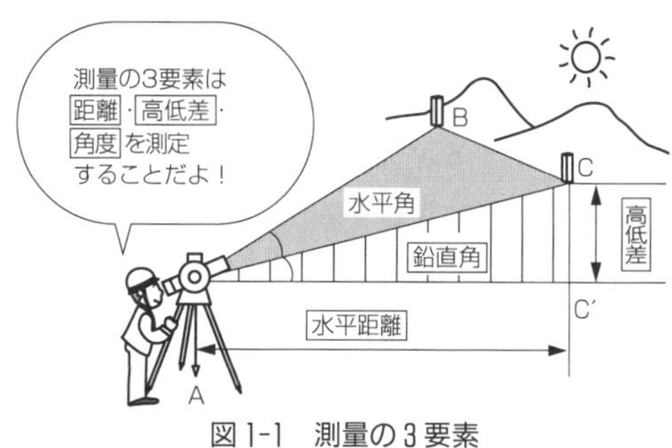

図 1-1 測量の 3 要素

道路・鉄道・トンネル・ダムなどの土木構造物をつくるには、地球上の位置や高さを求める必要がある。その為に各種の器械を用いて、図 1-1 の**測量の 3 要素**を測定し、設計や施工の資料とするのである。ここでは、測量の基本的なことや新しい測量技術などについて学ぶ。

1・1 距離測量

距離測量は、図 1-2 のように 2 点 A～B の**水平距離**を測るもので、鋼巻尺、ガラス繊維巻尺が使用されていたが、現在は**光波測距儀**が多い。

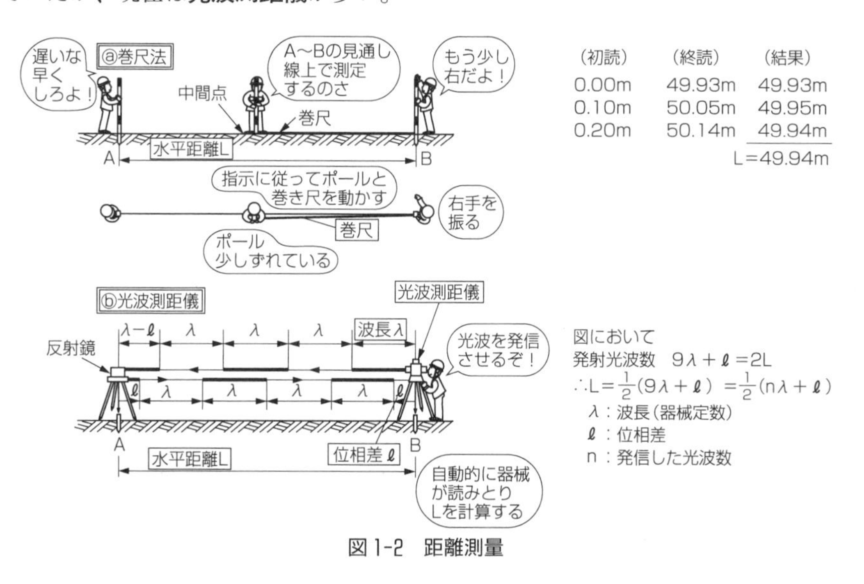

図 1-2 距離測量

1・1・1 距離測量の方法

(1) 巻尺法

図 1-2 ⓐのように、A、B 点にポールを立てて、AB 間の見通し線上に中間点を設け、巻尺で距離を測定していけば、直線距離を求めることができる。鋼巻尺を用いて、温度、張力、たるみなどの**補正計算**を行えば、高精度の結果が得られる。

(2) 光波測距儀法

図 1-2 ⓑのように、測距儀及び反射鏡を A、B 点に据え付けて光波を発信させる。光波は図ⓑ

のように、波長λは一定だが性質の異なる波を交互に発信し、反射鏡でUターンし元の測距儀に戻ってくる。その時の最初の光波とのずれを**位相差**といい、この値ℓと発信した光波の数nと波長λより、距離Lを求めることができる。この一連の操作は、器械に内蔵されたコンピュータが自動的に操作し、結果の距離が表示される。光波は、温度・気圧・湿度によって屈折率が変化するので、補正する必要がある。また、地表が傾斜している場合は、鉛直角を測定して傾斜補正を行い、水平距離に換算する。

光波測距儀の誤差は、一般に$\triangle D=\pm(a+bD)$で求められ、このうち、aは器械定数で、距離には関係しない。bは測定時の**温度・気圧・湿度**や光波の**周波数**などによる影響で、距離に比例する。距離が短いと、aの誤差が、距離に及ぼす影響が問題となる。

1・1・2　距離測量の誤差

図1-3のように、AB間を5区間にして距離を測定した。各区間に生じると考えられる誤差を3 mmとすると、AB全区間の誤差は、一般に最小2乗法により、次のように求める。

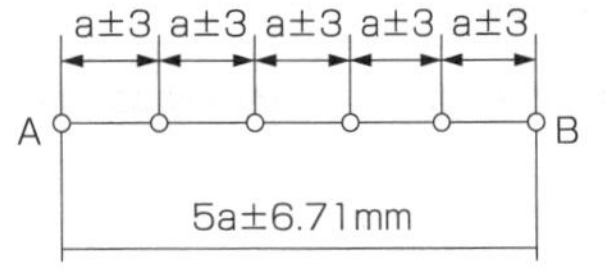

図1-3　全区間の誤差

1回の測定で生じる誤差をδ、区間数をnとすると、

$\triangle D=\pm\delta\cdot\sqrt{n}$ となる。この式のnは、同じ区間を数回測定した場合の回数でもよい。従って全区間の誤差は

$\triangle D=\pm3\,\mathrm{mm}\sqrt{5}=\pm6.71\,\mathrm{mm}$ となる。

1・2　角度の測定

図1-4に示すトランシットを用いて、水平角や鉛直角などを測定することを、**角度の測定**という。トランシットは十分に調整して使用しないと、図に示すような原因による誤差を生じる。このうち、①、②、③を**3軸誤差**といい、特に**①の鉛直軸誤差は、観測方法の工夫では消去できない**ので、修理調整するしかない。他の器械的誤差については、正反観測などで消去が可能であるが、3軸誤差を中心に、観測前に正しく角度の測定ができるように、トランシットの調整を行うことが大切である。なお、トランシットの精度の高い器械をセオドライトという。

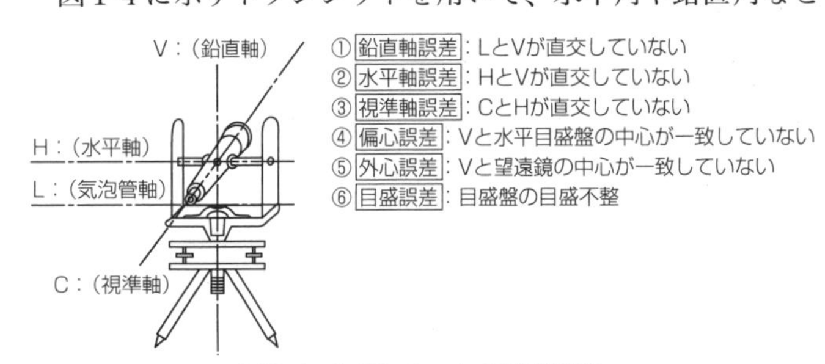

図1-4　トランシットの器械誤差

1・2・1　水平角の測定

トランシットによる水平角の測定方法は、図1-5のように2種類の方法がある。

方向法は図ⓐのように、ある方向を基準にして望遠鏡を正反でrやℓを読み取り、これを1対回の観測として角度を測定する。測定値は、正反観測値の平均によって求める。

倍角法は図ⓑのように、正反でrやℓを2回以上観測して平均値を求め正反の平均値から測定値を求める。この方法は、トランシットの器械的誤差の大部分が消去される。

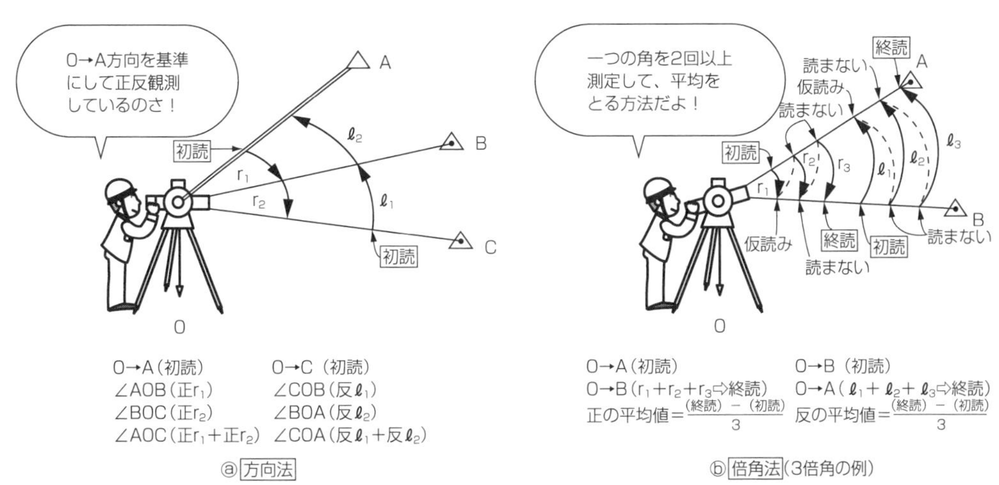

図1-5　水平角の測定

1・2・2　鉛直角の測定

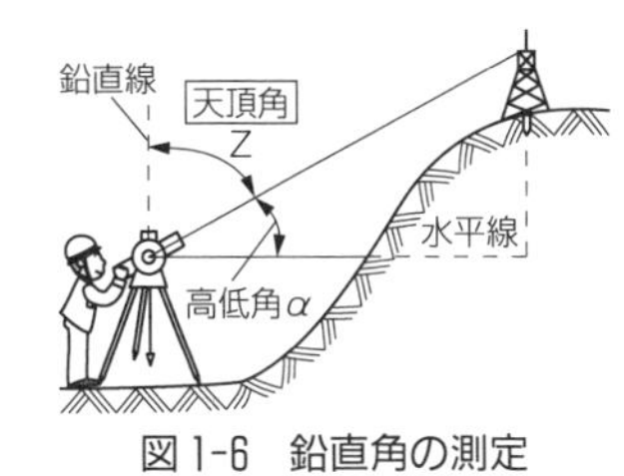

図1-6　鉛直角の測定

鉛直角には、図1-6のように天頂角Zと高低角αがあり、一般に、鉛直角は高低角αで示されている。いま、天頂角Zを測定する器械を用いた場合の高低角は次のようになる。

$\alpha=90°-Z$

$\alpha>0$ ⇨ 仰（ぎょう）角（＋）

$\alpha<0$ ⇨ 俯（ふ）角（－）

1・2・3　角度の測定誤差

△ABCの内角を測定した結果180°00′04″となり、理論値の180°に対し4″の誤差が生じた場合の調整は、まず各角に1″ずつ等配分し、余分は1″ずつ順に配分するか、角や辺の条件によって調整配分する。

1・3　三角測量の基本

三角測量は、図1-7のように広範囲の地域に**三角網**を形成し、一様な精度の位置と高さを求めていく測量である。いま、図bにおいて新三角点Dを設置する場合、**基線**dの距離を正確に測定すると同時に、**内角** α_A、α_B、α_d を測角し、**正弦定理**より計算でa及びbを求めれば設置できる。また、各辺の**距離**a、b、dを測定して、**余弦定理**より内角を求め、新三角点を設置することもできる。このようにして、順次測量地域全体に三角網を形成し、三角点を基に細部測量を行うのである。新三角点を設置する場合の条件をあげると、次のようになる。

① なるべく正三角形となることが好ましいが、1つの内角が最低でも15°以上の三角形で構成されていること。

② 見つけやすく、保存のよい場所で、空中写真で判別できること。

③ 樹木の伐採などが少なく、経費の少ないこと。

④ 少なくても3〜5点の既三角点から決められること。

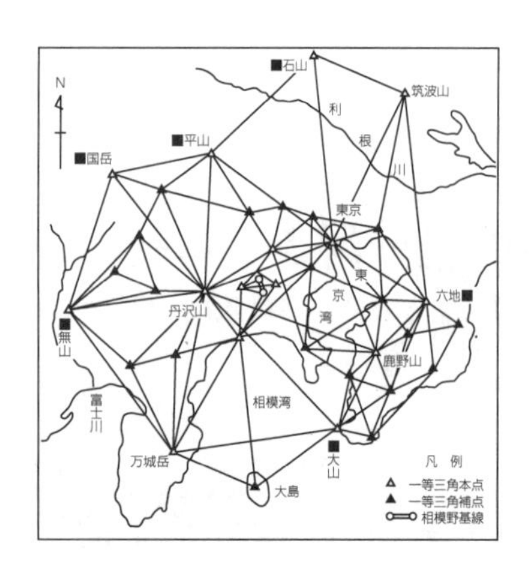

図ⓐ東京近郊の三角網

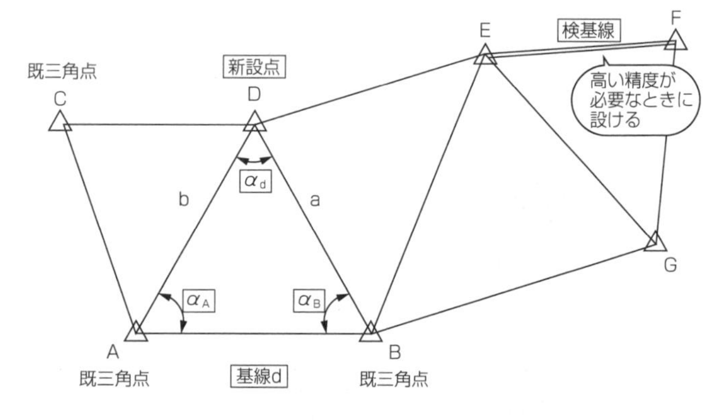

図ⓑ新三角点の設置

図 1-7　三角測量の基本

1・4 トラバース測量の基本

限られた地域内の位置や高さを求める場合、先ず各測点を結んだ図 1-8 のような骨組を組む。この骨組みを基に測量することを、**トラバース測量**といい、**多角測量**ともいう。

骨組みの型から、図に示すようにトラバースには、ABCDEFA の**閉合**トラバース、A から H 点の既知点に結びつける**結合**トラバース、未知点 G で終る**開放**トラバースに分類できる。精度上からは、開放トラバースは避けることが望ましい。

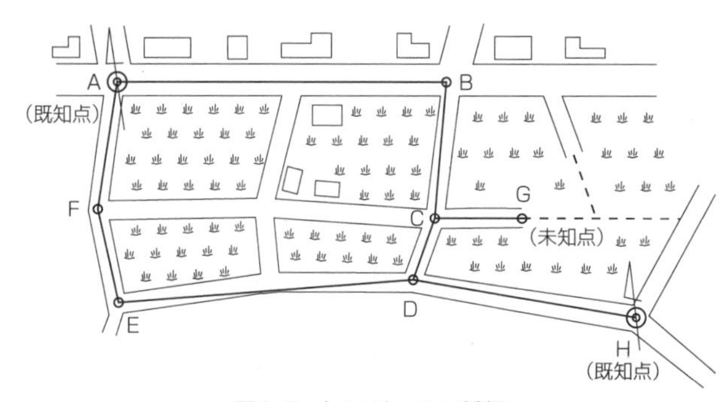

図 1-8　トラバースの種類

図において、閉合トラバースは、既知点 A から出発し、A に戻る。また、結合トラバースは、A から既知点 H に結合するので、実測値との差が誤差となる。その誤差が許容範囲内であれば各辺に配分する。

誤差の判定は、次のように閉合比で行う。

図 1-9 のように、閉合差が $E=\sqrt{E_x{}^2+E_y{}^2}$ として求まるとき、閉合比は、トラバースの全長 $L=\ell_1+\ell_2+\ell_3+\ell_4+\ell_5+\ell_6$ とすると、次の式になる。

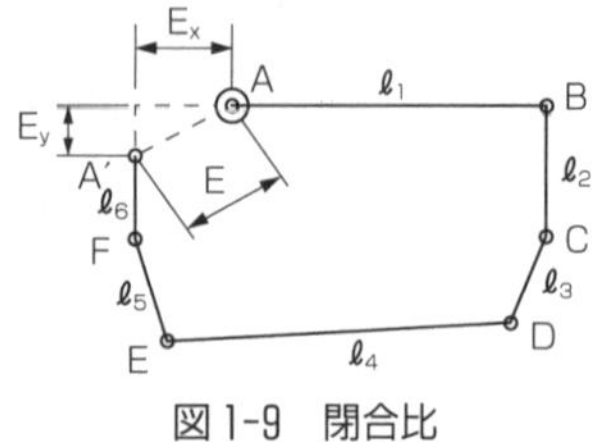

図 1-9　閉合比

$$閉合比=\frac{E}{L}=\frac{\sqrt{E_x{}^2+E_y{}^2}}{\Sigma\ell}\leqq 許容精度$$

閉合比が許容精度の範囲内で、誤差を各辺長に配分する方法には、測角と測距の精度が同等の場合は**コンパス法則**、測角の精度の方が良い場合は、**トランシット法則**を用いる。

1・5 水準測量の基本

水準測量は図 1-10 のように、2 点間の高低差を求める測量である。

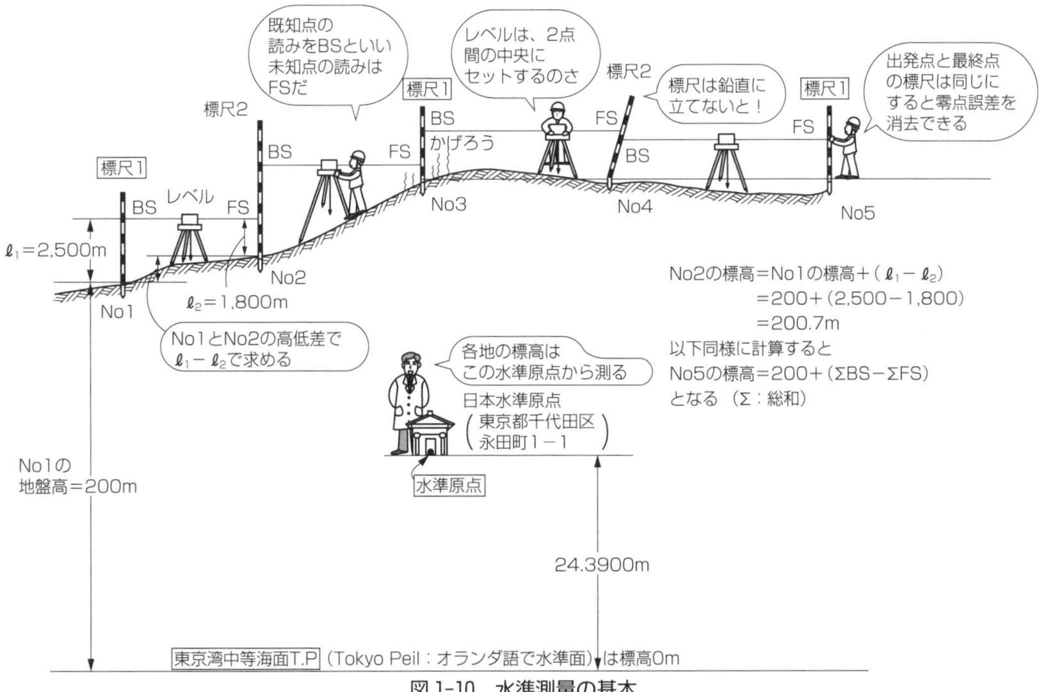

図 1-10　水準測量の基本

図において、既知点の読みを **BS**（back sight：後視）、未知点の読みを **FS**（fore sight：前視）で示し、2 点間の高低差は(BS) − (FS)で求められる。従って図の No. 1 と No. 5 の高低差は、(ΣBS) − (ΣFS)となる。また、既知点の標高を BM（bench mark：水準点）で示す。

(1) 水準測量と野帳の計算

測定結果を一定の様式に従って現場（外業）で記入する手簿のことを**野帳**という。いま、図 1-11 のような水準測量を実施した場合の野帳の記入と、計算をみてみると、各測点の BS、FS は野帳のそれぞれの箇所に記入する。次に各測点の標高を求めるには、BM を基に

$$\text{No. }2 = 210.000 + (2.100 - 1.810)$$
$$= 210.290$$

となり、以下同様に計算して野帳に記入していく。

最終の No. 4 の標高は

$$\text{No. }4 = 210.000 + (\Sigma\text{BS} - \Sigma\text{FS})\text{から}$$
$$= 210.000 + (6.830 - 5.414)$$
$$= 211.416$$

となり、野帳の検算ともなる。

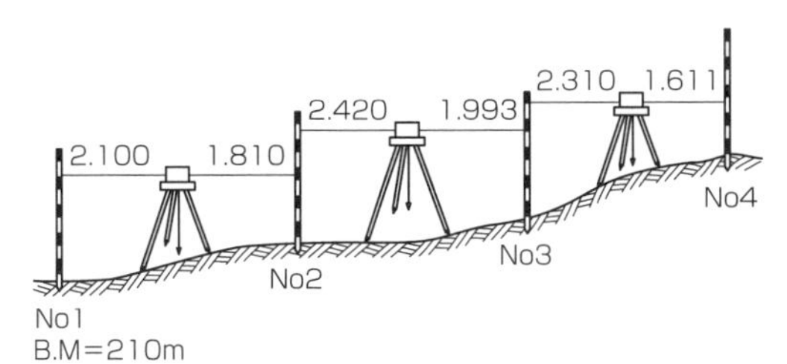

測　点	B.S(後視)	F.S(前視)	標高〔m〕
B.M(No1)	2.100		210.000
No2	2.420	1.810	210.290
No3	2.310	1.993	210.717
No4		1.611	211.416
合　計	ΣBS=6.830	ΣFS=5.414	

図 1-11　水準測量と野帳

(2) 水準測量の留意点

水準測量の誤差を少なくするために、測定（外業）は、図 1-10 に示すような点に注意するが、特に次の点に留意して行うようにする。

① 標尺の**零点誤差**（標尺の 0 目盛が正しい位置でないために生じる誤差）を消去するために、測定回数を**偶数**にし、最初と最後の点に用いる**標尺を同一**のものとする。標尺はできるだけ標尺台を用い、鉛直に立てるようにする。

② レベルは測定間の中央に据え付け、かげろうの影響を考慮した高さにする。また、直射日光があたらないように傘をさし、観測を速やかに行う。

③ 標尺の目盛誤差や測定結果の誤差（水準路線：往復差・水準網：環閉合差など）は、測定距離に応じて比例配分する。

1・6 平板測量の基本

平板測量は、図 1-12 に示す平板上で縮尺によって、現場の地形図を測量しながら描いていく測量である。

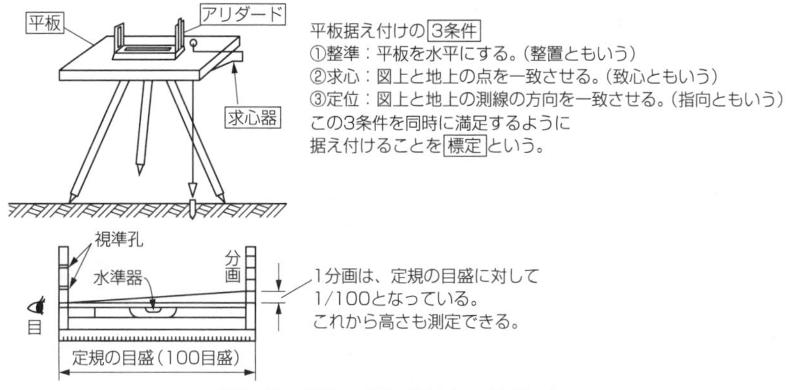

図 1-12 平板の据え付けとアリダード

アリダードは図に示すように、水準器と目盛のついた定規部からなり、平板上で距離に応じて縮尺により直線を引いたり、水準器で平板を水平に据え付けたりする。

また、視準孔と分画の読みから高さも測定できるが、水平角や鉛直角の角度の測定はできない。

平板測量で細部の位置を図面上に描いていくには、図 1-13 のような方法がある。

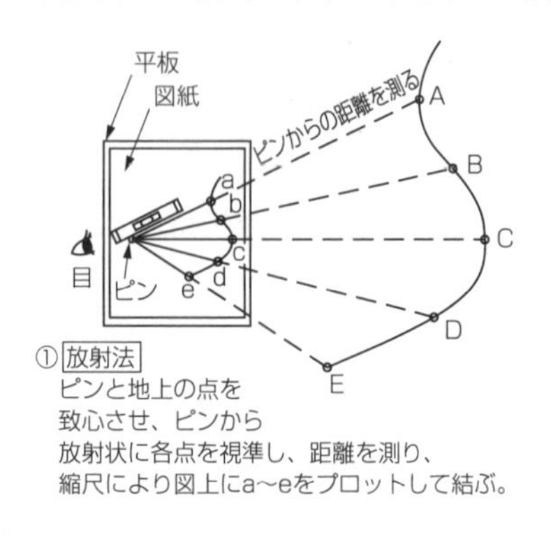

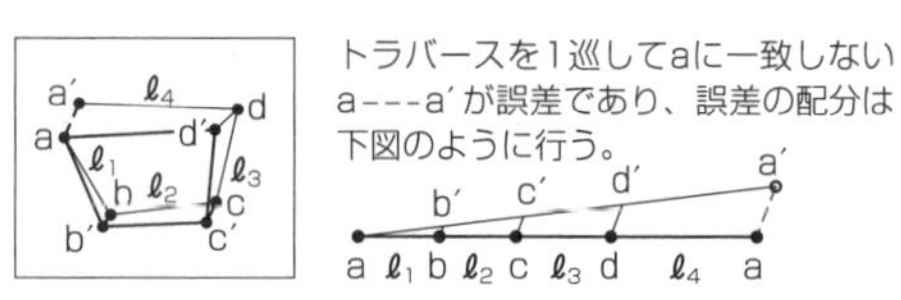

② 道線法
平板でトラバースを組む方法で、測点上を順次平板を移動して、各位置を定めていく。

③ 交会法
未知点の位置を既知点との方向から決める方法で、次の3種の方法がある。
前方交会法・側方交会法・後方交会法

図 1-13 平板測量の方法

要点

『測量のまとめ』

① 共通工学の内容は「測量」「設計図書」「機械・電気」の3分野で、出題数は4問で、4問とも全部解答しなければならない必須問題である。このうち測量の出題数は1題である。

② 測量の基本は、距離と角度の測定になるので、先ずこの2つの測定方法と誤差についての基本的事項を理解しておくこと。

③ 三角測量・トラバース測量・水準測量・平板測量については、何をどのような方法で決めていくのかを全体的に理解してから、細部の基本的内容を学ぶようにする。

1・7　測量技術の現在と将来

今までに説明してきた測量技術は**基本的**なものである。現在の測量技術は、これらの基本的技術を基に、先端技術や高精度化・高速化・自動化された新しいシステムの測量機器の導入により、大きく変革しており、その主なものについて説明しておく。

1・7・1　GPSとVLBI測量

GPSとは、Global Positioning System（汎地球測位システム）の頭文字で、地球をとりまく24個のGPS衛星からの電波を、図1-14のように地上で受信して解析し、地上の位置を決定するシステムである。さらにVLBI（Very Long Baseline Interferometer）もある。

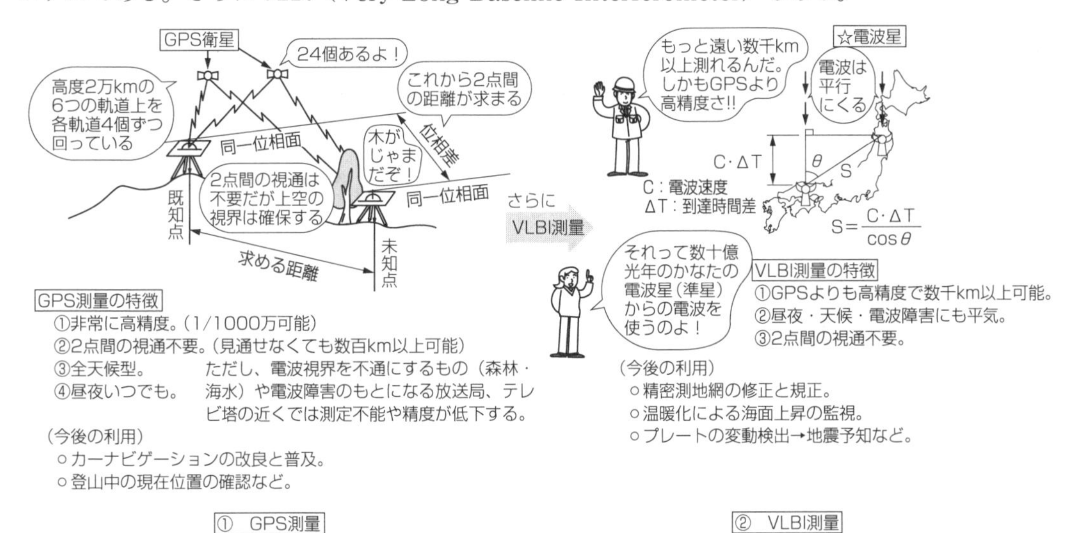

図1-14　GPSとVLBI測量

1・7・2　トータルステーションシステム

このシステムは、図1-15に示すように、電子式トランシットと光波測距儀を組合わせた**トータルステーション**と呼ばれる器械で、1回の視準により**距離と角度が同時に測定**でき、野帳に記入することなく**自動的にデータコレクター（電子手帳）に記録され、精度を判定して**次のコンピュータ

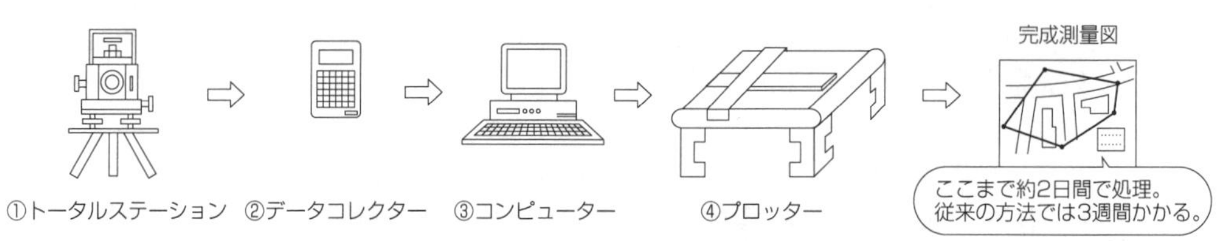

図1-15　トータルステーションシステム

ーに転送する。データを転送されたコンピューターでは、**手間のかかる座標計算**などを短時間で処理し、プロッター（自動製図機）で、**縮尺に応じて自動的に測定結果を図面**に描いて完成する。この**測定から作図**までの一連の作業を短時間で自動的に処理するシステムを**トータルステーションシステム**（Total station system）という。

1・7・3　電子平板とGIS

トータルステーションと電子平板と呼ばれる機器を接続し、トータルステーションで測定した距離と角度のデータを電子平板に転送すると、**計算や作図を自動的に行い、電子平板の画面に表示**され、リアルタイムで観測しながら高精度のデジタル現況図が作成できるシステムで、平面だけでなく標高値のある「3次データ」も得られる。このように観測しながら現況図が作成できることから**電子平板**といわれている。

さらに、この電子平板の技術は、地理的位置に関する空間データを総合的に管理修正し、視覚的に表示して高度な分析や迅速な判断をするGIS（Geographic Information System：地理情報システム）に結びつき、将来の測量技術の変革への礎となるであろう。

例題1-1　光波測距儀に関する次の記述のうち、誤っているものはどれか。

（1）　光波測距儀の測定誤差には、測定距離に比例するものと比例しないものとがある。

（2）　測定誤差に最も大きく影響するのは、測定中の気温の変化である。

（3）　光波測距儀の器械定数は、比較基線場で一直線上の2点間の距離を測定して求める。

（4）　大気中の光速度と真空中の光速度は同一である。

〈類題〉

○測定距離が十分長い場合の測定精度は、鋼巻尺より光波測距儀の方がよい。（誤差の式のaが小さくなり、精度がよくなる。従って正しい。）

解説

光波測距儀に引する一般的な問題である。(1)の測定誤差は△D＝±(a＋bD)

△D：誤差　D：測定距離　a：器械定数　b：気象や周波数が定まる値であり、bDは距離に比例するので(1)の記述は正しい。(2)気象要素の補正量は気温、気圧、湿度の順に小さくなり、気温の変化が一番大きく正しい。(3)の器械定数の求め方は、この通りで正しい。(4)の大気中の光速度は屈折率によって小さくなりこの記述が誤りとなる。

答(4)

例題1-2　アリダードの果す役割を述べた次の記述のうち、誤っているものはどれか。

（1）　平板上で直線を引いたり、長さを測ったりする。

（2）　平板を整置する。つまり平板面を水平にする。

（3）　ある点を視準して水平角を測定する。

（4）　同一標高の地点を見つける。

解説

アリダードは、直線を引いたり、整置したりするが水平角の測定はできない。ただし、鉛直角は分画の読みからある程度測定できる。従って、(3)の記述が誤りとなる。

答(3)

例題1-3　トランシットの誤差に関する次の記述のうち、正しいものはどれか。

（1）鉛直軸誤差――鉛直軸Vと気泡管軸Lが直交していない誤差で、観測方法の工夫で消去できる。

（2）3軸誤差――鉛直軸、水平軸、視準軸の3つで、水平軸と視準軸誤差は観測方法の工夫で消去できる。

（3）不定誤差（偶然誤差）――器械操作が未熟のために生じる誤差である。

（4）外心誤差――鉛直軸と目盛盤の中心が偏心しているために生じる誤差で、望遠鏡の正反の観測で消去できる。

解説

トランシットの3軸とは、イラストで示したように、鉛直軸・水平軸・視準軸をいい、これらの軸の誤差を3軸誤差という。このうち、鉛直軸誤差は消去できないので、(1)は誤りで(2)は正しい。(3)の記述は、自然的条件（かげろうなど）でおこる誤差で、消去できないので、朝夕に観測するなどで誤差を少なくする工夫をする。(4)の記述は偏心誤差のものであり正しくない。外心誤差は望遠鏡の視準軸が器械の中心を通らないために生じる誤差で正反の観測で消去できる。外心誤差、消去方法は一対のバーニヤの平均値となる。答(2)

例題1-4　BM（水準点）と測点No.1間の水準測量を行い、下表のような結果を得た。測点No.1の地盤高は次のうちどれか。

（1）10.300 m

（2）11.232 m

（3）11.353 m

（4）12.000 m

測点	後視（B.S）	前視（F.S）	備考
B.M	2.112 m		標高 10.000 m
TP_1	1.965 m	1.812 m	(10.300 m)
TP_2	1.536 m	1.033 m	(11.232 m)
NO.1		1.415 m	(11.353 m)

解説

TP_1、TP_2、No.1の地盤高の計算は、

$TP_1 = 10.000 + (2.112 - 1.812)$
$= 10.300$ m

$TP_2 = 10.300 + (1.965 - 1.033)$
$= 11.232$ m

$No.1 = 11.232 + (1.536 - 1.415)$
$= 11.353$ m

（検算）

$No.1 = 10.000 + (\Sigma BS - \Sigma FS)$
$= 10.000 + (5.613 - 4.260)$
$= 11.353$ m

答(3)

例題1-5　水準測量を実施する場合の次の記述のうち、適当でないものはどれか。

（1）レベル及び標尺は、地盤の堅固な場所に据える。

（2）前視及び後視の視準距離は、ほぼ等しくする。

（3）出発点に立てた標尺は、必ず到着点に立てる。

（4）標尺の上端及び下端付近を視準する。

解説

レベルを用いた水準測量の誤差を少なくする記述であり、大切なので内容を十分に確認しておくようにする。イラストで示したように、(4)の記述の上端については標尺の傾き、下端についてはかげろうの影響があるので避ける。よって誤り。答(4)

例題1-6　測量現場において、1回の視準で水平角、鉛直角及び斜距離の測定が可能なものは次のうちどれか。

（1）セオドライト

（2）トータルステーション

（3）GPS

（4）光波測距儀

解説

各測量器械の名称と大体の役割が分っていればすぐに正解が得られる。答(2)

第2章　設計図書

図 2-1　請負契約

設計図書とは、土木工事の**請負契約関係を規定**したり、発注者と請負者が対等な立場で、各工事を契約する際の**関係書類**をまとめたものである。ここでは、主な設計図書の項目と内容について学ぶ。

2・1　公共工事標準請負契約約款

土木工事の大部分を占める公共工事の契約は8項目の、発注者と請負者との基本的関係を明示した**公共工事標準請負契約約款**に基づき、次の内容を規定した**設計図書**が必要となる。これらは厳守が義務づけられ、法的拘束力のあるものである。

① 契約書（工事名、場所、工期、請負金額、発注者、請負者等を記載）

② 公共工事標準請負契約約款（第1条～第54条まで規定されているもの）

③ 図面（目的構造物の設計図）

④ 設計書（目的構造物の構造寸法と設計計算書）

⑤ 標準仕様書（仕上げの精度、品質、色、形など工事の仕上げ方法を表示）

⑥ 特記仕様書（標準仕様書以外の特別な仕上げ方法を表示）

⑦ 現場説明書（現地の状況を説明したもの）

⑧ 質問回答書（請負者の質問に対して、書面で発注者が回答したもの）

これらの設計図書のうち、主な項目の内容について、公共工事標準請負契約約款に基づいて、過去の出題傾向を考慮して説明していく。

2・1・1　契約関係書類（約款第1条～第4条）

設計図書の①～⑧は法的に拘束されるが、次のような契約関係書類は、法的拘束力はなく、請負者の判断で変更ができる。

① 請負代金内訳書（請負代金算出の基礎となる書類）

② 工程表（ネットワークなど契約工期内に工事を完了させるための書類）や原寸図（設計図の組立部を実物大に拡大した図）

例題 2-1 公共工事標準請負契約約款に関する次の記述のうち誤っているものはどれか。

(1) 公共工事標準請負契約約款とは、公共工事を契約する際に発注者と請負者が文書などで交わす約束事項であり、法的拘束力がある。

(2) 約款に基づく契約書には、現場代理人の氏名を記載する。

(3) 特記仕様書とは、標準仕様書以外に、その工事に関する特別な工事方法などを記載したものである。

(4) 工事の工程表は、請負者の判断で作成し、法的拘束力はない。

解説
一般的に約款とは、法令・条令・規約に基づいて作成される約束事項をまとめたものである。従って(1)の記述は正しい。(2)現場代理人は、現場において工事を進める上での請負者側の代表者であり、工事の契約には直接関係なく、契約書に氏名は記載しない。従って(2)の記述が誤りとなる。(3)、(4)の記述はいずれも正しい。
答(2)

2・1・2 請負契約の変更

請負契約の基本は、請負者は工期内に工事目的物を完成させ、発注者は契約通りの請負代金を支払うことである。この請負契約のうち、**工事内容、工期、請負代金**の変更をする場合は次のようである。

(1) 工事内容の変更

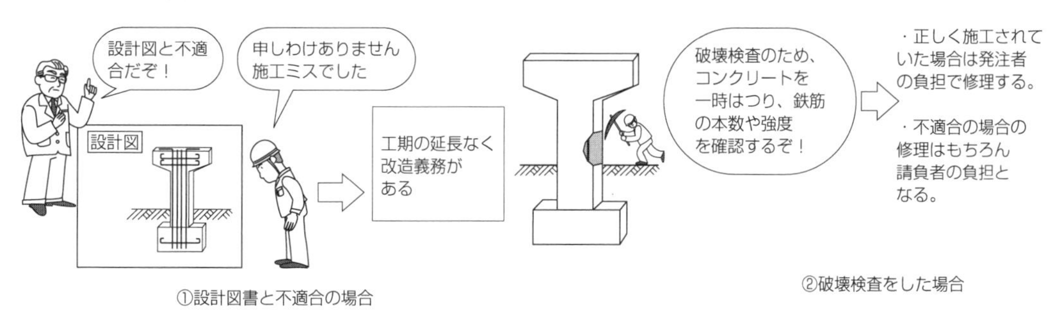

図 2-2 工事内容の変更

工事目的物が完成した段階で、図 2-2 に示すような設計図書との不適合があった場合は、図のように工事内容を一部変更した処置を講ずるが、損害賠償問題も生じてくる。

また、次のような状態では、工事途中で工事内容を変更することになる。

① 発注者の事情による設計変更：工期・請負代金・請負契約の解除などの処理。

② 施工条件と現場条件が異なる場合の変更：請負者は書面をもって発注者の監督員に通知し、条件が異なった事実の確認を求める。

(2) 工期の変更

工期の変更が実施される主な内容は、次のようになる。

① 契約条件の変更の場合：工事用地提供の遅れや、発注者の事情による工事の一時中止などの場合は、請負者側には無償の工期変更となる。

② 天候不良の場合：天候不良で工事が工程通りに進行しない場合も無償変更となる。

③ 工期短縮の場合：突貫工事となり、発注者・請負者とも有償の変更となる。

(3) 請負代金の変更

請負代金は契約書に記載する金額であり、上記の工事内容や工期の変更に伴う有償変更の場合は、当然請負代金も変更することになる。その主な内容は次のようである。

① 工事内容の変更や工事の一時中止、工期の短縮に伴う請負代金の変更。

② 天災・不可抗力（地震・洪水・暴動などで失火は該当しない）による場合：請負者は状況を調査して発注者に通知し、その結果に基づいて協議する。

③ 物価の変動が大きくなった場合：12か月以上の契約において、物価の変動が著しく不適当となった場合は、書面をもって連絡して協議する。

2・1・3 施工全般に関する規定

（1） 工事関係者

工事現場の組織として、工事関係者の役職名や役割などは次のように規定されている。

① 監督員：発注者側の工事を責任を持って履行する発注者の代理人のことで、工程管理の立会いや工事の施工状況の検査または材料の試験などに立ち会う権限を有する。

監督員の氏名は書面をもって請負者に示す。また、請負者への指示も書面で行う。

② 現場代理人：請負者側の現場での工事を責任を持って履行する請負者の代理人のことで、請負代金の変更・請求・受領や請負契約の解除はできないが、これ以外の工事現場での取り仕切りや一切の事項を処理する権限を有し、現場に常駐することになっている。現場代理人の氏名は、発注者に書面をもって通知するが、契約書には記載しない。

③ 主任技術者：工事の施工技術に関する責任者で、土木施工管理技士などの有資格者が担当する。また、現場代理人は主任技術者を兼任してもよいことになっている。

（2） 工事関係者の変更

発注者は、現場代理人や主任技術者が不適当と判断される場合及び請負者が監督員を不適当と判断した場合は、それぞれが書面で理由を明示して変更の措置がとれる。

（3） 工事材料の支給・貸与

工事用の材料の支給や貸与は、図2-3のように、監督員の立会いのもとで、設計図書により工事材料の受取り、引き渡しなどを行う。

図2-3　工事材料の受取り

また、使用不明な材料は監督員の指示に従う。また、設計図書に品質の規定が定められていない材料は、中等品質でよい。

（4） 前払いと部分払い

土木工事に使用する材料や建設機械類のリース料などは多額になるため、一般の民法上の後払いとは異なり、一定の手続きのもとに、前払い・部分払いを原則としている。前払いは、請求のあった日から14日以内に支払い、回数は年3〜4回とする。

（5） 代金の支払い

土木工事が完成するまでには長期間かかるので、工事途中における出来高に応じて中間払いも行われている。工事完了後には検査を受け、合格後に請負代金を請求する。

請負代金の支払いは、請求を受けた日から40日以内とし、遅延した場合は利息を支払うことになる。支払いは金融機関などの第3者に代理受領させる。

（6） 臨機の措置

災害発生が予想される事態のときは、監督員の意見を聞き措置する。また、緊急を要する事情のあるときは、先に臨機の措置をした後、遅滞なく監督員に連絡をする。この臨機の措置の費用は、管理に必要な部分は請負者が、その他は発注者の負担となる。

（7） 第三者への損害

施工中の管理不十分のために、第三者へ損害を及ぼしたときは、原則として請負者が損害賠償を行う。しかし、施工に伴う振動・騒音・沈下など避けることができない損害には、起業者（発注者）の責任となるが、発注者と請負者はよく協議して解決する。

（8） その他よく出題される事項

図2-4に示す事項は出題率も高いので、イラストでよく理解しておくこと。

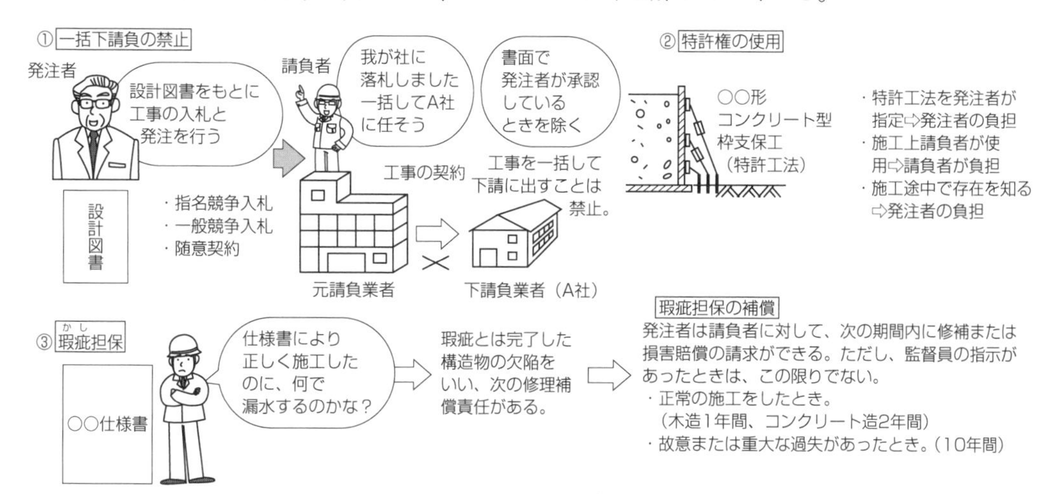

図2-4　その他の事項

例題2-2　公共工事標準請負契約約款に関する次の記述のうち、適当でないものはどれか。

（1） 請負者は、天候の不良等その責に帰すことができない理由で、工期内に工事を完成することができないときは、発注者に工期の延長を求められる。

（2） 請負者が下請人を定めた場合は、書面でもって監督員に通知し、その承諾を求めなければならない。

（3） 請負者は、設計図書に基づいて、請負代金内訳書及び工程表を作成し、発注者の承認を受けなければならない。

（4） 請負者が、工事の全部または大部分を一括して第三者に請負わせる場合には、予め発注者の書面による承諾を得た場合に限る。

解説

約款は約束事項なので、主な事項については覚えなければならない。(1)、(3)、(4)の内容は正しい。特に(4)の一括下請については、禁止されているが、予め書面によって発注者の承諾を得ている場合にはできることをよく知っておこう。(2)の内容では、下請人を定めた場合、その旨を監督員に通知すればよく、承諾まで求める必要はない。このあたりは請負者側の判断できる範囲である。

答(2)

例題 2-3 公共工事標準請負契約約款に関する次の記述のうち適当でないものはどれか。

（1） 請負者は、設計図書と工事現場の状態が一致しないことを発見した場合には、直ちに書面をもって監督員に通知し、確認を求めなければならない。

（2） 請負者は、発注者の指図により行った工事目的物にかしが生じた場合、その担保の責を負わなければならない。

（3） 工事材料の品質が設計図書に明示されていないものは、中等の品質でよい。

（4） 請負者は、現場内に搬入した工事材料を監督員の承諾なしに、現場外に搬出してはならない。

解説

この種の問題は、1問でも多く解答し、問題慣れをすることが大切である。(1)、(3)、(4)の内容は正しいので、確認しておくこと。(2)のかし（瑕疵）に関する出題率も高いので理解しておくようにする。(2)の記述では、発注者の指図通りに施工した結果のかしなので、当然発注者の責任であり、担保（保障）は発注者が支払う。

答(2)

例題 2-4 公共工事標準契約約款に関する次の記述のうち誤っているものはどれか。

（1） 請負者は、前払金支払いの請求をした日から、14日以内に前払金が支払われないときは、直ちに工事を中止することができる。

（2） 前払金の使途には制限がある。

（3） 部分払の請求には、その回数の限度が定められている。

（4） 部分払の対象となるものには、工事の出来形部分ならびに工事用材料がある。

解説

(1)請求をした日から14日以内の記述は正しいが、支払いが遅延し、相当の期間後にも支払われない場合は、工事の中止はできるが14日後直ちに工事を中止することはできない。従って(1)の記述が誤りとなる。(2)、(3)、(4)の記述内容はいずれも正しい。(3)の部分の回数は年3~4回である。

答(1)

例題 2-5 公共工事標準契約約款に関する天災その他の不可抗力に該当しないものは次のうちどれか。

（1） 暴動による損害　　（2） 失火による損害

（3） 洪水による損害　　（4） 地震による損害

解説

常識的に考えて、失火はあくまでも人為的なミスで不可抗力とはならない。

答(2)

例題 2-6 公共工事標準請負契約約款に定める設計図書として適当でないものはどれか。

（1） 現場説明に対する質問回答書

（2） 仕様書

（3） 設計図

（4） 工程表

解説

この約款はあくまでも工事の契約に関する約束事項であり、工程表は請負者が工期内に工事を完成させる予定表であり、契約に直接係わらなく、法的拘束力もない。従って(4)が誤りとなる。

答(4)

例題 2-7　公共工事標準請負契約約款に定める仕様書に関する下記の文章の□の(イ)～(ニ)にあてはまる語句は次のうちどれか。

「仕様書は、工事全搬にわたって、工事目的物が完成するまでの (イ) の意図を、(ロ) に文章で正確に伝えるものである。仕様書には、施工の基本となる共通の事項をまとめた (ハ) と、個々の工事ごとに発生する限られた品質等を満すための (ニ) とがある。」

	(イ)	(ロ)	(ハ)	(ニ)
(1)	受注者	発注者	特記仕様書	標準仕様書
(2)	発注者	受注者	特記仕様書	標準仕様書
(3)	受注者	発注者	共通仕様書	特記仕様書
(4)	発注者	受注者	共通仕様書	特記仕様書

解説
この問題を解きながら仕様書の定義をよく理解しておくようにする。内容からみて、当然(4)が正しい。仕様書は工事の進め方、施工方法や使用材料についての約束事項である。
答(4)

2・2 設計図の記号

公共工事の設計図書の中の設計図に表示される記号の主なものは、次の表示例のようになる。なお、この表示例は公共工事に限らず、一般の設計図にも用いられている。

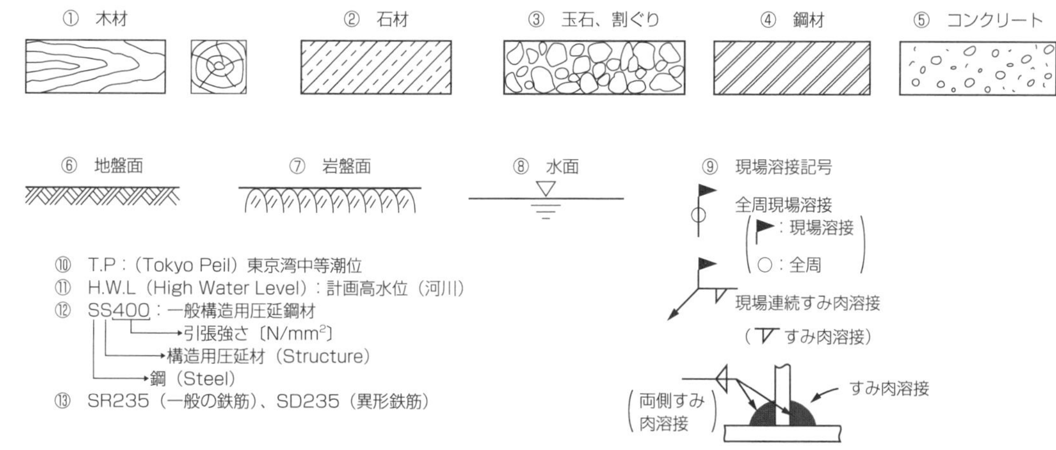

図 2-5　設計図の記号 (JIS A 0101・土木製図通則)

要点

『設計図書のまとめ』

- 公共工事標準請負契約約款に定める設計図書の内容を示した 8 項目を覚えること。
- 設計図書の中で、過去の出題率を考慮して取り上げた各項目については、内容を具体的な事象としてとらえ、十分に理解しておく必要がある。
- 設計図の記号については、土木技術者として知っておくべく基本的なものである。

例題 2-8 図面の見方に関する次の記述のうち、適当でないものはどれか。

(1) 河川の堤防や護岸などの図面の追番は、下流を起点としてつける。

(2) 道路の図面の追番は、道路の起点から終点に向っている。

(3) 道路の標準断面図の作図は、道路の起点から終点をみた断面で描かれている。

(4) 河川の標準横断面図の作図は、下流から上流をみた断面で描かれている。

解説

図面の追番では、図1(1)、図1(2)のように一連の図面の内容をみる順序を示した番号で、(1)、(2)の記述通りにつける。標準断面図の作図は、道路は(3)の記述通りであるが、(4)の河川の場合は、上流より下流に向って描くことになっている。従って、(4)の記述が誤りとなる。
答(4)

例題 2-9 設計図の「材料寸法の表示」と「説明」の組合わせで、適当でないものはどれか。

(1) H 200×100×7——高さ 200 mm、幅 100 mm、厚さ 7 mm の H 形鋼

(2) [250×90×7——高さ 250 mm、幅 90 mm、厚さ 7 mm の山形鋼

(3) M 22×90 ——直径 22 mm、首下長さ 90 mm のボルト

(4) Pl 250×9 ——幅 250 mm、厚さ 9 mm の平鋼

解説

形鋼の種類は、形状記号で示し、(2)の[は、この形状から溝形鋼となり誤りとなる。なお山形鋼はLで示す。
(3)は、ボルトの表示で図のようになっている

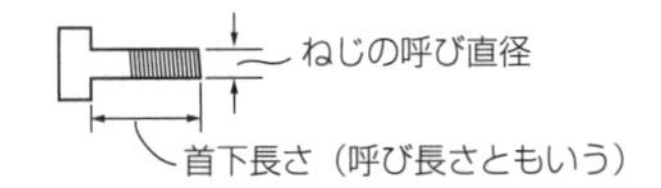

(4)Pl はプレートで平鋼（鋼板）を表示している。答(2)

例題 2-10 設計図面に一般的に用いている断面の表示記号と、その内容の組合わせのうち適当なものはどれか。

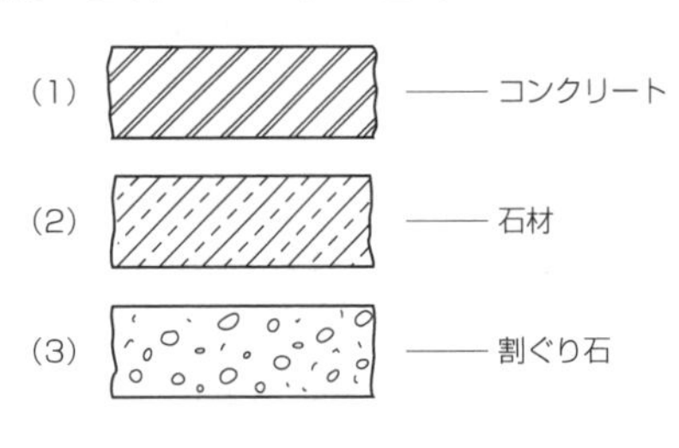

解説

この種の問題もよく出題されている。表示記号から実物が直解できるような木材とかコンクリート、玉石・割ぐりなどはよいが、石材と鋼材については、自分なりに区別方法を考えて覚えるしかない。(2)の石材が正しい。(1)は鋼材(3)はコンクリート(4)は地盤面となる。
(参考)

答(2)

例題 2-11 建設工事で使用する主な「単位区分」と「SI 単位」との組合せとして、次のうち適当でないものはどれか。

〔単位区分〕　〔SI 単位〕

(1) 力……………………J（ジュール）

(2) 速度…………………m/s（メートル毎秒）

(3) 圧力…………………Pa（パスカル）

(4) 質量…………………kg（キログラム）

解説

単位区分と SI 単位との組合せは基本的なものなので、よく覚えておこう。

(1)力 ……………N（ニュートン）
$1N=1kg\cdot m/s^2$
(2)速度 ……m/s（メートル毎秒）
(3)圧力 …………Pa（パスカル）
(4)質量 …………kg（重量=N）
答(1)

第3章 機械・電気

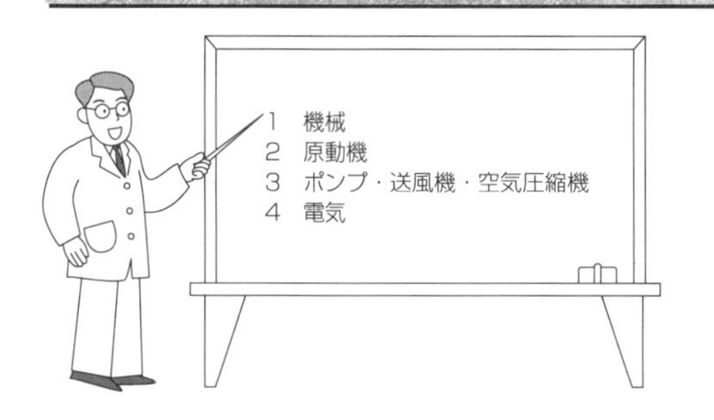

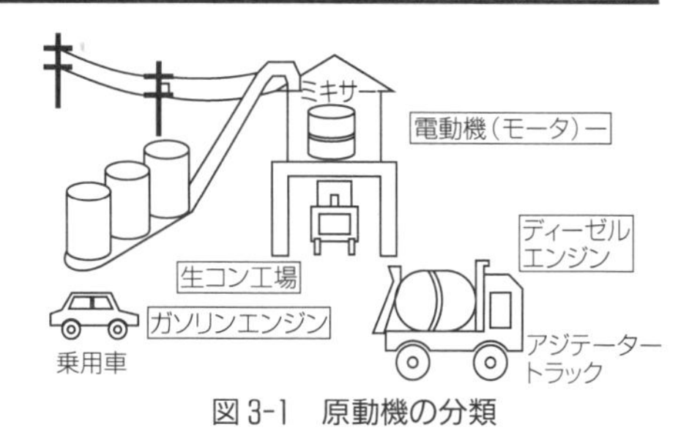

図 3-1　原動機の分類

自動車や土木工事用の**建設機械の動力**の発生と伝達は、どんなしくみになっているのかなど、ここでは機械・電気に関する基礎的なことを学ぶ。

3・1　機械

ここで扱う機械の分野は、動力の発生源である**ディーゼル機関**や**ガソリン機関**などの**原動機**のしくみと、動力の**伝達機構**についてが主となる。

3・2　原動機

3・2・1　原動機の分類

建設機械などに使用される**原動機**には、次のようなものがある。

① **ディーゼル機関**（Diesel：ディーゼルエンジンを考案した人名）：軽油または重油を使用するので燃料費が安く熱効率もよいので、建設機械の原動機の主流として用いられている。

② **ガソリン機関**：燃料費が高く、故障率もディーゼルに比べ高い。小形機械向き。

③ **電動機**（モーター）：クレーン・ポンプ・ミキサーなど固定機械に多い。電気設備に費用がかかるが、一般に騒音や振動が少なく、排気ガスの心配もない。

④ **圧縮空気装置**（compressor：コンプレッサー）：岩盤に発破用の穴ぐり作業用などに用いられるが、効率はあまり良くない。

（1）　ディーゼル機関（エンジン）

ディーゼルエンジンは軽油または重油を燃料として用い、ガソリンに比べ**揮発性**が低いので、図 3-2 のシリンダ内で空気を圧縮して**約 300～600℃の高温**にし、そこに燃料を噴射して**着火燃焼**させ、動力を発生させるエンジンであり、その作動方式により、4 サイクル方式と 2 サイクル方式に分類される。

4 サイクル方式は、図 3-2 に示した 4 工程があり、1 回の燃料の噴射によりピストンは 2 往復し、クランクも 2 回転する。これに対して 2 サイクル方式は、図における④と①の作動の際に、①、②、③の作動も行われるような装置になっており、1 回の燃料の噴射によりピストンは 1 往復し、クランクの回転も 1 回となる。従って、シリンダーの容量が同一なら、2 サイクルエンジンの方が出力が高くなる。しかし 2 サイクル方式は排気が十分にできないので、熱効率が劣る欠点もある。ま

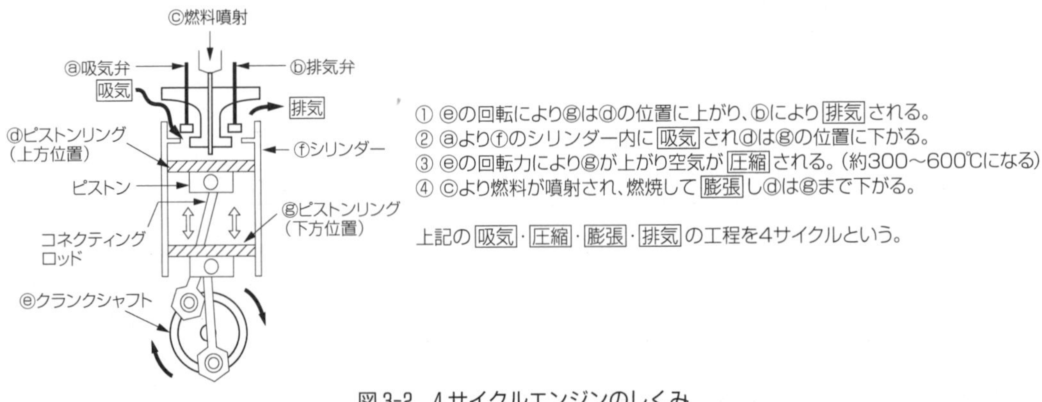

図 3-2　4 サイクルエンジンのしくみ

た、エンジンの構造は 2 サイクル方式の方が簡単で、容積も小さくてすむ。

(2)　ガソリン機関（エンジン）

ディーゼルエンジンでは、吸気・圧縮・膨張・排気の各工程があったが、ガソリンは揮発性が高いので、プラグによる**点火燃焼**で動力を発生させるので、図における②と③の工程は省かれ、一般に 2 サイクル方式となり、エンジンの大きさも小さく重量も軽くなる。しかし点火方式で爆発するので、エンジンは構造的にみて強いものが必要となり、火災や故障率はディーゼルエンジンより多い。

(3)　ディーゼルエンジンとガソリンエンジンとの比較

表 3-1

比較項目	ディーゼルエンジン	ガソリンエンジン
圧縮比・熱効率 (大きい程効率が良い)	圧縮比：約 18・熱効率：約 35%であり効率が良いので、主要建設機械に用いられている。	圧縮比：約 7・熱効率：約 27%であるがエンジン重量が小さいので小形の建設機械向き。
使用燃料と経費	燃料費の安い軽油または重油を使用するので運転経費も少なく経済的である。	燃料費の高いガソリンを使用。
点火方式と火災頻度	点火方式は空気圧縮熱（約 300～600℃）による着火燃焼なので火災の発生も少ない。	点火方式は電気火花によるプラグを使用するので揮発性の高いガソリンに引火し火災も発生しやすい。
故障率	単位出力に対するエンジンの重量は大きいが、電気系統が簡単で故障率は小さい。	プラグなど電気系統の故障率が多い。

(4)　エンジンの出力

エンジンの出力の大きさは、一般に馬力（PS）で表され、この後に学ぶ電動機の出力はキロワット（kW）で表し、これらの関係は 1 PS＝75 kgf•m/s＝0.735 kW となっている。

3・2・2　伝達機構

図 3-2 の中のクランクシャフトの**回転力**を、建設機械や自動車の固有の回転力や回転数に変える**変速装置**と、シャフトの**回転力**を遮断または伝達したりする切換えのための**クラッチ**などの装置を**伝達機構**といい、クラッチには、**かみ合いクラッチ**、**摩擦クラッチ**、**流体クラッチ**がある。

変速装置は、歯車の組合わせによって速度の変換をする**すべりかみ合い式**、**流体変速機**（トルクコンバーター）、**逆転装置**、**ブレーキ**、**差動歯車機構**などがある。このうち、流体クラッチの羽根車間に、固定案内羽根を入れ、これの向きによって回転速度を変化させるトルクコンバーターは、過負荷でもエンジンが停止せず、衝撃も少なく機械の損傷を軽減できるので、ダンプトラックや大形の建設機械に多く用いられている。

3・3 ポンプ・送風機・空気圧縮機

（1） ポンプ（Pump）

ポンプとは、気体や水などの液体を吸入または押し出すための機械装置で、図3-3のようにポンプの種類には、図ⓐの**うず巻ポンプ**と図ⓑの**往復ポンプ**（容積ポンプともいう）がある。

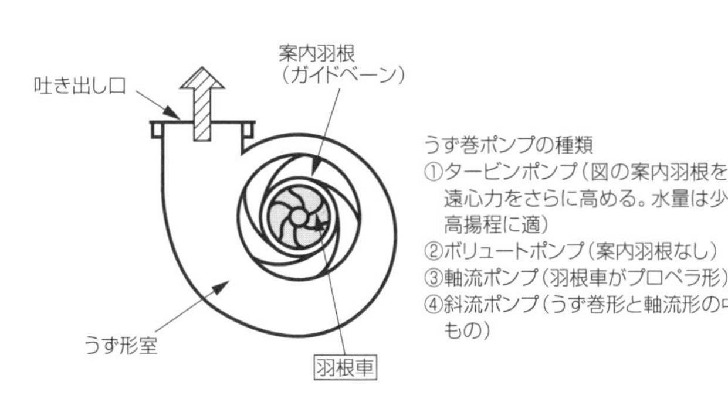

ⓐうず巻ポンプ

コンクリートは断続的に押し出されてくる。
ホッパー
弁①
シリンダー
弁②
プランジャー（ピストン）が往復してコンクリートを押し出す
弁①を開け、弁②を閉じてシリンダー内にコンクリートを充満させ、弁①を閉じ、弁②を開けてプランジャーでコンクリートを押し込む。この操作を繰り返して行う。

ⓑ往復ポンプ（コンクリートポンプ車）

図3-3　ポンプの種類

（2） 送風機

送風機はポンプの液体を押し出すのに対して、空気に圧力を持たせて送風する装置で、構造的にはポンプとほぼ同じで、次の種類がある。

① ターボ送風機：うず巻ポンプ形で、効率が最もよく、高風圧・高温に適。

② 多羽根送風機：羽根が一般の水車形で、低風圧に適し風量が多い。

③ 軸流送風機：羽根が扇風機と同じプロペラ形で、高風圧で長いトンネルに適。

④ 容積式送風機：ルーツ送風機ともいわれ、セメントの空気輸送に使用される。

（3） 空気圧縮装置（エアーコンプレッサー）

空気を圧縮して空気圧を2～3気圧に高めて、吐出口からの圧力を高める装置で、コンクリートポンプや削岩機などに使用されている。空気圧縮機は定置式と可搬式（ポータブルコンプレッサー）があり、空気を圧縮する方式には往復式と回転式がある。

要点

『機械のまとめ』

- **ディーゼルエンジンとガソリンエンジンの構造的なしくみを対比しながら理解する。**
- **4サイクルと2サイクル方式の相違点や特徴を、両サイクルのしくみを対比しながら理解しておくこと。**
- **エンジンや電動機（モーター）の出力の表示方法と関係を覚えておく。**

・伝達機構については、自動車の構造と結びつけ、名称や機構を理解するように。
・タービンとは、羽根車の回転力によって圧力を持たせる装置をいい、タービンポンプがある。また、ターボは一般にはターボエンジン、ターボチャージャーなどエンジンの出力を高める装置をいう。
・コンクリートポンプでコンクリートを圧送する方法には、図 3-3 の往復ポンプと圧縮空気を利用したコンクリートプレーサーがある。

例題 3-1 ディーゼルエンジンとガソリンエンジンに関する次の記述のうち、誤っているものはどれか。

(1) ガソリンエンジンは、ディーゼルエンジンより圧縮比が高い。
(2) ガソリンエンジンは、ディーゼルエンジンより馬力当りのエンジン重量が小さい。
(3) ディーゼルエンジンは、ガソリンエンジンより熱効率が高く、馬力当りの燃料消費量は少ない。
(4) ディーゼルエンジンは、圧縮による自己着火方式であり、プラグは不要である。

解説
両エンジンの性能を比較した表 3-1 からも明らかなように、圧縮比は、ディーゼルエンジンの方がはるかに高く熱効率がよい。従って(1)の記述は誤りとなる。(2)、(3)、(4)の内容はいずれも正しい。イラストによりエンジンのしくみからも、(2)の正しいことがわかるであろう。(4)のプラグ不要は当然だが、着火方式のしくみも確認しておこう。
答(1)

例題 3-2 建設機械の動力源としての 4 サイクル機関と 2 サイクル機関の特徴を比較した次のうち、適当でないものはどれか。

(1) 4 サイクル機関の方が燃料の損失が少なく熱効率が高い。
(2) 2 サイクル機関の方が、高速機関としての機能が劣る。
(3) 4 サイクル機関の方が、シリンダの寿命が長い。
(4) 2 サイクル機関の方が、構造が複雑で容積が大きくなる。

解説
4 サイクル機関の方が熱効率はよいが、構造が複雑で、シリンダーの容積も 2 倍となることから、(4)の記述が誤りとなる。4 サイクルは 1 回の燃料の噴射で、ピストンが 2 往復するので、(1)、(3)の記述は正しい。(2)の高速機関では 4 サイクルの方が安定している。
答(4)

例題 3-3 ディーゼルエンジンと関係のないものは次のうちどれか。

(1) 軽油　　(2) 燃料噴射ポンプ
(3) 点火プラグ　　(4) エアクリーナー

解説
ディーゼルエンジンは 4 サイクル機関で空気の圧縮によって発生する 300～600℃の高熱による自己着火方式を用いるので(3)のプラグが関係ないことになる。答(3)

3・4 電気

ここで扱う電気の分野は、過去の出題率から主に、動力の発生源である**電動機**の種類や特徴及び**変圧器**などの機器関係となる。

3・4・1 三相誘導電動機

(1) 電動機（motor：モーター）

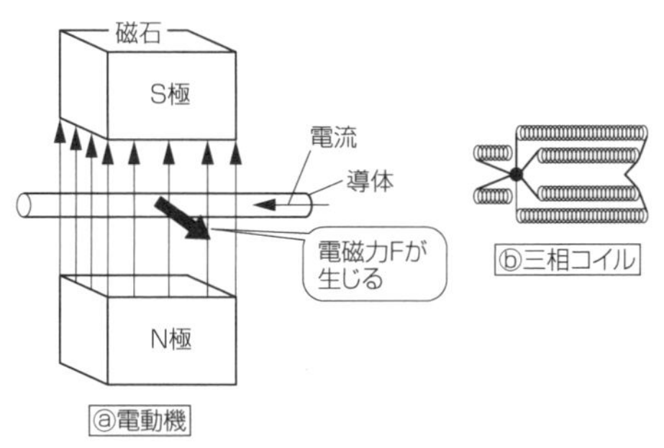

図3-4　電気と力

図3-4ⓐに示すように、磁石のN極とS極との間の導体（電線など）に電気を流すと、導体に**電磁力F**が生じる。このFを回転力として取り出したものが**電動機**である。

導体に電気を流す方式により、直流電動機と交流電動機に分類され、交流電動機はさらに電線が2本の単相交流と3本の三相交流があり、建設現場などで大電力を使用するところでは**三相交流電動機**が多い。

(2) 三相誘導電動機

図3-4ⓐに示す導体を、図ⓑのように120°ずつずらせた三相コイルとして三相交流を流し、電磁誘導作用による大きな回転力を取り出したものが**三相誘導電動機**である。（水力や火力により、図の磁石を回転させ、三相コイルに電流を生じさせるものが三相交流の発電機となる。）

(3) 三相誘導電動機の特徴

① 磁力が一定なので**定速回転**であり、速度を**制御**（用途に応じて回転速度を変える）するには、制御の容易な直流電動機の回転に切換えればよく、そのために交流を直流に変えることになる。これを**レオナード方式**という。

② 回転方向を逆転するには、**3本の電線のうち2線を**入れ替えればよい。

③ 回転数Nは次式で求める。

$$N=\frac{120f}{P}$$

f：電力の周波数で、関東50ヘルツ・関西60ヘルツ。
P：磁石の極数で、一般に4または8を用いる。

いまNを関東と関西で求めてみると（f=4として）

関東⇨$N=\frac{120\times50}{4}=1500$（回転/分）　関西⇨$N=\frac{120\times60}{4}=1800$（回転/分）

となり、回転数は関西の方が約20%多くなる。

④ 電動機の始動時は大電流となり、機器を破損する恐れがあるので、始動時には電圧を低下させ、回転後に通常電圧に切り換えるY-Δ始動器や始動補償器、加減抵抗器などを用いて始動させる。

(4) 巻線形電動機とかご形電動機

建設現場で多く用いられている三相誘導電動機には、図3-4ⓑの三相コイルのように、鉄心に電線を巻いた**巻線形**と、かごのように編んだ**かご形**があり、表3-2に示すような特徴と用途がある。

表 3-2　巻線形電動機とかご形電動機の特徴と用途

種　類	特　徴	用　途
巻線形	始動時トルク大、電流小・構造複雑で高価・力率は劣るが回転速度制御が容易・大形機械用（10 PS 以上）	クレーン、掘削機械・ウインチ・大形空気圧縮機
かご形	始動時トルク小、電流大・構造が簡単で安価・力率は良いが定速回転で速度制御が困難。小形機械用	ベルトコンベヤー・ポンプ・送風機・小形空気圧縮機

3・4・2　三相変圧器

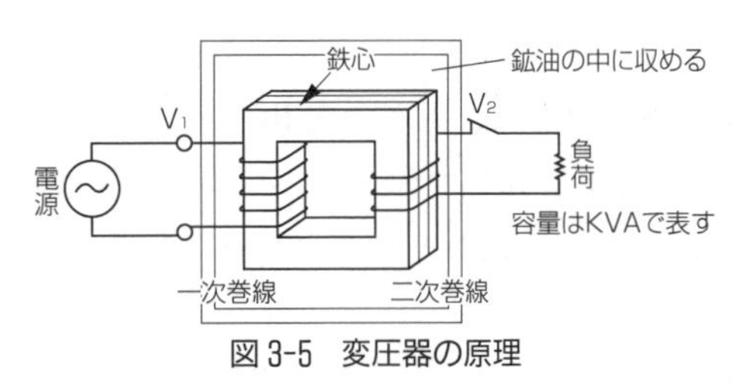

図 3-5　変圧器の原理

三相変圧器は、電動機の電圧を始動時や通常時に変圧する機器で、図 3-5 のように一次側と二次側の巻線の巻数比によって変圧されるしくみになっている。

建設現場では一般に大電力を必要とする場合が多く、変圧器も大容量となり高価となる。そこで小形と中形の単相変圧器を次のような結線の組合せで用い、三相動力用にも使用されている。

① Δ-Δ 結線：単相変圧器 3 台を用いる結線方式。

② V-V 結線：単相変圧器 2 台を用いる結線方式。

3・4・3　直流電動機

直流電動機は始動器を用いて始動し、電線の結線の方式により、分巻・直巻・複巻の 3 種類がある。直流電動機は既に学んだように、回転速度の制御が容易である。

要点

『電気のまとめ』

- 電動機は直流及び交流電動機があり、さらに交流は単相（電線が 2 本）と三相（電線が 3 本）の電動機がある。建設現場では三相誘導電動機が多く使用されている。
- 三相誘導電動機の特徴はよく出題されるので完全に理解しておく。
- 三相変圧器は、単相変圧器を結線によって組合わせて使用した方が経済的である。

例題 3-4　建設工事用機械に用いる電気機器に関する次の記述のうち、適当でないものはどれか。

（1）　三相誘導電動機の回転方向を逆にしたい場合は、3 本の電源線のうちの 2 本を入れ替えればよい。

（2）　変圧器は、単相用と三相用があるが、単相用は三相動力用には使えない。

（3）　発電機の定格出力は、負荷の消費電力量に対して、余裕をもたせる。

（4）　三相誘導電動機の回転数は、50 ヘルツよりも関西の 60 ヘルツの電源で運転した方が大きくなる。

解説

(1)、(3)、(4)の記述はいずれも正しい。(4)の回転数に関する問題もよく出題されているので、回転数を求める式 $N=\frac{120f}{P}$ を含め、テキストでよく理解しておくこと。(2)の変圧器については、三相動力用の変圧器よりも結線の組合せで単相用変圧器を用いている。従って(2)の記述が誤りとなる。

答(2)

例題 3-5 原動機及び変圧器に関する次の記述のうち、誤っているものはどれか。

(1) 建設工事現場で多く使用される変圧器は、一般に小形と中形の単相用変圧器である。

(2) 変圧器の保守点検は、絶縁物や油の汚れ、油量の過不足状態、温度上昇の程度に留意し、また、時には絶縁試験を行う必要がある。

(3) 変圧器は油の中におさめるので、故障すると火災になる危険がある。

(4) 変圧器の定格容量は、kV で表される。

解説

(1)については前例で説明してあり正しい。(2)、(3)の記述についても正しい。(3)の変圧器をおさめる油（鉱油）は、鉄心からの発熱を対流により除去する為に用いる。(4)の変圧器の定格容量はkVAで示すのでこの記述が誤りとなる。

答(4)

例題 3-6 建設機械に関する次の記述のうち、適当でないものはどれか。

(1) スクレープドーザーは、スクレーパーとブルドーザーの機能を備え、土砂の掘削、積込み、運搬、まき出しの一連の作業が可能である。

(2) リッパ付ブルドーザーは、ブルドーザーの後部に装着されたリッパにより、岩盤の破砕や硬い土のかき起こし、土工板により岩片の運搬等を行うものである。

(3) ドラグラインは、機械の設置地盤よりも高い所を掘削する機械で、掘削半径が小さく、狭い所の作業に適している。

(4) クラムシェルは、地表面下の垂直掘削に用いられ、土質は比較的軟らかいものから中程度のものに適している。

解説

(1)のスクレープドーザーは、スクレーパーとブルドーザー両機械の機能を備え正しい。(2)のリッパとは破砕装置を意味しており正しい。ドラグラインは（26ページ）機械位置より低い所を掘削するので誤りとなる。(4)のクラムシェルは2枚貝と覚えておこう。

答(3)

例題 3-7 工事用建設機械の「機械名」とその「性能の表示」との組合せとして、次のうち適当でないものはどれか。

	〔機械名〕	〔性能の表示〕
(1)	タイヤローラー……………………	質量〔t〕
(2)	アスファルトフィニッシャー……	施工幅〔m〕
(3)	ブルドーザー……………………	ブレード幅〔m〕
(4)	バックホウ………………………	バケット容量〔m^3〕

解説

(1)タイヤローラー………質量〔t〕
(2)フィニッシャー …………施工幅
(3)ブルドーザー……質量〔t〕であり誤りとなる
(4)バックホウ……バケット容量〔m^3〕

答(3)

第4章 施工計画

図4-1

設計図書（発注者が示す設計図や仕様書など）に基づき、安全に、早く、安く、良い土木構造物をつくるために、施工条件と方法を見い出し、適正な**施工計画**を作成する必要がある。ここでは、施工計画立案の基本的なことを学ぶ。

4・1 施工管理

土木工事の施工は、図4-2のような**5M**を組み合わせて行い、①**安全**な施工で、②よい**品質**のものを、③できるだけ**早く**、④より**安く**つくることである。それぞれは図4-1のように**①安全管理**、**②品質管理**、**③工程管理**、**④原価管理**からなっており、これを**4大施工管理**という。

図4-2 5Mと4大施工管理

4大施工管理のうち、品質管理、工程管理、原価管理の相互関係は、図4-3のようになり、それぞれの関係を図から読むと次のようになる。

① 工程が遅く、時間をかければ良い品質の構造物がつくれる。(c曲線)

② 良い品質の構造物をつくるには、原価は高くなる。(b曲線)

③ 最適な工程で施工すると、原価が最も安くなる。(a曲線とd点)

このうち、③の工程と原価の関係が、**施工管理の基本**となる。段取りが悪く、工事の進捗状況が遅い場合や、無理して突貫工事を行うと、単位施工量あたりの原価は高くなるので、図のd点の**最適工程**を選べば、費用は最小となり、品質や安全についても、工程管理の中につくり込まれていくと考えて、施工管理を行うのが一般的である。

また、施工管理の手順は、図4-4の**デミングサークル**（デミング：この手法の考案者）によって実施されている。具体的な手順は次のようになる。

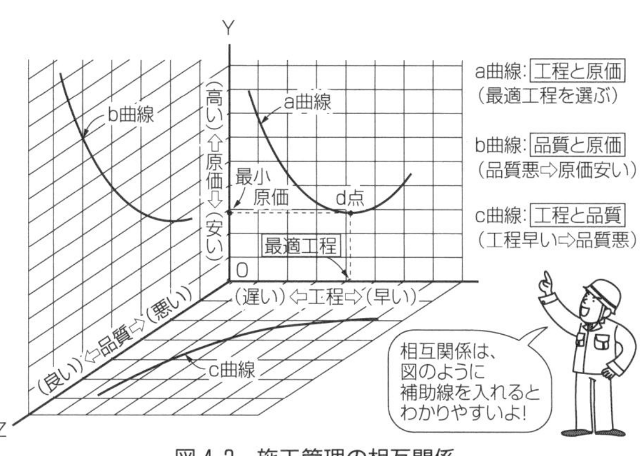

図 4-3　施工管理の相互関係

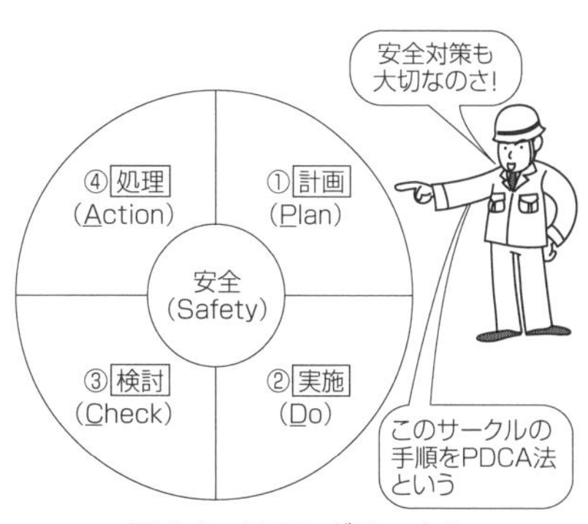

図 4-4　デミングサークル

① 施工管理の基本である工程を基軸として、施工計画を**計画**（Plan）する。

② 施工計画により工事を実際に**実施**（Do）する。

③ 施工計画と実際の工程などを**検討**（Check）する。

④ 遅れや早すぎる工程を、施工計画に基づき**処理**（Action）をする。

そして、改めて①の計画を修正し、②⇨③⇨④のサークルを繰り返して進める。

4・2 施工計画

施工計画は、土木工事の**発注者**（土木工事を計画し、予算措置を行い、注文する者）と、**請負者**（土木工事を責任と保証を請負って施工する者、施工業者ともいう）が十分協議をして、工事の着工から完成までの施工計画を立案していくのである。

図 4-5　施工計画の内容

施工計画の主な内容は、図 4-5 に示すような項目を目標に、発注者の意図が計画の中に織り込むことが大切であるが、工事を行う施工者側にも、責任と保証を請負う責務があることも重要である。施工計画立案の具体的な手順をみてみよう。

4・2・1 施工計画の立案

図 4-6　施工計画の立案

施工計画の立案については、図 4-6 のような内容について検討をし、最適な案を決定する。いくつか比較・検討する案をつくり、その中から、目標を達成するための**最適な手段**を選定することが大切であり、このことがいわゆる**工学**（Technology）である。土木技術者（Civil engineer）は、常にこの工学的視野をもって、施工計画や施工に携わることが大切である。なお決定した施工計画案は、発注者の意志を確かめておくようにする。

4・2・2　施工計画の基本的事項

施工計画を立案する際の調査や計画の基本的事項は、図 4-7 のようになる。

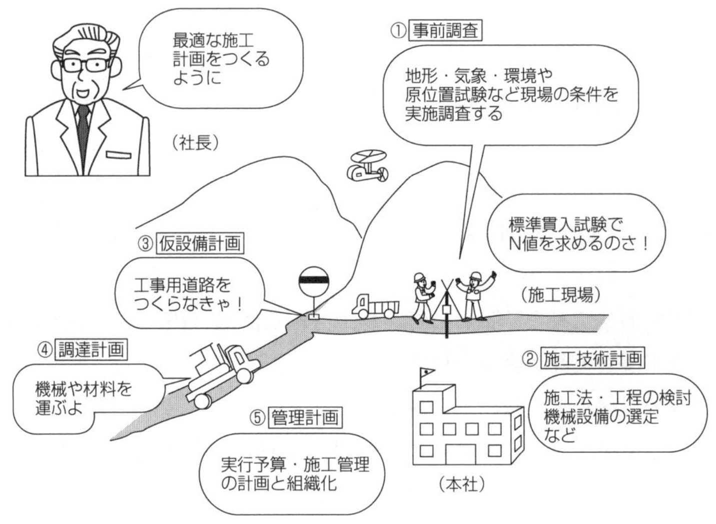

図 4-7　施工計画の基本的事項

例題 4-1　施工計画の策定にあたり、関係のないものが含まれているのは、次のうちどれか。

（1）　施工方法、原価管理、工程管理
（2）　品質管理、安全管理、環境対策
（3）　労務管理、情報管理、機械管理
（4）　文書管理、賃金台帳、施工組織

解説
施工計画の策定は、その工事の成否にかかわる基本的なもので、多くの要素を考慮して決めていくのは当然である。問題について、その要素をみると関係のないのは、(4)の中の賃金台帳である。台帳は労働者に支払った賃金を記録したもので、3か年間保存することになっている。
答(4)

例題 4-2　施工計画に関する次の記述のうち、適当なものはどれか。

（1）　工期は、契約工期の範囲内で、より経済的な工程を求めるのも重要である。
（2）　施工計画は、一般に発注者側の監督員が策定するものである。
（3）　一度決定した施工計画は、実施過程において変更してはならない。
（4）　施工計画の決定にあたっては、過去の実績や経験が主となり新しい技術開発に積極的に取り組む必要はない。

解説
(1)の記述が正しい。契約工期は平均的なもので、請負者側の技術力や組織力により、さらに経済的な工程を見出すのが必要である。(2)は、発注者と請負者の相方が十分に協議して決めるが、施工条件の違いなどで、途中の変更もあり得る。(4)の内容については当然誤りである。
答(1)

例題 4-3　施工計画立案の際に関係のない検討事項はどれか。

（1）　地形、地質、地下水
（2）　施工方法、仮設規模、施工機械
（3）　ガントチャートによる工程管理
（4）　材料の供給源と価格及び運搬経路

解説
施工計画は、工事開始前に立てる工事の全体的なもので、（1）、（2）、（4）の検討事項は当然必要となるので、いずれも正しい。（3）の工程管理は工事の進行状況を管理するもので関係がない。ガントチャートについてはこの後に学ぶ。答（3）

4・3　工程計画

工程計画は、工事の進行状態を事前に計画することをいい、施工計画のうち最も重要なものである。工程計画を立案する際には、全工事を工期内に完成させるために、**ムリ・ムダ・ムラ**の排除を目標に、各作業を時間的に配列し、その手順と日程を合理的に計画していくことである。立案には次の 3 点に留意する。

4・3・1　工程計画作成上の留意点

（1）　基本的な留意事項

① 事前調査を十分に行い、工種・数量・施工速度などの施工条件を正確につかむ。

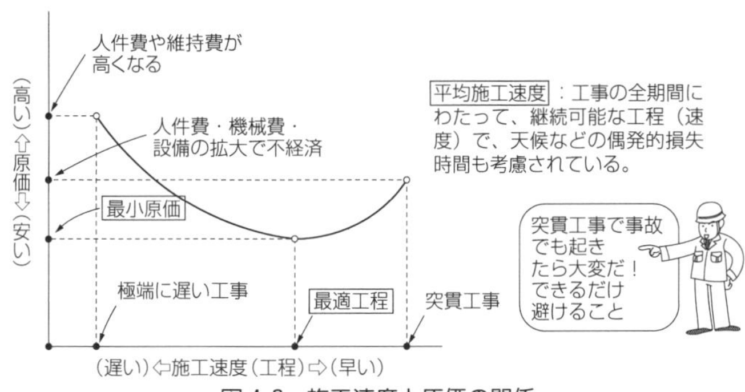

図 4-8　施工速度と原価の関係

② 図 4-8 の突貫工事はできるだけ避け、**最適工程を基に 1 時間当りの実質的な施工量を示す平均施工速度**を求め、これを基準として計画する。

③ 計画や工法の途中での変更に、汎用性（いろいろな工法にも適用可）を持たせる。

（2）　作業順序についての留意事項

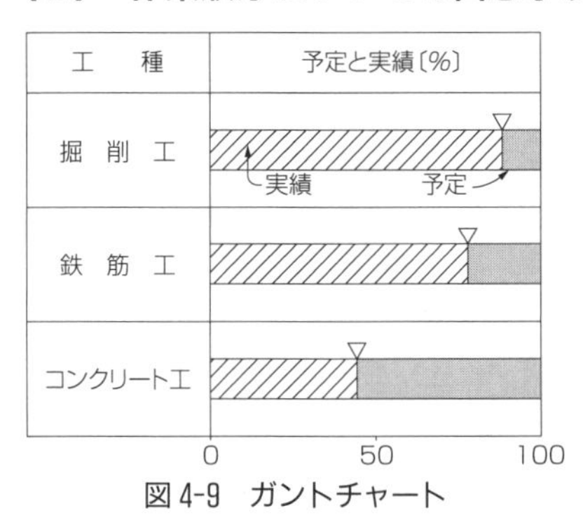

図 4-9　ガントチャート

① 図 4-9 のガント（この手法の考案者名）チャートに示すように、作業の前後関係を明確にし、重要な作業を優先させるように計画する。また、天候などの影響を受けやすい不確定要素の多い作業や所要期間の長い作業も優先的に施工する。

② 特殊な工法で、特殊専門労働者や特殊機械を使用するときは、手配可能な時期に優先して施工するように計画する。

（3）　材料・労力・機械設備の効率的活用についての留意事項

① 仮設備や施設は、できるだけ転用できるようにする。また、仮設費や人件費などの現場管理費は、合理的で必要最小限となるように計画する。

② 使用機械は掘削・運搬・締固め能力をバランスよく配置し、連続使用を計画する。

4・3・2 作業日数の算定

土木工事の多くは屋外生産であり、天候など自然条件の影響を受ける。また、日曜や祭日、正月や盆などの社会的条件の影響も受け、作業不可能の日もある。そこで365日から作業不可能日数を差し引いた**作業可能日数**を算定し、工事を完成させるのに必要な所要日数（工期）との関係を求め、工程計画作成の基本資料としている。

作業日数の関係は、作業可能日数≧所要日数（工期）となり、万一、作業可能日数が、所要日数より少ないときは、突貫工事などで一日の平均施工量を多くすることになる。

4・4 仮設備計画

仮設備とは、工事用道路や足場など、工事を実施する場合に必要な設備で、目的構造物の完成後は撤去されるものである。仮設備には図4-10に示すように、本体と密接な関係のある土留工（鋼矢板）などで、発注者が本工事の一部として扱うものを**指定仮設備**という。また、現場事務所など請負者の判断でつくるものを**任意仮設備**といい、原則的に契約変更の対象とならない。ここでは、一般的な任意仮設備について学ぶ。

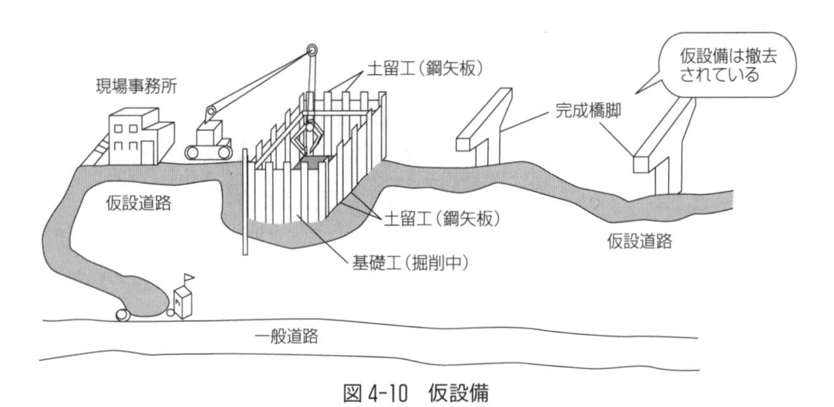

図4-10 仮設備

4・4・1 仮設備計画立案の留意点

任意仮設備はさらに、工事進行上必要な足場、仮設道路、プラント（コンクリートやアスファルトの製造設備）などの**直接仮設備**と、現場事務所や宿舎、倉庫、試験室などの**間接仮設備**に分けられる。これらの仮設備計画立案の留意点は、次のようになる。

① 仮設備計画は、仮設備の設置、維持ならびに撤去、跡片付けまで含むものとする。

② いかなる仮設備も、構造計算をするなど安全を確認し、必要最小限のもので、しかも十分に機能が発揮できるものとする。そのために、地形上の配置にも配慮する。

③ 宿舎などは、労働安全衛生規則に従うと同時に、作業員が気持よく生活できるような施設や設備にも、十分配慮することも大切である。

4・4・2　仮設備の内容

直接仮設備の主な内容は、河川の締切り工・荷役・運搬（道路・軌道、ケーブルクレーンなど）・プラント・給排水・電力などである。間接仮設備には、現場事務所・宿舎・修理整備工場・加工所・材料置場（セメントサイロなど）・調査試験室などがある。「段取り八分」といわれるように、仮設備計画は合理的に立案することが大切である。

4・5　土工の計画

土木工事の大部分は、地球の大地を人工的に手を加えて施工する**土工事**であり、施工管理上**土工の計画**は重要となる。土工の計画の主な内容については、「土木一般」の第Ⅰ編第1章土工で既に学んでいるので、ここで復習することも大切である。

要点

『施工計画のまとめ』

- 土木工事は5Mの生産手段を有効に組み合わせ、4大施工管理のもとに施工するような施工計画を立案する。
- 施工管理のうち、工程と原価の関係を施工管理の基本といい、最適工程で施工すれば、原価が最も安くなる関係を、図4-3でよく理解しておくことが大切である。
- 図4-4のデミングサークル（PDCA法）については、我々の日常生活の中でも活用できるものであるとして理解すること。
- 施工計画の基本的事項は、①事前調査、②施工技術計画、③仮設備計画、④調達計画、⑤管理計画であるが、この種の内容は暗記するのではなく、自分が立案する立場となって考えて解答するという方法が、大切であろう。
- 工程計画が施工計画の中心となるので、関連用語を正しく理解しておくこと。特に、工程計画や工事費見積りの基になる平均施工速度は重要である。
- 仮設備は指定仮設備と任意仮設備があり、さらに、直接と間接の仮設備とに分類されている。それぞれの内容をよく理解しておくこと。

例題 4-4　工程計画の策定に関する次の記述のうち、適当でないものはどれか。

（1）　工程計画の策定にあたっては、建設機械の施工速度として、平均施工速度を用いる。

（2）　建設機械を合理的に選定するためには、最大施工速度をもとに、経済性も重視すべきである。

（3）　工程計画策定の直接目的は工期の確保にある。

（4）　一日平均施工量は、作業条件や作業環境にはあまり左右されず一定とする。

解説

(1)、(2)の建設機械の施工速度は、施工計画の立案のときは平均施工速度（実際の速さ）を基準とし、機械の組合わせや選定には最大施工速度（カタログ記載の速さ）を用いる。従って(1)、(2)ともに記述は正しい。(3)の記述は当然であり、(4)は工事の初期や終期や他の条件に左右されるので、この記述が誤りとなる。

答(4)

例題 4-5　仮設備計画に関する次の記述のうち、適当でないものはどれか。

(1)　仮設備には契約でその工種、数量、施工法、配置、材質などを指定する指定仮設と施工者の判断にゆだねられる任意仮設とがある。

(2)　仮設備は、工事の目的物ではないので、構造計算は行わず、経験や手持ち材料などを用い、経費の節減をはかる。

(3)　仮設備は、工事の規模に応じ、施工内容や現地条件に合致するように計画する。

(4)　仮設備計画は、労働安全衛生法などの安全基準に適合したものとする。

解説

(1)、(3)、(4)の記述は、いずれも仮設備計画立案の際に重要なことであり、正しいので内容をよく理解しておくようにする。(2)の記述においては、いかなるものでも構造計算を行い、より安全性を確認する必要があるので、誤りとなる。(4)の労働安全衛生法は「法規」で学ぶ。
答(2)

例題 4-6　下図は土木工事の施工管理における工程・原価・品質の一般的関係を示したものであるが、これについて次の記述のうち、誤っているものはどれか。

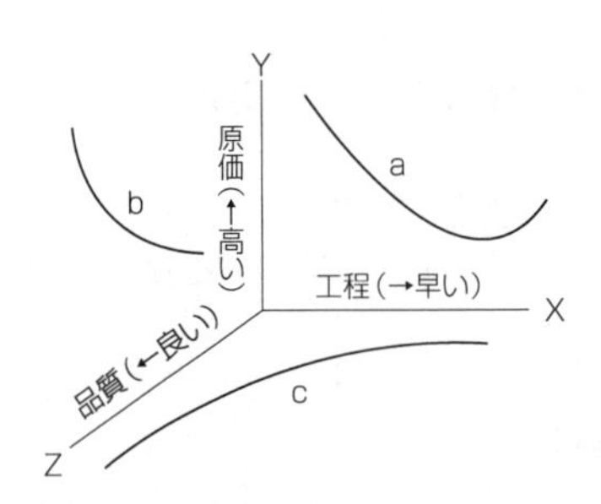

(1)　一般に原価が高くなる要因として、過度の高品質の要求と、工程の遅延が考えられる。

(2)　一般に工程を長くすれば品質の良いものがつくれるが、原価は高くなる。

(3)　一般に品質低下の要因は、原価を安く設定し、施工速度を速めようとすることである。

(4)　一般に最適施工速度のときの品質は、最上のものが得られる。

解説

この図の分析は、a 線は工程と原価、b 線は原価と品質、c 線は工程と品質と区分して見るとわかるやすくなる。(1)の記述では a 線と b 線からそれぞれ判断すると、正しいことがわかる。同様にして判断すると(2)、(3)も正しい。(4)の記述では、最適施工速度は、イラストでは最適工程といい、品質との関係は c 線から判断すると、最上のものが得られるとはいえず、従って(4)が誤りとなる。なお、最適工程で工事を進めれば、原価（工費）は当然安くなる。
答(4)

第5章 工程管理

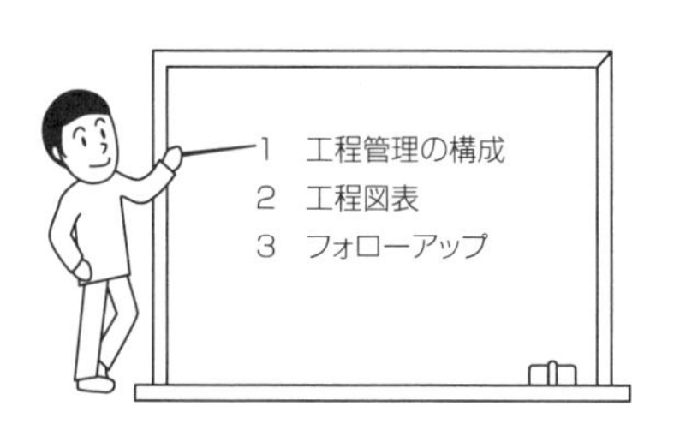

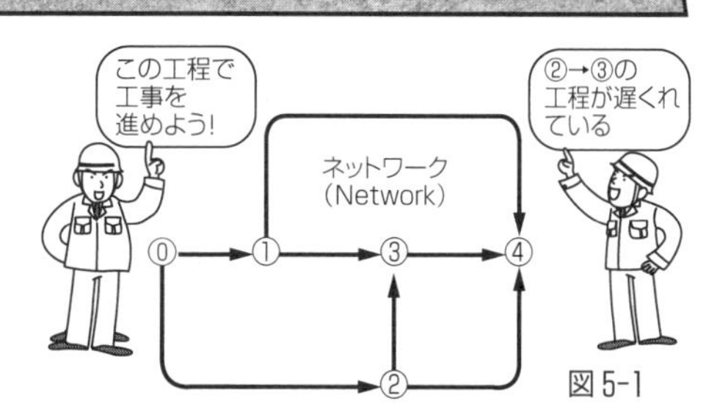

図5-1

施工管理の中で、工期や原価に直接影響するのが、**工程管理**であり中核をなすものである。従って、時期的な面ばかりでなく、工事全体の進め方を総合的に検討することが大切である。ここでは、**各種の工程表**の活用方法などについて学ぶ。

5・1 工程管理の構成

工程管理には、**予定工程**と**実績工程**の関係を比較検討し、遅れている工程があれば**フォローアップ**（作業員を増やすなどして回復させる）をするなどの**進捗**(しんちょく)**管理**と、フォローアップの具体的な対策について検討する**作業量管理**とがある。ここでは工程管理の手法であり、出題率も高いネットワークなどの進捗管理について説明するが、最初に作業量管理の概要を少し説明しておく。

5・1・1 作業量管理

いま、1日の作業量Q、1日の作業時間t、1時間当りの作業量q、作業効率をEとすると、1日の作業量Qは次式で求められる。

$Q=E \cdot q \cdot t$

この式から、1日の作業量Qを増加させるためには、E、q、tを増やせばよいが、単にtを極端に増やすことは、突貫工事にもなるので、それよりはEやqの内容を向上されるための、図5-2の**作業量管理**を十分に行うことが必要である。特に、始業前の**段取り**を十分に行い、材料の供給待ちや機械の故障による工事の休業を排除すると同時に、作業員の休暇や健康にも配慮することが大

図5-2 セメントコンクリート舗装工事の作業量管理

切である。

5・2 工程図表

工程図表とは、工事を工期内に完成されるために、各作業ごとに**作業順序**や**施工速度**を決めた予定工程と、作業の進捗状況に応じた実績工程などを図表化したもので、工事の進捗管理の手段として用いられる。工程図表には次の種類がある。

(1) 各作業を管理する工程図表

①横線式工程表 ②グラフ式工程表 ③**ネットワーク式工程表**など。

(2) 工事全体の進捗状況を表す工程図表

①出来高累計曲線 ②工程管理曲線(バナナ曲線)など。

これらの工程図表について、順次説明していく。

5・2・1 横線式工程表

横線式は、横軸に完成率や工期、縦軸に工種をとり、文字通り**横線**で各工種ごとの予定や実績を図示したもので、図5-3、4のように2方法が多く用いられている。

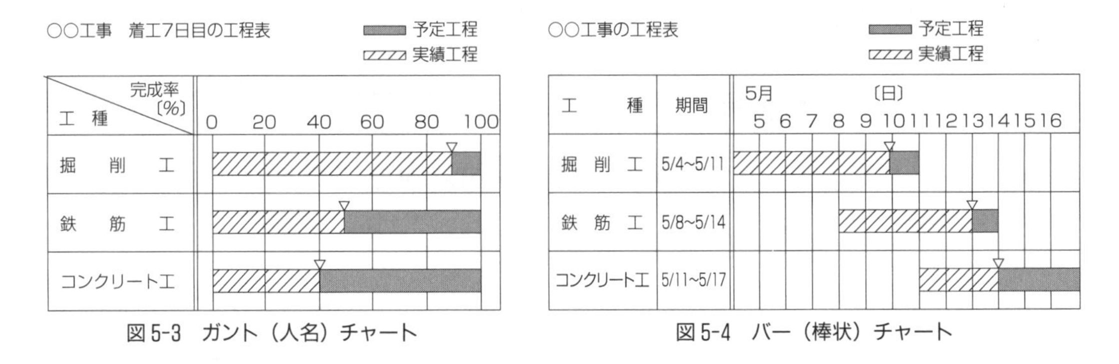

図5-3 ガント(人名)チャート　　図5-4 バー(棒状)チャート

図5-3のガントチャートは、予定と実績の差が容易にわかり、チャートの作成は容易であるが、各工種間の相互関係や、工期や重点管理作業が不明である。同じことがバーチャートにもいえるが、バーチャートでは、横軸に工期をとるので、工期と実績の関係がかなり明確になっている。

5・2・2 グラフ式工程表

グラフ式工程表は、バーチャートを図5-5のようにグラフ化したもので、横軸に工期、縦軸に出来高の比率をとり、グラフを描いたものである。

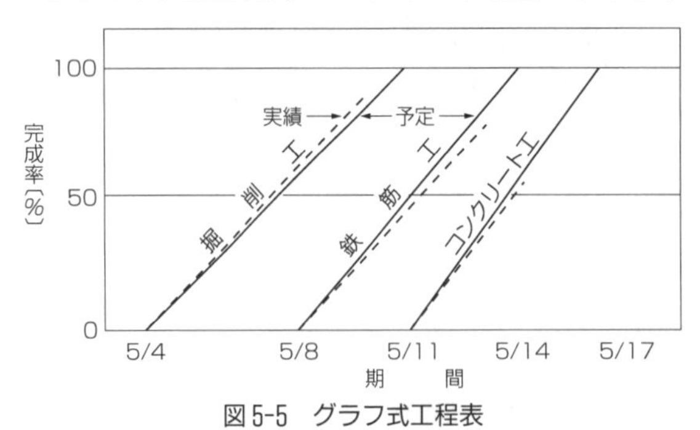

図5-5 グラフ式工程表

この工程表は、ガントチャートとバーチャートの良い点を組み合わせたもので、施工中の各工種ごとの進捗状況がよくわかるが、各工種間の相互関係や重点管理作業が、バーチャート同様に明確でない欠点がある。

5・2・3 出来高累計曲線と工程管理曲線（バナナ曲線）

出来高累計曲線は、図5-6のように、縦軸に出来高累計率（工事の完成率）を横軸に工期をとり、工事の進捗状況と工期の関係を大づかみに判断する資料となる曲線である。

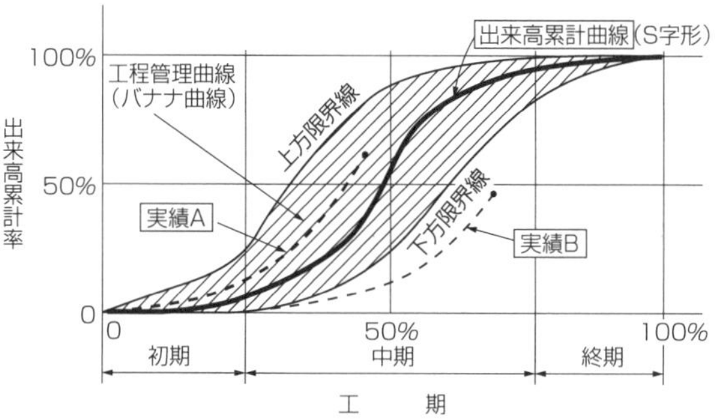

出来高と工期の関係は、工期の初期においては、段取りや仮設物の準備などで手間がかかる。また、終期は仕上げ工事や後片づけなどで、いずれも出来高は小さく、工事が順調に進み出来高が伸びるのは中期（最盛期ともいう）となる。この状況を曲線で示すと、図のようにS字形となり、これが理想的といえ、実績を示す曲線もS字形になるように管理する必要がある。このように、出来高累計曲線は工事全体の進捗状況は管理できるが、作業別の工程が管理できないのが欠点となり、ネットワークなどと組み合わせて管理する。

図5-6　出来高累計曲線

また、過去の同種の工事の工期と出来高の実績（数10例）を基に、工事の進捗状況に応じた出来高の上限値と下限値を定め、図上にプロットして上方限界線と下方限界線を描くと、バナナ形の図形（バナナ曲線）ができ、実績はこの図形内に入っていればよいことになる。

従って、出来高累計の実績曲線は、S字形に近くて、このバナナ曲線からはみ出さないように管理する必要がある。図の工程Bは突貫工事などの対策が必要となる。

例題5-1　工程管理に関する次の記述のうち、適当でないものはどれか。

（1）　工程管理の作業量管理において、施工段取りの不適当は、作業能率を低下させる。

（2）　工程管理の目的は、契約条件を満足しながら、最も経済的、能率的に工事を進めていくことにある。

（3）　工程表を作成するときは、全工程の忙しさの程度を均等化するように配慮する。

（4）　工程計画は、途中で変更すると、それに要する費用が多くなるので、変更しないようにする。

解説

工程管理に関する基本的な内容が記述されている(1)、(2)、(3)はいずれも正しいので、内容を確認しておくこと。施工段取りとは、その作業を円滑に進めるために必要な準備をいう。(4)の工程計画の途中の変更については、よく出題されている。PDCA法により常に最適な手段で実行するためには、途中の変更もあり得るので誤りである。

答(4)

例題5-2　各工程表の利点、欠点に関する次の記述のうち、誤っているものはどれか。

（1）　横線式工程表の主なものに、ガントチャートとバーチャートがあり、作り方が簡単である。

（2）　ガントチャートは、ネックとなる作業が明らかになる。

（3）　グラフ式工程表は、施工中の各工種ごとの進捗状況がつかめる。

（4）　出来高累計曲線は、一般にS字形を描く。

解説

この種の問題については、各工程図表の描き方と特徴を理解しておく必要がある。(2)のガントチャートは予定と実績の関係はつかめるが、工事の遅れの有無などのネックは不明であり、この記述が誤りである。

答(2)

5・2・4　ネットワーク（Network：網状の工程図表）式工程表

ガントチャートやバーチャート及びグラフ式の**各工程表の欠点を補ったものが、ネットワーク式工程表**であり、工程管理に多く用いられ、出題率も高いのでよく理解しよう。

（1）　ネットワーク作成上の基本的事項

ここでは図5-7のようなフーチングの施工について、ネットワークを作成し、作成上の基本的事項について学ぶ。

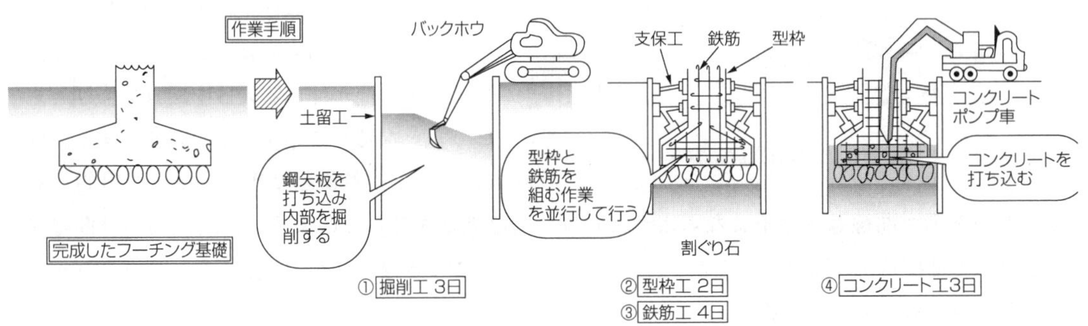

図5-7　フーチング基礎の施工順序と工種別所要日数

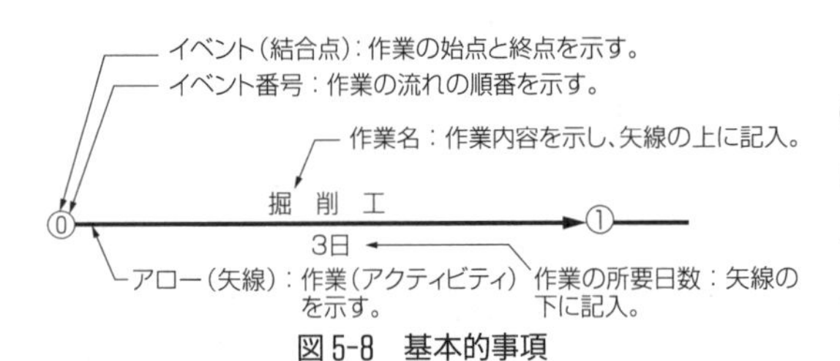

図5-8　基本的事項

図5-7のフーチング基礎の施工順序のうち、①の掘削工だけのネットワークの表示方法を例にあげ、基本的事項を図5-8に示した。工事量や工種が多く複雑でも、この基本的事項の組み合わせで作成していくのである。

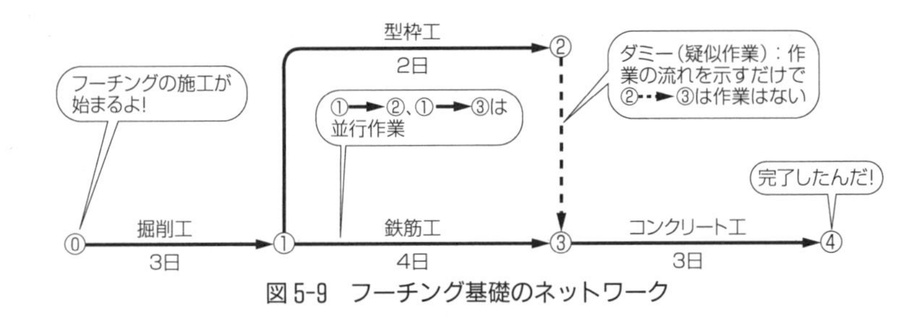

図5-9　フーチング基礎のネットワーク

基本的事項により、図5-7のフーチング基礎の施工について、ネットワークを作成してみると図5-9になる。

②⇢③の**ダミー**は、実際には作業はないが、①→②の作業が完了しなければ③→④の作業は開始できないという重要な意味を持っている。それでは③→④の作業は、作業開始後何日目になれば開始できるのか、工期は何日になるのかなどを求めてみよう。

（2）　ネットワークの計算

工期日数や工事の進捗管理をするために、ネットワークでは次のような計算を行う。

① **最早開始時刻**（さいそう）：各イベントにおいて、最も早く工事に着手できる時刻。

② **最遅完了時刻**（さいち）：各イベントにおいて、どんなに遅くても、完了させておく時刻。

③ **余裕日数**：各作業の所要日数に対しての余裕日数で、②－①で求め、余裕日数が0の場合は、

所要日数内に工事を完了させなければならず、余裕がないといえる。

余裕日数には、全余裕日数、自由余裕日数、干渉余裕日数がある。

(3) 最早開始時刻の計算

計算した最早開始時刻は、各イベントの右上の□の中に、①[3] のように記入する。

図 5-9 のネットワークについて、計算すると図 5-10 のようになる。

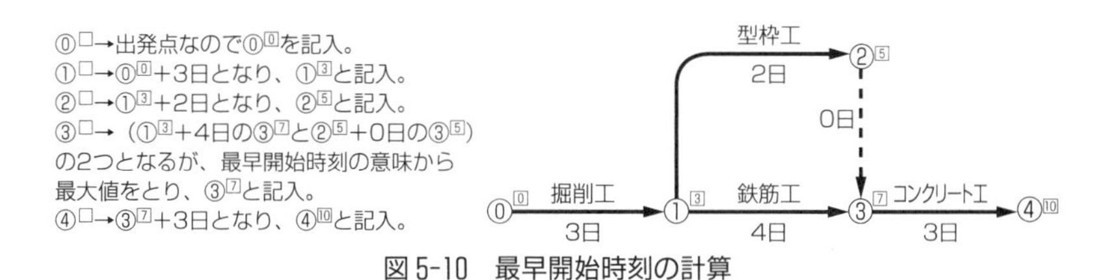

図 5-10　最早開始時刻の計算

図 5-10 からも明らかなように、最終イベント④の最早開始時刻の 10 日は、フーチング基礎工が完成するまでの全体の工期を示している。このように、ネットワークの計算は、単に手法だけ覚えるのではなく、値の持つ意味を吟味して行うことが大切である。

(4) 最遅完了時刻の計算

計算した最遅完了時刻は、各イベントの右上の□の上の○の中に、①③[3] のように記入する。最遅完了時刻の計算は、値の持つ意味から、最終イベントから逆に引き算しながら、出発イベントに向かって行う。図 5-9 のフーチング基礎のネットワークに計算すると、図 5-11 のようになる。

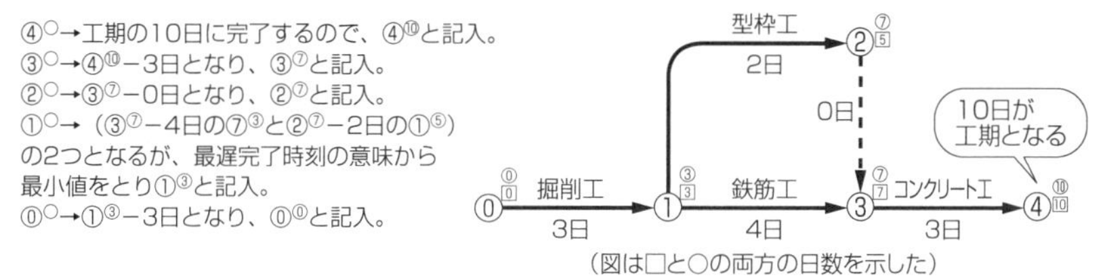

（図は□と○の両方の日数を示した）

図 5-11　最遅完了時刻の計算

図において、②での最早開始時刻 5 日に対して、最遅完了時刻が 7 日ということは、①⇨②の型枠工は、所要日数 2 日に対し、2 日以内ならば遅くれても全体の工期 10 日には影響しない余裕のある日数といえる。

例題 5-3　フーチング基礎の施工において、図 5-9 のネットワークのように、コンクリート混合設備の仮設に 7 日、セメントや骨材などの材料搬入に 2 日を加えた場合の、最早開始時刻及び早遅完了時刻を求め、ネットワークの中に日数を記入せよ。

解説

(2)ネットワークの計算で示した最早開始時刻、最遅完了時刻を計算の手順に従って求め、それぞれの所定の記号によって表示すると次のようになる。

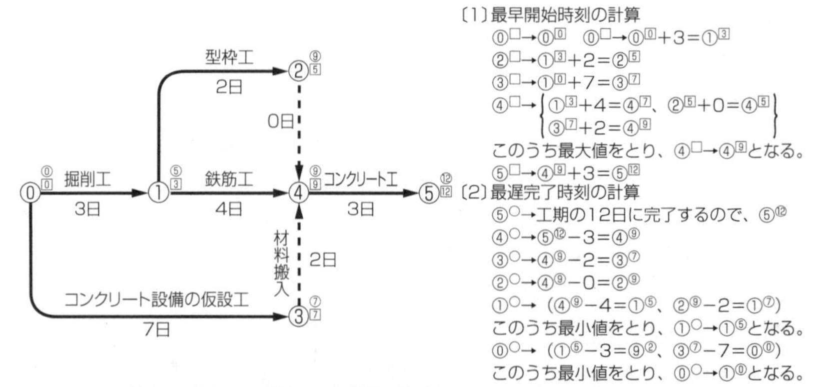

図 5-12　ネットワークの計算

（5）　余裕日数の計算

計算をした最早開始時刻や最遅完了時刻をもとに、全体の工期や余裕日数などを求めていく。例題で求めたフーチング基礎の施工について、各値を計算してみよう。

① **工期**：最終イベントの最早開始時刻は、この工事全体の工期を意味することは理解できよう。従って例題の工期は 12 日となる。

② 全（総）余裕日数：TF（Total Float）は、各作業の終点の最遅完了時刻○印の値から、出発点の最早開始時刻□印の値と、その作業の所要日数を差引いた日数で求められ、工事全体の工期からみたその作業の余裕日数となる。例題の各作業の TF は次のようになる。

⓪→①⇨①⑤−(⓪[0]+3)=2 日　①→②⇨②⑨−(①[3]+2)=4 日　①→④⇨④⑨−(①[3]+4)=2 日
⓪→③⇨③⑦−(⓪[0]+7)=0 日　③→④⇨④⑨−(③[7]+2)=0 日　②→④⇨④⑨−(②[5]+0)=4 日
④→⑤⇨⑤⑫−(④[9]+3)=0 日

計算した TF の日数が 0 日となる作業は、余裕日数が全くなく、作業が 1 日でも遅れると、工期に影響するので重要な管理路線となり、この経路を**クリティカルパス**（Critical Path：危険経路）といい、**遅くならないように集中管理**が必要となる。

③ 自由余裕日数：FF（Free Float）は、各作業の終点の最早開始時刻□印の値から、出発点の最早開始時刻□印の値と、その作業の所要日数を差し引いた日数であり TF より小さく、FF の日数だけ遅れても、全体の工期や後続の作業に影響を与えなく、その作業だけをみた余裕日数である。

例題の各作業の FF は次のようになる。

⓪→①⇨①[3]−(⓪[0]+3)=0　①→②⇨②[5]−(①[3]+2)=0　①→④⇨④[9]−(①[3]+4)=2 日
⓪→③⇨③[7]−(⓪[0]+7)=0　③→④⇨④[9]−(③[7]+2)=0　②→④⇨④[9]−(②[5]+0)=4 日
④→⑤⇨⑤[12]−(④[9]+3)=0

④ 干渉余裕日数：IF（Interfering Float）は、各作業ごとに TF−FF で求めれ、後続する作業に持ちこせる余裕で、その作業で消費しなければ後続作業で消費できる日数である。例題の各作業の IF は次のようになる。

⓪→①⇨2−0=2 日　①→②⇨4−0=4 日　①→④⇨2−2=0
⓪→③⇨0−0=0 日　③→④⇨0−0=0 日　②→④⇨4−4=0
④→⑤⇨0−0=0 日

各余裕日数の計算した値を、ネットワーク上に記入するときは、TF⇨〔　〕、FF⇨（　）、IF⇨

〈　〉内に日数を記入して表示する。

例題のフーチング基礎の施工の最早開始時刻、最遅完了時刻及び各余裕日数をネットワーク上に示すと、図5-13のようになる。

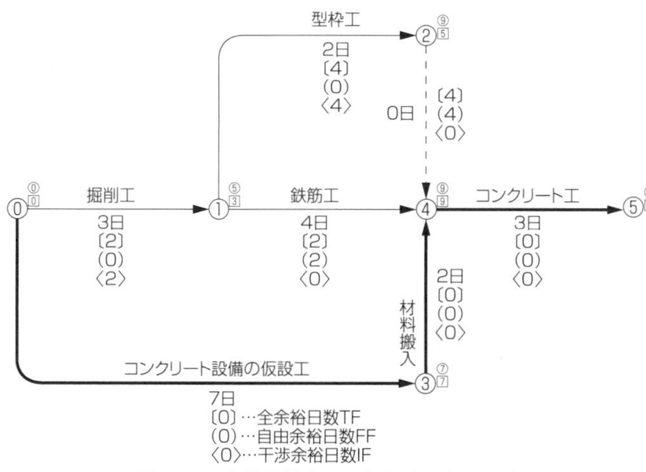

図5-13　余裕日数を記入したネットワーク

図において、クリティカルパスはTF＝0になる経路を結んだ⓪→③→④→⑤となるが、この経路の所要日数の合計が最も長くなる。この経路を**最長経路**といい、最長経路を求めれば、それが工期とクリティカルパスになることも理解できよう。

各余裕日数については、計算した日数を、書式に従って記入したので、各日数の持つ意味を考えることも大切である。

例題5-4　次のネットワークについて各値を求め、所定の記号によって表示せよ。

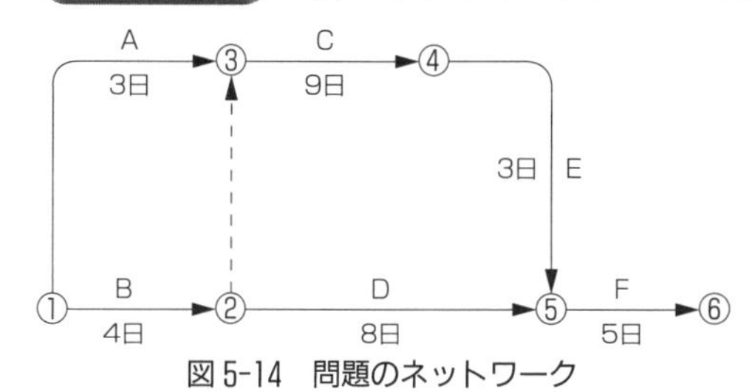

図5-14　問題のネットワーク

（1）　最早開始時刻の計算

①□⇒①$^{\boxed{0}}$　　②□⇒①$^{\boxed{0}}$＋4＝②$^{\boxed{4}}$

③□⇒①$^{\boxed{0}}$＋3＝③$^{\boxed{3}}$ と②$^{\boxed{4}}$＋0＝③$^{\boxed{4}}$（大きい方）

④□⇒③$^{\boxed{4}}$＋9＝④$^{\boxed{13}}$　⑤□⇒④$^{\boxed{13}}$＋3＝⑤$^{\boxed{16}}$ と

②$^{\boxed{4}}$＋8＝⑤$^{\boxed{12}}$

（大きい方）

⑥□⇒⑤$^{\boxed{16}}$＋5＝⑥$^{\boxed{21}}$（工期となる）

（2）　最遅完了時刻の計算

⑥○⇒⑥^{㉑}　⑤○⇒⑥^{㉑}－5＝⑤^{⑯}

④○⇒⑤^{⑯}－3＝④^{⑬}　③○⇒④^{⑬}－9＝③^{④}

②○⇒(⑤^{⑯}－8＝②^{⑧}、③^{④}－0＝②^{④})

このうちの最小値をとり、②^{④} となる。

①○⇒(③^{④}－3＝①^{①}、②^{④}－4＝①^{⓪})

このうち最小値をとり、①^{⓪} となる。

（3）　余裕日数の計算

①　工期⇒⑥$^{\boxed{21}}$＝21日

②　TFの計算〔　〕で示す

①→②⇒②^{④}－(①$^{\boxed{0}}$＋4)＝〔0〕
②→③⇒③^{④}－(②$^{\boxed{4}}$＋0)＝〔0〕
①→③⇒③^{④}－(①$^{\boxed{0}}$＋3)＝〔1〕
②→⑤⇒⑤^{⑯}－(②$^{\boxed{4}}$＋8)＝〔4〕
③→④⇒④^{⑬}－(③$^{\boxed{4}}$＋9)＝〔0〕
④→⑤⇒⑤^{⑯}－(④$^{\boxed{13}}$＋3)＝〔0〕
⑤→⑥⇒⑥^{㉑}－(⑤$^{\boxed{16}}$＋5)＝〔0〕

クリティカルパスはTF＝0ルートなので①→②→③→④→⑤→⑥となる。

③　FF の計算(　)で示す

①→②⇨②$\boxed{4}$－(①$\boxed{0}$＋4)＝(0)

②→③⇨③$\boxed{4}$－(②$\boxed{4}$＋0)＝(0)

①→③⇨③$\boxed{4}$－(①$\boxed{0}$＋3)＝(1)

②→⑤⇨⑤$\boxed{16}$－(②$\boxed{4}$＋8)＝(4)

③→④⇨④$\boxed{13}$－(③$\boxed{4}$＋9)＝(0)

④→⑤⇨⑤$\boxed{16}$－(④$\boxed{13}$＋3)＝(0)

⑤→⑥⇨⑥$\boxed{21}$－(⑤$\boxed{16}$＋5)＝(0)

④　IF の計算〈　〉で示す

①→②⇨0－0＝0

②→③⇨0－0＝0

①→③⇨1－1＝0

②→⑤⇨4－4＝0

③→④⇨0－0＝0

④→⑤⇨0－0＝0

⑤→⑥⇨0－0＝0

計算結果とクリティカルパスを表示する

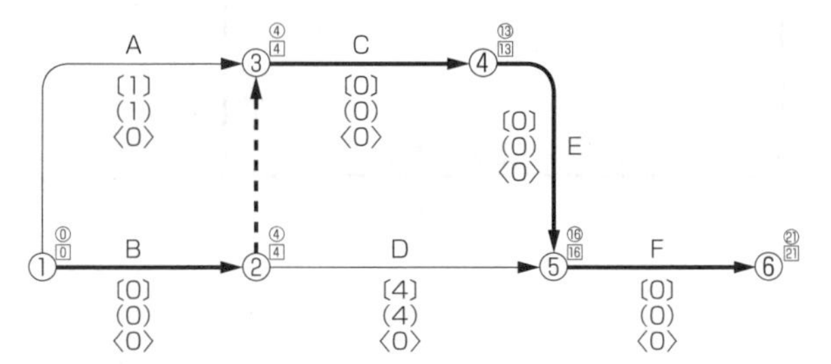

要点

『工程管理のまとめ』

①　工程管理は、工程の遅れなどを工程図表で管理し、フォローアップを行う進捗管理と、フォローアップのための具体的な対策を実施する作業量管理とがある。

②　進捗管理の手順は、先ず工程図表（ネットワークやバナナ曲線など）で、工事全体の進捗状況をつかみ、フォローアップの計画を立てる。

③　工程図表には、図（P. 324）のような種類があるので、それぞれについて、長所・短所・適用範囲をつかんでおくようにする。

④　工程図表のうち、ネットワーク式工程表は長所も多く、進捗管理の手法として最も多く採用され、毎年出題されているので、各値の計算や意味を徹底的に理解する必要がある。そのためには時間はかかるが、次の順序に従って、ひとつひとつ着実に計算すると同時に、各値の持つ意味をよく理解するようにする。

　①最早開始時刻　②最遅完了時刻　③各余裕日数　④クリティカルパスと工期

例題 5-5　ネットワーク工程表の作成にあたっての基本事項のうち、誤っているものはどれか。

(1)　イベントの番号は、同じ番号が 2 つ以上あってはならない。

(2)　ダミーは作業時間「0」の擬以作業である。

(3)　アクティビティの表す矢線の長さは、作業時期に関係がない。

(4)　あるイベントから出て、同一のイベントに戻るアクティビティの組合わせもある。

解説

ネットワークに関する出題率は高いので、この基本事項をよく理解しておくようにする。(1)、(2)、(3)の記述は全くその通りで正しい。(4)の同じイベントに戻ることは、下図のようにイベントがサイクルになって作業が先に進まないので、戻ることがあってはならない。

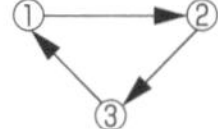

答(4)

例題 5-6　ネットワークの計算において、全余裕（TF）と自由余裕（FF）の性質の次の記述について、適当でないものはどれか。

（1）　クリティカルパス上の各作業の全余裕、自由余裕はいずれも「0」である。

（2）　全余裕が「0」の作業を余裕のない作業（クリティカルアクティビティ）といい、このアクティビティに遅れがあると、工期に影響する。

（3）　自由余裕を、あるアクティビティで使いきれば、その経路はクリティカルパスとなる。

（4）　自由余裕は全余裕より小さいか同じである。

解説

ネットワークによる管理の目的のひとつに余裕日数を求めることである。余裕日数には

（1）　全余裕（TF）：工期内に完成させるための各作業の余裕の有無を示す。

（2）　自由余裕（FF）：あるイベント間の作業がもつ余裕で、FFだけ遅れても工期や後続作業に影響しない。

（3）　干渉余裕（IF）：後続作業に持ち込み可能な日数などがある。従って、(3)の記述が誤りとなる。

答(3)

例題 5-7　ネットワークの用語に関する次の記述のうち、誤っているものはどれか。

（1）　ダミー：擬以矢線で、この経路ではアクティビティはない補助的矢線である。

（2）　クリティカルパスは、必ずしも1本ではない。

（3）　アクティビティは矢線で示し、矢線の長さは作業時間と比例させて描く。

（4）　全余裕日が「0」の経路を結んだ線が、クリティカルパスとなる。

解説

ネットワーク作成上の基本的事項の記述であり、それぞれの内容を確認しておくこと。(3)の矢線は、アクティビティの流れの方向を相互関係の中で図示したもので、矢線の長さは、作業時間とは関係しない。従って、(3)の記述が誤りとなる。

答(3)

例題 5-8　下図のネットワークにおいて、クリティカルパスのルートはどれか。

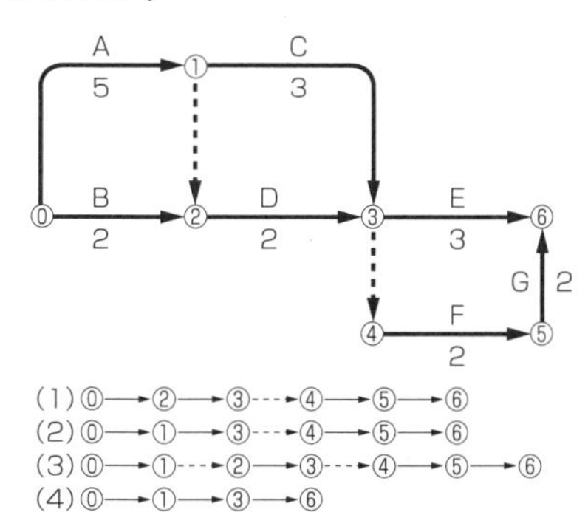

(1) ⓪→②→③--→④→⑤→⑥
(2) ⓪→①→③--→④→⑤→⑥
(3) ⓪→①--→②→③--→④→⑤→⑥
(4) ⓪→①→③→⑥

解説

正しい解答方法は、各ルートの全余裕を計算し、〔0〕のルートを結んで求めるが、クリティカルパスの持つ意味から、最重要経路であり、言いかえれば、⓪→⑥までの各経路のうち、最長経路（合計日数の最多の経路）である。各ルートについて合計日数を求める。

(1)⇒2+2+0+2+2=8日
(2)⇒5+3+0+2+2=**12日**
(3)⇒5+0+2+0+2+2=11日
(4)⇒5+3+3=11日

従って最長経路は(2)のルートで工期は12日となる。

答(2)

例題 5-9 下図のネットワークについて述べた説明で、誤っているものはどれか。

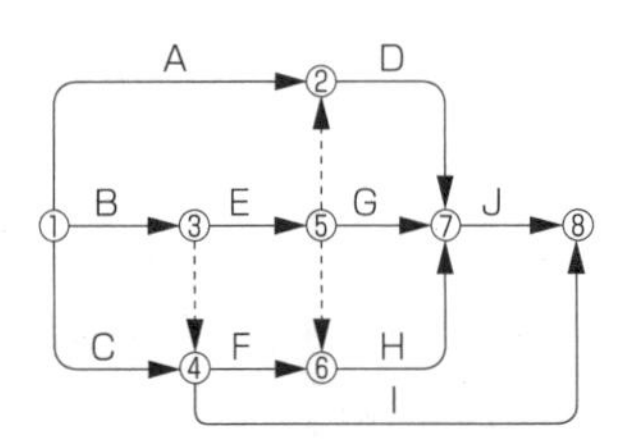

（1） 作業Dは、作業A、作業Eが完了しないと開始できない。

（2） 作業Hは、作業E、作業Fが完了すれば開始できる。

（3） 作業B、作業Cが完了しないと、作業Iは開始できない。

（4） 作業G、作業Hが完了すれば、作業Jは開始できる。

解説

ネットワークは作業の流れ（手順）を網のように示したものであり、下図のように先行作業、後続作業の関係を基本として十分に理解しておく。

A→②

E→⑤ G→⑦

AとEはGの先行作業

Gは、AとEの後続作業

問題の各ルートについてみてみると(4)のルートで、作業Jの先行作業はDとGとHであり、これらが完了しなければ、後続作業はJは開始できない。従って、(4)のルートが誤りとなる。

答(4)

5・3 フォローアップ

今までに学んだネットワークなどの工程図表を基に、定期的に工事の進捗状況を調査し、もし、計画より作業工程が遅れていれば、なぜ遅れたのか、その原因を調査・検討し、遅れを取り戻す対策を講じなければならない。これらの作業を行う管理を**フォローアップ**といい、工程計画に対する**進捗管理の重要な役割**となる。

5・3・1 フォローアップの進め方

クリティカルパス上の作業が遅れると、言うまでもなく工事全体の工期に影響するので、遅れた場合には、クリティカルパス上の作業の施工速度を速めるように調整することになる。ここでは例題 5-3 のフーチング基礎の施工のネットワークを利用して、**着工 2 日目でコンクリート設備の仮設作業で、1 日の遅れ**のあることが判明した場合のフォローアップの方法について学ぶ。フォローア

手順1　2日目の管理点の左側は、全てダミーとする。
手順2　管理点上の作業に、仮のイベントⓐとⓑを新しく設ける。
手順3　仮のイベントⓐ、ⓑに、□と○の値を求め記入する。
手順4　ⓐ及びⓑと次のイベント①と③の間に、残り日数を記入し、全余裕日数〔　〕を求める。
手順5　〔−1〕の経路で日程を短縮する。

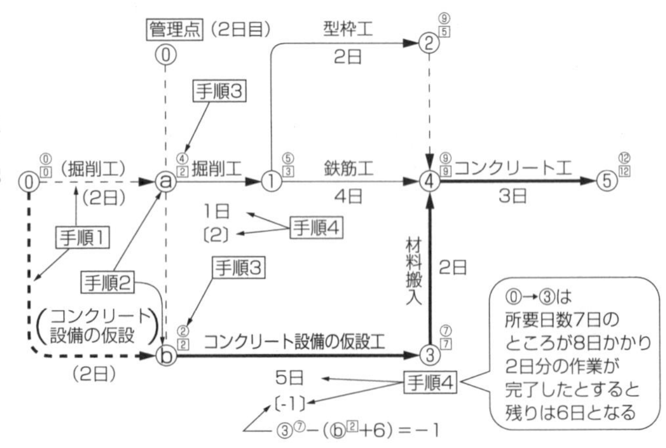

図 5-15　フォローアップの手順

ップの手順と作業は図5-15のようになる。

5・3・2　フォローアップの決定

図5-15において、ⓑ→③→④→⑤の作業は、ⓑ→③コンクリート設備の仮設、③→④材料搬入、④→⑤コンクリート工となり、この中のどこの作業を短縮するかは、経済的条件を考慮して決定する。一般に作業を1日短縮するために必要な経費を**費用勾配**（cost slope）といい、この費用勾配の小さい作業を短縮するようにフォローアップしている。費用勾配は先ず次の各値を求め、図5-16のように計算していく。

① **特急時間**（crash time）：ある作業について、これ以上どんなに努力しても、短縮できない時間で、最も速く工事を行う場合の工程といえる。

② **特急費用**（crash cost）：特急時間で工事を行う場合にかかる費用。

③ **標準費用**（normal cost）：ある作業について、これ以上どんなに努力しても、安くならない費用。

④ **標準時間**（normal time）：標準費用で工事を行う場合の最小の時間。

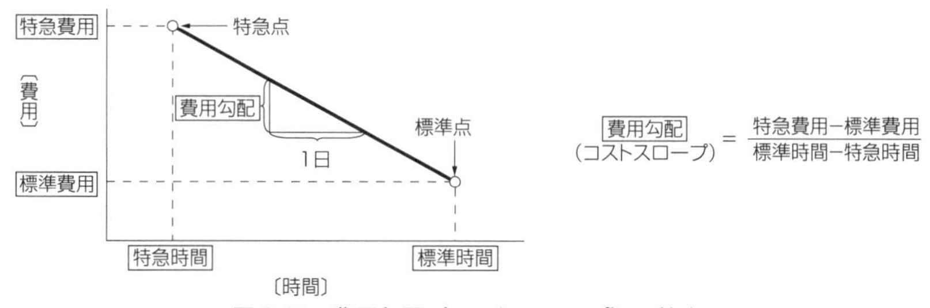

図5-16　費用勾配（コストスロープ）の算出

いま、ⓑ→③→④→⑤の作業について、それぞれの費用を調べると表5-1のようになった。各作業の費用勾配を求めてみよう。

表5-1　各作業の費用と費用勾配

作業名	標準状態		特急状態		短縮可能日数（日）
	作業日数（日）	費用（万円）	作業日数（日）	費用（万円）	
コンクリート設備の仮設	6	50	4	60	2
材料搬入	2	20	2	20	0
コンクリート工	3	40	2	50	1

費用勾配の計算

① コンクリート設備の仮設$=\frac{60-50}{6-4}=5$万/日

② 材料搬入は短縮不可

③ コンクリート工$=\frac{50-40}{3-2}=10$万/日

費用勾配の計算結果から、**費用の安いコンクリート設備の仮設で、1日短縮する**ことに決定する。この場合に、突貫工事によって残業時間を増やすか、あるいは、作業人員や機材を新たに投入するかについては、現場の状況やパートタイム（PERT・TIME）の手法などを検討して、経済的になるように決定することが大切である。また、短縮日数に応じて増加する費用をエキストラコスト（余分出費）といい、ネットワークやコストスロープを基に、余裕日数や短縮日数などの関係から求めていく。

5・3・3　PERTの手法

PERT（パート：Program Evaluation and Review Technique）とは、ネットワークによる工程管理の手法を示すもので、次のようなものの総称である。

① PERT・TIME（パート・タイム）と言ってもpart time（臨時労働・非常勤労働）とは異なり、各作業の所要時間を基に、クリティカルパスなどの実施可能な工程を見つけ出す手法である。

② PERT・MANPOWER（パート・マンパワー）は、PERT・TIMEによって見つけ出された工程を、投入資源の活用を考慮して、人員の割付けを図5-17のように、**山積み・山崩し**と呼ばれる作業を行って、合理化、平滑化する手法である。ここで、例題のフーチング基礎の施工のネットワークを利用して、山積み、山崩しを行ってみよう。ネットワークで求めた余裕日数やクリティカルパスは、工事目的物を工期内に完成させるための時間（日数）を中心に管理してきたが、**パートマンパワー**の手法では、各作業に必要な**人員**や機械の割付けを合理化し、工費の削減と安定した労働力の確保を目標として行う作業である。

例題5-10　図のフーチング基礎の施工のネットワークを活用して、パートマンパワーの手法により、人員の割付けを行う。

手順1　ネットワークの各作業に必要な人員を割付けする。人員数は1日当りとする。

手順2　縦軸に人員数、横軸に延日数をとり、クリティカルパス上の人員数を最下端に表示する（図に影をつける）。

手順3　手順2の上に、各作業を**山積み**する。

手順4　型枠3人のうち、2人分を**山崩し**して人員の平滑化を行う。

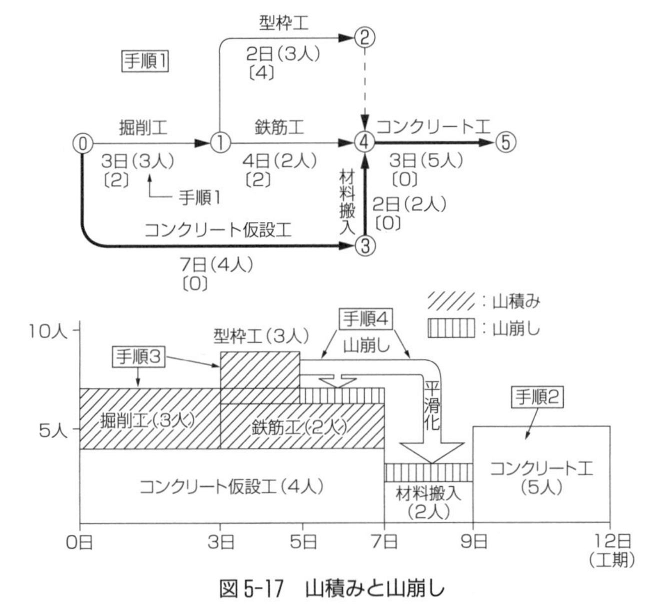

図5-17　山積みと山崩し

結果　最高人員が3日〜5日の9人が平滑化の結果、最高人員が0日〜7日で7人となった。なお型枠工が9日目までかかっても、4日の余裕があったので後続作業のコンクリート工に影響しない。

5・3・4　CPM（Critical Path Method）の手法

PERTと同様にネットワークによる工程管理の手法であり、PERTが主として時間を対象としたものに対し、CPMは費用（cost）を最小にするための工期を見つけ出す手法であり、両者を合わせてネットワークを利用したフォローアップといえる。

要点

『フォローアップのまとめ』

・フォローアップは、ネットワークを利用した工事の進捗管理の重要な役割を果しているが、出題傾向からみると、費用勾配（コストスロープ）の求め方と、それに関連する用語（特急時間・特急費用・標準費用・標準時間）について理解していればよいといえる。従って、図 5-16 の費用勾配の算出について、十分に理解しておくこと。

・PERT や CPM については、用語の意味と、山積み・山崩しについて概略理解していればよい。

例題 5-11 ある工事の工程に遅れが生じたことが判明した場合、講ずるべき措置として次のうち適当でないものはどれか。

（1） 工期内完成を前提に、短縮すべき工程を検討する。

（2） 今後の気象条件を検討し、工程への影響を調査する。

（3） 当初計画での人員配置や機械の手配などが完了しているので、発注者に対して工期の延長を要請する。

（4） 各工種の作業主任者と工程短縮を実施する場合の問題点を検討する。

解説

工期の延長の要請は、不可抗力の発生や著しく施工条件が違うなど特別の理由のある場合に限られるので、先ず工程の短縮について検討すべきであり、(1)、(2)、(4)の記述はいずれも正しい。(3)の記述では、工期延長には全くならない。

答(3)

例題 5-12 CPM 手法による費用と時間増加の割合を示した下図で、図の記号に対する用語の組合わせのうち、正しいものはどれか。

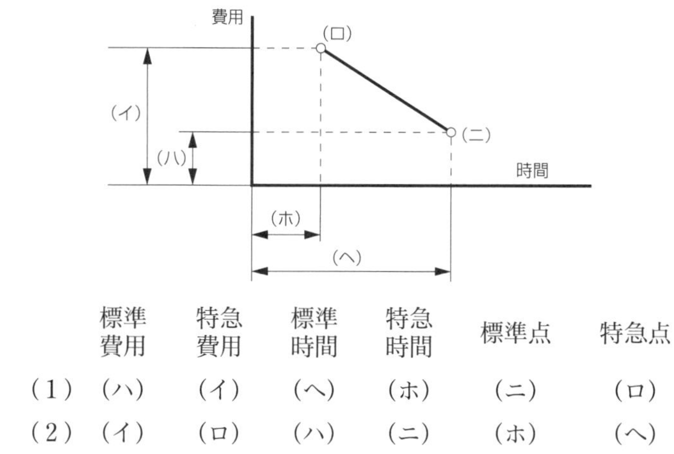

	標準費用	特急費用	標準時間	特急時間	標準点	特急点
（1）	（ハ）	（イ）	（ヘ）	（ホ）	（ニ）	（ロ）
（2）	（イ）	（ロ）	（ハ）	（ニ）	（ホ）	（ヘ）
（3）	（イ）	（ハ）	（ホ）	（ヘ）	（ロ）	（ニ）
（4）	（ニ）	（ロ）	（ヘ）	（ホ）	（イ）	（ハ）

解説

CPM は、費用を最小にする手法であり、用語の主なものには、

① 特急費用(イ)：特急時間(ホ)で工事を行うときの工費

② 特急時間(ホ)：これ以上短縮できない時間

③ 標準時間(ヘ)：標準費用(ハ)で工事を行うときの時間

④ 標準費用(ハ)：これ以上安くできない費用

であり、(ロ)ー(ニ)の斜線を費用勾配という。また(ロ)を特急点、(ニ)を標準点という。どの作業を短縮するかの検討資料としては、費用勾配の小さいものを選ぶ。この種の問題では、先ず(ロ)の特急点と(イ)の特急費用、(ホ)の特急時間の組合わせからみていく。従って、(1)の組合わせが正しいといえる。

答(1)

例題 5-13　山積み、山崩しに関する次の記述のうち、誤っているものはどれか。

(1)　山積み、山崩しは、パートマンパワーによる人員平滑化の手法である。

(2)　パートマンパワーによる手法は、ネットワークにおいて各作業に必要な人員や機械の割付けを合理化し、工費の削減を図るものである。

(3)　山積み作業とは、ネットワークを基に、クリティカルパスを除いた各作業に必要な人員数を図表化したものである。

(4)　山崩しとは、山積みされた図表に平滑化されるように分割移動させる作業をいう。

解説

パートの手法のひとつである山積み、山崩しは、(1)、(2)、(4)の記述の通りであり、イラストをみながら理解しておくように努力する。(3)の記述内容では、イラストの手順に示したが、先ずクリティカルパス上の人員数を図表化し、その上に山積み作業を行うので、この記述が誤りとなる。

答(3)

例題 5-14　図のネットワークと特急状態と標準状態を基に、各作業の費用勾配は次のうちどれが正しいか選べ。

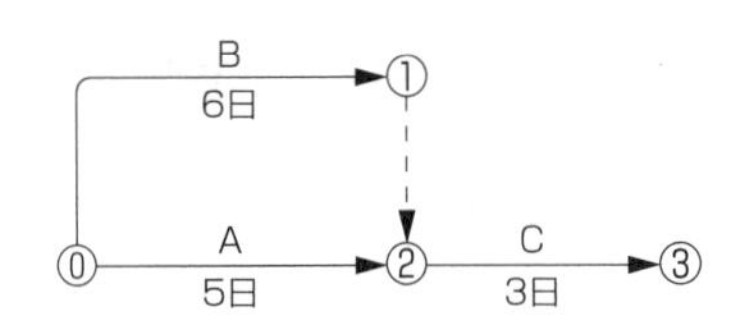

作業名	標準状態		特急状態		短縮可能日数
	作業日数(日)	費用(万円)	作業日数(日)	費用(万円)	
A	5	50	3	60	2
B	6	30	4	50	2
C	3	40	2	60	1

	A	B	C
(1)	5万円/日	5万円/日	20万円/日
(2)	5万円/日	10万円/日	10万円/日
(3)	5万円/日	10万円/日	20万円/日
(4)	10万円/日	20万円/日	30万円/日

解説

費用勾配（コストスロープ）が小さい作業を短縮するように管理する。短縮日数による増加した費用をエキストラコスト（余分出費）という。

コストスロープ

$$=\frac{特急費用-標準費用}{標準時間-特急時間}$$

各作業別に求めてみると

A作業⇨$\frac{60-50}{5-3}=5$ 万円/日

B作業⇨$\frac{50-30}{6-4}=10$ 万円/日

C作業⇨$\frac{60-40}{3-2}=20$ 万円/日

従って、(3)が正しい。

答(3)

第6章 安全管理

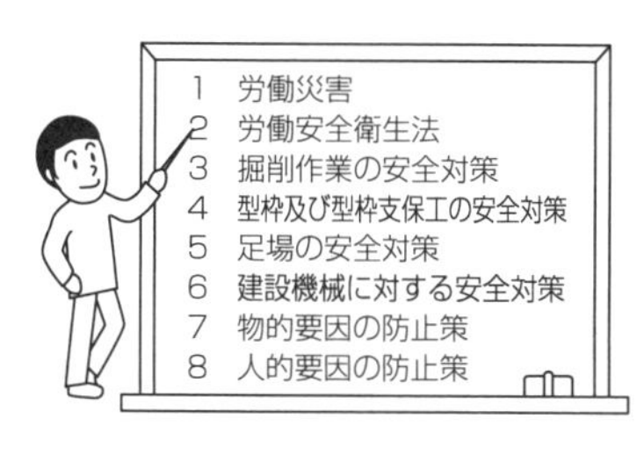

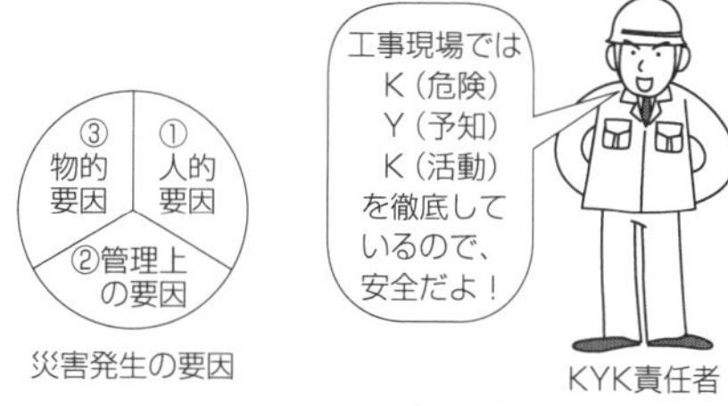

図 6-1 労働災害

一般に建設業における労働災害は、全産業の中で占める割合が約 30%と高く、特に死亡件数では全産業の約 40%となっている。ここでは**施工計画**の中で、具体的にどのような**安全管理上の対策**を行えば、災害を防止できるのかなどについて学ぶ。

6・1 労働災害

労働災害は、個人や企業に対して多大な損失を与えるだけでなく、公共性の高い土木事業がそのために受ける影響はきわめて大きい。災害を防止するには、①災害発生の原因をつかみ、②原因に対する安全対策を講ずることである。

6・1・1 災害発生の原因と対策

災害発生の原因は、図 6-1 に示したように 3 つの要因が考えられ、それらに対する基本的な安全対策は次のようになる。

① **人的要因**：工事に対する知識や熟練不足、身体の疲労や不注意などによる**不安全な行動**による災害で、研修制度の活用や健康管理を十分に行うようにする。

② **管理上の要因**：教育や作業打合わせ（ツールボックスミーティング：始業前に工具箱を前にして行う打合わせ）不足などの**不安全な要素**による災害で教育訓練や作業内容の周知徹底を図ると同時に、資格や熟練度などによる適正配置を行う。

③ **物的要因**：構造や機器類の欠陥不備や予算不足による手抜きなどによる**不安全な状態**による災害で、慎重で十分な設計と施工及び機器類の整備と、適切な予算で災害の発生しない工事を行うようにする。

6・1・2 災害発生率

労働災害の発生状況は、次の 2 種類に区別して表している。

① 度数率：災害発生の頻度（発生度数）を示す割合で、100 万労働延時間当たりの死傷者数で、度数率＝(死傷件数/労働延時間数)×1000000 で算出できる。この値が大きいと、死傷件数が多いといえる。

② 強度率：死傷者が出て、そのために工事を休む労働損失を示す割合で、1000 労働延時間当たりの労働損失日数で、強度率＝(損失日数/労働延時間)×1000 で算出できる。この値が大きいと、死亡など重大で損失日数の多い災害が多いといえる。

6・2 労働安全衛生法

労働安全衛生法により、現場で働く労働者の安全を確保するため、作業環境を整備し、快適に工事が進められるように、次の制度が確立されるように定めている。

① 職場（現場）に応じた安全管理の組織づくりと届出制度の確立。

② 危険作業に応じた安全な技術の確保のための免許・資格制度の確立。

これらの制度のうち、安全衛生管理組織などについては、第Ⅲ編の土木法規・第2章「労働安全衛生法」で既に学んでいるので、ここでは割愛する（記述しない）。

例題6-1 労働安全衛生規則で定められている安全管理者の職務に関する次の記述のうち、誤っているものはどれか。

（1） 労働者の危険防止に関する技術的事項について管理する。

（2） 労働者の健康診断の実施などの健康管理に関する技術的事項を管理する。

（3） 労働者の安全教育の実施に関する技術的事項を管理する。

（4） 労働災害の原因の調査及び再発防止対策に関する技術的事項を管理する。

解説

規則でいう安全管理者とは、安全に関する技術的事項を管理することになっている。その技術的事項の中に、健康診断に関する事項は含まれていない。従って(2)の記述が誤っている。

答(2)

6・3 掘削作業の安全対策

掘削作業には図6-2のような**明り掘削**と図6-3のような**トンネル掘削**などがあり、それぞれの掘削作業には図6-4の土止め工や図6-6の作業構台などの組み立て解体などの作業を伴い、安全対策が必要となる。これらの作業は**作業主任者**を選任し、作業主任者の指示に従って安全に施工するように規定されている（228ページ　作業主任者一覧表参照）。

6・3・1 明り掘削（あか）の安全対策

明り掘削とは、トンネル掘削に対して外部で行う掘削工事をいい、その安全対策には次のようなものがある。

（1） 事前調査

災害防止のため、図6-2のように、地質および地層、亀裂・含水・湧水・凍結・ガスや埋設物などの有無について、事業者は十分に事前に調査することが必要である。このうち地山の地質から、掘削面の高さや勾配が決まっていく。

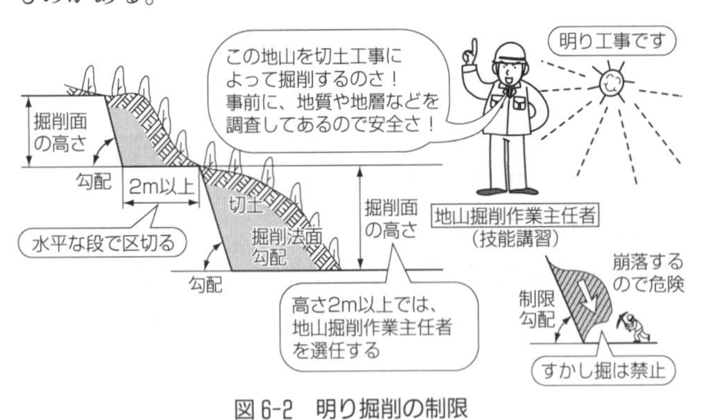

図6-2　明り掘削の制限

（2） 掘削制限

地山を掘削する場合の地質による掘削高、勾配の制限を表6-1に示す。表からもわかるように、地山の地質が硬くて崩壊しにくい場合は、掘削面の高さも大きく、勾配の制限も角度が小さく急でよく、砂質土など崩壊しやすい場合は高さも低くし、勾配の制限も角度が小さく緩やかとなる。

表 6-1　掘削制限

地　山	掘削面の高さ	勾配
岩盤または硬い粘土からなる地山	5 m 未満 5 m 以上	90° 以下 75° 以下
その他の地山	2 m 未満 2〜5 m 未満 5 m 以上	90° 以下 75° 以下 60° 以下
砂からなる地山	5 m 未満または 35° 以下	
発破などにより崩壊しやすい状態の地山	2 m 未満または 45° 以下	

(3) 作業点検

点検者は次の場合に、地山の浮石や亀裂の有無などを点検し、掘削方法を定める。

① その日の**作業開始前**

② **大雨や中程度の地震の後**

③ **発破作業**を行った後

(4) 埋設物の近接掘削

埋設物の近接を機械で掘削するときは十分に注意をし、埋設物の損傷の恐れのあるときは、手掘り作業で慎重に掘削する。

6・3・2　トンネル（隧道（ずいどう））掘削の安全対策

トンネル掘削の安全対策については、図 6-3 に示すトンネル支保工と第II編で学んだトンネル掘削に関する一般的な留意事項から出題されているので、これらをまとめると次のようになる。

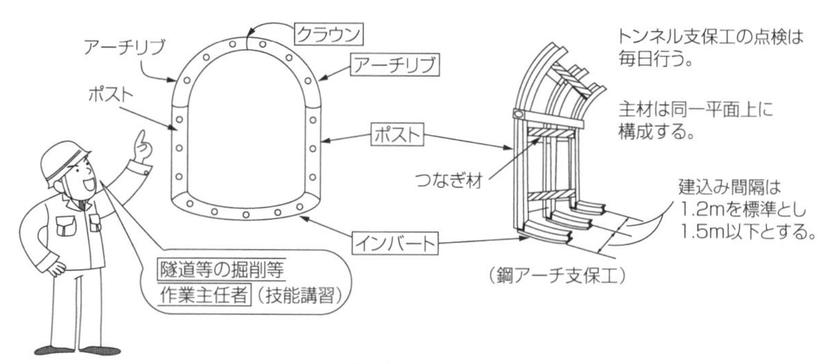

図 6-3　トンネル支保工

① 鋼アーチ支保工の**点検は毎日行う**などの規制は、図に示したとおりである。

② トンネル掘削作業には、落盤、出水などによる災害を防止するために、事前に地山の形状、地質、地層などの状態や含水、湧水、ガス、蒸気の有無及び状態を十分に調査し、これらに対する掘削方法を施工計画の中に示さなければならない。

　また、これらの事項については、危険防止のために毎日観察する必要がある。

例題 6-2　掘削作業の安全に関する次の記述のうち、適当でないものはどれか。

(1)　明り掘削作業において、作業開始前や大雨の後には、地山を点検する。

(2)　硬い粘土からなる地山の掘削制限は、高さ 5 m 以上の場合の勾配は、90° 以下となっている。

(3)　トンネル掘削における鋼アーチ支保工の建込み間隔は、1.5 m 以下である。

(4)　トンネルの出入口部分の支保工には、やらずを設けなければならない。

解説

明り掘削の点検は、(1)の記述の他、中程度の地震や発破後も実施することになっている。(1)の記述は正しい。(2)の掘削制限は5 m 未満か90° 以下で、それより高さが大きくなると、当然勾配は緩やかになり、75° 以下となっているので誤りとなる。(3)、(4)の記述は正しい。(4)のやらずとは、支保工がずれないように押えるために設ける工作物。答(2)

6・3・3　土止め（土留め）支保工の安全対策

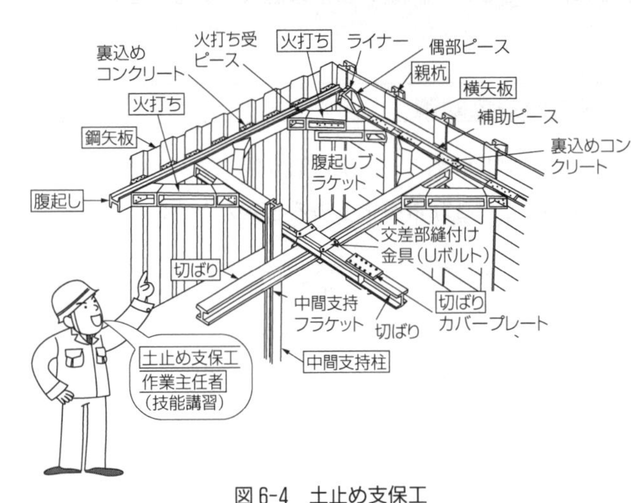

図 6-4　土止め支保工

図 6-4 のように、基礎工などを築造するために地山を掘削する際に、**土止め工**とそれを支持する**支保工**を設ける必要がある。図において、鋼矢板・親杭・横矢板は土止め工であり、支保工は腹起し・切ばり・火打ちなどである。

支保工は掘削深さが岩盤や硬い粘土層の地山では 5 m 以上、その他の地質の地山では 2 m 以上の場合は設けなければならない。

土止め支保工設置の留意点や規制は次のようになる。

① 土止め支保工の組み立て作業には、組立図を作成し、**作業主任者**の指揮により行う。

② 切ばりの長い場合は、図のように中間支持柱を立てて切ばりに確実に取り付ける。また、切ばりと切ばりの交差部は、U 形ボルトで接合する。

③ 切ばりと腹起しの接合部や腹起しと鋼矢板の空間部には、図に示すように裏込めコンクリートを充てんしたり、くさびを打つなどして密着させるようにする。

④ 図 6-5 のように圧縮力の作用を受ける切ばりや火打ちの接合は、**突合わせ継手**とする。また、4 隅の火打ちは引張力の作用を受けるので、ボルトによる結合と重ね合わせた部材間の摩擦力によって強くなる、**重ね継手**とすることは理解できよう。

⑤ 土止め支保工の点検は、大雨や中程度の地震（震度 4 で中震という）の後や **7 日を超えない**ごとに行う。

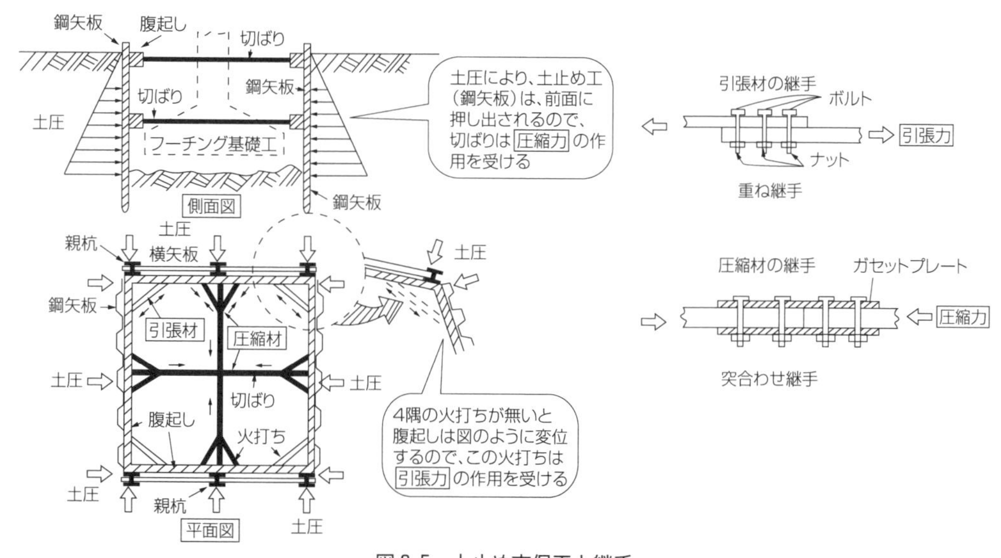

図 6-5　土止め支保工と継手

6・3・4　作業構台の安全対策

作業構台とは、図 6-6 のように掘削などのために、ダンプトラックやクレーンなどの乗入れのために設ける台をいう。

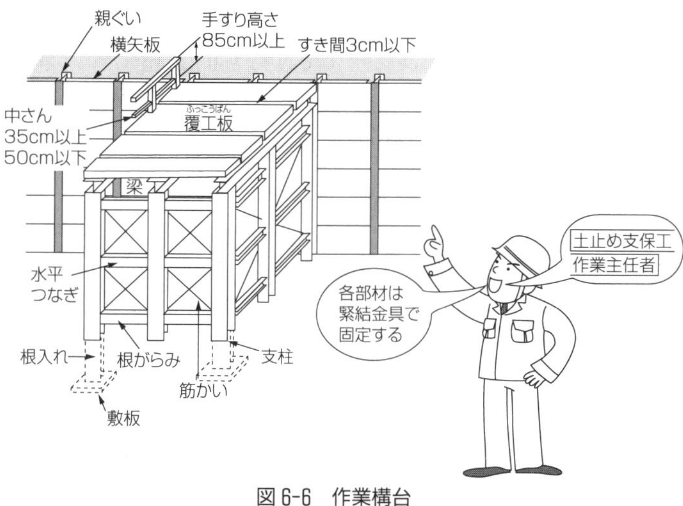

図 6-6　作業構台

(1)　作業構台組立上の留意点

① 組み立て作業には、組立図を作成して行う。

② 構造や材料に応じて、最大積載荷重を定める。

③ 支柱は根がらみ、敷板（角）を設け沈下を防止する。

④ 作業構台の高さが 2 m 以上の場合は、85 cm 以上の手すりを設ける。

⑤ 35 cm 以上 50 cm 以下の中さんを設ける。

(2)　作業点検

組み立て直後や悪天候（強風、大雨、125 cm 以上の大雪）、中程度の地震の後では、次の項目について点検する。

① 主柱の横すべり及び沈下や損傷の有無。

② 主柱、梁の緩みの状態や緊結金具の取付け、手すりの脱落の有無。

③ 水平つなぎ、筋かいや各部材などの緩みの状況。

6・4 型枠及び型枠支保工の安全対策

型枠及び型枠支保工は、打設したコンクリートが所定の強度に達するまで支えるために設けるもので、図6-7のようなパイプサポートによる支保工が多く用いられている。

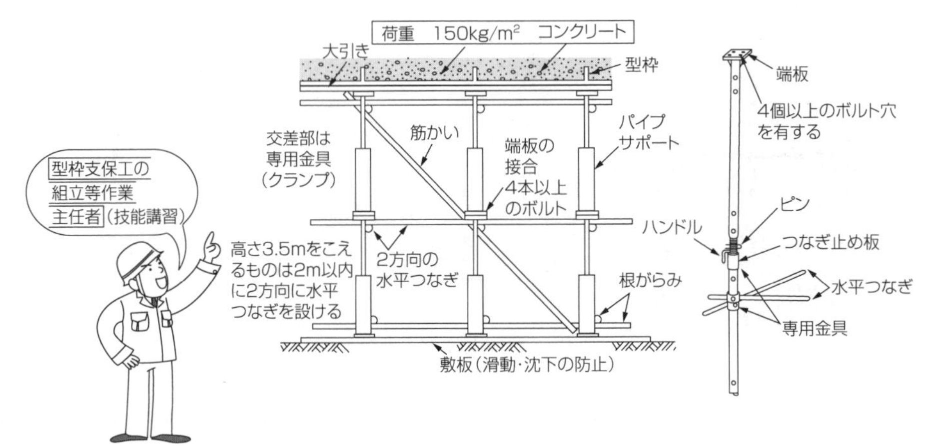

図6-7　パイプサポートの支保工

型枠は組立図により正しく組立てられていないと、脱型後はみ出した部分をはつるなど手間のかかる作業が増えるので、ボルトや所定の金具で正しく締付け、表面には剝離剤を塗布しておきコンクリート**打設前に十分に点検**する。なお、型枠支保工は、図に示すように150 kg/m² という荷重を与えるので、組立てや解体には次のような点に留意して行う必要がある。(型枠や支保工及びこの後に説明する足場に用いる各材料は、鋼板や鋼管などの鋼材を用いた場合のものとする。)

① 組立図を作成し、作業主任者の指揮のもとに正しく組み立てる。
② 型枠支保工の設計荷重は、パイプサポートなどの使用最大荷重以下とする。
③ 組立てや解体時には、関係者以外は立入り禁止とし、悪天候などでは中止する。
④ 材料や工具の上げ下げは、吊り綱、吊り袋などを使用する。
⑤ パイプサポートのピンや鋼管枠などの器具は、専用金具を使用する。
⑥ パイプサポートの接続は2本以内とし、2 m 以内に2方向の水平つなぎを設ける。
⑦ 鋼管支保工の継手は、突合せか差込み継手とする。

例題6-3 工事現場の定期点検の方法に関する次の記述のうち、誤っているのはどれか。

(1) 明り掘削作業では、中程度の地震があったので、その後地山を点検した。
(2) 土止め支保工については、1週間ごとに点検するようにしている。
(3) 型枠支保工については、コンクリート打設前に点検することとしている。
(4) トンネル支保工については、1週間ごとに点検することとしている。

解説
工事現場の安全管理には、点検は大切であり、この種の問題もよく出題されている。点検方法については、各作業ごとにイラストなどで示してあるので覚えよう。(4)のトンネル支保工は毎日であり、この記述が誤りとなる。
答(4)

例題 6-4　土止め支保工の安全施工に関する次の記述のうち、正しいものはどれか。

（1）　切ばり及び腹起しは、脱落の防止のため、矢板、杭などに確実に取り付けること。

（2）　切ばりの継手は必ず重ね継手とする。

（3）　腹起しは、掘削の進行とともに設置したが、切ばりの設置は掘り越しの関係で、一工程遅らせた。

（4）　掘削土の仮置き場所は、埋戻し作業も考慮して、土止め壁のすぐ背後に設けた。

解説

土止め支保工については、土工事の安全管理上重要な役割を持っているので、出題率も高い。構造などは第Ⅰ編の基礎工でも学んでいるがここで復習も兼ねて確認しておくこと。(1)の記述は当然であり正しい。(2)の切ばりはイラストからも圧縮材であり、突合わせ継手となる。(3)の内容は、同時に設置していかなければ危険である。(4)の背後では壁への土圧が大きくなる。答(1)

例題 6-5　型枠支保工の組立て作業の安全対策の次の記述のうち、適当でないものはどれか。

（1）　単管支柱と筋かいパイプとの交差部は、木片をはさみ番線で緊結する。

（2）　支柱の継手は、突合わせ継手か差込み継手とする。

（3）　型枠支保工の組立ては、組立て図を作成し、作業主任者の指揮のもとで行う。

（4）　材料や工具などの上げ下げは、吊り網や吊り袋を使用すること。

解説

型枠支保工が組立て図通りに組立てられていないで、コンクリートを打設すると、後ではつりなど余計な作業が増えるし、150 kg/m² という大きな荷重に耐えられないこともあるので作業主任者の指揮のもとで慎重に行う。(1)の木片をはさむ記述は正しくない。接合部は専用金具を使用するので誤りである。

答(1)

6・5　足場の安全対策

足場には、図 6-8 のように枠組足場・本足場・一側足場と図 6-10 の本吊り足場などがあり、足場の組立てや解体に際しての留意点は、6・4 で学んだ項目と同じである。

6・5・1　枠組足場

工場で製造された枠を図(a)のように組み重ねてつくる足場で、次のような規制がある。

①　最上部及び 5 層以内ごとに図のような水平材を設ける。

②　高さが 20 m 以上の場合は、主枠間隔は 1.85 m 以下とし、高さも 2.0 m 以下とする。
また、1 主枠間隔に対する載荷重は 400 kg 以下となっている。

③　交差筋かいに加え、高さ 15 cm 以上 40 cm 以下の位置への下さんか、高さ 15 cm 以上の幅木の設置か手すり枠設置。

④　足場での高さ 2 m 以上の作業場所に設けられる作業床の要件として、床材と建地との隙間を 12 cm 未満とする。

6・5・2　本足場（枠組足場以外）

本足場は図(b)のように鋼管の建地（垂直部材）を、構造物と平行に 2 列に組み立て、腕木や布板（水平部材）で緊結した自立可能な足場で、次のような規制がある。

①　高さが 3 m 以上の場合は、建地を 2 本 1 組として 2 列に組み立てる。

②　足場幅は 40 cm 以上とし、布板のすき間は 3 cm 以下とする。また、高さ 85 cm 以上の手す

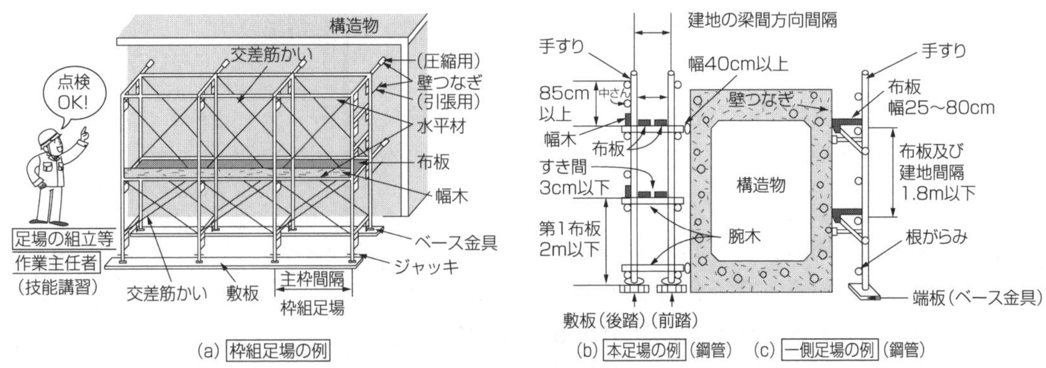

(a) 枠組足場の例　(b) 本足場の例(鋼管)　(c) 一側足場の例(鋼管)

図 6-8　足場の種類

りを設ける。35 cm 以上 50 cm 以下で中さんを設ける。また、物体の落下防止措置として「10 cm 以上の幅木」、「メッシュシート」または「防網」を設置する。

③　第1布は2 m 以下とし、建地の間隔は図(b)の梁間方向では1.5 m 以下、長手方向の桁間方向では1.85 m 以下とする。また、桁間方向での載荷重は400 kg 以下である。

6・5・3　一側足場

一側とは片側あるいは1列という意味であり、一側足場は図(c)のように1列の建地が壁体と一体となっている足場で、次のような規制がある。

①　手すりは最上部布板より90 cm 以内に設け、布板の幅は25〜80 cm とする。

②　布板及び建地間隔は1.8 m 以下とし、最下層の布板高さは2.0 m 以下とする。

③　一側足場の端には、幅30 cm 以上、踏桟間隔40 cm 以下のはしごを設ける。

④　桁間方向の載荷重は150 kg 以下であり、一側足場は壁体の外装仕上げなどで、作業員だけが乗る程度の簡易な足場といえる。

なお、本足場、一側足場には木材の丸太を用いることもある。

6・5・4　壁つなぎ間隔

枠組足場・本足場・一側足場とも、倒壊を防ぐために、表6-2の間隔ごとに壁つなぎを設ける。壁つなぎは引張材と圧縮材を1対として用い、間隔は1 m 以内とする。

表 6-2　壁つなぎ間隔

種　別	垂直方向	水平方向
丸太足場	5.5 m 以下	7.5 m 以下
単管足場	5.0 m 以下	5.5 m 以下
枠組足場	9.0 m 以下	8.0 m 以下

6・5・5　登り桟橋

登り桟橋は図6-9のように、足場と一体となって、人や資材などの移動のために設ける架設傾斜路で、次のような規制がある。

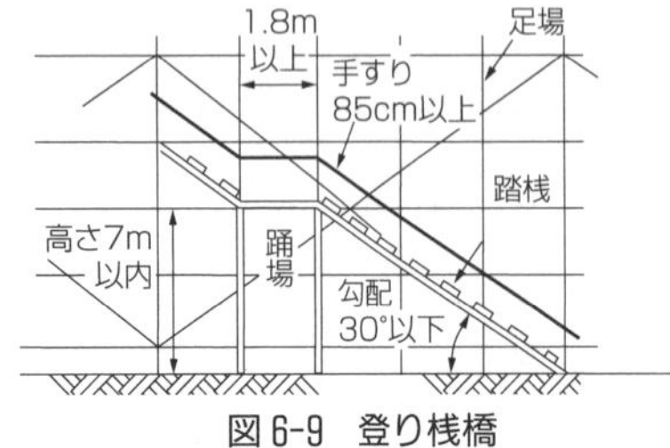

図 6-9　登り桟橋

①　登り桟橋の幅は90 cm 以上とし、勾配は30° 以下であり、15° を超える場合はすべり止めの踏桟をつける。

②　手すりは高さ85 cm 以上に設ける。また、登り桟橋の高さ7 m 以内ごとに、長さ1.8 m 以上の踊場を設ける。35 cm 以上 50 cm 以下のさんを設ける。

6・5・6　本吊り足場（ゴンドラ）

本吊り足場は図 6-10 のように上から吊る足場で、高さに関係なく必ず作業主任者を選出して、組立てや解体を行うようにする。吊り足場には次のような規制がある。

① 作業板の幅は 40 cm 以上で、すき間がないようにする。

② 吊りワイヤ（wire：鋼線）を用いる場合は、キンク（kimk：ねじれて折目がある）や腐食していなく、安全率 10 以上など十分に点検して使用する。

③ 図のような吊り鎖（くさり）を用いる場合は、亀裂の有無を十分に点検し、図に示す規制に留意して組立てること。

④ 吊り足場での脚立（きゃたつ）やはしごなどの使用は禁止されており、危険をともなう作業となるので、十分な安全対策をとる。

上記規制は、図 6-11 のような吊り桁足場にも適用される。

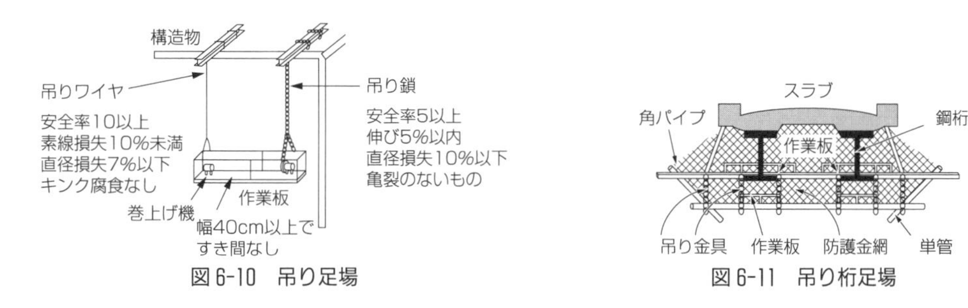

図 6-10　吊り足場　　図 6-11　吊り桁足場

要点

『安全対策のまとめ』

- 安全管理では各種作業（土止め支保工・明り掘削工・作業構台・型枠及び型枠支保工・足場）の安全対策上の規制について、十分理解しておくようにする。
- 規制を理解するには、先ず各種作業の名称と全体的な形式・構造の概略図をイメージできるように、図のイラストで学び、各種作業ごとに規制を覚えるようにする。
- 安全対策上の管理体制については、第Ⅲ編で学んでいるが、ここでは再確認することもよい。

例題 6-6　鋼管足場に関する次の記述のうち、「労働安全衛生規則」上誤っているものはどれか。

（1） 建地の間隔は、桁間方向を 1.85 m 以下、梁間方向は 1.5 m 以下とする。

（2） 建地間の積載荷重は、800 kg を限度とする。

（3） 建地の最高部から測って 31 m を越える部分の建地は、鋼管を 2 本組みとする。

（4） 地上第一の布は 2 m 以下に設け、2 m を越える場合は、建地を 2 本組などによって補強する。

解説

高所で作業場となる各種足場については、十分に規則による安全対策をとる必要がある。足場に対する基本的な規則についてはよく理解しておくようにする。建地とは、足場材のうちの垂直部材で一般に地面の上に建てることから建地という。水平部材は布という。(1)、(3)、(4)の記述は正しいのでよく確認しておくこと。(2)の載荷重の限度は 400 kg である。答(2)

例題 6-7　足場の組立てに関する次の記述のうち、適当なものはどれか。

（1）　本足場とは、建地を構造物と平行に2列に組み立てた足場である。

（2）　一側足場の桁間方向の載荷荷重の限度は、400 kg 以下となっている。

（3）　登り桟橋の勾配はできるだけ緩やかに最大でも 40° 以下とする。

（4）　吊り足場で作業上必要なときは、脚立は用いてよいが、はしごは禁止されている。

解説

(1)の記述内容が正しい。建地が1列の組み立て足場は一側足場であり、建地の載荷重の限度は本足場の400 kg に対して小さく 150 kg となっている。(3)の勾配の限度は 30°、(4)の記述では、はしごも脚立も禁止されている。従って(2)、(3)、(4)は誤りである。

答(1)

例題 6-8　工事の各種設備の作業前の点検に関する次の記述のうち、適当でないものはどれか。

（1）　土止め支保工については、設置した後7日を超えない期間ごと及び中震以上の地震の後、もしくは大雨などにより地山が急激に軟弱化するおそれのあるときに実施する。

（2）　型枠支保工については、コンクリート打設前に実施する。

（3）　トンネル支保工は、設置した後7日を超えない期間ごとに実施する。

（4）　吊り足場については、毎日実施する。

解説

(1)、(2)、(4)の点検に関する記述は正しいので、もう一度十分に確認しておくようにする。(3)のトンネル支保工については、トンネル内という施工条件の変化しやすい所での安全管理上、支保工は毎日点検することになっている。従って、(3)の記述が適当でないことになる。

答(3)

6・6　建設機械に対する安全対策

建設機械は土木構造物を築造する大部分の工事に活用されているが、構造上の欠陥や整備不足の**物的要因**と操作する人の安全に対する認識不足や無知・未熟・身体の疲労などの**人的要因**による建設機械にかかわる災害もかなり多い。現代やこれからの土木工事では建設機械の活用を軸に施工計画を立案するので、ここでは物的要因と人的要因による災害の発生防止のための安全対策について学ぶ。

6・6・1　建設機械と検査証

危険な作業を伴う機械を**特定機械**といい、これに該当する各種機械は労働安全衛生法による検査を受け、基準に適合し合格すると都道府県労働基準局長から**検査証**が交付される。この検査証の無い機械は、使用してはならないし、譲渡または貸与してはならない。建設機械のうち特定機械には次のものがある。

①ボイラ・第一種圧力容器、②吊り上げ荷重3t以上のクレーン及び移動式クレーン、③吊り上げ荷重2t以上のデリッククレーン、④1t以上のエレベータ、⑤ガードレール18m以上の建設用リフト、⑥ゴンドラなど。

6・6・2　車両系建設機械

ブルドーザーなどの**車両系建設機械**についての主な規制は、図6-12のとおりである。建設機械の自走最高速度が10 km/h以上の場合は、地形や地質、現場条件などによって制限速度を定めるようにする。図には運転者の守るべき主な事項を示したので、イラストでよく理解しておく。特に、運転席を離れるときは、ショベルやバケットなどの作業装置は地面に降ろし、エンジンキーをはずし走行用ブレーキをかけておくこと。乗者席以外には人を乗せないことなどはよく出題されている。

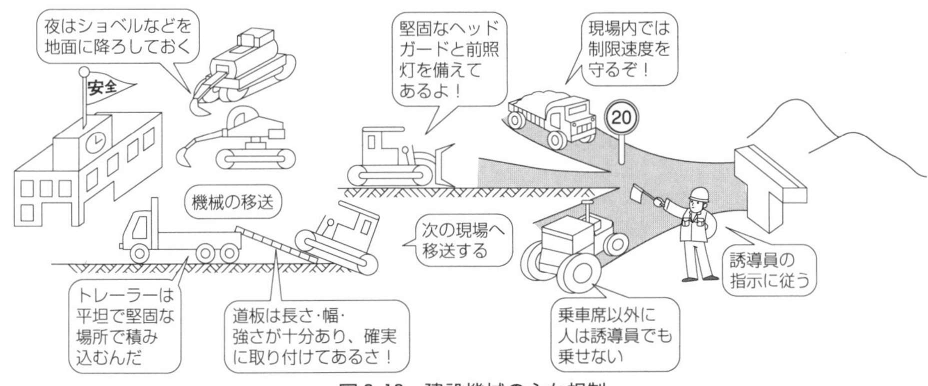

図6-12　建設機械の主な規制

また、車両系建設機械については、表6-3のような**定期自主検査**が義務づけられており、検査済みの機械には**検査標章**を張り付けておく。

アタッチメントの取替えや修理のときは、作業指揮者（特別教育修了者）を定め、その者が作成した作業手順をもとに指揮に従って作業を行うことになっている。また、作業指揮者は、安全支柱や安全ブロック使用の監視も行う。

自主検査の実施記録は3ケ年保存する（特に報告の義務はない）。

表6-3　車両系建設機械の定期自主検査

頻　度	検査項目
1年以内ごとに1回	原動機、動力伝達装置 走行装置、操縦装置、ブレーキ、作業装置、油圧装置、電気系統、車体関係
1月以内ごとに1回	ブレーキ、クラッチ、操縦装置および作業装置の異常の有無 ワイヤロープおよびチェーンの損傷の有無 バケット、ジッパーなどの損傷の有無
作業開始前	ブレーキおよびクラッチの機能

自主検査の実施記録は3ケ年保存する（特に報告の義務はない）。

6・6・3　運転資格

建設機械は運転・操作をする各種機械に対して、免許・技能講習修了・特別教育修了などの資格が定められており、資格に関する出題率もかなり高い。

① 免許で運転できる機械は、吊り上げ荷重5t以上のクレーン及びデリックなど。

② 技能講習修了（都道府県の労働基準局長の指定する機関での講習）で運転できる機械は、機体重量3t以上のブルドーザーなどの各種建設機械。吊り上げ荷重が1t以上5t未満のクレーン。

③　特別教育修了（事業者が行う学科及び実技教育の講習）で運転できる機械は、機体重量3t未満のブルドーザーやショベル系掘削機などの各種建設機械。1t未満の移動式クレーンなど。

運転資格については、6・2の労働安全衛生法でも学んだように、事業者が行う特別教育修了だけでなく、多くの免許や技能講習修了に挑戦することが大切である。

6・7　物的要因の防止策

6・7・1　移動式クレーン

移動式クレーンの定期自主検査については表6-4に示すとおりである。

また、図6-13には諸規制を示してある。このうち、**定格荷重**（クレーンに表示してある）とは、吊り上げ荷重（定格総荷重）から、吊り具重量を差し引いた値で、実際の吊り荷重量の限度を示している。

表6-4　移動式クレーンの定期自主検査

頻　度	検査項目
1年以内ごとに1回	荷重試験
1月以内ごとに1回	安全装置、ブレーキおよびクラッチ、警報装置、ワイヤロープ、チェーン、つり具（フック、グラブバケット）、配線・配電盤およびコントローラー
作　業　開　始　前	巻過防止装置、警報装置、ブレーキ、クラッチ、コントローラー

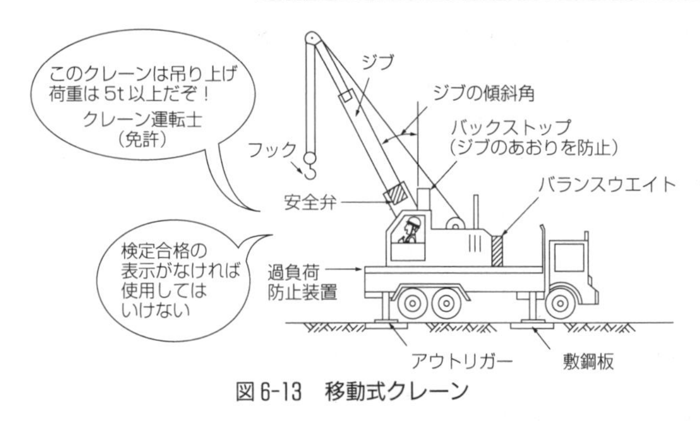

図6-13　移動式クレーン

図のアウトリガー（定着装置）はクレーンの転倒防止のため、敷鋼板の上に張り出しておく。ジブ（Jib：吊り上げ用に突き出した腕）の傾斜角はそのクレーン車によって定っているので、その範囲を越えないようにする。

6・7・2　杭打機（杭抜機）

杭打機での転倒防止策とワイヤロープの安全についての諸規制は、次のようである。

①　杭打機の転倒及び滑動防止策には、図6-14のように敷板を杭を打って固定し、排水を良くする。

②　巻き上げ装置の胴巻（どうまき）には、最低でも2巻分を残すようにする。また、乱巻きを防ぐために、図のように第一みぞ車との間を15B以上あける。

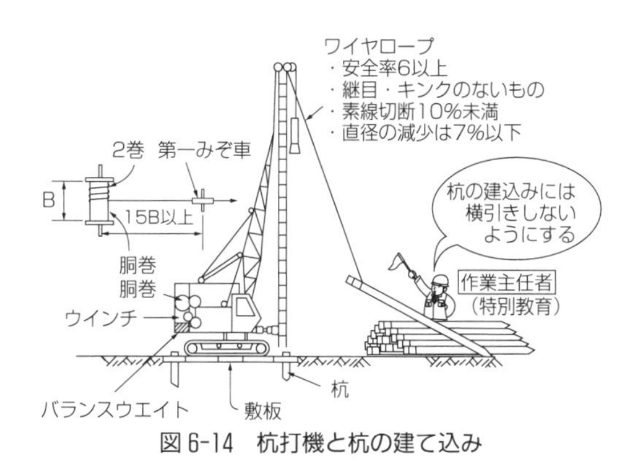

図 6-14　杭打機と杭の建て込み

6・7・3　軌道装置

トンネル掘削によるずり（掘削土砂）搬出には、一般にレールを敷設した軌道装置が使用されている。人車（人の乗る車両）やずり車を運行させる方法による諸規制には、次のようなものがある。

① 動力による方法には図 6-15 のような規制があり、後押しするときは誘導者の指示に従う。また、運転手は特別教育修了者である。

② 巻き上げ装置による方法は、ワイヤの安全について知っておくようにする。

③ 手押し車両による方法は、規模が小さく短かい軌道の場合に用いられる。曲線半径は 5 m 以上で、勾配も 1/15 以下の軌道で、10/1000 以上の場合は有効な手動ブレーキを取付ける。

車両の速度は、下り勾配での最高でも、15 km/h 以下に押えるようにする。

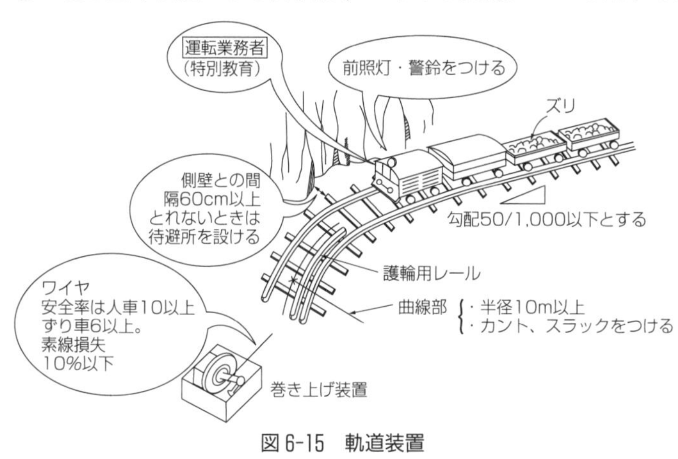

図 6-15　軌道装置

例題 6-9　車両系建設機械の使用に係る危険防止に関する次の記述のうち、適当でないものはどれか。

（1） 車両系建設機械を用いて作業を行うときは、必ず乗者席以外の個所に誘導者をとう乗させて、誘導させなければならない。

（2） 車両系建設機械の転倒または転落を防止するため、運行経路の路肩の崩壊防止策を講じること。

（3） 車両系建設機械は、定期自主検査が義務づけられている。

（4） 車両系建設機械の運転者が運転位置から離れるときは、バケットやジッパーなどの作業装置を地上におろしておくこと。

解説

車両系建設機械に関する基本的な問題であり、内容をよく理解しておく。(1)の記述では、誘導者はとう乗できないし、機械以外の場所から誘導を指示するので、誤りとなる。また、いかなる人も乗者席以外にとう乗させてはならないことになっている。(2)、(3)、(4)の記述はいずれも正しい。(4)の運転手が離れるときは、ショベルなどを地面に降ろし錠をはずしておく。特に盗難防止策を講ずる。

答(1)

例題 6-10 移動式クレーンの安全に関する次の記述のうち、適当でないものはどれか。

（1） 移動式クレーンは、使用前に自主検査を行い、所轄労働基準局長にその旨を報告しなければならない。

（2） 移動式クレーンで荷を吊り上げるときは、外れ止め装置を使用する。

（3） 1t 未満の移動式クレーンの運転業務につく者は、特別教育を受講修了していればよい。

（4） 移動式クレーンに、その定格荷重を超える荷重をかけて使用してはならない。

解説
移動式クレーンを初め、車両系建設機械には定期自主検査が義務づけられ、記録は3ケ年保存するが、報告の義務はない。従って(1)の記述が誤りとなる。(3)の1t末満の運転業務者は、特別教育修了でよい。なお5t以上は免許、1t~5tは技能講習修了が必要である。
答(1)

例題 6-11 建設機械に対する安全対策としての次の記述のうち、適当なものはどれか。

（1） 危険な作業を伴う機械を特定機械といい、労働基準局長からの検査証がなければ、使用または譲渡・貸与してはならない。

（2） 建設機械を運転・操作するには、機種や規模に応じて、免許・技能講習修了・特別教育修了があり、このうち特別教育修了者は機体重量や作業能力の最も大きい規模の運転・操作ができる。

（3） クレーンの定格荷重とは、実際に吊り上げる荷重量に、吊り具などの重量を加えたものをいう。

（4） 軌道上を走行する車両の速度は、下り勾配での最高で 30 km/n 以下に押えることになっている。

解説
(1)の記述の特定機械の検査に関する内容は正しいので覚えておこう。(2)の記述での特別教育は、事業者が行う最も下位（上位は免許）なもので誤りとなる。特別の言葉にまどわされないこと。(3)の記述は定格総荷重で、実際の荷重量の限度を定格荷重という、(4)のトンネル内やダムのバンカー線など軌道の最高速度は 15 km/h である。
答(1)

6・8 人的要因の防止策

6・8・1 発破作業の安全対策

岩盤や硬い地層の掘削には、しばしば火薬類を爆発させる**発破作業**が用いられる。発破に必要な爆薬・火薬・導火線などについては、第Ⅲ編第7章火薬類取締法で学んでいるので、ここでは発破作業に関する安全対策について学ぶ。

発破作業には、図 6-16 に示すような(a)**電気発破**と(b)**導火線発破**がある。発破作業は危険を伴うので、**発破技士**や**火薬類取扱保安責任者**などの免許を有する発破作業指揮者の指示に従って、安全に作業を行う必要がある。

また、発破作業後の処理や不発装薬がある場合の処置も、発破作業の安全対策上重要であり、これらについては、火薬類取締法で再確認しておくようにする。

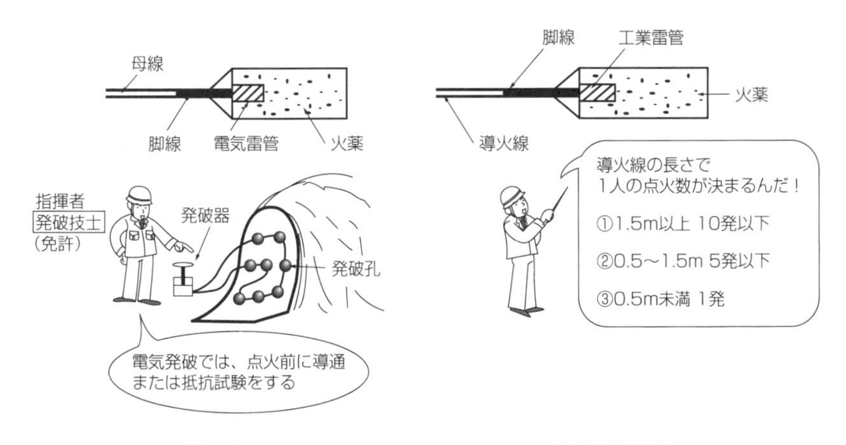

図 6-16　発破作業

6・8・2　圧気工事の安全対策

圧気による地下水の湧水を押える高圧室内作業には、第Ⅰ編第3章98ページで学んだニューマチックケーソン（潜函工事）や図 6-17 のような圧気式シールドなどがある。

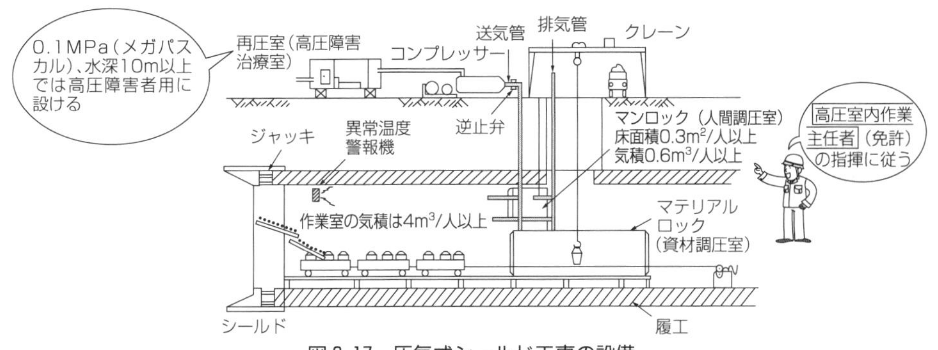

図 6-17　圧気式シールド工事の設備

圧気工事は高圧（0.1 MPa 以上）下で作業するので、作業員の健康状態の管理を十分に行うと同時に、重大災害となり得る事故を防ぐことが必要であり、次のような規制がある。

(1)　圧気工事の安全対策

① 図のように送気管、排気管は専用とし、送気管には逆止弁を取り付ける。

② マンロックやマテリアルロックを設け、作業室の気積は 4 m³/人以上とする。

③ マンロックの加圧・減圧は毎分 0.08 MPa 以下の速さとする。

④ 作業員は 6 か月に 1 回の特別健康診断を受ける。

⑤ 電灯にはガード付とするなど火災防止策を万全にする。火気は厳禁である。

(2)　潜函工事の安全対策 （99 ページ、図 3-22 参照）

6・8・3　酸素欠乏防止の安全対策

圧気工事などで押し出された空気が、他の掘削場所や地下構造物（下水管や共同溝・古井戸など）に浸入する際に、酸化第1鉄分などの地層で反応し、酸素濃度が 18%未満の**酸欠空気**になることがある。空気中の酸素は通常 21%位であるが、人間は 18%未満になると呼吸困難や目まい、吐き気などの反応を起こし、8%になると失神し 7～8 分で死亡する。従って、酸欠場所での工事は危険を伴うので、酸素欠乏危険作業主任者（技能講習）の指揮のもとで、作業員も特別教育修了者としている。安全対策としては、半径1 km以内の圧気工事の有無や酸素濃度の測定などの事前調査と、換気を十分行うことである。

6・8・4　電気工事の安全対策

電気工事に伴う**感電防止**に関する規制は、図6-18に示すようなものがある。

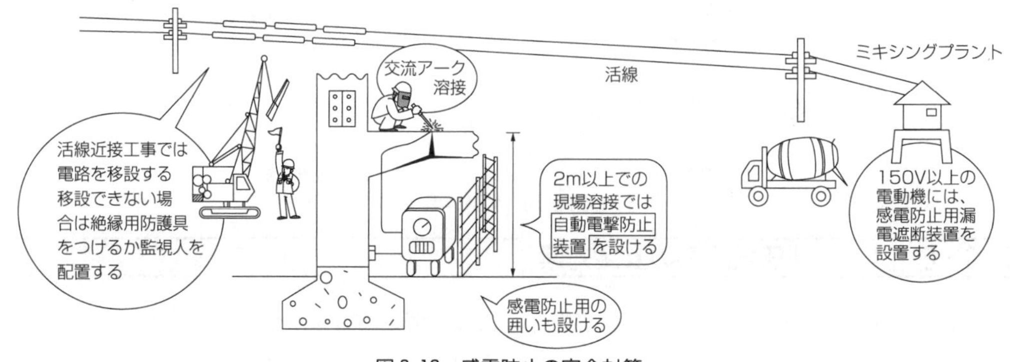

図6-18　感電防止の安全対策

6・8・5　ガス災害の安全対策

建設工事に伴う有害ガスには、次のようなものがある。

(1)　有害ガス

① 一酸化炭素（可燃性・無臭・密度0.97）：0.15%⇨1時間、0.30%⇨30分で死亡

② 炭酸ガス（不燃性・無臭・密度1.53）：10%⇨意識喪失

③ メタンガス（可燃性・無臭・密度0.56）：毒性少ない

(2)　爆発限界

爆発の起こるガス濃度の範囲を**爆発限界**といい、範囲の広いガスは危険である。各ガスの爆発限界は、①一酸化炭素12.5～74%、②メタンガス5.4～14%、③プロパン2.2～9.5%となっている。

(3)　有害ガス安全対策

① 光明形可燃性ガス測定器により、2種類以上の混合ガスの危険度を測定する。

② 換気を十分にし、火気を持ち込まない。また、入函する時に2人以上とする。

6・8・6　墜落（ついらく）災害に対する安全対策

高さ2 m以上で作業する場合は、安全な作業床を設けるか、墜落防止網を張り、作業員は安全帯をつける。また、悪天候で危険と思われるときは、作業を中止する。

スレートびきの屋根上で作業する場合は、幅30 cm以上のあゆみ板を設ける。さらに、高さや深さが1.5 m以上では安全な昇降設備を、高さ3 m以上では物体の投下設備がそれぞれ必要。

6・8・7　公衆災害防止対策

市街地や大規模な機械化による土木工事によって、工事関係者以外の第3者や家屋などの施設に、物心両面の損害を与えることを**公衆災害**という。ここでは公衆災害となりやすい原因と対策について学び、調和のとれた開発と環境に役立てるようにする。

① **騒音・振動**：規制法の限度を越えないような施工法や建設機械の選択をする。

② **埋設物の破損**：事前調査を十分に実施し、慎重に施工する。埋戻しも慎重に。

③ **建設機械の転倒**：地盤の支持力を増大させると同時に、敷板など敷く。

④ **仮設構造物の倒壊**：安全率を高くして設計・計画をし、確実な施工をする。

⑤ **資材の落下**：図 6-19 のような養生金網や朝顔養生などの落下防止策を設ける。

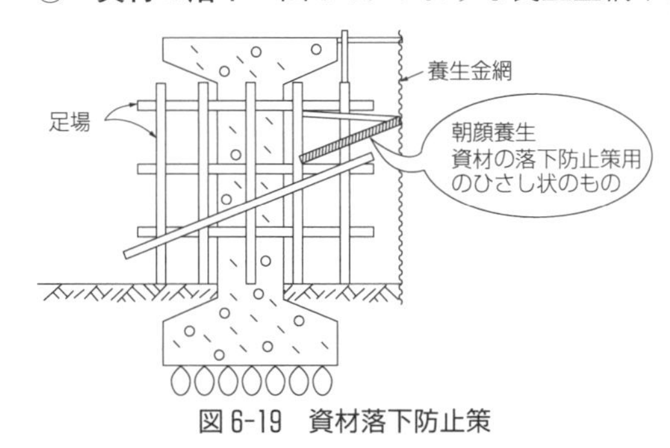

図 6-19　資材落下防止策

⑥ **地盤沈下**：事前に調査をし、適正な施工法を選択する。

⑦ **酸素欠乏**：圧気工法で施工する場所の選択と安全対策。

⑧ **環境保全**：作業場周囲に柵を設ける。

⑨ **保安設備**：夜間工事や段差がある場合の保安所や回転灯設置などの交通対策。

要点

『建設機械や各種工事に伴う安全対策のまとめ』

- **建設機械の特定機械と検査証については、特定機械の種類名と共に検査証の交付についても理解しておく。**
- **建設機械の運転資格や作業主任者に選任されるには、免許・技能講習修了・特別教育修了制度があり、この区別を理解しておくと同時に、6・6・3で示した代表的な区別を知っておくようにする。全般的な資格要件については、第Ⅲ編第2章の労働安全衛生法で学んでいる。**
- **各種の機械や装置、作業に関する安全対策については、出題数が少ない割に範囲が広いので、イラストを中心に基本的な事項を覚えるようにする。**

例題 6-12　機械施工に関する次の記述のうち、適当でないものはどれか。

(1)　ヒューム管などの重量物は、できるだけパワーショベルやトラクターショベルなどを利用して運ぶこと。

(2)　ブルドーザーを用いて作業する場合は、誘導者をステップに乗せて移動しないこと。

(3)　リース業者から借りた機械については、その機械の性能や特性その他使用上注意すべき事項を記載した書面の交付を受けること。

(4)　ブルドーザーを自走させてトレーラーに積み込むときは、安全な道板を用いること。

解説

建設機械利用上の一般的な内容の問題である。(1)の記述では、主なる目的以外の使用は禁じられており、誤りとなる。

(2)、(3)、(4)の記述はいずれも正しいので、よく読んで内容を確認しておくようにする。

(4)の道板は、イラストにも示したように機械を自走させてトラックに積む際に使用する。

答(1)

例題 6-13　労働安全衛生法により、作業を指揮する者を指名する必要のある作業は、次のうちどれか。

（1）　ドラグショベルをトラックに積み込む作業。

（2）　簡易リフトの作業開始前の点検作業。

（3）　杭打機の組立てを行う作業。

（4）　作業構台の解体作業。

解説

作業指揮者は、作業主任者でなく、その作業に係る事業者が指名するもので有資格者ではなくてもよい。指揮をする者を必要とする作業は、建設機械のアタッチメントの交換や組立てであり、(3)の作業が該当し、これが正しい。答(3)

例題 6-14　次の各作業の安全対策として、適当でないものはどれか。

（1）　導火線発破において、1人の点火数は導火線長が短い程多くなる。

（2）　電気発破に用いる発破線の配列は、直列にすること。

（3）　ニューマチックケーソン内には、ライター、マッチ類の火器の持ち込みは一切禁止されている。

（4）　空気中の酸素濃度が18%未満の状態を酸欠空気といい、8%になると失神こん倒し、7～8分以内に死亡する。

解説

各作業の安全対策については、広範囲なので、イラストで概略理解し、あとは問題慣れするために、1題でも解くことである。(1)の導火線の長さが長ければ、点火から発破までの時間が長く、点火数も多くなる。イラストをみてほしい。従って(1)の記述が誤りで、他は正しい。
答(1)

例題 6-15　次の各作業の安全対策として、誤っているものは次のうちどれか。

（1）　150 V以上の電動機を用いるコンクリートプラントには、感電防止用漏電遮断装置を設置する必要がある。

（2）　爆発の起こるメタンガスなどのガス濃度の範囲を爆発限界といい、この範囲の狭いガス程、爆発を起こしやすく、また爆発力が強く危険なガスといえる。

（3）　工事の振動などにより、第3者の建物の破損などの損害を公衆災害という。

（4）　公衆災害を防止するには、騒音や振動規制法で定めた限度を超えないような施工方法や建設機械を選択する。

解説

(1)の記述の遮断装置は必要であり正しい。
(2)の爆発限界が広いことは、爆発を起こす範囲が大きいので危険となる。従ってこの記述は逆であり、誤りとなる。
(3)、(4)の公衆災害に関する記述は、その通りで正しい。
答(2)

例題 6-16　メタンガス（CH_4）は、空気と混合すると爆発性のガスとなる通常の場合この混合ガスの爆発限界は次のうちどれか。

（1）　5.0～15.0%　　（2）　5.0～30.0%

（3）　1.5～15.0%　　（4）　1.5～30.0%

解説

爆発限界は次のようである。
(1)一酸化炭素(CO)　12.5～74.0%
(2)メタンガス(CH_4)　5.4～14.0%
(3)プロパンガス(C_3H_8)
2.2～9.5%
従って(1)が近く正しいといえる。
上記ガスの中で一酸化炭素が危険ガスとなる。答(1)

第7章 品質管理

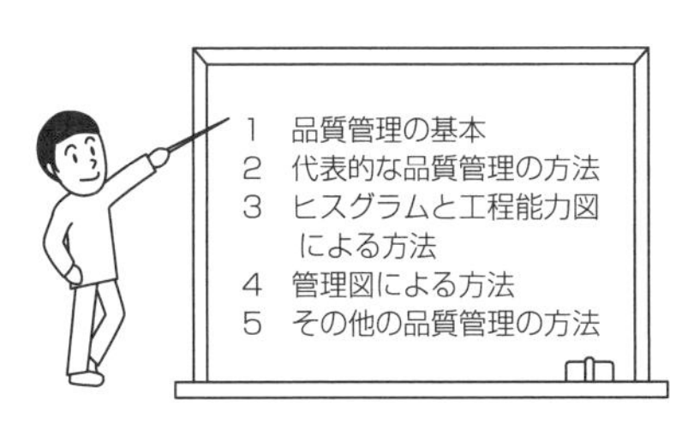

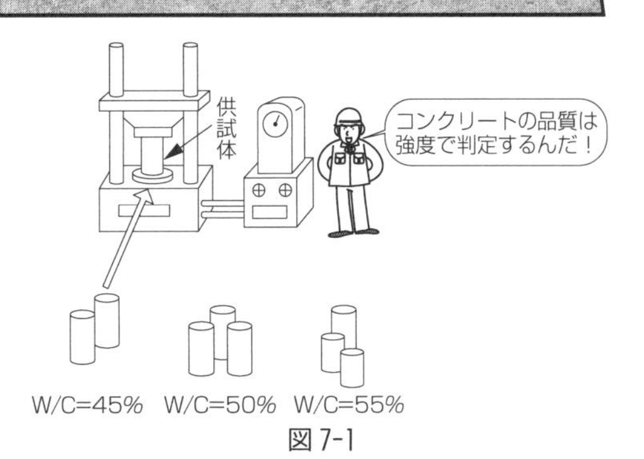

図 7-1

品質管理（QC：Quality Control）は、完成した土木構造物が所要の品質を満たすように、各工事の段階で強度などの**品質を検査**し、結果を**検討**して**処理**するなど、工事全体に関連させる大切な施工管理である。ここでは品質管理の基本的な手法について学ぶ。

7・1　品質管理の基本

7・1・1　品質管理の考え方

図7-2のようなコンクリートの擁壁は、所要な品質（強度・耐久性・水密性）を満足しているので、土圧に対して安定している。しかし、完成後もし強度が不足していたならば崩壊して大変なことになる。

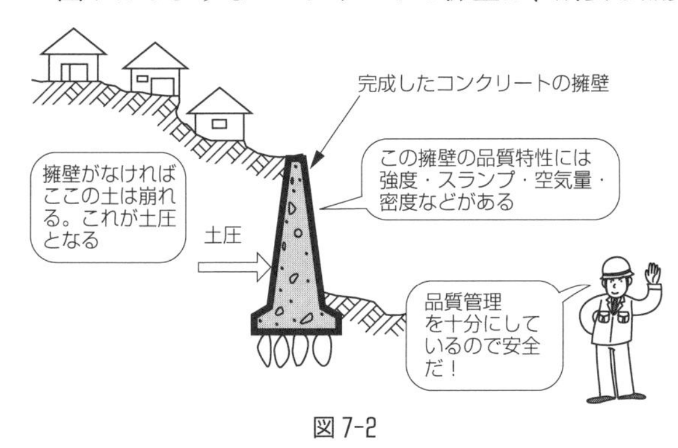

図 7-2

このように強度はコンクリートが硬化してみなければ分らないので、施工の段階で完成後の強度が保証されるように、例えば強度と特に関連性の強いスランプ試験を選び、スランプ値を十分に管理することにより、定成後の品質である強度を確保する手法を**品質管理**という。このスランプ値は、コンクリートの品質を表す強度の代用で**品質特性**という。

7・1・2　品質特性の選び方

品質特性は、次のような要件を満しているものの中から、選ぶようにする。

① 完成後（最終）の品質に大きく影響し、スランプ値のように測定が容易で、早期に判定できるもの。

② 品質の特性（スランプ値）と真の品質（強度）との関連が明確であるもの。

7・1・3　品質管理の手順

品質管理の具体的な手段は、図7-3のようになる。

品質管理の手順は、図の管理サークルが示すように、**計画**では品質特性を定め、**実施**で品質特性

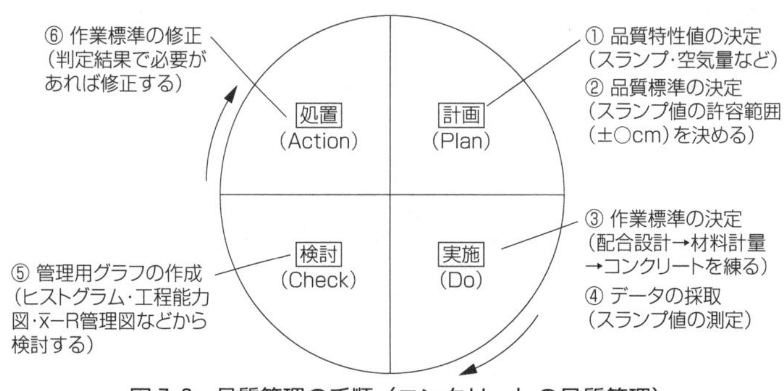

図 7-3　品質管理の手順（コンクリートの品質管理）

の定めた値を測定し、**検討**で計画の段階で定めた品質特性値と測定値とを比較検討する。

最後の**処置**の段階で、計画した品質特性値となるように修正する。この管理サークルを順次繰返しながら工事を進める。

7・1・4　主な工種と品質特性

土工、コンクリート工、アスファルト舗装工、鋼橋工などの品質特性は数多くあるが、そのうちの主なものをあげると図7-4のようになる。

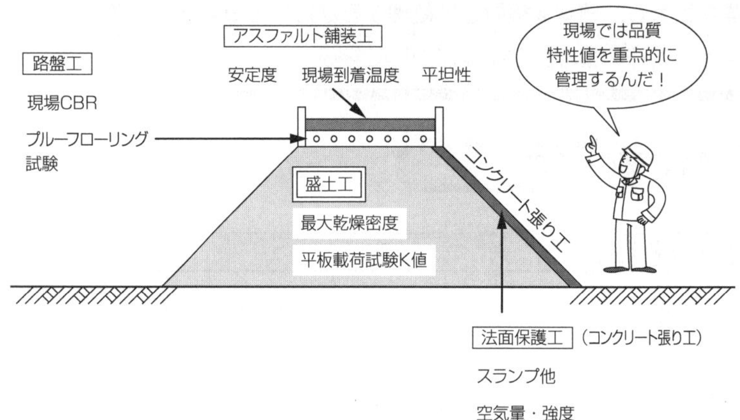

図 7-4　品質特性の種類

これらの品質特性は、関係する試験によって容易に特性値が測定でき、早期に判定できるものを選ぶようにする。盛土工では突固め試験や平板載荷試験で締固め度を判定するのである。

7・2　代表的な品質管理の方法

ある工種に対しての品質特性を定め、関係する試験などを行って特性値を求め、試験結果のデータの統計的処理による品質管理の代表的な方法には、次の2つがある。

① **ヒストグラム**（histogram：データを処理した柱状図表）と**工程能力図による方法**

② **管理図による方法**

ここでは、この2つの方法について、特性値をスランプとしたコンクリートの品質管理の手法を実際に計算しながら、品質管理の基本的事項を学んでいく。

7・3　ヒストグラムと工程能力図による方法

7・3・1　データの処理

(1)　平均値 $\bar{x}$ とメジアン Me（中央値）

例として次の数値が並ぶときの値を求めながら、各種の持つ意味を理解していく。

〔例題1〕（2、2、4、3、2、4、4、3）のデータの平均値 $\bar{x}$ とメジアン Me を求めよ。

平均値 $\bar{x}=\dfrac{\Sigma x\ (\text{データの総和})}{N\ (\text{データの個数})}=\dfrac{2+2+4+3+2+4+4+3}{8}=3.0$

メジアンは数値を小さい順に並べ換えたときの中央値であり、2個のときは2個の平均値とする。

$\underbrace{2、2、2}_{3\text{個}}$、$\underbrace{3、3}_{\text{メジアン}}$、$\underbrace{4、4、4}_{3\text{個}}$　従って、$Me=\dfrac{3+3}{2}=3$ となる。

(2) モード Mo（最頻値）

数個のデータのうち、同一データが何回あるのかを調べ、その回数の最大のデータを代表値とする要約値の表し方である。〔例題1〕の数値についてみてみると、

2⇨3回　3⇨2回　4⇨3回　従って Mo=2と4となる。

(3) レンジR（範囲）

レンジはデータのバラツキの範囲を示すもので、データの拡散値の表し方である。〔例題1〕の数値についてみてみると、

データの最大値⇨Xmax=4、最小値⇨Xmin=2　従って R=4−2=2となる。

(4) 標準偏差 σ

標準偏差 σ は、データの平均値からのバラツキの程度を示す拡散値の表し方の代表的なもので、品質特性値を調べる試験や各種資格試験の**合否基準**によく利用されている。

標準偏差 σ を求める意味や手順は、次のようになる。

① **正規分布**：データを数多く回収し、縦軸に度数、横軸に特性値をとってグラフを描くと、工程に大きな異常が無ければ図7-5のような吊り鐘（がね）状となり、この状態を**正規分布**という。品質の良否の判定には、正規分布の状態の有無や特性値の範囲などが重要となり、標準偏差 σ との関係は、±σ の範囲にデータが68.27%、±2σ では95.45%、±3σ では99.73%が含まれていることになる。従って、ある試験の合格率を68%前後にするには、平均値±σ が合格ラインとなる。

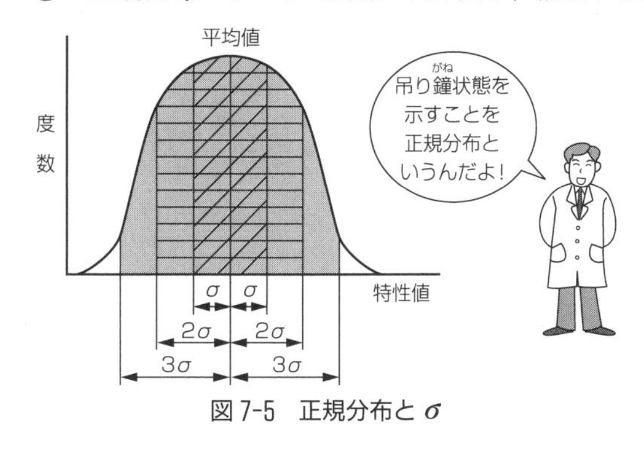

図7-5　正規分布とσ

② **残差平方和S**：標準偏差 σ を求めるために必要な値で、各データ x からデータの平均値 $\bar{x}$ を差し引いた残差 $(x-\bar{x})$ の平方和で求める。(残差を偏差、残差平方和を偏差二乗和ともいう)
〔例題1〕の数値についてみてみると次のように計算できる。データの平均値は $\bar{x}=3.0$ なので、

残差 $(x-\bar{x})$	残差平方 $(x-\bar{x})^2$	残差平方和S〔$\Sigma(x-\bar{x})^2$〕	
2−3=−1	$(-1)^2=1$	2のデータが3回あるので1×3=3	S=6となる。
3−3=0	$(0)^2=0$	3のデータが2回あるので0×2=0	
4−3=1	$(1)^2=1$	4のデータが3回あるので1×3=3	

③ **分散B**：標準偏差 σ み求めるために必要な値で、残差平方和Sをデータ個数 n で割った値である。〔例題1〕の数値についてみてみると、S=6、n=8なので

B=S/n=6/8=0.75となる。

④ **標準偏差**：標準偏差 σ は分散Bの平方根 $\sigma=\sqrt{B}$ で求める。〔例題1〕の数値でみてみると、

$\sigma=\sqrt{0.75}\fallingdotseq0.87$ となる。

ここで求めた $\sigma=0.87$ の値から、品質管理上必要な値が求められている。例えば〔例題1〕の数値を示した8個のデータのうち、95%前後を合格と判定するには、データの値が $\pm2\sigma$ 以内であれば良いので、$\bar{x}\pm2\sigma=3.0\pm(2\times0.87)=3.0\pm1.74$ となり、1.26〜4.74の範囲であれば合格といえることになる（実際のデータは個数が多い）。標準偏差 σ はこのように利用される。

7・3・2　ヒストグラムと工程能力図による品質管理

この手法は、完成した製品の試験結果の個々のデータを処理して図7-5に示すような柱状図表を作成し、品質特性の許容範囲を示す上限規格値及び下限規格値と比較して、バラツキの状態と全体の品質の傾向をつかむことができる。具体的な例でこの手法の手順を説明する。

〔例題2〕　コンクリートの構造物をつくる際の品質特性のスランプ値が、表7-1のようになった。

スランプ値の許容範囲を10±2.5 cmとしたときの品質管理を行う。

表7-1　スランプ値（cm）

番　号	1	2	3	4	5	6	7	8	9	10	11	12
スランプ値（cm）	8.9	9.2	10.3	10.5	11.0	8.8	9.5	10.3	11.5	10.0	10.3	11.6

〔解答〕

① データの平均値 $\bar{x}$ を求める。

$$\bar{x}=(8.9+9.2+10.3+10.5+11.0+8.8+9.5+10.3+11.5+10.0+10.3+11.6)/12=10.16$$

② データを基に表7-2のような度数表をつくる。

表7-2　度数表　（cm）

データxの範囲	データx					度数
x<8.5						0
8.5<9.5	8.9	9.2	8.8			3
9.5<10.5	9.5	10.3	10.3	10.3	10.0	5
10.5<11.5	10.5	11.0				2
11.5<x	11.5	11.6				2

③ 図7-6に示すように、横軸に上下限の規格値（スランプ値の許容範囲は10±2.5 cm）をとり、この間を5〜10等分してデータxの範囲をきめる。

④ 縦軸に度数の範囲をとり、データxを記入してヒストグラムを描く。

⑤ 工程能力図は図7-7に示すように、横軸（回数）に時間をとり、縦軸にはデータxの範囲と上下限の規格値内にとり、データxを記入して結んだ折線グラフである。

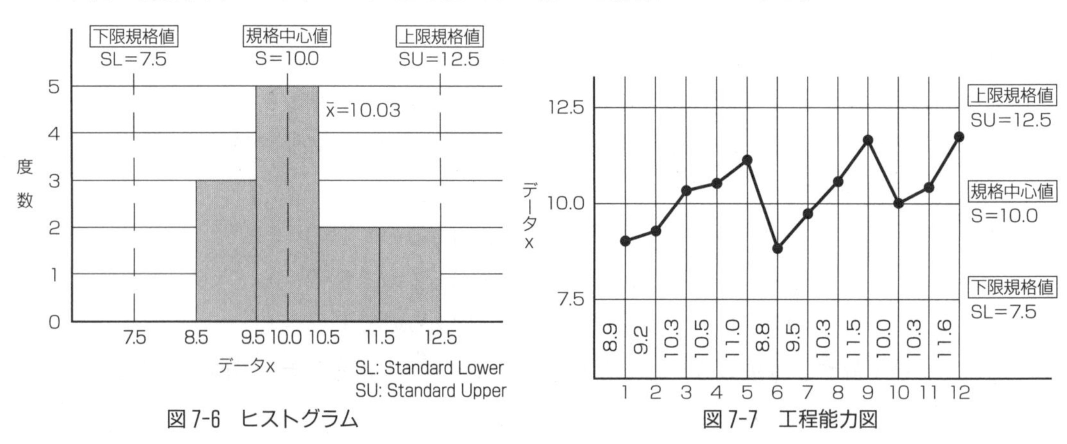

図7-6　ヒストグラム　　　図7-7　工程能力図

⑥ 図7-6のヒストグラムにより品質特性であるスランプ値の**品質を判定**してみると、上下限の規格値内にあり問題はないが、全体的な傾向としては、平均値がやや規格中心値より大きく、上限規格値に近いデータもあるので、スランプ値を小さ目にした方が良いといえる。

⑦　図7-7の工程能力図より**品質を判定**してみると、上下限の規格値内にあり、規格中心値の前後に適度にバラツキがあり安定しているが、やや大き目の値が多い。

7・3・3　ヒストグラムと工程能力図の読み方

品質管理において大切なことは、データの正しい処理とグラフの読み方である。

①　ヒストグラムの読み方

ヒストグラムの理想的な形状は、図7-8(a)に示す吊り鐘状の正規分布曲線で、上下限の規格値との間にゆとりもある。これに比べて(b)～(d)は図に示したような問題点があるので、作業標準などの修正を検討する必要がある。しかし、ヒストグラムは特性値の時間的変化はわからない欠点がある。

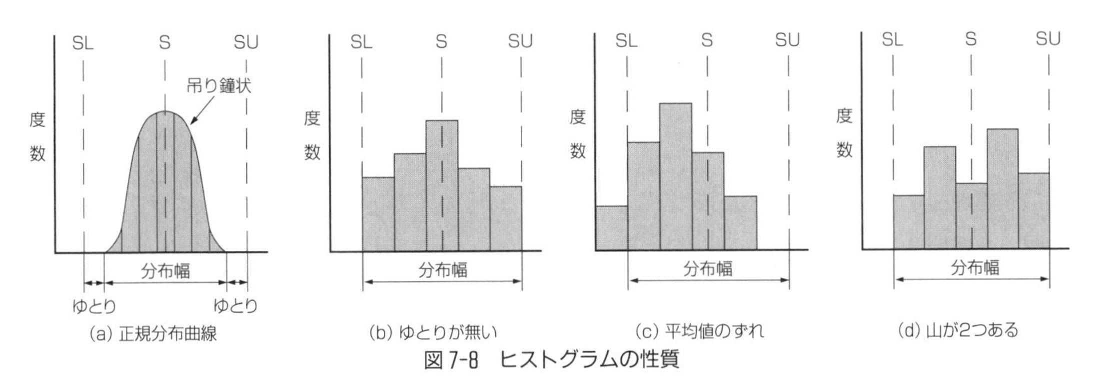

図7-8　ヒストグラムの性質

②　工程能力図の読み方

工程能力図の理想的な形状は、図7-9の(a)線のように、規格中心値の前後に適度なバラツキがあり、上下限の規格値内にあり安定していることである。これに比べ(b)線は、激しく上下し、材料に大きな変化があったときか、機械の不調整が原因と思われる。また(c)線は周期的な変化があり、気温の変化や工程能力（やる気）に影響するなどで、(b)及び(c)線の傾向を工程能力図を示したときは、作業標準などの修正を検討する必要がある。このように、時間経過ごとの品質管理上の傾向がわかる特徴がある。

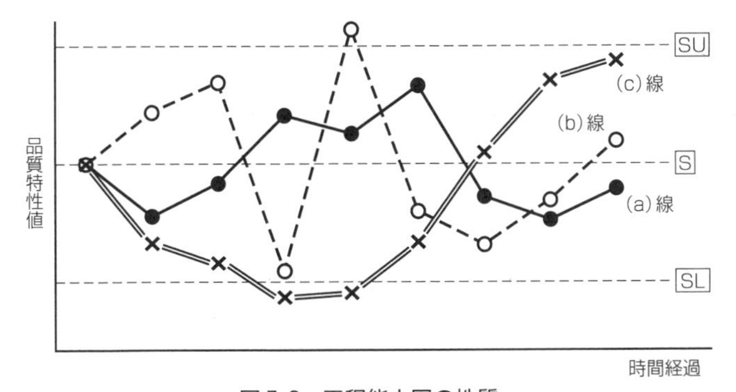

図7-9　工程能力図の性質

要点

『品質管理の基本とヒストグラム・工程能力図のまとめ』

- 品質管理の中での品質特性の役割を確認し、具体的に各工種別に品質特性をあげてみよう。
- 図7-3の品質管理の手順のP→D→C→Aとそれぞれの内容をしっかり理解しておくこと。
- ヒストグラム及び工程能力図の作成方法と意味をよく理解し、それぞれの読み方を正しく知っておくこと。特にどのような傾向を示すときの問題点を理解しておくこと。

例題 7-1　品質管理について下記に示す(イ)～(ホ)の手順の組合わせで、次のうち適当なものはどれか。

(イ)　実施したデータをとる。
(ロ)　品質特性値を決める。
(ハ)　品質標準を定める。
(ニ)　管理図をつくり検討する。
(ホ)　作業標準を決める。

(1)　(イ)→(ハ)→(ホ)→(ロ)→(ニ)
(2)　(ホ)→(イ)→(ハ)→(ニ)→(ロ)
(3)　(ロ)→(ハ)→(ホ)→(イ)→(ニ)
(4)　(ハ)→(イ)→(ロ)→(ニ)→(ホ)

解説

品質管理の手法の一般的手順に関する問題であり、ここでよく確認しておこう。手順はまず「品質特性値」を決め、次にデータの範囲である「品質標準値」を決める。次に試験片などをつくる「作業標準」を決め、試験をして「実施データ」をとり、「管理図」つくり検討し、最後に作業標準の修正となる。従って、ここでは(3)が正しい。手順はイラストなどにより、十分に理解しておくこと。
答(3)

例題 7-2　工事に使用される材料の品質特性と試験に関する次の組合わせのうち、正しいものはどれか。

	(材料)	(品質特性)	(試験)
(1)	アスファルト合材	安定度	レジオン試験
(2)	コンクリート	空気量	マーシャル試験
(3)	盛土材料	最大乾燥密度	突固め試験
(4)	コンクリート	強度	圧密試験

解説

品質特性値の出題率も高い。
(1)の安定度はマーシャル試験。
(2)の空気量はコンクリートの空気量試験。
(3)の最大乾燥密度は土工でもイラストで説明したように突固め試験で正しい。
(4)の圧密試験は、土質試験である。
答(3)

例題 7-3　データの統計量として次のうち正しいものはどれか。データ⇨7、4、5、8、6

	(中央値)	(平均値)	(範囲)
(1)	5	6	4
(2)	6	6	4
(3)	5	5	5
(4)	6	5	5

解説

データ処理において
中央値：小さい（大きい）順に並べた中央の値で、2個あるときは2個の平均値
範囲：最大値－最小値である。各値を求めてみると、

4、5、[6]、7、8　$\frac{\text{データの合計}}{5}=6$
[6]→中央値

範囲は8−4=4で(2)が正しい。
答(2)

例題7-4　下図のヒストグラムに関する次の説明のうち、適当でないものはどれか。

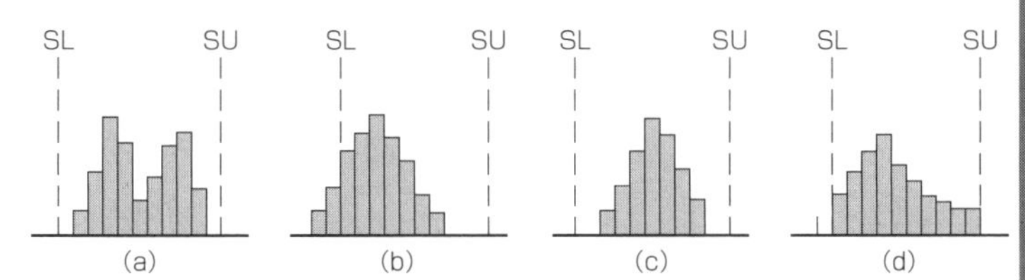

（1）（a）は山が2つあるが、規格値内に入っており異常はない。

（2）（b）は下限値（SL）を割るものがあり、平均値を大きい方にずらさなければならない。

（3）（c）はバラツキも少なく、規格値に対するゆとりもある。

（4）（d）はバラツキが大きい。

解説

管理手順の検討での段階であり、ヒストグラムを作成し、正しく判定する必要がある。SL：下限規格値、SU：上限規格値

(1)の(a)は山が2つあり、異常であり、作業標準を修正する必要がある。従って(1)の記述が誤りとなる。(b)、(d)はそれぞれの記述の通りであり、いずれも異常である。正常工程と判定されるのは、SL、SUに対してゆとりがありバラツキも少ない(c)である（異常を求める問題と早合点しないように）。

答(1)

例題7-5　下図の工程能力図において、最も安定しているものはどれか。

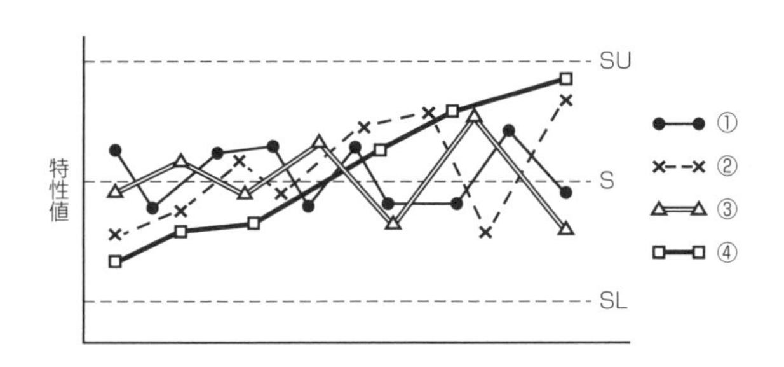

解説

工程能力図の読み方は、ある程度常識的にみた感じを大切に判定するとよい。

(1)は最も安定している。

(2)は徐々にバラツキが大きくなり不安定。

(3)も徐々にバラツキが大きくなり、周期性もあり不安定。

(4)だんだん大きくなり不安定。

答(1)

例題7-6　ヒストグラムによって知ることのできないものは次のうちどれか。

（1）特性値の分布の形

（2）特性値の幅

（3）特性値と規格値の関係

（4）特性値の時間的変化

解説

ヒストグラムからは、(1)、(2)、(3)の内容については読みとれるが、(4)の記述の特性値の時間的変化がわからない欠点がある。

答(4)

7・4　管理図による方法

ヒストグラムや工程能力図での品質管理は、中間段階や完成後の**品質のバラツキ**などの管理に役立つが、製造や工事途中の**製造工程の良否**を判断するには、次に学ぶ管理図による方法が用いられている。従って、管理図による方法は、**工程の異常**を見つけて処理するもので、完成後の品質の規格値の管理とは無関係となる。

7・4・1　管理限界線

異常な原因によって、施工中の工程にバラツキが生じたかどうかを判定する線を、図7-10に示

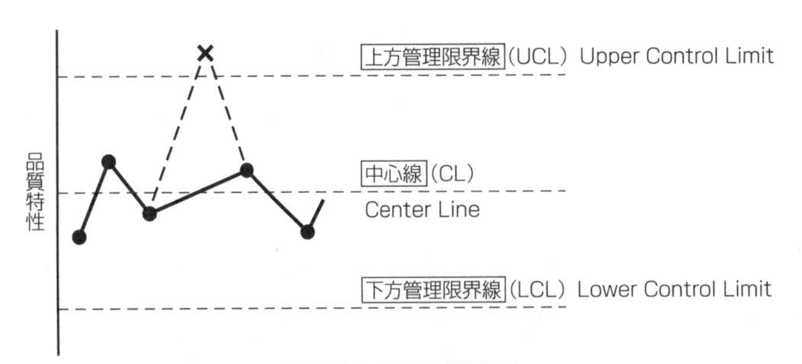

図 7-10　$\bar{x}$-R 管理図

すように**上方管理限界線**（UCL）、**下方管理限界線**（LCL）といい、この両限界線内にデータが入っていれば、工程は安定していると判定される。仮に図のような限界線を超えたデータについては、異常原因を検討し、作業標準の修正などの改善策をとり、そのデータは除去して考える。

このように管理図は、先ず UCL と LCL を計算で求めることになる。

7・4・2　管理図の種類

UCL や LCL を求める際に、まず、なにを基準にしての管理図なのかを決める。その基準となる管理図には、次のような種類のものがある。

① **$\bar{x}$-管理図**（$\bar{x}$ は平均値で x バーと読み、$\bar{x}$ を基準にしての管理図を $\bar{x}$-管理図と記す）：データの平均値を基準に UCL、LCL を求めて管理する。

② **R-管理図**（R：レンジ範囲）：データの範囲（最大値-最小値）を基準に UCL、LCL を求めて管理する。

③ **$\bar{x}$-R 管理図**：$\bar{x}$-管理図と R-管理図を組み合わせて管理するもので、土木工事の工程における品質管理に多く使用されている。

④ **x-Rs-Rm 管理図**：一点管理ともいい、データが少ない場合に用いる。

これらの種類のうち、最も一般的である **$\bar{x}$-R 管理図**について学ぶ。

7・4・3　$\bar{x}$-R 管理図の作成

$\bar{x}$-R 管理図で品質管理を行うには、**$\bar{x}$-管理図**と **R-管理図**を別々に作成する必要があり、それぞれの UCL 及び LCL は次の式から求める。

(1)　$\bar{x}$-管理図の場合

$UCL=\bar{\bar{x}}+A_2\bar{R}$　　$LCL=\bar{\bar{x}}-A_2\bar{R}$　　$\bar{\bar{x}}$：全体（各群の平均値 $\bar{x}$）の平均値

(2)　R-管理図の場合

$UCL=D_4\bar{R}$　　$LCL=D_3\bar{R}$　　A_2、D_3、D_4などは、群の大きさによる管理定数で、表 7-4 より求める。

具体的な数値で $\bar{x}$-R 管理図を作成してみよう。358 ページの〔例題 2〕のスランプ値において、各値を順次計算してみよう。

① 表 7-1 の 12 個のデータを、3 個のデータを 1 群として各群の平均値 $\bar{x}$、範囲 R を求めると、表 7-3 のように

表 7-3　スランプ値と $\bar{x}$, R の計算

群番号	番号	データ	各群の平均値 $\bar{x}$, 各群の範囲 R
1	1 2 3	8.9 9.2 10.3	$\bar{x}_1=(8.9+9.2+10.3)/3=9.47$ $R_1=10.3-8.9=1.4$
2	4 5 6	10.5 11.0 8.8	$\bar{x}_2=(10.5+11.0+8.8)/3=10.10$ $R_2=11.0-8.8=2.2$
3	7 8 9	9.5 10.3 11.5	$\bar{x}_3=(9.5+10.3+11.5)/3=10.43$ $R_3=11.5-9.5=2.0$
4	10 11 12	10.0 10.3 11.6	$\bar{x}_4=(10.0+10.3+11.6)/3=10.63$ $R_4=11.6-10.0=1.6$

なる。

この表の値より、全体（4群）の平均値 $\bar{x}$ と範囲の平均値 $\bar{R}$ を求めると

全平均値

$$\bar{\bar{x}}=(\bar{x}_1+\bar{x}_2+\bar{x}_3+\bar{x}_4)/4$$
$$=(9.47+10.10+10.43+10.63)/4$$
$$=10.16$$

範囲平均値　$\bar{R}=(R_1+R_2+R_3+R_4)/4=(1.4+2.2+2.0+1.6)/4=1.80$

② $\bar{x}$-管理図の場合のUCL及びLCLを求める。1群のデータ数を3として、表7-4より $A_2=1.023$ となり

$$UCL=\bar{\bar{x}}+A_2\bar{R}$$
$$=10.16+1.023\times1.8$$
$$=12.00$$
$$LCL=\bar{\bar{x}}-A_2\bar{R}$$
$$=10.16-1.023\times1.8$$
$$=8.32$$

表7-4　管理定数表

群に含まれる数n	A_2	E_2	D_4	D_3
1、2	1.880	2.660	3.267	
3	1.023	1.722	2.576	
4	0.729	1.457	2.282	
5	0.577	1.290	2.115	
6	0.483	1.184	2.004	
7	0.419	1.109	1.924	0.076
8	0.373	1.059	1.864	0.136
9	0.337	1.010	1.816	0.184
10	0.308	0.975	1.777	0.223

この表を管理限界の係数表ともいい、群の大きさと基準値によるUCL、LCLの値を確率によって求めた定数である。E_2 はデータ数が少ない場合に用いる

③ R-管理図の場合のUCL及びLCLを求める。表7-4より $D_3=0$、$D_4=2.576$ となり

$UCL=D_4R=2.576\times1.8=4.64$　　$LCL=0$

④ $\bar{x}$-管理図及びR-管理図により求めた各値を基にそれぞれの管理図を描くと、図7-10のようになり、この図から品質管理を行ってみる。

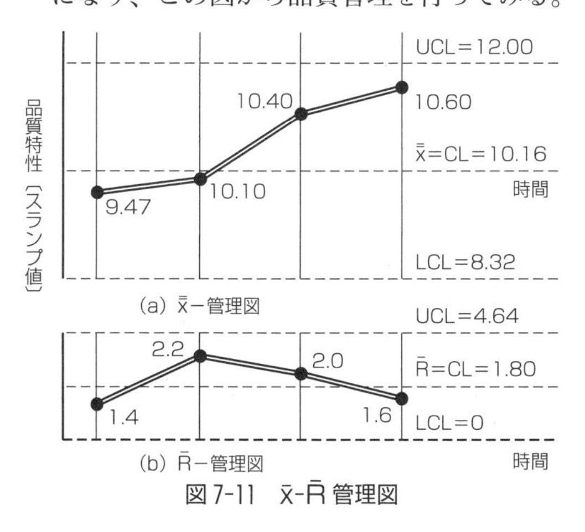

図7-11　$\bar{x}$-$\bar{R}$ 管理図

図(a)の $\bar{\bar{x}}$-管理図及び図(b)の $\bar{R}$-管理図ともデータは、管理限界線UCL、LCLの範囲内にあり、下記に示す異常な工程の状態も示していないので、〔例題〕のスランプ値は正常の工程の中の値と判断できる。

(3)　管理図の読み方（異常な工程状態）

図7-11に示したような管理図は、工程中の異常の有無を見つけ出し、原因を究明して除去するために活用される。図7-12①～⑤の状態は異常な工程とみなされる。

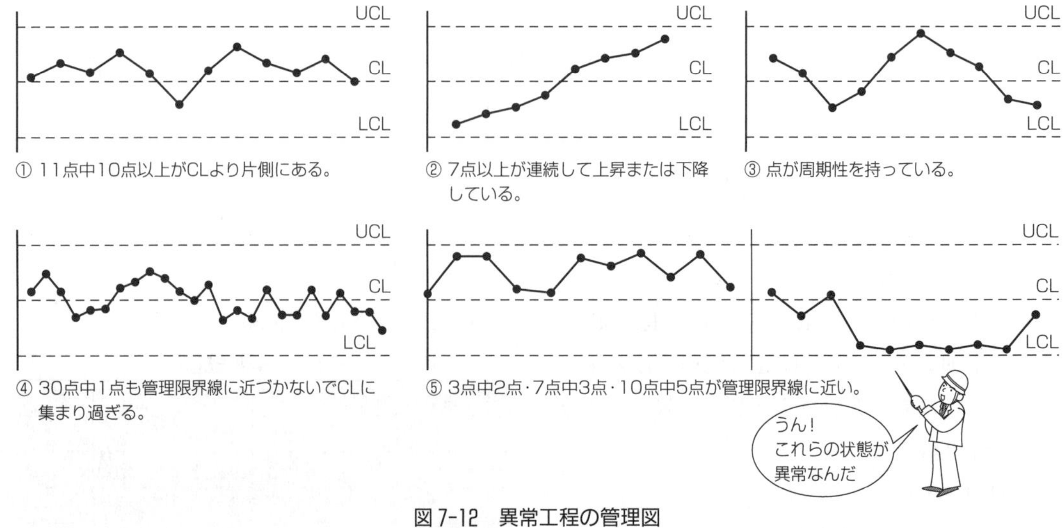

図 7-12　異常工程の管理図

7・5　その他の品質管理の方法

品質管理の手法には、今まで学んできた完成した**製品の良否**を判断するヒストグラムと工程能力図によるものと、製品の製造や工事途中の**製造工程の良否**を判定し、完成後の品質を確保する管理図による方法とが主なものであるが、品質管理の七つ道具といれる他の5つの方法は、次のようなものがある。

7・5・1　チェックシート

同一工種を繰り返して行い製品や工事を完成させる際に、1サイクルに要する時間を**チェックシート**に記録し、バラツキの状態を観察して、長時間要したサイクルの原因を究明して除去する。この結果全てのサイクルを短時間で行うことができることになる。

このように、早期にバラツキをみつけ、対策を立案して実行する手法として用いる。

7・5・2　特性要因図

コンクリートの品質特性であるスランプ値に、異常なバラツキ状態が表れた場合に、原因を究明して除去するために、原因に結びつく要因を図に描いたものである。

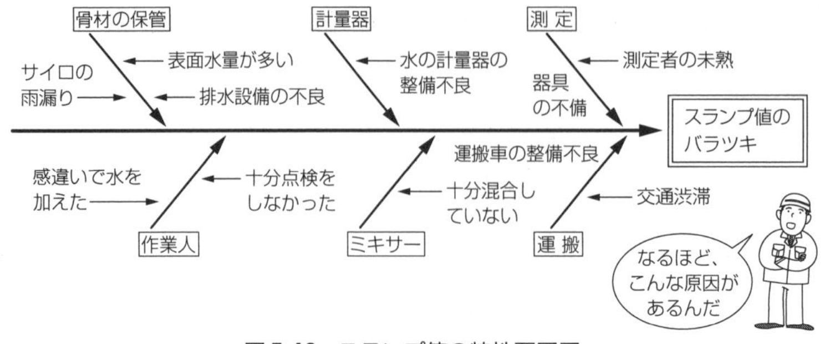

図 7-13　スランプ値の特性要因図

この**特性要因図**を基に、順次検討をしていくことにより、スランプ値のバラツキの真の原因をみつけ出し、根本的な対策を行うことができる。

7・5・3　パレート図

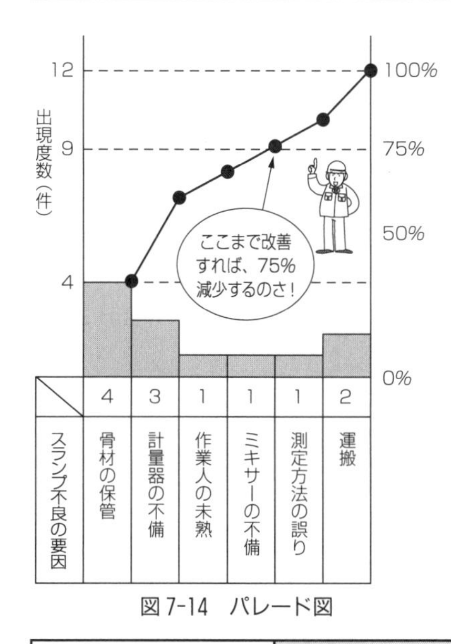

図 7-14　パレード図

スランプ値のバラツキの要因を図7-14のように、出現度数の大きさ順に並べ、累積和を折線グラフで示したものを**パレード図**（人名）という。

この図からスランプ値のバラツキ要因を改善する順序がわかり、改善した場合のバラツキの減少率が予想できる。

また、パレード図は工事費削減策にもよく用いられている。例えば、ある工事において、工種別に工事費を積算し、横軸に工事費の多い順に工種を並べ、図のようなグラフを描けば、工事費の削減率の関係から、改善策行う工種と順位がわかり、この後に学ぶ原価管理にも役立つことになる。

7・5・4　相関図と層別

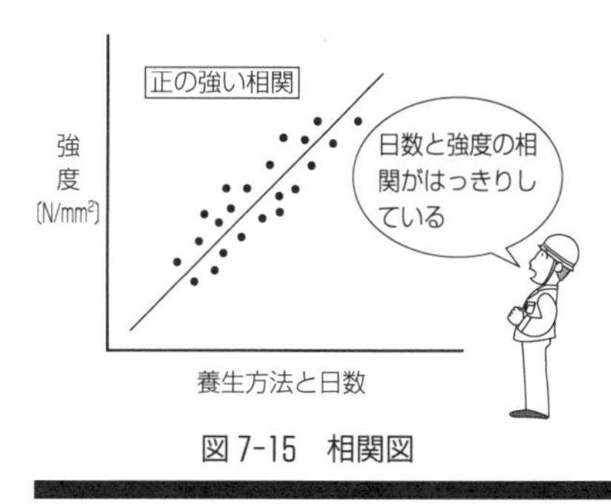

図 7-15　相関図

コンクリートの強度と関係のある養生日数やスランプ値、空気量などいくつか要因をあげ、図7-15のように両者の関係である相関を示してみる。図の強度と養生については、強い相関があるといえるが、弱い相関や全く相関の無い要因もあり、強い相関のある要因には十分管理することが大切である。

また、関係する要因をいくつかの層（要素）にグループ分けして調査することを**層別**という。

7・6　抜取検査

鋼材の接合によく用いられるボルトの品質検査をする際に、ボルトの数が多い場合は、図7-16のような1ロット（lot：1組）の中から無作為（ランダム）に数本のサンプルを取り出して検査し、1ロット全体の合否を決めることを**抜取検査**という。これに対して、使用数が少なく全数を調べることを**全数検査**という。

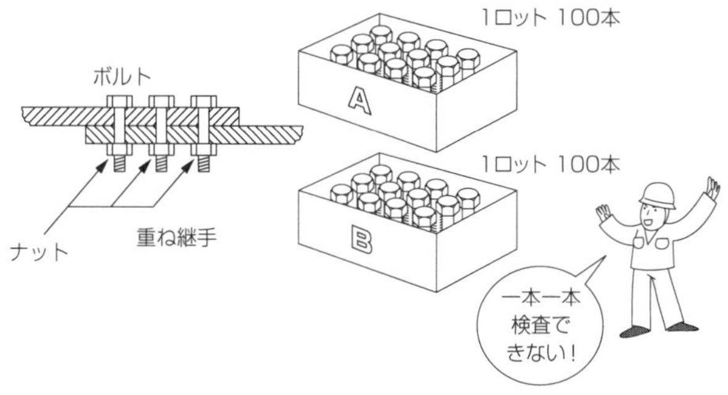

図 7-16　ボルトのロット

抜取検査の場合、品質の合否判定基準を明確にしておく必要がある。図のボルトの場合に、1ロットから3本ずつのサンプルを抜き取って検査した場合の判定基準を、3本のうち2本以上合格ならば、抜き取ったロット全体のボルトは合格、その他の場合はロット全体が不合格と決めておけば、3本中3本または2

本が不合格ならばロット全体も不合格となる。このことは、合格したロットの中にも不合格のボルト、不合格のロットの中にも合格のボルトが含まれていることになる。また、合否判定基準は、検査個数も多く、357ページで学んだ正規分布状態を示すものとして、標準偏差 σ から算出したものである。ここで抜取検査を行う条件を示す。

① 検査をするサンプルは、ロット単位で処理でき、無作為に採取できること。

② 品質の合否の判定基準が明確なこと。

③ 合格ロットの中に、不良品のあることが許されること。

以上、抜取検査は、サンプル数が少ないので、品質に関する全項目について徹底的に検査でき、結果的にはロット全体の確実で有益な情報が得られ、不良品が少数でもロット全体の不合格になるので、全体の品質向上に大きな役割を果しているといえる。

要点

『品質管理のまとめ』

- 品質管理は、完成した製品の品質を規格値から判断するものと、完成後の土木構造物の品質を保証するために、工事中の工程での品質特性について検査する2つの方法がある。
- 品質特性は、完成後の土木構造物の品質と強い相関のある要因である。代表的な工種に対する品質特性名と関連する試験などをまとめておくこと。また、品質特性として満たしているべき要件も理解しておくことが必要である。
- データの処理については、先ず標準偏差 σ の持つ意味を図7-5でよく理解し、σ を求める手段としての $\bar{x}$・Me・Mo・R などの求め方も理解しておく。最近ではこれらの各値の単独の求め方に関する問題も多く出題されている傾向がある。
- 製造や工事途中の工程の良否を判断する管理図の役割を理解しておくこと。特に $\bar{x}$-R 管理図の作成の基本的手順や読み方はよく出題されている。
- 品質管理の七つ道具については、それぞれの役割や利用方法を理解しておくこと。
- 抜取検査については、検査を行う条件がよく出題されているので覚えておくこと。

例題 7-7 品質管理図に関する次の記述のうち、適当でないものはどれか。

(1) 管理限界線を規格値から求めるのは誤りである。

(2) 管理図において、打点が連続して下降状態を示しても、管理限界線に入っていれば、注意する必要はない。

(3) 管理図の打点の状態が、100点中98点以上管理限界線内にあり、並び方にくせがなければ、安定した工程といえる。

(4) 管理図で工程が安定していても、その後も管理図による管理を続けて行うようにする。

解説

管理図の限界線は、テキストでも説明してあるように、規格値は関係しない。従って(1)の記述は正しい。(2)、(3)は管理図の読み方に関するもので、(2)は異常な状態を示しているので誤り、(3)は正しい。(4)の記述では、ある一定以上の期間がたつと、計算をやりなおすことになるし、工程が常に正常とは限らないので継続しているので正しい。(2)の記述が適当でない。

答(2)

例題 7-8　計量抜取検査を行う場合の条件として、次の記述のうち適当でないものはどれか。

（1）　標準偏差が既知であること。
（2）　ロットとして処理できること。
（3）　合格ロットの中に、ある程度の不良品のあることが許されること。
（4）　試料は無作為に採取すること。

解説
製品の抜取検査そのものを実施するには標準偏差は未知でもよい。ただ検査個数が多い場合の合否判定基準を決める際に、製品の品質は正規分布状態を示すとして、標準偏差を用いる。従って(1)の記述は誤りとなる（早合点しないこと）。
(2)、(3)、(4)の記述はいずれも正しい。答(1)

例題 7-9　管理図の種類とその適用の組合わせのうち、適当でないのはどれか。

（1）　$\bar{x}$-R 管理図――群の分布の位置の変化と、群のバラツキの変化を同時に管理する。
（2）　$\bar{x}$ 管理図――群の平均値を管理するもので、群の分布の位置を表す管理図である。
（3）　R 管理図――群の範囲の変化を範囲を管理するもので、群のバラツキを表す管理図である。
（4）　x 管理図――個々の測定値の変化を管理するもので、工程能力図ともいう。

解説
やや難解の用語の表現もあるようだが、よく読んでみれば意味はわかる。(1)の群の分布の位置とは $\bar{x}$ のこと、群のバラツキの変化はRである。従って、(1)の $\bar{x}$（平均値）-R（バラツキの範囲）管理の記述は正しい。同様にみていけば、(2)、(3)の記述も正しいことがわかるであろう。(4)の記述の工程能力図はテキストにも述べたが、製品の品質の良否を判定するもので、管理図ではない。従って(4)の記述が誤りとなる。
答(4)

例題 7-10　下図の $\bar{x}$-R 管理図のうち、正常な状態を示す工程はどれか。

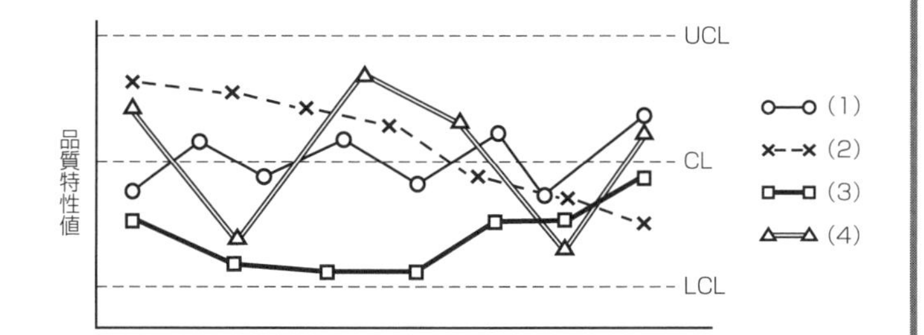

解説
イラストの異常工程の管理図から判断すると、(1)はCLに集中し過ぎている。(2)は7点以上が連続して下降している。(3)はLCLに片寄り過ぎており、いずれも異常な状態といえる。(4)は、やや周期性があるものの、適度にUCL、LCLに近づき、片寄ったりしていないので、正常な状態といえる。
答(4)

例題 7-11　品質管理に関する次の記述で［　］の中に入る用語の組合わせで正しいものはどれか。

「品質管理は、管理しようとする［(イ)］について測定を行い、［(ロ)］によって［(ハ)］とのチェックを、また［(ニ)］によって工程の安定状態をチェックし、異常があれば原因を調べ処理することである」

	(イ)	(ロ)	(ハ)	(ニ)
(1)	品質特性	管理図	規格値	ヒストグラム
(2)	品質特性	ヒストグラム	規格値	管理図
(3)	規格	ヒストグラム	品質特性	管理図
(4)	規格	品質特性	管理図	ヒストグラム

解説
品質管理に関する基本的事項を記述したのでよく理解しておくこと。
品質管理は、管理しようとする**品質特性**について測定を行い、**ヒストグラム**によって**規格値**とのチェックを、また**管理図**によって工程…となり、前段は製品の品質の良否の判定に関係し、後段は工程の状態を判定する記述である。従って(2)が正しい。
答(2)

7・7 ISO

ISOとは、International Standards Organization（国際標準化機構）のことで、本部をスイスのジュネーブにおき、国際的に標準化された①**品質の管理状態**（品質マネジメントシステム：9000　ファミリー）や②**環境の管理状態**（環境マネジメントシステム：14000　ファミリー）などを規定している団体である。このISOで制定した品質及び環境の管理状態を基準に、生産活動を行う企業や組織について審査を実施し、国際的に標準化されたマネジメントシステムが確立されている企業ならば、結果的に品質がよく、国際規格に適合した製品が生産されるので、**ISO認証**企業と認定し、国際的に信用のある企業と評価されたことになる。

7・7・1 ISO　9000　ファミリー

この規格は、品質の管理（マネジメント）状態（システム）について、国際的に標準化（基準となるべき事項）を示したもので、JIS（日本工業規格）では、主に生産される製品の大きさや品質そのものが規定されているが、ISO　9000　ファミリーでは、製品の規格ではなく、製品を生産する企業内の業務内容や組織のあり方、生産及び品質検査のフローチャートや施設・設備など、よい品質の製品を生産する全てのマネジメントシステムに関する規格である。従って、9000　ファミリーに認証された企業は、国際的に標準化された品質マネジメントシステムが確立された信頼のある企業で、体系的で透明性のある管理方法とっているといえる。その為に、製品の国内及び国際間の取引における相互理解に一貫性を持つと同時に、生産活動を行うあらゆる組織の国際的に標準化された品質マネジメントの構築活動を支援することにもなり、結果的には国際的に品質のよい製品をつくる企業が増えることとなる。今後も取得件数が増大するものと考えられる。

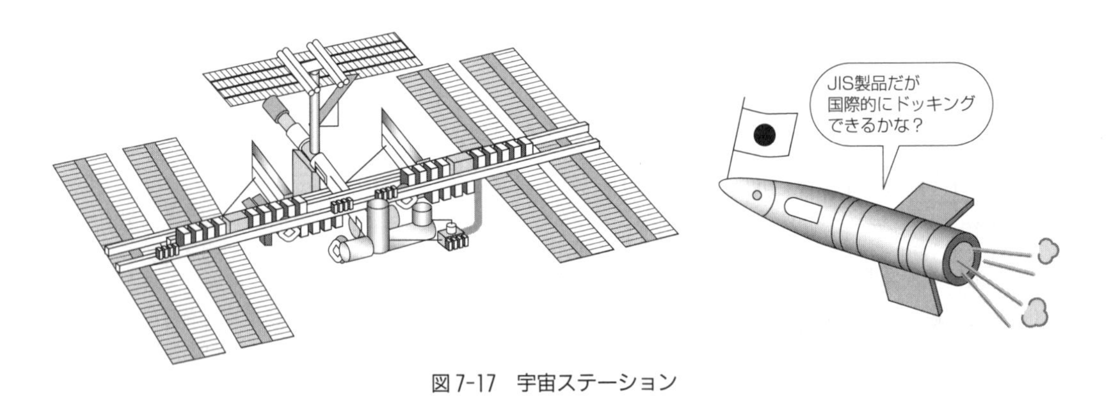

図7-17　宇宙ステーション

7・7・2 ISO　14000　ファミリー

この規格は、地球環境の保全に関し、国際的に高まりつつある社会のニーズとしての標準化された環境管理システムを示したものであり、14000　ファミリーに認証された企業や組織は、環境に優しい省エネルギータイプの製品やサービスを提供できる環境マネジメントシステムが確立されていることになる。また、認証企業の国内及び国際間における信頼度や社会的評価は、9000　ファミリーと全く同様であり、多くの企業や組織が、国際的に標準化された環境マネジメントの構築活動を行えば、地球環境問題の解決の礎となり、地球温暖化やオゾン層の破壊、酸性雨や大気汚染の防止などに大いに役立つことになる。このことはISO設立の主旨でもある。

また、9000　ファミリーと14000　ファミリーを連係させれば、よい品質の製品を、ムダなく、産業廃棄物や公害になる原因を出さず、リサイクル利用にも積極的に取り組めるマネジメントを確立した企業となることができる。

7・7・3　ISOの認証取得手順の概要

企業や組織がISO　9000　ファミリーや14000　ファミリーの認証を取得するには、審査機関による審査を受けるが、組織や生産体制の見直し及び高額な審査登録に要する費用など、経営的な立場の人の勇断が必要となる。また、審査期間も1〜2年かかる。

要点

「ISOのまとめ」

① ISOとは、国際標準化機構のことである

② ISO　9000　ファミリーとは、国際的に標準化された品質マネジメントシステムである。

③ ISO　14000　ファミリーとは、国際的に標準化された環境マネジメントシステムである。

④ マネジメントシステムとは、管理状態のことである。

例題7-12　ISO　9000　ファミリーに関する次の記述のうち適当でないものはどれか。

（1） ISO　9000　ファミリー規格は、国際標準化機構で定められた規格である。

（2） ISO　9000　ファミリー規格は、組織が環境方針及び目的を設定し、その有効性を評価できるものである。

（3） ISO　9000　ファミリー規格は、品質マネジメントシステムに関する要求事項を規定している。

（4） ISO　9000　ファミリーを運営するには、体系的で透明性のある方法によって管理する必要がある。

解説

ISO　9000　ファミリー規格は、品質マネジメントシステムに関する国際標準化機構で制定したものであり、体系的で透明性のある方法で管理する必要がある。従って、(2)の環境方針及び目的を設定した記述が誤りとなる。

答(2)

例題 7-13 ISO 9000 ファミリーに関する次の記述のうち適当でないものはどれか。

（1） ISO 9000 ファミリー規格は、製品やサービスをつくり出すプロセスに関する国際規格である。

（2） ISO 9000 ファミリー規格は、あらゆる業種、形態及び規模の組織が効果的な品質マネジメントシステムを実施し、運用をすることを支援するために開発された規格である。

（3） ISO 9000 ファミリー規格は、環境保全に関して高まりつつある社会のニーズに対応するものである。

（4） ISO 9000 ファミリー規格は、国際標準化機構で定められたものである。

解説

ISO 9000 ファミリー規格は、品質マネジメントシステムに関するものであり、環境保全に関するマネジメントシステムは、ISO 14000 ファミリーである。

従って、(3)の記述が明らかに誤りとなる。

答(3)

例題 7-14 土工に関する主な「品質特性」とその「試験方法等」との組合せとして、次のうち適当でないものはどれか。

〔品質特性〕　〔試験方法等〕

（1） 圧密係数……………………………透水試験

（2） 最大乾燥密度………………………締固め試験

（3） 締固め度……………………………現場密度の測定

（4） 支持力値……………………………平板載荷試験

解説

土に関する品質特性と試験方法等の組合せを全部覚えることは大変である。この種の例題を少しでも多く行うことと、できるだけ文字をよく見て、内容を考えることである。(1)の圧密と透水との関係がなさそうである。

答(1)

例題 7-15 ISO 9000 ファミリー規格に関する次の記述のうち適当でないものはどれか。

（1） ISO 9000 ファミリー規格は、品質管理に関して定めたものである。

（2） ISO 9000 ファミリーの 9001 規格は、品質マネジメントシステムの要求事項について規定したものである。

（3） ISO 9000 ファミリー規格は、組織の構造、責任、手順、工程及び経営資源について定めたものである。

（4） ISO 9000 ファミリー規格は、製品の形状や性能について定めたものである。

解説

ISO に関する問題は毎年出題されているのでよく理解しておくこと。早合点も禁物である。(4)の解説は JIS に関する内容である。

答(4)

例題 7-16 ISO 14000 ファミリー規格のマネジメントシステムに該当しない項目は次のうちどれか。

（1） 環境への影響の低減

（2） 製品の品質のバラツキの防止

（3） 継続的改善（PDCA サイクル）

（4） 利害関係者とのコミュニケーション

解説

ISO 9000 ファミリーは品質管理、ISO 14000 ファミリーは環境保全管理を理解しておけば正解が得られる。

答(2)

第Ⅴ編　第二次検定（出題傾向と要点）

（1）　過去の出題傾向

（出題比率：◎かなり高い　○高い）

出題内容	出題傾向			問題数	選択数
	No.	主な出題項目	出題比率		
施工経験に関する問題	1	工事名・工事内容・自分の立場・技術的課題・対策処置	◎	1（必須）	1
土工に関する問題	2	土工事	○	4（必須）	4
	3	法面保護法	○		
	4	軟弱地盤対策	○		
コンクリートに関する問題	5	コンクリートの施工	◎		
工程管理に関する問題	6	工程図表	○	4	2
安全管理に関する問題	7	足場の安全対策	○		
	8	建設機械に対する安全対策	○		
品質管理に関する問題	9	土質調査	○		
	10	コンクリート	○		

※表内のNo.は、問題番号を示すものではなく、傾向を示すための出題項目の番号である。

（2）　学習の要点

第二次検定において、問題1の設問1では、“あなた（受検者）”の経験から、工事名や施工管理上の立場などを記述することとなる。設問2では、現場で実施した安全管理や品質管理、工程管理について、「特に留意した技術的課題」や「検討した項目と検討理由及び検討内容」、「現場で実施した対応処置」を具体的に記述することとなる。

問題2～問題5は必須問題として、問題6～問題9は選択問題として、第Ⅰ編（土木工学等〈基礎的な土木工学〉）から第Ⅳ編（施工管理法）までの全範囲が出題されている。いずれも、解答は記述式なので毎日の実務経験の中で、現場日誌や各報告書を書く際に、誤字や脱字を少なく、できるだけ漢字を使い、一字一句を正確に丁寧に記入する習慣を身につけることが大切である。なお、選択問題では、例えば“問題6と問題7から1問を選択”の表記があることから、選択の際の条件に気をつける。

ここに、基本的な問題の例題と解説を示す。これを参考にして、第二次検定に向けて十分に準備をしてほしい。

※出題傾向に示した表内 No. 1〜5 に関する問題は必須問題です。

出題傾向 No. 1 に関する問題

例題 1　あなたが経験した土木工事のうちから 1 つの工事を選び、次の設問 1、設問 2 に答えなさい。

〔注意〕　あなたが経験した工事でないことが判明した場合は失格となります。

〔設問 1〕　あなたが経験した土木工事について、次の事項を解答欄に明確に記入しなさい。

〔注意〕　「経験した土木工事」は、あなたが工事請負者の技術者の場合は、あなたの所属会社が受注した工事について記述してください。従って、あなたの所属会社が二次下請業者の場合は、受注者名は一次下請業者名となります。

なお、あなたの所属が発注機関の場合の発注者名は、所属機関名となります。

（1）　工事名

〈解答欄〉

（2）　工事の内容

①発注者名	
②工事場所	
③工期	
④主な工種	
⑤施工量	

〈解答欄〉

（3）　工事現場における施工管理上のあなたの立場

〈解答欄〉

〔設問 2〕　上記工事の施工にあたって、「**施工計画立案時の事前調査**」又は「**現場で実施した毎日の安全管理活動**」で、特に留意した**技術的課題**、その課題解決するための**検討内容**と現場で実施した**対策や処置及び理由**を、解答欄に具体的に記述しなさい。

〈解答欄〉

解説

まず解答の前に〔注意〕をよく確認しておくこと。最初の〔注意〕は平成 17 年度から、2 番目の〔注意〕は平成 18 年度から始められている。〔設問 1〕の「経験した土木工事」は、受験者が会社員の場合には、会社が受注した工事の内容を記述する。〔設問 1〕の(3)の施工管理上の立場については、工事現場における立場であり、例えば主任技術者、現場監督員等であり、会社内での役職である課長、係長等ではないので、注意して準備しておくようにする。

〔設問 2〕の「施工計画立案時の事前調査」については、実際に工事を行う各現場ごとにいくつかの技術的課題、例えば土工事では土量、土質、地形、運搬距離、適応する建設機械等があると思うので、これらをいかに事前に把握し、どのような調査を行ったかなどを、具体的に的確に記述する。

「現場で実施した毎日の安全管理活動」では、単に現場の施工上の安全に対する状況説明で終ることなく、受験者自身が安全管理活動を行う場合に、どのような技術的課題があるのかを把握し、その課題に対して自分の判断でどのような内容について検討して取り組み、その結果どのようになったのかを簡潔に要領よく記述する。安全管理活動は日常の状態を常に管理していくことが大切である。

出題傾向 No. 2～4 に関する問題

例題 2 土工に関する次の各設問に答え解答欄に記入しなさい。

〔設問 1〕 盛土の施工にあたり、次の①～③の問に対応する値を求めなさい。ただし、各問とも砂質土とし、その土量の変化率は

L＝1.20　　C＝0.90 とする

① 盛土の施工において、切土 600 m³（地山土量）を盛土として流用する場合**この土による盛土量（締固め土量）**はいくらか。

② 盛土の施工において、不足する 450 m³（締固め土量）を土取場から採取する場合、**ここから掘削すべき地山土量**はいくらか。

③ 盛土の施工において、不足する 400 m³（地山土量）を購入し、ダンプトラック（ほぐした状態の土で 4 m³ 積み）により搬入する場合、**その延べ運搬台数**はいくらか。

〈解答欄〉

①	この土による盛土量（締固め土量）	m³
②	ここから掘削すべき地山土量	m³
③	その延べ運搬台数	台

〔設問 2〕 切土、盛土の土工事において、**盛土の締固めを行う場合の留意点を三つ**解答欄に簡潔に記述しなさい。

〈解答欄〉

	盛土の締固めを行う場合の留意点
①	
②	
③	

解説

実地試験の出題傾向 No. 2～No. 4 では、**土量の変化率**に関する出題率はかなり高い。

〔設問 1〕の計算

土量の変化の計算は、とにかく L 及び C を求める式に、問題の条件から数値を代入してみることである。

問①　$C=\frac{\text{締固め土量}}{\text{地山土量}}$

$\Rightarrow 0.90=\frac{\text{締固め土量}}{600\text{ m}^3}$

∴　締固め土量＝0.90×600

＝540 m³

問②　$C=\frac{\text{締固め土量}}{\text{地山土量}}$

$\Rightarrow 0.90=\frac{450\text{ m}^3}{\text{地山土量}}$

∴　$\text{地山土量}=\frac{450}{0.90}=500\text{ m}^3$

問③　$L=\frac{\text{ほぐし土量}}{\text{地山土量}}$

$\Rightarrow 1.20=\frac{\text{ほぐし土量}}{400}$

∴　ほぐし土量＝1.20×400

＝480 m³

また、ダンプトラックの延べ運搬台数は

$\text{台数}=\frac{480\text{ m}^3}{4\text{ m}^3}=120$ 台

〔設問 2〕

① 適応する建設機械を選定する

② 最適含水比による均一で十分な締固め作業を行う

③ 雨水の浸透を防ぐ表面排水の施工を行う

〔設問3〕 下図の土留め支保工(イ)～(ホ)に示す部材の名称を解答欄に記入しなさい。

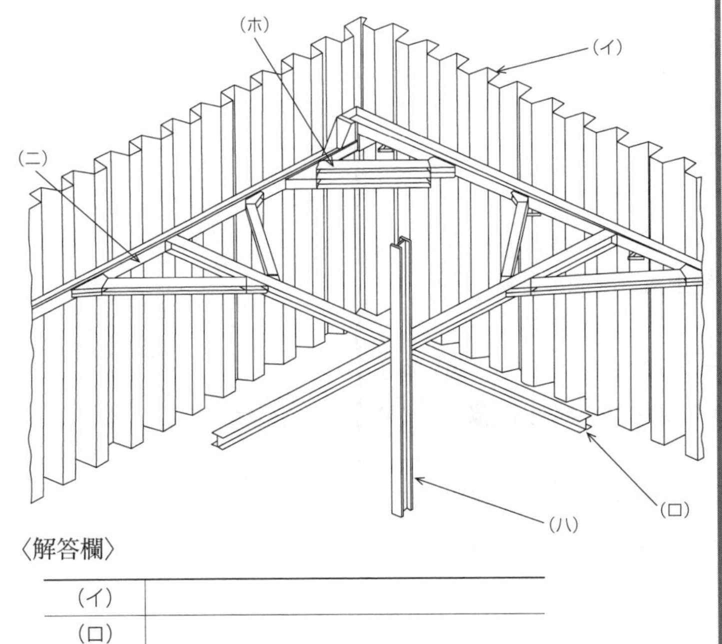

〈解答欄〉

(イ)	
(ロ)	
(ハ)	
(ニ)	
(ホ)	

〔設問4〕 **土取場での掘削作業における注意事項を三つ**解答欄に簡潔に記述しなさい。

〔設問5〕 下記の土量計算表を用いて測点No.0からNo.5までの**(イ)切土量、(ロ)盛土量及び(ハ)累加土量**を求めて、解答欄にそれぞれを記入しなさい。

ただし、① 切土は盛土に流用すること。

② 補正土量の計算に用いる土の変化率は、L=1.20、C=0.90とする。

土量計算表

測点	距離	切土			盛土					差引土量	累加土量
		断面積	平均断面積	土量	断面積	平均断面積	土量	変化率	補正土量		
No.	(m)	(m^2)	(m^2)	(m^3)	(m^2)	(m^2)	(m^3)		(m^3)	(m^3)	(m^3)
0		0			0						
1	20	30			0						
2	20	20			0						
3	20	0			0						
4	20	0			90						
5	20	50			0						
合計				(イ)			(ロ)				(ハ)

〔設問3〕

この設問は、本テキスト85ページと87ページを参照し部材の名称を覚えておくこと。

(イ)	鋼矢板
(ロ)	切りばり
(ハ)	中間支持柱
(ニ)	腹起し
(ホ)	火打ちばり

〔設問4〕(下記の中から選ぶ)

① 土取場が工事区域外の場合は、他の土地や施設に被害を与えない。

② 降雨などに対する排水溝、沈砂池などを設け、土の含水比を増加させない。土質の変化に要注意。

③ 外周に地すべりや崩落、発破用の各防護施設を設け災害を防ぐ。

④ 災害発生に備え、人や機械類の退避用広場を設けておく。

〔設問5〕

土量計算における累加土量とは、仮想の土置場(21ページ)における地山土量の増減関係を表している。

測点No.0～No.3までは切土なので、累加土量は増加するが、測点No.4では盛土のため減少し、その量はC=0.90で締固めると体積が縮むので、900×1/0.90=1000 m^3となる。測点No.5は切土もあり、累加土量の合計は、次のページの表のように−500 m^3(不足)となる。

〔設問6〕

・クラムシェル(本テキスト26ページ参照)クラム(二枚貝)シェル(貝殻)で土をつかみ掘削する。水中掘削も可能。

・スクレーパ(本テキスト28ページ参照)掘削・運搬・敷きならしの作業を連続して行える機能を持っている。

・タンピングローラ(本テキスト30ページ参照)ローラの周囲についている突起で硬い粘土層などで押し込むようにして転圧する。

・リッパ(破砕機)をブルドーザの後部につけて、岩盤を破砕しながら掘作する。

・ドラグ(本テキスト26ページ参照)ドラグ(引き寄せる)によってバケットを引いて掘作する。

土量計算表（解答）

測点 No.	距離 (m)	切土 断面積 (m^2)	切土 平均断面積 (m^2)	切土 土量 (m^3)	盛土 断面積 (m^2)	盛土 平均断面積 (m^2)	盛土 土量 (m^3)	盛土 変化率	盛土 補正土量 (m^3)	差引土量 (m^3)	累加土量 (m^3)
0		0			0						
1	20	30	15	300	0	0	0			300	300
2	20	20	25	500	0	0	0			500	800
3	20	0	10	200	0	0	0			200	1000
4	20	0	0	0	90	45	900	0.90	1000	−1000	0
5	20	50	25	500	0	45	900	0.90	1000	−500	−500
合計				1500			1800				−500

〔設問 6〕 工事現場で用いられる**土工機械を次の中から 2 つ選び、その主な用途と特徴（機能・能力）**を解答欄に簡潔に記述しなさい。

・クラムシェル　・スクレーパ　・タンピングローラ
・リッパ付ブルドーザ　・ドラグライン

出題傾向 No. 5 に関する問題

例題 3　コンクリートの施工に関する次の各設問に答え、解答欄に記入しなさい。

〔設問 1〕「コンクリート標準示方書」に定められている**暑中コンクリートの施工に関する下記の文章の□の中の(イ)～(ホ)に当てはまる適切な語句を、下記の語句から選び**解答欄に記入しなさい。

気温が高いと、それに伴ってコンクリートの［(イ)］も高くなり、運搬中の［(ロ)］の低下、連行空気量の［(ハ)］、コールドジョイントの発生、表面の水分の急激な［(ニ)］によるひび割れの発生、温度ひび割れの発生などの危険性が増す。

このため、打込み時及び打込み直後において、できるだけコンクリートの温度が低くなるように、材料の取扱い、練混ぜ、運搬、打込み及び［(ホ)］等について特別の配慮を払わなければならない。

〔語句〕

気温　凝結　強度　スランプ　安全性　増大
蒸発　温度　減少　ひび割れ　養生　脱型

〈解答欄〉

(イ)	(ロ)	(ハ)	(ニ)	(ホ)

解説

コンクリートの施工上の留意点については、第一次検定、第二次検定ともかなり出題率が高い。これは土木構造物をつくる代表的な材料であり、そのコンクリートの施工上の留意点は工事を行う上での基本的事項であるために高いのである。
コンクリートは打設時の気温によって次のように区分けし、それぞれ特別の考慮を行うことになっている。
日平均気温が
① 4℃以下⇨寒中コンクリート
② 25℃以上⇨暑中コンクリート
設問(1)は、このうちの暑中コンクリートに関する記述である。暑中コンクリートの基本は、気温が高いとコンクリートの**温度**も高くなり、運搬中の**スランプ**も低下し空気量も**減少**することになる。また、高温のためコンクリート表面の水分の急激な**蒸発**によるひび割れも発生するので、十分な**養生**で、コンクリートの表面に水分を与える必要がある。

〔設問 2〕 コンクリートに関する①～③の問に答えなさい。

① 下図(A)は**鉄筋コンクリート構造物の断面の一部である。鉄筋のかぶり**を示すものは、a、b、c のうちどれか。

② 下図(A)において、**鉄筋のあき**を示すものは、イ、ロ、ハのうちどれか。

③ 下図(B)において、スランプ値の測定場所は A、B、C のうちどれか。

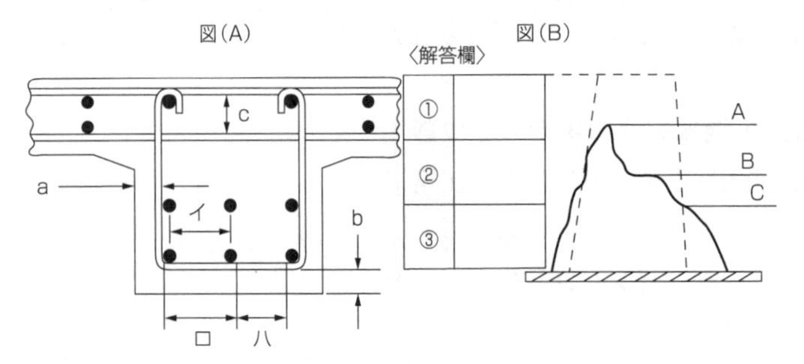

〔設問 3〕 **レディーミクストコンクリート（JIS A 5308）に定められたコンクリートの荷卸し地点での品質検査**に関する下記の文章の □ の中の(イ)～(ホ)に当てはまる適切な数値を、**下記の数値から選び**解答欄に記入しなさい。

(1) 強度は、1 回の試験結果が購入者が指定した呼び強度の強度値の （イ） % 以上、かつ （ロ） 回 の試験結果の平均値が購入者が指定した呼び強度の強度値以上でなければならない。

(2) スランプの許容差は、スランプ 8 cm 以上 18 cm 以下のもので± （ハ） cm とする。

(3) 空気量の許容差は、コンクリートの種類にかかわらず± （ニ） % とする。

(4) 塩化物含有量は、特別な場合を除き塩化物イオン（Cl^-）量として （ホ） kg/m^3 以下でなければならない。

〔数 値〕

0.30	1.5	2.5	5	85
0.60	2.0	3	80	90

〔設問 4〕 **コンクリートに良質な AE 剤を適切に用いた場合の効果について三つ簡潔に**記述しなさい。

〔設問 2〕

問① 鉄筋のかぶり：コンクリートの表面と鉄筋の端部の間なので b となる

問② 鉄筋のあき：隣り合った鉄筋の一番近い端部の離れなので正解はハとなる

問③ スランプの測定位置は、スランプした表面の中心部なので B となる

〔設問 3〕

レディーミクストコンクリートの受入検査（72 ページ）に関する問題であり、正解は次のようになる。

(イ)85% (ロ)3 回 (ハ)±2.5 cm
(ニ)±1.5% (ホ)0.3 kg/m^3

〔設問 4〕

① コンクリートのワーカビリティーが改善される。

② 所要の単位水量を減少させる。

③ 凍結融解に対する耐凍害性が増。

④ ブリーディングを減少させ、水密性が大きくなる。

〔設問5〕 **コンクリートの打継目に関する次の文章の[　　] に当てはまる適切な語句を下記の語句から選び**解答欄に記入しなさい。

（1） 打継目は、できるだけせん断力の[（イ）]位置に設け、打継目を部材の[（ロ）]の作用方向と直角にするのを原則とする。

やむを得ず、せん断力の[（ハ）]位置に打継目を設ける場合には、打継目にほぞ、又は溝を造るか、適切な鋼材を配置して、これを補強しなければならない。

（2） [（ニ）]を要するコンクリートの[（ホ）]打継目では、止水板を用いるのを原則とする。

〔語　句〕

密着、短い、せん断力、曲げモーメント、鉛直、長い、引張力、小さい、強度、一体、伸縮、水密、水平、分離、低い、圧縮力、大きい、高い、養生

〔設問5〕

（イ）	小さい
（ロ）	圧縮力
（ハ）	大きい
（ニ）	密着
（ホ）	鉛直

※出題傾向に示した表内 No. 6〜10 に関する問題は選択問題です。

出題傾向 No. 6〜10 に関する問題

例題4 労働安全衛生規則に定められている安全な施工に関する次の設問1、設問2に答えなさい。

〔設問1〕 足場の組立て等の作業に関する次の文章の[　　] **の中の(イ)〜(ホ)に当てはまる適切な語句を下記の語句から選び**解答欄に記入しなさい。

（1） 強風、大雨、大雪等の悪天候のため、作業の実施について危険が予想されるときは、[（イ）]すること。

（2） 組立て、解体又は変更の作業を行なう区域内には、関係労働者以外の労働者の[（ロ）]すること。

（3） 足場材の緊結、取りはずし、受渡し等の作業にあっては、幅20センチメートル以上の足場板を設け、労働者に[（ハ）]を使用させる等、労働者の[（ニ）]による危険を防止するための措置を講ずること。

（4） 材料、器具、工具等の上げ、又はおろすときは、[（ホ）]等を労働者に使用させること。

〔語　句〕

保護帽、安全帯、崩落、作業を制限、バックホウ・ショベルドーザー、見張員を付けて作業、つり綱・つり袋、飛来落下、脚立・梯子、注意して作業、墜落、立入りを禁止、救命胴衣、作業を中止、監視を強化

〈解答欄〉

（イ）	（ロ）	（ハ）	（ニ）	（ホ）

解説

〔設問1〕

労働安全衛生規則についての知識を問う問題である。規則を正確に覚えている人は先ず少なく、直感的には難しく思えるが、文章を何回か読み、語句を見ているうちに、なんとなく分ってくる。これが実務経験である。

（1）の危険が予想されるときは、「注意して作業」、「作業を中止」のどちらかであるが、（1）の文章を何回も読み返すと、**悪天候による危険**と、作業の実施上の危険では、実施上の危険の方を重視して**作業を中止**とする。

以下同様な手法により正解は次のとおりになる。

（イ）	（ロ）	（ハ）	（ニ）	（ホ）
作業を中止	立入り禁止	安全帯	墜落	つり綱つり袋

〔設問2〕 土止め支保工の切りばり、腹おこし及び火打ちの取付けにあたっての**危険防止のための留意点を2つ**解答欄に簡潔に記述しなさい。

〈解答欄〉

	留意点
①	
②	

〔設問2〕

各種支保工は**脱落等を防止**することと、継手は**圧縮材は突合せ継手、他は当て板をボルトでしっかり緊結する**ことを記す。

	留意点
①	切ばり、腹おこし等の各部材の脱落を防止するため、確実に取りつける。
②	火打ちを除く圧縮材は突合せ継手、他は当て板をボルトで緊結する。

出題傾向 No. 6～10 に関する問題

例題5　建設副産物に関する次の設問1、設問2に答えなさい。

〔設問1〕 下図は、産業廃棄物管理票（マニフェスト）の流れを示したものである。また、①～⑤は各流れにおけるマニフェストの取扱いを説明したものである。

次の文章の ＿＿＿ の中の(イ)～(ホ)**に当てはまる適切な語句を下記の語句**から選び解答欄に記入しなさい。

収集運搬業者1社で中間処理業者に委託する場合の例

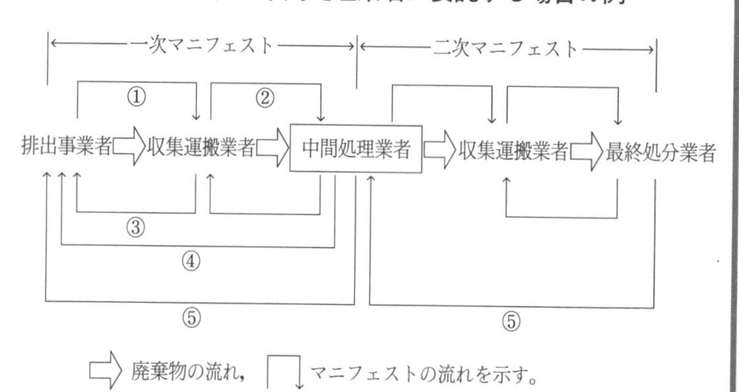

① 排出事業者は、運搬車両ごとに、廃棄物の種類ごとに、全てのマニフェスト（A、B1、B2、C1、C2、D、E票）に必要事項を記入し、廃棄物とともに収集運搬業者に （イ） する。

② 収集運搬業者は、B1、B2、C1、C2、D、E票を廃棄物とともに処理施設に持参し、 （ロ） 終了日を記入して処理業者に渡す。

③ 収集運搬業者は、B1票を自ら保管し、運搬終了後10日以内にB2票を （ハ） 事業者に返送する。

④ 中間処理業者は、D票を （ニ） 終了後10日以内に排出事業者に返送する。

解説

〔設問1〕

今後の出題傾向として、毎日の安全管理活動と同時に、環境保全関係の法規や対策について多くなると予想される。〔設問1〕についても、実際に経験していなくても、なんとかあきらめずに頑張って管理票の流れから正解を探し出してほしい。

マニフェストの流れを考えてみると、先ず図の①の排出事業者が運搬業者にマニフェストを**交付**し、次にそれを持って②の中間処理業者に**運搬**をすることになる。③の流れをみてみると、収集業者から**排出**事業者に返送することになる。④は中間処理業者から排出事業者に、**処分**終了後10日以内に返送となり、⑤では**最終**処分終了後10日以内に排出事業者に、マニフェストの写しを返送する。このように、マニフェストの流れを示す図と文章を何回もみているうちに、解答が得られるので、どのような問題でもあきらめずに頑張ってほしい。

⑤　中間処理業者は、委託したすべての廃棄物の最終処分が終了した報告を受けたときは、E票の最終処分の場所の所在地及び名称、[（ホ）]処分の終了日を記入し、10日以内に排出事業者に返送する。

〔語　句〕

委託、中間、交付、廃棄、最終、運搬、処分、収集、搬入、排出

〈解答欄〉

（イ）	（ロ）	（ハ）	（ニ）	（ホ）

〔設問2〕　建設工事に係る資材の再資源化等に関する法律（建設リサイクル法）に定められている特定建設資材の4資材のうち2つ解答欄に記入しなさい。

〈解答欄〉

①	
②	

〔設問2〕

建設工事によって発生する再生資源の利用等について、よく出題される法律には、次の2つがある。

① 「資源の有効な利用の促進に関する法律」

② 「建設工事に係る資材の再資源化等に関する法律」（建設リサイクル法）

このうち①については、「**再生資源と指定建設副産物**」、②については、「**特定建設資材**」についてよく覚えておくようにする。特に**指定建設副産物**は、建設工事によって**発生した廃棄物**のうち、再生資源として利用できるものなので、**発生土（土砂）**が当然含まれるが、②の**特定建設資材**は、建設工事に使用する**資材が廃棄物**となった場合の再利用に関するもので、**土砂は建設資材に含まれていない**ことに留意すること。

なお、①、②とも4種がある。（288～289ページ参照）

（288～289ページ参照）

解答は、

①　コンクリート　　②　木材

出題傾向 No. 6～10 に関する問題

例題6　労働安全衛生規則に定められている車両系建設機械（以下、「機械」という。）の安全作業に関する、次の文章の[　　]に当てはまる適切な語句を、下記の語句から選び解答欄に記入しなさい。

（1）　事業者は、機械を用いて作業を行うときは、作業計画を定め、その作業計画により作業を行わなければならない。その作業計画には、使用する機械の種類及び[（イ）]、機械の運行経路、機械の[（ロ）]を記載する。

（2）　事業者は、路肩、傾斜地等で機械を用いて作業を行わせる場合において、機械の転倒により労働者に危険が生ずるおそれのあるときは、[（ハ）]を配置しなければならない。

（3）　事業者は、運転中の機械に接触することにより[（ニ）]に危険が生ずるおそれのある箇所に、[（ニ）]を立ち入らせてはならない。

（4）　事業者は、機械のブーム、アーム等を上げ、その下で修理、点検等の作業を行わせるときは、作業者に[（ホ）]等を使用させなければならない。

〔語　句〕

資格、誘導者、脚立・梯子、作業主任者、安全帯、作業方法、作業責任者、安全支柱、耐用年数、修理方法、運転時間、能力、労働者

解説

（イ）	能力
（ロ）	作業方法
（ハ）	誘導者
（ニ）	労働者
（ホ）	安全支柱

特に（3）の文章に[ニ]が2つ入っていることに留意する。

さくいん

き

く

け

す

せ

そ

な

に

ぬ

ね

の

は

ひ

ふ

へ

■執筆

市坪　誠（いちつぼ　まこと）　国立大学法人豊橋技術科学大学教授

吉田真平（よしだ　しんぺい）　パシフィックコンサルタンツ株式会社

浅賀榮三（あさが　えいぞう）　元宇都宮日建工科専門学校顧問

●本書に関するご質問，ご不明点につきましては，書名・該当ページとご質問内容を明記のうえ，FAX または書面にてお送り願います。なお，ご質問内容によっては回答に日数をいただく場合もございます。また，本書の正誤に関するご質問以外は，お受けできませんこと，あらかじめご了承ください。
FAX：03-3238-7717

●カバーデザイン――㈱エッジ・デザインオフィス
●本文組版――三美印刷株式会社

図解
2級土木施工管理技術検定テキスト
令和6年度版

2024年4月30日　初版第1刷発行

●執筆者　市坪　誠　吉田真平
　　　　　浅賀榮三
●発行者　小田良次
●印刷所　株式会社太洋社

●発行所　実教出版株式会社
〒102-8377
東京都千代田区五番町5番地
電話［営　　業］(03)3238-7765
　　［高校営業］(03)3238-7777
　　［企画開発］(03)3238-7751
　　［総　　務］(03)3238-7700
https://www.jikkyo.co.jp/

ISBN 978-4-407-36350-0　C3051　Printed in Japan